恒源祥美学文选书系

中國當代美學文選

Chinese Contemporary Aesthetics Theory Anthology

2023

祁志祥 主编

上 海 市 美 学 学 会
上海交通大学人文艺术研究院　编

復旦大學 出版社

图书在版编目（CIP）数据

中国当代美学文选. 2023/祁志祥主编. —上海：复旦大学出版社，2023.9
ISBN 978-7-309-16876-1

Ⅰ.①中…　Ⅱ.①祁…　Ⅲ.①美学-文集　Ⅳ.①B83-53

中国国家版本馆 CIP 数据核字（2023）第 098413 号

中国当代美学文选 2023
祁志祥　主编
责任编辑/高　原

复旦大学出版社有限公司出版发行
上海市国权路 579 号　邮编：200433
网址：fupnet@ fudanpress. com　http://www. fudanpress. com
门市零售：86-21-65102580　团体订购：86-21-65104505
出版部电话：86-21-65642845
上海崇明裕安印刷厂

开本 787×1092　1/16　印张 31.75　字数 504 千
2023 年 9 月第 1 版
2023 年 9 月第 1 版第 1 次印刷

ISBN 978-7-309-16876-1/B・786
定价：98.00 元

编 委 会

名誉主任

曾繁仁(山东大学文艺美学研究中心名誉主任、中华美学学会原副会长)

朱立元(复旦大学文科资深教授、中华美学学会原副会长、上海市美学学会名誉会长)

刘瑞旗(恒源祥集团创始人、攀雅集团董事长)

主 任

王　宁(上海交通大学人文学院院长、欧洲科学院院士)

陈忠伟(恒源祥集团董事长兼总经理)

策 划

毛时安(文艺评论家、中国文艺评论家协会原副主席)

主 编

祁志祥(上海市美学学会会长、上海交通大学人文艺术研究院教授)

资 助

恒源祥(集团)有限公司

编委会成员

王德胜(首都师范大学美育研究中心主任、中华美学学会副会长)

徐碧辉(中国社会科学院哲学所美学室主任、中华美学学会副会长)

张　法(四川大学教授、中华美学学会副会长)

陆　扬(复旦大学教授、中华美学学会副会长、上海市美学学会副会长)

党圣元(中国社会科学院研究员、全国马列文论研究会会长)

杨燕迪(哈尔滨音乐学院院长、中国音乐家协会副主席)

胡晓明(华东师范大学教授、中国古代文学理论学会会长)

Editorial Board

Capital Normal University, Vice President of Chinese Society for Aesthetics)

Xu Bihui (Director of the Aesthetics Department, Institute of Philosophy, Chinese Academy of Social Sciences, Vice President of Chinese Society for Aesthetics)

Zhang Fa (Professor of Sichuan University, Vice President of Chinese Society for Aesthetics)

Lu Yang (Professor of Fudan University, Vice President of Chinese Society for Aesthetics , Vice President of Shanghai Aesthetics Society)

Dang Shengyuan (Professor Researcher of Chinese Academy of Social Sciences, President of China National Association of Works on Marxist-Leninist Literary Theories)

Yang Yandi (President of Harbin Conservatory of Music, President of Society of Western Music in China)

Hu Xiaoming (Professor of East China Normal University, President of Chinese Association of Ancient Literary Theory)

Ye Shuxian (Professor of Shanghai Jiao Tong University, President of Chinese Comparative Literature Society)

Chen Xiaoming (Professor of Peking University, Vice President of Chinese Association for Theory of Literary and Art)

Zhang Jing (Senior Professor of Liberal Arts, Communication University of China, President of Liao-Jin Literature Society of China)

Jin Huimin (Professor of Sichuan University, Vice President of International Society for East-West Studies)

Ding Guoqi (Professor Researcher of Chinese Academy of Social Sciences, Vice President of China National Marxist-Leninist Literature Research Association)

Li Chunqing (Professor of Beijing Normal University, Vice President of Chinese Association for Theory of Literary and Art)

Ouyang Youquan (Professor of Central South University, President of Network Literature Research Branch of Chinese Association for Theory of Literary and Art)

Xie Bailiang (Professor of National Academy of Chinese Theatre Arts, Chief

Supervisor of the China Branch of the International Drama Critics Association)

Wan Xiaoping (Professor of Anhui University, President of Anhui Aesthetics Society)

Zhou Xinglu (Professor of Peking University, Vice President of Chinese Modern Literature Society)

Zhou Zhiqiang (Professor of Nankai University, President of Tianjin Aesthetics Society)

Liu Yuedi (Professor Researcher of Chinese Academy of Social Sciences, Former General Executive Committee of International Association for Aesthetics)

Zhang Baogui (Professor of Fudan University, Vice President of National Society of Marxist-Leninist Literary Theories, Vice President of Shanghai Aesthetics Society)

Fan Yuji (Professor of East China University of Political Science and Law, Vice President of Shanghai Aesthetics Society)

Zhang Yonglu (Professor of Shanghai University, Secretary General of Shanghai Aesthetics Society)

Hu Jun (Associate Professor Researcher of Shanghai Academy of Social Sciences, Deputy Secretary General of Shanghai Aesthetics Society)

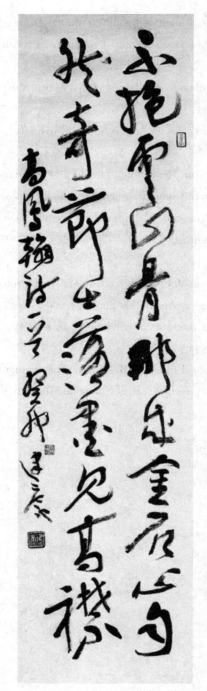

作者许建康，江苏省美学学会副会长

目　录

作者许建康,江苏省美学学会副会长

作者许建康,江苏省美学学会副会长

Chinese Contemporary
Aesthetics Theory Anthology 2023

Contents

作者许建康，江苏省美学学会副会长

前　言

　　《中国当代美学文选 2023》属于"恒源祥美学文选书系"第二辑,主要由上海市美学学会负责选编。

　　恒源祥(集团)有限公司是文化兴企、有着近百年历史积淀的著名民族品牌。2021 年与上海市美学学会确立了战略合作关系,并将这种合作落实为中国当代美学文选系列,一年一辑,一辑一题,不定期出版。试图办成向国内外介绍当代中国美学最新成果、反映中国美学研究最新动态的一扇窗口。

　　上海市美学学会成立于 1981 年,首任会长是复旦大学蒋孔阳教授。第二任会长是上海社会科学院蒋冰海研究员。第三任会长是复旦大学朱立元教授。本人是第四任会长,也是现任会长。本届副会长有复旦大学陆扬、张宝贵教授,华东政法大学范玉吉教授,上海戏剧学院王云教授,东华大学王梅芳教授,华东师大王峰教授,秘书长为上海大学张永禄教授。学会目前有 300 多位会员,覆盖上海各大高校。设五个专业委员会,分别是中小学美育专委会、书画艺术专委会、审美时尚专委会、设计美学专委会、舞台艺术专委会。学会在致力于美学基础理论研究的同时积极开展美育实践,学术影响日益扩展,社会美誉度不断提升。学会所依托的上海交通大学在最近的世界权威机构排名中综合实力位居全国前三,人文学科位居全国第八。目前中国语言文学专业拥有一级博士点和博士后流动站。作为会长任职单位,上海交大人文学院和人文艺术研究院可为学会发展提供强大支撑。

　　"恒源祥"于 1927 年创立于上海。第一代掌门人叫沈莱舟。他在任上完成了两次壮举。一是 1935 年之后完成了从毛纺零售到生产制造的转型,成为享誉遐迩的"毛线大王"。二是 1956 年完成了从私营向国营的转型,表现了一个老字号业主的拳拳爱国之心。第二代掌门人叫刘瑞旗。1987 年他接手恒源祥零售店之后，恰逢中国开启了计划经济向市场经济转轨的历史进程。任内24年，他完成了三次转型。一是1991年从老字号商业零售到商标品牌产销一体的转型。二是1998年从毛线单品向家纺多品的转型。三是2001年恒源祥改制独立后从有限策略经营向长远战略经营的转型。2011年，刘瑞旗将恒源祥总经理的位置交给陈忠伟，自己到北京创建擘雅集团有限公司，致力于企业文化和品牌美学研究和经营。2020年，陈忠伟从刘瑞旗手中接过恒源祥董事长的嘱托，成为恒源祥的第三代掌门人。陈忠伟任内完成的又一次企业重大转型，是传统线下零售转向现代线上电商销售。如今，恒源祥在全国31个省、自治区、直辖市共有线上线下6000多家生产与销售网点，品牌估值200多亿元。2008年以来连续八次成为世界服装纺织行业唯一的奥运赞助商。支持上海市美学学会主编"恒源祥美学文选书系"是其品牌战略的锦上添花之笔。

本书以选载上海和全国美学工作者近期发表的优秀论文为主。获选文章一般压缩在万字以内，以保证在有限的篇幅内有更多的成果入选。主编对入选文章按照以类相从的原则分章排序，设立章、节、小标题三级目，部分论文题目及小标题适当加以调整或增补，力图体现选文之间的有机联系。每章前加"主编插白"作简要导读，也适当生发评论，希望形成一种对话的张力，增加读者的阅读兴趣。本书分十一章，由30多位作者的文章构成。

第一章为"美学"的使命、方法与概念。本世纪之初，中国中外文艺理论学会会长、中国社会科学院研究员钱中文先生回顾过往，瞻望未来，曾语重心长地对中国的美学工作者提出追求学术原创、面向现实与人的使命要求。他指出：美学不仅在理论上要关心什么是美，还应将自己的理论应用于实际，给美注入新的人文精神，加强对现实中丑陋现象的批判力，守护人的精神家园，充实人的精神世界。这一使命要求，在美丑的界限被取消的今天具有特别重要的现实意义。当下美丑本质或界限的取消主义是建立在对"主客二分"思维模式的否定之上的。浙江大学的著名美学家、文艺理论家王元骧先生认为，"主客二分"的思维模式既有值得反思的局限，也有不可否定的价值。正确的态度是既超越笛卡尔，也超越海德格尔，坚持马克思主义实践观，兼顾文艺创作中主客对立与互渗的辩证统一，同时承认审美活动作为情感活动中主客体关系与哲学认知的理智活动的不同特点，联系文艺活动的实际作了具体阐释。他对"主客二分"思维模式在人类文明发展史上积极意义的肯定和在兼顾主客体互动关系的基础上对审美对象客观属性的强调值得当下简单否定"主客二分"认识方式的论者反思。"美学"到底是一种什么学科？朱光潜对美学学科定位的思考演变给人有益的启示。朱光潜嫡孙、安徽大学的宛小平教授以翔实的考辨告诉人们：朱光潜先生早年侧重于从心理学科研究美学，认为美学属于"自然科学"；中年不忘从五四的人文精神角度研究美学，倾向于认为美学属于主体性很强的"人文科学"。在自然科学与人文科学二者的兼顾中，前期的朱光潜更偏重美学的人文学科属性。新中国成立后，朱光潜接受了马克思主义兼顾主客体的实践观和社会存在论，并以此重新解释自己早先提出的"主客观合一"的美本质论，从而把美学重新定位为一门"社会科学"。"社会科学"与"人文科学"本来很难区分，而在朱光潜先生对"美学"学科定位的辨析中，二者的区别获得了清晰的界说："社会科学"是研究主客体的科学，"人文科学"则是研究主体的科学，与"自然科学"是研究客体的科学形成鲜明对照。"美学"一词的汉语译名是近代中国美学学科确立的重要标志之一。黄兴涛认为在中国最早创用"美学"一词的是德国传教士花之安，李庆本教授通过考证指出这个说法不确切。"美学"一词并没有出现在 1875 年版的《教化议》一书中；在 1897 年版的《泰西学校·教化议合刻》一书中出现的"美学"一词则是错误的标点所致。此外，黄兴涛认为日本"审美学"的名称来源于罗存德《英华字典》，李庆本考辨指出这个观点也缺乏事实依据。李庆本提出的观点是："美学"这一学科概念是从西方经日本引入中国的。此文提供了新材料，值得关注。其中是非，读者自辨。

第二章是"美"的语义新解与字源考辨。美学取消主义否定了美本质，事实上也就否定了"美"的语义。因为"美"是指称概念的，概念是标志某类现象的。概念的内涵正是对某类现象的类属性（通常谓之"本质"）的抽象概括。只要我们承认人类使用的语词是有语义（或者叫词义）的，我们就无法否认某一语词所指称的对象的本质规定性。因此，当我们承认并探讨"美"的语义时，实际上也就是承认了美的规定性或者说本质。在这个问题上，本书主编一直是个本质论的维护者、捍卫者。1998 年，笔者在《学术月刊》上发表《论美是普遍快感的对象》。2016 年，笔者在北京大学出版社出版国家社科基金后期资助项目成果《乐感美学》一书，用 60 万字的篇幅，阐释论证"美是有价值的乐感对象"，系统建构了"乐感美学"学说体系。2017

年，笔者在《学习与探索》发表《论美是有价值的乐感对象》一文，概括论述"美"的要义及由此演绎的"乐感美学"学说思理。五年来在这个核心问题上一直在思考如何把它说得更加圆满完善。发表在 2022 年第 2 期《艺术广角》上的《"美"的解密：有价值的乐感对象》演讲录就是这种思考的结果。从当前美学界的去本质化、去体系化、去理性化导致的美丑不分审美乱象说起，指出反本质主义美学矛盾百出，实践上有害，而传统的本质论美学从客观原因方面探求美本质也被审美经验证明此路不通，指出被指称为"美"的现象的统一规定性可从主体方面寻找，这个统一规定性可概括为"有价值的乐感对象"，愉快性、价值性、对象性是美的三个最基本的规定性。这个美的义界的确立旨在给人们创造美的实践提供可操作的理论指导。在社会生活中，只要创造了有价值的快乐载体或对象，你就是"美"的创造者，你就会得到"美"的点赞。如果说笔者的文章提供了"美"的语义新解，那么厦门大学的张开焱教授、山东大学的黄玉顺教授则从古文字学方面对"美"的词义作了新的考释。自西方美学传入中土，汉语"美"字本义被中国美学界持续关注。或从文字学角度研究美字形义，或从文化学角度研究美字文化意义，或从美学史角度讨论美字的衍生意义，或围绕美字原初含义，从不同角度对其美学意义进行讨论。尽管成果丰富，但"美"的构形意涵尚待深入探讨。张开焱的文章综合文字学、文献学、神话学、图像学、人类学等多学科知识，对甲骨文"美"字的形义及美学史意义作了新的探讨。山东大学的黄玉顺教授认为："美学意识"并不是"审美意识"，而是对审美的反思。因此，中国美学意识的诞生的标志是"美"这个词语的出现。汉字"美"的本义是"羊大为美"，意味着中国美学意识最初是对食物的一种价值评判。而"美与善同义"则揭示了中国美学意识与中国伦理学意识的同源。因为"善"的本义是"膳"，意味着中国伦理学意识最初也是对食物的一种评价。这就铸就了"由善而美"的中国美学传统。这种价值意识的进一步发展，便是"善美皆好"的价值论。这种"由善而美"的传统，一方面意味着"美不离善"；另一方面是说"善"虽是"美"的必要条件，但并非充分条件。至于"美"如何超越"善"，则有待于中国美学意识的更进一步展开。

第三章是关于生态美学、环境美学的探讨。"生态美学"是山东大学曾繁仁先生倡导的一个重要概念。它破除传统美学的"人类中心主义"，也反对见物不见人的"生态中心主义"，强调物物有美，美美与共，在更长远的角度是为人的生存服务的,所以是一种"生态人文主义美学"。在《我国自然生态美学的发展及其重要意义》一文中,曾繁仁先生回顾了新中国成立后三十年在马克思主义唯物论指导之下自然美论的崛起,和改革开放以来西方自然生态美学观的引进,同时阐释了生态文明新时代中国生态美学话语的建构,并强调了当代生态美学的重要价值意义。在山东大学的"生态美学"学派中,程相占教授是重要的一位代表人物。他的《西方自然美学当代转型的内在逻辑》批判了现代自然美学人类中心主义观念的缺失,探讨了自然审美的环境模式、生态模式及其理论意义。他指出:当代西方自然美学是在生态主义运动的推动下、在批判现代西方自然美学理论缺陷的基础上发展起来的。它通过反思西方现代自然美学对象化、风景化、艺术化及其隐含的人化等四方面缺陷,向伦理化、环境化、生态化、自然化四方面发生转型。就是说,西方自然美学当代发展的内在逻辑就是由超越"现代四化"而走向"当代四化"。环境化的自然美学即自然环境美学,它与人建环境美学一起构成了环境美学整体。生态化的自然美学即自然生态美学,它与生态艺术美学一起构成了生态美学整体。自然美学、环境美学、生态美学三者之间既有联系又有区别。随着全球化时代对人类共同面临的生态危机的关注,关于环境美学的诸多命题逐渐成为当代美学的一大热点。浙江大学徐岱教授从生态主义视角出发,对环境美学问题提出了进一步的思考。在他看来,应当承认由"生态正义"为主导的"生态伦理",把环境保护的问题从传统意义上作为"审美欣赏"的"小美学",提升到直接关系到人类生存的生态和谐与创建美好生活世界的"大美学"层面,努力使环境之美走向与天地万物融为一体的自然之美。这个意义上的环境美学提示我们放弃人类中心主义的立场,防止局限于对"客体对象"的关注,遵循物我合一、天人合一的基本原则。

第四章是关于"美育"的内涵与方法的探讨。为什么我们的学校培养不出杰出的人才?这是流传甚广的"钱学森之问"。在培养杰出人才的教育工程中,美育是不可缺少的重要一环。何为美育?美育何为?南京大学的周宪教授撰文指出:美育的定义是在教育中对人审美感性体验力、表达力和审美趣味的陶冶,从而塑造健康而全面的人格,提升人的精神境界,使人回归自己的和谐本质。关于实施美育的方法,必须注意恪守如下原则。第一,美育是一种人文价值坚守而非把玩艺术。面对大众文化审美趣味的滑坡,有必要加以抵制,提倡高雅的审美趣味。第二,美育是一种智识启悟而非知识传授。面对大众文化中弱智化和反智化倾向,必须清醒地加以揭露,并与之做坚决斗争。第三,美育是自由的愉悦体验而非娱乐至死。面对当代文化中的娱乐至死的享乐主义,必须保持警惕并加以批判,提倡正确的娱乐观和积极健康的审美导向。第四,美育旨在养成宽容且独特的审美眼光,而非机械刻板的被动受教状态。大学教育如何在目的理性主导一切的境况下提倡价值理性?如何从就业导向的技能教育转向健全人格的塑造?美育无疑是一个有效的路径。当人们在谈到美育的时候,往往把它等同于艺术教育,又把艺术教育等同于艺术技巧的培训。中国社会科学院研究员徐碧辉指出,这是一种狭隘的误解,不仅没有带来真正的审美教育,反而增加了学校和学生的负担。因此,从理论上弄清审美教育的内涵便成为一个时代课题。她认为审美教育至少包括五个方面:情感与想象;时间与生命;艺术创作与欣赏;形式感知力与造形能力;对自然之美的感受和欣赏能力。因此,她从五个方面解析"审美教育"这一概念:第一,作为情感教育的审美教育;第二,作为生命教育的审美教育;第三,作为艺术教育的审美教育;第四,作为形式美感教育的审美教育;第五,作为自然教育的审美教育。笔者在《"美育"的重新定义及其与"艺术教育"的异同辩》(《文艺争鸣》2022年第3期)曾经提出:美育是"情感教育""快乐教育""价值教育""形象教育""艺术教育"五者的复合互补,是以形象教育为手段、以艺术教育为载体,陶冶人的健康高尚情感,引导人们追求有价值的快乐,进而创造有价值的乐感对象或载体的教育。周文、徐文的观点,虽然表述不同,实际上与笔者的观点存在较大的交叉面,可以帮助人们认识美育的真谛,更好地实施美育。华东师范大学附属枫泾中学是美育工作搞得很有成绩的上海市艺术特色中学。特级校长陆旭东对美育的理论思考和实践颇有心得。他撰文指出,审美素养是中学生核心素养的重要组成部分,对学生全面、自由发展起着重要作用。在"五育并举、融合育人"的大背景下,合理的美育观会直接影响中学生审美素养的形成。美育是"情感教育、快乐教育、价值教育、形象教育、艺术教育的复合互补。"八美并进"作为审美素养培育的新范式,可为中学审美素养培育提供实践探寻的新路径。

第五章将"世界文学"视野与中国"文学"概念结合起来加以讨论,试图形成一种东西对照。文艺理论是美学理论的重要组成部分。文学则是艺术的重要门类。本章讨论文学之美。它既有世界眼光，也有中国观照。欧洲科学院院士、上海交通大学文科资深教授王宁指出：在当今的国际比较文学理论界，"世界文学"是一个热议的前沿话题，但是长期以来，人们在讨论"世界文学"时，主要聚焦欧洲几个大国的文学。后来由于美国的崛起及其综合国力的强大，欧洲中心主义演变为西方中心主义。即使在中国的世界文学研究领域，西方中心主义也长期占据主导地位。不过与此同时，反西方中心主义的尝试也一直没有间断，在西方有曾任国际比较文学学会主席的佛克马，在中国则有鲁迅。前者从文化相对主义的视角试图建构一种新世界主义，后者则通过大量译介弱小民族及东方的文学作品来消解西方中心主义文学地位。在当前的全球化时代，我们在中国的语境中讨论世界文学，就应当大力向海外推介中国文学，从根本上改变世界文学版图上的西方中心主义格局。在中国文学的历史版图中，"文学"概念有一个从晚清以前的"杂文学"到近现代之后的"美文学"的古今演变。北京大学中文系周兴陆教授的《"文学"概念的古今榫合》一文对这个转换过程作出了新的探寻。他指出：在近现代时期，自西方而来的 Literature，译为中国传统的"文学"，二者从内涵到外延都有一个对接榫合的过程。晚清的骈体正宗论，重新解释传统的"文笔"论，引申出"美文"概念，继而接引了西方的"纯文学"观念。国人接受了西方的审美主情论，特别是戴昆西"知的文学"与"情的文学"的分野，走出大文学、杂文学的传统，确立了"纯文学"的观念。"纯文学"引入中国后，一度采用"三分法"，以诗歌、小说、戏曲为正宗，将散文排斥在文学之外；但是因为强大的散文传统和繁盛的现代散文创作，促使现代文论修正"三分法"，增入散文而形成具有中国特色的"四分法"。在外患内忧交困的艰难时势中，传统的"文以载道"虽曾遭到猛烈抨击，但在三四十年代以功利主义文学观的面目得到重新确立，而审美超功利的"纯文学"并没有绽放出绚丽的花朵，相反暴露了某些先天不足留下反思。六朝是中国古代美学史上的辉煌时代。关于六朝美学的时代特征众说纷纭。如何准确把握六朝美学的时代特征，意义非凡。祁志祥教授依据对中国美学史的整体研究，在与汉代美学崇尚"太上忘情""建安风骨"、鄙薄"雕虫篆刻""闳侈巨丽"的时代特征，与隋唐美学鄙薄"彩丽竞繁""雕琢淫靡"、崇尚"风雅骨气""芙蓉出水"的时代特征的实证对比中，揭示了六朝"情之所钟""从欲为欢"的情感美学与"铺采摛文""错采镂金"的形式美学两大主潮，对宗白华先生的似是而非的论断提出商榷和匡正,有拨开众流、新人耳目的警醒意义,欢迎读者辨正。

第六章踵事增华,进一步展开对中国古代文学的美学解析。中国古代的文学虽然是广义的杂文学,并不一定以美为必备特征,但中国古代文学的主体——诗歌则是以形式美与情感美为显著特征的。同时,中国古代大多数文体都与指称形式美的"文"有关,所谓"言之无文,行而不远"。中国古代的文学以吟咏情性、表情达意为主,于是"文"就成为中国古代抒情文学的一种技艺。而"文"的本义"错画也,象交文(通纹)"恰恰可为这种技艺的注脚。华东师范大学教授胡晓明以读诗、写诗、研究中国诗学著称,对此有独特心会。他的《"文":中国抒情技艺的一个秘密》就是饱含自己读诗、写诗经验的理论提升之作。文末总结指出:"相间"与"交错"的形式美创作法,作为自觉的文学理论主张,渗透在诗文创作的对偶、平仄、顿挫、开阖等修辞技艺的各方面,因而古典中国文学的主流是图式化的艺术、技艺化的文学,具有中国古典语文的美感和生命力。而现代白话文学恰恰失去了中国古典语文的"相间与交错之美"带来的美感。这是值得我们反思的。"文以意为主。""诗者,吟咏性情也。"中国古代以诗歌为主体的文学素有抒情的民族特色和传统。这种特色和传统与西方古代文学追求摹仿外物的叙事特色和传统形成鲜明对照。中国古代文学的这种民族特色经海外华裔学者陈世骧、高友工、王文生等人的揭橥在海内外学界产生了重要影响,响应者甚众,但也有一些批评乃至否定的声音。北京师范大学李春青教授认为,中国古代文学抒情传统说虽然提出了不少颇具启发意义的见解,但总体上看存在着一种"具体性误置"的形而上学倾向,其初衷本是彰显中国文学的特质,结果却反而遮蔽了中国文学自身的复杂性。或许只有历史化、语境化的研究路径可以避免重蹈这种概念形而上学的覆辙。不过依据我的阅读与研究经验,就整体倾向来看,中国古代文学抒情特质说是符合实情的。中国古代文学不是不写景、咏物、叙事,但咏物是为了抒情,叙事是为了寓意,景语只是情语。所以中国古代的咏物诗实际上是抒情诗的别称,与西方的叙事诗有着根本的区别。中国传媒大学的张晶教授与学生合写的《中国古典诗歌的审美化叙事》一文围绕诗歌文体特有的含蓄蕴藉的诗学品性,提出中国古代诗体叙事的诗学逻辑是"以事表情、化事为境"。诗歌不仅有在场的"情"与"事",还有不在场的"情"与"事",诗歌的审美蕴藉在于"在场与不在场"的融彻贯通。"以事表情"意味着诗歌叙事潜藏着"情感导向","化事为境"则寓示着更丰满的意蕴空间。在感事诗、纪事诗、叙事诗中,尽管有情与事的场内、场外之分,但情不虚情、以事表情、挟情叙事、情事交融往往是诗歌叙事的不二法门。场景、人物、事件尽管被当作故事中的"实存",但意象浑融的"化境"却是诗歌叙事的着力点。文章旨在通过叙事诗学的引入为诗歌审美开边启境,拓宽中国古代诗歌"远近之间""虚实之中"的诗境空间。这种分析印证了陈世骧、高友工、王文生等人的看法,与李春青的观点恰恰形成了一定的张力,读者可以自加评判。

第七章讨论网络文学与人工智能中的审美问题。随着高科技手段对文学创作活动的介入,网络文学异军突起,成为文学创作领域的新宠。中南大学的欧阳友权教授是国内网络文学研究的代表人物。他的《新世纪网络文学创作的四大走向》一文高屋建瓴,纵览全局,给人们有益的指导和启示。他指出:新世纪以来,中国的网络文学主要呈现出四条发展走向,即从玄幻题材满屏走向现实题材升温;新生代网络作家强势崛起,与前辈作家四代同框;网文走向海外,并超越作品传播,走向模式输出;未来网络文学生态出现网生环境优化与文学兼容、内容破圈、市场化倒逼创作等三个变数。当前中国网络文学创作尚处于成长期的"弱冠"之年,充满不确定性,也孕育着多种发展可能,尤需坚守文学本原,辨识发展方向,提升历史定位。网络文学的强劲发展改变了当代文学的力量布局和生态景观。如何对网络小说文本展开批评和研究,是批评家面临的重要课题。上海大学的张永禄教授借用小说类型学理论,提出"建构网络小说类型学批评"的设想,主张借此在理论上帮助类型小说的鉴别,推进类型小说的创新,在实践上推进文化市场对网络小说及其文化延伸产品的可持续开发。正如作者所说,这项理论建构和实践工作刚刚起步,其实绩尚待进一步努力和确证。在作家借助网络手段和平台从事网络文学创作的基础上,创作主体也在人工智能的介入下发生了新的变化。传统的审美主体和文学创作主体都是人,人工智能介入审美与创作后,会引发审美与艺术活动的什么新变?对此又该怎么看?以研究人工智能与审美关系著称的中国社会科学院的刘方喜研究员在《人工智能引发文化哲学范式终极转型》一文中给我们提供了认识这个问题的大视野。他指出:从自然和人类文化进化史看,人脑神经元系统及其产生的生物性智能是"自然"进化的产物,人工智能则是人类"文化"进化的产物。它是人根据对自身思维规律的认识、模拟人脑神经元系统制造出的机器系统生产的物理性智能,正在引发人类文化范式的转型。作为文化一级生产工具的语言文字系统的发明,把智能从生物性人身限制中解放出来;根据人脑对自然规律的认识而制造出的能量自动化机器系统,则把能量从人身限制中解放出来;作为一级生产工具革命成果的人工智能机器系统,将把智能或文化创造力从人身限制中充分解放出来,获得自由发展。超越观念论旧范式,重构马克思生产工艺学批判,将有助于构建与当今人工智能时代相匹配的文化哲学新范式。这个文化哲学范式当然也包括审美范式。华东师范大学的王峰教授也致力于研究人工智能与审美的关系。他的《仿若如此的美学感:人工智能的"美感"问题》以独特的视角触及这个前沿美学话题,提出人工智能创造的"美感"是"仿若如此"的"美学感"这样的新概念。他指出:既有的美学理论在人工智能美感问题上是失效的。人工智能的美感问题以两个事实为前提。一是人工智能与人在机制上的差异,二是人工智能与人在美学效果上的相同。相较这个前提,人工智能对人的能力的模仿只是解决两者的关联,并不解决人工智能美感的结构。从根本上说,人工智能美感是一种"美学感",是基于美学系统的建模方式与具体感觉数据的结合,与人的内在美感反应是完全不同的。人工智能美感只在效果上谋求与人的美感的一致性,它是"仿若如此"的"美学感"。这些具有创新意义的探讨和提法值得美学工作者关注与补课。

第八章将创作发生与审美批评放在一起探讨,以形成一种前后呼应。创作发生与审美批评是文艺活动过程的首尾两端。本章选录的三篇文章对这两端的问题提出了颇有独到心得的见解。天津市美学学会会长、南开大学文学院教授周志强提出"剩余快感"的新概念,由此来解释当前文艺生产的驱动力。他指出:恰如剩余价值是资本生产的真正目的,'剩余快感'也成为现代社会文化生产的真正目的。当代文艺尤其是大众文艺正从象征型时段走向寓言型时段。诸多作品隐藏了本身存在却没有陈述的信息;各种被压抑的意义像幽灵一样在银幕与文字间游荡;快感正成为生活财产和生命印记。'剩余快感'驱动下的文艺作品,其内容有时候会显示出极端荒唐诡异的情形,但是,恰如拉康所言,疯狂本身蕴含着严格的逻辑,妄想遵循可以推理的演绎。但是,对于这类文本而言,传统的文艺美学所强调的"文学反映现实"已经失效,需要借助寓言论批评,将文本外部意义"引入"文本之中,才能重构其内涵。上海社会科学院的研究员胡俊致力于研究西方当代的神经美学。她的《审美发生、过程及美感性质的神经美学阐释》依托西方当代的神经美学成果,从人脑神经机制的角度,对审美发生的奥秘作出了新的探寻。作者试图通过探讨人类审美大脑的进化时间节点,剖析审美过程中脑审美机制的加工模型,回应"美感性质"的审美脑区激活数据,来解释"美本质"这一千古之谜,促进美学原理的新建构、新阐释。自从阐释学进入文艺批评,文艺批评的客观性受到挑战。否定它是经不起推敲的,但因为坚持文艺批评的客观性而否定文艺批评的主观性也是站不住脚的。文艺批评的主观性体现为批评者多维的倾向性。只有同时加以兼顾,才是全面公允的审美批评。中国社会科学院的丁国旗研究员《文学批评的客观性、倾向性、多维性》一文系统论述了这个问题。"客观性"要求对文学批评持有一种科学理性的态度,这是由文学创作及文学活动的客观规律所决定的。"倾向性"不仅是批评者的个性差异所致,更是批评者的立场、价值观、世界观、历史观不同造成的。"多维性"是就一部作品从不同的角度展开评论,对丰富文艺作品的艺术价值与思想价值具有重要意义。对"文学批评三性"的认知和把握,有助于扭转以往对于文艺批评的种种误解或模糊认识,促进文学批评的健康发展。

音乐与戏剧是姊妹艺术,第九章将音乐美学与戏剧美学合在一起观照。蒋孔阳先生的美学贡献,不仅体现在《德国古代美学》的研究和《美学新论》的建构上,而且体现在对中国古代音乐美学的开拓性研究方面。蒋先生弟子、复旦大学中文系陆扬教授联系《先秦音乐美学思想论稿》,系统阐释了蒋孔阳先生的音乐美学思想。在蒋孔阳先生看来,先秦的音乐美学思想不是先秦乐官们居高临下给音乐自律规定的高头讲章、纯粹理论,而是彼时诸子百家从政治需要和哲学世界观出发发表的对于音乐的德治政教功能的看法。所以蒋孔阳很少就音乐论音乐,而是多立足于实证来考究音乐承载的社会功能。无论是音乐的"省风"功能还是"宣泄"功能,孔子的"正乐"要求还是墨子的"非乐"主张,都贯穿着一种音律之外的人文意志与情怀。这可以说是蒋孔阳音乐美学思想的一个重要标志。可见,蒋先生的音乐美学思想更多是他律的。当然,中国古代音乐美学在重视德治政教功能的同时,并未无视对"声文"规律的探讨。中国古代诗乐一体,这导致了古代中国诗词对音乐美的超乎寻常的推崇。上海戏剧学院的王云教授在《诗词赋呈现音乐美的三重维度》一文中指出：一方面，诗、词、赋是语言的艺术，描述音乐形象非其所长，另一方面，中国古代的诗、词、赋又借助语言文字来描述音乐形象，创造特殊的音乐之美。它们的共同策略是以某种艺术手法引发读者关于音乐形象的联想，进而感受音乐美。具体说来是以音乐的特征彰显音乐美、以音乐的效果映衬音乐美、以音乐的由来暗示音乐美。文章从这三个维度分析总结诗词赋呈现音乐美的十种具体的艺术手法，这些艺术手法大多为当下的音乐评论所用，因而这种探讨具有现实的启示意义。中国古代的戏剧是不能离开音乐歌唱的。但在西方，戏剧在歌剧之外，有仅以对话和动作为表演手段展开剧情塑造人物的戏剧，叫"话剧"。20世纪初、辛亥革命前夕，话剧最早进入中国，称"新剧"或"文明戏"，在现代中国社会变革中发挥过推波助澜的作用。新中国成立后，话剧的创作和接受发生了一系列变迁。上海戏剧学院陈军教授的《中国当代话剧接受的审美变迁》一文研究指出：中国当代话剧接受的审美变迁与中国当代社会文化语境的转型密不可分。这种审美变迁呈现为"十七年"和"文革"时期、1980年代"新时期"、1990年代以来几个不同的历史时期，话剧观众的审美趣味各有特点，风貌各异。文章考察了不同时期话剧观众精神结构、欣赏习惯、接受心态和审美价值观念的演变，揭示1949—1976年，是政治压抑娱乐，审美接受标准化、一体化的阶段。1980年代是审美娱乐得到重视，戏剧探索在争议中前行的阶段。1990年代以来是娱乐接受日益凸显，观众接受多元分化的阶段。作者对这些演变的得失提出了自己的反思，可为读者提供有益的借鉴。

第十章是青年学者论坛。长江后浪推前浪，芳林新叶催陈叶。学术史的发展须靠薪火传承，美学史的前进同样离不开中青年学者的赓续。本书作为上海市美学学会主办的文选，有义务向上海市美学学会的中青年学者倾斜。上海是全国美学研究的重镇。上海的中青年学者的美学成果，也反映着全国中青年美学学者的研究动态。总体看来，守护古典与追踪前沿，是中青年美学学者研究呈现的两大特点。复旦大学中文系李钧教授是朱立元先生的弟子。朱先生以研究黑格尔美学著称。李钧也在黑格尔的传统美学经典研究上多有创获。在《黑格尔对于艺术思考的二重性》一文中，李钧指出：黑格尔对于艺术有双重看法。一方面他根据艺术的独特性来构建艺术，形成了以"身体"为特征的古典型艺术理论，艺术史成了古典型艺术发生与解体的过程。另一方面，他根据艺术的概念对艺术进行全面考察，艺术内容进而延伸到宗教和哲学,显示出宽广的生命力。与此同时,艺术形式也达到对于"显现"的超越,以时间性的"阴影"为更高形式,在精神的"回忆"中成为历史性的"画廊",以表达更深的内涵。这种广义的思考是黑格尔艺术哲学中更复杂、更深刻的地方,表现了对于现代艺术的前瞻性意义。如果说李钧的研究表现了对古代经典的守护,另外四位的研究则体现了对前沿的追踪。上海交通大学人文学院的汪云霞教授以研究中国现代诗歌为专攻。她的《中国现代诗的"情境"及其审美建构》一文最近引起学界广泛关注。"情境"作为一个现代诗学概念,融中国古典的"意境"和西方的"戏剧性处境"等观念于一体,指现代诗吸收小说、戏剧等文类要素而呈现出的文体混合倾向及其包容性品质,同时指现代诗采用的客观化、非个性化的知性抒情策略。中国现代诗的情境建构可分为拟态化、场域化和戏剧化三种类型。"拟态化"的实质是诗人将自我情感客观化,并在自我与外物、自我与他者之间建立一种相应相通的情感契合关系。"场域化"特指诗歌吸收绘画艺术的表现功能,将抒情主体在时间流程中的思想或行动转化为具有强烈视觉效果的空间形象,以视觉形象和空间场域来传递思想和情感。"戏剧化"指诗人营造的戏剧性人物的独白与对话、戏剧性情节的对立与冲突、戏剧性时空的跳跃与转换,以及由此综合而成的戏剧性处境。现代诗的情境写作,是现代诗人面临20世纪以来多样化和复杂化的文化语境所做出的积极回应,折射出现代诗自身发展的内在需求与审美趋向。情境诗学为我们研究现代诗提供了一个新的维度。上海戏剧学院的支运波教授是去年刚刚评出的上海市社科新人。他的《海德格尔的"本有"诗学观》体现了对当代美学的精神导师海德格尔的诗学观的独特心会。诗在海德格尔的思想中不仅占有重要位置,而且是他为时代沉沦开出的一剂药方。携带着"思"之品质的诗人在寻求精神的历史归属过程中思得了存有的意义,并在其到达之所诗意地栖居着;同时由于诗人介于诸神与人类之间的信使角色,使其能向人类传达诸神之谕,给人类指明澄明之所。于是,作诗便成了居于天地之间、神人之侧的一种本有运动,而非原有的文学理论所说的情感想象活动或文化活动。尽管海德格尔目前在中国的学术界拥趸很多,影响很大,但撇开他令人不敢恭维的人品不谈,神是不是存在,诗人是不是介于诸神与人类之间的信使,诗歌创作是不是居于天地之间、神人之侧的一种运动,乃至他对传统诗学观念、文学观念的否定,都是可以质疑、不必迷信的。以《重构美学》引人瞩目的韦尔施是西方当代美学的另一位代表人物。上海师范大学人文学院的副教授潘黎勇从"辩证的感性学"入手，探讨韦尔施的"反审美"理论，颇令人产生阅读兴趣。他指出："反审美"是韦尔施立足感性学思维的思想视域提出的一种美学理论。在"感知"语义的总体框架中，"反审美"指涉多重意涵。它与审美构筑的张力关系不仅丰富了审美知识学的内涵，更对审美泛化的日常现实表现出鲜明的价值对抗意图。在此过程中，艺术通过发展多元性感知而建构的"反审美"模式承担了审美化批判的重要使命。在这种评析、表述中，什么叫"审美"，什么叫"反审美"，等等，尚待我们进一步去追问。华东师范大学中文系教授吴娱玉是颇富活力、甚为活跃的青年美学学者。她的《当代法国理论关于先锋艺术的潜在对话》突破一人一评，具有较高的学术含量。文章展示了如下思考：打破同一、呈现差异是后现代法国理论家的思维模式和基本立场，但是如何打碎、怎么实现则有千万种选择。聚焦于"表象""抽象""形象""拟像"，可以窥探当代法国不同理论家对先锋艺术的界限有不同的划分尺度，进而引发人们思考先锋派艺术的困境和出路。利奥塔采用的是彻底与认知断裂的方式，强调艺术的不可交流、不可归类性，试图让人们在无序之中获得新的可能性。德勒兹认为这一做法容易导致感觉陷入无序混杂的状态，这一做法本身也变相建构了一种新型的编码模式和艺术权威。德勒兹对此不以为然。不仅德勒兹，包括福柯，都主张采用从内部爆破的方法，在已有的认知模式内部插入一条楔子，从而寻找一条逃逸和超越之路。这种方式保留了艺术的可交流性，同时使感觉脱离原来固有的秩序实现了解放，让艺术成为一个呈现不可见之物的"异托邦"。

第十一章也是最后一章，是关于品牌美学的探索。品牌美学是一个新鲜话题。关于品牌美学的理论研究都带有探索特点。恒源祥（集团）公司是享誉国际的著名民族品牌，也是国内服装家纺行业唯一的奥运赞助商。改革开放以来它们靠品牌经营获得巨大成功，第二代掌门人刘瑞旗被国际权威人士誉为"中国的品牌营销大师"。目前公司在上海大虹桥核心区域建立了面积达三万七千平方米的环球品牌港。实践使他们认识到，品牌问题不仅是商业营销问题，也是一个生活美学、应用美学问题。公司董事长兼总经理陈忠伟是一位怀有文化底蕴和美学情结的企业家。作为恒源祥第三代掌门人，他结合公司自身品牌兴企的经验加以理论提升，发表《"美好生活"视野下的品牌美学研究》，探究品牌美学的研究途径，阐述品牌管理的美学策略,展望品牌美学的未来发展,提示品牌美学研究关系到国家品牌的振兴与繁荣,呼吁品牌美学研究成为一项国家工程,值得参考。上海交通大学人文艺术研究院的谢纳教授结合自己的品牌使用与艺术研究经历,撰著《品牌美的历史源流与当代样态》一文,指出品牌美是当代生活美学必须面对的一个崭新论域。传统美学坚守纯粹审美的精英立场,较少关注一般日用商品蕴含的审美文化问题。伴随人类工艺技术的不断发展,尤其是工业生产制造技术的飞速发展,艺术作品与工艺制品、审美文化与日常消费、精英文化与大众文化之间的区隔被不断突破,呈现出"日常生活审美化"或"生活产品审美化"的当代文化发展趋势。文章以东西方品牌文化发展为历时性线索,以当代品牌文化发展为问题意识,探究品牌美学问题,有助于超越传统美学的固有局限,开拓当代生活美学发展的崭新视界。上海工程技术大学的胡越教授调动服装设计的研究积累,从时尚的维度讨论品牌美,发表《品牌美的时尚维度》一文。文章指出:品牌是具有经济价值的无形资产,是在与大众长期的互动过程中形成的独特、抽象、可识别的心智概念和综合标识,对其所有者和社会受众都可以产生功能性利益和情感性喜好。作为审美对象,品牌美具有历史、文化、风格、产品等多个维度,贮存了大量的认知信息和审美信息。在诸多审美维度中,时尚是一个重要维度。文章围绕这个维度对品牌美展开了丰富阐释,可供人们认知品牌美学问题时参考。

辨一叶而知秋,窥一斑见全豹。希望本书为读者诸君全面把握中国当代美学研究动态提供一种有益的参考。

本书封面插图是曾经走进联合国教科文总部,登陆纽约时代广场大屏幕的恒源祥羊头图案。

本书扉页题字者为上海交通大学周斌教授,曾荣任联合国总部新闻部NGO 组织"国际书法联合会"主席。

本书封底插图为江苏省美术馆一级美术师洪谷子先生创作的国画《万山红遍》。

特此说明,志谢。

祁志祥

2023 年 6 月 30 日

作者许建康,江苏省美学学会副会长

第一章 "美学"的使命、方法与概念

主编插白:本世纪之初,中国中外文艺理论学会会长、中国社会科学院研究员钱中文先生回顾过往,瞻望未来,曾语重心长地对中国的美学工作者提出追求学术原创、面向现实与人的使命要求。他指出:美学不仅在理论上要关心什么是美,还应将自己的理论应用于实际,给美注入新的人文精神,加强对现实中丑陋现象的批判力,守护人的精神家园,充实人的精神世界。这一使命要求,在美丑的界限被取消的今天具有特别重要的现实意义。当下美丑本质或界限的取消主义是建立在对"主客二分"思维模式的否定之上的。浙江大学的著名美学家、文艺理论家王元骧先生认为,"主客二分"的思维模式既有值得反思的局限,也有不可否定的价值。正确的态度是既超越笛卡尔,也超越海德格尔,坚持马克思主义实践观,兼顾文艺创作中主客对立与互渗的辩证统一,同时承认审美活动作为情感活动中主客体关系与哲学认知的理智活动的不同特点,联系文艺活动的实际作了具体阐释。他对"主客二分"思维模式在人类文明发展史上积极意义的肯定和在兼顾主客体互动关系的基础上对审美对象客观属性的强调值得当下简单否定"主客二分"认识方式的论者反思。"美学"到底是一种什么学科? 朱光潜对美学学科定位的思考演变给人有益的启示。朱光潜嫡孙、安徽大学的宛小平教授以翔实的考辨告诉人们:朱光潜先生早年侧重于从心理学科研究美学,认为美学属于"自然科学";中年不忘从五四的人文精神角度研究美学,倾向于认为美学属于主体性很强的"人文科学"。在自然科学与人文科学二者的兼顾中,前期的朱光潜更偏重美学的人文学科属性。新中国成立后,朱光潜接受了马克思主义兼顾主客体的实践观和社会存在论,并以此重新解释自己早先提出的"主客观合一"的美本质论,从而把美学重新定位为一门"社会科学"。"社会科学"与"人文科学"本来很难区分,而在朱光潜先生对"美学"学科定位的辨析中,二者的区别获得了清晰的界说:"社会科学"是研究主客体的科学,"人文科学"则是研究主体的科学,与"自然科学"是研究客体的科学形成鲜明对照。"美学"一词的汉语译名是近代中国美学学科确立的重要标志之一。黄兴涛认为在中国最早创用"美学"一词的是德国传教士花之安,李庆本教授通过考证指出这个说法不确。"美学"一词并没有出现在 1875 年版的《教化议》一书中;在 1897 年版的《泰西学校·教化议合刻》一书中出现的"美学"一词则是错误的标点所致。此外,黄兴涛认为日本"审美学"的名称来源于罗存德《英华字典》,李庆本考辨指出这个观点也缺乏事实依据。李庆本提出的观点是:"美学"这一学科概念是从西方经日本引入中国的。此文提供了新材料,值得关注。其中是非,读者自辨。

第一节　美学:面向原创精神,面向现实与人[①]

一、学术思想的原创性要求

改革开放以来,我国美学界取得了不少重大成果。可以说,这短短 20年的成果,胜于以往 80 年的积累,形成了我国美学研究、发展的一个飞跃时期。

在这一时期里,一些专门研究马克思主义美学的学者,走出了长期对马克思主义美学文献的注释的状态,在探讨马克思主义美学的体系中,开始有了自己的独立意识,并且力图更新、完善这一体系,拓展了美学研究的领域。不少学者进一步探讨了 20 世纪 50、60 年代美学大辩论遗留下来的问题,推动了前面所讲的美学热。90 年代后,美学的热情虽然有所减弱,但是随之而来的是美学的必要的反思与沉思。一些学者仍然坚持本质主义的研究:提出了自己的美学见解,写出了优秀的美学著作,在这方面,蒋孔阳先生的

①　作者钱中文,中国社会科学院荣誉学部委员,中国中外文艺理论学会名誉会长。本文原载《马克思主义美学研究》2001 年第 4 期。

《美学新论》是不可多得的佳作。作者将复杂的美学问题，写得深入浅出，这就十分难得；而在一系列的问题上，又能完整、全面地把握马克思、恩格斯的思想，把问题论说得有根有据，充满辩证气息而令人信服。蒋先生没有以马克思主义的代言人自居，更没有那种以代言人自居的霸气。他认为美学应是一个开放的体系，所以他善于吸收诸家之长，融会成自己的东西，而自成体系。他不像一些美学家，孜孜以求，在追求个人体系的建构时，只顾己说，不及其余。同时更有不少学者清理了中国、外国几千年来的美学思想，编写了一批多卷本的美学史著作等。此外，各种专题性的美学论著也出版了不少。应当说，我国的美学研究空前繁荣，学术气氛相当活跃。

但是，如果看一看外国学者对我国美学研究成绩的反应，就不免令人感到气馁了。我注意到郑元者先生一篇文章所提供的信息，其中讲到，美国分析哲学美学家简·布洛克在为收录了中国美学的20余篇论文的《当代中国美学》英译本撰写的《导言》中，提出疑问："中国美学真的是'美学'吗？""中国美学真的是'中国的'吗？"布洛克认为中国美学家写的东西，不过是中国传统美学、马克思主义美学和欧洲美学的混合物，百年来的中国美学，主要在讨论美是主观的还是客观的、美和崇高的区分、模仿与表现等问题，以及中国古代文人与某些欧美美学家的比较研究，他认为，这是些"令西方读者感到奇怪和陌生"的老问题。又如苏联美学家莫伊谢依·萨莫伊洛维奇·卡冈在上海与中国学者有过会见，当中国同行问及他主编的《世界美学史》会不会介绍当代中国美学研究的业绩时，卡冈直截了当地回答"没有"①。

这是令中国学者们极为尴尬的事。近百年来中外美学研究，实际上和文艺学领域里的情况一样，同样发生了"错位"，但这是"滞后"的错位，即长时间地跟在别人讨论过的问题后面，介绍、解释别人的话题，做着自己的学问。在时间上跟在他人后边说，在话题上重复他人的话题，甚至在话语上使用他人的话语。在别人看来，特别是处于新说不断、学派林立的西方学者看来，这样的研究自然少了新意。

缺乏学术研究的原创性或原创精神，这就是问题的实质所在。

---

① 见郑元者：《20世纪中国美学：边际化及发展策略漫议》，《美学与艺术评论》（第5集），复旦大学出版社2000年版，第269、268页。

但是，这种状况的出现，并不是偶然的。这是近百年来中国社会、文化的复杂因素影响的结果，同时，美学对于中国文化来说，也确实还是一门全新的学科，这恐怕也是原因之一，这里有个掌握的过程，这是问题的一个方面。另一方面，由于在相当长的时间里，整个学术界受到不正常的、不民主的独断论学风的影响，文化专制主义肆虐，使得哲学研究在很长时期里，总是陷于唯心、唯物之争，极大地阻碍了人们思维的多向性发展，所以使得美学也自然离不开客观、主观之分了。固然，美的主客观之说，对于欧美美学来说是老问题了，但是即使对于苏联美学来说，美是主观的还是客观的，以及审美等问题，也还在 20 世纪 50、60 年代进行过广泛的讨论。至于对于中国来说，50、60 年代没有了结的讨论，到了 80 年代自然会被重新提出，缺了的课总得补上。但是从总体上说，我们除了少数优秀的美学著作之外，不少著作确是缺乏人文科学的原创性、原创意识。如果学术著作缺乏这一特性，那如何能够获得较为久长的学术生命、受到人们的重视呢？

我所说的学术思想的原创性、原创精神，自然是指学术领域里的标新立异。标新立异，就是提出新说，就是在前人已经达到的学术探讨的成果的基础上，有所发现，有所出新；就是在这一学术问题的学理探讨上，有所增值，使之成为一种有价值的东西，从而扩大了对这一问题的认识，深化了对这一问题的认识，作为一个真正有价值的环节，丰富了这一知识的体系。

学术界常有为标新立异而标新立异的现象发生，这是可以理解的。但是这样的标新立异，自然不是真正的标新立异，这可能是学术上的浮夸、浮躁学风的表现。炒作出来的标新立异，是一种虚假的学术现象，是学术上的泡沫现象，它往往会轰动一时，声势很大，但经不起时间、实践的检验，过不了多久，它就可能销声匿迹、烟消云散了。还有一种标新立异，就是作者受到一种新的学说、思潮的启发，灵机一动，提出新说，这可能成功，也不一定成功。说可能成功，是说它可以说明某些现象，但过后不久，人们在应用中就会发现它的漏洞，从而感觉到它的作用被夸大了，而实际上价值有限。

在这里，与学术研究的原创性相关，我想提出一个极为普通的问题，就是学术规范的问题。这一问题，不仅其他领域存在，就是美学界也是存在的。

都说艺术贵在创新。学术研究是一种积累的工作与学问，又何尝不要出新？学术研究是以前人已有的发现、成就为起点的，所以在提出问题的时候,就要尽力全面把握前人已有的成绩和达到的水平,并做出客观、真实的说明。自己在把握这些材料时,或有所感悟、有所发现而纠正旧说,说明它失误在哪里;或是融会新知,提出新说,说明自己的说法又新在哪里,都得有个明白交代。现在时有失范的现象发生,这主要表现在有的学者提出新说,却对在他之前的这一问题的已有成绩罔无所知,对有关这方面的资料根本未曾阅读,还自以为有了新的发展,殊不知这一问题是早在几十年前就解决了的。还有一种情况是,他早已了解别的学者在这一问题上的观点,但他还是把这一观点当作自己发现,不作任何说明,一路写作下去。这些失范现象,只能说明这是一些重复性的劳动,同时也表现了不尊重他人劳动的态度。这是极不利于原创性思维发展的,这只会使自己满足于重复他人的学术成果,并使自己失去一个创新的起点。

二、面向全球化语境中的现实与人

今天,我们正处于世纪之交,千年之交。这个新的千年之交的特点是,通过高新科技、信息技术、网络公路、垄断资本的兼并、跨国公司的到处开张营业,经济全球化的氛围愈来愈浓。

不同国家经济上的大联合,将成为事实,经济全球化的出现,必将使得一些国家要求不同形式的政治上的联合,乃至军事、文化上的联合。一些发达国家的理论家们在制造舆论,席卷全球的全球化趋势,将使世界进入一个新时代,国家所处的地域与边缘,已模糊不清,国与国的距离已经缩短,国家的主权应当服从于他们提出的人权,等等;或是说,要建立、推行一种"主流文化",哪个国家的文化在世界范围内取得主流地位,也即取得主导地位,那个国家就可能在国际权力的斗争中稳操胜券,取得支配的领导的地位,所以一再强调文化的全球化、同一化、一体化。可以说,世界并不平静,在各个方面都充满着凶险与斗争。

在这股全球化的大潮中,现实、人、文化、文学艺术都在发生变化,而且是激烈的变化。差不多15年前,当弗·詹姆逊给我们介绍西方的后工业社会、比之垄断资本更巨大的商业企业形式即"多国化"的资本主义的出现时,中国学者似乎有些从未听说过的那种梦幻的感觉:这离我们大概还远得很吧。然而没有多久,就有一些中国的年轻学者加入到后现代主义的讨论中去了。随后,我们发觉,中国对于多国资本主义并不是吃素的,它也加入了这一买卖的行列,它在不少国家已投入了资本。看来在加入WTO之后,它更将会自觉地、主动地以巨大的资本进入到他国的市场,同时也会想方设法吸引他国资本,更加广泛、深入地进入自己的市场,实行跨国资本主义。过去被中国诅咒的资本主义、垄断资本主义已被改变了性质,并且不得不投入到多国资本主义的游戏中去,否则就难以推进自己的经济改革,使自己在世界上丧失立足之地。

20世纪后半期,也许是世界经济、政治、文化体制酝酿着大变动的几十年,而且这一进程正在发生、演变之中。我们从西方学者的著作中,了解到了西方文化的巨大演变,这就是后现代文化的出现及其特征的描写。后工业社会依靠先进的信息技术由此而带动的各种科学技术,创造了极为丰富的物质文明,大众文化、影视艺术、各种传播媒介、广告宣传,极大地满足了广大人群的文化需求,同时也显然通过这种高科技与资本,在塑造着那种"主流文化"的形象,向着其他国家推销,改造着人们的生活方式。后现代文化与艺术,一反过去传统,宣扬一切文化的不确定性,颂扬含混、不连续性、多元性、随意性、异端、叛逆、变态、变形、反创造、分裂、解构、离心、移位、差异、分离、消失、分解、解定义、解密、解总体化、解合法化,此外还有破坏、颠倒、颠覆①,等等。确实,光这些名词,就使得一些掌握了权力话语的人,一听起来就为之心惊胆战。当我们正在阅读西方学者关于后现代主义文化、文学艺术特征的描写时,谁知我们生活之中与文学艺术之中,正在悄悄地发生着这些现象,这也就是美学所面对的问题。

后现代主义文化是西方社会历史进程发展的必然结果。它显示了西方文化强大实力的一面,特别是20世纪西方物质文明的创造,同时也表现了西方精神文明的深刻危机。战争灾祸、法西斯统治、反理性主义的胜利,摧毁了人类社会的理性精神与理想,使得文化领域如哲学、文学艺术、大众文学、影视传媒,一面满足着广大人群的需要,同时充满了各种各样的危机感。特别在后现代文化、文学艺术中间,文化精神的危机感,在我们上述的摘录里,得到了充分的体现。

文化的危机,实际上正是人的危机的表现。人遭受到了战争、暴政的摧

---

① 见伊哈布·哈山:《后现代的转向》,刘象愚译,时报文化出版事业有限公司1993年版,第155页。

残,由此失去了理性与信仰,变成空虚的人;经济的高速发展,物质生活丰富了,但是失去了理想的人,转向物欲的追求,结果被物化了、异化了,结果遭到物的挤兑,成了扁平的人;信息科技显示了人的无限的创造力,但科技只关心人的享受与舒适的一面,而其非人性的一面,又使人非人化,使人成为渺小的人。人的危机,表现为对社会价值的漠不关心,在满目疮痍的人世间,感到极度陌生,他好像已无求于社会;价值观念的失范,表现为信仰、规范的失效,行为模式的反常、乖戾。不少人在精神上存在慢性的自杀行为,他们渐渐地失去了人自身的特征,失去了人的血性与良心、怜悯与同情。

　　文化与人的危机,并非始于今日,早在19世纪末、20世纪初,不少哲学家就预见到了。比如巴赫金在20世纪20年代初,就提出过"现代危机","现代危机从根本上说就是现代行为的危机。行为动机与行为产品之间形成了一条鸿沟。……负责行为所拥有的全部力量,都转入了自主的文化领域;而放弃了这力量的行为,则降低到了起码的生物动因和经济动因的水平,失掉了自己所有的理想因素:而这正是文明所处的状况。全部文化财富被用来为生物行为服务。理论把行为丢到了愚钝的存在之中,从中榨取所有的理想成分,纳入了自己的独立而封闭的领域,导致了行为的贫困"①。巴赫金看到的是文化与生活的互不融合,解决的道路是,应将行为的责任与内容统一起来,克服这恼人的脱节。俄国的另一位哲学家别尔嘉耶夫从美学的角度,认为20世纪初"俄罗斯文学所特有的真实性和淳朴性消失了"。"在我们的复兴中以前受压抑的美学因素实际上比原来很虚弱的伦理学因素更强有力。然而这意味着意志薄弱与消极性"②。这样的批评也是切中文学艺术的弊端。但是发展到了当代,文化、人的危机只是有增无已,而且表现得更加赤裸与变本加厉。后来欧美的各种美学派别,特别是文化研究,及时地探讨了现实生活发生的变迁,其批判的广泛性是令我们惊奇的。

　　现在这些文化危机的因素终于出现在我们的生活里了,这给了我们的美学一个机会,即和西方探讨同一话题、共同的话题,从而使"滞后"的距离大大地缩短,慢慢地消除了"错位"现象。这是一个重大的变化。美学当然

---

① 钱中文主编:《巴赫金全集》第1卷,河北教育出版社1998年版,第55页。

② 别尔嘉耶夫:《俄罗斯思想》,雷永生等译,生活·读书·新知三联书店1995年版,第215、216页。

仍然可以探讨它自身的问题,即那种纯理论的探索,但是它也理应关怀现今的人:他在当今全球化氛围中的生存状态,特别是他的精神的生存状态,他的思维状态的变化,审美风尚的更迭,审美趣味的激变,新的审美观念的产生。不是有哲学家提出,人应诗意地栖居于大地之上吗? 当今天人与人之间充满了极端世俗化的气息时,那健康的人在哪儿? 当大地上灾难、瘟疫不断在肆虐时,那诗意的栖居又安在?

就是对于马克思主义美学来说,也是如此。我知道,我国的美学受到马克思主义美学的影响极大,不同派别几乎都声明是从马克思主义出发的。有的派别有所前进,有的派别故步自封,不愿吸收新鲜的东西,体系严密了,但也封死了自己而作茧自缚,失去了生气甚至生命。现在出版的有的美学史,指导思想、体系思想、材料收集,还停留在 20 世纪 60 年代的水平上,没有进步。可见,马克思主义美学同样必须自我更新。全球化的语境,迅速地改变着人的物质生活、精神生活、审美心理等各个方面。不探讨新问题,不对当今的现实与人的生存状态进行审美阐释,却是不断重复现成的观点,与生活愈来愈远,到那时,美学与理论就失去自己的生命了。

美学不仅在理论上要关心什么是美,丑自然也可以成为审美对象,同时还应将自己的理论应用于实际,加强对现实的批判力,守护人的精神家园,用新的人文精神,充实人的精神。

确实,在当今全球化的氛围中,美学理论在今天受到严重的挑战,但也有无限的机遇,我们对此充满期待。

第二节 "主客二分"思维模式的得失考察①

一、"主客二分"思维模式的局限与价值

近几年来,文艺理论界对文艺理论研究中的"主客二分"的思维模式,愈来愈持批评和否定的态度。这既有受当代西方哲学和文艺理论思潮影响的因素,也与主客二分思维模式本身存在的问题密切相关。这种思维模式

---

① 作者王元骧,浙江大学中文系教授,本文原题《对于文艺研究中"主客二分"思维模式的批判性考察》,载《学术月刊》2004 年第 5 期。

本身到底存在着哪些问题？它何以会在当今西方哲学和文艺理论中引起人们那么强烈的不满？在我看来，可能主要有这样两个方面：

首先，主客二分这种思维模式是由实体性思维的方式而萌生出来的。在西方哲学史上，它的确立大概始于柏拉图。在柏拉图以前，古希腊哲人一般都把存在看作是一个过程，柏拉图也承认具体事物是永远不停地运动的，是一个生成的过程；但他认为"生成的事物是从某个本原生成的"，而"本原的是不属于生成的"①，它是不生不灭、不增不减、永恒不变的。亚里士多德继承了这一思想，还进而认定这种生成的基础是某种实体，认为"其他一切都因实体而有意义"②，从而把这种给定的实体看作是"第一哲学"所研究的对象。这样，就形成了西方传统哲学中的本体论形而上学。它的基本特点就是把世界本体看作是一种独立于人而存在的、预成的、永恒不变的东西，哲学的任务就是致力于去探讨世界的这种本原和始基。这就是一种萌芽状态的主客二分的思维模式。这种观点到了古希腊晚期被怀疑主义称之为"独断论"，认为这种世界本体是不可知的。所以到了近代，随着人的自我意识的觉醒，西方哲学家就开始转换思维方式，把哲学关注的对象从世界本体转向认识主体，即世界是什么转换为我怎么认识世界。但这个认识主体在他们眼中同样是一种孤立的、预成的实体，如西方近代认识论哲学创始人笛卡尔在提出"我思故我在"的时候，对这个口号作了这样的解释："我是一个实体，这个实体的全部本质或本性只是思想，它并不需要任何地点以便存在，也不依赖任何物质性的东西；因此，这个'我'，亦即我赖以成为我的心灵，是与身体完全不等同的，甚至比身体更容易认识，纵然身体并不存在，心灵也仍然不失其为心灵"③。既然实体是不依赖于其他事物而独立存在的，那么这也就等于把"我"看作为一个脱离现实而孤立存在的抽象的认识主体，从而导致心与物，人与世界处于外在对立、机械分割的状态，这决定了在他的认识论中，主体与客体完全是独立二分的。所以，与古希腊的本体论形而上学相对，人们把笛卡尔的哲学称之为主体论形而上学。这种倾向不仅影响到了整个近代认识论哲学，而且也波及了西方近代的文艺理论。在许

---

① 柏拉图：《斐德罗篇》，《古希腊哲学》，中国人民大学出版社 1990 年版，第 285 页。

② 亚里士多德：《物理学》，《古希腊哲学》，中国人民大学出版社 1990 年版，第 420 页。

③ 笛卡尔：《谈方法》，《西方哲学原著选读》上卷，商务印书馆 1987 年版，第 369 页。

多作家和理论家看来,文艺只不过是作家对于外在世界的一种反映。在这里,世界是独立于作家而存在的,而作家只不过是这个独立于他而存在的外在世界的观察者和模仿者,看待一个作家才能的重要标志之一,莫过于他是否善于观察。所以福楼拜教导莫泊桑:"对你所要表现的东西,要长时间很注意去观察它,以便能发现别人没有发现过和没有写过的特点"①,巴尔扎克也认为:"只有根据事实,根据观察,根据亲眼看到过的生活中的图画,根据生活中得来的结论写的书,才享有永恒的光荣"②。这种心物、主客对立的二元论的哲学观和文艺观自 19 世纪中叶以来,不仅受到意志哲学、生命哲学、现象学哲学、存在主义哲学和现代科学(如量子力学创始之一海森伯在《物理学与哲学》中认为"自然科学是自然和我们自身相互作用的一部分","这使得把世界与我严格区分开是不可能的","这或许是笛卡尔未能想到的一种可能性")的质疑,而且也受到了马克思主义创始人的批判。如狄尔泰对于他所创立的"精神科学"(亦称"生命哲学",因为他所说的"生命"主要指"精神生命")的对象作了这样的界定:"在各种精神科学之中,研究主题都是真实存在的单元,都是作为处于内在经验之中的事实而被给定的",所以"都不可能把人当作处于其与社会进行的各种互动过程之外的东西来发现——可以说,都不可能把人当作先于社会而存在的东西来发现的"③。海德格尔的存在论哲学也从"在世界中存在"这个基本主题出发,认为"在之中"不是一种空间性的外在关系,而是一种时间性的内在的"依寓"关系。"主体和客体因此在和世界不是一而二,而是二而一的","实在的东西本质上只有作为世内存在者才是可以通达的"。从这一认识出发,他把传统的主客二分看作是"一个不祥的前提"④来加以否定。这些批评对于西方近代认识论哲学的主客二分说而言,应该说还是比较准确的。

其次,由于古希腊本体论哲学把本体看作是世界的终极本原,一切科学的最终依据,是一种知识的对象,认为它只有通过认识、通过理智活动才能

---

① 莫泊桑:《论小说》,《欧美古典作家论现实主义和浪漫主义》(二),中国社会科学出版社 1981 年版,第 237 页。

② 巴尔扎克:《〈古物陈列室〉初版序言》,《巴尔扎克论文学》,中国社会科学出版社 1981 年版,第 145 页。

③ 狄尔泰:《精神科学引导》,中国城市出版社 2002 年版,第 53、55 页。

④ 海德格尔:《存在与时间》,生活·读书·新知三联书店 1981 年版,第 74、244、73 页。

把握;因而都贬低其他心理活动来提高和崇仰理智。如柏拉图认为理智在人的灵魂中"应占统治的地位"①,亚里士多德也主张"理智为了处于支配地位,为了认识,它一定不混杂的,必然地思维着一切,杂入了任何异质的东西,就会阻碍理智"②。这思想后来也为笛卡尔所继承和发展,他在把"我"看作"一个在思维的东西"、认为只有在思维的我才能作为主体而存在的同时,还把数学的方法引入哲学研究,要求思维必须像数学推算一样严格清晰,强调只有"我们十分明确、十分清楚地设想到的东西,才是真的"③,因而就把哲学的方法确定为逻辑的推演。尽管他并没有完全否定和排斥情感和想象;但认为那些由理智所得来的,"比起我自己那个落入想象范围的不知道是什么的部分来,我知道得要清楚得多"④。这样,也就把心与物、人与世界的关系看作主要是一种科学认识的关系,就像海德格尔所批评的"通达这种存在者的唯一真实道路是认识,而且是数学、物理学意义上的认识"⑤。这种思想首先影响到了当时正在法国兴起的新古典主义文艺理论,它的代表人物布瓦洛在他的《诗的艺术》中就曾这样告诫作家:要使自己的作品获得成功,"首先必须爱理性","理性之向前进行常只有一条正路","一切文章永远只有凭理性才能获得价值和光芒"⑥。这就不仅把主客体的关系,而且把主客体本身也给分割了,使它们都成了抽象的而不再是实际存在的人与世界。19世纪中叶以来,随着意志哲学、生命哲学等哲学派别的兴起,这种哲学观和文艺观也同样受到猛烈的冲击和否定。因为这些哲学都反对把世界的本体看作是一种凝固、抽象、不变的、永恒的实体,而看作是一种人的意志活动或生命活动,一种生成的过程,认为世界就是人的意志和生命活动的一种显现,世界就是"意志的客体性,是意志的显出,意志的镜子"。因而,人就不仅是主体,同时也就成了客体和对象。对于这样一个意志的直观世界,意志的表象世界的反映,也就成了意志的一种"自我意识"⑦。由于这

① 柏拉图:《国家篇》,《古希腊哲学》,中国人民大学出版社1990年版,第297页。
② 亚里士多德:《论灵魂》,《古希腊哲学》,中国人民大学出版社1990年版,第491页。
③ 笛卡尔:《谈方法》,《西方哲学原著选读》上卷,商务印书馆1987年版,第369页。
④ 笛卡尔:《形而上学的沉思》,《古希腊哲学》,中国人民大学出版社1990年版,第370页。
⑤ 海德格尔:《存在与时间》,生活·读书·新知三联书店1981年版,第119页。
⑥ 布瓦洛:《诗的艺术》,《西方文论选》上卷,上海译文出版社1979年版,第290页。
⑦ 叔本华:《作为意志和表象的世界》,商务印书馆1982年版,第236页。

个意志的表象世界是个别的、鲜活的、变动不居的,相应地它也就是不可能以理智而只能通过"直观"去进行把握。这样,直观也就成了"一切证据的最高源泉,只有直接间接以直观为依据才有绝对的真理,并且确信是最近的,也是最可靠的途径。因为一旦概念介于其间,就难免不为迷误所乘"①。这种观点后来也为尼采、狄尔泰、柏格森、胡塞尔、海德格尔等人所继承和发展。如狄尔泰把"体验"看作是把握和占有生命的方式,就是因为在于他眼中,生命是一个无法通过观察去把握的鲜活的有机整体,所以他既反对理性主义离开人的具体存在,把人看作仅仅是一个"在思想的东西",也不赞同经验主义"从那些感觉和表象出发来构想人",认为这样的理解"都完全是抽象的","就像从各种原子出发所构想的人一样"②。这思想得到了海德格尔的积极肯定,说"他从这种生命本身的整体出发,试图依照生命体验的结构网络与发展网络来领会这种'生命'的'体验'。他的'精神科学的心理学不愿再依循心理元素与心理原子制定方向,不愿再拼凑起灵魂生命;这种心理学毋宁以'生命整体'与诸'形态'为表象的'"③。这些言论都向我们表明了,人作为一个知、意、情统一的有机整体,是无法被抽象为仅仅是一个"在思维的东西"的,他与世界所发生的除了理智的、认识的关系之外,还有意志的、情感的关系,包括直觉和体验在内;片面地强调理智,无视甚至排除直觉和体验,就等于把这个生命整体给分解、割裂了,这是不可能说明人与世界以及主体与客体关系的整体特性,特别是文艺活动中的主客体关系的。

从上述初步分析来看,我认为意志哲学、生命哲学以来,西方许多哲学流派对传统的主客二分的思维模式的分析和批判,有不少具体意见都是正确的、是深中肯綮的。但是,是否因此说明主客二分的思维模式就一无是处,就应该全盘予以否定和抛弃了呢?下这结论恐怕还为时过早。因为我觉得当海德格尔等人把主客二分看作是哲学的"一个不祥的前提"的时候,他们似乎不应有地忽视了或没有看到这样两点:

一、从历史的观点来看,主客二分思维模式的出现,某种意义上说,正是人类文明发展和历史进步的积极成果。在早期希腊哲学中,哲学与日常

---

① 叔本华:《作为意志和表象的世界》,商务印书馆1982年版,第114页。
② 狄尔泰:《精神科学引导》,中国城市出版社2002年版,第202页。
③ 柏拉图:《国家篇》,《古希腊哲学》,中国人民大学出版社1990年版,第58页。

意识和神话意识是未曾分离的,而在"日常意识和神话的水平上,是没有认识论上的主观与客观的对立的","世界、宇宙是作为完整的、与人统一的东西而出现的";直到希腊哲学的古典时期,特别是苏格拉底和柏拉图把世界划分感性和理性两个世界之后,才开始萌生了主客体的意识①。这种主客二分思维模式的产生表明人与世界开始从原先混乱的状态中分离出来,把世界当作自己认识和意志的对象,由此使得人的活动开始从自然的状态进入文化的领域,从而使得社会得以发展、人类得以进步。所以,没有主客二分,也就没有现代的科技文明。尽管主客二分的理论本身存在着这样那样的问题,科技文明由于资本主义的片面利用,也产生了许多负面的社会效应,使原本作为人类文明的成果反过来变成了奴役人的异己力量。但无论如何我们不能因此把主客二分的思维模式不加分析地全盘加以否定,而应该以辩证唯物主义的观点对之进行改造。否则就等于否定了人类文明的成果,把人重新引向愚昧、原始、自然的状态。

二、主客二分理论本身也是在发展的,19世纪中叶以来,就已逐步开始从笛卡尔的思维模式中摆脱出来,特别是在马克思主义创始人的哲学著作中,对于主客二分的研究更有了长足的进步。恩格斯在《反杜林论·引论》中谈到西方近代科学的思维方式时曾经指出:它"把自然界的事物和过程孤立起来,撇开广泛的具体的联系去进行考察,……这种考察事物的方法被培根和洛克从自然科学移入到哲学中来之后,造就了最近几个世纪所特有的局限性,即形而上学的思维方式",看不到任何事物之间,包括主客体的关系"不管它们如何对立,它们总是互相渗透的"②。这就说明马克思主义创始人对于主客体关系的认识已不同于笛卡尔等人,把它们看作既二分对立,又能互相渗透的,这是对主客体理论研究的一大推进。这种对立统一、相互联系的主客体理论,后来在苏联马克思主义哲学研究中,又有了进一步的深化和具体化。但海德格尔等人自身视野和思维方式的局限,使得他们对主客体理论的批判还只是停留在以笛卡尔等人的思想为对立面的认识水平,而无视它在现当代的发展。这就不仅使得他们的理论不可能真正达到时代的

---

① 帕尔纽克主编:《作为哲学问题的主体和客体》,中国人民大学出版社1988年版,第9—14页。

② 恩格斯:《反杜林论·引论》,《马克思恩格斯选集》第3卷,人民出版社1972年版,第60—62页。

高度,而且还不可避免地带有许多明显的片面性和褊狭性。所以,我们今天来探讨主客体理论的时候,我觉得就不仅存在着一个超越笛卡尔,而且还存在着一个超越海德格尔的问题。

二、文艺创作中主客对立与互渗的辩证统一

要实现这一目标,马克思主义哲学所指明的方向是值得我们遵循的。现在,就让我们来看看,马克思主义创始人在主客体理论研究方面到底作出了哪些贡献,取得了哪些进展。

马克思在《1844年经济学哲学手稿》中谈到人的活动时曾经指出:"人的类特性恰恰就是自由的有意识的活动。"这是因为人与动物不同,"动物和它的生命活动是直接同一的","人则使自己的生命活动本身变成自己的意志和意识的对象","有意识的生命活动把人同动物的生命活动直接区别开来"①,使人的活动有了自己的对象,从而开始形成了主客体的二分对立,并确立了人自身在活动中的主体的地位。这表明马克思创始人是接受并坚持以主客体的理论来分析和考察人的活动的。

但是与笛卡尔等近代哲学家不同,马克思主义创始人不是把主客体看作是两个预设的、彼此孤立而存在的实体。他们把实践的思想引入哲学,认为不论主体还是客体,都是在实践的基础上产生和分化出来,并随着实践的发展而不断地丰富起来的。从客体方面来看,与直观唯物主义不同,马克思主义认为它作为人的对象世界,不是外在于人而独立存在的、与人不发生关系的甚至处于对立状态的自然,"不是某种开天辟地以来就已经存在的、始终为一的东西,而是工业和社会状况的产物,是历史的产物,是世世代代活动的结果"②。这表明"只要有人存在",亦即在人的活动世界里,"自然史和人类史就彼此互相制约"③。因此,在活动过程中,人们所面对的都不是本然的自然,外部自然只有通过人的实践与人发生关系与联系之后,才有可能成为人的对象,同时也决定了"人的思维最本质最切近的基础,正是人引起

---

① 马克思:《1844年经济学哲学手稿》,人民出版社1985年版,第53页。
② 马克思、恩格斯:《德意志意识形态》,《马克思恩格斯选集》第1卷,人民出版社1972年版,第48页。
③ 马克思、恩格斯:《德意志意识形态》,《马克思恩格斯选集》第1卷,人民出版社1972年版,第21页。

的自然界的变化,而不是单独的自然本身"①。人只能生活在"人化"的世界中,生活在他自己所创造的世界中。从主体方面来看,人作为有意识、有目的的活动的发动者和承担者,也不同于旧唯物主义哲学家眼中的那种自然状态的人,同样是在实践的过程中形成和发展起来的。这是因为一方面,当人"通过这种活动(按:即指实践)作用于他身外的自然并改变自然时,也同时改变他自身的自然,使他自身自然中沉睡着的潜力发挥出来,并且使这种力的活动受他自己控制"②。所以"人的感觉,感觉的人性,都只是由于它的对象而存在,由人化的自然才产生出来的"③。而另一方面,在实践过程中所结成的人的交往活动,又将历史和人类的文化成果转移到个人的身上,使得人的活动过程同时也成了人自身社会化的过程,成了对于人类文化的实际的掌握过程,从而使"单个人的历史"同时也成了"他以前或同时代其他人的历史"的一个缩影④。因此对于人来说,只有当他掌握了人类社会实践过程所积累起来和积淀下来的思想、智慧和能力之后,他在活动中才有可能成为真正的主体。这都说明,在马克思主义那里,主体与客体已不像在笛卡尔等人的眼中那样,是孤立的、预成的、一成不变的、外在对立的、机械分割的;而都是在实践的基础上产生和分化出来的,是互相关联,互相渗透,互相促进的,"主体是在认识和改造客体的过程中,在对客体的关系中获取自己的规定的,活动的客体怎样,它的主体也是怎样,反之变然"⑤。正是主客体之间这种互渗互动的关系,推动着主客体的关系随着人类的实践而不断地发展。所以它们的关系不是抽象的、一成不变的,而总是历史的、具体的。这样,就从根本上与直观唯物主义和思辨形而上学划清了界线,为我们对主客体关系的正确解释提供了存在论的前提。

　　基于从上述存在论意义上对主客体理论这种历史唯物主义的解释,在

①　恩格斯:《自然辩证法》,《马克思恩格斯选集》第 3 卷,人民出版社 1972 年版,第
　　551 页。
②　马克思:《资本论》第 1 卷,《马克思恩格斯全集》第 23 卷,人民出版社 1972 年版,第
　　201—202 页。
③　马克思:《1844 年经济学哲学手稿》,人民出版社 1985 年版,第 83 页。
④　马克思、恩格斯:《德意志意识形态》,《马克思恩格斯全集》第 3 卷,人民出版社 1960 年
　　版,第 515 页。
⑤　帕尔纽克主编:《作为哲学问题的主体和客体》,中国人民大学出版社 1988 年版,第
　　73 页。

认识论的主客体关系问题上,马克思主义创始人也提出了与经验主义和理性主义完全不同的原则,这些原则大致可以从两方面来看:

首先,近代认识论哲学一般都把认识看作是一种单向的活动;经验主义视认识为主体对外界刺激的消极的接纳,认为:"一切知识都只是从感觉获得的"①。"我们所具有的大部分观念的这个巨大的源泉是完完全全依靠我们的感官,并且通过感官而流到理智的,我把这个源泉称为感觉"②。而理性主义则认为认识源于人的一种理性观念,认为"我的本性具有一种先天所赋予的完满性"③,所以"心灵的一切观念都必须从那个能够表示自然全体的本原和源泉的观念中推导出来,这样,这个观念本身也就可以作为其他观念的源泉"④。可见这些思想都是以主客体分裂为特征的。与之不同,马克思主义创始人则把认识看作是主客体交互作用的产物。他首先从唯物主义的立场出发,把一切意识看作都是对存在的一种反映;但又认为这种反映不是直观的、消极的,认为"从前一切唯物主义——包括费尔巴哈的唯物主义——的主要缺点",就在于"对事物、现实、感性,只是从客体的或者直观的形式去理解,而不是把它们当作人的感性活动,当作实践去理解,不是从主观方面去理解。"⑤而这种从"主观方面去理解"的思维方式,正是理性主义的一大特征。它们反对把认识看作只是个人感觉经验的成果,而认为是"由于一个比我更完满的本性把这个观念放进我心里头来。"⑥因而认识"必须首先有一个真观念存在于我们心中,作为天赋的工具",认识的"完善的方法在于指示我们如何指导心灵,使它依照一定真观念的规范去进行认识"⑦。这样,就对经验主义、直观唯物主义的认识论从根本上来了一个颠倒,认为认识不是主观符合客观,而是客观符合主观,即它总是由主体在某

① 霍布斯:《论物体》,《西方哲学原著选读》上卷,商务印书馆 1981 年版,第 395 页。
② 洛克:《人类理智论》,《西方哲学原著选读》上卷,商务印书馆 1981 年版,第 450 页。
③ 笛卡尔:《谈方法》,《西方哲学原著选读》上卷,商务印书馆 1987 年版,第 375 页。
④ 斯宾诺莎:《理智改正论》,《西方哲学原著选读》上卷,商务印书馆 1981 年版,第 413 页。
⑤ 马克思:《关于费尔巴哈的提纲》,《马克思恩格斯选集》第 1 卷,人民出版社 1972 年版,第 16 页。
⑥ 笛卡尔:《谈方法》,《西方哲学原著选读》上卷,商务印书馆 1987 年版,第 375 页。
⑦ 斯宾诺莎:《理智改正论》,《西方哲学原著选读》上卷,商务印书馆 1981 年版,第 412 页。

种现有观念指导下对于客观事物进行选择、整合、同化、建构的结果。这实际上是以唯心主义的语言说出了认识对于由社会历史形成的主体现有经验和思想模式的依赖性,这思想显然要比直观唯物主义包含着更多深刻的真理成分。这我想就是马克思批评直观唯物主义"不是从主观方面去理解"的主要原因。但是马克思同样不赞同理性主义,认为它"抽象地发展了"这种认识的"能动的方面"①。而所谓"抽象地发展了",以我之见,就是指理性主义在正确地指出了认识必须要以主体自身的现有观念作为工具的时候,却认识不到它的唯物主义的基础和根源,认识不到它本身就是由经验整合、提升而来,是人类实践的产物和社会历史的成果,并随着人类实践的发展而不断发展的;而错误地把它看作是一种先天的、天赋的东西。这样不仅使本末颠倒,而且也把问题抽象化了。这就鲜明不过地表明了马克思主义所主张的是一种既不同于直观唯物主义又不同于思辨形而上学的、主客体既二分又统一、既对立又互渗的认识原则。

其次,与近代认识论哲学不同还在于在马克思主义看来,"任何人类历史的第一个前提无疑是有生命的个人存在",是"从事实际活动的人",是"现实的历史的人"②,而非近代哲学家(包括理性主义和经验主义在内)所理解的那种与社会历史分离的抽象的人。所以,对于人与世界、主体与客体的关系,就不应该仅仅归结为认识的关系,甚至即使是认识的关系,也不等于完全是一种抽象的理智关系;而认为人是"以一种全面的方式,也就是说,作为一个完整的人,占有自己全面的本质","因此,正像人的本质规定和活动是多种多样的一样,人的现实的关系也是多种多样的"③。正是从这种整体性的思想出发,马克思和恩格斯不仅反对传统的德国思辨哲学把人看作是一种"绝对的理念",一种"无人身的理性",认为"思辨哲学家在一切场合谈到人的时候,指的都不是具体的东西,而是抽象的东西,即理念、精神等等"④。

① 马克思:《关于费尔巴哈的提纲》,《马克思恩格斯选集》第1卷,人民出版社1972年版,第16页。

② 马克思、恩格斯:《德意志意识形态》,《马克思恩格斯选集》第1卷,人民出版社1972年版,第50、30、48页。

③ 马克思:《1844年经济学哲学手稿》,人民出版社1985年版,第80页、第81页。

④ 马克思、恩格斯:《神圣家族》,《马克思恩格斯全集》第2卷,人民出版社1957年版,第7页。

这些人都是"从天上降到地上的"①。而且对于英国近代唯物主义日趋理性化的倾向也曾作过尖锐的批判,如马克思在《神圣家族》中认为英国唯物主义"在它的第一个创始人培根那里,还在朴素的形式下包含着全面发展的萌芽。物质带着诗意的感性光辉对人的全身心发出微笑",但"在以后发展中变得片面了。……感性失去了它鲜明的色彩,变成了几何学家的抽象的感性。……唯物主义变得敌视人类了。为了在自己的领域内克服敌视人类的,毫无血肉的精神,唯物主义只好抑制自己的情欲,当一个禁欲主义者。它变成理智的东西,同时以无情的彻底性来发展理智的一切结论"②。由此可见,在认识论问题上,马克思主义创始人虽然不像狄尔泰等人那样从心理学的角度,从体验的心理关联的角度来论证生命的整体性,而始终坚持从哲学的层面上来探讨认识活动中的主客体的关系问题。但又始终认为主体作为现实的、历史的、从事实际活动的人不是一种"无人身的理性",而总是在一定的需要、动机、目的、愿望参与下从事活动的。这就使得在这种活动中所形成的主客体关系的内容不可能是纯思辨、纯逻辑的,它必然还包含有感觉和体验、意志和情感的成分;所以在反对形而上学、反对科学主义、反对工具理性,在维护人的存在的整体方面,却有着共同的致思方向,这也是与马克思主义创始人反"异化"的思想完全一致的。

对于马克思主义创始人从存在论和认识论方面所开展的这些关于主客体关系的内容丰富的论述,迄今为止在文艺理论界似乎很少引起人们应有的注意;至于苏联哲学、心理学中对之所作的一些有价值的研究和阐发,那就更远在人们的视野之外。这就使得我们今天在主客体问题的认识上仍然没有摆脱海德格尔的批判视域,还仅仅停留在以笛卡尔思想作为自己理论的对立面的水平,这就限制了我们对这个问题认识的深入开展和准确把握。

按照马克思主义这种对立统一的主客体理论来审视文艺,那么,在我们看来,文艺的对象就不应该看作是一种独立于作家而存在的外在世界,它本身就是作家人生实践的产物,带有作家思想人格、人生经历的鲜明的印记。而文艺创作也不只是作家对于现实生活的简单记录,他总是以自己的全身

---

① 马克思、恩格斯:《德意志意识形态》,《马克思恩格斯选集》第 1 卷,人民出版社 1972 年版,第 30 页。
② 马克思、恩格斯:《神圣家族》,《马克思恩格斯全集》第 2 卷,人民出版社 1957 年版,第 163—164 页。

心,亦即以知、意、情统一的人投入对世界的把握和加工之中。这就决定了文艺所反映的不仅只是发生在作家周围与他自己的人生经历须臾不分离的活生生社会现实,而且作家也不可能仅仅依靠认识活动,以思想、概念的形式去进行把握,而只能以情感体验的方式去与之建立联系。情感总是带有很大的直觉性与无意识性的,它不仅未经概念的分解,而且往往将主体自身融入对象,并按照自己个人的方式,根据特定情境中的特定感受来对世界作出反映。所以它所把握并向我们所展示的总是一种整体的、鲜活的、原初形态的东西。但另一方面,由于这种情感体验是直感的,一般是未经理性的分析和认知的,所以往往又免不了带有某种浅表性和朦胧性,因而还需要寻求与理性的结合,一切优秀的文艺作品,总是这样一种主客二分与互渗统一的结晶。这种统一往往以两种方式实现:一是过程性的。狄德罗、华滋华斯、黑格尔等都谈到这个问题,流传最广的就是华滋华斯所说的:"诗起源于平静中回忆起来的情感"①,它表明在激情状态下人的意识水平是很低的;只有等到激情过后,再对自己当初的情感进行一番回味,经过比较理智的态度去分析、评判和整理之后,才能将其纳入一定的艺术形式,并得到比较完美的艺术表现。二是同步性的。如一些即兴之作,虽然就一时的感受挥毫成篇,但有许多之所以能成为千古名篇、广为流传,实际上是以作家自身长期的情感的陶冶、人格的磨炼为前提的。我国古代诗论十分强调作家作诗要以自己的"胸襟"或"襟袍"为根基,如叶燮说:"诗之基,其人之胸襟是也,有胸襟,然后能载其性情、智慧、聪明、才辩以出,随遇而生,随生而盛"②。沈德潜也说:"第一等襟袍,第一等学识,斯有第一步真诗"③。所以,在文学创作中,作家的情感与理智的关系不论以哪一种形式出现,本质上都是主客二分和合一的辩证统一。当然,在西方现代主义文艺思潮中,也有主张排斥理智的介入,完全凭直觉、体验、非理性、无意识来进行创作的,如意识流小说、超现实主义诗歌等,但这种作品到底能得到多少人的欣赏和认同,它的发展前景又将会怎样,都是一个有待历史检验和证明的问题;我们当然不能仅仅以此为依据来否定文艺创作中创作主客对立而又互渗的这一普遍原则。

---

① 华滋华斯:《〈抒情歌谣集〉序言》,《19世纪英国诗人论诗》,人民文学出版社1984年版,第22页。
② 叶燮:《原诗》。
③ 沈德潜:《说诗晬语》。

三、情感活动与理智活动中主客体关系的不同特点

以上,我们主要还只是从哲学的层面上来说明文艺创作中主客对立与互渗的辩证关系。但是人与世界、主体与客体的关系有各种形式,在不同的形式中,它们的表现方式和形态都各不相同。在理智关系中,主导的形式是二分的;反之,在情感关系中,主导的形式则是合一的。由于在文艺创作中,作家主要是以审美情感为中介与世界建立关系的,以致人们常常抓住这种特殊的现象来否定文艺活动中的主客二分的原则。这在某种意义上就犯了马克思、恩格斯所批评的:以"经验的事实"来解释"深奥的哲学问题的"错误①。但反过来,我们也不能无视这些经验事实的存在,以及它在文艺理论研究中的价值,因为文艺活动总是在现象的、经验的层面上进行的。所以,只有当我们把哲学层面上的研究贯彻到经验层面上去,把文艺活动中的这些经验现象说透了,我们的哲学探讨才有意义,我们的文艺理论也才不至于满足于演绎哲学而获得具体而充实的内容。这就要求我们在探讨主客二分思维模式时,不能把目光仅仅停留在哲学的层面,还应该与心理学层面的研究结合起来。在主客体关系的问题上,哲学层面研究与心理学层面的研究的不同,就在于哲学研究的是社会主体、类主体,而心理学研究则是个人主体,如同狄尔泰所说"心理学的对象始终不过是某种个体而已"②。而在这两个层面之间,心理学层面的研究无疑应该以哲学层面的研究为基础和前提,如同对于个体的人的认识必须以对类的人的认识为基础和前提那样。因为一切个体的、心理活动的形式,都只有按照人是社会、历史、文化的人的观点,才有可能对它作出正确的解释。所以对于两个层面的关系,我们必须要以一种辩证的观点来进行理解和把握。

下面,我想就通过对情感活动与理智活动的比较分析,来看看在心理学层面上,这两者的主客体关系到底有哪些具体的特点和区别:

首先,理智活动(亦即思维活动)的目的是在感觉和表象的基础上,通过概念、判断、推理,来认识事物的客观属性。尽管理智活动的客体和主体

---

① 马克思、恩格斯:《德意志意识形态》,《马克思恩格斯选集》第 1 卷,人民出版社 1972 年版,第 49 页。

② 狄尔泰:《精神科学引导》,中国城市出版社 2002 年版,第 55 页。

都是在实践的基础上产生，由实践活动分离出来的，从哲学层面上看，两者都既是对立又是互渗的；科学研究同样也证明了认识总是以一定的"范式"和以仪器为中介而达到的，它不可能做到对事物作纯粹的客观的描述，而不可避免地总是要带有某种主观的印记。但若是把它们看作一种心理活动，从心理形式的方面来看，那总是处于二分对立的状态的，是一种观察者和被观察对象、研究者和被研究对象的关系；否则就无法得到对于事物科学的认识结论。而情感状态却与之不同，因为情感是具有弥散性的，所以在情感关系中，一旦当主体为某一对象所打动而产生某种情感之后，反过来他又会把自己情感移入到对象，就像叔本华所说的"自失于对象之中"①，并在与对象进行交流过程中使自己的情感不断地得到强化，以致有些作家在情感状态中由于自己"自失于"对象而分不清他想象的世界与现实的世界的区别，把自己虚构的人物不仅当作生活在他周围世界的实有的人物那样，为他们的命运、遭际倾注着自己全部的同情，就像陀思妥耶夫斯基在他的小说《被侮辱的与被损害的》中所说的："我同我的想象、同我亲手塑造的人物共同生活着，他们好像是我的亲人，是实际活着的人；我热爱他们的，与他们同欢乐，共悲愁，有时甚至为我的心地单纯的主人公洒下最真诚的眼泪。"甚至有时还由于"自居心理"的作用，把自己喜爱的人物当作自己本人，去经历他们的苦难、分享他们的喜悦，如同福楼拜在描写包法利夫人服毒自杀时那样，自己也感到"一嘴的砒霜味，就像自己中毒一样"，把吃下去的晚饭也"全呕出来"②，以致描写死亡，也像爱仑堡所说的，就"意味着试着自己去死"③。尽管这种主客融合的状态一般说来都是经由作家理性加工之后所重新返回到的情感无意识状态，与原发性的情感不同，其中已经渗透着理性的成分，带有作家态度和评价的印记；但就心理形式上来说，却不能不说是主客合一的。

其次，理智活动的目的既然是为了认识事物的客观属性，所以在理智活动中，作为认识主体的人也就被分化、析离成为一种思想的工具，一个像笛卡尔所说的"在思维的东西"。尽管从哲学层面上看，我们认为这种认识主

---

① 叔本华：《作为意志和表象的世界》，商务印书馆 1982 年版，第 250 页。
② 福楼拜：《致乔治·桑》，《译文》1957 年第 4 期，第 137 页。
③ 斯托洛维奇：《审美价值的本质》，中国社会科学出版社 1984 年版，第 245 页。

体不是抽象的,既非理性主义所理解的抽象的类主体,也非经验主义所理解的抽象的个人主体,而是历史地形成的,有着具体社会历史的内容的人。因为人的思维活动是"离不开人类所积累的知识与他们所形成的思维活动方式的","每个单独的人只有在掌握概括地反映社会实践经验的语言、概念、逻辑时,他才能成为思维的主体"①。这说明思维活动包括它的主客体在内,都是带有社会历史的性质的,它不仅在实践的基础上产生,而且随着社会实践的发展而发展。但就心理形式而言,作为社会主体的人,总是以普遍的、类主体的身份而出现的。不管在具体的认识活动过程中,作为认识活动的发动者和承担者的个人怀有怎样强烈的个人欲望和情感去投入这一活动,但这种欲望和情感无论如何是不能具体地介入到对客体的认识和评价的,否则就不可能获得客观的、科学的结论;这同时也决定了认识活动的成果一般不是以意识的个人形式,而只能是以意识的社会形式而呈示,通常是以概念、判断、推理的方式来加以表述的。与之相反,在情感状态中,主体既不是以抽象的类主体,也不是以抽象的个人主体的身份,而是以具体的社会历史生活中的个人主体和身份而出现的。这是由于情感作为一种主体对客体的某种态度和体验,它的产生总是以客体能满足主体某种需要为前提条件的,而人的需要总是现实的,是受特定的社会历史条件所制约的。这就决定了人的情感不同于动物的情欲,都有着具体的社会历史内容;但就它的出现形式来说,却总是当下的、即时的,总是在特定的情境中产生的,并受着在这一特定情境中所形成的各种心理关联所支配和调节。这就使得它不像在理智活动中那样,通过把对象进行分解来提取概念,而总是在多种关系和联系中反映着客体以及主客体之间的关系,同时也决定了情感的内容总夹带着意识的原始状态的全部丰富性而呈现在人们心目之中,它不仅是整体的、鲜活的,而且是一次性的,不可重复的,不是为概念所能穷尽的,而只求助于感性形象来加以表现,就像黑格尔所说,"艺术之所以抓住这个形式,既不是由于它碰巧在那里,也不是由于除此以外,就没有别的形式可用,而是由于具体的内容本身就已含有外在的,实在的,也就感性的表现作为它的一个因素。"②也就是说,它只有通过这种感性的方式,才能使情感状态中的这种复

---

① 列昂节夫:《活动·意识·个性》,上海译文出版社 1980 年版,第 16—17 页。
② 黑格尔:《美学》第 1 卷,商务印书馆 1979 年版,第 89 页。

杂而独特的心理关联,获得完整而真切生动的再现。

再次,理智活动所要达到的认识成果由于凝结在概念、判断、推理之中,所以一旦形成概念、判断、推理,认识活动也就相对地告一段落;虽然认识的目的是实践,它的真理性也只有通过实践才能得到确证。但实践作为一种意志活动,它的特点就是按照主体一定的需要和目的,采取和利用一定的手段,通过改造对象世界,来满足自己的需要。所以它同样是一种主客二分的活动。这决定了理智活动始终是在主客二分的状态中进行的。而在情感活动中,由于主体情感的移入客体,不仅使得客体从外在于作家的客观存在转化为作家自己情感的载体,使情感的对象同时成了显示在对象中的作家的自身,如同费尔巴哈所说的:"对象是人的显示出来的本质,是人的真正的客观的'我'。"①这样,就使得在理智状态下的主客体的二分趋向于合一,这才会出现我们前面所说的作家有时往往分不清现实世界与他的虚构世界的区别的情况。而且还由于"情感只是向情感说话","情感只能为情感所了解","情感的对象本身只能是情感本身"②。因而它的活动也就不像在理智关系中那样,无视客体独立存在和自主性质,即把客体只是作为一个被认识的对象,使它不仅是被动地存在着,而且还必然要对之进行知性的分解。这种分解对于鲜活的生命个体来说实际上是一种宰杀,以致尼采认为"理性是摧残生命最危险的力量。"③这样,客体当然就不可能作为独立自主的生命个体而自由地存在了。而在情感关系中由于客体是作为生命现象而存在的,它是自主的、独立的、不是为人所能随意支配和控制的,就像许多作家在谈到自己笔下人物的命运和生活道路时所说,都是随着情节的发展,人物自己所作的一种选择,是他所始料不及的。如巴金谈道:"我开始写《秋》的时候,我并没有想到淑贞会投井自杀,我倒想让她在 15 岁就嫁出去,这倒是更可能办到的事。但我越往下写,淑贞的路越窄,写到第三十九章(新版第四十二章),淑贞向花园跑去,我才想到了那口井,才想到淑贞要投井自杀,好

---

① 费尔巴哈:《基督教的本质》,《西方哲学原著选读》下卷,商务印书馆 1981 年版,第470 页。

② 费尔巴哈:《基督教的本质》,《西方哲学原著选读》下卷,商务印书馆 1981 年版,第472 页。

③ 尼采:《看哪,这人》,《悲剧的诞生》,生活·读书·新知三联书店 1986 年版,第 344 页。

像这是很自然的事情"①。这样，就使得情感关系不像在理智活动中那样，直接以主客体的方式建立关系，而只能是以一个情感主体与另一个情感主体之间所开展的交流为中介。这决定了作家创作不可能完全是独白式的，它不仅时时刻刻在与自己笔下的人物开展交往，同时还是与作家心中潜隐的读者所进行的一场对话。就像黑格尔所说的"艺术作品不是独立自足地存在着的，它在本质上是一个问题，一句向起反应的心灵所说的话，一种向情感和思想所发生出的呼吁。"②他总是要向读者发出召唤，通过读者的阅读把这种交往扩大到与整个社会之间。现代解释学和接受美学在这方面的研究都有很大的进展，它们把阅读看作是以作品为中介所开展的作家与读者的一场对话，并通过对话来达到"从你中发现我"的目的③。这就需要我们把主客体的理论从纵向的主客体的互动关系进一步扩展到横向主体间交往关系的研究，这些内容是传统的主客体关系理论所无法涵盖的。

以上事实都说明在文艺活动过程中，主客体的关系是很复杂的，因而我们的文艺理论研究就不能只满足于哲学的演绎，还应该从心理学的角度，借鉴心理学研究的成果来对之作出具体分析。当然，若是以此来否定哲学的一般原理的普遍指导意义，也会失之偏颇。所以，我认为要对文艺活动中的主客体关系作出有说服力的阐释，关键问题就在于我们在研究中如何有效地把哲学与心理学这两个层面辩证而有机地结合起来。

第三节　朱光潜对美学是"社会科学"的学科定位④

美学属于自然科学，还是人文社会科学、社会科学？这在美学界仍是激烈争论的话题，这当然和这门学科从诞生之日起研究对象和范围就不确定有关，加之中西文化差异很大，对美的体认也不尽相同。作为一个"舶来品"，美学这一学科要成功融合本土文化并建构具有普遍意义的"科学美学"，自然也非一日之功。作为中国现当代美学奠基者之一的朱光潜所走过

① 巴金：《谈〈秋〉》，《巴金论创作》，上海文艺出版社 1983 年版，第 242 页。
② 黑格尔：《美学》第 1 卷，商务印书馆 1979 年版，第 89 页。
③ 伽达默尔：《美学和解释学》，《哲学解释学》，上海译文出版社 1994 年版，第 110 页。
④ 作者宛小平，安徽大学教授。本文原题《美学是社会科学——朱光潜对美学学科的定位》，载《清华学报》2015 年第 3 期。

的美学思想发展道路上,既有受"新文化"运动激荡的"科学精神",又有浸润已久的本土文化的"人文精神",同时又受到维柯、克罗齐、马克思影响而烙下了浓重的社会历史印记。因此,对朱光潜关于美学学科定位进行剖析,或许有助于我们对这门学科的性质认识得更清楚些。

一、前期:美学是自然科学与人文科学的统一

我们还是从朱光潜早期一段"自供"分析起:"从前我决没有梦想到我有一天会走到美学的路上去。我前后在几个大学里做过十四年的大学生,学过许多不相干的功课,解剖过鲨鱼,制造过染色切片,读过艺术史,学过符号逻辑,用过熏烟鼓和电气反应仪器测验过心理反应,可是我从来没有上过一次美学课。我原来的兴趣中心第一是文学,其次是心理学,第三是哲学。因为欢喜文学,我被逼到研究批评的标准,艺术与人生,艺术与自然,内容与形式,语文与思想等问题;因为欢喜心理学,我被逼到研究想象与情感的关系,创造和欣赏的心理活动,以及文艺趣味上的个别差异;因为欢喜哲学,我被逼到研究康德、黑格尔和克罗齐诸人的美学著作。这样一来,美学便成为我所欢喜的几种学问的联络线索了。我现在相信:研究文学、艺术、心理学和哲学的人们如果忽略美学,那是一个很大的欠缺。"[1]从表面上看,似乎是他通过自己走上美学道路的经验教训来告诫那些喜欢文学、心理学和哲学的爱好者,不能轻视美学这门学科的重要性,因为美学是贯串这几门学科的带有"边缘交叉"性的科学。事实上一直以来,美学这门学科的对象和性质,就与以艺术(在朱光潜主要表现对文艺、特别是诗艺)为对象的哲学研究、近代从哲学逐渐分离出来而反过来对美学形上学批判并转向自然科学的心理学研究、传统的从"人性"(知、情、意)整体的"大哲学"意义下的"情感"研究等领域相互纠结。朱光潜的上述回答,涉及或者说包含了这几种至今仍在流行的美学学科定位的趣向。倘若把朱光潜注重美学是心理学、哲学、文学的联络线索反转过来理解,我们也可以说:美学不同于心理学,美学不同于哲学,美学也不能和文学艺术画等号。其实,在朱光潜前期美学中,同样蕴含这些否定性的方面。

学术界有一种误解,认为朱光潜前期美学是心理学美学,并从其一系列

---

[1]　朱光潜:《朱光潜全集》第 5 卷,安徽教育出版社 1989 年版,第 231—232 页。

著作都冠以"心理学"字样得到佐证,如《文艺心理学》《悲剧心理学》《变态心理学》《变态心理学派别》等。这只是皮相之说,因为以心理学来讨论美学问题只能把握美感经验实证的那一部分,而对经验之上(超验)的非科学实证方面不能有正确的看法。把朱光潜美学解释成仅仅是心理学的一种,只注意到字面上的联系,却完全没有注意到,在朱光潜那里,心理学已经不完全是西方实验基础上(自冯特始)造就的那种心理学。换言之,朱光潜一方面肯定现代心理学从传统哲学里独立出来已成为一门非常重要的独立学科,另一方面,朱光潜在铸就自己融贯中西独特的美学体系时,吸纳的西方心理学思想材料,主要是一些人本主义倾向很浓重的思想家,如弗洛伊德、容格和阿德勒的精神分析学派、布洛的心理距离说、谷鲁斯的内摹仿说等。相反,对于自然科学色彩较重的实验心理学,他抱着一种怀疑的态度,只把"实验美学"放在《文艺心理学》的附篇进行处理。他甚至说:"实验美学在理论上有许多困难,这是我们不容讳言的。第一,美的欣赏是一种完整的经验,而科学方法要知道某特殊现象恰起于某特殊原因,却不得不把这种完整的经验打破,去仔细分析它的成分……总之,艺术作品的各部分之和并不能等于全体,而实验美学却须于部分之和求全体,所以结果有时靠不住。"[1]朱光潜晚年也没有改变这个观点,他在 1983 年为"多学科学术讲座"写的讲话里称:"提到实验心理学,我自己在这方面的经验是很不愉快的,我在英国爱丁堡大学曾随班做过两年'实验心理学',只学会解剖青蛙和鲨鱼,做染烟鼓的记录,在不同颜色、不同图案中挑出自己中意的,作为自己美感的凭据。这种玩意我认为大半是借科学之名玩反科学之实。"[2]

　　但是,我们也不能据此说朱光潜注重人文精神而反对科学。朱光潜实际上是"五四"精神的产儿,他是新文化运动的积极参与和拥护者。从某种意义上说,他的美学思想更强调科学的精神,并主张以科学的思想和方法整理"国故"。这尤其反映在他对诗学的贡献上,他的《诗论》是一生中较满意的作品,原因也还在于这本书的愿望就是要把中国的诗从"诗话""诗品""诗式"的旧模式改造成西方科学意义上的"学"。

　　我们也可以说朱光潜在吸收西方科学精神的同时,又保留着中土侧重

---

①　朱光潜:《朱光潜全集》第 1 卷,安徽教育出版社 1987 年版,第 478—479 页。
②　朱光潜:《朱光潜全集》第 10 卷,安徽教育出版社 1993 年版,第 675 页。

人生（道德哲学），主张"整全的人"（完整人格）的思想。他游移和徘徊在这两者之间，试图找到平衡点。朱光潜并没有把科学与哲学（玄学或形上学）对立起来。他承认科学中有部分真理。美学在朱先生前期美学中仍然是放在知识论体系中的。在这方面，朱光潜基本上是承续了康德、克罗齐形式派美学的教条，把"直觉"作为美感经验的核心概念确立下来，然后再围绕着这"直觉"的非功利性，主张"孤立绝缘""独立自足"。但实际上在美感一刹那的"前"与"后"又不能不涉及"名"与"理"。于是，朱光潜力图通过中国传统人生哲学（强调"整体的人"人格完整）来修正形式派美学的过于形式化的纰漏。这样，朱光潜把批评的矛头指向克罗齐（包括康德）把人分解为美感的人、科学的人、道德的人。他转而主张人作为一个有机整体的"整全的人"，也就是美感、科学与道德统一的人。这个"魔盒"一开，心理学中的人本主义部分（特别是涉及内容的）的流派便进入朱光潜美学视野之中。在朱光潜看来，弗洛伊德的理论属于这样侧重内容（隐意识）而对美感经验（心理）背后生理基础深入挖掘有贡献的理论。立普斯的移情说和谷鲁斯的内摹仿说也不例外，也是侧重内容一方面的理论，布洛的距离说恰好成了朱光潜搭起形式派美学和内容派美学的"中介"，"不即不离"是审美态度恰当的分寸。

毫无疑问，朱光潜前期美学不完全是心理学的美学，他的美学体系是对康德、克罗齐形式派美学的"补苴罅漏"。一方面，他保留了形式派美学的"直觉"核心概念；另一方面，他又不认同美学走向实验心理学为主导的"科学美学"，他有意吸纳西方心理学派中人文主义色彩较浓的流派、诸家思想，同时又融入中土传统人文精神。因此，我们可以说朱光潜前期对美学这门学科的定位大体在人文科学和自然科学的"调和折衷"中把握的，从基本面看，人文精神是主导方面。

当然，应该看到朱光潜建构自己美学体系处在人文科学与社会科学逐渐分化的时期。虽然朱光潜清醒地意识到他自己偏向于人文科学，但他理解的人文科学，并不是像我们今天一样将其与哲学并列。在他看来，哲学、文学、历史同属于人文学科，它们的确在学科性质上和社会科学以及自然科学有区别，这种区别也只是相对的，美学作为人文科学，并不排斥社会科学和自然科学对其生成的影响。另一方面，人文学科与科学以及自然科学的界限也不容抹杀。

其次,在朱光潜前期美学中,哲学和美学的界限也是分明的。朱光潜不否认美感经验背后必须有哲学给予支撑,但同时他也指出哲学家讨论具体艺术问题时往往"不那么在行"。朱光潜以嘲笑口吻说道:"哲学家讨论问题,往往离开事实,架空立论,使人如堕五里雾中。我们常人虽无方法辩驳他们,心里却很清楚自己的实际经验,并不像他们所说的那么一回事。美感经验是最直接的,不假思索的。看罗丹的《思想者》雕像,听贝多芬的交响曲,或是读莎士比亚的悲剧,谁先想到'自由''无限'种种概念和理想,然后才觉得它美呢?'概念''理想'之类抽象的名词都是哲学家们的玩意儿,艺术家们并不在这些上面劳心焦思。"①朱光潜承认有一种哲学应该作为美感经验的形上学基础,但这种哲学诠释应该是认识论的,而非本体论的。因此,朱光潜的美学背后所依托的是由本体论走向认识论的现代哲学。从这个意义上讲,他的哲学美学有明显反形上学的倾向(特别是反实体化的思维)。他说:"美不仅在物,亦不仅在心,它在心与物的关系上面……'美'是一个形容词,它所形容的对象不是生来就是名词的'心'或'物',而是由动词变成名词的'表现'或'创造'。"②朱光潜说"美"是一个形容词,它生来不是名词的"心"和"物"。这个"心"和"物"正是古典哲学"实体"化了的心和物。从这个意义上说,他也有某种"反形上学"的倾向。所以,朱光潜不是把美的本质定在"心"和"物"上,而是"关系"上(心与物的媾合)。

再次,美学和文学艺术关系有差异的一面。一般学者常以为朱光潜过于强调美学和艺术的紧密关系,1949 年后的《西方美学史》给了文学艺术过多的篇幅,仿佛朱光潜不清楚美学和文学艺术之间的不同。事实上,朱光潜是从历史发展来看待美学和文学、艺术之关系的,美学是近代的产物,是哲学的一个分支,此前亚里士多德的《修辞学》和《诗学》,我们还不能以现代人的"美学"学科来看,因此,如就写"史"来说,应该尊重这一基本事实。当然,自从美学从最初侧重文学的"修辞学""诗学"一跃为哲学的一个"分支"来看,当然这之间的差异也是毋庸置疑的。朱光潜不但清楚这种差异,而且说得很明白:

> 我要劝对于文学、艺术、心理学、哲学有研究的人们应该进一步学

---

① 朱光潜:《朱光潜全集》第 1 卷,安徽教育出版社 1987 年版,第 345 页。
② 朱光潜:《朱光潜全集》第 1 卷,安徽教育出版社 1987 年版,第 346—347 页。

美学。哲学家和心理学家们也许不用劝，因为哲学重要的一部分是知识论，要明白知识论，不能不研究创造和欣赏所根据的直觉；从心理学的职务在研究一切心理，美感经验是心理现象中最有趣的部分。我所要劝告的尤其是从事于文艺批评的人们。他们不能不研究美学，因为他们所说的是价值，而美学则为关于文艺的价值论。如果你不明白艺术的本质，你就不应该说这件作品是艺术，那件作品不是艺术；如果你没有决定什么样才是美，你就不应该说这幅画或这首诗比那幅画或那首诗美。此间自然也有许多不研究美学而批评文艺的人们，但是那犹如水手说天文，看护说医药，全凭粗疏的经验，没有严密的有系统的学理做根据。严格地说，文艺批评应该就是应用美学。①

"美学"比停留在"文学、艺术"来进行评判要高一层次，因为"美学"是价值学，是要对一个文学艺术作品下"判断"的。朱光潜诚然注重美学和具体文学、艺术的联系，不过他用词非常精确——"文艺批评应该就是应用美学"。这也可以从两方面来理解：一方面美学比文艺批评价值上高一个层次；另一方面美学和文艺批评在"应用"层面是合为一体的。

那么，如何看待这高一层的"美学"和低一层的"文学艺术"呢？其实这个分别就是：把"美学"作为哲学科学重"理"，而文学艺术侧重"象"。但并非说哲学科学（包括美学）就不注重"象"，文学艺术就不注重"理"，两者关系如朱先生所说："哲学科学都侧重理，文学和其他艺术都侧重象。这当然没有哲学科学不要象、文艺不要理的含义。理本寓于象，哲学科学的探求止于理，有时也要依于象；文艺的探求止于象，但也永不能违理。在哲学科学中，理是从水提炼出来的盐，可以独立；在文艺中，理是盐所溶解的水，即水即盐，不能分开。文艺是一种'象教'，它诉诸人类最本质、最原始也最普遍的感官机能，所以它的力量与影响永远比哲学科学深厚广大。"②简言之，美学的"理"是"盐"，文学艺术的"理"是"盐所溶解的水"——是"应用美学"。

以上我们从美学不同于心理学、哲学、文学艺术的角度来检讨朱光潜美学，发现这三个否定和朱光潜在他那段"自述"的三个方面的"联络"的肯定同样是"合理的"。因此，我们说这肯定和否定合起来作为一个"整体"，才

---

① 朱光潜：《朱光潜全集》第 9 卷，中华书局 2012 年版，第 114—115 页。
② 朱光潜：《朱光潜全集》第 6 卷，中华书局 2012 年版，第 261 页。

能窥见朱光潜前期美学的学科定位的准确性。我们这样说并不是意味着朱光潜关于美学的学科定位就没有破绽，就没有值得进一步检讨的地方。在我们看来，有两点特别值得提出来：一是朱光潜留学欧洲以及建构美学体系恰逢心理学作为学科正逐渐从哲学分离走向独立的时代。因此，朱光潜尽管受中国传统人文精神熏陶并不完全接受"实验美学"，但毕竟整个美学的分析走向是受费希纳"自下而上"的变革影响。然而，心理学后来很快就转向"自然科学"的一边，与重人文精神的美学大有分道扬镳之势。这也是后期朱光潜美学并不刻意在心理学上渲染的原因所在。二是朱光潜留学欧洲的19世纪二三十年代也正是"反形上学"最盛行的时候，哲学已经由过去本体论的证明转向认识论的分析。经验主义占据主导地位，这也使得朱光潜对"形上学"始终采取一种存疑（作为一种假设承认）的态度，也对美学能否容纳中国传统超越经验的虚静理论变得比较犹豫。这与他那个时代的同行冯友兰、方东美、金岳霖力图将东西方思想融合而走的中国传统"形上学"途径形成对照。当然，朱光潜这种谨慎不能说没有道理，至少它维护了美学这门学科的完整性。同时我们也必须看到，侧重科学精神，形上学、本体论在美学学科的植根就不深，尤其是在自觉融入中国传统思想方面有所欠缺。这也是朱光潜后期对美学学科定位调整和补充的方面。

二、后期：美学是包容主客观的社会科学

朱光潜20世纪80年代出版了《美学拾穗集》，提到早年《文艺心理学》里"作者自白"那段说明自己如何走向美学道路的话时，补充了一句："研究美学的人们如果忽略文学、艺术、心理学、哲学（和历史），那就会是一个更大的欠缺。"[①]

朱光潜这个重要补充针对性很强，是就当时许多不懂艺术空谈美学的人说的。但是，这里加了"历史"两字往往被人们忽略了。同样，1979年重新印行出版《西方美学史》时，先生删去了1963年初版时写的编写凡例，重新写了"序论"，开宗明义称："美学研究的对象；美学由文艺批评、哲学和自然科学的附庸发展成为一门独立的社会科学。""社会科学"的提法是以前没有的，这被朱光潜美学思想的研究者忽略了。在笔者看来，这"历史"和

---

① 朱光潜：《朱光潜全集》第5卷，安徽教育出版社1989年版，第348页。

"社会科学"的彰明较著,恰恰反映了朱光潜后期美学思想的变化。他1942年给《中央周刊》推荐"人文方面几类应读书"一文里清楚地说:"我所学的偏重人文方面,对于社会科学和自然科学都是外行。"①这说明他前期把美学学科定位在"人文学科"方面,并没有放在"社会科学"方面,那么,此时称美学为"独立的社会科学",该如何理解?这需要我们仔细辨析朱光潜后期关于美学学科定位的变化,不妨分几个阶段来考察。

首先,是他为清理自己1949年之前美学思想而写下的《我的文艺思想的反动性》,他自己说是"存在罪孽的感觉,渴望把马克思列宁主义学好一点,先求立而后求破,总要有一天把自己的思想上的陈年病菌彻底清除掉"②。这里的"立"当然指立马克思主义美学以破旧时美学思想,可以表明他后期美学思想的转变开始。其实,在这篇"自我批评"的文章里,他已经初步把马克思列宁主义美学原则确立为:(一)文艺是现实的反映;(二)文艺是一种社会现象,是社会经验基础的一种上层建筑,并且是要为这个基础服务的。显然,这和稍后把美确定为"必然是意识形态"的,以及晚年将"意识形态"和"上层建筑"再进一步分界的观点差之甚远。此时他对究竟如何从马克思列宁主义出发界定美学学科还是困惑的,所以他说:"美学里一个中心问题是:美究竟是什么?坦白地说,这是一个极复杂的问题,我现在对于这个问题还不敢下结论。我认为要解决这个问题,有许多因素是要考虑的。唯心主义者把美看作主观的感觉,机械唯物主义者把美看作事物属性,都不能解决问题。马克思列宁主义的美学对于这个问题的解决指示了一些总的原则,首先是列宁的反映论以及关于艺术的党性和艺术的人民性的一些指示。但是如何运用这些总的原则来解决美的具体问题,就我所看到的苏联关于这方面的论著来说,好像也还是正在探讨中,还没有作出很圆满的结论。"③这个估计应该是比较清醒的,当然对于他自己来说也是说明尚无结论。

尽管如此,朱光潜清晰指出主观唯心主义和机械唯物主义不符合马克思主义美学原则,这里暗含着对现代西方哲学、美学反对"形上学"的肯定,

① 朱光潜:《朱光潜全集》第9卷,安徽教育出版社1993年版,第117页。
② 朱光潜:《朱光潜美学文集》第3卷,上海文艺出版社1983年版,第3页。
③ 朱光潜:《朱光潜美学文集》第3卷,上海文艺出版社1983年版,第19页。

因此,朱先生这里含蓄地说"美究竟是什么"还很复杂,这是因为解放后苏联那套追问"美是什么"的思维方式占据中国学术界主流地位,而他深知这已经脱离了整个世界哲学美学的主潮。他心里明白马克思主义是现代性的,是反"形上学"思维的,因此,这种实体化追问美的本质仍可能陷入马克思所反对的旧唯物主义范畴。在稍后写的《美学研究些什么?怎样研究美学?》一文里,他对这种思维方法表示了不满:"在国内美学界,美学对象是一个尚待解决的问题。从过去几年美学讨论看,大家都纠缠在'美'这个概念上。可以说,多数人(特别是在'自然美'这个问题上纠缠不清的人们)似乎还有意或无意地坚持'美学就是研究美的科学'那个传统的看法。"①由此可知,其实当时朱光潜虽然有个清理自己"唯心主义"思想余孽的问题,但是他的美学思想整体上是和现代哲学美学反形上学的主流吻合的,倒是国内一些打着马克思主义旗号批评朱光潜美学的人还停留在旧唯物主义的认识水平上。后来引发十余年的美学大讨论朱光潜的"自我检讨"文章中,就清醒地指出自己学习马列是比别人有优势的,这个优势是什么?我们认为就是马克思和现代哲学的发展潮流是一致的,这个潮流就是反对旧形上学。

朱光潜之所以很容易融入到马克思主义中,原因也在于马克思的历史唯物主义是批判改造黑格尔而来的。克罗齐在"历史"这个概念在剔除其"形上学"特征的过程中功不可没,而朱光潜恰恰是通过研究克罗齐,逐渐把自己的美学研究视域从心理学美学转向历史美学上来,由接受克罗齐"哲学就是历史"以消除旧形上学的实体化思维,再到将克罗齐的"历史"概念融入到马克思主义的"实践"观中,最后得出美学属于社会科学的结论,是朱光潜 30 多年学习马列著作的过程中逐步确立的。

1956 年 12 月 25 日,朱光潜在《人民日报》发表《美学怎样才能既是唯物又是辩证的》一文,接着发表《论美是客观与主观的统一》(《哲学研究》1957 年第 4 期),亮出"物甲,物乙"说,提出"美是主客观统一"说。此时虽然也讲马克思把"艺术"看作一种"生产劳动过程",但还没有用"实践"这个概念。同时他还指出"艺术是一种意识形态",这一观点是在稍后发表的《美必然是意识形态性的》(《学术月刊》1958 年第 1 期)中得到详尽论证。他指出:

---

① 朱光潜:《朱光潜全集》第 10 卷,安徽教育出版社 1993 年版,第 178 页。

美必然是意识形态的。所谓"意识形态性的",就是说:美作为一种性质,是意识形态的性质,而不是客观存在的性质。客观存在是第一性的,意识形态是第二性的。说美不是一种客观存在,就是说,美不是第一性的而是第二性的,正如"美"所形容的那个实体,艺术本身不是第一性而是第二性的。①

这还是步了西方美学自休谟到康德所主张的美不是事物的属性、美不是理论构成性的、只是"调节性的"观点的后尘。而朱光潜认为反对方蔡仪、李泽厚等皆是搞不清"美不是事物属性"这一自休谟提出已被西方美学界普遍接受的观点,甚至马克思"艺术是意识形态"的结论和这一思想也不矛盾。在初步形成自己对马克思主义美学理解而得出一系列美学命题之后,他发表了《美学研究些什么?怎样研究美学?》(《新建设》1960年第3期),这可以看作朱光潜后期对美学学科定位初步的框架。基本结论是:"第一,美学朝上看,必以哲学为基础,必须从一般出发,即从马克思列宁主义哲学的认识论和实践论出发。但是美学不能终止于哲学上的一般原则,它的特殊任务是对它的特殊对象找出种差,找出艺术掌握现实的方式之所以不同于其他掌握现实的方式,不能以哲学代替美学。第二,美学朝下看,必须找到各种形式的艺术掌握的一般规律,替各别艺术理论做基础。但是找各别艺术的种差却是各别艺术理论的任务,美学不必越俎代庖。换句话说,美学不能代替音乐理论、文学理论等,而这些各别艺术理论也不能代替美学。"②

这里除了承续早年对哲学(形而上)、美学(形而中)、各种艺术理论(形而下)的三层相互联系、相互区别的观点之外,有两点值得特别指出:一是没有把"直观"(认识论)和"实践"的观点对立起来,而是用"并提"的"认识论和实践论"的提法,并且说在方法论上"有人可能侧重从直观观点出发,有人可能侧重从实践观点出发。"③这反映出他此时还没有将"历史"转化为"实践"观念,但已经开始提出"实践"这一范畴了。二是把"艺术"看作美学主要研究"中心对象",不是"美学就是研究美的科学"那个传说"形上学"实

①　朱光潜:《朱光潜美学文集》第3卷,上海文艺出版社1983年版,第100页。
②　朱光潜:《朱光潜全集》第10卷,安徽教育出版社1993年版,第183页。
③　朱光潜:《朱光潜全集》第10卷,安徽教育出版社1993年版,第176页。

体化思维的结论和看法,而且,这个"艺术""并不是在美学与一般艺术理论之间画等号,只是强调艺术是艺术掌握的最高形式,也是最足以见出艺术掌握的本质和规律的形式"①。

朱光潜后期关于美学学科定位思想转变的第二个逻辑环节在于《生产劳动与人对世界的掌握——马克思主义美学的实践观点》一文,此文系统阐述了实践观点和以往"直观"(知识论)观点的对立;系统阐述了艺术作为生产是和科学不同的一种掌握世界的方式;系统阐述了美感是"人的本质对象化"的结果;系统阐述了马克思这一"实践"观点可能对于"美学造成的翻天覆地的变革"。这就使得美学由"生产劳动"(实践)开始扩展到整个"人类文化发展史",而又归根结蒂到政治经济发展史,"就是经济基础与上层建筑交互作用和交互推进的历史"②。

就美学的学科定位来说,这种根本性的转变表现在两个方面:首先,美学不单单只是哲学的认识论的一部分,也不是仅仅以"直观"就可诠释清楚的;美学应该从"实践"观点去把握,这就要求把艺术摆在人类文化发展史的大轮廓去看,同时要求把艺术既看作人对自然的改造,也看作对自己改造的生产实践活动。区别直观和实践的对立,"应该是学习马克思主义美学的第一课"③。

朱光潜从"审美关系"出发,把这种"审美关系"解释为"发现事物美是人对世界的一种关系",多少为他晚年从维柯"人类历史是人类自己创造"这一命题来解读"知行合一"(也是"天人合一")和马克思实践观既是物质的也是精神的提供了一个广阔的空间。重新以马克思的"实践"观审视传统的美学问题,对美学这门学科的定位认识必然会发生根本的转变。这是朱光潜提出美学作为"社会科学"命题的理论"基石"。

其次,朱光潜指出科学掌握世界的方式和艺术掌握世界的方式不一样。前者是用抽象思维,后者则是用形象思维。朱光潜引用马克思一段原话来说明自己的观点:"呈现于人脑的整体,思维到整体,是运用思维的人脑的产品,这运用思维的人脑只能用它所能用的唯一方式去掌握世界,这种掌握方

① 朱光潜:《朱光潜全集》第 10 卷,安徽教育出版社 1993 年版,第 182 页。
② 朱光潜:《朱光潜全集》第 10 卷,安徽教育出版社 1993 年版,第 214 页。
③ 朱光潜:《朱光潜全集》第 10 卷,安徽教育出版社 1993 年版,第 188 页。

式不同于对这个世界的艺术的,宗教的,实践精神的掌握方式。"①他强调马克思将"艺术掌握方式"和"实践精神"掌握方式联系在一起,"这是马克思的美学观点的中心思想"②。这清楚表明朱光潜一方面继承了前期对心理实验美学的批判精神,对美学学科的人文性质的肯定,而对单纯从"客观"角度忽视"价值"的自然科学态度的拒斥;另一方面我们也应该看到,这里对科学(自然科学)和艺术划界的背景已经不是前期的认识论,而是社会历史的实践,这是朱光潜说明美学何以是社会科学的"中心思想"。

再次,关于"艺术掌握世界的方式"。在朱光潜看来,实践活动既是物质生产活动又是精神生产活动,用中国哲学"知行合一"命题来概括最简明扼要③。虽然没有晚年说得那么直白,但他的表述还是清晰的:"马克思把这种'在自己所创造的世界里观照自己'时的情感活动叫作'欣赏',在著作中屡次提到它。这'欣赏'正是我们一般人所说的'美感'。从马克思主义的实践观点看,'美感'起于劳动生产中的喜悦,起于人从自己的产品中看出自己的本质力量的那种喜悦。劳动生产是人对世界的实践精神掌握,同时也就是人对世界的艺术掌握。"④应该说,朱光潜这种物质生产和精神生产是一致的观点,已经突破了"心物二元"的旧形上学的束缚,把克罗齐的以"历史"消解"哲学实体"转变成以马克思"实践"来消除心物二元对立,也一定程度上为晚年将"实践"融入传统中土"知行合一"命题提供了理论空间。

大体上说,朱光潜在20世纪60年代前后形成以马克思主义"实践"观来审视这门学科的性质、定位,只不过没有明确用"社会科学"来指称。"文革"后,朱先生迎来了学术生命新的春天,他重操旧业,连续写下了《谈美书简》和《美学拾穗集》两部书,重新出版旧著《西方美学史》并加上新写的"序"和"关键性问题"里的"形象思维"。在《西方美学史》的新"序"里,开题就是"美学由文艺批评、哲学和自然科学的附庸发展成为一门独立的社会科学";在《美学拾穗集》给大百科全书写的《美学》词条里称:"辩证唯物主

---

① 转引自朱光潜:《朱光潜全集》第10卷,安徽教育出版社1993年版,第191页。
② 朱光潜:《朱光潜全集》第10卷,安徽教育出版社1993年版,第191页。
③ 晚年朱光潜用这一命题说明马克思的"实践"和维柯的"人类历史是人类自己创造的"命题是一致的。
④ 朱光潜:《朱光潜全集》第10卷,安徽教育出版社1993年版,第197页。

义和历史唯物主义成了一切学术思想的指导原则。文艺和文艺理论(即美学)已经科学地证明为一种由经济基础决定,反过来又对经济基础和上层建筑起反作用的意识形态,而且随着历史发展不断地向前发展。从此美学就由哲学、神学、文艺批评和自然科学的附庸一跃而成为一门独立的社会科学。"①可见,两个提法基本一致,都是说美学已经成为一门独立的"社会科学"。那么,这个"飞跃"究竟在1960年代的"实践"观之上有什么新变化?笔者认为,根本理论基础和思想中心没有变化,只是对前此观点和命题深化了,至少有这样几点值得深思:

第一,美学摆脱只从"知"方面着眼的旧有传统,扩大到社会文化历史更广阔的实践范围。因而,"美的本质对象化"就应该深入到"情、意"方面。朱光潜强调"人是一个整体",是以一个整体的人向世界说话。

第二,在《谈美书简》里,朱光潜对早先讲的"艺术是一种劳动"的陈述更加清晰了:"艺术是一种生产劳动,是精神方面的生产劳动,其实精神生产与物质生产是一致的,而且是相互依存的。"②

第三,朱光潜提出美学是"一门独立的社会科学"并不意味着推翻了他早年持美学是一门人文科学的观点。因为"人文科学"和"社会科学"的界限本身是很难划定的。瑞士心理学家皮亚杰(Jean Piaget, 1896—1980)说过:"在人们通常所称的'社会科学'与'人文科学'之间不可能作出任何本质上的区别,因为显而易见,社会现象取决于人的一切特征,其中包括心理生理过程。反过来说,人文科学在这方面或那方面也都是社会性的。只有当人们能够在人的身上分辨出哪些是属于他生活的特定社会的东西,哪些是构成普遍人性的东西时,这种区分才有意义(这一假设正是这种区分的根源)。"③当然,这样说并不否定人文科学和社会科学之间的差异。人文科学更加注重人类的精神观念和价值,这种价值带有"超经验"的性质;社会科学侧重社会生活与此相关的精神价值层面,但这种"价值"更多的是从"经济"实践来考量。朱光潜晚年给《大百科全书》写"美学"词条里所称的"价值"显然属于后者:"美和真与善一样,都是一种价值。而无论是使用价值

① 朱光潜:《朱光潜全集》第5卷,安徽教育出版社1989年版,第353页。
② 朱光潜:《朱光潜全集》第5卷,安徽教育出版社1989年版,第258页。
③ 让·皮亚杰(Jean Piaget):《人文科学认识论》,郑文彬译,中央编译出版社1999年版,第1页。

还是交换价值，都离不开特定社会中的一定的人。"①由此可知，他晚年明显倾向把美学作为"社会科学"的定位方向。

第四，朱光潜在晚年写《美学》词条时，还有一个重大变化未引起学界足够重视。他早年（1958年）翻译黑格尔《美学》时，对德文 Subjektivit 还是译成"主观性"，并且用一个脚注来说明：

> 主观性（subjectivity）多一般译法，本应译"主体性"。认识的心灵是主体，被认识的自然是客体。所以"主体性"或"主观性"就是心灵性，"客体性"或"客观性"就是自然事物的性质。认识是心灵的不断的自分化自否定而又与所分化的另一体回到统一的过程，所以黑格尔说主体性的深刻概念即在于此。②

显然，此时的朱光潜对译成"主体性"抑或"主观性"是矛盾的，基本上还是受他自己经验主义美学影响较大，倾向译成"主观性"。然而，到了1979年新版黑格尔《美学》时，同一处的脚注改成了："黑格尔所用的 Subjekt 和 Objekt 即指心灵和自然，不宜译为'主观'和'客观'，因为不指看待事物的两种对立的态度。所以本译文一般译为'主体'和'客体'，所谓'主体性'实际上就是自在自为的心灵的性格或功能。"③并且，朱光潜将《美学》全书涉及德文 Subjektivit 之处都重新改成"主体性"。这个变化仅仅是对黑格尔本体论、认识论、辩证法统一意义的更加准确理解的调整吗？事实上此变化并不限于对黑格尔原著的准确理解，还涉及对马克思改造黑格尔提出的"实践"观的"人"的问题。如果像过去仅仅从"主观"或"主观性"来理解和把握马克思讲的"艺术掌握世界的方式"显然是范围缩小了，缩小到认识论的层面去理解了，这是一种误解。马克思改造黑格尔的这个"体"，一方面不是旧形上学抽象的实体的"体"，是活在历史实践中的人的"体"（功能）；另一方面，由于这个"体"的变化就突破了旧认识论主观（思维）和客观（存在）的二元思维模式，从而转变成"人与自然"的统一的"体"来理解。所以，朱光潜在给大百科全书写的"美学"条目称："美既离不开物（对

---

① 朱光潜：《朱光潜全集》第5卷，安徽教育出版社1989年版，第350页。
② 黑格尔：《美学》第1卷，朱光潜译，人民文学出版社1958年版，第115页。
③ 黑格尔：《美学》第1卷，朱光潜译，人民文学出版社1958年版，第121页。

象或客体），也离不开人（创造和欣赏的主体）。"①并且还说："马克思在《经济学—哲学手稿》里强调对立面的辩证统一，把片面唯心和片面唯物叫做'抽象唯心'和'抽象唯物'加以否定，证明了心与物都不可偏废。他的著名的共产主义的定义是'彻底的人道主义加上彻底的自然主义'，这个基本原则实质上就是主体（人）与对象（物），也就是心与物互相推进，不可偏废。"②毫无疑问，朱光潜这一"更正"表明他晚年对美学的学科定位渐渐摆脱认识论图圈，走向以"人"为主导的历史实践（不同于旧本体的人的"体"）更广阔的领域。

据此，我们也可以从这个变化去体会朱光潜晚年研究维柯和马克思乃至中国传统知行合一观，并且提出的"美学是一门独立的社会科学"的真实内涵。结合"美是主客观统一说"前后期的发展，可分两层来说明：第一层，朱光潜早年说的美，既不在心，也不在物，而是心与物媾合的结果。并且，由物及我（内模仿）和由我及物（移情）是互动的，它经过一系列生理和心理的相互作用关系。由于朱光潜把经筋肉的运动也看成一种"行"（实践），甚至脑髓的精细运动也属于"行"。这样美感经验的"知"也同时是"行"的合一过程。从这个意义上说，朱光潜早年的美学是主客观统一说和王阳明以"心"体统合知与行有相似之处，只不过朱光潜的"心"尚未突破认识论的范围，而王阳明的"心"是人与自然关系中整体"人"的"心"。朱光潜接触到马克思和维柯后，这个意义才真正生发出来。第二层是朱光潜通过研究马克思和维柯，已经意识到美学大讨论中所谓主观派和客观派都割裂了"知"与"行"（是马克思所谓的"抽象唯心"和"抽象唯物"），而贯穿维柯《新科学》的主线"人类历史是人类自己创造的"，强调的正是"知"与"行"的统一。维柯讨论"部落自然法"的"自然"，是取"天生就的"而不是"勉强的"（人为的）。西文"自然"这个词既指客观世界（对象），也同时指主观世界（人）。朱光潜说："把心与物（主观与客观）本来应依辩证观点统一起来的互相因依的两项看成互相敌对的两项，仿佛研究心就不能涉及物，研究物就不能涉及心，把前者叫做'唯心主义'，后者叫做'唯物主义'；'唯物主义'就成了褒词，'唯心主义'就成了罪状。这种错误的根源在于误解 nature（自然）这个

---

① 朱光潜：《朱光潜全集》第 5 卷,安徽教育出版社 1989 年版,第 350 页。
② 朱光潜：《朱光潜全集》第 5 卷,安徽教育出版社 1989 年版,第 353—354 页。

常用的简单词。"①在朱光潜未发表的维柯《新科学》"关于中译词的一些说明"里说得更直截了当：

> nature 这个词本义为生育或产生,中文古语有"化育"(赞天地之化育),"化育"也就是生育,所以经过自然生育出来的一切都是自然式本性。维柯强调一切法律或制度都来自自然本性。物有物的本性,心有心的本性。在重视"自然"这个意义上维柯是既唯心而又唯物的,因为"心"与"物"都是自然生育出来的,都服从自然的规律。②

综观朱光潜后期美学思想的发展,其对美学学科的定位明显倾向于从社会历史的实践观来审视相关美学问题,必须强调指出朱光潜晚年这种"美学作为社会科学"是既包含马克思主义实践观;又包含中国传统"知行合一""天人合一"(参天地化育);同时还有从维柯历史哲学和社会科学出发至歌德、黑格尔、马克思、克罗齐一线历史学派的观点。因此,从一定意义上说,美学和哲学,美学和心理学,美学和文艺仍然保持一种有区别但紧密联系的有伸缩力的关系。从内容看,朱光潜美学既是传统的,又是现代的,既是本土化的,又是西方化的。

第四节 "美学"译名的重新考辨③

长期以来,许多研究者都认为最早确立近代中国美学学科地位的是王国维。聂振斌的《中国近代美学思想史》即"把中国近代美学的正式开端规定在 20 世纪初年的王国维那里"④。但自黄兴涛的《"美学"一词及西方美学在中国的最早传播》一文发表之后,这一普遍认同的说法开始遭到怀疑,许多研究者开始根据黄兴涛提供的线索,将中国近代美学的缘起追溯到花之安的《教化议》(1875)甚或更早的罗存德的《英华字典》(1866)。王确认为黄兴涛"发现了在王国维之前可能中国学科美学史已经开始了,

① 朱光潜:《朱光潜全集》第 10 卷,安徽教育出版社 1993 年版,第 702 页。
② 朱光潜:《关于中译词的一些说明》,《清华大学学报》2012 年第 4 期。
③ 作者李庆本,杭州师范大学艺术教育研究院教授。本文原载《文学评论》2022 年第 6 期。
④ 聂振斌:《中国近代美学思想史》,中国社会科学出版社 1991 年版,第 55 页。

这就质疑了在中国近代美学研究中的一种公认的判断",因而具有"里程碑意义"①。

一个学科的命名虽不能完全等同于这个学科的成熟,却是一个学科确立的重要标志之一。鉴于"美学"汉语译名在中国近代美学发展中的重要性,我们不能不认真对待这个问题。又鉴于黄兴涛这篇文章的广泛影响,我们也不能不对他所提出的一些说法做深入细致的考证。

一、花之安并未率先创用"美学"一词

黄兴涛认为在中国率先创用"美学"一词的是花之安(Ernst Faber 1839—1899)。他说:

> 1875年,花之安复著《教化议》一书。书中认为:"救时之用者,在于六端,一、经学,二、文字,三、格物,四、历算,五、地舆,六、丹青音乐。"在"丹青音乐"四字之后,他特以括弧作注写道:"二者皆美学,故相属",即在他看来,"丹青"和"音乐"能合为一类,是因为两者都属于"美学"的缘故。如果我们将这里的"美学"一词同前书之中所谓"绘事之美"和"乐奏之美"一并而视,便可见此词大体已经是在现代意义上的使用了。在花之安之前,似乎还未见有人这样用过。②

黄兴涛的这个说法出炉之后,治中国近代美学研究者,均对此深信不疑。许多美学界的朋友纷纷跟进,据此产生了许多研究成果。有的中国美学史著作也不加分辨地直接采用黄兴涛的说法,以致以讹传讹。倒是非美学界的研究者首先看出了破绽。聂长顺指出,黄兴涛断定"美学"一词最早的使用者是花之安,其根据是1897年商务印书馆出版的《泰西学校·教化议合刻》一书,而不是1875年的版本。不过,聂长顺也没有找到1875年版的《教化议》,他所见的最早版本是1880年10月东京明经堂出版的大井镰吉训点本,其中并无黄兴涛所说的括号中的那句话。他大胆地猜测,这句话

---

① 王确:《不求远因,不能明近果——中国学科美学发生的考察与反思》,《当代文坛》2011年第1期,第137—143页。
② 黄兴涛:《"美学"一词及西方美学在中国的最早传播》,《文史知识》2000年第1期,第75—84页。

当为 1897 年合刻时所加①。然而,仅仅依据大井镰吉训点本中没有"美学"一词就断定,1875 年版的《教化议》没有"美学"一词,也是很难让人信服的。而要证实的话,必须找到原版的《教化议》。

经过多方查询,笔者终于 2020 年 4 月 3 日购得 1875 年木刻版的《教化议》,封面标示"耶稣一千八百七十五年、光绪元年镌""礼贤会藏板"。这本书中的确没有所谓括弧中的"二者皆美学,故相属"这句话②,从此可以确证,黄兴涛所说花之安于 1875 年率先创用"美学"一词,是错误的。而这个在美学界中流行了 20 年的说法终于可以画上句号了。

那么,我们可不可以说作为学科名称的"美学"一词出现在 1897 年商务印书馆出版的《泰西学校·教化议合刻》中呢? 如果答案是肯定的话,仍然可以证明花之安率先使用了"美学"一词。其实,这也是不能成立的。

黄兴涛所引花之安的那段话的原文见合刻本《教化议》卷四"正学规"的第二节"学问之训",原文中"二者皆美学故相属"以小字号标注在"丹青音乐"之后,并无黄兴涛所说的括弧及标点③。如果联系上下文和句法来看,我们可以肯定,这句话是黄兴涛错误的标点所致。我认为,正确的断句应该是"二者皆美,学故相属",正如书中竖排两行所标示的那样。理由至少有三:

第一,花之安所谓"救时之用"的"六端"不是德国大学课程的名称,而是自小学就应开始培养的六种不同的技能。他在该卷第二节"学问之训"的开篇就指出:"学问一道,宜分门别类,不能偏废(各种学问设有专院,德国学校已录),非一蹴可能,必循序渐进,故有大小院之分,二者交互为用,勿以小院忽之。论切于人用者,小院视大院更要。以大院非尽人可入,小院人所必需。且小院又为大院之始基,故于此言小院学问之训。若大院则学有专门,不需余之赘论也。"④花之安在"学问之训"这一节通篇都是在讲小学的教育问题,而美学属于大学科目,这一点,他说他在《大德国学校论略》中

---

① 聂长顺:《近代 Aesthetics 的汉译历程》,《武汉大学学报(人文科学版)》2009 年第 6 期,第 649—653 页。

② [德]花之安:《教化议》,香港礼贤会藏板,1875 年,第 47a 页。

③ [德]花之安:《教化议》,见《泰西学校·教化议合刻》,商务印书馆 1897 年版,第 22b 页。

④ [德]花之安:《教化议》,香港礼贤会藏板,第 39b 页。

已经讲过了,在此就不需赘论了。由于他在《教化议》中讨论的是"小院学问之训",因此,与地舆、历算、格物、文字、经学相并列的一定是绘画音乐这样的艺术,而不可能是美学。

第二,联系下文中所说"音乐与丹青,二者本相属。音乐为声之美,丹青为色之美"①,我们可知,花之安强调的还是音乐的"声之美"与绘画的"色之美",而并没有说声色之美学。如果我们确定黄兴涛所说的在括弧内的那段话是合刻时编者所加的,那么编者之所以要加上这句话,是为了解释为什么音乐与丹青可以成为"六端"中的一端,因为音乐和丹青如果是两端,那就是七端了。而编者之所以敢于加上这句话,是依据前面所说的"音乐与丹青,二者本相属",而不是黄兴涛所说的"两者都属于美学"。因为上下文中并没有出现"美学"一词,又如何以"美学"为依据呢?

第三,即使可以标点为"美学",也肯定不是现代学科意义上的美学。如同他在另一篇文章《明末清初传教士对于西方美学观念的早期传播》中所指出的那样,虽然明末清初的时候,传教士高一志也曾使用过"美学"二字,但与近现代学科意义上的使用毫不相干。同样的情况,假设可以将《泰西学校·教化议合刻》中的"二者皆美,学故相属"读作"二者皆美学,故相属",那这里的"美学"也与近现代意义上的使用毫不相干。根据黄兴涛的说法,既然绘画与音乐皆属于美学,那么这里的"美学"乃是意指美术(Art),而肯定不是从"Aesthetics"翻译而来的。黄兴涛也意识到了这一点,所以他说是花之安"创用"了美学一词。实际上,创用美学一词的不是花之安,是黄兴涛让花之安率先创用了"美学"一词。

总之,花之安在1875年的《教化议》中没有使用"美学"一词,这是确定无疑的。在1897年的《泰西学校·教化议合刻》中所加进去的"美学"一词是黄兴涛错误的标点所致,肯定不是 Ästhetik 的汉译。

那么,花之安到底有没有用汉语翻译过"Ästhetik"呢?我认为是有的。他是把"Ästhetik"翻译为"如何入妙之法",而不是"美学"。1873年,花之安用中文撰写《大德国学校论略》,将太学院(大学)的课程分为四类介绍:经学、法学、智学、医学。在介绍"智学"课程时,花之安将其细分为"八课",即:"一课学话,二课性理学,三课灵魂说,四课格物学,五课上帝妙谛,六课

---

① [德]花之安:《教化议》,香港礼贤会藏板,第52b页。

行为,七课如何入妙之法,八课智学名家。"①接下来,花之安又进一步解释说"如何入妙之法"这个课是"论美形,即释美之所在:一论山海之美,乃统飞潜动植而言;二论各国宫室之美,何法鼎建;三论雕琢之美;四论绘事之美;五论乐奏之美;六论词赋之美;七论曲文之美,此非俗院本也,乃指文韵和悠、令人心惬神怡之谓"②。

按照肖朗的解释,花之安所谓"智学"涵盖人文社会科学和自然科学两大类,前者包括语言学、修辞学、逻辑学、伦理学、心理学、美学等,后者则包括物理学、天文学、生物学等③。肖朗未能指出智学"八课"究竟确指是什么课程名称,但其中包含美学则是可以肯定的。聂长顺则大体指认出了八课中除了"智学名家"之外的七课④。

据此,我们大体上可以确定,花之安在这里所说的"智学"中的八门课程大体上相当于我们今天所说的语言学、哲学、心理学、物理学、神学理论、伦理学、美学、科学史(主要是哲学史)。因为学科的发展变化,我们难以确定这八门课程与今天的课程设置一一对应的关系,只能大体而言。例如,花之安所说的"格物学"很可能如肖朗所说包含了物理学、生物学和天文学。当然,这只是学科内涵的变化,与学科的名称似乎无必然的联系,正如"美学"这个名称,从鲍姆嘉通创立这个学科名称到现在,其学科内涵已经发生了很大的变化,但名称却一直延续下来了。如果我们将这八门课回翻成英文,则应该是"话学"("学话"乃"话学"之误)对应于"语文学"(Philology),"性理学"对应于"哲学"(Philosophy),"灵魂学"对应于"心理学"(Mental Philosophy),"格物学"对应于"物理学"(Physics),"上帝妙谛"应是"神学理论"(Theology of God)的对译,它与"经学"的关系大体上相当于文学与文学理论的关系,而"行为"则对应于"伦理学"(Moral Philosophy),"如何入妙之法"对应于"美学"(Aesthetics),"智学名家"对应于"科学史"(History of Science)。在这八课中,与美学相对应的只有七课"如何入妙之法",由此可

---

① 〔德〕花之安:《大德国学校论略》,羊城小书会真宝堂 1873 年藏板,第 17b 页。

② 〔德〕花之安:《大德国学校论略》,羊城小书会真宝堂 1873 年藏板,第 20ab 页。

③ 肖朗:《花之安〈德国学校论略〉初探》,《华东师范大学学报(教育科学版)》2000 年第 6 期,第 87—95 页。

④ 聂长顺:《花之安〈德国学校论略〉所定教育术语及其影响》,载冯天瑜主编:《人文论丛》,中国社会科学出版社 2009 年版,第 65—77 页。

以断定花之安对 Ästhetik 的汉语翻译就是"如何入妙之法"。作为课程名称,这种翻译虽然有些啰嗦,却比较准确地表达了 Ästhetik 的原义。在鲍姆嘉通那里,美学的本义就是感知认识的问题,就是如何感知美的问题,所以花之安翻译为"如何入妙之法"应该是不错的。而所谓"论美形,即释美之所在"云者,则是对"如何入妙之法"(美学)这个学科的简单定义。聂长顺将"论美形"也视为"aesthetic"的译名,是不准确的。在花之安那里,美学不仅包含着建筑、雕塑、绘画、音乐、诗词、戏曲等艺术形式的美,也包含着自然山海之美。联系上下文看,"论美形,释美之所在"云者,就是指美的各种表现形态,也就是后面紧接着所说的山海之美、宫室之美、雕琢之美等。因此可以看出,花之安主要是从美的形态去界定和解释美学这门学科的。

二、并无证据证明"审美学"源自罗存德

一般认为,"审美学"也是通过日本传入中国的。但黄兴涛却认为,日本流行的"审美学"很可能是来自于罗存德(Wilhelm Lobscheid 1822—1893)的译词。罗存德的《英华字典》将"Aesthetics"翻译为"佳美之理""审美之理"。他认为,"审美学"很可能是日本学者在"审美"一词基础上的继续发明,因为有资料表明,罗存德的《英华字典》"很早就曾传到日本并对日本创译新名称产生过影响"①。

黄兴涛在这里仅仅是一个推测。他提到了1879年被日人改题翻版发行的《英华和译字典》以及其他增订本,似乎暗示日本学者后来使用的"审美学"很可能与罗存德有关,但并没有确凿的证据证明"审美学"源于罗存德的《英华字典》。

那么,日本学界流行的"审美学"是否来源于罗存德的"审美之理"呢?我的阶段性结论是:除非有新发现的材料证明,到目前为止,断言日本流行的"审美学"源自罗存德的"审美之理"都是缺乏事实依据的。

首先,从日本最早采用"审美学"一词的小幡甚三郎来看,缺乏证据证明"审美学"源自罗存德的"审美之理"。聂长顺在《近代 Aesthetics 的汉译历程》一文中说:"1870年夏,(东京)尚古堂刊行小幡甚三郎撮译、吉田贤辅

---

① 黄兴涛:《"美学"一词及西方美学在中国的最早传播》,《文史知识》2000年第1期,第75—84页。

校正的《西洋学校轨范》(全二册),其第 2 册第 9 页所列'大学校'(university)'技术皆成级'(master of art)的课程中有'审美学'科目。'审美学'后注片假名'エスタチックス',为 Aesthetics 的音译。这是迄今学界不曾披露的'审美学'的最早出处。"①聂长顺认为这里的"审美学"一词是在罗存德《英华字典》所定"审美之理"译名基础上的再创造,其理由是:"一则该词典在日本影响巨大,一则当时日本洋学书籍奇缺,每有新书,洋学者们无不心向往之,争相传阅。'审美学'的创译者小幡甚三郎自然也不例外"②。遗憾的是,聂长顺并没有拿出证据证明小幡甚三郎创译的"审美学"与罗存德的《英华字典》有直接关系:第一,没证据证明小幡甚三郎读过罗存德的《英华字典》;第二,即使小幡甚三郎读过《英华字典》,也没有证据证明他所创译的"审美学"源自罗存德的《英华字典》。因而这仍然是一种猜测和假说。就小幡甚三郎(1846—1873)本人的情况而言,他是完全有能力完成审美学的译名的。他曾与其兄长小幡笃次郎合编过《英文熟语集》③(于庆应四年即 1868 年由尚古堂出版),后又曾留学美国,具有较高的英语水平。可惜英年早逝,否则定会对审美学做出更加详细的说明。

其次,从罗存德的《英华字典》在日本的流传来看,也难以建立起罗存德"审美之理"与日本学界流行的"审美学"之间的影响事实关系。我们说,即使小幡甚三郎接触到罗存德的《英华字典》,也不能证明日本的"审美学"源于罗存德的"审美之理"。这是因为在小幡甚三郎之后,日本"审美学"一词的使用与罗存德的《英华字典》在日本的流通并行不悖,却并没有建立起事实影响关系,也没有得到当时日本学者的认同。

罗存德的《英华字典》的确传到了日本,并对日本的词典编撰产生了重大影响④。但遗憾的是,罗存德对"Aesthetics"一词的翻译一直到井上哲次郎的《增订英华字典》也没有改变。1873 年柴田吉昌·子安峻编的《附音插

---

① 聂长顺:《近代 Aesthetics 一词的汉译历程》,《武汉大学学报》(人文科学版)2009 年第 6 期,第 649—653 页。

② 聂长顺:《近代 Aesthetics 一词的汉译历程》,《武汉大学学报》(人文科学版)2009 年第 6 期,第 649 页。

③ [日]小幡甚三郎的《英文熟语集》中没有收录"美学"一词的词条。通过比对《英文熟语集》与罗存德的《英华字典》,也没有发现两部字典之间有影响事实关系。

④ 沈国威:《近代英华辞典环流:从罗存德、井上哲次郎到商务印书馆》,《关西大学东西学术研究所纪要》第 47 辑,2014 年,第 19—37 页。

图英和字汇》没有收录"美学"词条。1879 年津田仙·柳泽信大·大井镰吉编的《英华和译字典》，与 1884 年井上哲次郎的《增订英华字典》中有关"Aesthetics"的词条，都完全采用罗存德的解释"佳美之理、审美之理"①。

一般从事影响研究者，都非常注重实证，所谓"无征不信、孤证不立"。虽然我们也常说要"大胆假设"，但后面一定紧跟着"小心求证"。没有小心求证的大胆假设是很难成立的。就拿罗存德的《英华字典》来说，如果说日本学者的"审美学"一词源自罗存德的《英华字典》，最好有证据证明，最早采用"审美学"一词的人明确表示：自己的"审美学"一词来自罗存德的《英华字典》。而实际上，这方面的证据至今也没有找到。那么，我们可以退而求其次，从罗存德《英华字典》的流变中寻找答案。如果罗存德的词典流传到日本后，由他的词典衍生出来的英和词典，或者增订的英华字典，将"审美之理"更正为"审美学"，也可以证明这个词语源自罗存德。但目前为止，这样的证据也是没有的。

当时的日本学界与罗存德的《英华字典》有直接联系的人物是井上哲次郎（1855—1944）。他于 1883 年 7 月 12 日取得罗存德《英华字典》的版权，对其进行了增订，同年 9 月 29 日印出了 1—184 页，其后分 6 次出版，1884 年 7 月 28 日出版了合订本。按照合理的推断，如果井上哲次郎在增订罗存德的《英华字典》时，将其中的"佳美之理、审美之理"改为"审美学"，也可证明日本学界的"审美学"源自罗存德。而在井上哲次郎的《增订英华字典》中，"美学（Aesthetics）"依然采用罗存德的解释，并没有更改。

井上哲次郎在此前即 1881 年曾出版过一本《哲学字汇》，里面收录有 Aesthetic 一词，但译名为"美妙学"②。《哲学字汇》于 1912 年第三版时将"美妙学"的译名改为"美学"和"感觉论"，并在"美学"后加括号注解说"旧云审美学非"，意思是说，过去采用"审美学"是错误的③。这勾画出从"美妙学"到"审美学"和"美学"的发展演变线索，其中仍然与罗存德的"审美之

---

① ［日］津田仙·柳泽信大·大井镰吉编：《英华和译字典》，山内辅出版 1879 年版，第 49 页；［德］罗布存德（罗存德）原著、［日］井上哲次郎增订：《增订英华字典》，藤本氏 1884 年藏版，第 21 页。

② ［日］井上哲次郎：《哲学字汇》（附清国音符），东京大学三学部 1881 年版，第 3 页。

③ ［日］井上哲次郎、元良勇次郎、中岛力造：《哲学字汇》，东京丸善株式会社 1912 年版，第 5 页。

理"无关。从井上哲次郎身上反映出,他从罗存德那里接受的仍然是"审美之理"这一译名,而他的"美妙学"一词据他称是自己独创。他在《井上哲次郎自传》中说:"我在东京大学毕业是明治 13 年(1880)7 月,第二年即从东京大学出版了《哲学字汇》……'哲学'这个词是西周创造的,其他一些心理学的词语也是这样,但是伦理学、美学、语言学等方面的术语是出自我手。"①

井上哲次郎说美学方面的词汇是出自他之手,显然是夸大其词了。因为在他之前,西周就曾使用过"美妙学"一词来翻译 Aesthetics。那么,西周的"美妙学"又是来自何处?

西周在《百一新论》中曾将 Aesthetics 翻译成"善美学"(エステチ-キ)、在《百学连环》中翻译成"佳趣论"、在《美妙学说》中翻译成"美妙学"。根据彭修银的考证,西周的《百一新论》是 1866—1867 年京都私塾的讲义,并于 1874 年公开出版,《百学连环》是他 1870 年在东京浅草鸟越三筋町的自宅开办的私塾——育英舍的讲义。西周的《美妙学说》原是为天皇御前演说的草案,也是在这两本书的基础上写成的日本历史上第一本美学专著。而在此之前,西周翻译了约翰·海文(Joseph Haven)《心理学》(*Mental Philosophy*: *Including the Intellect*, *Sensibilities and Will*)。彭修银指出,西周的《美妙学说》中的许多内容,特别是西周在论述美妙学的"内部要素"即"美感论"部分,"很大程度上接受了海文的影响"②。这说明,西周采用"美妙学"来翻译 Aesthetics,源自海文的《心理学》,而不是罗存德的《英华字典》。在《心理学》第一部分第三章"美的概念与认知"(The Conception and Cognizance of the Beautiful)中,海文将"美学(Aesthetics)"定义为"美的科学(the science of the beautiful)"③。这也是西周将"美学(Aesthetics)"翻译为"美妙学"而不再使用"佳趣论"或"善美学"的原因。

今查罗存德的《英华字典》,里面收录有"Beautiful"一词,在众多义项解释中,有一个译名"美妙"跟西周对"美的"(Beautiful)的汉译是一致的④。

① [日]井上哲次郎:《井上哲次郎自传》,富山房 1973 年版,第 33 页。

② 彭修银:《东方美学》,人民出版社 2008 年版,第 201 页。

③ Joseph Haven, *Mental Philosophy*: *Including the Intellect*, *Sensibilities and Will*, Boston: Gould and Lincoln, 1857, p. 263.

④ Wilhelm Lobscheid(罗存德), *English and Chinese Dictionary with the Punti and Mandarin Pronunciation*, Hong Kong: The Daily Press Office, 1866, p. 154.

由此可以推测,在"美的"(Beautiful)这个词上,西周有可能借鉴了罗存德的词典,但不能说西周的"美妙学"(Aesthetics)的译名来自罗存德。如果这一点确实无误的话,那么恰好可以证明罗存德的"审美之理"对西周的"美妙学"译名毫无影响,西周明明知道罗存德的"审美之理"的美学译名,却显然置之不理。

王确认为西周"美妙学"的汉字命名"完全有可能受'如何入妙之法'的学科命名的启发",这是不正确的看法。他说"西周是从明治8年开始翻译海文的《心理学》的,明治11年正式出版"[①],明显与事实不符。明治8年即1875年并非是西周开始翻译《心理学》的时间,而是出版时间。笔者手头有西周翻译的《心理学》这本书,共有三卷,由文部省出版,第一卷、第二卷出版时间赫然标出是明治8年(即1875年)4月,第三卷出版时间为明治9年(即1876年)9月。明治11年(1878年),这本书又改版分两卷以《奚般氏心理学》为书名出版。海文英文版的《心理学》出版时间是1857年,再版的时间是1869年,第三版的出版时间是1879年。根据小泉仰的说法,西周翻译所根据的底本是海文1869年版的《心理学》[②],由此推断,西周接触到英文原版的《心理学》的时间是在1869年之后,最快也是1870年。而根据日本大多数学者的看法,西周的《美妙学说》是1872年御前会议的教案,而《美妙学说》明显受到海文《心理学》的影响,那么,西周接触到《心理学》的时间是1869年至1872年之间。

当然,也有研究者认为《美妙学说》是明治10年(1877)前后为天皇御前演说的草案,即使假定这种说法是正确的话,也不能说西周翻译海文《心理学》要明显晚于《德国学校论略》传到日本的时间。最保守的估计,西周接触到海文《心理学》的时间应该是1873年之前,而他完成翻译的时间最迟也是1874年(他一定是在1875年4月正式出版之前完成翻译的),也就是说,最迟在《德国学校论略》传到日本的同一年,西周已经将《心理学》翻译完成了。综上,西周接触到海文《心理学》的时间,除去翻译时间和出版周期,则显然是在1874年之前。断言西周的"美妙学"受到花之安的"如何入

---

① 王确:《汉字的力量:作为学科命名的"美学"概念的跨际旅行》,《文学评论》2020年第4期,第48—56页。
② [日]小泉仰:《西周与欧美思想的会通》,三岭书房株式会社1989年版,第145页。

妙之法"的影响,明显缺乏证据。

在罗存德之后,谭达轩(宴昌)曾翻译过"Aesthetic、Aesthetical"。黄兴涛指出:"1875 年,在中国人谭达轩编辑出版、1884 年再版的《英汉辞典》里,Aesthetics 则被翻译为'审辨美恶之法'。"①他所说的《英汉辞典》应该是谭达轩的《华英字典汇集》,1897 年出版第三版,该词典封面竖排自右向左分别注明"岭南端郡明邑谭宴昌译刊、岭南羊城番禺郭赞生校正:《华英字典汇集》,光绪丁酉年三次重刊,香港文裕堂书局活版印"②。从第三版来看,其中并未收"Aesthetics"这个词条,收的是"Aesthetic、Aesthetical"。在"审辨美恶之法"汉语解释之前,这个词条还注明这个词的词性是形容词,并给出英文解释"与感受和感情有关的(relating to sentiment or feeling)"③。谭达轩本人在这本词典的英文序言(1897)中说他的词典是"在韦伯斯特(Webster)、伍斯特(Worcester)、沃克(Walker)、约翰逊(Johnson)等英文词典的基础上"④翻译而成的,并不承认借鉴过罗存德的词典。王韬的中文序言(1875)中也仅提及"马礼逊字典、麦都思字典最行于一时,不胫而走,继之者为卫廉臣(卫三畏)之《华英韵府历阶》"⑤,而对罗存德的词典三缄其口。

据目前所掌握的材料来看,用汉字创译了"美学"一词并对后世产生了影响的仍然是日本的中江兆民(1847—1901)。中江兆民翻译了法国美学家欧仁·维隆(Eugene Veron, 1825—1889)的《美学》(L' Esthétique, 1878)一书,并以《维氏美学》为书名分上下两卷分别于 1883 年和 1884 年出版。李心峰在《Aesthetik 与美学》中曾转述 1982 年出版的《文艺用语基础知识》辞典的一个说法:"自明治十五年(1882 年)开始,以森鸥外(日本著名作家)、高山樗牛等为主的教师们在东京大学以'审美学'的名称讲授美学,就使用过'美学'这个词。"⑥似乎是说,在中江兆民之前就有"美学"这个名称了。

据藤田一美的《各大学开设美学讲座等相关资料》,明治十五年(1882)

---

① 黄兴涛:《"美学"一词及西方美学在中国的最早传播》,《文史知识》2000 年第 1 期,第 75—84 页。
② 本词典电子版由沈国威教授赠送,谨此致谢。
③ 谭宴昌:《华英字典汇集》,郭赞生校,文裕堂书局 1897 年版,第 23 页。
④ 谭宴昌:《华英字典汇集序》,《华英字典汇集》,文裕堂书局 1897 年版,扉页 1。
⑤ 王韬:《华英字典汇集序》,《华英字典汇集》,文裕堂书局 1897 年版,扉页 2。
⑥ 李心峰:《Aesthetik 与美学》,《百科知识》1987 年第 1 期,第 17 页。

左右,东京大学外山正一、费诺罗萨开设了审美学课程,当时这个课程是西洋哲学课程中的一部分。明治十九(1886)年,"审美学"成为独立的课程。明治二十五年(1892),课程"审美学"改名为"美学"。1893 年,开始开设美学讲座,当时讲座教授空缺,由讲师担任,直到 1900 年大塚保治从欧洲留学回来,东京大学才开始有了专职美学讲座教授①。

高山樗牛(1871—1902)在 1882 年时只有 11 岁,他 1893 年才进入东京大学哲学科学习,所以不可能于 1882 年在东京大学讲授美学课。可见 1982 年出版的日本《文艺用语基础知识》辞典里的相关说法是错误的。森鸥外当时也没有在东京大学讲过美学课。他的教材《审美纲领》于 1899 年分上下两卷由春阳堂出版,署名爱德华·冯·哈特曼(Hartmann)原著,森林太郎(森鸥外)、大村西崖同编。但这时的"审美学"也没有证据证明与罗存德的《英华字典》有何联系。

东京大学是 1877 年由当时的东京开成学校和东京医学院合并而来,而小幡甚三郎曾在开成学校的前身开成所工作过。鉴于东京大学与开成学校的渊源关系,"审美学"这个课程名称更可能是承接小幡甚三郎的命名而来。但正如我们前面已经说明的,小幡甚三郎的"审美学"与罗存德的"审美之理"之间的事实影响关系是缺乏依据的,也是难以成立的。

---

① 藤田一美:《诸大学における美学講座等開設に関する資料》,日本美学学会(Japanese Society for Aesthetics)网站的资料库(NII-Electronic Library Service)。相关材料由叶萍教授提供,在此致谢。

第二章 "美"的语义新解与字源考辨

主编插白：美学取消主义否定了美本质，事实上也就否定了"美"的语义。因为"美"是指称概念的，概念是标志某类现象的。概念的内涵正是对某类现象的类属性（通常谓之"本质"）的抽象概括。只要我们承认人类使用的语词是有语义（或者叫词义）的，我们就无法否认某一语词所指称的对象的本质规定性。因此，当我们承认并探讨"美"的语义时，实际上也就是承认了美的规定性或者说本质。在这个问题上，本书主编一直是个本质论的维护者、捍卫者。1998 年，笔者在《学术月刊》上发表《论美是普遍快感的对象》。2016 年，笔者在北京大学出版社出版国家社科基金后期资助项目成果《乐感美学》一书，用 60 万字的篇幅，阐释论证"美是有价值的乐感对象"，系统建构了"乐感美学"学说体系。2017 年，笔者在《学习与探索》发表《论美是有价值的乐感对象》一文，概括论述"美"的要义及由此演绎的"乐感美学"学说思理。五年来在这个核心问题上一直在思考如何把它说得更加圆满完善。发表在 2022 年第 2 期《艺术广角》上的《"美"的解密：有价值的乐感对象》演讲录就是这种思考的结果。从当前美学界的去本质化、去体系化、去理性化导致的美丑不分审美乱象说起，指出反本质主义美学矛盾百出，实践上有害，而传统的本质论美学从客观原因方面探求美本质也被审美经验证明此路不通，指出被指称为"美"的现象的统一规定性可从主体方面寻找，这个统一规定性可概括为"有价值的乐感对象"，愉快性、价值性、对象性是美的三个最基本的规定性。这个美的义界的确立旨在给人们创造美的实践提供可操作的理论指导。在社会生活中，只要创造了有价值的快乐载体或对象，你就是"美"的创造者，你就会得到"美"的点赞。如果说笔者的文章提供了"美"的语义新解，那么厦门大学的张开焱教授、山东大学的黄玉顺教授则从古文字学方面对"美"的词义作了新的考释。自西方美学传入中土,汉语"美"字本义被中国美学界持续关注,有关成果可参看马正平《近百年来"美"字本义研究透视》(《哲学动态》2009 年第 12 期),张法《美:在中国文化中的起源、演进、定型、特点》(《中国人民大学学报》2014 年第 1 期),王赠怡《"美"字原始意义研究文献综述》(《郑州大学学报》2014 年第 3 期)等文。或从文字学角度研究美字形义,或从文化学角度研究美字文化意义,或从美学史角度讨论美字的衍生意义,或围绕美字原初含义,从不同角度对其美学意义进行讨论。尽管成果丰富,但"美"的构形意涵尚待深入探讨。张开焱的文章综合文字学、文献学、神话学、图像学、人类学等多学科知识,对甲骨文"美"字的形义及美学史意义作了新的探讨。山东大学的黄玉顺教授认为:"美学意识"并不是"审美意识",而是对审美的反思。因此,中国美学意识的诞生的标志是"美"这个词语的出现。汉字"美"的本义是"羊大为美",意味着中国美学意识最初是对食物的一种价值评判。而"美与善同义"则揭示了中国美学意识与中国伦理学意识的同源。因为"善"的本义是"膳",意味着中国伦理学意识最初也是对食物的一种评价。这就铸就了"由善而美"的中国美学传统。这种价值意识的进一步发展,便是"善美皆好"的价值论。这种"由善而美"的传统,一方面意味着"美不离善";另一方面是说"善"虽是"美"的必要条件,但并非充分条件。至于"美"如何超越"善",则有待于中国美学意识的更进一步展开。

第一节 "美"的解密:有价值的乐感对象[①]

一、从当前美学界的"三去"现状说起

我们先从当前美学界的现状说起。前段时间网络上流行台湾学者蒋勋的一段话:"美的本质其实不需要解释。美的本质不过是一棵树摇动另一棵

---

① 作者祁志祥,上海交通大学人文艺术研究院教授。本文原载《艺术广角》2022 年第 2 期。

树;一朵云推动另一朵云;一个灵魂唤醒另外一个灵魂。"蒋勋是台湾的一个大学教授,本人是画家,同时也是一个诗人和作家,但他不是理论家。他热爱美,但对研究、阐述美的理论,他觉得头疼,没有好感。他以煽情的语言调侃、讽刺理论家对"美的本质"的思考。实际上,蒋勋回答的不是"美的本质",而是"美的现象"。蒋勋的这段偷换概念的言论所以受到追捧,是因为契合了当下国内美学界的现状,这就是"去本质化",并且把"现象"当作"本质"。此外还要"去体系化""去理性化"。①

中国当代美学界的"三去"特点,实际上是受当代西方流行的反本质主义思潮影响的产物。这个反本质主义思潮的主要构成,是存在论、现象学、阐释学、解构论。

我们首先看对"本质"的取消。存在主义的代表人物是海德格尔。法国学者富尔基埃指出:存在主义哲学对本质、对一般的存在,对抽象的概念丝毫不感兴趣。现象学也是如此。代表人物是胡塞尔。现象学所说的"现象"跟传统哲学所讲的与"本质"相对的"现象"不同。现象学认为"现象"就是"本质","本质"就在"现象"中。现象学否定离开现象的本质存在,于是就走向了对"本质"的否定和瓦解,形成"解构主义",代表人物是德里达。

"本质"是一种学说体系的核心。核心抽掉了,在这个核心基础上建立起来的体系大厦也就轰然倒塌,于是"体系"遭到否定。尼采在《悲剧的诞生》中说:对体系的追求是缺乏诚意的表现,我不相信,并且尽量避免一切体系。胡塞尔要求现象学家们"放弃建立一个哲学体系的理想"②。法兰克福学派的"否定美学"和"批判理论"本身就意味着"反体系"。其代表人物阿多诺在《否定的辩证法》一书序言中开宗明义:"否定的辩证法是反体系的,要用非同一性的思想替代同一性原则。"曾几何时,当我们赞美西方学说伟大的时候,往往归功于他们创造了完整、庞大的思想体系。然而,这些过去被人们尊重的学术建构,却在当代受到嘲笑。

"去体系化"之后,接着就是"去理性化"。理论工作者本来是吃理性饭的,但是现在居然要把"理性"给去掉。雅斯贝尔斯曾表示:"只有当理性触

---

① 王德胜:《"去"之三昧:中国美学的当代建构意识》,《美学文化论集》,首都师范大学出版社 2012 年版,第 6 页。
② 倪梁康编:《胡塞尔选集》上册,上海三联书店 1997 年版,第 364 页。

礁时哲学才开始。"①这话其实很难成立。我们难以想象,理性触礁的哲学还称得上是"哲学"吗!海德格尔说得更加绝对:"唯当我们已经体会到,千百年来被人们颂扬不绝的理性乃是思想的最顽冥的敌人,这时候思想才能启程。"②其实,放弃理性后,只有想象才能启程,思想就不存在了,哪里能启程?

西方现代哲学所凸显的"去本质化""去体系化""去理性化"(包括"去逻辑化)特点,在后现代的西方文化哲学中得到了保留和推进,而且走得更远,代表人物如利奥塔、福柯、拉康、德里达等。陆扬在《后现代文化景观》中指出:"后现代反传统、反理式、反本质、反规律,一路反下来是必然使它自己的传统、理式、本质和规律如堕五里雾中,不知所云。"③陈伯海先生指出:当代西方美学只有否定没有建设,只有解构没有建构,只有开放没有边际,因此,"它就不具有任何定性,这样的事物也就不成其为特定的事物,而只能归之于虚无"④。

否定一切以后,到底路走得通走不通呢? 实践表明走不通。西方当代的哲学美学,否定黑格尔以前、亚里士多德之后两千多年的探求本质的哲学美学,但并没有提供更有效的东西。打个比喻,他说这个杯子不好,要把它打碎、扔掉,但并未提供更好的杯子,于是我们连水都没法喝了。按照科学哲学家托马斯·库恩的说法,一个领域的范式被废除了,同时并未以新的范式取而代之,那就意味着该领域本身的废弃。"这样一来,Aesthetics(不管作为'美学'还是'审美之学')将全然不复存在,'美学终结'的丧钟就要敲响了。"⑤比如说"美是什么"这个问题,原来回答的定义都不好,于是后现代认为应当什么都不说。其实这不是什么新鲜的发明,中国古代的道家早就说过:"道可道,非常道","智者不言"。但同时,他们并未走到极端,而是补

① 考夫曼编:《存在主义》,陈鼓应、孟祥森、刘崎译,商务印书馆1994年版,第23页。
② 孙周兴编:《海德格尔选集》上册《尼采的话"上帝死了"》,上海三联书店1996年版。这句话的另一种译文是:"只有在我们认识到,几世纪以来一直受到颂扬的理性是思最为顽固的敌人的地方,思才会开始。"转见巴雷特:《非理性的人》,杨照明等译,商务印书馆1995年版,第203页。
③ 陆扬:《后现代文化景观》,新星出版社2014年版,第36页。另参陆扬:《后现代文化景观》,新星出版社2014年版,第121页。
④ 陈伯海:《生命体验与审美超越》,生活·读书·新知三联书店2012年版,第138页。
⑤ 陈伯海:《生命体验与审美超越》,生活·读书·新知三联书店2012年版,第8页。

充说:"道不离言"。佛教也是这样,一方面说"言语道断",一说话菩提、真理就不存在了,但另一方面还是留下了许多解说佛道的经论语录。世界是不完美的。十全十美的定义是没有的。人文领域的真理定义更是如此。最高的真理往往具有一定的模糊性、混沌性。但只要在世上生存,就得追求一个虽然不够完美,但是比较起来相对最为完美的定义作为我们行动的依据和指南。"美"难以言说,但又不能不说。重要的在于我们言说的缺陷少一点,能够解释的现象多一点,解释的方式圆通一点,并且不把它绝对化。

值得指出的是,在中国当下,辨别美丑之分,阐明美的边界,对于矫正美丑不分的审美乱象,具有迫切的十分重要的现实意义。正是因为受到理论家"美不可定义""美不可解"的理论支撑,普通大众便理直气壮地信马由缰,自说自话,认为"趣味无争辩",误以为我感到什么娱乐,什么就是美。于是美与丑颠倒混淆,以丑为美的现象屡见不鲜。对此我们必须大声疾呼:美是有边界的,美丑之间是有差别的。作为美学理论工作者,有责任努力探讨、助力揭示"美"的疆界,指导大众在这个疆界内从事美的欣赏和创造。换句话说,就是要培养健康的审美观,正确地辨别美丑,弘扬真善美,拒斥假丑恶,进而美化我们的人生、美化我们的生活。

二、客观主义美本质探求此路不通

在西方现当代反本质主义美学思潮出现之前,从亚里士多德一直到19世纪中叶的两千多年,对"美是什么"的问题曾做出了不懈探寻。中国古代没有"美学"这门学科,但有关于"美"的思想。19世纪末20世纪之初,美学伴随着西方的学术进入中国,"美学"这门学科在中国产生了,形成了关于"美"的独特学说。这些美学学说大抵分主观论与客观论两派。主观论者将"美"等同于指称愉快的"美感"。如古希腊美学家认为美是"视听觉的愉快"①。东汉许慎《说文解字》将"美"解释为"甘",即快适。三国时魏国的王弼指出:"美者,人心之所进乐也;恶者,人心之所疾恶也。美恶犹喜怒也,善不善犹是非也。"②20世纪50年代后期美学大讨论中吕荧先将"美"理解为愉快感,然后再把"美"定义为一种"社会意识"。汪济生在1987年出版

① 苏格拉底语,转引自柏拉图《文艺对话集》,人民文学出版社1963年版,第207页。
② 《老子道德经注》第二章注。

的《系统进化论美学观》一书中提出"美"是"快感",这种"快感"包括五觉快感、机体快感和中枢快感。对于这种主观论美论,我们不能同意。事实上,"美"不等于"美感"。我们可以说生活中充满了"美",但不可以说生活中充满了"美感"。"美感"不可能是无缘无故的,总是有客观原因的。那个引起美感愉快的客观因缘——审美对象,才是我们应当追寻的"美"。

与此相对,客观论者认为"美"不是"快感",而是引发"快感"的事物或对象。在这一点上我们是赞同的。但他们在探讨"美"的本质时大多从客观方面去找统一性的原因,把"美"视为一个离开主体而存在的独立不变的客观实体,这是我们不能赞同的,因为不符合审美实践。与此同时,也有一些美学家从主体感受的愉快性、价值性角度去归纳美的现象的统一性,提出了不少好的意见,值得我们吸取。

先看西方的美本质学说。

亚里士多德曾经指出:"美就是本身具有价值同时使人愉快的东西。"①这里指出美作为主体面对的审美对象具有"愉快"和"价值"两重属性,这是最接近美的真谛的理论表述,可惜不为后人重视。后来的西方美学家从未从"愉快"和"价值"两重属性入手重申过亚里士多德关于"美"的这个思想。1982 年商务印书馆出版北京大学哲学系美学教研室编选的《西方美学家论美和美感》,竟然没有收入这一重要论断。在 20 世纪 50 年代美学大讨论和 80 年代以来出版的各种美学原理教材中,我们都没有见到过对亚里士多德的这个重要论断的引述。这不能不说是巨大的无识。当然,亚里士多德将界定美的中心词说成是"东西",也就是纯客观的物质,就使美变成了脱离审美主体存在的永恒不变的物自体,这却是不符合美的对象性、流动性、相对性特征的。

西方传统美学说得最多的观点,是美是引起视、听觉愉快的事物。古希腊诗人赫西俄德指出:"美的使人感到快感,丑的使人感到不快。"②伊壁鸠鲁指出:"假使美、美德和诸如此类的事物,给我们提供了快感,我们就珍视它们;但是它们要是不能给我们提供快感,我们就抛弃它们。"③中世纪意大

① 蒋孔阳、朱立元主编:《西方美学通史》第一卷,上海文艺出版社 1999 年版,第 408 页。
② 转引自塔塔科维兹:《古代美学》,杨力译,中国社会科学出版社 1990 年版,第 40 页。
③ 转引自蒋孔阳、朱立元主编:《西方美学通史》第一卷,上海文艺出版社 1999 年版,第 724 页。

利的托马斯·阿奎那指出:"凡是单靠认识就立刻使人愉快的东西就叫作美。""与美关系最密切的感官是视觉和听觉。"①后来"美学之父"鲍姆嘉通界定"美是感性知识的完善"②,这"完善"的没有缺憾的感性对象也是指视听觉愉快的对象。但问题是,难道美食不是美吗?难道花香不是美吗?凭什么把美局限在眼睛和耳朵愉快的对象范围以内?审美经验不答应。

西方传统美学又说,什么东西能够引起我们视、听觉的愉快呢?是视、听觉形式元素的和谐、对称。和谐是什么?是寓变化于统一,是基调相同中又有变化。美就是形式元素之间的和谐。和谐的最高境界对称。中国的四合院、法国的凡尔赛宫,其构造都是对称的。这诚然能够解释许多美的现象,但能不能绝对化?不能。很早就有人从审美实践出发,说美并不都是和谐、对称所能概括。色彩的和谐固然是美,但和谐的东西看多了,腻味了,来一点撞色,好像也觉得美。有一颗痣叫"美人痣",对称地长一颗痣,那就很难看。女士的 π 型发式,对称,很好看,但把 π 的一半削掉,中国古代叫"堕马髻",当代叫"俏佳人"。美在和谐、对称,只是从形式元素方面概括的统一性,尚且不能说明全部形式美。如果用它来解释内涵美,就更不管用了,比如柏拉图《文艺对话录》中说的粪兜的美、风俗制度的美。所以"美是和谐对称",这个定义我们不能满意。

后来影响较大的是法国启蒙思想家狄德罗提出的"美是关系"说。他举例说:"让他去死吧!"这句话孤立地看,无所谓美还是不美。当我告诉你,这是一部反映公元前 6 世纪罗马卫国战争的悲剧《贺拉斯》中老父亲说的一句话。老人有三个儿子参加了保家卫国的战争。两个儿子战死了,还有一个儿子活着。面对着杀死他两个儿子的三个敌人,女儿问:怎么办?老人说:"让他去死吧!"这是一句为了保卫祖国的荣誉不惜血战到底的誓言!随着这句话所处的关系的层层揭示,它的美丑属性也就逐渐展现现出来③。所以事物的美丑要放在特定的社会关系中去考量。这种说法有一定道理。不过,仅仅说"美是关系",到底是一种什么样的关系,狄德罗却没能进一步

---

① 北京大学哲学系美学教研室编著:《西方美学家论美和美感》,商务印书馆 1982 年版,第 67 页。

② 北京大学哲学系美学教研室编著:《西方美学家论美和美感》,商务印书馆 1982 年版,第 142 页。

③ 《狄德罗美学论文选》,人民文学出版社 1984 年版,艾珉译本序,第 8 页。

说明,也无法说明。狄德罗因而感叹:"人们谈论最多的事物","往往是人们最不熟悉的事物","美的本质"就是这样①。

接下来是德国美学家康德。康德写过一部《判断力批判》。上卷第一部分叫"美的分析",第二部分叫"崇高的分析"。这是一部极为重要的分析美的定义的著作。康德在美的定义分析方面有三个突出的贡献。一是强调美的含义要从"主观"情感方面去界定。"审美的规定依据,我们认为它只能是主观的,不可能是别的。"②"一切从下面这个源泉来的判断才是审美的,那就是说,是主体的情感而不是客体的概念成为它的规定依据。"③二是强调美的含义要从"快感"方面去把握。"为了判别某一对象美或不美,我们不是把它的表象凭借悟性连系于客体以求得知识,而是凭借想象力连系于主体和它的快感和不快感。"④三是强调美是相对于主体存在的"对象",而不是离开主体存在的物自体。他把美界定为不依赖概念而依赖情感进而立即、必然、普遍产生的快感对象。"美是不依赖概念而被作为一个普遍愉快的对象……"⑤"美是不依赖概念而被当作一种必然的愉快底对象。"⑥但康德的定义同时存在着两大缺点。一是将美界定为超越利害关系考量的快感对象,不符合审美实践。他说:"鉴赏是凭借完全无利害观念的快感和不快感对某一对象……的一种判断力。"⑦这就是说,"美是无一切利害关系的愉快的对象。"⑧"美"没有给你带来功利,但是你却感到愉快。比如说青青翠竹、郁郁黄花,绿油油的麦田,蔚蓝色的大海,什么功利也没有带给你,但是你却毫无保留地把愉快和喜好给了它们。由于"自由"在美学中指超功利,所以康德又称之为"自由美"。后来有人据此把"美"表述为"自由的象征"。然而"美"仅仅是"自由"的、"超功利"的吗?形式美固然可以这样解释,但内涵美恰恰是给我们带来功利满足的那种对象。在抗击新冠疫情的过程中涌现了那么多披甲前行、救死扶伤的医护人员,我们称他们"最美医

---

① 《狄德罗美学论文选》,人民文学出版 1984 年版,第 1 页。
② 康德:《判断力批判》上卷,宗白华译,商务印书馆 1965 年版,第 39 页。
③ 康德:《判断力批判》上卷,宗白华译,商务印书馆 1965 年版,第 70 页。
④ 康德:《判断力批判》上卷,宗白华译,商务印书馆 1965 年版,第 39 页。
⑤ 康德:《判断力批判》上卷,宗白华译,商务印书馆 1996 年版,第 48 页。
⑥ 康德:《判断力批判》上卷,宗白华译,商务印书馆 1965 年版,第 79 页。
⑦ 康德:《判断力批判》上卷,宗白华译,商务印书馆 1965 年版,第 47 页。
⑧ 康德:《判断力批判》上卷,宗白华译,商务印书馆 1996 年版,第 48 页。

生",就是典型的例子。还有舍己救人的"最美教师""最美司机"的称号,都是从功利的角度出发的。对象之所以被视为美,是因为给我们带来的功利。怎么能说"美"完全是超功利的对象?这方面的例子还可举出很多。我戴了个戒指,金光闪闪,你感到很好看。但如果我告诉你是地摊上买的,只花了几块钱,你可能会一下子觉得眼前的戒指黯然失色。为什么会发生这种审美感的变化?功利考虑在起作用。这里面体现的是以富为美的观念。从黄金戒指升级到铂金戒指,这是功利美追求的升级换代。在这里,美之所以为美,正因为是财富的象征。可见,美不完全是超功利的对象。其次,在"美的分析"中,康德一方面强调美对利害关系概念的超越,另一方面又提出并承认"附庸美"①,并在"崇高的分析"中提出"崇高是道德的象征"。而道德恰恰是功利的满足,这两者恰恰是自相矛盾的。就是说,康德对于美的界定只适合揭示形式美、自由美,无法解释附庸美、道德美、崇高美。在康德自身的表述中,存在着明显的逻辑矛盾。这是令人遗憾的。

然后到了黑格尔。黑格尔提出美是"理念的感性显现"②。理念用形象把它表达出来,就是美。2010年上海举办世博会。世博会的理念是"城市让生活更加美好"。世博会有200个左右的国家和地区参加进来。每个场馆的造型既要保持自己国家和地区的地域、历史、民族、风俗特色,又要与"城市让生活更加美好"的理念融合起来。当这种理念"直接和它的外在现象处于统一体时,理念就不仅是真的,而且是美的了"③。但有的场馆与这种理念融合得不够好,你便觉得不美。可见"美是理念的感性显现"这个定义有一定道理,美的艺术作品因而以感性形象为审美特征。但是黑格尔强过分强调理念的作用,忽略了人的情感欲望的美学地位,好像情感欲望的形象显现就不能有美,却是不完整的。情感欲望在美的建构当中扮演着重要角色,发挥着不可缺少的作用。讲思想政治课的时候要饱含情感、鲜活生动才能感人。如果枯燥乏味,只是理念的传声筒,那就不美,没人要听。

黑格尔之后著名的美本质观点是"美是生活"。这是19世纪俄国车尔

---

① 康德:《判断力批判》上卷,宗白华译,商务印书馆1965年版,第67页。
② 黑格尔:《美学》第一卷,朱光潜译,商务印书馆1979年版,第142页。
③ 黑格尔:《美学》第一卷,朱光潜译,商务印书馆1979年版,第142页。

尼雪夫斯基提出来的。车尔尼雪夫斯基有一本书,叫《生活与美学》,可以说是"生活美学"的最早倡导者。他说的"生活美学"是指"美"与"生活"之间具有因果联系,即"美"源于生活。他说的"生活"更多的是指生命存在。他有个定义。任何事物,凡是"显示生活"或"令人想起生活",或令人觉得"应当如此的生活","那就是美的"①。换句话说,凡是充满生命力的事物就是美的事物。美是有益于生命存在的。春天的美在于生机勃勃。冬天的肃杀是不那么令人快意的,因为让人想起了生命的死亡。年轻人从形体上看比老年人漂亮、英俊,因为脸上有胶原蛋白,容光焕发。老了以后不分泌胶原蛋白了,看不到什么光泽了,形容枯槁了,生命力萎弱了,就不那么好看了。"美在生活"是不错的,但不能说绝对,也有一些例外。佛教就认为活着是痛苦,死亡是解脱,所以死是一种美,叫"死亡美学"。在不少宗教信徒看来,死亡是摆脱人生苦难、升入天堂的阶梯,所以歌颂死亡,赞美死亡。因此,有人写过"死亡美学"的专著。

西方当代最值得注意的美本质论是 20 世纪上叶美国美学家桑塔亚纳提出的美的定义。这个定义有三点值得珍视的可取之处。一是对美处于主体身外的客观性的肯定。二是对这种客观事物快感功能的强调。他把这两重属性的合一表述为:"美是客观化的快感。"②"美是被当作事物之属性的快感。""美存在于对象上。"③三是对美的价值属性的认可。"美是一种积极的、固有的、客观化的价值。"④然而,"快感"与"价值"是什么关系,是不是所有的"快感"都具有"积极的""价值",桑塔亚纳并未明确说明。他有时将美视为"对象",有时视为"事物",对"美"所依存的主客体关系的认识还不是很清晰。他沿袭西方美学理论传统,将"审美快感"局限在"耳目的活动"⑤范围,也不合实际,有待突破。

---

① 车尔尼雪夫斯基:《生活与美学》,周扬译,人民文学出版社 1959 年版,第 6 页。
② 北京大学哲学系美学教研室编著:《西方美学家论美和美感》,商务印书馆 1982 年版,第 286 页。
③ 北京大学哲学系美学教研室编著:《西方美学家论美和美感》,商务印书馆 1982 年版,第 285 页。
④ 北京大学哲学系美学教研室编著:《西方美学家论美和美感》,商务印书馆 1982 年版,第 285 页。
⑤ 北京大学哲学系美学教研室编著:《西方美学家论美和美感》,商务印书馆 1982 年版,第 284 页。

接着我们再来看看中国的美本质学说。

"美是典型",是20世纪50年代美学大讨论中蔡仪提出的。典型是代表着普遍性的个体,是总数相加除以总数得到的平均数。比如说男人典型的身高大概是1.78米。女人典型的身高大概在1.65米。这被视为理想的美的身高,太矮或太高都会在谈恋爱时出现麻烦。但是否可以说典型就是美的本质呢?似乎不可以。早在美学大讨论时就有人质疑:典型的人可以说是美的,一条典型的蛇或一个典型的癞蛤蟆能说是美的吗?蔡仪也有解释。他说典型的蛇或癞蛤蟆不美,因为他们在整个动物发展序列中是不典型的,所以不美。虽然自圆其说,但别人一般并不信服。

后来流行的美本质观是李泽厚的"美在实践"。这个观点曾经流行了很长时间,因为依托着"马克思主义"旗帜,也比较好地解释了美的现象的主观性,所以在中国美学界曾被信奉几十年,影响很大。其实,马克思从未说过"美在实践"。"实践"是人的特殊谋生活动。而自然美恰恰与人的"实践"无关。即便人类实践创造的产物,也不都是美。马克思《1844年经济学哲学手稿》指出:"劳动生产出美,替劳动者则生产出丑陋。"用"实践"定义"美",实际上大而无当,也不具有可操作性。如果用"美在实践"的定义打扮自己,美化环境,是没法实施的。如果用"美在实践"去写美学史,必然导致史论脱节,名不副实,难以为继。李泽厚、刘纲纪合作的《中国美学史》写了不到一半就写不下去了,深层原因是依据"美在实践"无法厘定中国文化材料中的美学范围和学科边界。

20世纪80年代以来,由于马克思《1844年经济学哲学手稿》美学意义的发现,"美在实践"换了个表达方式,叫"美是人的本质力量的对象化"。南方高校使用的刘叔成、夏之放、楼昔勇等人编写的《美学基本原理》,北方大学使用的杨辛、甘霖的《美学原理》教材都这么讲,因为"实践"就是人的本质的对象化过程。但表述不一样了以后,给人们准确理解其含义带来了好多麻烦。比如,什么是"人的本质"?什么是"人的本质力量"?这两个概念之间有没有差别?事实上是有差别的,这在逻辑上又怎么自圆其说?"对象化"指事实的物化还是指主观想象的物化?用一个争论不下、莫衷一是的概念解释另一个概念,解释主词的宾词中包含未知概念,是否可行?在审美实践上,如何实施"人的本质力量"的"对象化",来美化自己和社会?这些都留下了许多疑问,让人没法操作。

受海德格尔的存在论影响,当代中国美学出现了一个新观点,叫"美在超越"。"超越"是一个功能性名词,不是一个实体性名词。大众读者一般都不明白"超越"什么。在专业话语系统内,"超越"指对肉体欲望的超越。"美在超越"大意是说,美不完全是肉身感觉的愉快,另有形而上的精神超越追求。然而,由于"超越"是一个功能性的动词转化而来的名词,本身并没有显示"超越欲望"的含义,所以"美在超越"也就不具有对于大众审美的有效指导性。同时,即便是专业人士,也没有告诉人们如何"超越"。"超越"如果指"以理节情",那是中国古代儒家美学早已揭示过的,就没有提供什么新东西,只是说法更玄、更吓人而已。

当下中国还有一种美学观点,从中国传统美学的"意象"学说中汲取资源,把"意象"提升、扩展为"美"的本体,提出"美在意象"或"美是意象"。"意象"是一个主体概念,但又被解释成凝聚主体意蕴的客体概念。但是显然,这个概念与马克思主义唯物论所说的"物"是有本质区别的。审美经验告诉我们,不是所有的"意象"都是美的。夜里做了一场噩梦,吓死我了,你不能说噩梦的意象是美的。美最多是部分意象,但不是全部。所以,即便同意"美是意象"这个前提,至少也应在"意象"前面加上限定,才能作为"美"的定义。事实上,"意象"是象由心生的产物,存在于审美主体的心灵感受、想象中,远离了美作为审美对象的客观规定性,经不住审美实践的检验。我们说某个人长得美,颜值高,这美的颜值存在于其人的形象本身,而不在审美主体主观感受的"意象"中。"美"是对象本身的品质、属性焕发的魅力。曾有外国学者提问:如果说"美在意象",是不是我们不用到中国来看黄山、故宫,就可以欣赏黄山、故宫之美了?黄山、故宫的美,美在何处?就在它的形象之美、它的内蕴之美,跟主体观照产生的意象、附加的意义没有关系。

综上所述,试图从客观的角度概括出美的现象的统一性来,是徒劳的、不可能的。对称令人愉快,不对称有时也令人愉快;和谐令人愉快,不和谐有时也令人愉快;典型令人愉快,不典型有时也令人愉快;事物纯粹的外形令人愉快,内涵的象征也可以令人愉快。如此等等。美的现象从客观方面看琳琅满目、多姿多彩,无法找到统一性的因素作为"美"的语义的概括。而亚里士多德、康德、桑塔亚纳等人侧重从主体的快感方面去寻找美的现象的统一性,则是值得我们珍视、继承的可取思路。

三、美的现象可以从主体方面找到统一性

美的现象特征各异,大相径庭,丰富多彩,林林总总,从客观方面找不到统一性,但从主体方面却可以找到统一性。这就是:无论什么现象,只要我们把它称为"美",就无一例外地会引起我们的愉悦感。人们把"美"这个词加到对象身上去的,首先源于愉快。《淮南子》说:"佳人不同体,美人不同面,而皆悦于目。梨橘枣栗不同味,而皆调于口。"《抱朴子》说:"五味舛而并甘。""妍姿媚貌,形色不齐,而悦情可钧;丝竹金石,五声诡韵,而快耳不异。"李冰冰、秦岚、宋佳是公认的美女,但她们的美各有不同。要在三人的五官、形象上概括出什么统一性来,不可能。但她们都能引起人们的视觉愉快,所以都是"美女"。再来看好莱坞男星汤姆·克鲁斯,形象英俊,有口皆碑。如果要在男人的英俊与女人的美丽之间找到统一的原因,那就更不可能了。

那么,作为审美对象存在于生活中的"美"的统一性是什么呢?

首先,"美"具有愉快性。我们探讨的"美",虽然是标示审美对象的名词,但在审美实践中,"美"的"形容词与名词之间总是存在着一种双向迁移的现象"①,形容词标示的美感往往成为名词标示的美的原因。所以李泽厚曾经说:美感研究是解开美的奥秘的一把钥匙。

古希腊的赫西俄德早已指出:美的东西能够使人感到愉快。桑塔亚纳指出:"如果一件事物不能给人以快感,它决不可能是美的。""美是因快感的客观化而成立的。"②"美"所引发的愉快有如下几个特点:1. 不假思索,具有直觉性。正如中世纪的托马斯·阿奎那所揭示:"凡是一眼见到就使人愉快的东西才叫作美的。"③对象美不美,你不会说:请容许我想一想。没有这个环节。"不假思索"使得审美判断仿佛是一种本能性的直觉反应,人天生具有这种审美天赋。2. 美不一定给感受者带来功利。对象带来功利的满足,固然产生快感,被视为美,但不能带来功利的满足,照样可以凭其形式使人愉快,被视为美。这是美之为美、美区别于善的独特性。康德对此首次作

---

① 徐岱:《美学新概念》,学林出版社2001年版,第313页。

② 北京大学哲学系美学教研室编著:《西方美学家论美和美感》,商务印书馆1982年版,第286页。

③ 北京大学哲学系美学教研室编著:《西方美学家论美和美感》,商务印书馆1982年版,第66页。

了揭示。宗白华将康德的这个思想表述为："美是……无利益兴趣的,对于一切人,单经由它的形式,必然地产生快感的对象。"①3. 美必然使人愉快。4. 美普遍使人愉快。对美的愉快功能的这两个特点,康德也作了很好揭示。为什么?因为人同此身,身同此理。面对美的对象,只要是生理、心理没有异常的人,都必然会感到愉快。西方现代美学的一个观点,是艺术作品有待于观赏者观赏才成为艺术作品。没人去看的时候,它就不叫艺术作品。这种观点之难以让人信服,就好比说我坐的这张椅子在我坐上之前,是不能叫"椅子"的,因为它还没有实现供人坐的功能。依此逻辑,商店在售卖这些椅子的时候,不叫"椅子",叫什么?怎么命名销售?所以,我们认为,"美"的存在不需要以有人欣赏为前提。美只是具有能够必然和普遍让人欣赏、感到愉快的功能,而不问这种功能是否变成事实。

快感是"美"的基本功能。认识这一点并不难。不过我们要注意:"美"最好表述为"乐感对象",而非"快感对象"。"快感"这个词的字面意义与肉体欲望联系很密切,似乎是远离理性道德的愉悦。为了防止人们产生错觉,我们从中国传统美学中挑出一个词"乐感",用于指称肉体、感官的愉快和精神、道德满足的愉快。"乐感"首先指"孔颜乐处",即理性满足。孔子说:"君子忧道不忧贫。"吃着粗茶淡饭,过着符合道德的清贫生活,很开心。"不义而富且贵,于我如浮云。"他的弟子颜回也是这样,"一箪食、一瓢饮,在陋巷,人不堪其忧,颜回也不改其乐"。"乐感"其次指"曾点之乐",也就是感性欢乐。《论语》中有一章,叫"曾皙、子路、冉有、公西华侍坐"。孔子对他的四个弟子说:谈谈你们未来的理想。然后其他人都说了。有的人说要成为杰出的政治家,有的人说要做宗教的主祭,有的人说要成为鲁国的军事家。只有曾点一个人一直在心不在焉地弹琴。孔子提醒:该你说了。曾点把最后一个音符弹完,淡淡地说:我比起其他几位差得比较远。我没有他们那么高大上。我的理想就是在暮春时节,刚刚穿上春天衣服的时候,天气暖洋洋的,不那么冷了,跟着几个成年人和小屁孩一起,到河里洗洗澡,到祭祀台上迎着风跳跳舞,然后唱着歌回家。没有想到孔子说:"吾与点也。""与"是赞同的意思。我们要补充说明的是,美作为感官愉快对象,包括五

---

① 宗白华:《康德美学原理评述》,康德:《判断力批判》上卷,附录,商务印书馆1996年版,第221页。

觉快感对象,而不只是像西方传统美学所说的那样,仅仅局限于视听觉愉快的对象范围内。审美实践是,人们不仅把引起视听觉愉快的对象叫作"美",也把引起嗅觉、味觉、触觉愉快的对象叫作"美"。

其次,"美"具有"价值性"。我们说明"美"与"乐感"的联系,这一点不难达到共识。重要的也是容易被人忽略的是在乐感前面加上一个"价值"规定。如果不加上这个规定,对"美"的认识就会误入歧途。中国当下种种审美乱象就是这样产生的,把"美"仅仅等同于"娱乐对象",甚至喊出"娱乐至死"的口号。为了防止审美误入歧途,我们对"美"的完整定义是"有价值的乐感对象"。

当我们对"美"作出这个界定之后,蓦然回首,发现亚里士多德曾经下过一个与我们大同小异的定义:"美是自身就具有价值并同时给人愉快的东西。"①亚里士多德的这个定义很重要,遗憾的是现有的美学原理教材都忽略了。在兼顾美的"愉快"与"价值"两点属性方面,我们不谋而合,堪称同道。关于美的价值规定,中外历史上有好多表述。中国古代美学史上说的"寓教于乐""美善相乐",都涉及美的价值规定。1923年吕澂出版中国第一部《美学概论》,提出"美为物象之价值"。四年后,范寿康又出版了一本《美学概论》,重申:"美是价值,丑是非价值。""价值"是什么呢?它是一个关系概念,存在于主客体关系中。马克思曾经指出:"'价值'这个普遍概念是从人们对待满足他们需要的外界物的关系中产生的。"②价值存在于外物当中,但相对于主体而存在。对我们人有用有益,就叫有价值;无用无益,就叫无价值。20世纪美国学者兰德女士这么界定"价值":"一个机体的生存就是它的价值标准:凡是增进它的生存的就是善,威胁它的生存的就是恶。"③斯托洛维奇指出:"价值不仅是现象的属性,而且是现象对人、对人类社会的积极意义。"④价值存在于客观事物中,又相对于主体而存在,显现为事物的"意义"。说得通俗一点,"价值"就是日常话语中所说的"正能量"。

---

① 转引自范明生:《古希腊罗马美学》,蒋孔阳、朱立元主编《西方美学通史》第一卷,上海文艺出版社1999年版,第408页。

② 《马克思恩格斯全集》第20卷,人民出版社1974年版,第516页。

③ 兰德:《客观主义的伦理学》,《自私的美德:利己主义的新概念》,新美国世界文学文库1964年版,第17页。

④ 斯托洛维奇:《审美价值的本质》,凌继尧译,中国社会科学出版社1984年版,第136页。

因为"价值"跟生命的存在紧密相关,是有益于促进生命的健康存在的,所以"价值美学"又是"生命美学"。吕澂说:"于物象的观照当中,所感生之肯定视为美,所感生之否定视为丑。"①我们总喜欢生机勃勃的事物,我们总愿意跟年轻人打交道,感受他们生命的活力。美是价值,美在生命。

值得注意的是,并非所有的乐感对象都具有价值。世界很奇妙,也很复杂。一方面,我们承认:人的快感表示机体契合外物、欢迎外物,因而具有价值,痛感警示着生命健康受到威胁,必须加以回避。然而大千世界非常复杂,不可一概而论。并不是所有给你带来快感的东西都有价值。鸦片、毒品就是这样。毒品早先的形态叫"鸦片"。鸦片能带来快乐,但不是美。德国伦理学家包尔生写过一部《伦理学体系》,指出:"假设我们能蒸馏出一种类似鸦片的药物,它能引起欢乐的梦想而不致对陶醉者及其周围人产生有害效果","假定这种药物能够方便和顺利地在整个民族中引起一种如醉如痴的快乐"②,这种可以带来快乐的"药物"就是"美"吗?不!因为"这种快乐是'不自然的',一个由这种快乐构成的生命不再是一个'人'的生命。无论它所包容的快乐是多么丰富巨大,对于人类的意志和标准来说,它都是一种绝对无价值的生命"③。由此可见:"有价值者必生快感,然生快感者不必尽有价值。"④

再次,"美"具有对象性。"对象"是一个处于主客体关系中的概念,它决定着"美"的流动性。举个例子,平常你们从学校回去了以后,妈妈会烧好多的山珍海味给你吃。它们非常可口,又有家乡的味道,真的感到是很好的美味。但你吃饱、吃撑了以后,妈妈再往你碗里塞,让你多吃点,你就受不了了。你在家里多待几天,妈妈都是这样对待你,你最后再看到这些山珍海味,就害怕了,不觉得是美味了。因为吃饱了以后再多吃,山珍海味就成了"无价值的乐感对象",就不再是"美食"了。各位现在很年轻,食欲旺盛,什么都很想吃,但没钱吃。等你有钱吃的时候,你又年长了,高血脂了,什么大

---

① 吕澂:《美学概论》,商务印书馆 1923 年版,第 35 页。
② 弗里德里希·包尔生:《伦理学体系》,何怀宏、廖申白译,中国社会科学出版社 1988 年版,第 229 页。
③ 均见弗里德里希·包尔生:《伦理学体系》,何怀宏、廖申白译,中国社会科学出版社 1988 年版,第 229 页。
④ 吕澂:《美感概论》,商务印书馆 1923 年版,第 4 页。

鱼大肉都不能吃、不敢吃了。可见美具有流动性。相对于不同人的不同身体状况，山珍海味、大鱼大肉未必是永恒不变的"有价值的乐感对象"，因而也就未必是绝对不变的"美食"。回过头来看亚里士多德的定义。亚里士多德把"美"定义为令人愉快并具有价值的"东西"。"东西"是纯客观的，离开主体存在的，永恒不变的。这不符合审美经验的实际。康德对"美"的定义有多重，但中心词都落实为"快感对象"，比起亚里士多德来说是一个重大进步。我们把"美"定义为"有价值的乐感对象"，正是吸收了康德和现代美学主客体关系论的成果，揭示了"美"不再是脱离审美主体而存在的、绝对的、永恒不变的客观实体，而具有一定的相对性与流动性。事物具有某种客观属性，这种客观属性相对于某类生命主体的普遍生理结构来说适合成为"有价值的乐感对象"，这就使"美"具有一定的稳定性，它与"丑"不会混淆。但同时，某类生命主体的生理结构会随生命周期发生普遍性的变化，某类生命主体的个体也会出现变异，这就使某种具备成为"有价值的乐感对象"条件的事物失去了"有价值的乐感对象"的主体条件，事物的美丑属性也就发生变化。

美作为"有价值的乐感对象"，并不是仅仅相对于人而存在的。动物也有自己的"有价值的乐感对象"，有自己的美。所以我们不能同意西方传统美学和中国实践美学的说法：美仅为人而存在。关键看怎么认识美。如果说美是"人的本质力量的对象化"，那么"美"必然只为"人"而存在。既然美实际上是"有价值的乐感对象"，只要有感觉功能的生命体都可以感受这种美，所以应破除审美中的人类中心论。当然，在承认动物有美的同时，千万不可把人类感到愉快的美跟动物感到愉快的美等同起来。不同的物种有不同的生理结构，因而也就有不同的"有价值的快感对象"、不同的美。它们之间可能有交叉，但不可能等同。庄子早就以寓言的方式指出："毛嫱丽姬，人之所美也，鱼见之深入，鸟见之高飞，麋鹿见之决骤。"[1]"咸池九韶之乐，张之洞庭之野，鸟闻之而飞，兽闻之而走，鱼闻之而下入，人卒闻之，相与还而观之。彼必相与异，其好恶故异也。"[2]他还讲了个故事："昔者海鸟止于鲁郊，鲁侯御而觞之于庙。奏《九韶》以为乐，具太牢以为膳。鸟乃眩视忧

---

① 《庄子·齐物论》。
② 《庄子·至乐》。

悲,不敢食一脔,不敢饮一杯,三日而死。此以己养养鸟也,非以鸟养养鸟也。"①马克思在《1844年经济学哲学手稿》中曾经指出:动物只是按照他所属的物种的尺度和需要来活动,而人则懂得设身处地按照任何物种的审美尺度进行生产,因此,人能够按照"美的规律"来造物。不仅人具有美感能力,能够审美,动物也有美感能力,有自己的审美。这是把"美"设定为"有价值的乐感对象"对审美主体逻辑推衍得出的必然结论。同时又应看到,人作为动物生命体中最高级的智能生物,其审美又比动物的审美更理性、更高明。动物只依据本能追求自己物种喜好的对象,人类则能考量自身的长远发展,站在各个不同物种的角度,照顾不同物种的生命需求,走向物物有美、美美与共的生态美学,从而达到人与万物的共生共荣。所以"乐感美学"又是破除人类中心论、肯定动物有美、物物有美的"生态美学"。

那么,"美的规律"是什么呢? 一句话,"美的规律"就是获得有价值的愉快的规律。不同物种有不同的获得有价值的愉快的规律。其他动物只懂得按照自己物种的本能需求去欣赏、追求、获取对象的美,人类则深刻认识到万物相互依存、共生共荣的联系,既按照适合人类自身本性的需求去追求美,又兼顾适合不同物种的生命本性去创造美,从而达到人类完好生存的大美。就我们每个人而言,只要你给别人、给社会送去有价值的快乐,你就是创造美的使者,就会获得别人"美"的评价和点赞。就艺术家而言,只要你用艺术媒介创造了有价值的乐感载体,通过你创造的艺术品给读者送去了有价值的快乐,你就是成功的名副其实的艺术家! 要之,从"快乐"和"价值"两个维度从事美的欣赏和创造,这就是被古今中外无数审美论述和审美实践所证明的屡试不爽、行之有效的"美的规律"!

第二节　甲骨文羽冠"美"字的构形意涵②

一、甲骨文"美"字构形及其引发的问题

众所周知,小篆"美"字是一上"羊"下"大"会意字,《说文》作者许慎对

---

① 《庄子·至乐》。
② 作者张开焱,厦门大学嘉庚学院教授,中文学科带头人。本文原题《甲骨文羽冠"美"字构形意涵及其美学史意义》,载《湖北大学学报》(哲学社会科学版)2022年第4期。

其作了"美,甘也,从羊从大"的解释①,经徐铉、段玉裁等疏解发挥,遂成共识。近现代美学研究者由此衍生许多相关认知。但甲骨文"美"字被发现后,这些认知的合适性遭到质疑。不少学者认为,如追溯"美"字源头及其本义,应以甲骨文字为基础。但对甲骨文"美"字的研究也存较多歧见,在简要讨论这些歧见之前,先看看甲金文"美"字几种基本构形——

乙 3415　　乙 5327　　甲 1269　　京 2854　　前 1.29.2

甲 686　前 2.18.2　粹 2823.918　商父己簋　商美爵一　商美爵二

　　问题一:为何甲文"美"字上部有多层、双层和单层角饰区别?甲骨学家依时间先后将甲文分为五期。上面第一组五个多层或双层角饰"美"字出自一期,但以后各期也不时出现;第二组六个单层角饰"美"字,出自第二至第五期。第二组后三个金文疑似"美"字构形,所出晚商,角饰亦单层。甲骨学家于省吾说:"早期美字的上部没有一个从羊者,后来美字上部由四角形讹变为从羊,但仍有从两角、六角而不从羊者。"②但于先生"讹变"说面临的问题是,甲文主要是王室巫卜记载,按理刻字巫师不多,对同一字正确构形应有共识,即使偶有讹误,必得矫正,不会允许讹误继续。更合理解释应是,二期以后"美"字不是对一期"美"字构形的"讹误",即不是羽毛变羊角,而是负责巫卜的王室巫师们形成共识,将美字双层或多层羽饰简化为单层羽饰。但因双层和多层羽饰构形乃"美"早先本字,故以后仍不时使用。犹如今国人主用简化汉字,仍偶用繁体一样。

　　问题二:甲骨文"美"字上的"角"为何?商承祚谓羊角。但王献唐不同意:"未见羊生四角上下排列如此状也。"③此质疑无疑有理。于省吾谓"早

①　(汉)许慎撰,(宋)徐铉校定:《说文解字》,中华书局 2013 年版,第 73 页。
②　于省吾:《释羌、苟、敬、美》,《吉林大学社会科学学报》1963 年第 1 期。
③　王献唐:《释每、美》,李圃主编:《古文字诂林》(四),上海教育出版社 2001 年版,第184 页。

期四角象羊角,也有不从羊者"①。《甲骨文字典》主编徐中舒亦谓"美"字上部的"Ｙ为羊头,Ｗ为羽毛。"②甲文美字乃独体象形字,如羊无四角,更无六角,故认美字多层、双层角饰都是羊角确无道理。但谓双层和多层角饰是羽毛,而单层角饰为羊角,也存逻辑和事实无法解决之问题。既然一期美字多层和双层饰角都是羽毛,为何二期后的单层饰角就变成羊角?单层饰角是对多层和双层饰角美字的简化形式,它并未改变美字构形模仿的对象,故王献唐认为甲文美字无论三层、双层还是单层装饰均羽毛而非羊角的观点是对的。但确认羽冠美字模仿的是头戴羽冠或头生羽毛的人还是一般化。它原初是否有更确切具体的描摹对象,后由这种特殊对象泛化为一般对象?此问题迄未引起注意。部分研究成果认为商人以羽冠人为美字构形,乃因其崇鸟,羽冠美字乃鸟神崇拜体现。此观点正确但流于文化人类学一般推论,缺乏对历史资料的深入发掘。

问题三:甲文和篆文"美"字构形之间是简化或变异关系吗?部分学者认为是,部分学者认为两者构形区别甚大。甲文"美"字是上下一体象形字,而篆文"美"字则是上下组合会意字,后者不是前者的简化,而是讹误的结果。甲骨文"美"字是一正面而立男性头戴羽饰的象形字(本文称为羽冠美字或羽人美字),而篆文"美"字是上"羊"下"大"的会意字(本文称之为羊大美字或羊人美字)。许慎及以后徐铉、段玉裁等关于"羊大为美"的解释均基于此构形作出,故都不符甲骨文"美"字原义。

本文将在已有成果基础上结合文字学、文献学、图像学、人类学、神话学等多学科知识对羽冠美字构形及其来源做进一步研究,以对上述问题作出回应。

二、甲骨文"美"字与皇舞中头戴羽冠的神王

甲骨文"大"人头戴羽冠的"美"字构形,来源应与商人神祖舜(夋,俊)所在部落有虞氏的一种皇舞相关。据《礼记》载,皇舞出自有虞氏帝舜(即

① 于省吾:《骈枝续编·释羌》,李圃主编:《古文字诂林》(四),上海教育出版社 2001 年版,第 183—184 页。
② 徐中舒主编:《甲骨文字典》,四川辞书出版社 1989 年版,第 416 页。

夋、俊)部落"皇祭"活动。《礼记·王制》谓:"有虞氏皇而祭。"①郑玄注:"皇,冕属也,画羽饰焉。"②,皇,是有虞氏首领(舜,即夋,俊)和成员所戴画有羽饰的冠冕,他们戴着这种冠冕主持和参与"皇祭"并跳"皇舞",据《周礼·地官·舞师》记载,古代六舞之一,即为有虞氏的"皇舞":

　　舞师,……教皇舞,帅而为旱暵之事。③

　　皇舞是有虞氏为干旱求雨的祭舞。对于上文,郑玄注谓"皇,杂五采羽,如凤凰色,持以舞","皇舞,蒙羽舞。书或为翌,或为义。"④此注释有三点值得注意:

　　首先,皇舞与凤凰。郑玄注谓"皇舞"是参与者手持五彩颜色的鸟羽以舞,而这五彩鸟羽"如凤凰色"。古皇、凰通用,凤凰又作凤皇。显然,皇舞与凤凰崇拜相关。凤凰是商人图腾神鸟,且凤凰鸟即是太阳鸟。舞者手持形色近凤凰的羽毛而舞,内含祖宗崇拜、图腾崇拜、太阳崇拜之意很明显。手持皇羽而舞的有虞氏子孙们在通过这种形象和舞蹈祈求太阳祖宗神护佑子孙,不要干旱。

　　其次,皇舞与"蒙羽"。郑玄将"皇舞"确认为"蒙羽舞","蒙羽舞"直解就是舞蹈者头上覆盖鸟羽而舞,这与他上引《礼记·王制》中对"皇"的注释相关。郑玄谓"皇"古《书》作"翌",《说文解字》释"翌":"乐舞,以羽翳乐舞,以羽翿自翳其首⑤。与郑玄"蒙羽舞"说法一致。结合郑玄上面持羽以舞的训释,故这"皇舞"应是既头蒙羽(或戴羽冠)又手持羽而舞的祭舞。

　　最后,我们来对"皇"的本义进行训释。

　　"皇"与其异体字"翌"的关系。郑玄谓"皇"在他所见的古代《尚书》中或为"翌","翌"会意字,上羽下王,乃一王者头戴羽冠的形象,这正符合"皇"字起源和本义。

　　"皇"字周代金文多见,但甲文少见。徐中舒与刘兴隆各自主编的甲骨

---

① 郑玄注,孔颖达疏:《礼记正义》(上),上海古籍出版社 2008 年版,第 575 页。
② 郑玄注,孔颖达疏:《礼记正义》(上),上海古籍出版社 2008 年版,第 576 页。
③ 郑玄注,贾公彦疏:《周礼注疏》(上),北京大学出版社 1999 年版,第 319 页。
④ 郑玄注,贾公彦疏:《周礼注疏》(上),北京大学出版社 1999 年版,第 319 页。
⑤ 许慎撰,徐铉校定:《说文解字》,中华书局 2013 年版,第 75 页。

文字典均未录入此字，但《甲骨文合集》中有类似刻符。今择甲文（前二）和金文（后五）中该字代表性构形若干如下①：

后 2.19.3　　后 2.26.11　　皇令簋　　召卣　　仲师父鼎　　师奭钟　　申簋
合 6960　　　合 6961

　　许慎《说文解字》谓："皇，大也。从自。自，始也。始皇者，三皇，大君也。"②大多数学者认为许慎的解释是错的。但此字本义为何学者们多有异见。有谓此字为日出土上之状，有谓此字乃一灯架上容器有火燃烧之状，有谓此字"与头戴光冠的人面形太阳神岩画的形象极其相似。"③将"皇"解为日出土上之状，或者架上燃烧的器皿之状，尽管所强调的意涵都是大放光明，与皇之本义吻合，但对字形结构和其意涵生发来源的理解未确。

　　今按：上排前二甲文刻符为何学术界尚无定论，有学者谓即"皇"字，笔者也认为应是"皇"字，其形义与周代金文"皇"字有明显联系。首先，两甲文刻符中"　"均为横放的斧钺构形，只是将弧形斧刃做平直线勾折处理，但勾起部分仍提示斧刃特征。于省吾收集周初青铜器，发现有铭文中"皇"字作"　"，上为发光之圆形物体，下从王作"　"（斧钺形状），故他断定周初金文所有"皇"下均为"王"字或由其演化④。笔者认为于认"　"为"皇"甚确。古执斧者乃王权象征，故甲金文以斧钺构形"　""　""　"等代指王（甲文"王"字即斧钺构形）。而上排几个金文构形中，皇令簋、召卣、仲师父鼎中的"皇"字下部均为斧钺形，弧形刃口十分明显。到师奭钟、申簋中"皇"字，弧形刃口渐变为平直线。这几个字下部构形从纯粹斧钺状演变为"王"字路径十分清晰。

　　那么，上面两甲文"皇"字右上部分构形"　"为何？或谓是大放光芒的

---

①　甲骨文选自胡厚宣主编：《甲骨文合集释文》06960、06961 板，中国社会科学出版社 1999 年版。金文均选自李圃主编：《古文字诂林》（一），上海教育出版社 1999 年版，第 224 页。
②　许慎：《说文解字》，天津古籍出版社 1991 年版，第 9 页。
③　盖山林：《太阳神岩画与太阳神崇拜》，《天津师大学报》1988 年第 3 期。
④　于省吾：《释皇》，《吉林大学社会科学学报》1981 年第 2 期。

头盔形状,或谓是插有羽毛的冠冕之形,两说意涵其实相通。商人神话中,日中有神鸟即凰鸟,其羽毛即太阳光芒的象征,故其构形与金文"皇"字意涵相通。且甲文"皇"字,正与郑玄所见古《尚书》"翌"字结构一样,是头戴羽冠的神王或人王形象。甲文"皇"字右边上部的冠冕构形,在金文中演化成如"⿱""⿱""⿱""⿱""⿱"等构形,都应是放射光芒的冠冕,或谓头插光羽的冠冕,两者内涵一致。在商人神话中,太阳神鸟是金乌(皇鸟),羽毛即太阳光芒。故将甲金文"皇"字上部释为生有羽毛或戴有羽冠的头颅,或大放光芒的头颅,均是相通的。但参照汉代郑玄所见《尚书》"皇"字构形"翌",以及对"皇舞"的解释,解为头生羽毛或头戴羽冠之形象最合适。若此,则甲金文"皇"字构形含义,最早并非一般头戴羽冠之人的形象,乃是头戴羽冠或头生羽毛的神王或人王形貌。

甲金文"皇"与"美"字有何关联?班固《白虎通》之《号》释"皇"曰:"皇者何谓也?亦号也。皇者,君也,美也,大也。天、人之总,美、大之称也。"[1]这种说法无意中揭示了美、大与皇(君王)在构形上的相关性。所谓君者,在董仲舒这里就指的是"王",而"皇"(翌)的构形,正是头戴羽冠或头放光芒的"王"。甲骨文羽冠"美"字,是一"大"人头戴羽冠的构形。所谓"大",甲骨文构形是一叉腿正立、两臂大张之人的形象,这不是一般人的形象,而是"皇""君"的形象。董的解释应更接近"大"字古义。李泽厚、刘纲纪认为,甲文美字是由上下两部分构成的,"上边作'羊',下边作'人',而甲文'大'训'人',象一个人正面而立,摊开两手叉开两腿正面站着,'大'和'羊'结合起来就是'美'。……这个'大'在原始社会里往往是有权力有地位的巫师或者酋长,他们执掌着种种巫术仪式,把羊头或羊角戴在头上以显示其神秘和权威。……美字就是这种动物扮演或图腾巫术在文字上的表现。"[2]李、刘将甲骨文美字上部认定为羊角当然有问题,但对"大"字的解释则是正确的。

甲骨文构形中,表示一般"人"的字是"⿰""⿰"这样弯腰躬身侧面的构形,暗含地位比较低卑。而"大"字,是一个地位最高、神性齐天者的形象。

---

① 陈立:《白虎通疏证》(上册),中华书局1997年版,第44页。
② 李泽厚、刘纲纪主编:《中国美学史》(第一卷),中国社会科学出版社1984年版,第80—81页。

只有人中王者或大巫师，或地位等级很高的人，才可称"大"，才可张臂叉腿、正面而立，顶天立地，以显示其巨大的权威性和威力。"大"有齐天之人的意涵，绝非普通人。故甲文羽冠"美"字构形与头颅大放光芒或头戴羽冠的"皇"构形是相通的。故"美"字构形中，这个头戴羽冠或头生羽毛的两腿叉开、正面而立的顶天立地之人，其甲文原初本义应指商人神祖神王。这个头颅大放光芒的太阳神祖神王形象，就是商人眼中的美。

三、羽冠"美"字与商人鸟形神祖

甲金文"美"和"皇"（翌）字构形，应与神鸟崇拜相关。上古三代最崇鸟的是商朝。《诗经·玄鸟》讲述的是商人始祖母简狄如何吞玄鸟卵而孕生商祖契的神话。尽管玄鸟何鸟有多说，但无论何鸟都是神鸟，是商人图腾，祖神形象。

从文字构形和文献资料看，商人始祖和历代君王，都和神鸟形象相关。

首先《礼记·王制》中"皇而祭"的有虞氏首领即赫赫有名的神帝舜，即甲文中被商人奉为神"祖"的"夋"（俊、夒、喾、舜），甲文多处记载后世商王祭祀"高祖"夋的活动。这位神祖甲骨文构形如下——

一期乙四七一八　　　一期乙四七一八　　　一期甲一一四七　　　一期前七五二

三期甲二六零四　　　四期佚三七六　　　一期十六九　　　一期库一零一零

一期甲二三三六　　　商金文夋　　　周毛公鼎夋

上述刻符原初是何字？学者分歧甚众①。王国维《商先王先公考》认为

---

① 有关观点的介绍参见徐中舒主编：《甲骨文字典》，四川辞书出版社1989年版，第622页。

上述甲骨文刻符最初应是"夒",后音转为喾,讹误为夋(即帝俊)①。笔者经过认真比对和研究,认为上述字符原初构形简单,应是"夋"字,即商人神话中神祖帝俊,后来繁复化为"夒"(繁复化构形见下面商承祚归纳的 20 种构形中的第 12—20 种),并在周初出于意识形态建设的需要演化为高辛氏帝喾,继而历史化为帝舜②。这一清理应该能较好解释"夋"在甲金文中构形由简趋繁(夒),以及在历史进程中如何演化为帝喾和帝舜的过程及其历史原因。不过在本文中,上述刻符读"夋"还是"夒"不重要,重要的是甲金文都称他们为"高祖""祖",这确证他们是商人神祖。

因王国维撰《商先王先公考》时所见甲骨片有限,对甲文中有"夒"或"夋"的文字构形了解并不完全。故甲骨学家吴其昌后又撰《卜辞所见殷先王先公三续考》一文对之进行补充③,吴文将甲骨文此字所有构形归为二十种:

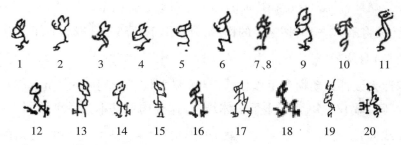

1　2　3　4　5　6　7、8　9　10　11

12　13　14　15　16　17　18　19　20

这 20 种类型和笔者上选 11 种部分重合,两相参照,大体可见甲骨文中"夋"(夒)字基本构形有如下特征:1. 大都有近似鸟喙的尖嘴,有的尖嘴中还有一道刻痕,更似鸟喙;2. 头部构形大都类似鸟首轮廓,即尖嘴大头;3. 头上大都有双角(应是鸟冠)或者毛发(羽毛);4. 身躯大都弯曲似猿猴或人轮廓;5. 多数只有一只脚("夒一足");6. 吴的第 12—18 构形下部,都有一手执"⊬""⊬"的符号构件。上述 6 个特征透露出一些重要信息:

首先,"夋"应是鸟首人(或猴)身的组合型神祖。吴说其中第 9 和 13

①　王国维:《殷卜辞中所见先公先王考》,《王国维考古学文辑》,凤凰出版社 2008 年版,第 32 页。
②　参看张开焱:《夒、喾、夋、舜的演变关系再检讨》,《湖北文理学院学报》2014 年第 1 期。
③　吴其昌:《卜辞所见殷先王先公三续考》,《燕京学报》第 14 期,转见李圃主编:《古文字诂林》(五),上海教育出版社 2002 年版,第 641—647 页。

"是鸟首人身之状,其鸟喙形尤为明显"①其实,"夋"字绝大多数构形都能明显看出尖喙鸟首特征。神话学家袁珂亦谓甲骨文"夋""为一鸟首人身或猴身之怪物"的构形②。

其次,"夋"构形大部分鸟首都有羽毛或鸟冠(吴其昌所绘夋首的两角构形,也应为羽毛或羽冠)。商人神祖帝俊(夋)在神话中常有凤凰相伴:"有五彩之鸟。……惟帝俊下友。帝下两坛。彩鸟是司。"③这五彩鸟即凤凰(上引郑玄注"皇舞"谓参与者所持之羽为"五彩羽"即凤羽)。神话学和人类学有一个通则,一个神的标志性坐骑或陪伴物,常是其原初本相。这意味着帝俊原初本相是一只"五彩鸟"即凤凰。而学术界早已公认,《诗经·玄鸟》中遗卵生商祖契的那位鸟神,正是帝夋(帝俊、帝喾)。

最后,吴其昌归纳的"夋"字第 12—18 种构形中的一个共同构件"艹""艹"是夋具有神王身份和特征的标志。对此迄今尚未有学者察识,需特加分析。吴将第 12—18 中"夋"的构形,分作上下两部分辨识。上部分为鸟首人(或猴)身构形"夋"下部为一独立构形"艹""艹"或"牛""牛",他认为"皆象此人或神或动物负手以杖,一足踔踽之状。"④今按:吴"负手以杖"的辨认不确,第 12—18 都是上下一体结构,这些构形基本是一个独腿人(夋)手提(或握)一把斧头(而不是手杖)的形状。"艹""艹"正是夹在木棍中的斧片构形,这种构形与"戍"字构形类似(见 牛 燕 580、牛 佚 28、牛 19.11)。而甲骨文戍、戌、戉、戚都是斧形兵器。故吴的 12—18 字明显是一只腿的鸟首人或猴手提一只斧头的构形。甲文"王"字即斧钺形状。斧钺即王权标志,故有鸟首特征的夋手提斧钺的构形,实乃其为商人鸟形神王或人王的标志。

近现代考古发掘的商代器物多见鸟或人形羽饰形器,其中有三件特别

① 吴其昌:《卜辞所见殷先王先公三续考》,《燕京学报》第 14 期,转见李圃主编:《古文字诂林》(五),上海教育出版社 2002 年版,第 642 页。
② 袁珂校注:《山海经校注》,上海古籍出版社 1980 年版,第 344 页。
③ 袁珂校注:《山海经校注》,上海古籍出版社 1980 年版,第 355 页。
④ 吴其昌:《卜辞所见殷先王先公三续考》,《燕京学报》第 14 期,转见李圃主编:《古文字诂林》(五),上海教育出版社 2002 年版,第 643 页。

典型,介绍如下:

商妇好墓羽冠玉鸮　　　商妇好墓羽冠玉人线　　晚商新余大墓双冠鸟首玉
线描图　　　　　　　　描图　　　　　　　　　人线描图

　　这三件玉器在构形上具有明显相关性。第一件玉器是两只鸮鸟(鸮鸟
和凤凰都为商人神鸟)头戴高高羽冠的构形,典型地体现商人神鸟崇拜和对
头戴羽冠形象的喜爱(自然鸮鸟并无高高羽冠)。第二件玉器构形与第一
件基本一样,但羽冠下面的鸮鸟变成了人首鸟身、似鸟似人的形象。第三件
玉器则是一鸟首人(猴)身、头生双羽的构形(商有许多头生双羽形制的神
器),前二件玉器的鸟冠在第三件上置换成两根加粗的羽毛,头顶鸟冠的主
体则由似鸟似人的主体变成了鸟首人(或猴)身的主体,三件玉器形象构形
的内在的一致性显而易见,它们都突出地体现了商人的神鸟崇拜。第三件
玉器长有两根头羽的鸟首人(或猴)身神,其姿态与上引甲骨文中鸟首猴
身、头生羽毛的"夋"形象十分相近,他是否就是商人想象中的神祖帝夋模
样? 人类所有民族都有对远古神祖图绘、雕刻或铸造、以供后裔敬奉崇拜的
习俗,商人应不例外。故这很可能是商王室和贵族敬祀的神祖帝俊形象,因
为两者之间的一致性太明显了。

　　商人另一著名先祖王亥的"亥"字构形也是鸟形。甲文多有关于祭祀
先祖王亥的记载,他乃商人第七代先君,受到以后历代商王隆重祭祀。王亥
的鸟形特征,在其甲文中体现得很明白。甲文"亥"字有两种构形——

前 7.40　　京津 4034　　佚 888(甲)　　粹五一掇一　　四五五库　　一六零四

77

一些甲骨学者认为前二字与后四字之间"有严格区别",前二字用于十二地支之"亥",后四字则是商七世祖王亥专名,其构形上"鸟"下"亥",即""①。这应与王亥就是鸟首神祖或是身披鸟形衣的王者形象有关。胡厚宣曾统计,殷墟卜辞中"亥"字上方加鸟形的共有 8 片 10 条,均为王亥专用,他据此认定,"商族在上古时代曾以鸟作为图腾"②。

　　不仅夋和亥是鸟形神祖,商人所有神祖和国王都是鸟形神祖神王。

　　商人神性高祖母简狄是鸟神。已有学者指出,"简"乃鸟(翟)叫拟声。简狄又作简翟。翟者,长尾雉也,神鸟凤凰的原型之一。

　　商人始祖契乃其神母简翟吞玄鸟遗卵而孕生的故事尽人皆知,属神鸟应无疑问。如前所述,帝俊正是鸟神,契的神性父母都是鸟神,契焉能不是鸟形神王?

　　商人来源东夷族群另一支少昊氏,也以神鸟为崇拜对象,其神性首领挚即鸟形神祖。少昊氏挚是谁学术界恒有歧见,但是鸟形神王无疑。袁珂谓"古挚、鸷通,……挚鸟即鸷鸟也。"③"鸷"即鹰隼一类猛鸟。少昊氏乃鸟形部落神性首领,鸟为部落图腾,故以鸟纪时名官,自是必然。有学者谓少昊挚(鸷)即契,可备一说。

　　另历代商王均以天干十数称谓命名,就是宣示他们是太阳神鸟的子裔,或就是太阳鸟神。

　　又商王族皆以"子"姓,所谓"子",即卵也,这显与商人始祖乃神鸟卵孕生神话相关。始祖乃子(卵),后裔当然皆为子。关于子即卵、商人子姓与始祖神鸟卵孕神话的关系,清魏源《诗古微》以来,已有较多研究成果予以确认。

四、甲骨文羽冠"美"字的美学史意义

　　综上,商代甲文"美"字构形,应是一正面而立之"大人"头戴羽冠或头生羽毛的形象,这个羽冠的羽毛在甲骨文符号中最初是多层,后简化为单层。不管多层还是单层,都与羊角无关。它原本是对商人神祖和神王在皇

---

　　①　刘兴隆:《新编甲骨文字典》,国际文化出版公司 1991 年版,第 224、1007 页。

　　②　胡厚宣:《甲骨文所见商族鸟图腾的新证据》,《文物》1977 年第 2 期。

　　③　袁珂校注:《山海经校注》,上海古籍出版社 1980 年版,第 339 页。

祭皇舞活动中形貌的描摹。以羽饰为美的风习,根源于商人神鸟-祖宗-太阳崇拜的文化传统。对甲文羽冠美字形义的确认有重要美学史意义。尽管有研究者认为,中国古人审美意识起源与"美"字构形不一定有关联,但中外一些美学家们如笠原仲二、朱光潜、李泽厚、刘纲纪、张法等都在美学著作中探讨"美"字形义蕴含的审美意识,以及对先民审美趣味的标示作用。故"美"字构形蕴含的古人审美意识的美学史意义不可否认。日人笠原仲二《古代中国人的美意识》从小篆羊、大"美"字的构形和许慎等的解释中,认定中国古人审美起源于味觉:"中国人最原初的美意识确是起源于味觉美的感受性"。① 朱光潜认为"汉文'美'字就起源于羊羹的味道"。② 萧兵基于小篆"美"字构形提出"羊人为美"的观点,认为小篆"美"字是头戴羊角饰物之人的象形,"是动物扮演或图腾巫术在文字学上的表现。"③李泽厚、刘纲纪等在《中国美学史》也从"羊人为美"的角度有相同认知,从文化人类学角度解释美字构形,认定中国古人审美意识起源与先民巫术祭祀活动中的想象和激情相关,从起源上赋予了"美"字丰富的社会学和人类学内涵。④ 上述学者对"美"字构形理解不同,但都确认"美"字构形具有重要美学史意义,是窥探华夏古人审美意识起源的重要窗口。故甲文羽冠"美"字构形和内涵的确认,对重新认识先民审美意识的起源具有重要学术意义。

顺便指出,笠原仲二基于小篆"美"字构形所作羊大"肥甘"故美的解释,并推断中国古人美字起源上内含审美起源于味觉的看法,部分符合春秋战国以后中国人美感体悟的情形,但明显带有以偏概全的片面性。萧兵、李泽厚等学者将美字解为"羊人"构形并从人类学角度所作解释,对矫正笠原仲二的片面具有重要意义,但其解释均建立在羊首或羊冠美字基础上的,其解释的有效性也需重新审视。

商人羽冠美字构形来源及意涵确认,至少有如下美学史意义:

首先,从商人羽冠美字构形看,华夏先民审美意识的起源十分遥远,至少可以追踪到史前狩猎时代。羽冠美字体现的神鸟崇拜意识发生来源久

---

① 笠原仲二:《古代中国人的美意识》,戴常海译,北京大学出版社1987年版,第5页。
② 朱光潜:《谈美书简》,北京出版社2004年版,第20页。
③ 萧兵:《楚辞审美观琐记》,《美学》1981年第3期。
④ 李泽厚、刘纲纪主编:《中国美学史》(第一卷),中国社会科学出版社1984年,第80—81页。

远,且是一种世界性现象。因篇幅限制无法详论,仅将核心认识概陈于此:

商人神鸟崇拜意识应源于远古狩猎时代。神鸟崇拜是遍布欧亚大陆的文化现象,美国学者金芭塔丝《活着的女神》一书在大量考古学和文化学证据基础上,提出一个基本观点,距今约2万年到文明社会早期的狩猎时代,欧亚大陆广泛流行鸟神崇拜,欧洲鸟神崇拜源头至少可追溯到法国西部出土的、距今13 000多年的"三雪鸮"线描图。"在旧石器时代末期洞穴壁画中就有猫头鹰形象,如人们在法国南部"三兄弟"洞穴(Les Trois Frerescave)中识别出了三只雪白的猫头鹰形象。"①在北欧,女神通常以"北欧猛禽的代表物——猫头鹰、乌鸦、鹰以及渡鸦"为代表,"在西欧的其它神殿,我们看

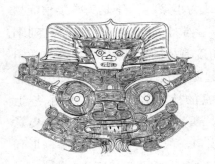

良渚玉琮王纹饰线描图

到女神通常是以猫头鹰的形象为代表的"②。东亚文化中,距今至少6千年前就盛行神鸟崇拜。黄河流域甘青陕豫仰韶文化时期器物四大纹饰之一即鸟纹。而崧泽、河姆渡、良渚、凌家滩、三星堆、金沙等长江中下游文化遗址中也有大量鸟形器物和纹饰,如遍布良渚玉器有名的羽冠神人纹饰,都是中国史前神鸟崇拜文化的有力证明。

这些神鸟器物、纹饰渗透了早期东亚先民崇拜天空、太阳的文化与审美意识。而早期进入东亚大陆的现代人盛行的鸟神崇拜文化,更早的源头当在其共同祖先还在东南亚的狩猎阶段中。③故商人羽冠美字所体现的鸟神崇拜意识和文化,其遥远源头远在旧石器时代末期到文明早期的狩猎文化之中。

其次,羽冠美字内含商人强烈的神鸟-祖宗-太阳崇拜意识。神鸟玄鸟是商人图腾,是商人文化中的神性祖先,是太阳神,光明神。商人头戴羽冠

---

① 玛丽加·金芭塔丝:《活着的女神》,叶舒宪等译,广西师范大学出版社2008年版,第20页。

② 玛丽加·金芭塔丝:《活着的女神》,叶舒宪等译,广西师范大学出版社2008年版,第73页。

③ 参看李辉、金力编著:《Y染色体与东亚族群演进》,上海科学技术出版社,2015年,第1—87页。

是他们的族属标志,标志着他们是太阳神的后裔。这体现出他们强烈的族属认同意识以及身为太阳神族后裔的自豪感和自美意识。笔者粗略统计,甲骨文中出现"美"字,一共有 30 多处,其中,多处是作为人名"子美"出现的。"子"是商王族的姓,内含"太阳神卵后裔"之意。"子""美"连用为人名,体现了商王族作为太阳神族后裔强烈的自我肯定感情。

最后,羽冠美字构形模仿的是商人在太阳神祖祭祀活动中头戴羽冠的王者以及参与者形象,它积淀着商人戴羽、舞羽而祭的主持者和参与者的沉醉和激情,表达着人们对祭舞中激情充沛、活力勃发、舞姿健美的主体身形、充满激情的沉醉迷狂和幻想、斑斓摇曳的五彩羽头饰外观的愉悦感和肯定感情。

顺便指出,人类羊神崇拜也起源遥远,但羊神崇拜远晚于鸟神崇拜,前者是游牧时代产物,而后者是狩猎时代产物,后者起源要古老得多。当然,商人鸟神崇拜,并不意味商人还在狩猎阶段。文化具有超时代传承性,鸟神是商人神话中遥远的祖神,是族群的图腾铭徽,在以后漫长的历史过程中都会被继承。这犹如我们今天仍将龙凤作为中华民族图腾一样。

那么,从商人甲骨文的羽冠美字,到周人小篆中的羊冠美字是如何演变的? 这仅仅是一种讹误的结果吗? 抑或有更为深刻的历史原因? 笔者持后一种观点,将另文讨论。

第三节　由善而美:汉字"美"的字源学考察[①]

我们这里要讨论的不是"审美意识"(appreciative consciousness),而是"美学意识"(aesthetical consciousness)。美学并不是审美本身,而是对审美的反思。举例来说,当原始人将一串漂亮的贝壳戴在脖子上的时候,他们就有了审美意识——美感(a sense of beauty);而唯有当他们明确地用"美"这个词语来判断这串贝壳的时候,他们才有了美学意识。这种原初的"美学意识"进而发展为一些较丰富而稳定的"美学观念",再发展为具有一定系统性的"美学思想",最终发展为体系化的"美学理论"。所以,美学意识的诞

① 作者黄玉顺,山东大学儒学高等研究院教授。本文原题《由善而美:中国美学意识的萌芽——汉字"美"的字源学考察》,载《江海学刊》2022 年第 5 期。

生的标志是"美"这个词语的出现。因此,要探寻中国美学意识的萌芽,必须追溯到表现为汉字的"美"这个词语的产生。

一、汉字"美"的本义:羊大为美

汉字"美"在甲骨文中已经出现。但是,目前所发现的甲骨文"美"字,皆用于人名和地名,因此,我们无法通过"美"字的具体用法来考察它的本义,而只能依赖于对字形的分析。徐中舒主编的《甲骨文字典》解释甲骨文的"美"字:

> 象人首上加羽毛或羊首等饰物之形,古人以此为美。所从之 ⅄ 为羊头,ᐱ 为羽毛,《说文》皆从羊,不复区别。《说文》:"美,甘也。从羊、从大。羊在六畜,主给膳也,美与善同意。"《说文》以味甘为美,当是后起之引申义。①

这是对许慎《说文解字》的传统说法提出异议,而认为"美"字的字形乃是:下面的"大"是人形;上面是羽毛或羊头形的首饰。但这种解释并没有获得甲骨学界的普遍认同。刘兴隆的《新编甲骨文字典》则采取两可的说法:"象人有头饰,示美好之义。或释作从羊从大,示美善之义。"②那么,甲骨文"美"到底是怎样的字形和字义?

1. "美"字上部"⅄"的含义:牛羊之羊

首先,"⅄ 为羊头,ᐱ 为羽毛"或"象人有头饰,示美好之义"的说法,并不可靠。事实上,甲骨文"美"作"ᘚ"或"ᘚ",确实正如《说文解字》所说"从羊、从大",即:上面部分并非所谓"头饰"——"羊头"或"羽毛",而实实在在地就是一个完整的"羊"字。在甲骨文中,"羊"即作"⅄"或"ᐱ"等,这正是"美"字的上面部分。其实《甲骨文字典》也说:甲骨文"羊"字"象正面羊头及两角两耳之形"(即"ᘚ"的上面部分);"按甲骨文实以羊头代表

---

① 徐中舒主编:《甲骨文字典》,四川辞书出版社 1989 年版,第 416 页。
② 刘兴隆:《新编甲骨文字典》,国际文化出版社 1993 年版,第 230 页。

羊"。① 这就是说，"Ｖ"或"ＡＡ"所代表的是一只整全的羊，而不只是"羊头"，当然更不是"羽毛"。《新编甲骨文字典》也说：甲骨文"羊"字"象羊头之正面形，以头代羊"②。《说文解字》甚至认为，"羊"字并非"以羊头代表羊"，而是"象头角足尾之形"③，即不只是羊头，而是整个羊的形象。

总之，"美"字的上面部分就是一个"羊"字。

2. "美"字下部"大"的含义：大小之大

汉字"大"的本义是人形，没有异议。但是，具体到"美"字下面部分的这个"大"，则未必是指的人形。传统的说法，如《说文解字》说："大象人形。"④但实际上甲骨文中却找不到这种含义的用例。

按《甲骨文字典》的解释，诚然，"大"字"象人正立之形"；但其所举的实际用例，却没有这种用法。"大"在甲骨文中的实际用例，除用作地名、方国名（"大方"）以外，已经"引申之为凡大之称，而与小相对"，即"不小也"，亦即大小之大，诸如"大邑""大雨""大风""大星""大水""大燹""大启"等；其他诸如"大示""大宗""大室""大戊""大庚""大邑商""大采""大食"等，其所谓"大"显然也是从大小之大的含义引申而来的。⑤

按《新编甲骨文字典》的解释，"大"字"象人之正面，四肢分开以示大义"，但其所举的实际用例中也没有这种用法。"大"在甲骨文中的实际用例，除用作人名、地名、方国名（"大方"）以外，也已经是"大小之大"，例如"大牛骨""擒大狐""大雨""大宗""大室""大示""大邑商""大食""大采"等。⑥

总之，"美"字下面部分的"大"并不指人形，而是大小之大。

3. "美"字的本义：羊大为美

综合以上考察，显而易见，"美"字的本义就是其字形的会意：羊大。看来还是《说文解字》的传统解释才是正确的："美：甘也。从羊，从大。羊在

① 徐中舒主编：《甲骨文字典》，四川辞书出版社 1989 年版，第 413 页。
② 刘兴隆：《新编甲骨文字典》，国际文化出版社 1993 年版，第 228 页。
③ 许慎：《说文解字·羊部》，中华书局 1963 年影印本，第 78 页。
④ 许慎：《说文解字·大部》，中华书局 1963 年影印本，第 213 页。
⑤ 徐中舒主编：《甲骨文字典》，四川辞书出版社 1989 年版，第 1139—1142 页。
⑥ 刘兴隆：《新编甲骨文字典》，国际文化出版社 1993 年版，第 661—663 页。

六畜，主给膳也，美与善同意。〔徐铉注：羊大则美，故从大。〕"①徐铉的解释非常准确："羊大则美。"这就是中国人最初的美学意识。

这其实是一个古老传统："以大为美"。这里仅以《诗经》为例，诸如"四牡修广，其大有颙，薄伐猃狁，以奏肤公"②；"大田多稼……既庭且硕"③；"戎虽小子，而式弘大"④；"俾尔昌而大，俾尔耆而艾，万有千岁"⑤。

"大"又称"硕"，故有"硕大"一词，也是赞美之词。如《诗经》称："彼其之子，硕大无朋""彼其之子，硕大且笃"⑥；"有美一人，硕大且卷""有美一人，硕大且俨"⑦。《诗经》称美人为"硕人"，例如《硕人》一诗，形容美女庄姜："硕人其颀，衣锦褧衣……手如柔荑，肤如凝脂；领如蝤蛴，齿如瓠犀；蝤首蛾眉，巧笑倩兮，美目盼兮。"⑧此外还有"硕人俣俣，公庭万舞"⑨；"考槃在涧，硕人之宽""考槃在阿，硕人之薖""考槃在陆，硕人之轴"⑩；"啸歌伤怀，念彼硕人""维彼硕人，实劳我心"⑪。女性"硕人"又称"硕女"，例如"辰彼硕女，令德来教"⑫。其他以"硕"为美的例子，诸如"奉时辰牡，辰牡孔硕"⑬；"公孙硕肤，赤舄几几""公孙硕肤，德音不瑕"⑭；"执爨踖踖，为俎孔硕"⑮；"播厥百谷，既庭且硕，曾孙是若"⑯；"吉甫作诵，其诗孔硕；其风肆好"⑰；"路寝孔硕""孔曼且硕"⑱。

① 许慎：《说文解字·羊部》，中华书局1963年影印本，第78页。
② 《诗经·小雅·六月》，《十三经注疏·毛诗正义》，第424页。
③ 《诗经·小雅·大田》，《十三经注疏·毛诗正义》，第476页。
④ 《诗经·大雅·民劳》，《十三经注疏·毛诗正义》，第548页。
⑤ 《诗经·鲁颂·閟宫》，《十三经注疏·毛诗正义》，第617页。
⑥ 《诗经·唐风·椒聊》，《十三经注疏·毛诗正义》，第362、363页。
⑦ 《诗经·陈风·泽陂》，《十三经注疏·毛诗正义》，第380页。
⑧ 《诗经·卫风·硕人》，《十三经注疏·毛诗正义》，第322页。
⑨ 《诗经·邶风·简兮》，《十三经注疏·毛诗正义》，第308—309页。
⑩ 《诗经·卫风·考槃》，《十三经注疏·毛诗正义》，第321页。
⑪ 《诗经·小雅·白华》，《十三经注疏·毛诗正义》，第496页。
⑫ 《诗经·大雅·车舝》，《十三经注疏·毛诗正义》，第482页。
⑬ 《诗经·秦风·驷驖》，《十三经注疏·毛诗正义》，第369页。
⑭ 《诗经·豳风·狼跋》，《十三经注疏·毛诗正义》，第400页。
⑮ 《诗经·小雅·楚茨》，《十三经注疏·毛诗正义》，第468页。
⑯ 《诗经·小雅·大田》，《十三经注疏·毛诗正义》，第476页。
⑰ 《诗经·大雅·崧高》，《十三经注疏·毛诗正义》，第567页。
⑱ 《诗经·鲁颂·閟宫》，《十三经注疏·毛诗正义》，第618页。

关于"美"字，段玉裁的《说文解字注》有更详尽的解释：

> 美：甘也。〔甘部曰："美也。"甘者，五味之一。而五味之美皆曰甘。引申之，凡好皆谓之美。〕从羊大。〔羊大则肥美。〕羊在六畜，主给膳也。〔《周礼》：膳用六牲。始养之曰六畜，将用之曰六牲，马牛羊豕犬鸡也。膳之言，善也。羊者，祥也。故美从羊。此说从羊之意。〕美与善同意。〔美、譱（善）、义、羑皆同意。〕①

徐铉说"羊大则美"，段玉裁说"羊大则肥美"，都是讲"美"字的本义。这就是说，中国人最初的美学意识，是对羊肉之味美的评价。这就是说，"美"字的字形确实是上"羊"下"大"，意谓"羊大"，作为一个会意字，本义为"甘"，乃指味道甘美。所以《说文解字》以"甘"与"美"互释："甘：美也，从口含一。"②关于"甘"字，《甲骨文字典》说："从一在口中，象口中含物之形。"③《新编甲骨文字典》进一步指出，这是"指事字"④。看来还是《说文解字》的说法正确："甘"即"美"，乃特指味觉之美。正如荀子所说："人之情，口好味，而臭味莫美焉。"⑤这就是说，"美"这个词语最初用于对美味的评价，即"味道好"；换句话说，中国美学意识的萌生乃是与味觉联系在一起的。

大致说来，"美"字的含义引申演变的轨迹如下：羊肉之美、肉食之美、食物之美……事物之美。

二、"美"与"善"的关系：由善而美

美与善的关系，涉及美学与伦理学之间的分野与联系。然而，常见的"真善美"的说法，是将"美"与"善"并列起来，两者之间界限分明。在这个问题上，"善"与"美"的字源学考察将会告诉我们：中国美学观念与中国伦理学观念之间从一开始就密切相关。

1. "善"字的本义：以膳为善

殷周时代的甲骨文里，没有发现"善"字；学界通常认为，最早的"善"字

---

① 段玉裁：《说文解字注·羊部》，第146页。
② 许慎：《说文解字·甘部》，中华书局1963年影印本，第100页。
③ 徐中舒主编：《甲骨文字典》，四川辞书出版社1989年版，第497页。
④ 刘兴隆：《新编甲骨文字典》，国际文化出版社1993年版，第271页。
⑤ 《荀子·王霸》，王先谦《荀子集解》，中华书局1988年版，第217页。

见于金文。许慎说"美与善同意",段玉裁说"美、善、义(義)、羌皆同意",这就突破了美学与伦理学之间的藩篱,对于我们理解中国美学意识具有极为重大的意义。

关于"善"字的本义,《说文解字》认为:"譱(善):吉也。从誩,从羊。此与义、美同意。善,篆文从言。"①段玉裁《说文解字注》进而解释:

> 譱:吉也。〔口部曰:"吉,譱也。"〕从誩、▢。此与义、美同意。〔我部曰:"义与善同意。"羊部曰:"美与善同意。"按:羊,祥也。故此三字从羊。〕善,篆文从言。〔……譱字今惟见于《周礼》,他皆作善。〕②

按许慎和段玉裁的解释,"善"字上面是"羊"("故此三字从羊"),下面是"誩"(譱)或"言"(善)。然而,这样的构造,实在无法从字形上看出"善"字的伦理学意义,尤其是"羊"显得很奇怪:善与羊有什么关系? 为此,段玉裁特意指明"羊,祥也",意谓从"羊"并非取其味美之意,而是取其吉祥之意;言下之意,"善"的本义是"吉言""善言"。但是,这与他对"美"字里的"羊"的解释相冲突,他在那里说"羊大则肥美"。这就使"此与义、美同意""美与善同意"无法落实。

倒是段玉裁所提供的这样一条信息值得留意:"譱字今惟见于《周礼》,他皆作善。"这就是说,此字通常不作"譱",而作"善",从"羊"、从"口"。当然,我们知道,从"口"的"善"字出现很晚,学者认为最初出现于汉隶中。不过,按理,从字形上来讲,"美与善同意"的意思既然是"羊大则美",则"善"字的意思也应当与此相关,才能说"善与美同意",即从"羊大则美"可以推知"羊口则善",显然是说"羊入于口则善",此"羊"即指食物,此"善"即"膳"的意思,所以许慎才会说"羊在六畜,主给膳也,美与善同意"。许慎的意思显然是说:"善"从"羊",关乎"膳";"美"亦从"羊",亦关乎"膳"。

这就导出一个问题:人们认为,"善"字的形体或从"誩",或从"言",总之与"言"有关;然而我们在经典文本中看到的"善"字,既不从"誩",也不从"言",而是从"口"。于是,我们要提出的问题是:"譱"与"善",究竟是一个字,还是两个不同的字? 如果从"言",那就无法与"膳"联系起来,许慎"羊

---

① 许慎:《说文解字·誩部》,中华书局 1963 年影印本,第 58 页。
② 段玉裁:《说文解字注·誩部》,第 102 页。

在六畜,主给膳也,美与善同意"那句话就显得莫名其妙;而如果从"口",就顺理成章、很好理解了。"口"既可以言说,亦可以进食;"善"字从"羊"、从"口",其"口"即进食之意。

由此看来,"善"与"膳"乃是同源字,或者说是古今字:最初即作"善",后来才增"肉"而作"膳"。那么,何谓"膳"?《说文解字》解释道:"膳:具食也。从肉,善声。"①如果"善"与"膳"确实是古今字,那么,说"善声"就错了。不过,"膳"字的本义是"具食",这是正确的解释。不仅如此,"膳"字从"肉",乃指肉食,而"善"从"羊",即羊肉,正与"美"字相同。这才可以说"善与美同意"或"美与善同意"。

所谓"具食",此"具"意为"具备",不仅是准备的意思,而且是准备停当、亦即完备的意思,所以"善"字才能够引申出"完善"之义,而最初即是指肉食的具备、完备、完善。这就是说,当时的"善"还不是伦理学意义的"goodness"(善行、美德),而是"perfection"(完善、完美)。

总之,"善"字的本义即"膳",乃指食物的具备、完备、完善、完美。

2. "善"与"美"的关系:由善而美

上文对"善"字的解释,已经触及"善"与"美"的关系问题。在这个问题上,许慎这句话是十分重要的,绝不可轻轻放过:"羊在六畜,主给膳也,美与善同意。"这显然是用"膳"来解释"美"与"善",即认为两者之所以"同意",就在于它们都从"羊"而为"膳"。就此而论,许慎所谓"美与善同意",犹言"美与膳同意"。否则,许慎这句话就会令人感到莫名其妙:由"美"字"从羊""羊在六畜,主给膳也",怎么能直接得出"美与善同意"的结论? 其实,所谓"同意"是说:"善"乃是作为食物的羊之善(完善);"美"亦是作为食物的羊之美(味美)。

大致来说,"善"字含义的演变轨迹乃是:羊肉之善、肉食之善、食物之善……事物之善。这就是说,"善"字较早的含义,应是食物之善、食物之美。例如《左传》"大子奉冢祀、社稷之粢盛,以朝夕视君膳者也",孔颖达疏:"郑玄《膳夫》注云:'膳之言善也,今时美物曰珍膳。'是膳者,美食之名。"②

---

① 许慎:《说文解字·肉部》,中华书局 1963 年影印本,第 89 页。
② 《左传·闵公二年》,《十三经注疏·春秋左传正义》,第 1788 页。

显然,最初的"善"还没有成为伦理学概念,因而"善"与"美"也没有分化为伦理学概念和美学概念。唯其如此,"美善"可以连言,例如《墨子》说:"若有美善,则归之上,是以美善在上,而所怨谤在下"①;"美善在上,而怨雠在下"②;《荀子》说:"乐行而志清,礼修而行成……移风易俗,天下皆宁,美善相乐"③;"孔子对曰:'所谓士者……虽不能遍美善,必有处也'"④。俗话说"民以食为天",我们也可以说"民以食为善""民以食为美"。这就是说,不仅中国美学意识,而且中国伦理学意识,在其萌芽时期,都与羊肉之善、羊肉之美有关。

这样的"美善"连言,也就是"美与善同意",意味着美学观念尚未从伦理学观念中独立出来。尽管如此,事实上"美"与"善"毕竟还是不同层次的意识和评价。从逻辑的表达看,两者之间应是这样一种蕴含关系:"某事物是美的"蕴含着"某事物是善的";由此可以推出"某事物是不善的"蕴含着"某事物是不美的"。符号逻辑的表达就是:$(p→q)→(\neg q→\neg p)$。这就是说,善是美的必要条件,但并非充分条件。此即"由善而美"。这种"由善而美"的传统,一方面乃是"美不离善";但另一方面并非"以善为美",即"美"与"善"并不等同。

例如毛亨《诗经·甘棠·序》"《甘棠》美召伯也"孔颖达疏:"善者言'美',恶者言'刺'"⑤。"美刺"是后世儒家对《诗》的一种诠释,即"在解说中对《诗》作出一种'无邪'的解释,这种解释通常采取的方式,就是赋予诗篇一种隐喻的寓意,这种寓意通常都是伦理政治性质的,后世诗学家称之为'美刺'"⑥。这里的"善者言'美'"标明了两者之间的次序,即不能说"美者言'善'"。同时,我们也不能说这是"以善为美",即不能认为善就是美;而只能说"由善而美",即美源于善且基于善。例如孔子的弟子有子说"先王之道斯为美","有子特别点出了一个'美'字。正当、适宜的制度规范,那只

---

① 《墨子·尚贤中》,孙诒让《墨子间诂》,中华书局2001年版,第53页。
② 《墨子·鲁问》,孙诒让《墨子间诂》,中华书局2001年版,第471页。
③ 《荀子·乐论》,王先谦《荀子集解》,中华书局1988年版,第382页。
④ 《荀子·哀公》,王先谦《荀子集解》,中华书局1988年版,第539页。
⑤ 《诗经·召南·甘棠》,《十三经注疏·毛诗正义》,第287页。
⑥ 黄玉顺:《孔子与〈诗〉》,《独立苍茫自咏诗——黄玉顺早期文存》,四川人民出版社2018年版,第265页。

是'善';这种制度规范能够在和乐中实行,这才是'美'"①。此即所谓"由善而美"。

当然,在中国美学意识产生之初,这种"由善而美"还只是"由膳而美"。

三、"善""美"与"好"的关系:善美皆好

段玉裁《说文解字注》在解释"美"字的时候指出:"引申之,凡好皆谓之美。"这是一个非常重要的论断,但表达上存在问题。其实,应当反过来说:凡美皆谓之好。这是因为:伦理学意义的"善"与美学意义的"美",都是价值词;它们同属于一个更高的价值词,即"好":善是好的,美也是好的。凡善皆谓之"好",凡美皆谓之"好";凡善与美皆谓之"好"。

1."好"字的本义

关于"好"字的本义,《甲骨文字典》认为:"从女、从子,与《说文》好字篆文形同";但是,"训美乃后起义";其本义,"甲骨文好为女姓,即商人子姓之本字";例如"妇好,人名,武丁诸妇之一"②。《新编甲骨文字典》却认为:"象母抱子形,示母子关系之好";但举例亦是人名"妇好"③。鉴于甲骨文"好"字的实例只有人名"妇好",这实在不足以揭明"好"字的本义。

关于"好"字的本义,《说文解字》解释:"好:美也。从女子。〔徐铉注:子者,男子之美偁。〕"④徐铉的注释,以"子"为男子的美称,其实也是后起义。汉字"子"的本义,"象幼儿之形"⑤;或"象小儿侧面",或"象小儿正面","即子孙之子"⑥。总之,"子"并非专指男孩子,而是包括了男孩子和女孩子。这就表明,"好"字的"从女子"是用"女"来限定"子",即专指女孩子。由此可见,从字形上考察,"好"的本义应该是形容女性之美。《说文解字注》指出:"好本谓女子,引申为凡美之偁。"⑦

这一点可以从早期文献中得到普遍的印证,诸如"窈窕淑女,君子好

---

① 黄玉顺:《孔子的正义论》,《中国社科院研究生院学报》2010年第2期,第136—144页。
② 徐中舒:《甲骨文字典》,四川辞书出版社1989年版,第1312—1313页。
③ 刘兴隆:《新编甲骨文字典》,国际文化出版社1993年版,第813—814页。
④ 许慎:《说文解字·女部》,中华书局1963年影印本,第261页。
⑤ 徐中舒:《甲骨文字典》,四川辞书出版社1989年版,第1571页。
⑥ 刘兴隆:《新编甲骨文字典》,国际文化出版社1993年版,第975页。
⑦ 段玉裁:《说文解字注》,第618页。

述"①;"语曰:好女之色,恶者之孽也"②;"琴妇好"③;"此夫身女好而头马首者与"④;"夫盲者无以与乎眉目颜色之好"⑤;"如好好色"⑥;"因以文绣千匹,好女百人,遗义渠君"⑦;如此等等。

2. "好"字的伦理学意义与美学意义

从"好"本指女子之美来看,作为价值词的"好"最初体现的就是一种美学意识,而不是伦理学意识。但它后来自然而然地发展出伦理学意涵来,这应该是由于上述"由善而美"观念的必然逻辑:"美"是"好",而"美"蕴含"善",所以"善"亦是"好"。

善之"好"。例如《诗经》"不如叔也,洵美且仁……不如叔也,洵美且好"⑧,这里将"好"与"美"分开而并列,并与上节之"仁"对应,此"好"显然指"善";"田车既好",孔颖达注"田猎之车既善好"⑨,朱熹注"好,善也"⑩,这里的"善"正是该字的早期含义,即完善;"好言自口,莠言自口",毛亨释为"善言从女口出,恶言亦从女口出,女口一耳,善也恶也同出其中,谓其可贱"⑪;"作此好歌",毛亨引郑玄笺"好犹善也"⑫,朱熹亦注为"好,善也"⑬;"吉甫作诵,其诗孔硕,其风肆好",毛亨释为"言其诗之意甚美大,风切申伯,又使之长行善道"⑭,以"美大"释"硕",以"善道"释"好",两者分别开来;"翩彼飞鸮……怀我好音",毛亨释为"鸮,恶声之鸟也","言鸮恒恶鸣……故改其鸣,归就我以善音"⑮。

美之"好"。例如《周易·遁卦》"好遁""嘉遁""肥遁",孔颖达解释

① 《诗经·周南·关雎》,《十三经注疏·毛诗正义》,第273页。
② 《荀子·君道》,王先谦《荀子集解》,中华书局1988年版,第240页。
③ 《荀子·乐论》,王先谦《荀子集解》,中华书局1988年版,第383页。
④ 《荀子·赋篇》,王先谦《荀子集解》,中华书局1988年版,第478页。
⑤ 《庄子·大宗师》,王先谦《庄子集解》第一册,成都古籍书店1988年影印版,第44页。
⑥ 《礼记·大学》,《十三经注疏·礼记正义》第1673页。
⑦ 《战国策·秦二·义渠君之魏》,何建章《战国策注释》,中华书局1990年版,第126页。
⑧ 《诗经·郑风·叔于田》,《十三经注疏·毛诗正义》,第337页。
⑨ 《诗经·小雅·车攻》,《十三经注疏·毛诗正义》,第428页。
⑩ 朱熹:《诗集传》,上海古籍出版社1980年版,第117页。
⑪ 《诗经·小雅·正月》,《十三经注疏·毛诗正义》,第442页。
⑫ 《诗经·小雅·何人斯》,《十三经注疏·毛诗正义》,第455页。
⑬ 朱熹:《诗集传》,上海古籍出版社1980年版,第144页。
⑭ 《诗经·大雅·崧高》,《十三经注疏·毛诗正义》,第567页。
⑮ 《诗经·鲁颂·泮水》,《十三经注疏·毛诗正义》,第612页。

"嘉，美也"；"为遁之美，故曰'嘉遁贞吉'也"①，其实不仅"嘉遁"，而且"好遁""肥遁"也都是"美遁"的意思。又如《诗经》"无我丑兮，不寁好也"，毛亨引郑玄笺"魗（丑）亦恶也，好犹善也"②，其实，与"丑"相对的不应该是"善"，而应该是"美"，这首诗是一个女子的口吻，这里的"丑"与"好"是说的"丑"与"美"；"子之茂兮，遭我乎猺之道兮；并驱从两牡兮，揖我谓我好兮"，毛亨释为"茂，美也"；"言'好'者，以报前言'茂'也"③。

中国早期价值意识的"美"谓之"好"，最显著的一个例证，就是很早就出现的"美好"连言，例如"古之圣王之治天下也，其所富，其所贵，未必王公大人骨肉之亲、无故富贵、面目美好者也"④；"凡天下有三德：生而长大，美好无双，少长贵贱见而皆说之，此上德也"；"今长大美好，人见而悦之者，此吾父母之遗德也"⑤；"三官生虱六，曰岁，曰食，曰美，曰好，曰志，曰行。……商有淫利，有美好伤器"⑥；等等。

"好"之为善且美。例如《周易·中孚卦》"鸣鹤在阴，其子和之；我有好爵，吾与尔靡之"，此"好"指美，"'好爵'：好酒，美酒"⑦；而《易传》则以"善"来解释："君子居其室，出其言善，则千里之外应之，况其迩者乎？居其室，出其言不善则千里之外违之，况其迩者乎？"⑧又如《诗经》"思娈季女逝兮……虽无好友，式燕且喜"，此"好"亦兼指善与美：毛亨释为"大夫嫉褒姒之为恶，故严车设其鞶，思得娈然美好之少女、有齐庄之德者"⑨，既言"美好"（美），又言"有德"（善）。

当然，必须明确："好"的这种兼具伦理学意识与美学意识的含义，并非甲骨文就具有的，而是后来才发展出来的。

① 《周易·遁卦》，《十三经注疏·周易正义》，第 48 页。
② 《诗经·郑风·遵大路》，《十三经注疏·毛诗正义》，第 340 页。
③ 《诗经·齐风·还》，《十三经注疏·毛诗正义》，第 349 页。
④ 《墨子·尚贤下》，孙诒让《墨子间诂》，中华书局 2001 年版，第 67—68 页。
⑤ 《庄子·盗跖》，王先谦《庄子集解》第二册，成都古籍书店 1988 年影印版，第 78 页。
⑥ 《商君书·弱民》，蒋礼鸿《商君书锥指》，中华书局 1986 年版，第 124—125 页。
⑦ 黄玉顺：《易经古歌考释》（修订本），上海古籍出版社 2014 年版，第 330 页。
⑧ 《周易·系辞上》，《十三经注疏·周易正义》，第 79 页。
⑨ 《诗经·小雅·车舝》，《十三经注疏·毛诗正义》，第 482 页。

第三章　生态美学与环境美学

　　主编插白:"生态美学"是山东大学曾繁仁先生倡导的一个重要概念。它破除传统美学的"人类中心主义",也反对见物不见人的"生态中心主义",强调物物有美,美美与共,在更长远的角度为人的生存服务的,所以是一种"生态人文主义美学"。在《我国自然生态美学的发展及其重要意义》一文中,曾繁仁先生回顾了新中国成立后三十年在马克思主义唯物论指导之下自然美论的崛起,和改革开放以来西方自然生态美学观的引进,同时阐释了生态文明新时代中国生态美学话语的建构,并强调了当代生态美学的重要价值意义。在山东大学的"生态美学"学派中,程相占教授是一位重要的代表人物。他的《西方自然美学当代转型的内在逻辑》批判了现代自然美学人类中心主义观念的缺失,探讨了自然审美的环境模式、生态模式及其理论意义。他指出:当代西方自然美学是在生态主义运动的推动下、在批判现代西方自然美学理论缺陷的基础上发展起来的。它通过反思西方现代自然美学对象化、风景化、艺术化及其隐含的人化等四方面缺陷,向伦理化、环境化、生态化、自然化四方面发生转型。就是说,西方自然美学当代发展的内在逻辑就是由超越"现代四化"而走向"当代四化"。环境化的自然美学即自然环境美学,它与人建环境美学一起构成了环境美学整体。生态化的自然美学即自然生态美学,它与生态艺术美学一起构成了生态美学整体。自然美学、环境美学、生态美学三者之间既有联系又有区别。随着全球化时代对人类共同面临的生态危机的关注,关于环境美学的诸多命题逐渐成为当代美学的一大热点。浙江大学徐岱教授从生态主义视角出发,对环境美学问题提出了进一步的思考。在他看来,应当承认由"生态正义"为主导的"生态伦理",把环境保护的问题从传统意义上作为"审美欣赏"的"小美学",提升到直接关系到人类生存的生态和谐与创建美好生活世界的"大美学"层面,努力使环境之美走向与天地万物融为一体的自然之美。这个意义上的环境美学提示我们放弃人类中心主义的立场,防止局限于对"客体对象"的关注,遵循物我合一、天人合一的基本原则。

第一节　我国自然生态美学的发展及其重要意义[①]

新中国成立以来,我国美学事业在老中青三代人的共同努力下有了长足的发展,其影响之大,从业人数之多,人民群众接受范围之广等,都是举世无双的。目前,国际美学呈自然生态美学、艺术哲学美学与日常生活美学三足鼎立发展之势。对于生态美学的发展,最近,李泽厚先生批评我国当代生态美学"以生物本身为立场",是"无人美学"[②]。我国自然生态美学的发展,可以划分为新中国成立后的前30年、改革开放初期与生态文明新时代三个阶段。本文拟通过对我国自然生态美学发展的回顾及其意义的阐发回应李泽厚先生的批评。

一、新中国前三十年唯物主义的自然美论

从1956年起,我国开始了影响极为广泛的美学大讨论。这次美学大讨论是以批判朱光潜的唯心主义美学观为其开端的,而且也是以推行马克思主义唯物主义的教育为其目的,但在一定程度上贯彻了"双百"方针。这次大讨论以美的本质问题为旨归,产生了著名的客观论、主观论、主客观统一论与社会论(后来称作"实践论")四派美学理论。当时学术界总体上比较赞成以李泽厚为代表的社会论及其"人化自然"美学观,认为其他各派美学理论均各有其局限。例如,将以蔡仪为代表的客观论视为机械唯物主义等。但60多年后的今天,从当代自然生态美学发展来审视,我们感到应该有一个重新认识与评价。当然,这并不意味着要取代当时历史语境中的评价,实

---

①　作者曾繁仁,山东大学文艺美学研究中心名誉主任。本文原题《我国自然生态美学的发展及其重要意义——兼答李泽厚有关生态美学是"无人美学"的批评》,载《文学评论》2020年第3期。

②　李泽厚:《从美感两重性到情本体》,山东文艺出版社2019年版,第276页。

践论美学及其"人化自然"观仍然是那场美学大讨论最重要的理论成果,具有历史的必然性与理论的合理性、自洽性。但实践论美学观的历史局限是十分明显的,尤其是其自然美论与"人化自然"的美学界定,显然具有明显的"人类中心论"倾向。反之,被学术界多有诟病的蔡仪的"客观论"美学,特别是其自然美论,却显现出特有的理论价值。特别是,在 20 世纪 50 年代,自然生态美学在国际上也还处于萌芽状态。利奥波德 1948 年提出了著名的"大地伦理学",而蔡仪早在 1947 年出版的《新美学》中就提出了自然美论。此后,莱切尔·卡逊 1962 年出版了著名的《寂静的春天》,赫伯恩 1966 年发表了《当代美学及其对自然美的遗忘》。蔡仪的客观派自然美论在 60 年代提出与发展,无论从国际还是国内美学领域来说,都是一个有重要意义的学术事件,值得我们重视并给予重新评价。蔡仪的马克思主义唯物主义自然美论有四个方面的学术贡献:

第一,坚持自然美是没有人力参与的纯自然产生的物的美。蔡仪指出:"作为自然的美却不是'从外部注入自然界'的,也不是人或神创造的——自然现象和自然事物的美,在于它们本身所固有的性质,在于这些自然物本身所具有的美的规律。"①在"美学即艺术哲学"的观点占统治地位的形势下,这一观点的唯物论的立场是特别坚定的。西方 20 世纪 60 年代产生的"环境美学",其要旨也是在于解决"自然美的遗忘"问题。蔡仪所坚持的自然美的客观性对我们的提示是:尽管美是一个关系性概念,但自然美的审美价值及其客观性因素却是不可忽视和遗忘的。

第二,坚持自然美在于自然自身的价值。蔡仪指出:"自然界的事物是由客观的物质性所决定的,并不依赖于人的意识而存在,也不是有任何其他的原因而产生,当人类社会还未形成的时候,就早已存在着自然世界。"又说:"自然事物或自然现象之所以美,首先在于它们本身所固有的特殊性质,在于这些自然事物或现象所具有的美的特性。"②这坚持了自然美价值的自在性。我这里用"自在性",而没有用目前生态伦理学常用的"内在价值",是因为后者包含某种"意识性"内涵,而蔡仪并未涉及生态伦理学。"自在性"鲜明地触及自然美固有的美学价值。这里还有一个"美"之界定问题。

---

① 《蔡仪文集》第 9 卷,中国文联出版社 2002 年版,第 24 页。
② 《蔡仪文集》第 9 卷,中国文联出版社 2002 年版,第 187 页。

蔡仪认为，"自然美是一种客观的实体"，但当前一般认为自然美是一种关系中的存在，美在关系。荒野哲学家罗尔斯顿认为："有两种审美品质：审美能力，仅仅存在于欣赏者的经验中；审美特性，它客观地存在于自然物体内。"只有两者的结合，才能产生自然的审美。但审美特性"这些事件在人们到达以前就在那里，它们是创造性的进化和生态系统的本性的产物"①。罗尔斯顿Ⅲ的《走向荒野的哲学》写于20世纪60—80年代，而蔡仪关于自然美的自在性的论述，则始于1947年的《新美学》，更早于罗氏。

第三，提出自然美是一种认识之美、典型之美，乃至生命之美。蔡仪主张，审美是一种反映或认识。他说："美的本质是什么呢？我们认为美是客观的，不是主观的；美的事物之所以美，是在于事物本身，不在于我们的意识作用。但是客观的美是可以为我们的意识所反映，是可以引起我们的美感。而正确的美感的根源正是在于客观事物的美。"②在此基础上，自然美是一种"典型之美"。"所谓美原来就是'个别里显现一般'的典型，也就是事物的本质真理的具体体现"；"树木显现着树木种类的一般性的那种树木，山峰显现着山峰种类的一般性的那种山峰，它们的当作树木或山峰是美的。这样的人体的美，树木的美，山峰的美，便是自然美"③。那么，自然美中这种"个别里显现一般"的"一般"是什么呢？蔡仪将之归结为植物的"茁壮蓬勃，欣欣向荣"，动物的"活力充沛，生气勃勃"，等等。显然，蔡仪是将生命活力看作自然美的基本条件的，而缺乏生命活力的生物，则是"发展的不充分，没有典型特征的"，因而是不美的，例如跳蚤等④。这就回答了质疑者所提出有没有"典型的跳蚤"与"典型的苍蝇"的疑问。后来，蔡仪又将马克思《1844年经济学哲学手稿》中有关人也按照"美的规律建造"的"两个尺度"看作与"典型"等同的美的内涵。将生命活力作为自然美的尺度的看法具有一定的价值与意义。当前，我们从"人与自然的生命共同体"的角度来审视自然之美及自然的价值，是自然美生命论的进一步发展。

第四，坚定地批判了"人化的自然"的美学观点。蔡仪对李泽厚的美是

---

① 罗尔斯顿Ⅲ：《从美到责任：自然美学和环境伦理学》，伯林特主编：《环境与艺术：环境美学的多维视角》，刘悦笛译，重庆出版社2007年版，第158页。

② 《蔡仪文集》第1卷，中国文联出版社2002年版，第235页。

③ 《蔡仪文集》第1卷，中国文联出版社2002年版，第331页。

④ 《蔡仪文集》第9卷，中国文联出版社2002年版，第202页。

"人化的自然"观点进行了反思与批判:"把客观世界中的任何事物、包括自然事物都看作经过人的活动而成为'自然的人化'和'人的对象化'的成果,无异于把主观的人看作宇宙万物至高无上的创造主。而用这样的观点去说明美的本质、包括自然美的本质,不但在理论上是根本错误的,而且在实践上也是荒唐的。存在于自然界的许许多多美的事物,并非都是经过'人化'的产物。崇山峻岭中郁郁葱葱的原始森林,汪洋大海中奇特的贝藻、鱼虾,茫茫草原上的奇兽珍禽,甚至还有云南附近大片的石林,贵州安顺一带可能仍未发现的某些溶洞,皆属天然存在的纯自然事物。它们既然不同于社会事物,又怎么可能具有社会性并决定着它们的美呢?"①这里有两个方面的重要内涵。首先,"人化的自然"的美学观实质上是"把主观的人看作至高无上的创造主"。这实际上是对"人类中心论"立场的批判。其次,原始森林、奇珍异兽等人类没有涉足的自然事物无所谓"自然的人化"。这击中了实践美学的软肋。尽管李泽厚以"广义的人化"即"人类征服自然的历史尺度"与共生、审美与相依等来阐释"广义的自然人化",但未免堕入"移情"之说,成为理论的自毁。对于李泽厚所说的"人化的自然"说来自马克思的《手稿》,蔡仪也给予有力的批判。他以充分的证据证明,《手稿》所论"人化的自然"是在"异化劳动"部分,并非论述审美;《手稿》作为马克思早期论著,并没有列入马克思准备正式发表的文献,其中保留了较为明显的德国古典哲学,特别是费尔巴哈人本主义哲学的遗痕。

　　总之,蔡仪的自然美论完全可以与国际学界同时出现的自然生态美学相比肩,是美学大讨论的重要成果,它与加拿大环境美学家卡尔松的认知论环境美学有相通之处。蔡仪的自然美论是马克思主义唯物主义的自然美论。曾有学者在蔡仪美学学术研讨会上表示了对于蔡老的"迟到的敬意"。当然,李泽厚"美是人化的自然"之说仍然是美学大讨论最具代表性的理论成果,适应了那个工业革命时代人类改造自然、"人化自然"的时代需要,故而成为一个时代的美学标签。但蔡仪的自然美论的立场坚定性与时代超前性也是毋庸置疑的。当然,蔡仪客观论美学的局限也是明显的:由于对于"客观性"的突出强调,而导致对主体性的忽视。这也就是李先生所说的一定程度上成为"无人美学"。不过,蔡仪后期运用马克思"按照美的规律造

---

① 《蔡仪文集》第9卷,中国文联出版社2002年版,第193页。

型"的论述,已经包含了隐藏的"人"的出场。尽管如此,仍然无法抹杀蔡仪自然美学观的价值意义。

当前,我们已经进入后工业文明的生态文明时代,人的过分的"自然的人化"所造成的生态环境问题已经极大地威胁到人类自身,甚至导致了种种戕害人类的生态灾难。在这种情势下,不知李泽厚先生如何从历史的与时代的眼光看待这场大讨论,又如何以此看待自己的"有人的""人本体"的"实践美学",以及如何看待蔡仪对于"人本体"的"实践美学"是"把主观的人看作至高无上的造物主"的批评。众所周知,时代性与历史性是一切理论的价值坐标,对此李先生一定是认同的。

二、改革开放以来西方自然生态美学观念的引进

1978 年起,我国实行改革开放,执行"实事求是,解放思想"的思想路线,极大地推动了哲学社会科学的发展。其中,就包括自然生态美学的发展。由于我国属于后发展国家,真正的工业革命实际上是从新时期开始的,在推动经济极大发展的同时却带来了严重的环境污染。因此,自然生态美学的发展是在 90 年代开始的,大体分两个阶段。第一阶段从 90 年代初期至 2001 年 10 月举办了"全国首届生态美学学术研讨会"等系列相关学术会议。这一阶段属于引进为主的阶段。第二阶段在 2002 年之后,属于反思建设阶段。引进阶段,陈望衡、王治和、刘蓓、李庆本、韦清琦与杨平等均做出重要贡献。反思建设阶段,一批中国学者出版了具有个人风格的自然生态美学论著。他们是徐恒醇、鲁枢元、王诺、曾永成、陈望衡、袁鼎生、程相占、王晓华、彭锋、章海荣、胡志红、赵奎英、王茜、胡友峰、李晓明等学者。其中,陈望衡的《环境美学》提出了"景观""乐居""乐游"等范畴;鲁枢元的《生态文艺学》提出了著名的生态学三分法:自然生态、社会生态与精神生态;王诺的《欧美生态文学》提出了著名的"生态整体论";曾永成的《文艺的绿色之思——文艺生态学引论》提出了"马克思主义实践唯物主义人学论及生命观",均有重要价值。本文着重概括论述生态存在论美学的立场与基本观点。

第一,从"后现代"出发的时代意识与"改善人的生存"的人文立场。生态存在论美学是与时代紧密联系的。每个时代都有反映自己时代精神的美学,生态存在论美学就是"后现代"即新的生态文明时代的美学。我们借用

美国学者大卫·雷·格里芬的建设性后现代理论,认为生态存在论美学是一种以反思、超越现代性工业革命与理性主义为主的建设性后现代美学。我本人曾就此发表《生态美学:后现代语境下崭新的生态存在论美学》《当代生态文明视野中生态美学观》。"后现代"的反思与超越性决定了生态存在论美学包含着一系列由经济社会转型带来的哲学与文化转型。"这一转型具体包括由认识论转化到存在论;由人类中心转化到生态整体;由主客二分转化到关系性的有机整体;由主体性转化到主体间性;由轻视自然转化到遵循美学与文学中的绿色原则;由自然的祛魅转化到自然的部分复魅;由欧洲中心转化到中西平等对话。"①为了推进新时代的这种转型,山东大学文艺美学研究中心与首都师范大学合作于 2007 年底召开了"转型期的中国美学学术研讨会",深入探讨了一系列社会的、哲学的与美学转型的理论与学术问题。

生态存在论美学提出的另一个重要出发点是"改善人的生存"的人文立场。为什么要提出生态存在论美学? 为什么要将"生态"与"存在"紧密联系? 这主要是因为生态的破坏与环境的污染极大地威胁到人的生存状态与生存质量,甚至会影响到我们的后代。2009 年,我在吉林人民出版社再版《生态存在论美学论稿》时,在封面上加入了一段话:"生态美学问题归根结底是人的存在问题。因为,人类首先并必须在自然环境中生存,自然环境是人类生命之源,也是人类健康并愉快生活之源,同时也是人类经济生活与社会生活之源。而由'人类中心主义'所导致的日渐严重的资源缺乏和环境污染直接威胁到的就是人类的生存,这是使人类生存状态出现非美化的重要原因之一。而从环境污染的遏止与自然环境的改造来说,最重要的也不是技术问题与物质条件问题,而是文化态度问题。人类应该以一种'非人类中心'的普遍共生的态度对待自然环境,同自然环境处于一种中和协调、共同促进的关系。这其实就是一种对自然环境的审美的态度。"生态存在论美学将人的存在放在生态美学的首位,这难道还是一种"无人美学"吗?

第二,马克思主义实践存在论与生态文明理论的指导。首先,生态存在论美学尽管借鉴了海德格尔的存在论"此在与世界"及"天地神人四方游

---

① 曾繁仁:《生态存在论美学论稿序》,《生态存在论美学论稿》,吉林人民出版社 2009 年版,第 4 页。

戏"理论,但从根本上来说,是以马克思主义实践存在论为指导的。19世纪后期,哲学领域由对工业革命反思而发生由传统认识论到存在论的哲学转型。这个转型首先是由马克思所预见并论述的,马克思1845年的《关于费尔巴哈的提纲》批判费尔巴哈唯物主义强调客体而忽视人类实践,提出了包含人类自由解放的实践存在论。"首先,马克思的唯物实践观,是以个人的自由解放与美好生存为出发点的;其次,以整个无产阶级与人类的解放与美好生存为其理想与目标;最后,以社会实践为最重要的途径,包括社会革命(就是要推翻资本主义制度)和生产实践。只有这样,才能真正逐步克服人与自然的矛盾,人与自然的统一也只有在马克思主义实践存在论与社会实践的基础上才能实现。"①马克思的《1848年经济学哲学手稿》《资本论》,以及恩格斯《自然辩证法》,都包含着深刻而丰富的生态观与美学观。特别是恩格斯的《自然辩证法》,已经对工业革命导致的"人类中心论"的危害发出了惊心动魄的警告:"我们不要过分陶醉于我们对自然胜利。对于每一次这样的胜利,自然界都报复了我们。每一次胜利,在第一步,我们确实都取得了我们预期的结果,但是在第二步和第三步却有了完全不同的、出乎意料的影响,常常把第一个结果又取消了。"②工业革命以来的无数生态灾难,都证明了恩格斯上述论断的无比正确,都在警示我们必须对自然常怀敬畏之心!更为重要的是,生态存在论美学从根本上是立足于当代中国特色社会主义创新理论的生态文明理论基础之上的。党的十八大之后,这种指导作用就更加明显,要求我们将人在优美生态环境中美好生存放在首要位置。

第三,"生态整体主义"哲学立场的建立。生态存在论美学的基本哲学立场是对于人类中心主义的扬弃与生态整体主义哲学立场的建立。人类中心主义实际上是工业革命的产物,是一种现代性的理论形态。随着"后现代"即"后工业社会"的到来,人类中心主义必将退出历史舞台。"人类中心主义的终结具有十分伟大的意义,标志着一个时代的结束。正如著名的绿色和平哲学所宣称的那样,人类并非这一星球的中心。生态学告诉我们。整个地球也是我们人体的一部分,我们必须像尊重自己一样,加以尊重。"这

① 曾繁仁:《生态美学导论》,商务印书馆2010年版,第121页。
② 《马克思恩格斯选集》第3卷,人民出版社1972年版,第517页。

个绿色和平哲学将"人类中心主义"的瓦解说成是一场"哥白尼式的革命"①。实践美学的"美是人化的自然"其实是人类中心主义的典型体现。生态存在论美学的提出,意味着当代中国美学领域需要实现"由实践美学到生态美学"的转型。实践美学"以人化的自然为其理论标志,包括'人类本体''工具本体''积淀说'与'合规律与合目的的统一'等一系列观点,显然还是属于人类中心论的认识论美学"②。

与人类中心主义相对立的是生态中心主义,它强调自然生物的绝对价值,必然导致对于人的需求与价值的彻底否定,从而走向对于人的否定。这也是一条走不通的道路。唯一可行的是生态整体主义,也可以称为新的生态人文主义。生态整体主义成为生态存在论美学的最基本的哲学立场。生态存在论美学认为,"正确的道路只有一条,那就是生态人文主义的原则下只承认两方价值的相对性并将其加以统一,这才是一条共生的可行之路"③。由此,我们认为,作为"有人的美学"的"实践美学"实际上是一种"人本体"的"人类中心论"美学。这种"人类中心论"是工业革命的产物,是一种罔顾人与万物必须保持生态平衡的理论形态,是与生态文明时代相悖的,应该代之以"生态整体论"的生态美学!

第四,中西对话交流中生态存在论美学范畴的建设。生态存在论美学不同于传统的作为艺术哲学的美学,传统美学所包含的静观的对象性的形式美学以及以人为主导的移情美学,应加以摒弃。生态存在论美学在坚持生态整体主义哲学立场的同时通过范畴建构发展自身,其主要途径是中西哲学、美学的交流与对话。生态存在论美学根据中国当下生态美学建设的需要,对于欧陆现象学生态美学、英美分析哲学之环境美学、文学生态批评以及中国传统美学等所包含的有关美学范畴加以选择性阐释,初步建构了自己的美学范畴,包括:作为基本美学范畴的"生态存在之美",作为生态美学对象的生态系统的审美,以及生态审美本性论、诗意地栖居、四方游戏、家园意识、场所意识、参与美学、生态文艺学、阴柔与阳刚两种生态审美形态、生态审美教育等内涵④。这些范畴,主要突出了人在生命中显现的生命之

① 曾繁仁:《生态美学导论》,商务印书馆2010年版,第52页。
② 曾繁仁:《生态美学基本问题研究》,人民出版社2015年版,第21页。
③ 曾繁仁:《生态美学导论》,商务印书馆2010年版,第65页。
④ 曾繁仁:《生态美学导论》,商务印书馆2010年版,第279—362页。

美、人与自然四方游戏的共生之美与人在自然家园中诗意栖居之美，与传统的艺术哲学，特别是实践美学具有不同的面貌与内涵。

第五，生态存在论美学的文学与艺术根基的探寻。从中国传统艺术开始，因为中国传统社会是农耕社会，中国传统艺术基本上是一种自然生态的艺术，所以，中国传统艺术恰与生态存在论美学贴近。例如，作为中国最古老的诗歌总集的《诗经》切合了中国传统的"中和之美"。其中，具有浓郁家园意识的"归乡"之诗，反映了"饥者歌其食，劳者歌其事"与桑间濮上之爱情的风体诗，表现古典生态平等的"比兴"手法，追求环境"宜居"的"筑室"之诗，反映农业生产的"农事"诗，敬畏上天的"天保"诗，以及古代巫乐诗舞相统一的"乐诗"等，无不反映了中国古代的生态审美意识。从西方文学来看，虽然主要体现了人类中心为主的人文主义传统，但也不乏歌咏自然的浪漫主义的作品。例如，著名的《查泰莱夫人的情人》就是"对于原始自然持肯定态度"的小说，对工业革命所造成的生态病症进行了严厉的批判，对大自然进行了热情的歌颂，对符合人的生态本性的性爱进行了执着的歌颂与对于同机械生存相对立的田园式的生存进行了热烈的追求等。生态存在论美学通过对中西有关文学作品和艺术的具体分析，力图发挥本身所具有的强大的理论阐释力。当然，生态存在论美学还是处于建设之中，需要进一步的完备补充，使之具有更好的理论自洽性。

三、生态文明新时代中国自然生态美学话语的建构

自党的十八大以来，我国逐步进入中国特色社会主义建设新时代，生态美学在这一时期得到长足发展，进入中国话语自觉建设时期。首先，生态文明新时代的来临，意味着包括生态美学在内的生态文明理论成为反映时代精神的主流话语，也是反映主流价值取向的哲学与文化理论，得到更多的支持与发展空间。这一时期发表生态文明方面的论文24 609篇，比上个时期增加了三倍还多。有关生态美学的学术研究也得到前所未有的大力支持，目前已经有多项与生态美学有关的国家重大攻关项目与一般项目。其次，新时代社会主义生态文明理论与美丽中国建设目标给予生态美学建设以理论的支撑，并指明了发展方向。如，"尊重自然，顺应自然，保护自然，保护优先"，"美丽中国建设"，"环境就是民生，青山就是美丽，蓝天也是幸福"，"绿水青山就是金山银山"，"建设人与自然生命共同体"与实现"人与自然和谐

共生"等。这些理论给予生态美学建设以重要的理论根基与丰富的资源。再就是,国家关于确立"文化自信"与"坚守中华文化立场"的一系列重要理论,给当代中国生态美学研究者建设中国自己的生态美学话语以信心与力量,给未来发展建设指明了方向。现在简要论述有关"生生美学"的基本问题。

第一,"生生美学"既来源于中华文化传统,也是现代学者美学探索的结果。"生生"一词来源于《周易·易传》,所谓"生生之谓易"(《周易·系辞上》)、"天地之大德曰生"(《周易·系辞下》),后来成为中国传统文化之关键词。蒙培元指出,"中国哲学就是'生'的哲学,从孔子、老子开始,直到宋明时期的哲学家以至明清时期的主要哲学家,都是在'生'的观念之中或者围绕'生'的问题建立其哲学体系并展开其哲学论说的"①。"生生"之学,内涵极为丰富,包括"万物化生""元亨利贞"四德之生、"日新其德"之生和"天地位焉,万物育焉"的"中和"之生,以及"仁是造化生生不息之理"的仁爱之生等。道家之"养生"与佛家之"护生"等均包含"生生"之内涵。现代以来,中国学者一直努力以"生生"为出发点创建具有中国特色的哲学与美学。如方东美论述了"生生之德"与"生生之美",认为"生生"一词将"生"字重言,具有了生命创生之意,指出:"一切艺术都是从体贴生命之伟大处得来的。"②宗白华从 30 年代起就开始对中国传统美学之"气本论生命美学"进行探讨,1979 年发表的《中国美学史中重要问题的初步探索》一文,再次论述了中国传统艺术特别是绘画的"生命之美"的特点。他说:"艺术家要进一步表达出形象内部的生命。这就是'气韵生动'的要求。'气韵生动',这是绘画创作追求的最高目标,最高境界,也是绘画批评的主要目标。"③蒋孔阳对孔子音乐思想的"生生之美"进行了论述。他说:"孔丘在《易·系辞下》说'天地之大德曰生',又说'生生之谓易'。他用'生'来解释天地万物,又用'生'来作为他的音乐思想的哲学基础。凡是合乎'生'的,他都认为是好的;凡是与'生'相反的,也就是'杀',他就加以反对。南方合乎'生',所以他赞成南方的音乐,认为是美的;北方'杀',不合乎'生',

---

① 蒙培元:《人与自然:中国哲学生态观》,人民出版社 2004 年版,第 4 页。
② 方东美:《中国人生哲学》,中华书局 2012 年版,第 57 页。
③ 王德胜编选:《中国现代美学家文丛·宗白华卷》,中国文联出版社 2017 年版,第 225 页。

他就反对北方的音乐,认为不美。"①刘纲纪着重阐释了《周易》所代表的中国传统生生美学。他说:"如果说'无为'是道家认识天地的核心观点、硬核之所在,那么'生'则是《易传》认识天地的核心观点所在。因此,从近代哲学观点来看,我认为《周易》哲学乃是中国古代的生命哲学,这是《周易》哲学最大的特点和贡献所在。"②朱良志认为:"在中国人看来,生为万物之性,生也是艺术之性。艺术是人的艺术,表现的是人对宇宙的认识、感觉和体验,所以表现生命是中国艺术理论的最高原则。"又说:"中国哲学认为,这个世界是'活'的,无论你看起来'活'的东西,还是看起来不'活'的东西,都有一种'活'的精神在。天地以'生'为精神。"③改革开放以来,"生生之美"得到广泛重视和研究。在生态文明新时代,接着这个话语继续发展正当其时。

第二,"生生美学"的中国文化根基。"生生美学"植根于中国深厚文化土壤之中的哲学与美学话语,具有非常浓厚的中国作风与中国气派。"生生美学"的文化根基体现为四个"基本特点":其一,"天人合一"的文化传统是"生生美学"的文化背景;其二,阴阳相生的古典生命美学是"生生美学"的基本内涵;其三,"太极图示"的文化模式是"生生美学"的思维模式;其四,线性的艺术特征是"生生美学"的艺术特性。这些正是中国传统美学与西方美学的相异之处。

第三,"生生之谓易"通过"保合太和,乃利贞"而成为"生生之美"。《周易》以"生生之谓易"为代表的"生生"之学是"生生美学"的根基。《周易·易传》提示了"生生"与"美"的关系的。《周易·文言》提出:"乾始能以美利利天下。"如何能够做到这一点呢?《周易》乾卦《彖》曰:"保合太和,乃利贞。"这里的"太和"即"中和",意味着阴阳各在其位,风调雨顺,万物繁茂,农业丰收。这就是乾所能"以美利利天下"之所在。《礼记·中庸》指出:"中也者,天下之大本也;和也者,天下之大道也。致中和,天地位焉,万物育焉。"这里,"万物育"就是乾之"以美利利天下"的体现。因此,这种天地各在其位,阴阳相生的状况就是一种美的状况。《周易·文言》曰:"阴虽

① 《蒋孔阳全集》第1卷,安徽教育出版社1999年版,第570页。
② 刘纲纪:《周易美学》,武汉大学出版社2006年版,第37页。
③ 朱良志:《中国艺术生命精神》,安徽教育出版社2006年版,第5页。

有美,含之以从王事,弗敢成也。地道也,妻道也,臣道也。"坤(阴)虽然也包含着美,但不敢自成其美,因为坤是一种辅助位置的"地道""妻道""臣道",只能在与乾之结合中才能有美。"君子黄中通里,正位居体,美在其中,畅于四肢,发于事业,美之至也。"这意味着,阴阳正位居体,才能风调雨顺,如久旱之逢甘雨,久渴而饮甘露,心神无比舒畅,农事终于有成,是最高的美。这也就是《周易》泰卦所谓"天地交而万物通,上下交而志同"的美的状态。由此可见,生生之美,是一种天地各在其位的"中和之美",是特有的中国古典形态之美。

第四,生生美学建立在坚实的中华传统艺术的基础之上。宗白华认为,西方美学主要体现在各种理论形态之中,而中国传统美学则体现在各种传统艺术形态之中。因为中国传统艺术至今仍然是活着的,生生美学也仍然具有无限的生命活力。传统诗歌之"意境"与"意象",国画之"气韵生动",书法之"筋血骨肉",园林之"因借"与"体宜",戏曲之"虚拟表演",古乐之"历律相合",年画之"吉祥安康",建筑之"法天相地"等,无不包含着"天人相和"与"阴阳相生"的生生美学。

第五,努力建设一种特有的"生生美学"的中国话语。目前,国际美学在自然生态美学领域,有欧陆现象学之生态美学与英美分析哲学之环境美学两种模式。生态美学在中国传统农业社会是一种原生性的理论话语,并有着极为丰富的理论资源。中国学者早在20世纪90年代就运用中国传统文化中的生态审美资源,建立具有中国特色的生态美学话语,但由于缺乏必要的学术自信,以及学术话语建设之事本身的繁难,因而成效不太显著。2012年,国家倡导文化自信与坚守中华文化立场,给我们以信心与勇气,认识到这其实是一种时代的责任。我想,这种探索是有其特殊的价值与意义的。"生生美学"以"生生"这种"天人相和"的"中和论"审美模式作为一种自然生态美学模式,将之推向国际学术领域。与欧陆现象学生态美学之"家园"模式,英美环境美学之"环境"模式,共存互补,交流对话。

"生生美学"来自中国悠久的传统文化,特别是《周易》。冯友兰先生生前曾经预言:"中国哲学将来一定会大放光彩。要注意《周易》哲学。"①以

---

① 参见蔡仲德:《冯友兰先生年谱初编》,河南人民出版社2001年版,第784页。

《周易》作为"生生美学"的理论起点,是有理论自洽性与巨大阐释空间的。我们注意到,当年冯友兰先生的预言是对李泽厚先生与陈来先生说的。我们也注意到,李先生曾经以"天地境界"作为自己美学理论的另一种表达。不知李先生如何将之与"人本体"与"人化自然"的理论相融?

总之,自然生态美学经历了曲折的发展历程,取得初步成果,正逐步走向世界。最近,加拿大艾伦·卡尔松撰写的《斯坦福哲学全书》"环境美学"词条收录了上海大学出版社出版的山东大学文艺美学研究中心主编的英文刊物《批评理论》的"生态美学与生态批评"专刊中三位中国学者的生态美学论文,一定程度上表明了中国生态美学的国际影响力。我们相信,在未来新的形势下会发展得更好,为我国美学事业增添更多色彩。

四、当代生态美学的重要价值意义

当代生态美学作为新时代先进文化的重要组成部分,具有极其重要的价值意义。

第一,生态美学在"美丽中国"建设中具有重要的理论与实践的价值意义。我国已经将"美丽中国"建设列入中国特色社会主义的伟大规划之中,"美丽"的基本内涵就是"绿色"与"生命"。这是人的美好生存的基本内涵,也是当代生态美学的应有之义。生态美学在"美丽中国"建设中具有广阔的发展空间与重要价值意义。

第二,生态美学在应对当代生态灾难中具有的重要作用。马克思在《政治经济学批判导言》中提出了"艺术生产"的重要论题,指出伟大的艺术不仅可生产出伟大的精神产品,而且可生产出具有良好素养的人才,精神同样可以转变为物质的力量。当前环境压力巨大,人类面临一系列生态灾难的袭击。在这种情况下,生态美学以及与之有关的文艺作品,可以生产出一批又一批以审美的态度对待自然生态的人才,特别是青年一代,从而在很大程度上帮助人类避免和应对生态灾难。

第三,"生生美学"为中国美学重放光彩提供了可能。长期以来,以黑格尔为代表的西方学者站在西方理性主义立场否定中国有自己民族的美学与美学史。"生生美学"以《周易》"生生"之学为出发点,依托光辉灿烂的中国传统艺术,为中国美学闪耀于世并走向世界提供了可能。

以上就是我对70多年来自然生态美学发展的一个回顾,同时也以之回应李泽厚先生有关"无人美学"的批评。李先生是我们非常尊重的前辈学者，我们都曾从其学术成果中受益颇多，正因此，我们对李先生的批评就愈发重视。李先生的批评有关学术要旨，因此通过对我国自然生态美学发展历程的回顾，对李先生作一种回应。生态美学本身作为崭新的新时代生态文化的组成部分，已经并愈加起到启发人们以审美的态度对待自然生态的极为重要的教育与感染作用。以审美的态度对待自然，就必须敬畏自然，关爱自然，走向人的美好生存。生态美学不是"无人美学"，而是使人在与自然的和谐共生中诗意栖居的美学。

第二节　西方自然美学当代转型的内在逻辑①

本文的基本思路是将现代自然美学与当代自然美学贯通起来进行宏观考察，这不仅因为当代自然美学在其构建过程中曾经较多地反思和批判了现代自然美学的理论缺陷，而且因为只有通过纵向的长时段考察，当代自然美学的特性及其理论贡献才能够更加清晰地呈现出来。我们认为，从现代自然美学发展到当代自然美学，对于自然的伦理态度发生了根本变化，是否将自然作为自然本身来尊重成为衡量自然审美是否适当、是否严肃，甚至是否正确的标准，这可以称为自然美学的伦理化与自然化；随着全球自然保护运动的风起云涌，人们的自然观也随之发生了重大变化，自然不再是现代美学意义上那种与审美主体相对的对象（或曰客体），而是转变为让欣赏者身处其中的环境，对于自然的审美模式也由现代美学中的对象模式和风景模式（合称艺术模式）转化为自然环境模式，这可以称为自然美学的环境化；更为深层的变化则是对于现代机械论自然观的批判反思和彻底摒弃，在借鉴生态学知识和原理的基础上，将自然理解为生命共同体或生态系统，将人类由自然的主宰者转变为生命共同体的普通成员，将自然中的负面现象转化为充满生态魅力的神奇事件，将不可见的生态功能转化为可以被感知的感性形态，这可以称为自然美学的生态化。由于自然化与伦理化、环境化密

---

① 作者程相占，山东大学文艺美学研究中心教授。本文原题《西方自然美学当代转型的内在逻辑——兼论自然美学、环境美学与生态美学的区别》，载《天津社会科学》2021年第5期。

切相关,环境美学家们在讨论伦理化与环境化的过程中通常都会涉及自然化,所以,本文重点论述伦理化、环境化与生态化三个方面,借此辨析自然美学、环境美学与生态美学的区别。

一、伦理化:现代自然美学的人类中心主义观念及其伦理批判

环境美学在讨论其历史谱系的时候,通常都会追溯到 18 世纪和 19 世纪的自然美学。需要指出的是,环境美学家们的学术兴趣都不在历史,而在理论,他们梳理自然美学史的目的是发掘现代自然美学的理论缺陷,进而有针对性地探讨与之不同的新型自然美学,即自然环境美学。根据他们的相关论述,我们可以将现代自然美学的基本特点概括为"四化":对象化、风景化、艺术化和人化。对象化指将自然视为与人相对的自然对象来进行审美欣赏,它背后隐含着人与自然的主-客二分;风景化指将自然欣赏为一系列二维的风景画,它背后隐含的观念为自然是娱人的优美风景资源;艺术化则是将自然作为艺术来欣赏,或者带着艺术的眼光来欣赏自然;艺术不是自然事物而是人造物,所以艺术化背后还隐含着自然的人化。上述四化具有内在的逻辑关联和一致性,所隐含的都是现代主-客二元对立哲学观和人类中心主义思想。这种意义上的自然美或自然审美,不一定能够成为环保主义的根据,反而有意无意地充当了环境破坏和生态危机的帮凶,故而受到了自然环境美学的强烈批判,由此成为自然美学伦理化的契机。

对于环境危机做出强烈反应的首推环境伦理学,他们都不约而同地关注自然美问题,重视审美价值在环境保护中的突出作用。比如,考利科特明确指出:"我们之所以留出一些自然区域作为自然的国家公园,一个主要原因是它们被认为是美的。从历史的角度来说,在保护和资源管理的舞台上,自然美学的确一直比环境伦理学重要得多。我们的保护和管理决策一直都是被审美价值而不是伦理价值、被美而不是责任所推动的。"①这段话的用意是分析环境保护的根据和动机,指出了自然美、审美价值和自然美学对于

---

① J. Baird Callicott, "The Land Aesthetic," in *Environmental Ethics: Divergence and Convergence*, Second Edition, eds. R. G. Botzler and S. J. Armstrong (Boston: McGraw-Hill, 1998), reprinted from *Renewable Resources Journal* 10(1992):12-17.

环境伦理学的重要性。与之相应,环境美学家则指出环境关怀的重要性,与考利科特的论述相映成趣,比如,环境美学的代表人物伯林特就曾明确指出:"对于环境美学的兴趣是对于环境问题更广泛的回应的一部分,——也是对于公共环境意识和行动的回应。"①这就非常明确地指出了环境美学的时代背景和思想主题,即拯救环境危机,解决环境问题,这就是环境美学的理论初心。根据这种理论出发点,重新思考自然的性质、人与自然关系,就一直成为环境美学的理论基调。

正是着眼于环境美学与环境伦理学之间的密切关系,环境美学的另外一个代表性人物卡尔森撰写了题为《当代自然美学与环保主义的要求》的论文。该文正式发表的时候题目修改为《当代环境美学与环保主义的要求》,比较清晰地显示了自然美学、环境美学与环境保护论三者之间的密切联系。与哈格罗夫、考利科特等环境伦理学家一样,卡尔森讨论的重点也是自然审美体验在自然保护与保存中的重要性,环境美学与环保主义之间的关系成为他关注的焦点。卡尔森概括了环保主义者对于西方传统的如画立场和形式主义立场的批判,指出这两种传统自然审美立场都存在五方面的缺陷,即人类中心主义的、痴迷于风景的、肤浅的、主观的、道德缺失的。人类的审美活动当然是从人类视角出发的,但这并不一定导致人类中心主义的自然观,即误认为自然的存在仅仅是为了人类、为了人类的愉悦;优美的自然风景固然让人迷恋,但过于痴迷于此则会将自然环境的审美价值完全等同于风景价值,而那些缺少风景价值却有着重要生态价值的环境将会受到忽视或破坏;如果带着艺术眼光欣赏自然,自然将被欣赏为艺术而不是自然本身,自然的无限丰富性将丧失殆尽,人们欣赏到的很可能只是自然那些表面的、细碎的一面;现代主体性美学主张根据主体的愉悦感来做出审美判断,事物的客观属性和特征被视为无足轻重的,主观性的审美判断与审美价值因缺乏客观性而无法作为有力的根据来支持环保主义;环境保护的性质根本上来说属于一种道德行为,只有将审美欣赏与伦理责任、将审美判断与伦理判断、将美与责任等方面都联系起来,自然审美才能成为环保主义的动因,而现代西方美学却割断了伦理与审美之间的密切关系,在"审美自律"

---

① Arnold Berleant, *The Aesthetics of Environment*. Philadelphia: Temple University Press, 1992, p. xii.

的旗号下导致了自然审美中的道德缺失。

针对现代自然美学的上述五方面缺点,卡尔森从环保主义的角度提出了具有针对性的五项要求:对于自然的审美欣赏应该是无中心的、聚焦于环境的、严肃的、客观的、道德参与的。他进而从环保主义的五项要求出发,对当代自然美学的两种主要立场,即以伯林特为代表的交融美学和以他本人为代表的科学认知主义,都进行了认真考察。我们这里重点来看卡尔森对于最后一项即道德参与(moral engagement)的论述,他写道:

> 道德参与问题像客观性问题一样,比传统的自然美学有着更深的根源,而且再一次影响了美学整体。这种观念部分来源于无利害性关系,它支撑了如画传统,用其最强的形式要求审美体验清除欣赏者的特殊关切和兴趣,包括道德。在最近的美学史上,这种观念被称为审美主义的立场所强化,它认为美学与伦理学是两个互不相干的领域,因此,审美欣赏并不服从于道德约束。……因此,支持环保主义的最后一项要求的关键就是,对于自然的审美欣赏应该是道德上参与的,这就需要超越那些基于艺术而看待自然的各种立场,诸如如画传统和形式主义,还要认识到艺术与自然之间的重要区别。①

卡尔森在这里批判了以王尔德为代表的那些"基于艺术而看待自然的各种立场"(the art-based approaches to nature),认为王尔德所说的无法从道德视角对艺术品进行批评并不成立。卡尔森的这种主张得到了环境美学界的积极响应,比如,海廷格尔就发表了题为《卡尔森的环境美学与环境保护》的文章,更进一步地讨论了环境美学对于环境保护的重要意义,提出环境伦理学将从更加严肃地对待环境美学之中受益②。

理解了自然美学的伦理化这个思想主题,我们或许就会更加深入地理解以卡尔森为代表的"肯定美学"之理论底蕴了:与其说它是一种自然美学理论,不如说它是一种伦理学说,因为它用来做判断的关键词不再是美学常用的"美的",而是伦理学常用的"好的"。他的《自然与肯定美学》一文这样

---

① Allen Carlson, "Contemporary Environmental Aesthetics and the Requirements of Environmentalism," *Environmental Values* 19(2010):289-314.

② Ned Hettinger, "Allen Carlson's Environmental Aesthetics and the Protection of the Environment," *Environmental Ethics* 27(2005):57-76.

写道:"所有原生状态的自然,本质上、审美上都是好的。"①因此,与其用"自然全美"来概括卡尔森的肯定美学立场,不如用"自然全好"更为恰当。在我们看来,"自然全好"这个命题最为简明地表达了当代自然美学的伦理化转型。

二、环境化:自然审美的环境模式及其理论意义

上文提到,卡尔森从环境保护论的角度对自然美学提出了五项要求,其第二项是"聚焦于环境的"(environment-focused)。卡尔森通过对比来进行论证:痴迷于风景的那种自然审美欣赏,总是聚焦于某种特殊环境或环境的某方面特征,也就是如画审美传统所专注的那些优美的部分。他提出,真正的环境美学应该包括所有种类的环境②。冷静地说,卡尔森这里的论述多少有些不得要领,因为仅仅从环境的种类或环境的所有特征这些角度着眼,并不能真正揭示"环境美学"何以能够成为区别于自然美学的"环境的美学"(environmental aesthetics)或"关于环境的美学"(aesthetics of the environments)。当然,我们应该看到,卡尔森在其他论著中深入研究了这个问题,其理论核心就是他提出的关于自然欣赏的"自然环境模式"。

卡尔森较早论述自然环境模式的文章,是其发表于 1979 年的《欣赏与自然环境》一文。该文正式发表之后,一直成为环境美学领域重点讨论的核心文献,其他多种环境审美模式基本上都是对于这个模式的补充或回应,因此这种模式基本上就是环境美学理论的核心。该文围绕"欣赏什么"与"如何欣赏"两个基本问题,深入反思、批判了 18 世纪以来流行的自然欣赏的两个艺术模式,一个是对象模式,另外一个是风景模式。卡尔森重点分析的是这两种模式的特点及其理论缺陷。

对象模式的特点是将自然事物视为具体的对象,将之从其所在的环境之中分离出来进行审美欣赏,背后其实隐含着主-客二分关系。卡尔森认

---

① Allen Carlson, *Aesthetics and the Environment: The Appreciation of Nature, Art and Architecture*, London; New York: Routledge, 2000, p. 73. 这句话的原文为:All virgin nature, in short, is essentially aesthetically good. 卡尔森多次重复了这句话。

② Allen Carlson, "Contemporary Environmental Aesthetics and the Requirements of Environmentalism," *Environmental Values* 19(2010):289-314.

为,采用这种模式来欣赏自然是不适当的,原因在于"自然"不同于"自然的对象"——从根本上来说,自然是一个没有边界、没有形状的动态过程,所以不能将之视为"现成物品"或"现成艺术"。风景模式的本源是风景画,其特点是在一定距离之外、从一个特定的视角来欣赏自然事物的视觉特性,包括色彩、线条等。采用这种模式来欣赏自然之所以是不适当的,原因在于这种模式实质上将自然界划分为一系列二维的风景片段,从而将多维的环境化约为景色或风景。简言之,在卡尔森看来,上述两种艺术模式都没有正确地把握环境的性质。因此,如何把握环境的性质就成为他思考的核心。为了解决这个关键问题,他借鉴了斯帕肖特的"从环境角度考虑事物"的思路,首要地考虑"自我与环境"之间的关系而不是"主体与客体"或"旅游者与风景"之间的关系。斯帕肖特用如下论断来界定环境的特性:"环境是我们作为'有感知的一部分'而存在的环境,它是我们周围的事物。"①这里必须辨析一下斯帕肖特所使用的几个英文词语。环境美学所谓的"环境"通常用 environment 来表达,而斯帕肖特这句话中的"环境"使用的词语则是setting,"周围的事物"使用的术语则是 surroundings,这些词语都是近义词,尽管意思略有差异,但表达的主要意思都是"在环境之中"(being-in-the-environment),类似于海德格尔所说的"在世中"(being-in-the-world),是对于现代西方"主-客二分"哲学观的超越。这就意味着,环境不是对象或风景,因为身在环境之内的人根本上不可能与环境相对。采用自然环境模式来欣赏自然,所欣赏的就不仅仅是秀丽的风景,而是所有事物;就欣赏方式而言,对于环境的审美欣赏就不仅仅是视觉观看,而是全身心地沉浸,通过身体各种感官的综合感知,将作为背景的环境感知为"突出的前景",通过聚焦环境的某一部分而使得体验获得意义和意味,从而使得一般的日常环境体验成为环境审美体验。科学常识和知识的作用,在于帮助我们形成审美欣赏的适当边界、审美意味的适当焦点以及与那种环境相适应的观赏行为②。正因为卡尔森特别强调科学知识对于自然环境模式所具有的根本作用,所以人们通常将其环境美学立场称为"科学认知

---

① Allen Carlson, *Aesthetics and the Environment: The Appreciation of Nature, Art and Architecture*, London; New York: Routledge, 2000, p. 47.

② Allen Carlson, *Aesthetics and the Environment: The Appreciation of Nature, Art and Architecture*, London; New York: Routledge, 2000, p. 47, pp. 50 – 51.

主义"。

客观地说,卡尔森首倡的自然环境模式有得有失。明确认定自然的环境特性并对卡尔森提出尖锐批评的是伯林特,其交融模式(the engagement model)堪与自然环境模式并驾齐驱,分别代表着环境美学领域的认知与非认知两大学术阵营。伯林特从现象学立场出发,批判反思了以康德为代表的无利害性观念和诸多传统审美模式。这种立场认为,无利害的观念导致了对审美的错误分析,这尤其明显地体现在关于自然的审美经验中。伯林特之所以反复批判康德的无利害观念,原因在于,他认为这种观念带着一种隔离的、拉开距离的、对象化的凝视。伯林特尤其反对自然欣赏中的"对象化凝视"(objectifying gaze),因为这种欣赏方式与卡尔森批评的对象化模式一样,都试图将环境对象化——而这从环境之为环境的性质上来说是不可能的,环境的特性恰恰在于其环绕性、不可对象性。自然对象与欣赏者同处于环境之中,将二者从环境之中抽离出来肯定是不适当的。有鉴于此,交融模式强调自然的语境维度,强调我们对它的多感官体验。交融模式将环境视为由各种有机体、感知和地点组成的无缝统一体,鼓励欣赏者将自身沉浸在自然环境中,以消除传统主-客二分,并尽可能减少他们自己与自然世界之间的距离。总之,审美体验是欣赏者完全沉浸在被欣赏的对象之中。伯林特这样写道:

> 自然世界的无边界不仅仅环绕我们,它吸收并同化我们。我们不但不能感知自然中的绝对界限,我们也不能将自然世界从我们自己拉开距离。——从环境之内如其所是地感知环境,不是对着它观看,而是存在于它之内,自然就会变成很不同的东西——它被转化为如下一种领域:我们作为参与者而不是观察者,生存在它之内。——所有这些时间的审美标志不再是无利害的静观,而是完全的交融,即自然世界的感性沉浸。①

交融模式呼吁欣赏者完全沉浸于自然环境之中,这固然清楚地揭示了环境化的自然审美的特点,但它也不是尽善尽美的,卡尔森就曾经指出了它遇到的两个主要困难。第一,它试图消除我们自己与自然之间的任何距离,

---

① Arnold Berleant, *The Aesthetics of Environment*, Philadelphia: Temple University Press, 1992, pp. 169 – 170.

这就无法确保相关的体验是审美的,这是伯林特反复批判康德无利害观念所付出的高昂代价;其次,在消除主-客二分的时候,交融模式无法清晰地将琐碎的、肤浅的欣赏与严肃的、适当的欣赏区别开来,某种程度上忽略了卡尔森特别强调的审美适当性问题①。

　　我们知道,环境美学的理论核心是"适当的审美欣赏"(appropriate aesthetic appreciation,我们不妨将之概括为 3A)。审美适当性问题是环境美学对于美学基本理论的重要贡献。衡量"适当性"的标准主要有两个:一个是欣赏方式的适当,即不能站在环境之外、将环境作为对象来欣赏,而必须走进环境之中、成为环境的一部分。在描述这种适当的审美方式的时候,环境美学家采用的主要术语为赫伯恩的"融入"、卡尔森的"浸入"与伯林特的"交融"②;另外一个是伦理意义上的适当,也就是我们上一节讨论的环境伦理学问题,即是否将自然作为自然本身来对待,这可以概括为自然美学的"自然化",用于批判现代自然美学的"人化"。自然环境模式强调了自然的客观特性,所以某种程度上超越了艺术模式所隐含的人类中心主义观念。众所周知,以康德为代表的现代美学主要是主体性美学,审美主体的感受、情感、想象和观念在审美活动中发挥着决定性的作用,客体的性质则是无足轻重的,"自然的真实性质"(the actual nature of nature)③被忽略了。有鉴于此,卡尔森明确地将自己的自然环境模式称为"客体取向的环境美学"(object-centered environmental aesthetics)④,客体自身的客观属性受到了空前重视和尊重,这就使得环境美学成为环境伦理学的亲密盟友——二者都拒绝人类中心主义。

　　我们清楚地看到,环境美学的理论落脚点不仅仅是美学的,而且也是伦理学的,其学术目标就是卡尔森的如下这句话:"普遍的挑战是,我们面对的自然世界,允许我们非常自由地选择接近它的途径和方式。正因为这样,我

①　参见 Allen Carlson, *Aesthetics and the Environment*: *The Appreciation of Nature*, *Art and Architecture*, London; New York: Routledge, 2000, p. 7.

②　参见程相占:《环境美学的理论思路及其关键词论析》,《山东社会科学》2016 年第 9 期。本文对于自然美学的环境特性进行了详尽讨论,相关内容不再重复。

③　Jerrold Levinson, *The Oxford Handbook of Aesthetics*, Oxford, New York: Oxford University Press, 2003, p. 674.

④　Allen Carlson, *Aesthetics and the Environment*: *The Appreciation of Nature*, *Art and Architecture*, London; New York: Routledge, 2000, p. 12.

们必须找到正确的模式,以便适当地对待它。"①从这里所说的判断标准来说,参照艺术欣赏而形成的标准的西方美学理论肯定是不"正确的"、没能"适当地"对待自然世界,因为其实质是"拉开距离的对象模式"(the object-at-a-distance model)②;与之相反,环境化的自然审美模式则被称为"环保主义模式"(the environmentalist model)③,它最简明地显示了自然环境模式的伦理性质。总而言之,自然美学的伦理化、环境化与自然化三者之间有着不可分割的内在关联。

三、生态化:自然审美的生态模式及其理论意义

将自然视为自然的环境,这是自然美学环境化与自然化的关键。那么,自然除了是自然的环境,还可能是什么呢? 生态学提供的答案是:自然还是生命共同体,是生态系统。

利奥波德根据生态学的基本概念指出,大地是一个生命共同体(bio-community),它在伦理上应该被爱护、被尊敬。这是生态学对他的最大启示,是 20 世纪最早出现的生态伦理观念。他这样描述"大地伦理":"大地伦理反映了生态意识的存在,而这又反映了个体对大地健康负责的信念。健康就是大地自我更新的能力,保护保存就是我们努力去理解并保留这种能力。"④这就将生态伦理的核心要点揭示了出来:强化生态意识,保护大地的生态健康。大地伦理是利奥波德新型自然美学思想的基础。具体而言,利奥波德非常重视生态学知识对于自然审美的重要作用,认为生态学知识或视野会影响人们的"心灵之眼"(mental eye)⑤,从而看到寻常的自然审美无法看到的东西,比如,生态系统运行机制,事物之间的生态关联,不优美的

① Allen Carlson, *Aesthetics and the Environment*: *The Appreciation of Nature*, *Art and Architecture*, London; New York: Routledge, 2000, p. 12.

② Jerrold Levinson, *The Oxford Handbook of Aesthetics*, Oxford, New York: Oxford University Press, 2003, p. 668.

③ Jerrold Levinson, *The Oxford Handbook of Aesthetics*, Oxford, New York: Oxford University Press, 2003, p. 672.

④ Aldo Leopold, *A Sand County Almanac*: *And Sketches Here and There*, New York: Oxford University Press, 1949, p. 221.

⑤ Aldo Leopold, *A Sand County Almanac*: *And Sketches Here and There*, New York: Oxford University Press, 1949, p. 174.

事物何以成为具有生态魅力的审美对象,等等。也就是说,生态学知识可以提升人的感知能力,改变人们对自然的感知方式,洞察到以往无法察觉的自然之美,从而超越现代自然美学对于优美风景的痴迷。更为重要的是,利奥波德认为,在生态学的指导之下,人与自然的关系也不再是现代主-客二元的,人实际上只是生命共同体中的普通一员,并没有现代人学所认为的那种超越自然事物的优越性。以往的自然史往往站在人类中心的角度去阐释自然,但如果以生命共同体为前提来看,许多自然事件实际上是"人与大地之间的生命互动"①。人对于自然事物的审美欣赏正是这样的"生命互动"。他进一步提出了一种包含审美和美在内的伦理准则:"在考察任何问题的时候,我们都要根据那些伦理上和审美上都正确的标准,也要根据经济上有利的标准。一件事情,只有当它有利于保持生命共同体的完整稳定和美的时候,它才是正确的。否则,它就是错误的。"②这段话后来被广泛引用,成为生态美学建构的理论指南。

像利奥波德一样,罗尔斯顿同样具有丰富的生态学知识,甚至主笔为《科学、技术与伦理学百科全书》撰写了"生态学"辞条③,足见其生态学造诣是举世公认的。正是在有了对于生态学的深刻而透彻的理解,罗尔斯顿更加明确地将自然视为一个生态系统。他在其名著《环境伦理学——对于自然世界的责任与自然世界的价值》中这样写道:

> 自然是一个进化的生态系统,人类只是一个后来者。生命系统地球的中心之物,早在人类到来之前就各得其所。自然是客观价值的携带者,人类则利用自然的恩赐来谋取利益、无度消费。④

应该说,这段论述完全符合进化论所描绘的地球图景。人类的诞生至

---

① Aldo Leopold, *A Sand County Almanac: And Sketches Here and There*, New York: Oxford University Press, 1949, p. 205.

② Aldo Leopold, *A Sand County Almanac: And Sketches Here and There*, New York: Oxford University Press, 1949, p. 224–225.

③ Holmes Rolston Ⅲ, "Ecology," in *Encyclopedia of Science, Technology, and Ethics*. Carl Mitcham, ed. Farmington Hills, Ml: Macmillan Reference USA, Thomson/Gale, 2005. Vol. 2, pp. 580–583.

④ Holmes Rolston Ⅲ, *Environmental Ethics: Duties to and Values in the Natural World*, Philadelphia: Temple University Press, 1988, p. 3.

今顶多只有几百万年,而地球的生命却要久远得多。从根本上来说,人类其实也是地球不断演化的产物,人类的诞生仅仅是地球演化过程中无穷事件中的一件罢了:

> 这些事件早在人类到来之前就已经在那里了,它们都是创造性进化的、作为生态系统的自然的产物。当我们人类从审美上评价它们的时候,我们的体验就被叠加到了自然属性之上。①

罗尔斯顿的这些论述无疑是破除人类中心主义审美观的利器,现代主体性自然美学所隐含的人类自大狂一下子就被击得粉碎。我们上面提到卡尔森肯定美学的命题是"自然全好",罗尔斯顿基本上也持这种立场。他明确提出,对野生自然的审美体验必须超越风景与美,超越对形态和颜色的痴迷,必须深入生态系统。面对学术界对于肯定美学的各种质疑,罗尔斯顿比卡尔森更加清楚、更加辩证地解决了如下一个理论难题:那些不但不美,而且有些丑陋,甚至令人作呕的事物,何以同样具有卡尔森所说的"肯定性审美价值"(positive aesthetic value)。罗尔斯顿理论基点是生态系统的整体性,其审美术语则是审美刺激(aesthetic stimulation)。罗氏认为,能够给予审美刺激的并不只有美的事物,大自然中那些丑的、令人作呕的、错乱不堪的形式,也都可以给人们审美刺激,关键在于我们能否了解生态系统本身是什么。生态学研究的是有机体与其环境的互动关系,生态系统概念则明确揭示了人类也是生态系统之中的一员。正是根据这些知识和原理,罗氏将自然审美欣赏活动置于"有机体-生态系统"之间的互动关系来理解,进而提出"全部感官参与"(a total sensory participation)②这一自然审美方式。

也正是出于对生态系统及其各种要素之密切关系的生态理解,罗尔斯顿反对西方传统自然美学的自然审美欣赏模式,即"如画""风景"等审美传统,认为不应把自然视为一种艺术品。他强调自然本身具有诸多价值,审美价值只是其中一种;与此同时,自然的审美属性是客体客观具有的属性,它

---

① Holmes Rolston Ⅲ, "From Beauty to Duty: Aesthetics of Nature and Environmental Ethics", in *Nature, Aesthetics, and Environmentalism: From Beauty to Duty*, eds. Allen Carlson and Sheila Lintott, New York: Columbia University Press, 2008, p. 330.

② Holmes Rolston Ⅲ, "From Beauty to Duty: Aesthetics of Nature and Environmental Ethics", in *Nature, Aesthetics, and Environmentalism: From Beauty to Duty*, eds. Allen Carlson and Sheila Lintott, New York: Columbia University Press, 2008, p. 336.

们早在人类出现以前就已经存在,不会因为人的审美欣赏需求而改变;与之相对,对自然审美属性的发现则需要欣赏者具备一定的审美能力。他的审美理论最深刻的地方,在于运用生态学的"有机体-生态系统"之间的互动关系原理,深入分析了自然事物的审美属性与人类审美能力二者之间的关系。他这样写道:

> 有两种审美特性:一种是审美能力,也就是只在观赏者身上的那种用来体验的能力;一种是审美属性,它客观地存在于自然事物之中。……要考虑的各种属性都是早在人类到来之前就客观地存在那里的,但是,价值的归属则是主体的。自然对象(客体)影响人类主体,他被输入的数据激发,进而将这些转化为审美价值,此后,对象,树木,显得具有价值,而不是显得具有绿色。①

严格来说,罗尔斯顿使用的"审美特性"(aesthetic qualities)这个术语的措辞并不严谨,但其意思还是很清楚的。我们不难发现,罗氏这种美学主张的底蕴是在强调客体之审美属性的前提下,注重主客体之间的关系。特别需要指出的是,罗尔斯顿明确使用过"生态美学"(ecological aesthetics)这个术语来表明其美学主张。他说:

> 这是生态美学,生态学是重要的关系网,是自我在世界中安居其家园,我能够与我所居住的景观、我"家"的领地产生共鸣,这种关切指引我去关心生态系统的完整、稳定和美。②

这段话不仅指明了生态美学的思想本源是利奥波德,而且用生态学原理改造了环境美学的"在-环境-中"结构,将之改造为更加具有生态意识的"自我在世界中安居其家园"(a self at home in its world)——自然科学意味浓厚的术语"环境"被改造为富有强烈人文色彩的"家园",其潜在的伦理意识不言自喻。还有不少学者在讨论自然审美的时候提到生态学知识的重要性,

---

① Holmes Rolston Ⅲ, "From Beauty to Duty: Aesthetics of Nature and Environmental Ethics", in *Nature, Aesthetics, and Environmentalism: From Beauty to Duty*, eds. Allen Carlson and Sheila Lintott, New York: Columbia University Press, 2008, p. 330.

② Holmes Rolston Ⅲ, "From Beauty to Duty: Aesthetics of Nature and Environmental Ethics", in *Nature, Aesthetics, and Environmentalism: From Beauty to Duty*, eds. Allen Carlson and Sheila Lintott, New York: Columbia University Press, 2008, p. 336.

这使得他们的自然美学也具有浓厚的生态美学意蕴,他们甚至也明确表示自己的自然美学其实就是生态美学。限于篇幅,这里就不再一一讨论了。

本文旨在揭示西方自然美学由"现代四化"向"当代四化"之转型的深层逻辑。通过这些论述我们可以附带地解决一个问题,那就是自然美学、环境美学与生态美学的区别。我们可以说,环境化的自然美学即自然环境美学通常简称自然美学),它与人建环境美学一道构成了环境美学整体,与之相应的是艺术美学;生态化的自然美学即自然生态美学(简称生态美学),它与生态艺术美学一道构成了生态美学整体,与之相应的则是非生态的乃至反生态的美学。这样一来,我们就在发掘西方自然美学从现代到当代的发展逻辑的同时,比较明确地辨析了自然美学、环境美学与生态美学三者之间的联系和区别。我们国家已经进入生态文明建设时代,如何在"人与自然和谐共生"这样的理念引领下,在充分借鉴当代西方自然美学的基础上,重构富有生态精神的自然美学,将是中国学者应该认真思考的问题。本文的学术用心也正在这里。

第三节　从生态主义视野理解环境美学[①]

一、生态主义与生态正义

生态主义(Ecologism)是在全球生态危机的压力和现代世界最为迫切的环境问题的激发下,伴随着从工业文明到生态文明的时代精神的转变和环境运动的兴起而兴起的。自西方率先进行的工业革命以来,由于人类向自然界无限制的盲目索取,自然界的生态平衡遭到了严重的破坏。生态主义最先表现为一种自然与环境主义的思潮。面对日益加重的全球生态危机和生存环境的恶化,人们开始警醒和反思,并开始了全球性的环境保护运动。生态主义对 21 世纪的人类社会具有重大意义和价值,主要表现在对人类价值观的重新塑造和对人与自然关系的重新认识和界定上。生态主义提出了新的生态价值观,强调 21 世纪的人类应该具有一种"生态人"的意识。

---

① 作者徐岱,浙江大学美学与批评理论研究所资深教授。本文原载《文学评论》2016 年第 1 期。

生态主义对人与自然关系的重新界定,对促进新世纪人与自然的和谐统一具有非常重要的意义。它成为 1970 年代以后西方社会的一种强有力的政治和哲学话题。生态主义在实践层面就是现代环境运动或生态主义运动,而在理论和意识形态层面则是应生态主义运动的需要而产生的各种探索。它与环境主义(Environmentalism)具有相互呼应的关系。

根据英国学者布赖恩·巴克斯特的观点,生态主义通常具有三个主题:其一,生存资源的极限论。强调我们所处在的星球在许多方面都是有限的,因此,人口数量的无限增长和物质生产的无限扩张是不可能的。我们必须清醒地明白这一点,自觉地生活在这些极限的范围内。其二,道德关怀的超人类化。这里的要旨就是对其他非人类的生物给予道德关怀,生态主义的道德立场源于一个特殊的终极价值假定,即所有的生命形式都具有内在价值。因而所有的生命形式都值得道德关怀。其三,人类与地球生物圈的相互联系性。承认我们人类不仅来自动物界,而且我们从未(也不可能)割断与自然界其他生物的密切联系①。这第三点尤其是生态主义的核心观点,所以从某种意义上讲,生态主义主要是一种道德学说②。生态主义能够从社会生物学对"亲生命性"的学说中得到相关的理论支持。它所强调的意识形态立场是:人类生活的行为和结构所构成的我们是自然性动物的基本事实,应该成为我们自我理解的中心。因此我们应该意识到,我们的福祉和命运与其他生物的福祉和命运紧密相关。生态主义没有否定我们是理性的、社会的和创造文化的动物,它只是坚持认为,在我们本质中的这些因素,都是以我们是自然性动物这个事实为条件的③。

生态主义另外两个理论支撑点,分别为法国学者史怀泽从"敬畏生命"的伦理观提出的生命中心论(Biocentrism),和雷根提出的动物权利论。前者主要是一种认为所有生命体都有其自身的"善",因而主张把道德对象的范围扩展到人以外的生物的自然价值观;后者提出,之所以我们认为人都有不受损害的道德权利,是由于人拥有某种优先于利益和效用的价值,即"固有价值"(inherent value),其根据是成为"生命主体"。某些动物符合成为生

---

① [英]布赖恩·巴克斯特:《生态主义导论》,曾建平译,重庆出版社 2007 年版,第 7 页。
② [英]布赖恩·巴克斯特:《生态主义导论》,曾建平译,重庆出版社 2007 年版,第 15 页。
③ [英]布赖恩·巴克斯特:《生态主义导论》,曾建平译,重庆出版社 2007 年版,第 226 页。

命主体的条件,因而拥有受到道德关心的权利。在最低限度上,意味着人类有不去伤害它们的基本义务。生态主义强调的基本思想是,我们人类是一种动物物种。人类是与其他生命形式在这个可能是唯一的星球上共同进化而来的,人类与其他动物物种一样,将主要被理解为自然界的一个组成部分。因此,生态主义是自然中心论的和以科学为导向的。生态主义因此而坚持,我们所做的一切都必须考虑到非人类存在物的道德地位①。此外,支撑着生态主义的是一种信念,认为作为自然性动物的人类能够热爱他们充盈、富饶、美丽的世界,使他们明确对它所肩负的责任。在这个由人掌控的世界上,人类其实没有什么理由充足的特权,而只有缺乏远见的狭隘的霸权。

比如说,一旦发现一个人类中的一员受到非人类动物的袭击和致命的威胁,我们是否就一定得毫不犹豫地杀死那只动物而救出那个人,而不管那只动物是多么稀有和珍贵,而那个被我们救出的那个人却是像阿道夫·希特勒那样的道德怪物?② 为此,生态主义思想中有一个"生态正义"的主张。概括地讲,生态正义所关注的核心问题有两个维度,就是如何公平地在人与人之间分配"自然资源"和分摊"生态责任",后者较前者更为重要。因为所谓"生态正义"就是把自然生态环境作为主体对待,给予它与人类生存利益相关的道德身份。它属于"环境伦理学"的内容。环境伦理学假设人类对自然界的行为能够而且也一直被道德规范约束着。它旨在系统地阐释有关人类和自然环境之间的道德关系。它坚持一种非人类中心主义的立场,这种立场允许给动物和植物这类自然客体以道德身份。环境伦理学有一个从关注个体生物向关注整体系统的转变。生态正义论的立场是非科学主义的。因为现代科学把自然看作机器,它遵从物理和力学定律。认为自然本身无所谓善恶。在这样一个世界里,人类伦理就没有了基础。环境伦理学不接受这样的自然观,它以史怀泽从其"敬畏生命"的"生命中心论"和威尔逊的"亲生命性"的社会生物学为基础,提出一种超人类的价值观。也就是强调生命不是"中立"的,生命本身即是善,它激起尊重并渴望尊重③。

---

① [英]布赖恩·巴克斯特:《生态主义导论》,曾建平译,重庆出版社 2007 年版,第 228 页。
② [英]布赖恩·巴克斯特:《生态主义导论》,曾建平译,重庆出版社 2007 年版,第 84 页。
③ [美]戴斯·贾丁斯:《环境伦理学》,林官明等译,北京大学出版社 2002 年版,第 153 页。

最近几年,以英国科学家詹姆斯·拉佛洛克和美国生物学家林·玛古利斯为代表的一些学者提出,地球本身可以被看作一个活的有机体。拉佛洛克用希腊神话中的大地女神盖娅(Gaia)的名字来命名整个系统。这个假说给了环境伦理学有力的支持,同时也向"环境法西斯主义"提出了有力的抗议。这种主义主要是由一些西方发达国家对世界各地的发展中国家的不公平指责。这种主义的内容是:"我们的文化带来了环境浩劫,所以我们会拥有舒适的富裕的生活方式。现在我们已经拥护了它,你们不应当寻求相当的生活方式,因为那样会损害剩下的荒野、雨林和生物多样性。与我们自己的经济发展相比我们不必过于看重这些事物,但是你们应当看重。"①所以从环境伦理学的角度来看,一方面应该承认科学生态学有助于达到生态保护的目标,但不应把它看作是环境问题的最高权威。环保伦理学提醒我们区分"生态主义"和"生态学主义"。因为后者完全是科学决定论的,认为在生态问题上科学是最终的决策者。这种科学主义的结果其实并不科学。因为生态方面的问题有许多并不仅仅由生态本身所决定,或者说在生态表现的背后还存在着复杂的政治、经济、文化等因素。因此"我们不能简单地从生态学的'是'推出伦理和政治上的'应'。也不能单从科学就建立认识论和形而上学的结论。"②

比如荒野破坏与物种濒危之类的环境问题,其关键还在于"我们究竟应当如何生活"这个问题上。生态科学让我们理解自然生态系统,但不能让我们明白作为一种文化存在的人类的社会状态。当代生态主义的发展能够给予我们以必要的提醒,因为在根本上,生态主义是生态哲学的体现。透过生态哲学,生态主义可以超越狭隘的工具理性主义和功利主义的视野,让我们意识到保护生态环境不仅仅关系到我们物种的生存状态,而且还关系到文明的发展。这种发展通过大自然之美对我们由"生不为人之人"向拥有"环保意识"的真正的"人"的转变呈现出来。因为大自然不能仅仅被我们以狭隘的功利主义之眼,去看到它的可利用资源。我们应该以更审慎的态度和更开阔的视野去看待生态问题。事实表明,"不论是现在还是将来,自然对

---

① [美]戴斯·贾丁斯:《环境伦理学》,林官明等译,北京大学出版社 2002 年版,第273 页。

② [美]戴斯·贾丁斯:《环境伦理学》,林官明等译,北京大学出版社 2002 年版,第244 页。

于人类的美学价值、精神价值和娱乐价值,都包含在这种审慎的方法之中。"①环境伦理的根本价值在于培育我们的"德性伦理"。没有大自然之美,就不可能有伟大的诗人和艺术家,也就不可能有如此灿烂辉煌的人类文明。所以对生态主义的意义的探讨的更深层次的意义,就在于自然美与人性化的密切关系。这是一个双向互动的关系,它可以概括为两句话:自然的人化和人的自然化。但它的这种关系必须落实于"环境美学"的场合中才能顺利实现。

二、生态主义与环境美学

什么是"环境美学"(Aesthetics and the Environment)?通常认为,环境美学是产生于 20 世纪后 50 年的一门新兴学科。它是从原先局限在狭隘的艺术界和艺术品的欣赏基础上扩展开来,并延伸到整个环境领域:不仅包括自然环境,同时也包括各种受人类活动影响或由人类所构建的大环境。环境美学的历史可以上溯到 18 世纪以来审美概念的发展,和康德对于该概念的经典论述。此概念的核心便是将审美体验解释为一种对日常功利性关系的隔离而导致的"无利害性"概念。这个概念在 20 世纪初,通过爱德华·布洛(Edward Bullough)的"心理距离说"和克莱夫·贝尔(Clive Bell)的"有意味的形式说"的推进,在美学界一度造成了很大影响②。环境美学的崛起既是对这种"审美无利害说"的应用,也是对这种学说的否定。就前者而言,西方社会自 18 世纪开始就意识到景观拥有重要的审美价值,从此以后便有了一个逐渐增强的景色意识和保护景色的观念。它的重要性就在于,同任何工业或者商业的价值相分离。这就清楚地表明,环境美学的生成与发展本身,就与生态主义相同步。彼此可谓同舟共济、利益相关。生态主义的倡导起到了对环境美学的强调,反之亦然,环境美学的兴起同样能够促进生态保护运动的发展。

与一般以艺术为中心的哲学美学不同,环境美学的本质具有几个维度。首先不同于在艺术品欣赏中主体与对象客体间存在着一定的空间距离,在

---

① [英]布赖恩·巴克斯特:《生态主义导论》,曾建平译,重庆出版社 2007 年版,第 31 页。
② [加]艾伦·卡尔松:《自然与景观》,陈李波译,湖南科学技术出版社 2006 年版,第 14 页。

审美鉴赏关注于一种环境时,作为欣赏主体的我们不但置身于我们的欣赏对象之中,而且这个欣赏对象也构成了我们鉴赏的处境和场所。无论我们是静止还是移动,我们都处于对于对象的欣赏之中,这种体验不会因为我们的移动而中断。但却因此而不断地改变着我们与它的关系,也就改变了它本身。其次,由于我们置身于鉴赏对象之中,我们也受到对象的影响,体会到它强烈地作用于我们的全部感官。在整个欣赏过程中,我们和对象之间具有一种亲密性和包容性。换言之,我们对它"目有凝视、耳有聆听、肤有所感、鼻有所嗅,甚至还舌有所尝"①。由此可见,环境美学是以自然美为背景的。它的产生意味着审美活动不仅鉴赏艺术作品,而且鉴赏大自然:宽广的地平线、如火燃烧般的夕阳和巍然屹立的群山等。除此之外,它也包括对社会美的欣赏:暮色笼罩中的高耸的大楼,秋雨潇潇中的公园,人气嘈杂的市场,望不到头的高速公路等。在这个意义上,所谓"环境美学"也就是审美鉴赏涵盖了我们周围的整个世界,也即我们生存其中的环境。与对艺术作品的审美大相径庭的恰恰就是,环境美学的实践要求我们彻底地敞开自身,以便沉浸于其中,心随意愿地做出回应。

诚然,任何一种研究的存在都有其研究对象作为前提。归根到底,环境美学的产生根据,仍在于作为环境的核心部分和人类社会存在基础的大自然本身,充满了审美的元素。黎巴嫩诗人纪伯伦说得好:"美可以使你们的灵魂归真返璞至大自然,那儿本是你们生命的起源",因为"美就是大自然的一切"②。无论是苏东坡赞颂西湖的"水光潋滟晴方好/山色空蒙雨亦奇",还是杜牧的"停车坐爱枫林晚/霜叶红于二月花"等,以及"疏影横斜水清浅/暗香浮动月黄昏"(林逋《山园小梅》),和"两个黄鹂鸣翠柳/一行白鹭上青天"(杜甫《绝句》),等等,都能让我们透过诗人们的吟诵,分享其对大自然的这份美感。李白的名句:"众鸟高飞尽,孤云独去闲。相看两不厌,只有敬亭山。"诗人此诗所指岂止是一座"敬亭山",而是由众多山山水水构成的整个大自然。换言之,之所以会产生"环境美学",就是因为人类的美感体验首先来自自然环境之美。人类审美意识从对自然美的意识中生成。

---

① [加]艾伦·卡尔松:《环境美学》,杨平译,四川人民出版社 2006 年版,第 5 页。
② [黎巴嫩]纪伯伦:《纪伯伦散文精选》,伊宏等译,人民日报出版社 1996 年版,第 19、85 页。

环境美学有几种基本的鉴赏模式。最常提到的两种分别是"对象模式"和"景观模式"。前者使环境以雕塑艺术为范式,后者以观照风景画一样的方式对待自然。所谓"风景的历史就是绘画和旅游的历史"①指的就是这个意思。显然,这两种模式没有根本性的区别,这是强调对环境的审美欣赏要受到对艺术的欣赏的限制。在无意识中是以艺术欣赏为前提的。这种解释的理由无疑是很不充分的。将毕生贡献给了黑猩猩研究的著名英国女学者珍妮·古道尔告诉我们,黑猩猩不仅是除人类之外最擅长使用工具的生命,而且也具有一定的审美意识:她曾多次目睹过这样的场景:每当雨季来临,在大雨瓢泼中的黑猩猩显得痛苦不堪。但当冬天过去雨季结束后,"金色的山坡被茂密的青草所覆盖,鲜花盛放,到处都是一片芬芳",此时的黑猩猩们的心情最为舒畅。有一次雨过天晴,地平线上出现一道壮丽的彩虹,只见到黑猩猩们兴高采烈地手舞足蹈起来。② 或许我们还只能将此视作一种"前审美意识",但这毕竟已意味着,环境美学的鉴赏有其独立于艺术的根据。说得更明白些,也就是在整个人类的审美意识中不仅有心理方面的因素,还存在着生理学方面的背景。这个背景在环境美学的鉴赏活动中显得格外醒目。

环境美学的第三种鉴赏模式为"自然—环境模式",这是将鉴赏环境与欣赏艺术同等对待。也就是强调在环境美学中的鉴赏活动,要求鉴赏者与欣赏艺术作品那样独立地进行。同时,这种鉴赏模式并不排斥对自然知识的运用。它认为,如果我们能够借助于自然科学,尤其是如地质学、生物学、生态学等环境科学的知识来进行对环境的审美鉴赏,就会比缺乏这方面的知识要好得多。第四种模式是"参与模式",相比之下这个模式比上述三种模式显得更为合理。它强调自然环境的多元维度和我们对它的这种多元性的积极体验。这种模式召唤我们沉浸到自然环境中去,试图消除传统审美的教条、超越主体与客体的二元分离,尽可能缩小我们与自然的距离,要求鉴赏者能够顺应自然环境。但这种模式也存在一定的危险,即缺乏"审美边界"的必要的限制,从而导致审美经验蜕变为一种飞速飘失的幻象。环境美

---

① [美]史蒂夫·布拉萨:《景观美学》,彭锋译,北京大学出版社2008年版,第15页。
② [英]古道尔:《我与黑猩猩在一起的三十年》,邓晓明、卢晓译,中国广播电视出版社1990年版,第58、68页。

学的第五种鉴赏模式为"激发模式"。依据这种模式，我们鉴赏自然仅仅是向自然敞开自身，让情感在自然的激发下涌动起来。这种模式要求排斥对自然科学的依赖，不涉及任何来源于科学的知识。同时它也排斥"参与模式"，不提倡全身心地倾注于环境之中，只是要求与环境建立起一种自然平等的关系。这种模式的极端化倾向就导致所谓的"神秘模式"。它主张在鉴赏活动中保持一种无所领悟的超然状态。但这在事实上就已经超越了"审美鉴赏"的范畴。因为审美体验的特点就是对存在奥妙的领悟。虽然"口不能言"，但"心有所知"。①

在此基础上，我们还可以提出一种"综合模式"，它也被片面地理解为"后现代模式"。之所以说"片面"，是指这种模式并不像后现代主义所要求的那样，诉诸覆盖在纯粹自然之上的人类积淀的许多碎片式的体验，而是另有所指。这种模式从"常识"出发但并不绝对排斥知识，与其他模式相比，这种模式不再单方面地强调"回归自然"，而是贯通了"自然—文化"的双重维度，在此前提下关注人类文化积淀的最根本的层面，因为正是这些层面构成经验的真正基础和对自然的理解。因此，这种模式既要求把自然当作自然的原本形态来鉴赏，同时也把环境当作"为我们而存在"的东西来欣赏。这样它既回避了对待自然的纯粹主义的态度，也区别于对待环境的主观主义态度。诚然，这种模式的一大特点是伴随着一种"自我批判"，因为并非所有的人类文化的积淀在审美上都具有意义和价值。这让它拉开了与仅仅鼓吹"多元文化"的后现代主义的距离。所以我们能够看到，在这种模式中，"参与模式"仍然起到一种重要作用。并且它明显地带有某种"形而上学"的倾向性，因为这种模式强调一种双向互通：自然的人化与人的自然化。

如果从研究的角度看，环境美学的研究范围存在着多样性、尺度与品质方面的无界性。首先就多样性而言，如前所述，环境美学能够从原生自然延伸到传统艺术形式。在这一领域中，环境美学对待事物可以从荒野到田园景观，从乡村到都市。因而在研究类别中，环境美学便包含相当多的不同类别。比如自然美学和景观美学、城市美学和建筑美学，等等。其次就尺度而言，环境美学从围绕我们的那些茂密的丛林、无边的麦田、大都市的中心，延伸到我们的住宅花园，以及办公室和街角与街道的美学，等等。特别要强调

---

① ［加］艾伦·卡尔松：《环境美学》，杨平译，四川人民出版社2006年版，第18—21页。

指出的是,环境美学并不将关注焦点集中于各种引人入胜、优美如画的景观上,而是更多地聚集于平凡的事物和普通的视野。在这个意义上,环境美学货真价实地属于"日常生活的美学"①。用约翰·穆尔的话说:"只要自然景色是未开发的,没有一处自然景色是丑陋的。"②这是生态主义与环境美学必然能够相互促进与合作的前提。它证明了一个道理:"自然保护的最终的历史基础是美学。"③因为相比于生态中别的隐性方面的价值,良好的生态所具有的审美价值是最直观也是最具普遍意义的。

三、景观美学与自然之美

对环境美学提出挑战的,是另一种相关的美学,这就是景观美学(The Aesthetics of Landscape)。这门研究的倡导者提出,环境的概念太宽泛了,因为它包括不被感知甚或没有必要被感知的东西④。环境美学的实质其实是审美主体对环境的有意识感知,而此时的环境其实已经是一种景观。换言之,环境美学是在作为一种景观美学的前提下被运作。作为环境美学的核心的自然美学也面临同样的问题。诚如一位研究者所指出的,"'自然'一词在现代最流行的用法,是作为对一个所有不被视为人造的东西的'包罗万象'的术语。"⑤问题是,究竟什么是自然的而不是人造的,事实上并不总是清楚的。比如乡村的景色一般都会被贴上自然的标签,但是对它略加思索很快就能发现,它们在很大程度是人类活动的结果。环境美学与景观美学很难截然分开,但仍然能够从语义学的角度做出区分。有学者指出:"'景观'与'环境'并不同义;它是被'感知的环境',尤其是视觉上的感知。"⑥应该说,这个解释是有价值的。但有意思的是,细加体会不难发现,其中内在地存在着一种矛盾。

首先,用"被感知的环境"来表示景观的确有其道理,景观之所以是景

---

① [加]艾伦·卡尔松:《自然与景观》,陈李波译,湖南科学技术出版社 2006 年版,第 12 页。
② [加]艾伦·卡尔松:《环境美学》,杨平译,四川人民出版社 2006 年版,第 18—112 页。
③ [美]阿诺德·伯林特:《环境与艺术:环境美学的多维视角》,刘悦笛译,重庆出版社 2007 年版,第 151 页。
④ [美]史蒂夫·布拉萨:《景观美学》,彭锋译,北京大学出版社 2008 年版,第 12 页。
⑤ [美]史蒂夫·布拉萨:《景观美学》,彭锋译,北京大学出版社 2008 年版,第 14 页。
⑥ [美]史蒂夫·布拉萨:《景观美学》,彭锋译,北京大学出版社 2008 年版,第 11 页。

观就在于它不像"环境"的概念,并不考虑人的感知,而表示超越人主观感知的存在。总之是"直到人们感知它,环境才成为景观"①。但这并不表明这个景观美学的概念可以因此而取代环境美学,或者说比环境美学更具优越性。因为景观的确是针对我们的视觉鉴赏而言,如上所述,它是让我们以"观看"的方式进行审美欣赏实践。这就大大缩小了这个概念的涵盖内容。在环境美学中,我们强调的人们身处于天地万物中全方位地感受以大自然之美为核心的审美存在,这使我们能够提出这样的观点:景观美学是环境美学的一部分,而不能将两者相提并论,更不能以对景观美学的强调来取代环境美学。同样的逻辑也可以用以解释自然美学的问题。诚然,"乡村景色"既是渗透着人为的因素,同时往往被当作"自然景色"来看待。但这种"包罗万象"只能说明自然美学的包容性,建造在大草坪上的一座建筑物如果符合审美的要求,它本身就与大地融为一体,这其实应该是"自然美学"的本义所在。对这个概念的强调并不意味着一种纯粹主义的诉求,它并不仅仅只是狭隘地指未有人迹的原始丛林和荒山野岭。从具体的审美实践来看,有过这方面经历的鉴赏者都不难发现,在欣赏人化的景观时,"我们经常处于一种无意识中。"②正是在这个心理学意义上,"人化的自然"和"无人的自然"具有同一性。

在理论上对景观美学更大的挑战还在于,审美地鉴赏自然的活动在根本上并不是一个外部观看的问题,或者说事实上它根本就不是一个观看的问题,而是深入我们心灵深处的审美领悟与感动。"生命提供了审美愉悦的背景和条件。"③俗话说"赏心悦目",这个成语其实本应该倒过来讲:"悦目赏心"。因为从审美过程来看,"悦目"总是发生在"赏心"之前。但它之所以约定俗成地成为现在的用法,是为了突出"悦目"不是目的,它只是审美体验的表层部分,审美的实质在于"赏心"。在这个意义上,如果像景观美学所强调的那样,突出鉴赏活动的"观看"模式,那是对审美实践的误解和消解。环境美学所要诉求的,是将我们所有的身体感觉(bodily senses)调动起来,而不仅仅是将眼睛的视知觉涵盖在内。环境美学强调的鉴赏力是身

---

① [美]史蒂夫·布拉萨:《景观美学》,彭锋译,北京大学出版社 2008 年版,第 12 页。
② [美]史蒂夫·布拉萨:《景观美学》,彭锋译,北京大学出版社 2008 年版,第 22 页。
③ [美]阿诺德·伯林特:《环境与艺术:环境美学的多维视角》,刘悦笛译,重庆出版社 2007 年版,第 138 页。

体的介入,这使它与自然美学(Natural aesthetics)相结盟。"自然鉴赏"并不只是走马观花地观看那些美丽的景色,而是诸如在弯曲的乡村道路上驱车、沿着路线徒步行走、在溪流中划水而进等诸如此类的活动。所有这些都伴随着对声音和气味,对风和阳光的感受,对各种色彩、形状、图式的微妙差异的敏锐关注。这才是真正意义上的审美的欣赏:有深度的生命体验。所以说与单纯的景观美学相比,"'环境'是一个更具包容性的术语,它所包含的空间和对象并非仅仅是'自然世界'之内的事物,诸如设计、建筑和城市也包含在内。"①

在对环境的鉴赏活动中,鉴赏行为往往同实践的功利性不可分割。无论是在建筑选址、道路或公园设计,还是在林间小径上散步等,都不自觉地包含着对人类功利性的肯定。换句话说,"恰当地鉴赏一处景观我们必须懂得,那片地方开辟出来以及如此设计的用途。"②事实上这也是生态主义所要诉求的目标。保护生态环境不受人为破坏的本意,正是出于对人类利益从长计议的考虑。值得一提的是如果从这方面看问题,我们能够发现景观美学所具有的积极意义。因为"景观欣赏"的无意识前提,就意味着自然生态得到了有效保护。我们不可能把被遭受工业污染和商业开发所破坏的环境,当作赏心悦目的景观对象。事实的确如此:"源起于欧洲,并利用文化及生态学知识背景的景观生态学,被认为是理解景观的一种途径。"③加拿大学者艾伦·卡尔松说得好:如果我们要适当地审美欣赏人类环境,我们就不能仅仅将目光放在文化上,而必须将目光投向生态。"这便导向一种所谓的人类环境美学的'生态途径'。这种途径强调,生态因素可作为欣赏自然环境的一种重要方式。"④正是通过景观美学使我们能够进一步确认,对于环境的鉴赏归根到底都可以命名为"**生态的审美**"⑤。

概括地来讲,现代化以来的环境美学,除了以山水草原等大自然景象为

---

① [美]阿诺德·伯林特:《环境与艺术:环境美学的多维视角》,刘悦笛译,重庆出版社2007年版,第19页。

② [加]艾伦·卡尔松:《环境美学》,杨平译,四川人民出版社2006年版,第197页。

③ [加]艾伦·卡尔松:《自然与景观》,陈李波译,湖南科学技术出版社2006年版,第59页。

④ [加]艾伦·卡尔松:《自然与景观》,陈李波译,湖南科学技术出版社2006年版,第60页。

⑤ [加]艾伦·卡尔松:《环境美学》,杨平译,四川人民出版社2006年版,第149页。

主体的审美实践,还可以在"大地与天空"的背景下分为两大类别:以高楼林立的城市为代表的社会美学和以田园乡村为代表的自然美学。社会美学除了标志性的建筑外,还特别体现于一个城市所特有的街道美学方面。它们并不是不会表达的沉默的物质,而是能充分地反映着一个时代和一种社会体制下的文化生活。就像日本学者芦原义信在他的书里所说:为什么清真寺的穹顶要饰以华丽的彩色釉面砖,波斯地毯上要织出色彩斑斓的图案呢?只要进入那泥土色的空间去看一下就可明白。人们如果没有这点美丽的色彩简直就无法生活了,它是最低限度的生活条件。"地毯绝不是奢侈品,也不是趣味品,而是同生活密切相关的实用品,甚至是精神上的寄托。"①他还注意到,建筑的色彩是从当地的自然环境中产生出来的,它和地方风土并非无关。比如希腊爱琴诸岛上,以蓝天为背景的白色住宅显得非常明亮而醒目;西班牙则是由当地陶土所烧成的红褐色"西班牙瓦"决定着街道的色彩。日本则以银灰色或灰褐色瓦顶的木结构融合在自然之中,决定了街道的稳重色彩。但所有这一切的中心点仍在于居住在其中的人。为此他向城市的设计师们提议:"在建筑中存在的人是主角,建筑要成为使人突出的背景。绝不应忽视人在建筑或街道中的存在。"②

与上述社会美学相对的自然美学,有许多在本质上其实同样呈现着"以人为本"的特点。中国古代诗歌里有许多成功表现田野牧歌风光的优秀作品。比如宋人雷震的《村晚》:"草满池塘水满坡/山衔落日浸寒漪/牧童归去横牛背/短笛无腔信口吹。"和署名"牧童"的"草铺横野六七里/笛弄晚风三四声/归来饭饱黄昏后/不脱蓑衣卧月明"等。又比如唐人王驾的《社日》:"鹅湖山下稻粱肥/豚栅鸡栖对掩扉/桑柘影斜春社散/家家扶得醉人归。"南宋徐元杰的《湖上》:"花开红树乱莺啼/草长平湖白鹭飞/风日晴和人意好/夕阳箫鼓几船归。"以及辛弃疾词:"稻花香里说丰年/听取蛙声一片。"和开创了"江湖诗派"风格的赵师秀的《有约》:"黄梅时节家家雨/青草池塘处处蛙/有约不来过夜半/闲敲棋子落灯花。"类似这样的一些仍以人为主角、重在表现生活情趣的"田园美",同强调融入到自然事物之中去,重在体会天地氤氲的"自然美学",显然有着实质性的区别。随着人类社会普遍

①　[日]芦原义信:《街道的美学》,尹培桐译,百花文艺出版社2006年版,第133页。
②　[日]芦原义信:《街道的美学》,尹培桐译,百花文艺出版社2006年版,第223页。

地从农业社会向后工业社会的转型,这种乡村田园之美显得越来越少。城市的扩张正在大量地吞噬着这种类型的审美现象。时至今日,环境美学的视野几乎被以大都市为主体的景观美学所遮蔽。这是一个严重的问题。所以生态主义的崛起是对环境美学的一个提醒,因为"美学可以提升责任"①。自然美的重要性体现在它对人类心灵的伦理意识具有良好的教育效应上。

那么什么是自然美学的存在基础? 经常以地震、火山喷发和狂风暴雨带给人类以灾难的自然之所以能成为我们审美鉴赏的对象,是因为"我们通过欣赏自然在其存在过程中产生的生命来发现美"②。对自然美的欣赏活动自有其独立于艺术美的特色,但在对自然的审美意识的培养过程中,并不能完全排除来自艺术家的贡献。王尔德曾经提出:"现在人们看见了雾,并非因为有雾,而是因为诗人和平画家们已经把那种景象的神秘魅力告诉了我们。在伦敦,雾也许已经存在了几个世纪,我敢这么说,但是没有人看见它们,因此我们对它们一无所知。雾并不存在,直到艺术创造了它们。"③这言之有理。但问题是对于当今的环境美学而言,重要的已不再是区分都市景观美学和乡村自然美学,简单讲就是以原始森林为主体的生态美学。它对我们的呼吁就是"走向深处"。因为"森林是需要进入的,不是用来看的",森林冲击着我们的各种感官:视觉、听觉、嗅觉、触觉,甚至是味觉④。因此,如果说现代化意味着环境美学从一般哲学美学中分离出来自立门户,那么后现代则呈现出环境美学与生态美学的融为一体。它不再是我们以视听感官去接受鉴赏对象,而是我们以身体为媒介的感同身受和实际体验。通过这种体验,我们不仅能获得"天地有大美而不言"的神秘性领悟,从而塑造我们良好的伦理精神和道德意识;而且还能超越康德主义的"审美无功利说",去为了子孙后代的福祉而努力奋斗。

① [美]阿诺德·伯林特:《环境与艺术:环境美学的多维视角》,刘悦笛译,重庆出版社2007年版,第154页。
② [美]阿诺德·伯林特:《环境与艺术:环境美学的多维视角》,刘悦笛译,重庆出版社2007年版,第163页。
③ [英]王尔德:《谎言的衰落》,萧易译,江苏教育出版社2004年版,第37页。
④ [美]阿诺德·伯林特:《环境与艺术:环境美学的多维视角》,刘悦笛译,重庆出版社2007年版,第166页。

第四章 "美育"的内涵与方法

　　主编插白："为什么我们的学校培养不出杰出的人才"？这是流传甚广的"钱学森之问"。在培养杰出人才的教育工程中，美育是不可缺少的重要一环。何为美育？美育何为？南京大学的周宪教授撰文指出：美育的定义是在教育中对人审美感性体验力、表达力和审美趣味的陶冶，从而塑造健康而全面的人格，提升人的精神境界，使人回归自己的和谐本质。关于实施美育的方法，必须注意恪守如下原则。首先，美育是一种人文价值坚守而非把玩艺术。面对大众文化审美趣味的滑坡，有必要加以抵制，提倡高雅的审美趣味。其次，美育是一种智识启悟而非知识传授。面对大众文化中弱智化和反智化倾向，必须清醒地加以揭露，并与之做坚决斗争。第三，美育是自由的愉悦体验而非娱乐至死。面对当代文化中的娱乐至死的享乐主义，必须保持警惕并加以批判，提倡正确的娱乐观和积极健康的审美导向。第四，美育旨在养成宽容且独特的审美眼光，而非机械刻板的被动受教状态。大学教育如何在目的理性主导一切的境况下提倡价值理性？如何从就业导向的技能教育转向健全人格的塑造？美育无疑是一个有效的路径。当人们在谈到美育的时候，往往把它等同于艺术教育，又把艺术教育等同于艺术技巧的培训。中国社会科学院研究员徐碧辉指出，这是一种狭隘的误解，不仅没有带来真正的审美教育，反而增加了学校和学生的负担。因此，从理论上弄清审美教育的内涵便成为一个时代课题。她认为审美教育至少包括五个方面：情感与想象；时间与生命；艺术创作与欣赏；形式感知力与造形能力；对自然之美的感受和欣赏能力。因此，她从五个方面解析"审美教育"这一概念：第一，作为情感教育的审美教育；第二，作为生命教育的审美教育；第三，作为艺术教育的审美教育；第四，

作为形式美感教育的审美教育;第五,作为自然教育的审美教育。上海市艺术特色中学、华东师范大学附属枫泾中学陆旭东校长指出,审美素养是中学生核心素养的重要组成部分,对学生全面、自由发展起着重要作用。在"五育并举、融合育人"的大背景下,持有不同的美育观,会直接影响中学生审美素养的形成。美育是"情感教育、快乐教育、价值教育、形象教育、艺术教育的复合互补,能够被教育工作者把握并运用到实践当中去。"八美并进"作为审美素养培育的新范式,为中学审美素养培育提供了实践探寻的新路径。在实践探寻的过程中,需要学校管理机制的保障和审美素养培育策略的优化,陆旭东校长以美育一线工作者的身份,提供了一种具有可操作性的美育方案。本人在《"美育"的重新定义及其与"艺术教育"的异同辩》(《文艺争鸣》2022 年第 3 期)曾经提出:美育是"情感教育""快乐教育""价值教育""形象教育""艺术教育"五者的复合互补,是以形象教育为手段、以艺术教育为载体,陶冶人的健康高尚情感,引导人们追求有价值的快乐,进而创造有价值的乐感对象或载体的教育。周文、徐文的观点,虽然表述不同,实际上与笔者的观点存在较大的交叉面,可以帮助人们认识美育的真谛,更好地实施美育。而陆文的观点,则是应用本人美育思考的一种实践探索。

第一节　何为美育与美育为何?[①]

一、何为美育?

美育这个概念源出于德国思想家、诗人席勒的奠基性著作《论人的审美教育书简》。这些书信原本是他写给自己的赞助人丹麦伯爵奥古斯滕的,1795 年正式发表在《时季女神》杂志上。在这些书信中,席勒站在启蒙哲学的高度,尖锐指出了资本主义的社会现代化所带来的弊端,国家和教会、法律和道德习俗之间产生了巨大分裂,"享受与劳动,手段与目的,努力与报酬

---

① 作者周宪,南京大学艺术学院文科资深教授,中华美学会副会长。本文原载《文艺争鸣》2022 年第 3 期。

都彼此脱节。人永远被束缚在整体的一个孤零零的小碎片上，人自己只好把自己造就成一个碎片。他耳朵里听到的永远只是他推动的那个齿轮发出的单调乏味的嘈杂声，他永远不能发展他本质的和谐。"①即使是今天来看，席勒所言仍有相当的现实意义。人们对这种"碎片感"在当代有越来越真切的体悟。在大学校园文化中，学生们进校伊始就被固定在某个院系，或是某个专业，甚至是某一个实验室里。专业的限制，院系的壁垒，知识的细分，这些就像是席勒所说的一个个孤立的"齿轮"，老师和学生们只能听见自己那个齿轮发出的单调声音。发展自己人格的"本质的和谐"遂成为一个难题。在这方面，爱因斯坦也有非常精彩的论断，他认为：

> 智力起作用的每一专业领域的专业化在智力工作者与非专家之间产生了一条日益扩大的鸿沟，这就使得艺术和科学的成就更难以滋养和丰富国民的生活了。
>
> 学校的目的始终应当是，当青年人离开学校时，是作为一个和谐的人，而不是作为一个专家。
>
> 他必须获得对美和道德上的善有鲜明的辨别力。否则，他——连同他的专业知识——就像一只受过很好训练的狗，而不像一个和谐发展的人。②

爱因斯坦的说法听起来很尖锐也很刺耳，但却是一语中的。一个人如果缺乏和谐的发展而只是拥有一个"齿轮"的有关专精知识，在席勒的意义上就是一个"小碎片"，在爱因斯坦的意义上"就像一只受过很好训练的狗"。

那么，我们如何应对这一困境呢？席勒给出了一些方向。在他看来，现代人的人格是处在分裂状态，两种全然不同的冲动处于对立状态。一种是所谓"感性冲动"，由感性天性使然在时间变动中将人蜕变成物质；另一种是所谓"形式冲动"，源自人的理性天性，追求超越时间的永恒理性法则。这两种冲动不但彼此抵牾，而且都具有显而易见的强迫性，前者靠自然法则，后者靠精神法则。因此，如何在两者之外寻找第三种冲动来加以协调，

---

① 席勒：《审美教育书简》，冯至、范大灿译，北京大学出版社 1985 年版，第 30 页。
② 卡拉普赖斯编：《新爱因斯坦语录》，范岱年译，上海科技教育出版社 2017 年版，第 64—65 页。

便成为席勒思考的难题。他经过深思提出了一种设想,那就是以"游戏冲动"来协调,使人恢复其和谐的本质。他写道:

> 游戏冲动的对象,用一种普通的说法来表示,可以叫作活的形象,这个概念用以表示形象的一切审美特性,一言蔽之,用以表示最广义的美。

> 在美的观照中,心情处在法则与需要之间的一种恰到好处的中间位置,正因为它分身于二者之间,所以它既脱开了法则的强迫,也脱开了需要的强迫。

> 人同美只应游戏,人只应同美游戏。说到底,只有当人是完全意义上的人,他才游戏;只有当人游戏时,他才完全是人。[①]

概要说来,席勒关于美育的思想可以表述为如下三个命题:命题一,游戏冲动的功能是协调感性冲动和形式冲动,经由游戏冲动使分裂的人格趋向于和谐;命题二,游戏冲动的对象是活的形象,也就是"广义的美";命题三,完全意义上的人就是与美游戏的人,换言之,与美游戏是人走向本质和谐的必由之路。由此可见,席勒的美育理论是对现代社会人所面临的困境而做出的思考,他关注的是人们如何为自己开辟解放的自由之路,从日常现实走向美的现实,走向审美生存状态,使"美既是我们的状态又是我们的行为"[②]。

然而,我们到哪里去寻找"广义的美"和"活的形象"呢?我们如何才能进入这样理想的审美游戏呢?这就等于问:美育的载体是什么?席勒后来在一系列著述中表达了这样的想法,"广义的美"包含了优美和崇高等诸多不同美学范畴,美育旨在培育和提升人对优美和崇高的感性能力。自然和艺术都提供了我们用以感悟优美和崇高的路径,但是,艺术是经过了艺术家依据美学原则加以优化和精炼的东西,所以艺术中剔除了自然中一切偶然的局限,它有自然的长处而没有其局限[③]。据此,"广义的美"的"活的形象"最集中最有效的游戏领域就是艺术。用我们今天常见的说法,就是美育的主要路径乃是艺术。

---

① 席勒:《审美教育书简》,冯至、范大灿译,北京大学出版社 1985 年版,第 77—80 页。
② 席勒:《审美教育书简》,冯至、范大灿译,北京大学出版社 1985 年版,第 133 页。
③ 见席勒:《审美教育书简》附录《论崇高》,冯至、范大灿译,北京大学出版社 1985 年版,第 171 页。

在爱因斯坦的一生中,科学和艺术始终是他最心仪的两个领域。他在一系列著述和演讲中,或是谈及自己的成长经历,或是谈及自己的职业生涯,或是言说自己的兴趣爱好,时常会说到科学和艺术在其人生和事业发展中的互相促进的和谐关系。他甚至断言,"在技艺达到某一高度之后,科学和艺术往往在美学、可塑性和形式的美结合起来。最伟大的科学家也是艺术家。"①"最伟大的科学家也是艺术家"不啻是他自己的人生经验,同时也是对人和谐本质的经典概括。尽管达到爱因斯坦的"高度"或"伟大"难之又难,但心存如此高远之志却是每个青年学子走向未来所必需的。爱因斯坦如是说:

> 对物质需求的满足的确是满意的生存必不可少的前提条件,但仅此还不够。为了获得满足,人们还必须有可能根据他们个人的特点和才能,发展他们的智力和艺术才能。②

这里所说的"满足",从个体角度看,乃是一种自我的理想生活的期待;从社会和教育的角度说,应是社会树人的应有之义,应是教育为每个公民提供的可能性。

从席勒的美育理念,到爱因斯坦的个体生命经验,从哲学层面和个案层面对美育重要性做了生动的阐明。其实,在中国传统美学和文化中,也有丰富的美育传统和理论资源,这些资源是我们今天理解美育,尤其是中华美育精神的重要基础。比如,儒家美学深蕴了君子人格塑造的理想,关注通过诗教、乐教、观照自然等一系列审美浸润实践,来修炼人格提升境界。《论语·先进》记载了一则有趣的故事,一日,孔子与四个子弟围坐聊天,他问弟子们各有什么志向。子路说,他三年可治理好一个千乘之国;冉有说,他有办法去用三年治理方圆几十里的小国;公西华答曰,他虽没鸿鹄之志但却乐于做个小傧相。最后轮到曾皙,他放下弹奏的瑟说道,暮春三月,自己身着春装,和几个大人孩子一起,在水边嬉戏,在台上临风纳凉,尔后一路歌声走回去。孔子听了弟子不同志向后说道:我最赞赏曾皙!("吾与点也!")看起来好像曾皙只在说玩乐,但孔子却从中深悟出人的审美境界与社会政治治理之

①　卡拉普赖斯编:《新爱因斯坦语录》,范岱年译,上海科技教育出版社2017年版,第212页。
②　爱因斯坦:《爱因斯坦晚年文集》,方在庆等译,海南出版社2014年版,第10页。

间的关联。一个缺乏审美精神和道德境界的人治理国家,想必也是无趣和刻板的。所以子曰:"兴于诗,立于礼,成于乐。"他还说到君子何为:"质胜文则野,文胜质则史。文质彬彬,然后君子。"意思是说一个人如果缺乏文饰就会变得粗野,而只有文饰而缺乏德性就免不了虚浮,"文质彬彬"才是君子应有的气度风范。尽管在历史上儒家伦理和美学后来被刻板化了,但孔子关于一个人的审美境界的诸多论断今天看来仍有启迪。清初思想家王夫之的一段话是对中国古代审美人生境界的高度总结:

> 能兴者谓之豪杰。兴者,性之生乎气者也。拖沓委顺,当世之然而然,不然而不然,终日劳而不能度越于禄位田宅妻子之中,数米计薪,日以挫其气,仰视天而不知其高,俯视地而不知其厚,虽觉如梦,虽视如盲,虽勤动其四体而心不灵,惟不兴故也。圣人以诗教以荡涤其浊心,震其暮气,纳之于豪杰而后期之以圣贤,此救人道于乱世之大权也。[①]

王夫之所说的"兴",既是一种诗歌的修辞手段(所谓"赋""比""兴"),更是一种人生存的精神状态。可以说与席勒以"活的形象"来"游戏"有异曲同工之妙。善"兴"、能"兴"、爱"兴"就是一种审美状态,也就是葆有"兴者生乎气者也"。以王夫之的这段话,来反观前引爱因斯坦须超越物质需求发展的智力和艺术才能的说法,可以瞥见其精神特质的一致性。看来,古今中外的先贤智者们在重视审美及其涵育方面,可谓英雄所见略同。今天,我们面临着一个百年未有之大变局,中华文明的伟大复兴正在实现。在这个伟大历史进程中,中华美学精神乃是美育的深厚资源和内在根据。

尽管人们都认识到美育的重要性,但在中国将美育写入国家教育方针却是世纪之交的事。北京大学叶朗先生 1998 年底向中央提交了《关于把美育正式列入教育方针的建议》,1999 年 3 月第九届全国人大二次会议上,国务院总理朱镕基的《政府工作报告》明确,"学生在德、智、体、美等方面全面发展",美育由此成为与德智体平行的教育层面。叶朗先生强调:美育有两大重要功能,其一,"美育是熏陶、感发,在熏陶、感发中对人的精神起激励、净化和升华作用";其二,"美育主要着眼于保护人本身的精神的平衡、和谐

---

① 转引自叶朗:《中国美学史大纲》,上海人民出版社 1985 年版,第 52 页。

和健康。……使人的感性和理性协调发展,塑造一种健全的人格。"①这一精准的描述一方面聚焦美育的形式特征在于熏陶感发的感性体验,另一方面又彰显了美育对人精神、人格所特有的塑造功能。从晚近一系列官方文件来看,规范表述是——"美育是审美教育、情操教育、心灵教育,也是丰富想象力和培养创新意识的教育,能提升审美素养、陶冶情操、温润心灵、激发创新创造活力。"②这一定义强调了美育对人内在精神世界和诸多能力的升华功能。

晚近国际上关于美育的看法亦有很多,比如一种代表性的定义如下:"审美教育这个词组的意思可以指:其一,对旨在发展以审美视角来观照事物之倾向的研究活动;其二,强调与艺术创作相对应的对艺术的反应;其三,聚焦各门艺术的共同特征或相关性;其四,不仅仅限于艺术的一般感性能力的涵育;其五,既作为研究内容又作为方法的某种美学特殊作用。"③这个定义反映出西方学界美育概念的复杂性与歧义性,对我们要讨论的问题来说,这五种界定的综合描述有三个方面与汉语中通常所说的美育相关,那就是第一、第二和第四。它们共同之处就是聚焦主体对艺术的感性能力及其活动,这正是自席勒以来人们对美育这一概念的基本赋义。但是,恰恰是因为美育概念的复杂性和歧义性,我们注意到西方学界晚近越来越多地用艺术教育取代了美育。这一趋势不但体现在美育研究的论著、杂志和会议中,更集中地表现在西方发达国家的教育规划、项目和课程中,甚至在联合国教科文组织召开的专题会议,比如 2006 年在葡萄牙里斯本召开的世界艺术教育大会。这次会议发布的大会文件,题为"艺术教育路线图:构建 21 世纪的创造力"④。此外,在英语世界有三本大型的工具书,都是以"艺术教育"为核

---

① 叶朗:《关于把美育写入教育方针的建议》,《红了樱桃 绿了芭蕉——情系燕园六十年》,安徽教育出版社 2020 年版,第 338 页。

② 中共中央办公厅/国务院办公厅印发:《关于全面加强和改进新时代学校美育工作的意见》,见中央人民政府网站 http://www. gov. cn/zhengce/2020-10/15/content_5551609. htm

③ Ralph Smith, "Aesthetic Education," *International Encyclopedia of the Social and Behavioral Sciences*, Vol. 1 (New York: Elsevier Science, 2001),206 - 07.

④ 见联合国教科文组织官网,http://www. unesco. org/new/fileadmin/MULTIMEDIA/HQ/CLT/CLT/pdf/Arts_Edu_RoadMap_en. pdf;中文翻译见《艺术百家》2020 年第 4 期,马拉博儿、马荣译。

心概念,而美育及其观念似乎已经隐退到艺术教育的背景中去了①。

至此,我们可以对美育做一个简明扼要的定义。美育就是在教育中对人审美感性体验力、表达力和审美趣味的陶冶,以塑造健康而全面的人格,提升人的精神境界,使人回归自己的和谐本质。

二、美育为何?

现代美育的理念是德国思想家席勒在 18 世纪末提出的,距今已经过去了两百多年。21 世纪新的社会和文化境况已大不同于席勒的启蒙时代,除了席勒敏锐感觉到的那些变化之外,又面临着越来越多的新的严峻挑战。就美育而言,面对百年未有之大变局,有两个重要问题需要解答。一个问题是,人们常说 21 世纪是人才竞争的世纪,那么,这个世纪所需的人才应具备何种能力才具有竞争力? 另一个问题是,要培养具有上述能力的竞争型人才,美育在其中扮演什么角色?

关于 21 世纪人才技能及其知识框架,有很多不同的理论。欧洲议会和理事会于 2006 年提出了一个"终身学习核心竞争力的推荐意见",这些竞争力包括七种主要能力:批判性思维,创造力,主动性,解决问题的能力,风险评估能力,决策力和良好情绪控制力②。一些由政府和大企业资助的研究也提出了 21 世纪能力结构,比如一个名为"21 世纪才能伙伴关系"研究项目概括了一个系统的才能构架,具体区分为四部分。一是关键领域的能力(英语、世界其他语言、艺术、数学、经济学、科学、地理学、历史、政府与民事),二是学习和创新能力(创造力、批判性思维、问题解决能力、决策能力以及合作沟通能力),三是使用信息技术和媒体能力,最后是生活和职业能力(应变能力、自主性、自我导向、社交与跨文化交际能力、生产力、诚信度、领导力和责任心)③。这些能力中除了核心领域能力在语言后就是艺术之

---

① See Elliot W. Eisner and Michael D. Day, eds. , *Handbook of Research and Policy in Art Education* (Mahwah:Lawrenc Erlbaum, 2004); Liora Bresler, ed. , *International Handbook of Research in Arts Education* (Dordrecht:Springer, 2007); Georgina Barton and Margaret Baguley, eds. , *The Palgrave Handbook of Global Arts Education* (London: Palgrave, 2017).

② "Recommendation of the European Parliament and of the Council on Key Competences for Life-long Learning," *Official Journal of the European Union*, Vol. 394,2006, pp. 10 – 18.

③ "Partnership for 21st Century Skills:Core Content Integration."

外,乍一看好像与美育关系不大。其实不然,美育作为一种健康和完善的人格建构,对这些能力的形成虽不一定有直接的关联,但这些能力不可能单独发挥作用,而是要在主体的人格整合机制中起作用。进一步,创造性、批判性思维、沟通能力、情绪控制力等显然与美育有关。

当然,我们还可以从另一个角度来思考美育的作用。今天高校教学和人才培养有一个明显的以就业或职业发展的取向。大学生入校后不久就在特定的院系和专业接受系统训练,为的是将来在职场打拼储备工作基本技能。这样的做法虽无可厚非,但是它带来的高等教育办学和人才培养方面潜藏的危险却一时半会儿很难发现。回到爱因斯坦的智慧和经验,他认为理想的教育应该是怎样的呢?

> 把学校仅仅看成是把尽可能多的知识传递给成长中的一代的工具,这是不对的。……学校的目标必须是培养能独立行动和思考的个人,而这些个人又把社会服务视为最高的生活问题。
>
> 在学校里和生活中,工作最重要的动机是工作中的乐趣,工作所得到的成果的乐趣,以及对该成果的社会价值的认识。在年轻人的这些心理力量的觉醒和强化之中,我看到学校被赋予的最重要的任务。只有这样的心理基础才能导致一种快乐的愿望,去追求人类最高财富,即知识和艺术家般的技艺。
>
> 我想反对另一种观念,即学校应该教那些今后生活中将直接用到的特定知识和技能。生活中的要求太多样化了,使得在学校里进行这种专门训练毫无可能。除此之外,我更认为应该反对把个人像无生命的工具一样对待。学校应该永远以此为目标:学生离开学校时是一个和谐的人,而不是一个专家。[①]

爱因斯坦的经验之谈直指当代教育的弊端所在,只注重知识传授而忽略个体独立性的培养;只关注工作本身而丢弃了工作的快乐与社会价值的体认;只教授具体职业领域直接有用的特定知识和技能,培养了专门家却未能塑造"和谐的人"。眼下流行的就业导向,也就是爱因斯坦所诟病的大学教育问题之一,因为它把孕育各种梦想可能性的大学校园,降格为专门职业

---

① 爱因斯坦:《爱因斯坦晚年文集》,方在庆等译,海南出版社 2014 年版,第 10 页。

技能的培训场所。

正是在这里，我们又一次瞥见大学美育的重要性，它为塑造"和谐的人"做出了独特的贡献。所以，我们对 21 世纪人才技能或竞争力应持更加辩证的看法。如果说专业技能是"功夫在诗内"的话，那么美育便指向"功夫在诗外"；如果说专业技能是"硬实力"的话，那么美育所涵养的审美素养便是"软实力"；如果说专业技能偏重于"目的理性"的话，那么美育所倡导的乃是一种"价值理性"。

说到这里，有必要引入社会学家韦伯关于现代社会两种理性张力的理论来反思美育。韦伯认为，社会进入现代化的过程是一个宗教与世俗逐渐分离的过程，因此，支配着人的社会行为的理性随着现代性的到来而发生了深刻的变化。一般来说，有两种最基本的理性指导着人们的社会行为，一是所谓的目的理性，"根据目的、手段和附带后果来作他的行为的取向，而且同时既把手段与目的，也把目的与附带后果，以及最后把各种可能的目的相比较，作出合乎理性的权衡"；另一是所谓价值理性，"通过有意识地对一个特定的举止的——伦理的、美学的、宗教的或作任何其他阐释的——无条件固有价值的纯粹信仰，不管是否取得成就。"[1]简单地说，目的理性又称之为工具理性，是以某种功利性目标的实现为行为动机，以最小的投入获取最大的回报。在今天的社会文化环境中，目的理性已经成为人们普遍的价值取向，功利性的考量支配着人们的行为动机和过程。而人们常常说到的"精致的利己主义者"就是典型的目的理性取向。与目的理性相反的是价值理性，它的特征是不计后果，没有功利性的目标，而纯粹是出于兴趣、信念或信仰不计报酬地行事，韦伯特别提到社会行为是出于伦理的、美学的无条件固有价值的纯粹信仰。韦伯进一步指出，这两种社会行为的理性逻辑上是彼此对立的，因为从目的理性的立场来看价值理性是不合理的，反之亦然，从价值理性的立场来看目的理性也是有问题的。不难发现，改革开放以来，世俗化和现代化成为社会发展的主流，在我们的社会文化中，目的理性越来越流行，而价值理性则相对边缘化了。前引爱因斯坦的许多判断，比如物质需求的满足与发展智力和艺术才能之间的平衡，说白了也就是目的理性与价值理性之间的紧张或冲突。而就业导向的职业技能训练，显然也是一种典型

---

[1] 韦伯：《经济与社会》，林荣远译，商务印书馆 1997 年版，第 56—57 页。

的目的理性取向。回到席勒关于美育的哲学定位，审美是完全意义上的人之游戏的命题，它显而易见是在强调价值理性的取向。虽然目的理性的主导是当今社会无可回避的大趋势，但从一个健康的社会建构的理想来看，没有价值理性的平衡将会加剧整个社会的追逐名利、短期行为、恶性内卷的现象发生，就像爱因斯坦所忠告的那样："我认为对个人的摧残是资本主义最大的邪恶。我们整个教育体系深受这种邪恶之害。灌输给学生的是一种过度的竞争态度，学生被训练成崇拜物质的成功，以此作为他未来职业生涯的准备。"①在价值理性日趋衰落的境况下，毫无疑问，美育作为一种价值理性的涵育，在大学教育中便显得非常必要，不可或缺。按照康德的美学理念，美关涉无功利性的趣味判断，因而与任何功利性的追逐大相径庭。以此来看，审美价值有别于其他价值，旨在唤起一种价值理性，建构审美生存的信念与承诺。

尽管国际上有一个用艺术教育取代美育的发展趋势，但在中国当前的社会文化语境中，我以为坚持美育理念具有不可小觑的深刻含义。提倡美育不只是一个概念的征用，更是一种美学价值的坚持和美育深广度的恪守。因为从价值理性层面上看，美育范畴的内涵要比一般意义上的艺术教育概念内涵更深、更广也更高。所以美育为何必须上升到哲学的层面上来加以理解，美育的要旨在于让学生通过审美体验感悟到走向人生的审美存在。以下我用几个命题来陈述美育为何的问题。

第一，美育当是一种人文价值坚守而非把玩艺术。美育内涵的价值谱系既深又广，包含了从特殊的审美价值到普遍的人文价值。美育说到底乃是广义的人文教育的一环，因此人文教育中的许多价值观自然而然地植根于美育之中。美育是借助艺术这个独特载体来展开，艺术中所彰显的中华美学精神必然成为美育的核心思想资源。唐诗中恢宏广袤的盛唐气象，传递出我们伟大中华文明共同体的卓越想象力，从眷念故乡，到家国情怀，从寄情山水，到戎马边关，从历史中淬炼出来的中华美学精神力透纸背，让人怦然心动。从人文到自然，中华美学精神有自己深厚的传统，在古人看来，天地万物本是一体，所谓"天地万物本吾一体"（朱熹），山水画中这种纳万

---

① 卡拉普赖斯编：《新爱因斯坦语录》，范岱年译，上海科技教育出版社2017年版，第72页。

境的气度和格局尤为凸显,不同于西方绘画和美学的物我对立,中国山水画乃是一种物我同一的境界,"山水有可行者,有可望者,有可游者,有可居者。画凡至此,皆入妙品。但可行可望不如可居可游之为得。"①山水境界之于中国古人就是生存之方式,行、望、游、居皆在山水之间。但可行可望毕竟只是暂时经过,所以更为理想的是可居可游者,因为在可居可游状态中,真正达至主客融通,物我两忘。美育是一种人文价值教育,就是广纳古今中外审美精神之精粹,透过各门艺术的风格及其表现,体悟生生不息的本土文明以及世界多元文明的传统。可以想见,一个有丰富感性体验和精神境界的人,与一个完全缺乏美感的人,对自己乃至世界的体认是迥然异趣的,对自我及其人生的感悟亦不可同日而语。在美育的感性新鲜体验中,始终包蕴着丰富多彩又博大精深的人文主题,比如对文明多样性的认识,对社会、文化和个体差异性宽容,对平等与公正原则的认可,对自我意识和独立精神的弘扬,对美好社会和人生的向往等,都融会在伟大艺术经典和完美自然的审美体验之中。用19世纪英国人文主义领袖人物阿诺德的话来说,美育就是"无私地努力学习和传播世上已知并被认为最好的"作品;②用20世纪加拿大思想家泰勒的话来说,经由伟大艺术品启发的"顿悟","将我们带入其他情况下无法接近之物的呈现,使具有最高道德或精神意义之物得以显现。"③也正是在这个意义上,蔡元培提出了"以美育代宗教"的中国式美育方案;同理,韦伯提出了以审美来实施世俗的救赎功能。

　　第二,美育是一种智识启悟而非知识传授。今天,我们的大学知识教育在学科细分的条件下已经达到很高的水平,但是,大学从来不只是一个知识传授的场所,更是走向成熟的莘莘学子启悟人生的"智慧道场"。所谓智慧,一般来说就是指拥有经验、知识和良好的判断力。知识是可以传授的,而作为智慧的智识则是很难直接传授,它需要通过许多场景、语境、经验来体悟。相较于知识型的教学,作为一种特殊的教学类型,美育则更加有助于

①　郭熙:《林泉高致》,沈子丞编:《历代论画名著汇编》,文物出版社1982年版,第65页。

②　Quoted in *The Public Value of the Humanities*, ed. by Jonathan Bate (London: Bloomsbury Academic, 2011), "Introduction", 9.

③　Charles Taylor, *Sources of the Self: The Making of the Modern Identity* (Cambridge: Cambridge University Press, 1989), 419.

学生的智识启悟。爱因斯坦认为："只有两件事是无穷无尽的,那就是宇宙和人的愚蠢,不过关于前者我还不能完全确定。"①这是一个非常深刻的判断,爱因斯坦的意思是说,宇宙无穷尚不能完全确定,可是人类的愚蠢无穷无尽则毋庸置疑。那么,我们该如何避免做愚蠢的事呢？大智慧绝非小聪明,人生智慧也不会是如何投机取巧的小把戏。中国古代的君子,西方传统的智者,也就是我们通常所说的有智慧之人。爱因斯坦经常说到的一个看法是,学校教育的最终目标不是培养只有专业知识的专门家,而是要塑造一个和谐的人。或许我们可以在这里将"和谐的人"理解成有智慧的人。这样的人有情怀、有担当、有品位,美育对培育这样的人是否也有什么独特作用呢？答案是显而易见的。美育以艺术为载体,大千世界中的七情六欲、五行八作、故事传说都浓缩在艺术世界里,为身心成长的青年人提供了一个想象力探险的场所,激发宝贵的好奇心和探究欲,将他们带入各种各样的生活场景之中,去感知和经验各色人等的喜怒哀乐,进而丰富自己的人生经验和生存智慧。这里不妨举一个《科学》杂志上发表的有趣实验报告来说明,心理学"悟性论"（或译作读心术,theory of mind）认为,人有推断和假设他人想法或做法的能力,并据此来决定自己的行为或对他人行为作出反应。简单地说,这种能力就是人生经验或待人处事经验。那么,阅读纯文学经典作品或阅读通俗文学作品是否会在这方面产生不同效应呢？研究者认为,纯文学的经典虚构作品通常更为复杂、更富有创造性和多样性,而通俗小说的文学性相对较弱,人物和情节都明显模式化。研究者通过五个分项实验发现,阅读纯文学经典小说的人要比只阅读通俗小说的人,在悟性论的各项测试指标上有更好的表现。比如在对角色人物动机和行为的判断上,对情绪或情感性质的识别上,阅读纯文学经典小说要比阅读通俗小说测评分高得多。如果我们把理解他人内心状态视作处理复杂社会交往关系重要的智识,那么,这其中显然包含了很多智慧或良好判断力。该实验的研究者得出结论说："这五个实验的结果支持了我们的假设,即阅读虚构性的文学小说提高了悟性论水平。……我们认为,通过鼓励读者像作者一样地重现人物主观心态,虚构性的文学小说充实了悟性论。""目前的这些发现不过是标志着向搞清我们与虚构性小说互动影响方面迈出了一步,这样的体验被认为有

① https://www.azquotes.com/author/4399-Albert_Einstein/tag/stupidity

助于意识的成长,有助于丰富我们的日常生活。"①这个实验报告只是对文学阅读方面的考察,各种艺术更有复杂多样的内容和风格。我们有理由认为,美育中蕴含了社会、文化、历史和人生多种多样的可能性,这就为学生启悟智识并积累经验提供了有效门径。需要强调的一点是,美育并不限于艺术,还包含了对人对历史和自然的体认和理解。随着生态美学的兴起,美育在启迪人们自然体验和生态智慧方面也扮演着极为重要的角色。从"和谐的人"到"和谐社会",必然包含了人与自然的和谐关系建构。一言以蔽之,美育作为一种智识启悟,是补充和完善知识传授之不足,实现大学教育知识教育和智识启悟的平衡。

第三,美育是自由的愉悦体验而非娱乐至死。从 18 世纪美学及其美育诞生的历史语境来看,隐含了重返前苏格拉底时代思想传统的冲动。无论鲍姆嘉通、康德或席勒,都把审美的根据定位在感性上,以区别于当时过于膨胀的对理性之强调。从词源学上看,aesthetic(审美)这个概念在 18 世纪后期意指"与通过感官来感知有关",这个词源出于希腊语 aisthētikos,蕴含了两个基本含义,一是 aisthēta,即可感之物;另一个是 aisthesthai,意思是感知②。换言之,审美既是一个动词,意指主体的感知行为,同时又是一个名词,意指可感知的对象。因为在前苏格拉底时代,希腊哲学关注两种知识,一是"可感知的知识",二是"可理解的知识"。苏格拉底之后,后一种知识被关注而前一种知识被冷落。到了启蒙运动时期,理性更是一个核心概念。进一步,社会文化的现代性就体现为理性的统治,感性则相对压抑了。也正是在这样的境况中,审美的独特功能昭然若揭,诚如韦伯深刻分析的那样:

> 生活理智化和理性化的发展改变了这一情境。因为在这些状况下,艺术变成了一个愈加自觉把握的自身存在的有独立价值的世界。无论怎么解释,艺术都承担了一种世俗的救赎功能。它提供的救赎就是从日常生活的千篇一律中解脱出来,尤其是从理论的和实践的理性主义那不断增长的压力中解脱出来。③

---

① David Comer Kidd and Emanuele Castano, "Reading Literary Fiction Improves Theory of Mind," *Science*, 342(2013),380.
② 参见《牛津英语词典》网络版,https://www.lexico.com/definition/aesthetic.
③ H. H. Gerth and C. W. Mills, eds., *From Max Weber: Essays on Sociology*, New York: Oxford University Press, 1946,342.

简单说来,韦伯的意思是说现代社会认知的和伦理的理性导致了日常生活的刻板化和规则化,艺术所深蕴的感性游戏功能为人们从中解脱出来提供了可能。从这样的现代性背景上来理解,美育对感性的张扬是对一个理性过度膨胀的社会和文化的某种矫正。韦伯的话不啻是对启蒙时期席勒以游戏冲动来调节感性冲动和形式冲动理念新的阐释。美育的现代性意义就是主体的感性解放,就是对认知的和伦理的理性主义规训的矫正和改善。由此来看,美育不同于其他知识教育的一个显著特点是其愉悦的感性体验。无论绘画雕塑,抑或音乐舞蹈,还是诗歌小说,或戏剧电影,都把人们带入一个愉悦的感性体验状态之中。人们在与席勒所说的"广义的美"之"活的形象"自由游戏中,或是做出趣味的情感判断,或是感受到精神的升华。因此,美育的典型状态是一个动词,是性情摇曳情感波动的体验,是一种上手状态,或是想象性的认同过程。我们有必要强调美育的感性体验与上手参与过程的合二为一。晚近国际美育或艺术教育界大力提倡所谓"工作室思维",说的就是美育不只是对艺术或自然的静观,而且是亲自动手参与艺术表达实践的动态过程。由此来看,美育中"活的形象"就不只是现成的或已完成的,而是有赖于在各种各样的"工作室"中师生互动,正在生成演变之中。于是,美育的体验性便从"完成时"走向了"进行时",从被动的静观性走向主动的表现性。哲学上所说的幸福感,心理学上所说的高峰体验,都是对审美愉悦体验特质的别一种解释。

第四,美育旨在养成宽容且独特的审美眼光,而非机械刻板的被动受教状态。狭义的美育理解是教育中的一种特殊形态——审美教育。当以艺术为载体来实施美育时,艺术本身的审美特质便无所不在地渗透在这一教育中。艺术的审美体验其独特性在于复杂多样且理解与阐释的开放性,不会拘泥于某一种规范性的理解。关于这一点,科学哲学家库恩有很好的论断,他在比较科学与艺术的差异性时特别指出,科学追求唯一正确的最新答案,一旦有新的解答后,过往的一切理论便过时了,被扔进了历史的垃圾箱;艺术则显然不同,后来的艺术家和作品不会取代前辈艺术家及其作品,安格尔和马蒂斯的风格全然不同画作各有其魅力[①]。这就指出了艺术多元化和开放性的审美特征,从美学上说,就是独一性或无可取代性。一个艺术家的眼

---

① 参见库恩:《必要的张力》,纪树立等译,福建人民出版社1987年版,第340—348页。

光、体验和表达是独一无二的,对其作品的理解和体验亦是独一无二的。哲学家将艺术的这一美学特征归纳为艺术的含义丰富性、多义性和含混性(如利科),亦有将其视作抵抗同一性强迫的策略(如阿多诺)。这使得美育有涵育新奇的、陌生的和独特的看待世界和自我之眼光的功能。如果说科技教育培养人追求唯一最新答案的话,那么,美育则指向另一个方向,即文化的多样性与体验的开放性;如果说科技教育更加规范化和标准化的话,那么美育则更加提出个性化和独特性。由此我们便进入一个更加广义的审美经验范畴,即是说,美育不只是一个通识教育的分支,更应该成为教育的理想状态,将以上美育所独有的审美特性带入其他专业教育,应该是教育的普遍追求。诚然,这并不是说要以艺术来取代其他学科,而是强调一种教育的普遍性审美观念,这就是超越美育学科的美育精神。我以为对未来中国教育来说,提倡这种超越美育学科的美学精神非常重要。

第五,还有一个复杂的问题在此有必要加以探究,那就是随着进入消费社会,计算机算法、媒介数字化和万维网三者合力重塑了当代社会与文化①。更重要的变化在于,技术不再是冷冰冰的数理逻辑,而是带有文化特质的情感手段。所以娱乐至死成为一种新的时尚,享乐主义导致了社会审美趣味的严重滑坡,大众文化中广泛存在着形形色色的弱智化或反智化现象。对此,美育该做出什么样的积极回应呢?换一种问法,美育所提倡的感性愉悦体验和娱乐至死的享乐主义到底有何区别?对这一难题的思考很容易落入精英与民粹的二元对立窠臼,这里我们不妨从大学的功能角度来探究这一难题。在当代中国,大学乃是一个积淀传承文明的机制,前面提到阿诺德关于人文教育的经典表述,那就是大学必须"无私地努力学习和传播世上已知并被认为最好的"作品;以及泰勒的说法,伟大的艺术品启发顿悟,"将我们带入其他情况下无法接近之物的呈现,使具有最高道德或精神意义之物显现。"这或许就是美育应该恪守的原则。如果我们从这样的原则出发,面对当代文化中的娱乐至死的享乐主义,必须保持警惕并加以批判,提倡正确的娱乐观和积极的审美对策。面对大众文化审美趣味的滑坡,有必要加以抵制并提倡高雅的审美趣味;面对大众文化中弱智化和反智化倾向,

① 参见莱克维茨:《独异型社会:现代的结构转型》,巩婕译,社会科学文献出版社 2019 年版,第 167 页以下。

必须清醒地加以揭露,并与之做坚决的斗争。如果大学文化及其美育养成不再有底线,不再有原则,不再有审美趣味的坚守,社会与其文化必定岌岌可危。美育的意义也正是在这样的批判、反思和坚守中,彰显出它应有的初心和本色。

第二节　审美教育的五个维度①

近年来,随着高层领导的重视,审美教育被写入了国家发展的长远规划,由此在国内也再度热门起来。它不仅带动了艺术教育和艺术学学科的繁荣,而且在社会上掀起了美育热。但是在热闹的背后,有一个问题,并未为人所注意:审美教育到底是什么? 有些什么内涵? 当人们在谈到美育或者审美教育的时候,往往把它等同于艺术教育,又把艺术教育等同于艺术技巧的培训。但这显然是一种狭隘的理解,不仅没有带来真正的素质教育,反而增加了学校和学生的负担。因此,从理论上弄清审美教育的内涵便成为一个时代课题。

我以为,审美教育至少牵涉五个方面:情感与想象;时间与生命;艺术创作与欣赏;形式感知力与造型能力;对自然之美的感受和欣赏能力。因此,我们将从五个方面来解析审美教育这一概念:第一,作为情感教育的审美教育;第二,作为生命教育的审美教育;第三,作为艺术教育的审美教育;第四,作为形式美感教育的审美教育;第五,作为自然教育的审美教育。

一、作为情感教育的审美教育

审美教育首先是一种情感教育。

人是感性的存在物。我们知道人是一种生物。人作为一种生物,它最基础的心理是感性,或者说是欲望,是生理本能,这是一方面。但是另外一方面,人之所以为人,恰好在于人跟动物有区别。古人常讲人兽之别或人禽之别,但这种区别其实是很小的。孟子说,"人之异于禽兽者,几稀!"②按照

---

①　作者徐碧辉,中国社会科学院哲学所美学室主任,研究员,中华美学学会副会长。本文原载《艺术广角》2022 年第 5 期。

②　《孟子·离娄下》。

现代人的说法,人区别于动物之处,人之所以成为人,是因为人有理性。人能够通过理性脱离动物的本能,通过理性的融解、内化、凝聚、积淀,让一些动物的本能积淀上社会的、现实的、理性的和历史的因素,使人不再受动物本能的支配。人通过这种理性的积淀来改造自己的心理结构,使之成为人的心理,产生人性情感和人性能力。由此,人才能成为宇宙间最高贵的、最有智慧的生物。

既然人一方面有生物属性,另外一方面有理性,人便总是常常会受到人的生理欲望的困扰。情感一方面关联着欲望,另外一方面关联着理性,它是人摆脱动物性的本能欲望的控制而成为人的一个中介。所以一方面它难以驾驭,但是另外一方面,我们又不得不去驾驭它,把握它。情感如果过于强烈,任其泛滥而不加控制,往往就会让人做事冲动鲁莽,造成难以挽回的后果;如果人做什么事都以理性来考量,完全以功利得失心去支配人的行为,忽视人的情感需要,那么又会导致压抑情感,把人变成"单向度的人"、机器人、工具人。因此情与理向来是哲学探讨的一个永恒主题。李泽厚先生曾经讲过,美学最终的目的就是要建立"情本体"。他说,"不是'性('理'),而是'情';不是'性(理)本体',而是'情本体';不是道德的形而上学,而是审美形而上学,才是今日改弦更张的方向。……'情'是'性'(道德)与'欲'(本能)多种多样不同比例的配置和组合,从而不可能建构成某种固定的框架和体系或'超越的''本体'(不管是'外在超越'或'内在超越')。可见,这个'情本体'即无本体,它已不再是传统意义上的'本体'。这个形而上学即没有形而上学,它的'形而上'即在'形而下'之中。"[1]也就是说,情本体并非脱离具体的生活情态,并非脱离人们的日常生活,在现实人生之外去寻求某种脱离现实的所谓"超越的境界"。在情本体看来,"超越"就在生活实践中,就在具体的生活过程中。借用古人的话来说,人可以通过立德、立功和立言来达到"不朽",实现"超越"。当然,人也可以通过艺术活动,通过创作和欣赏艺术而实现超越。庄子笔下的庖丁通过体悟"道",通过熟练掌握牛的结构,把杀牛这样一件血淋淋的行为变成了一个富有音乐性和美感的活动。这就是一种日常生活中的"超越",一种现世的"超越"。

---

① 李泽厚:《哲学探寻录》,《实用理性与乐感文化》,生活·读书·新知三联书店 2005 年版,第 187—188 页。

梁启超先生早在 100 年前就把情感问题提到了一个前所未有的高度。他说,"天下最神圣的莫过于情感:用理解来引导人,顶多能叫人知道那件事应该做,那件事怎样做法,却是被引导的人到底去做不去做,没有什么关系;有时所知的越发多,所做的倒越发少。用情感来激发人,好像磁力吸铁一般,有多大分量的磁,便引多大分量的铁,丝毫容不得躲闪,所以情感这样东西,可以说是一种催眠术,是人类一切动作的原动力。"①

可见,情感是人性中最微妙而最令人珍惜的因素,是人得天独厚的能力。借用一个准神学概念,情感是造物主对人这种生物所赐予的得天独厚的属性。当然,有的动物也有情感,但是唯有人能使他的情感达到极致化,精细化。唯有人能让情感显得如泣如诉,如歌如慕,让人一唱三叹,荡气回肠。古往今来,艺术作品之所以能够穿越时间和空间,一代代地流传下来,其中一个非常重要的原因,是因为这些艺术作品对人类的情感进行了深入的发掘,仔细的辨析。它们把人类情感的喜悦、哀愁、忧伤、愤怒、向往、无奈等诸般情状呈现得淋漓尽致,使得阅读和欣赏这些作品的人有一种向往高贵的冲动。这也是这些杰作对于人的德性的提升。所以好的作品不但引导人的情感走向深刻和高尚,往往可以帮助人提升德行。

遗憾的是,在我们这个时代,人们的心灵变得越来越粗糙,心地变得越来越冷漠,与之相应的是,情感也越来越走向粗糙,甚至粗鄙化。一个典型的表现是,一些原本在网络上流行的语言,大量向日常生活和庙堂蔓延。当然,我们知道,网络语言跟人们的日常生活密切相关。它生动活泼,表现力强,具有鲜明的时代特色,紧扣时代生活。问题是,网络语言往往良莠不齐,其中存在着大量的低俗粗鄙的用语。一旦人们习惯于此,不仅语言会变得越来越贫乏,而且心灵会变得越来越粗糙,不知不觉中鉴赏力、理解力都慢慢下降。最后,人的情感与心理陷入粗陋的泥潭,成为一个大酱缸。审美教育就是首先要使人学会辨别语言中的美与丑,高雅与低俗,文明与野蛮。

我们都知道,印度诗人泰戈尔的著名诗集《飞鸟集》在 20 世纪已经被郑振铎先生翻译为中文。郑先生的译文典雅蕴藉,余味悠长,既尽可能保留了英文原文的语感,又体现了中文的雅致与诗意。郑译的确可以说是英诗汉

① 梁启超:《中国韵文里头所表现的情感》,《饮冰室文集点校》第 6 集,云南教育出版社2001 年版,第 3430—3431 页。

译的经典，人们至今还津津乐道。

但前几年，有一位诗人重新翻译了这本诗集，据说是更为接近原文。但真是这样吗？我们可以对照一下两种译文：

The world puts off its mask of vastness to its lover.

It becomes small as one song, as one kiss of the eternal.

郑振铎译：

世界对着它的爱人，把它浩瀚的面具揭下了。

它变小了，小如一首歌，小如一回永恒的接吻。

某诗人译：

大千世界在情人面前解开裤裆

绵长如舌吻

纤细如诗行

对比之下，高下立判。不是说一部作品有了中文翻译且译文口碑不错，后人就不能重新翻译。但是如果重新翻译，只是用一些粗俗甚至色情的言语，去代替原来蕴藉雅致且准确的言语；如果说新的翻译就是对于经典进行庸俗化甚至是色情化，就是解构经典，那么还不如尊重前人的劳动成果，尊重人类的精神创造，让人们保留一点希望，让这个世界保存一点纯粹的美。诗歌当然可以有不同的风格，但既然是诗，至少得有那么一点诗意吧！既然是诗，就不应该是粗鄙的，恶俗的，而应该当得起它本身——诗本身就意味着美、雅、韵、逸、隽。当然，诗的风格可以是多种多样的。小桥流水、微风细雨是诗意，北风猎猎，草原怒马，风卷红旗，大漠狼烟。这些也都是诗意。但它绝不能是粗鄙和恶俗的，更不能是邪恶的。

当然，人的情感也并不都是美的。前面我们说过，情感本身，它一方面连着欲望，连接着人的生理本能，另一方面连接着人的理性，连接着人的社会规范，伦理道德。因此，情感有时候很美，但有时候如果不善加引导，如果让它自由泛滥，走向偏执狭隘，那么它就会变得很丑陋。

对于情感来说，审美教育大体上可以有两个方面的作用。一方面，审美教育可以对情感进行规范和引导、提升，让人能够"文化地""高雅地"表达情感，约束情感，防止情感走向粗暴野蛮和褊狭极端。另一方面，审美教育能够激发并引导那些被工具理性所压抑和异化的人的情感。我们知道，过度的理性化和强大的体制力量往往导致人失去情感能力,变成干瘪枯燥的"机器人""体制人""工具人""单面人""扁平人"。而审美教育,就是要避免这种情况,让人回归完整的人,全面的人,有趣味的人。

审美教育在情感与理性,心理与社会,个体与群体之间创造一种动态的平衡,一种最佳的平衡。正如《乐记》所言,情动于中,故形于声;声成文,谓之音。发出声音不是人的本事,其他动物也会;但把声音"文"化,成为能表情达意的复杂的符号,这只是人才有的能力。而人的这种能力正是通过教育和培训而获得。

二、作为生命教育的审美教育

审美教育的第二个维度是生命教育。

我们知道,生命来到这个世界上,是一种非常偶然的现象。我们是偶然间被"扔入"这个世界的。但死亡却是必然的。也就是说,我们的生,我们的存在,并没有必然性。我们并没有必然的理由说这个世界上一定会诞生某个人,无论他是伟人还是凡夫俗子。但是我们的结局却是可以确定的。我们每个人都会走向那个终点,那个唯一的、可见的死亡之终点。生命还非常脆弱。偶然来到世间的我们并不一定会走向终点,而有可能是中道崩殂,英年早逝。生命就像一首交响乐,有起点,有呈示部,展开部,有结束部。但也可能中途琴弦折断,从而中止乐曲的演奏。

那么这是否说生命没有意义,没有价值呢? 如果说生命的诞生只是一个偶然,它的结束却又是必然,那生命还有什么意义呢?

当然有! 正因为生命是一次性的,偶然的,才衬托出我们的独一无二性,才显示出每个人都是不可取代的。正因为人是种种机缘巧合,才能够诞生出来,诞生出独一无二的"这一位",所以每个人的生命才都值得珍惜。所谓"这一位",就像恩格斯所说的,现实主义文学中的"典型环境中的典型人物"。这个所谓"典型环境中的典型人物"就是这位独此一人、不可取代的"一"。他是他自己,又是一种典型,因而同时他身上又带有普遍的人性。我们的生命也是如此。

生命是种种机缘巧合才会诞生,它不是工厂的流水线,不能事先计划好,做好安排。一个工厂,它要生产什么产品都是事先计划好的。可能产品还没有出厂,人们的愿望中、想象中已经可以看到产品的模样,了解产品的功能。而且人们还可以有计划地对这些产品进行批量生产。生产多少,什么时间生产,产品往什么地方销售,这些都可以事先做计划。产品的外形可以一模一样,它们的功能也一模一样。但是人不一样。人类的诞生需要诸种条件完备。事实上,我们知道,从类人猿到现在也不过十来万年的历史而已,而地球却已经存在了 45 亿年。可见,在地球漫长的历史中,绝大多数时候是没有人,甚至是没有生命的。换一个角度,站在生命和人类的立场,我们可以说这是在为生命,为人类的诞生做准备。由此也可见,人作为地球上最富有智慧、最有灵性和创造力的生物,是独一无二的。落实到每一个个体身上也是如此。我们每一个人能够来到这个世界上,是要经过非常严酷的选择,需要爸爸妈妈有强壮的身体,有愉快的心情,要有各种主客观条件。出生之后还需要精心呵护,因为人类幼崽跟小动物不一样。人并不是一生下来就会说话,会走路,而是要经过父母的在漫长的时间中耐心仔细周到的看护照顾,才能够顺利成长起来。我们知道,从前医学条件不好的时候,人类婴幼儿的成活率是很低的,人类的寿命也很低。婴儿能够出生,却很难长大。而且,在人成长的过程中,会遭遇各种意外,罹患各种疾病。

但同样还有一个事实是,经过地球漫长的准备才诞生的人类,是这个星球上最美丽的花朵,也是到目前为止我们所知道的这个宇宙中最美丽的花朵。生命本身是一件值得骄傲的事情。世界有了人去感知,才能呈现出五彩缤纷,五色斑斓之美。审美教育正是要启迪人去发现和感悟生命之美,生命之伟大,生命之高贵。人作为一种高级生命,应该学会敬畏生命,因为生命的诞生本身就是一个奇迹,是各种主客观条件结合在一起诞生的奇迹,所以人不能不热爱生命,尊重生命。

作家海伦·凯勒,一位丧失了视觉、听觉和语言能力的重度伤残人士,对于生命的感受却是格外敏锐。她去一趟森林,能够发现我们这些五官健全、视觉良好、听觉敏锐的所谓正常人未能发现的生命之美。各种植物不同的外观和形状,不同季节绽放的花儿,每种花儿开放时的不同芳香……她由这些现象中感受生命的奇迹与珍贵。

在《假如我拥有三天光明》中,海伦·凯勒写道:"我自己,一个不能看见东西的人,仅仅通过触觉,都能发现许许多多令我感兴趣的东西。我感触到一片树叶那完美的对称性。我用手喜爱地抚摸过一株银白桦那光滑的树皮,或一棵松树那粗糙的树皮。春天我摸着树干的枝条,满怀希望地搜索着嫩芽,那是经过严冬的沉睡后,大自然苏醒的第一个迹象,我抚摸过花朵那令人愉快的天鹅绒般的质地,发现它那奇妙的卷曲,他们向我展现了一些大自然的奇迹,有时我很幸运,当我把手轻轻地放在一棵小树上时,还能感受到一只高声歌唱的小鸟愉快地颤抖着。有时,我十分快乐让小溪冰凉的水穿过张开的手指流淌过去。对我来说,一片茂密的地毯式的松针或海绵一样的草地,比最豪华的波斯地毯更受欢迎。对我来说,季节的轮换是一部令人激动而永不谢幕的戏剧,这部戏剧的情节是通过我的手指间表现出来的。"①对于我们来说,只要我们能够用心去感受和体悟,就能够随时随地发现美。

　　具体怎么做呢? 一方面,要经常回到大自然,去看自然的四季变化,听流泉鸟语,闻花香草芳。用我们的脚去趟一趟小溪,踩一踩鹅卵石;在森林里深深呼吸新鲜的空气,在大海边欣赏潮起潮落,日出日入……另一方面,阅读、欣赏前人的艺术杰作。阅读不是对于文字的接受,不是去背诵一些美好的句子或段落。阅读,是读者跟作者的对话,是读者跟作者的心灵的交流。当你阅读一部杰出的文学或者哲学或历史著作的时候,你会发现这些著作蕴含体现了作者的情感、思想、意志甚至欲望。作者把他对于世界的认知,他的灵魂感受,他的精神境界,总之,他的所感,所思,所想,所知,通过文字表达、呈现出来。因此阅读一篇杰作就是对于他人经验的借鉴,是对于他人领悟的再领悟。

　　因此审美教育的一个重要途径就是阅读,阅读古今中外那些杰出的不朽的经典,那都是我们的前辈给我们留下来的宝贵的精神财富。我们应该感到幸运,因为我们生活在 21 世纪。21 世纪的我们有太多的前人给我们留下了辉煌灿烂的文化遗产,海量的文学经典和艺术杰作,以及其他方面的人文和科学著作。这是我们的幸运。

三、作为艺术教育的审美教育

　　说到阅读经典,欣赏艺术杰作,这便涉及审美教育的第三个维度,这就是艺术教育。艺术教育是审美教育最重要的途径或手段。

　　我们知道,艺术是人类的一种情感表达,是人类心灵的一种创造,或者

---

① 　海伦·凯勒:《假如我拥有三天光明》,丁文华译,中国国际广播出版社 2004 年版,第
　　5—7 页。

说是人类精神的创造,而且是在人类的精神创造中最绚烂、最璀璨、最有魅力、最能够浸润心灵的创造。艺术比哲学更为形象,更直观;比宗教更讲道理,更诉诸积淀了理性的感性。人类,从她诞生之日起就伴随着艺术的活动。到今天,虽然就像黑格尔所说,艺术不再是人类精神最重要的呈现形式,但是它依然是人类心灵的一种需要。人们需要用艺术去滋润干涸的心灵,去反抗或者说纠正工具理性对于心灵的异化,去摆脱工具人、机器人、社会人、单面人等处境。

那么,艺术为什么会有这样的作用呢?为什么艺术可以在一个工具理性占统治地位的社会里让人从中解放出来,摆脱这种工具理性的控制,摆脱人的异化状态,从而保持本真的心灵,保持自己鲜活的对于世界的感受,或者说对于情感、美、生命这些珍贵的东西的敏感性呢?

苏珊·朗格说,艺术是人类情感符号形式的创造。也就是说,首先艺术是人的一种情感呈现;其次,这种情感呈现不是无序的或者混乱、粗鄙的,相反,这种情感的呈现在艺术里,显现为一种雅致的形式,或者是震撼人心灵的形式。也就是说,艺术教人摆脱那种直接的庸俗的或者是粗鄙的表达,它让人学会"文化地""高雅地"表达情感。正如克莱夫·贝尔所言,艺术是一种"有意味的形式"。这种有意味的形式也是一种自由的形式。

前面说过,审美教育是一种情感教育和生命教育,是要教育人去体察人的情感,热爱生命。但是如何去体察情感、热爱生命呢?其中一个重要的中介或者途径就是艺术教育。

艺术不仅充实我们的精神世界,滋润我们的心灵,丰富我们的表达方式,而且帮助我们更好地感受和欣赏自然之美,发现自然美的多样性,感受造化之神奇,深度感悟和领略自然的绚丽多姿。艺术作为人类情感的符号创造,它本身是一种有意味的形式。正是因为艺术所创造的这种有意味的形式,因此,掌握、运用它能够使人脱离庸俗,脱离实用功利,使人变得纯粹和高尚。

那么,所谓有意味的形式是什么意思呢?按照我们中学时候所学的哲学,形式是质料的外壳,是内容的外形。内容和形式是统一的,内容决定形式,形式反作用于内容。但是,这几句套话真的让你们理解了"形式"的含义吗?显然,这种说法不仅没有帮助我们深刻地理解内容和形式这对范畴,却只能更加让我们迷惑。这个问题说起来复杂,仔细一想却也简单。所谓形式,它就是物质的一种存在方式,样态。形式不是质料的外壳,不是内容构成的外形,而就是物本身的存在样态。举例来说,人的身体,由皮肤和皮肤之下的血肉骨头等构成。你可以把皮肤看成形式,而皮肤之下的就是内容。皮肤是人体显现在外的一面,是外观,而血肉与骨头等是皮肤之下的"内容"。人的体型、体态、高度、形象等的确取决于其骨骼等"内容",而皮肤显现出来的"外观"只是"形式",皮肤的色泽、质感可以决定人的外观看上去美或普通。但是,我们能说,是骨骼血肉"决定"了皮肤,而皮肤"反作用于"骨骼血肉么?能说骨骼血肉可以离开皮肤,而皮肤离不开前者么?显然,我们不能这样说。所以,就像皮肤和骨骼血肉是一个有机整体一样,内容和形式之间也是有机整体,不能说内容决定形式,形式反作用于内容。

刘勰在《文心雕龙》里有一段话,可以帮助我们理解内容与形式的关系:"文之为德也大矣,与天地并生者何哉?夫玄黄色杂,方圆体分,日月叠璧,以垂丽天之象;山川焕绮,以铺理地之形:此盖道之文也。……傍及万品,动植皆文:龙凤以藻绘呈瑞,虎豹以炳蔚凝姿;云霞雕色,有逾画工之妙;草木贲华,无待锦匠之奇。夫岂外饰,盖自然耳。"刘勰说,"文"是与天地一同生成的,有天地的同时就有了"文"。这个"文"怎么体现出来呢?就体现在天地万物的形、色、象、声等"形式"上面。天地玄黄之"色",物的方圆长短之"体",日月星辰之"象",山川峰谷之"形"……这都是"道"的"文",亦即作为万物之本体的"道"的存在方式或显现出来的外观、外貌、外形,亦即"形式"。所以,无论是自然还是人类,其外显于人的形状、色彩、声音,都是其所存在的方式。所以这个"文"本身就是道存在的方式,就是道的形式。"文"是"道"的形式,"道"是"文"的质料、内容。但是道与文本身就是水乳交融一体的,是没有办法把它们分开来的。

形式是普遍存在的。但只有那些与人有关、为人所了解、掌握的形式才是有意义的。能够为人所掌握并且运用的形式,便是自由的形式。所谓自由的形式是指人能够认识、了解、掌握并且能把它运用于改造世界的形式。比如,一块石头,当它自在存在于世界时,虽然它有形式,长方形、正方形、圆形等,但它只是一块无生命的石头。它的形式是"死的"。但是,当原始人拿起石头敲击另一块石头,把它变得更为尖利、更适合于作为工具或武器使用时,人敲击的过程和结果使得石头的形式初步具备了自由性。因为这样一来,石头中包含的形式就不再是外在于人的、与人无关的,而是能够被人掌握运用的,那么他就变成了自由的形式。这个过程,便包含着美的创造过程。所以实践美学说"美是自由的形式"。艺术便是人在掌握客观世界的形式规律的基础上创造新的形式,也就是克莱夫贝尔说的,艺术是"有意味的形式"。艺术教育,便是教人学习、掌握、运用这些"形式"规律和法则,使得外在于人类的客观的自在形式变成人所运用的自由形式,并且由此创造新的艺术形式。

除了我们已经谈到的,审美教育是情感教育和生命教育,艺术教育,它还是一种爱的教育。优秀的艺术作品,总是能教给人以爱、责任、宽容,教人洞悉人性的同时保持仁慈和善良,而不会宣扬仇恨、暴力、恐怖等反人类的价值观。我们可以稍微盘点一下古今中外那些最为优秀和杰出的艺术作品。无论是什么题材,它所表达的价值观都一定会是教人以爱、责任、宽容、善良、仁慈等人类的优秀价值观,对于恐怖、暴力、仇恨等负面的价值,这些作品一定会进行反思和批判,而不会把它们作为一种正面价值来讴歌,比如说战争题材。无论中外,绝大多数战争题材的作品,无论是小说,诗歌还是绘画,作者们所处的时代不同,面临的现实处境不同,但是这些作品都有一个共同的立场:反对战争,反对暴力,反思仇恨和暴力所带给每一个人,特别是亲历者的心灵的伤害,这种伤害往往是不可逆的,永久性的。一场战争,对于一个民族的创伤,要用几年、十几年,甚至几十年才能愈合。所以,那些叫嚣战争,动不动就宣扬要去打谁,跟谁开战的人,真的应该好好想一想,一旦战端开启,那就是为祸苍生。大势之下,没有人能逃得开。就像著名作家方方所言,时代的一粒灰,落到个人头上,就是一座山。像战争这样的国家机器,一旦启动,它就是一个绞肉机,无论你是哪一方,都是一场悲剧。远的不说,我们正在旁观的俄乌战争,无论是对于俄罗斯的士兵,还是对于乌克兰的人民,难道不都是一场灾难吗? 一些手握权力的野心家、战争狂人、疯子,悍然发动战争,伤害的不仅仅是他所侵略的国度的人民,也是本国的人民。

回过头来说,艺术教育作为一种使人学会艺术地、高雅地表达的教育,其中一个重要方面,是形式感的培养和训练。它也让人脱离低级的欲望和蝇营狗苟、一地鸡毛的日常生活,让你的心灵能够得到片刻的喘息,获得真正的升华。正如王国维所言:"美术之为物,欲者不观,观者不欲"。① 蔡元

---

① 王国维:《红楼梦评论》,《王国维文集》,北京燕山出版社1997年版,第205页。

培也说过,明月千里,人我共有之,可以无私与人共享,而不用独自占有。① 所以,艺术创作和欣赏,确实是带人脱离低级趣味,脱离庸常生活而带领人的心灵走向纯粹,走向高雅,走向美与真、善。

四、作为形式美感教育的审美教育

审美教育的第四个方面,是形式美感教育。

前面我们跟大家说审美教育是一种生命教育,一种情感教育,我们说我们要学会尊重生命,热爱生命,要学会欣赏自然,那现在就有了一个问题,是否所有自然都是美的? 换句话说,是否自然就是美、生命就是美? 如果真是这样的话,那为什么会有"风景名胜"和"穷山恶水"的区别? 为什么有的生物明明是益虫,人却就是不喜欢它、讨厌它? 比如癞蛤蟆,我们知道它对庄稼有益,但是我们并不认为它美,我们看见它,会起一身鸡皮疙瘩,从心理上排斥它。出现这种情况的原因,显然是因为癞蛤蟆的外观,那密集的疙瘩让我们产生了抵触。那么,为什么我们产生这种抵触心理呢? 这就涉及我们对于客体的外观形式的审美经验和审美知觉了。所以,审美教育的一个重要内容是要普及一些基本的美学知识,使我们能够在面对某个对象时,大体上分辨出,这个对象是美的还是丑的,并一般性地了解,什么是美,什么是丑。

那么问题就出来了,到底什么是美? 什么是丑呢? 或者换句话说,美是什么? 丑又是什么? 如何辨别美与丑呢?

按照实践美学的观点,美是自由的形式。前面我们已经谈到过形式问题,这里再从美学的基本原理上分析一下。我们知道,我们所生活的世界,无论是从宏观的,宇宙的视角,或是从中观的人类视角,还是从微观视角来说,都存在着一些普遍性的形式规律和形式法则,比例、均衡、对称、节奏、韵律、秩序、大小、色彩等。它们是普遍存在于客观世界中的。但是当它们只存在于客观世界的时候,当它们跟人无关的时候,它们便只是一种自在存在,无所谓美,也无所谓丑。当这些形式规律和法则被人掌握并且能够自由运用它们去改造世界的时候,这些规律和法则就不再是与人无关的自在存

---

① 参见蔡元培:《以美育代宗教说》,高平叔编《蔡元培全集》第三卷,中华书局1984年版,第33页。

在，而是有了意义，因为它们成了被人掌握和运用的自由的形式，美的形式。也就是说，人们在实践中发现并掌握和运用的自由形式便是美。实践美学认为，美是自由的形式。就内容言，美是现实以自由形式对实践的肯定，就形式言，美是现实肯定实践的自由形式。

首先我们都承认，我们所生活的这个世界似乎是按照一定的形式规律创构出来的，这个世界于人而言呈现出一种奇妙的和谐与美。比如，太阳系的八大行星的布局是以太阳为中心，呈现出规则的椭圆形，各行星之间以及它们与太阳之间存在着某种"黄金分割"的比例。再比如说，我们稍微仔细地观察一下，也会发现地球上的动物和植物大多呈现出一些美的规律性特征。甚至有些自然现象，如果我们仔细观察，也会发现很奇妙的曲线、波浪、对称、双螺旋等这样一些结构。当然了，作为自然的造物，人，才是自然界中最美的作品。可以说人是到目前为止最美的一种生物，没有之一。人体的结构非常完美地诠释了"美"这个概念。

这样一来，是不是可以提个问题：世界对于人来说，为什么显得如此之美？如此和谐？如此美妙和谐的世界，是不是某种全能的神的创造？或者说是某种意志作用的结果？宇宙是不是由某个全知全能的大神按照某种完美的目的构建出来的？否则它们怎能如此之美妙，如此之和谐？包括我们人类自身，难道不是神按照他自己的形象创造出来的吗？如果不是，人体为什么如此完美？

当然不是。作为无神论者，我们不相信世界上有所谓无所不在、无所不知和无所不能的神。这个世界，这个宇宙，这个地球，它就是物质运动变化发展的结果。它看起来好像呈现了某种目的性，因为它处处符合了人对美的判断。但实际上，它并不具有真正的合目的性，而是一种康德所说的"无目的的合目的性"。之所以能够出现这种无目的的合目的性，恰恰是因为，人类在漫长的历史实践活动过程中，一方面通过实践活动改造了外在世界，另一方面改造了人的生理和心理结构。这种改造的结果，就使得一方面，外在世界更加符合人类的目的，我们所在的星球能够让人类更加方便舒适地生存和生活，对于人来说呈现出来一种合目的性。这是对外在自然的改造，实践美学称之为"外在自然的人化"。另一方面，在改造外在自然的同时，我们人类的生理和心理结构也得到了改造。在漫长的劳动实践活动过程中，我们的双手脱离了动物的状态，变成可以自由地握取和操作、使用工具的人类的双手,我们的大脑变成了能够认识世界、感知世界并具有自由直观的认识、自由意志的道德和自由享受审美结构的人类的大脑。而我们的心理,从动物的快感进化到人类的美感。也就是说,在漫长的实践过程中,人类的生理构造和心理结构都逐渐地脱离了动物的直观的束缚,而变成了自由的人类的生理和心理结构,产生出了人性能力和人性结构。其中包括自由直观的认识能力、自由意志的道德能力和自由享受的审美能力。这是"内在自然的人化"。这样一来,普遍存在于客观世界的那些形式规律和法则,不再是与人无关的,外在于人的客观法则,而是被人所掌握而且能够到处运用的一种自由的形式,一种主体性的形式力量,一种实践性的可以改造世界的造形力量。这种被人所掌握和运用的自由的形式便是美。这也就是马克思所说的"人懂得按照任何一个种的尺度来进行生产,并且懂得处处都把内在的尺度运用于对象;因此,人也按照美的规律来构造"①这句名言的真正的哲学含义。

审美教育的核心目标,就是要通过一定的途径和手段培养人类个体掌握和运用形式美的法则的能力,从而把广泛存在于客体世界的形式规律和法则变成主体可以运用的形式力量。从心理层面说就是培养出人的形式感。从这个意义上来说,审美教育也是一种形式美感的教育,是培养人感知和创造形式美的造形能力的教育。所谓感知和创造形式美的造形能力,可以包括实践方面,也可以包括艺术创造。事实上,艺术创造能力,正如我们前面所说,也是审美教育的一个重要方面。而艺术教育,它的一个重要内容就是通过对艺术杰作的观赏、临摹、反复体味,培养起教育对象对于形式美的感知和创造能力。比如说通过绘画学习色彩、线条、结构、比例、对称等形式规律,通过音乐学习和掌握声音、旋律、节奏等形式规律,通过阅读诗歌小说培养语感和艺术感。

五、作为自然教育的审美教育

审美教育还有一个非常重要的方面,就是自然教育。我们常说,人是自然之子。人类社会诞生之初,在农业社会,农业时代以及之前,人作为自然

---

① 马克思:《1844 年经济学哲学手稿》,《马克思恩格斯全集》第三卷,人民出版社 2002 年版,第 274 页。

之子,跟大地,跟大自然有着血脉相连的关系,一种内在的关系。人跟自然之间就像有一条脐带连接着,息息相关。人们的生活节奏,社会的习俗和法则,基本上都是按照自然的节律来建构和展开的。日出而作,日入而息。很多神话传说以及节日都跟大自然相关。人们感恩自然对人类的馈赠,感恩自然产出食物,让人们得以延续生命。所以春天有春之神,秋天有丰收节。人们量入为出,小心地维持着人和自然之间的平衡,维持着人和这颗星球和大地之间的一种生态的平衡与和谐。

人类的创造发明是无止境的。生产力的发展,科技的进步,各种创新与发明,使得人类脱离了自然,进入了工业社会和后工业社会。人们脱离了自然环境,聚集在一起,改变了生存方式,从旷野走向都市,从农业社会进入工业社会,从朴实无华的自然文明走向完全由人创造的工业文明和后工业文明。因此人和自然之间的血肉相连的关系被割断了,人总是试图去挣脱自然的母体而独立,甚至狂妄骄傲地宣称人是宇宙的中心,把自己抬到了超越一切其他生物种类,甚至超越所有的客体的地位。人膨胀了,僭越了。这种膨胀与僭越带来了后果。这种后果已经开始呈现,各种生态灾难频繁发生。空气污染,大地污染,水体污染,很多城市发生下沉,各种地质灾害频发。当然,这里有些是自然本身运行所带来的结果。但是人类无度的开发,过度的开采,难道不也是诱因之一吗?

恩格斯在《自然辩证法》中早就警告过,"不要过分陶醉于我们对自然界的胜利。对于每一次这样的胜利,自然界都报复了我们。"所以人类征服自然、干预自然是有限度的。为什么会诞生生命伦理学这样一门新兴学科?正是因为人必须对生命心存敬畏,尊重生命,敬畏自然。生命是自然的奇迹。虽然到目前为止,人类似乎已经掌握了许多生命的密码,甚至能够通过基因编码对生命进行重组,但是这种重组的后果不是人能够承担得起的。事实上,到目前为止,在这方面,所有的探索都还处于试验阶段,而这些试验实际上已经带来不良的后果。因此,试验也必须谨慎。

自然教育就是要重新连接起人与自然之间被割断的脐带,让人学会感受自然之美,尊重自然,不要试图僭越,不要把自己放在一个上帝的位置。与此同时,正如我们前面所言,自然对于人来说,是一个无比神奇美妙的世界,自然之美对人来说是一种命运的恩赐,因此人要学会珍惜自然,感受自然之美,感恩自然对我们的馈赠。

所以在今天,实践美学不但讲"自然的人化",更提出了"人的自然化"和"自然的本真化"。实践美学要使人学会在与自然之间的亲密相处中,从心理上皈依自然,并且感恩自然,敬畏自然。这就是实践美学所说的人的自然化以及自然的本真化,也是实践美学建立新的审美形而上学的目标。

第三节　中学美育的理论思考与实践探寻[①]

一、美育问题的理论研究

审美素养是中学生核心素养的重要组成部分,对促进学生全面发展起重要作用。新时代倡导的"五育并举、融合育人",指德智体美劳既要避免单一、片面的畸形发展,也不能搞形式上的"齐头并进",而是要"在发展中走向全面",实现五育之间的融合统一。因此,教育教学中需要辩证处理五育之间的关系,促进五育之间的相互融合,实现五育的整体育人功能。融合育人既是育人思维,又是育人实践,不是"五育"的简单拼凑、整合,而是真正渗透,达到"你中有我,我中有你"的状态。践行融合育人的关键在于真正实现"真、善、美"价值融合,开拓全面育人的教育新思维和新路径。

要研究审美素养,必须对"美"和"美育"有一个基本的认识。"美是有价值的乐感对象",祁志祥在定义"美"的同时,创造性地把"有价值的五官快感对象"与"有价值的心灵愉快对象"有机地统一起来[②],认为美育是"是情感教育、快乐教育、价值教育、形象教育、艺术教育的复合互补",是"美的认识和创造教育,是高尚优雅的主体情感教育,是以形象教育、艺术教育为手段和载体,陶冶人的健康高尚情感,引导人们追求有价值的快乐,进而创造有价值的乐感对象或载体的教育"[③]。他的这些观点,对中学深化美育工作有极为重要的指导意义。

从教育学层面来看,美育为了更好地实现人的全面发展的需要。学生

---

① 作者陆旭东,教育博士,上海市特级校长(书记),上海市美学学会中小学美育专委会主任,枫中教育集团党总支书记。本文原载《艺术广角》2022 年第 6 期。

② 祁志祥:《乐感美学》,北京大学出版社 2016 年版。

③ 祁志祥:《"美育"的重新定义及其与"艺术教育"的异同辨析》,《文艺争鸣》2022 年第3 期。

个体对自身既有低层次感性满足的情感需求,也有高层次自由全面发展的情感需求。通过适当的形式,满足并提升学生的这种情感需求,让他们达到自由、和谐、全面的发展,这就是学校美育的本质诉求,也是党的德智体美劳全面发展的教育总方针。

从心理学层面来看,美育强调审美情感的发展。包括自我感受、内心体验、情景评价、移情共鸣和反应选择五个部分。心理学层面的审美情感,是由低级到高级逐步发展起来的:根据脑神经活动强度的不同,表现为情绪、情感、爱等表现形式;根据心理需求的不同,显示出由原始的审美需要向高层次审美理想的发展的规律;根据多元智能理论,七种智能不仅仅存在于大脑之中,而且是情景化的,与情感发展密切相连。因此,学校美育,应当揭示情感发展规律、尊重情感发展规律、遵循情感发展规律。脱离学生的实际情况,进行情感灌输,就如同拔苗助长一样,欲速则不达。

从美学层面来看,美育指向人的终极关怀。就如海德格尔所说,人应当诗意地栖居在大地上。"礼乐教化"就是古代中国具有哲学意义上的美育形态,后来又发展为"审美境界"与"天地境界",均与人的精神世界相关联。情感是人的精神世界的重要组成部分,体现了人的生命精神和自由精神,归根到底是追求人的终极价值。只有把有价值的"五官快感对象"与有价值的"心灵愉悦对象"有机地统一起来,才能使真善美在更高的层次得以统一。

从哲学层面看,真善美融合于一体是美育的哲学基础。张世英认为,"美的地位日益提高,真善美统一于万物一体"[①]。"真善美"之间既独立又相互联系,在一定的条件下可以互相转化:在"真"的观照下,"善"能转化为"美";在"善"的观照下,"真"能转化为"美"。因此,在认知价值层面,"美"能圆融真善而达到认知的统一,学生的自由全面发展最终成为可能——"五育并举"的育人目标,只有体现在"真善美"育人价值维度上,它们才是"融合"且"统一"的。正如朱光潜先生所说:"美"无形无迹,但是它伸展同情,扩充想象,增加对于人情物理有深广正确的认识;这三件事是一切真正道德的基础。

在"融合育人"的大背景下,美育又有了新发展。柏拉图说过,"美是难

---

① 张世英:《哲学导论》,北京大学出版社 2016 年版,第 212 页。

的"。对"美"的不同回答,决定了一所学校不同的美育形态及教育价值追求。"美"是人的本质及人的本质力量的对象化,在学校的全面育人活动中,又往往以"合天性、合目的、合规律的乐感对象"体现出来,存在着一系列可认识的美育规律,是能够被教育工作者把握并运用到实践当中去的。一方面,"美"是趋利避害、趋乐避苦的,因此美育与"快乐的情感""乐感对象"联系在一起,常以丰富多彩的艺术形象表达出来。另一方面,涉乎情感的美育是"合天性"的,常常与心育及艺术教育结合在一起,它是内发性的,无功利的;涉乎价值的美育是"合目的"的,常常与德育及劳动教育结合在一起,是美善相谐的;涉乎理性的美育是"合规律"的,常常与智育及创新教育结合在一起,是美真互融的。作为认知价值的"美",与"真善"一起,如同黏合剂一般,把"五育"紧密地融合在一起。

在以上"美圆融真善"的视野下,可以对美育作出新的界定:"美育"不仅仅关乎形式的"美",更强调在"美"的视野下努力达到"真善美"价值的统一①。"以美育德,以美启智,以美健体,以美促劳"——美既是手段,更是目的。融合育人背景下的审美素养培育是一种"面向人人、全面渗透"的大美育观:不仅仅是关注艺术技能的专业型美育,也不仅仅是培养艺术兴趣的兴趣型美育,同时还应当是蕴含人文精神、创新精神和文化内涵的思维型美育。美育的内容应当包括"艺术美、社会美、自然美、科学美"等方面,需要所有学科、所有老师的共同参与。学生审美情感需求的满足及提升,不光在艺术课程领域实现,而且在所有学科领域中实现;不光在活动中实现,而且在课堂中实现;不光在书本上实现,而且在校园环境中实现;不光在学校内实现,而且在家庭、社会中实现。

美育直接指向学生审美素养的提升。审美素养是指通过学生与艺术相关的课程领域学习、体验、表达等方面的综合表现,具有发现、感知、欣赏、评价美的意识和基本能力,具有高雅的审美趣味和积极健康的审美价值取向,懂得珍惜美好的事物,并能在生活中拓展和升华美,提升生活品质的能力。它与审美心理、审美能力高度相关,包括审美欣赏力、审美表现力和审美创造力等。因为审美具有形象性、情感性、超越性、创新性等特点,审美素养的提升,能直接影响并促进学生其他核心素养的发展,并对高尚人格的形成起

---

① 陆旭东:《普通高中课程审美化的实践探索》,《上海教育科研》2016 年第 7 期。

重大作用。审美素养不仅来自艺术课程，而且来自与艺术相关的其他课程与生活实践活动中。

二、审美素养培育的基本范式

美育实践中，审美素养培育呈现出不同范式。"八美并进"是基本范式之一：欣赏他人之美，创建自己之美；感受自然之美，营造人文之美；体验艺术之美，塑造人格之美；探索科学之美，成就人生之美。"美的情感体验"像一条红线，贯穿了"八美并进"范式的全过程。

"美的情感体验"是指把日常生活中美的感受、美的体验与美的创建结合起来，提升学生的道德情感，推进学校有效德育。情感体验，它是主体独特的觉知，是心理活动中的一种主观成分，是感情生命中的重要部分。当人们有美的情感体验时，会情动于中而行于言，咏歌之不足而手舞足蹈之。它是主客体浑然同一、物我两忘、融合无间的一种心态，是通向生命世界的中介。情感体验的内心结构，既有亲身的体会、精微的体察，又带有经历的反省、察验和深刻的感受，需要从体会、体察、反省、察验既有的感受上，加以和引导培养。

"八美并进"范式从美的对象、美的内容、美的发展水平三个纬度展开，让学生生活在美的环境、美的氛围和美的世界中，从引发学生美的感受，美的体验。它大体又分为三类：

自然美。自然现象中蕴含着无穷的美，包括纯自然的美和人造自然的美。校园环境之美中，往往既有纯自然的美，又有人造加工的自然美。精致精美的校园环境，蕴含着上述两种美的结合。

艺术美。即具有认识、教育、审美功能的艺术作品的美，它是美的内容与美的形式的和谐结合，它表现为语言美、结构美、题材美、主题美、形象美、意境美等，文情并茂、融理于情、由情悟现，具有强烈的艺术改造力和它的艺术魅力。

科学美。是科学对象（客观世界）与科学表现（定律、公式、方程式、理论表述）相统一的美。在学科教学中，不论学科的内容与形式，不论教学的语言、方式，处处都有科学美的体现。它不仅可以激发学生对科学创造产生强烈的美感和激情，激发科学发现的桥梁，而且，对学生的好奇心、求知欲、科学兴趣以及科学创作欲的激发，都有深刻的教育功能。

上述美的内容与领域,要被学生所感受,体验共鸣、内化,有一个审美过程和个体审美发展水平。这涉及与个体认知水平相联系的情感感受,情感体验和情感创建的发展水平的问题。大体又分为三级水平,一是感受水平,二是体验水平,三是情感能力建构(创造)水平。

第一级水平:感受。是个体对自己"内部状态"的感觉和知觉。它是情感基础,情感来自主体对自身需要和状态的感受。它是情感性的知觉。在情感教育中,要提高其教育效应和体验水平,首先要提高学生的情感感受能力,增强他们在情感交往中的敏感性,丰富他们的情感感受和情感记忆的表象,这为他们提高情感体验水平创造条件。

第二级水平:体验。是个体对感受的再感受,对知觉的再知觉,对经验的再经验。体验是主体在经历各种生活事件之后的考验,并使精神保持平衡的能力。它在形成过程中,是一种多水平的整合,有感觉水平、认知水平和意识水平。它对情感具有加工、深化、扩展、监测和升华的功能。它是主体的过去经验、现在感受和未来期望的组合体。深刻的体验,能使主体的情感升华到一个新的水平。美、善是融合于一体的体验,可以使人真正成为自己命运的主人,精神生命的主宰者、情感世界的创造者、奉献者和享用者。

第三级水平:情感能力的建构和创建。审美情感的形成,不仅感受和体验,而且,还有情境的评价,移情共鸣能力的形成和反应选择能力的提升,单就移情能力,就有觉知、辨别、理解、联想和分享他人情感以及角色进入等多种能力的综合。就审美移情而言,它不仅从审美对象上感受美,而且,还把自己的情感投射到并覆盖到审美对象上去,从而使审美对象有更为明显的拟人的感情色彩。古语云:"登山则情满于山,观海则意溢于海。"情感能力的建构和创建,在人际交往中,不但要真诚、热情、大方、有礼,而且要有自我调节情感和修饰表情的能力。按民族性格而言,不仅要保留传承中华民族传统性格中的含蓄而深刻、沉着而坚韧的特点,而且还要培养学生以真诚、深厚、坦率、大方的方式来表达自己的情感,形成追求进取和积极、主动、独立、勇敢的性格特点,去提高社会适应能力。

"八美并进"范式有三大落脚点:人文美、人格美、人生美。美的情感体验为主线,最终要落实在学生人文熏陶,人格陶冶和人生态度的形成上。

人文美,是指人文环境对学生成长的全方位的熏陶,包括"人际关系、交往礼仪、文化遗产、文明行为、整体环境、举止得体、风度姿态"所给予学生的一种潜移默化的影响,使学生在人文环境中,接受环境美、行为美、心灵美的熏陶。人文美的形成,需要构建和谐的教育生态系统,处理好人与自然、人与社会、人与文化传承之间的关系,不断提升人文修养。

人格美,是指人对现实的态度体系及由此决定的行为方式体系的美。它是八美中的核心要素。人格美的本质是情操美,是心灵美的体现。在对现实态度上,具有积极的理想、意志、情感、智慧、才能、气质等因素,构成了学生的人格美的内在品质。它体现在外在形式上,包括言语、表情、行为、举止、形体、风度等方面,使之具有很强的自我控制和调节机制,有利于学生建立健康、科学、文明的生活方式,形成和谐的人际关系,提高学习和实践效率等。人格美的形成,需要理性的启迪和审美陶冶。

人生美,是指从现实生活中起步,按审美的理想去追求、去体验、去领略审美人生。要让学生以审美理想的建构和追求去赋予人生以美的意义,去追求人生的美学意境,去创造美的人生。人生美的形成,就要从审美的自我,优美的人性、美好的友情、美德的生成,情操品性的构成,情操审美的塑造,人格审美的体验和人生理想的追求等方面去提升审美人生的意义和水平。

"八美并进"范式体现了一种多成分、多维度、多水平整合的心理组织,各要素间所呈现的是一种动态的彼此交叉、互为联系的网络体系。该网络体系具有多重性和多属性,"美的情感体验"则是联结各要素组成部分的一条红线。

从实践论的角度看,"八美"的起点是学生自我个体,以个体美的实践为基本出发点,最终又回归到自我个体。实践的方式也遵循了由近及远、由他人到自身、由具体到抽象、由简单到复杂的认识规律。

三、"天天美育"的运行机制

学校美育涉及学生情感需求的满足及提升,不是轰轰烈烈地搞几个活动就高枕无忧了,而是时时都有美育,处处都有情感教育的渗透,需要建立"全人员、全过程、全方位"的运行机制,即"人人需美育、时时有美育、处处见美育"。笔者把这种运行机制称为"天天美育"。这个运行机制建立在对学生情感发展特点的认识上,符合学生情感发展的一般特点,对学生健康情感、高尚情操的养成,起到很大的推动作用。

"天天美育"的运行机制着重体现在如下三个方面：

人人需美育，全人员参与。爱美是人的天性。对美的热爱没有高低贵贱之分。每一个学生都有接受美育的能力，每一个学生都有接受美育的权利。对个人来说，美育是对人格的完善，对民族来说，是提升国民整体的素质，是中华崛起的精神力量。审美素养是人类共同核心素养之一。只有一个具有高度审美素养的民族，才是一个具有高尚道德，胸怀博大，引领人类文明的民族。这就要求每一位教师提升自己的审美能力和审美素养，积极探索美育路径，践行以美育人的教育使命。

时时有美育，全过程推进。首先，"时时有美育"体现在课堂中。不管是艺术课，还是非艺术课，都有美育的元素。学校构建审美化课程，挖掘各门课程中的美育资源，探索美育课程新形式，形成与德育、智育、体育和劳动教育相融合的美育体系，让学生在每堂课中都能受到美育的熏陶。其次，"时时有美育"体现在活动中。学校还可以有计划地举办各类科艺活动，分阶段集中凸显学生审美素养培育，发现艺术特长生，对艺术人才进行早期培养。最后，"时时有美育"还体现在课外的各个时间段。学生放学、放假回家，可以利用余暇时间开展艺术兴趣活动。推动学校美育、家庭美育、社会美育的整体发展和交叉融合，构建更高水平的美育协同育人机制。

处处见美育，全方位保障。"兴于诗，立于礼，成于乐"。学校统筹协调审美资源，遵循美育特点，用实践体验的方法，用感受熏陶的方式，尊重学生的个性和主体性，激发学生的热情，追求潜移默化、润物无声的境界。在校园文化中，要营造美的环境、创造美的氛围，让学生从校园的一砖一瓦、一石一碑、一草一木、一角一景中，都感受到美的熏陶，体验到美的情感；在集体生活的组织上，要突出对美好的向往和追求，让学生从教师的教导中、团队组织生活和班集体活动中、同学交往交流中，感受到理解友爱之美、团结互助之美、乐群和谐之美、奉献崇高之美。

总之，天天美育运行机制致力于让美育渗透到学生的日常生活中，帮助他们在不断接受美育熏陶的过程中，培养健康的情感、高尚的情操，为民族复兴和人类文明的发展作出贡献。

四、审美素养培育的策略和抓手

审美素养是人的核心素养之一，它与审美需要、审美能力、审美理想高度相关。在理想的审美活动中,审美需要和审美理想处于和谐、统一的状态。审美理想是审美需要的目标。学校通过有目的、有计划的审美活动,才能有针对性地对学生的审美认知能力和审美体验水平进行系统的、深刻的影响,才能更好地发展和完善学生的审美认知结构,提高学生的审美体验水平。

一般来说,学校可以以从三个维度出发,培养学生审美能力,提升审美情趣,提高审美素养。从外部形式上,提升学生掌握艺术知识和技能的水平;从内部结构上,重视培养学生"感受、欣赏、判断、批判、创新"的审美能力;从实践层面上,突出培养学生的审美态度和价值观。

策略一,尊重并保护学生个体的审美需要。审美需要在审美心理结构中处于最底层,它与人的情感生命相连,是人的情感欲求的感性形式,是审美心理结构中最基本的动力基础。在低层次的情感中,学生的"喜怒哀乐",直接影响教育活动的有效性。把教育活动设计得生动、活泼、有趣,激发学生的原始情感,教育可以起到"一两拨千斤"的效果。

策略二,努力发展学生个体审美能力。审美能力,是审美心理结构中的中心层次,链接审美需要与审美对象,同时,把审美需要转化为审美理想。一个人的审美感受能力并非随年龄的增大而递增,往往表现为审美感受性的减弱。达尔文就描述过自己在较高的审美趣味方面奇怪而可惜的丢失现象。他在青年时期非常喜欢朗读诗歌;但成年后却发现失去了对文学艺术及绘画艺术的兴趣。他把自己审美感受减弱的现象,归结为审美素养发展的不平衡性。知识与技能的提升,并不一定同时促进审美素养的发展。审美能力主要包括"审美感受力、审美欣赏力、审美判断力、审美想象力、审美创造力"。学校可以通过课程设置与实施,分阶段地发展学生的审美能力。不同年龄阶段,审美能力的培养有不同的要求。

策略三,升华学生个体的审美理想。审美理想是审美需要的理想化形式,在审美心理结构中处于最高层,是审美心理的调控系统。感性的欲求积淀为审美需要,在审美能力的催化下,表现为理性的审美需要,最终转化为高层次的审美理想。因此,审美理想是审美需要的高级表达形式。低层次的情感需求,如对某件物品、某个人、某件事的爱好、喜欢、满足、快乐等,在理性价值引导下,可以升华为"爱家乡、爱祖国、崇拜英雄人物"等高级情感。有些学生喜欢音乐,有些喜欢美术,有些喜欢文学艺术,不管哪种层次、哪种形式,学校都要加以尊重,并且从课程设置、教师安排、资料协调等方面给予满足,从发展学生的课程审美能力着手,努力把学生的低级的审美情感需要转化为高级的审美理想。

除了以上三大基本策略,学校还可以通过以下抓手更好地发展学生的审美素养:

抓手一,努力挖掘不同学科的美育功能。不同学科的教学都具有审美教育功能。各个学科教学在其实际进行中不可能脱离审美教育。语文包括语言和文学两个相互联系的领域,是学生学习其他学科所必需的基本工具,蕴含了汉字美、语言美、文学美、自然美、社会美、创作美;数学是数量的科学。数学的基础是客观事物的空间形式和数量关系。数学与美学、艺术有天然内在的联系,蕴含了数字美、几何美、逻辑美、思维美;英语是进行国际文化交流不可缺少的工具,如同汉语一样,每一种民族语言,都有它自己的审美特性,蕴含了语言美、人文美、文学美;物理是研究物质的机械运动、空间位移以及热、力、光、声、电、场、波等物质运动形式的规律的科学,蕴含了物理现象的多姿美、物理世界的和谐美、物理实验操作美;化学是研究物质构造、物质变化及其规律性的科学,蕴含了变化美、运动美、整体美、微观美、符号美。

抓手二,教学过程的审美化建设。课堂教学是学校教育的主阵地,也是美育的主阵地。教学过程的审美化建设突出体现教师的自由创造性,使人在感性形象的观照中获得情感的愉悦、心灵的净化。教师在教学美的审美关系中具有双重身份,既是创造美的主体,又是学生欣赏的审美客体。教师通过对教学内容生动揭示,对和谐的教学流程的创造性设计,使审美主体感受到生命的律动,自由的欢愉,从而体现出教学的美。这种过程是以师生互动为基础的,体现了师生间的自由创造和情感交流。审美化的教学过程有三个特点:一是合规律性。即教学要符合"真"的要求,体现内在的客观规律,正确处理好间接经验与直接经验之间的关系,掌握知识与发展智能的关系,传授知识与发展人的品德的关系,教师主导与教学主体的关系,使教学成为简约性教学、发展性教学、教育性教学、相长性教学。二是合目的性。指教学要符合"善"的要求,能够促进个体的成长、符合身心自由、全面发展的内在必然要求,达到道德伦理结构、知识能力结构、审美心理结构、身体素质结构的完美和谐。三是合理想性。教学美的创造离不开教师的审美理想。教师的审美理想由审美知识系统、审美能力系统、自我审美规范系统融合而成，在这个系统里，教师对教学内容、教学方法、教学过程进行审美化的加工和选择，融入其"艺术家"的生命与灵魂，饱含并表现出鲜明的感情色彩，具有极强的美的感染力。

抓手三，教师成为审美者。表现在育人价值上，全面舒展教师自身与学生的生命意义，不断地在教育实践中追求最高的人生境界。表现在教育形态上，将全面反映师生生命逐步成长与完美、生命价值逐步被发觉与展现的景象：教育过程成为审美过程；教育结果成为审美创造的成果；教育规律符合审美的规律。

师生关系应当建立在"师生是互为审美者"这个基础上。教师与学生相互欣赏，共同进步。教师的审美人格与学生的审美人格互为影响，现实人格与理想人格，感性人格与理性人格最终得以统一，师生成为美善相谐、美真互融的人。

教师要重视对自身审美素养、审美观点和审美理想的培养。养成终身学习型的生活方式，不断地更新自己的知识，跟上时代发展的要求。对自身的生活理想要有审视的态度，有一种批判的态度和保持自己判断力的态度。不轻易盲从，不轻易妥协，坚持自己的价值观。

教师还要努力改变生活方式。注重物质生活和精神生活的平衡，寻求一种在本质上能够使得物质生活和精神生活比较和谐、平衡的生活方式。在日常的生活中，要有生态型的生活方式，追求人与自然、人与社会、人自身全面和谐、可持续的发展。要有高雅的审美情趣，在平凡而琐碎的生活中发现生活的乐趣，成为拥有幸福感的教师。

美育既是科学，也是一门艺术。美育是师生双边的共同活动。在活动的过程中，如何协调各要素之间的关系，摆正自己的地位，是教师必须要掌握的一门艺术。从这个意义上来讲，美育工作者就是教育艺术家。

第五章 "世界文学"视野与中国"文学"概念

主编插白：文艺理论是美学理论的重要组成部分。文学则是艺术的重要门类。本章讨论文学之美。它既有世界眼光，也有中国观照。欧洲科学院院士、上海交通大学文科资深教授王宁指出：在当今的国际比较文学理论界，"世界文学"是一个热议的前沿话题，但是长期以来，人们在讨论"世界文学"时，主要聚焦欧洲几个大国的文学。后来由于美国的崛起及其综合国力的强大，欧洲中心主义演变为西方中心主义。即使在中国的世界文学研究领域，西方中心主义也长期占据主导地位。不过与此同时，反西方中心主义的尝试也一直没有间断，在西方有曾任国际比较文学学会主席的佛克马，在中国则有鲁迅。前者从文化相对主义的视角试图建构一种新世界主义，后者则通过大量译介弱小民族及东方的文学作品来消解西方中心主义文学地位。在当前的全球化时代，我们在中国的语境中讨论世界文学，就应当大力向海外推介中国文学，从根本上改变世界文学版图上的西方中心主义格局。在中国文学的历史版图中，"文学"概念有一个从晚清以前的"杂文学"到近现代之后的"美文学"的古今演变。北京大学中文系周兴陆教授的《"文学"概念的古今榫合》一文对这个转换过程作出了新的探寻。他指出：在近现代时期，自西方而来的 Literature，译为中国传统的"文学"，二者从内涵到外延都有一个对接榫合的过程。晚清的骈体正宗论，重新解释传统的"文笔"论，引申出"美文"概念，继而接引了西方的"纯文学"观念。国人接受了西方的审美主情论，特别是戴昆西"知的文学"与"情的文学"的分野，走出大文学、杂文学的传统，确立了"纯文学"的观念。"纯文学"引入中国后，一度采用"三分法"，以诗歌、小说、戏曲为正宗，将散文排斥在文学之外；但是因为强大的散文传统和繁盛的现代散文创作,促使现代文论修正"三分法",增入散文而形成具有中国特色的"四分法"。在外患内忧交困的艰难时势中,传统的"文以载道"虽曾遭到猛烈抨击,但在三四十年代以功利主义文学观的面目得到重新确立,而审美超功利的"纯文学"并没有绽放出绚丽的花朵,相反暴露了某些先天不足留下反思。六朝是中国古代美学史上的辉煌时代。关于六朝美学的时代特征众说纷纭。如何准确把握六朝美学的时代特征,意义非凡。笔者依据对中国美学史的整体研究,在与汉代美学崇尚"太上忘情""建安风骨"、鄙薄"雕虫篆刻""闳侈巨丽"的时代特征、与隋唐美学鄙薄"彩丽竞繁""雕琢淫靡",崇尚"风雅骨气""芙蓉出水"的时代特征的实证对比中,揭示了六朝"情之所钟""从欲为欢"的情感美学与"铺采摛文""错采镂金"的形式美学两大主潮,对宗白华先生的似是而非的论断提出商榷和匡正,有拨开众流、新人耳目的警醒意义,欢迎读者辨正。

第一节　世界文学研究中的西方中心主义与文化相对主义[①]

"世界文学"(Weltliteratur)这个术语并不是一个全新的理论术语,追踪其源头,人们一般总是追溯至德国作家和思想家歌德和青年学子艾克曼的谈话,因为正是在那次谈话中,歌德正式提出了"世界文学"的概念,并加以详细的阐述。当然,当代研究者经过仔细追踪研究,发现歌德并非最早使用这一术语的人,在他之前,至少哲学家赫尔德和诗人魏兰德使用过诸如"世界文学"或"世界的文学"之类的术语[②]。但是他们也只是偶尔提及,并未作深入阐释,更没有像歌德那样对之加以概念化并产生广泛的影响。因此我们今天称歌德为世界文学概念的首创者并不为过。因为是他率先打破了欧

①　作者王宁,上海交通大学人文社会科学资深教授,教育部长江学者特聘教授,欧洲科学院外籍院士。本文原载《人民论坛·学术前沿》2022年第2期。

②　这方面可参考这两篇文章:Wolfgang Schamoni, "Weltliteratur — zuerst 1773 bei August Ludwig Schlözer," *arcadia*: *Internationale Zeitschrift für Literaturwissenschaft / International Journal of Literary Studies* 43. 2 (2008): 288 – 298; Hans-Joachim Weitz, "Weltliteratur zuerst bei Wieland," *Arcadia*: *Zeitschrift für Vergleichende Literaturwissenschaft* 22 (1987): 206 – 208.

洲中心主义的桎梏,将阅读和考察世界文学的视角转向长期以来一直受到忽视的东方文学,并由此出发提出诗心和文心共通的"世界文学"概念,从而引发了文学史上就此话题进行的旷日持久的讨论。之后,由于民族主义的高涨和对民族/国别文学的强调,世界文学一度被打入冷宫。自本世纪初以来,得益于全球化在文化上的作用,世界文学作为一个前沿理论课题再度浮出历史的地表,引起了比较文学和文学理论学者的关注,并使得一度陷入危机状态的比较文学走出低谷,再度焕发出新的生机。我们从这一简略的概述大概不难看出,从作为一个理论概念的"世界文学"发展到今天作为一种创作和理论批评实践的"世界文学阶段",这一术语已经历了漫长的历史,在这其中,两股思潮和思维定式相互博弈,使得关于世界文学问题的讨论持续到今天。

一、世界文学中的欧洲中心主义和西方中心主义

毫无疑问,歌德作为一位有着极高声誉的欧洲作家和思想家,显然不同于那些心胸狭隘、目光短浅的欧洲作家,他有着广博的世界主义胸怀,广泛涉猎东西方文学,并在广泛阅读世界各国文学作品的基础上提出了"世界文学"的概念。因此我们今天在讨论比较文学和世界文学时,常常将他视为比较文学之父和世界文学概念的首创者。确实,歌德在古稀之年接受青年学子艾克曼的拜访,并就民族文学和艺术等话题进行了范围极广的谈话。之后由艾克曼编辑整理为《歌德谈话录》。我们今天在讨论世界文学问题时所引用的那段关于世界文学的文字就出自歌德与艾克曼的谈话。实际上,我们读完他们的整篇谈话,却惊异地发现,世界文学在其中并不占据显赫的地位,甚至歌德对世界文学的描述也只是淡淡地提及,而且很快就转向对具体作家艺术家的评论等另外的话题了。我们若仔细阅读他和艾克曼谈话的全部内容,并不难发现,歌德的文学造诣和所熟悉的主要还是欧洲文学,而且更侧重于欧洲的古典文学,说得更具体一些,主要是德、法、英和古希腊的文学艺术,偶尔也涉及一点意大利文学,东欧的和北欧的文学几乎不在他的视野中。因此他在谈话中不时地流露出鲜明的精英意识和对文学经典的强调。在他看来,这些欧洲文学经典作家构成了世界文学的主体。因此,毫不奇怪,他在与艾克曼的谈话中,讨论的大都是对他本人有着直接的影响和启迪并在文学史上有着崇高地位的欧洲作家和艺术家。这也许就是他所框定

的世界文学的范围。应该说，歌德与艾克曼谈话的另一个贡献就在于他对以欧洲文学为主体的世界文学经典的形成作出了奠基性的贡献。他们讨论的那些同时代或古代的作家大多已成为今天我们所阅读和研究的世界文学经典作家。

作为把握了时代脉搏和精神的伟大作家，歌德和莎士比亚都创作了优秀的剧本，而且后者的主要成就在于戏剧创作。由于莎士比亚并非出身高贵，也未在牛津剑桥读过书，因此一些肆意贬低莎士比亚的批评家一方面对他的著作权提出质疑，认为那些把握了时代精神并具有很高艺术价值的剧作不可能出自莎士比亚之手，另一方面则抬出他的同时代和之后的伟大剧作家来打压他。但是歌德出于艺术批评的良知和真诚，始终对莎士比亚的成就十分推崇，他称莎士比亚为"一位戏剧天才"，并认为，伟大的作家应该看到这一点，"如果他真正称得起天才的话，就不可能不注意莎士比亚，是啊，不可能不研究莎士比亚。可是研究的结果必然意识到，莎士比亚的作品已经穷尽整个人性的方方面面，已经做过最高、最深的发掘，对于他这个后来者，从根本上讲已没剩下任何可写的东西啦。谁要在灵魂深处意识到已经存在那样一些无比精湛的、不可企及的杰作，并对其心悦诚服，谁还能从哪儿获得勇气提起笔来呢！"①应该说这是歌德对莎士比亚的艺术成就的高度认可和评价，对于奠定莎士比亚在欧洲乃至整个世界文学史上的地位都作出了卓越的贡献。

几乎与歌德同时代的英国诗人拜伦虽然比他年轻许多岁，但由于生活的颠沛流离和身体虚弱等诸种原因，拜伦不幸英年早逝。歌德不禁感到巨大的悲伤，他发自内心地对这位有着很高天分同时又引起很大争议的诗人给予了极高的评价，并且毫不否认自己受其影响和启迪。在歌德看来，"他是一位伟大的天才，一位天生的诗人；在我看来，没有任何人身上有他与生俱来的那么多作诗的天分。还有在把握外在事物和洞悉历史情境方面，他也与莎士比亚一般伟大。不过作为纯粹的个人，莎士比亚更加杰出。对此拜伦心中有数，他真恨不得将莎士比亚给否定掉，因为他的快活爽朗如同横在他前进路上的一块巨石，他感觉自己无法越过。"②对拜伦之后的法国作

---

① 艾克曼：《歌德谈话录》，杨武能译，四川文艺出版社 2018 年版，第 44—45 页。
② 艾克曼：《歌德谈话录》，杨武能译，四川文艺出版社 2018 年版，第 109 页。

家雨果,以及之前的剧作家莫里哀等人,歌德也多有提及,并表达了自己的景仰和推崇。我们从歌德对欧洲的主要作家及其作品的提及和评价不难看出,在他的心目中,世界文学应该由这些伟大的欧洲作家及其作品为主体,因为正是这些伟大的欧洲作家及其优秀作品形成了世界文学。由此可见,歌德的世界文学观首先体现在其经典性,而且这一经典性又带有鲜明的欧洲中心主义色彩。

但是,歌德的眼界毕竟要高于那些目光狭隘的欧洲中心主义者,虽然他本人无法全然摆脱欧洲中心主义的阴影,但是他能够走出其狭隘的领地,关注中国文学,这一点是难能可贵的。就在他与艾克曼谈话的年代,被誉为"美国文学之父"的华盛顿·欧文已开始创作,年轻的美国文学也开始引起国内外批评界的关注。但歌德却对此不屑一顾。他倒是针对一些具有普世意义的现象颇感兴趣。他认为,"世界永远是同一个模样嘛,""各种情景不断重复,一个民族生活、恋爱和感受如同另一个民族:为什么一位诗人就不能跟另一位诗人同样作诗呢? 生活状态一个样:为什么诗的状态就该不一样呢?"①显然,在他看来,世界各国的作家都有着共通的诗心和文心,因而通过翻译的中介,这些作品可以为全人类所共享。

正是由于歌德的宽阔世界主义胸襟和娴熟的多种外语技能,他通过英文和法文翻译,阅读了包括中国文学在内的一些非欧洲文学作品,包括中国作品《好逑传》《玉娇梨》《花间记》《老生儿》,印度古代诗剧《沙恭达罗》以及一本波斯的诗集,并萌发了这样的感慨,"我越来越认为,诗是人类的共同财富,而且正成百上千地,由人在不同的地方和不同的时间创造出来。一个诗人可能比另一个诗人写得好一点,浮在水面上的时间也长一点,如此而已……我们德国人如果不跳出自身狭隘的圈子,张望张望外面的世界,那就太容易陷入故步自封,盲目自满了哦。因此我经常喜欢环视其他民族的情况,并建议每个人都这样做。一国一民的文学而今已没有多少意义,世界文学的时代即将来临,我们每个人现在就该为加速它的到来贡献力量。但是,我们对外国文学的重视还不应止于某一特定的文学,唯视其为杰出典范。我们不应该想,只有中国文学杰出,或者只有塞尔维亚文学,或者只有卡尔德隆,或者只有《尼伯龙根之歌》杰出;而总是应该回到古希腊人那儿去寻

---

① 艾克曼:《歌德谈话录》,杨武能译,四川文艺出版社 2018 年版,第 100 页。

找我们需要的典范,因为在他们的作品里,始终塑造的是美好的人。其他文学都只能以历史的眼光看待,好的东西只要有用,就必须借鉴。"①长期以来,研究世界文学的学者们只是引用前面几段文字,刻意地宣扬歌德对包括中国文学在内的世界各民族文学的强调,而忽视了后面几段文字:在打破德意志中心主义的同时又陷入了欧洲中心主义的桎梏。如果我们仔细阅读他上面的整段文字,就不难看出他的世界文学概念中的矛盾性和张力:再一味地侈谈民族文学已经无甚意义,世界文学的时代已经来临,因为各民族人民通过文学进行交流已经成为不可阻挡的趋势。因此再像过去那样故步自封,盲目自满,只看到自己民族/国别的文学成就显然是不够的。这应该说是歌德超越了欧洲中心主义局限的进步之处,也说明他作为一位伟大的世界文学大家所具备的独到眼光。

但是,如前所述,歌德也如同绝大多数欧洲作家一样,其欧洲中心主义思维定式也是难以克服的,他一方面号召欧洲作家要克服故步自封的缺点,把目光转向德国以外的世界其他民族和国家的文学,但另一方面又认为,真正堪称经典的作品应该在古希腊文学中去寻觅。这就情不自禁地流露出了欧洲中心主义的思维定式总是在作祟,但又无法公开彰显,因为在这其中还有另一种思维定式,即文化相对主义。

毋庸讳言,在美国尚未成为一个新崛起的帝国时,美国文化基本上被认为是欧洲文化的翻版,美国文学也就自然被视作是对欧洲文学的模仿,并无自己的独特之处,因而欧洲中心主义在一定程度上扮演了后来的西方中心主义的角色。我们都知道,美国很快便后来者居上,它充分利用两次世界大战的机会大发横财,在经济上和军事上得到迅速的发展,政治地位也愈加稳固。特别是在二战期间和之后,一大批欧洲的科学和人文知识精英不堪忍受德国法西斯的迫害而移民到美国,这样便使得美国将世界上最顶尖的科学家和人文思想家都聚集到那里。昔日的欧洲中心主义演变成了西方中心主义,而美国则成为西方中心主义的腹地和新的中心地带。任何杰出的欧洲思想家或作家的作品如果不经过英语世界的中介,或更为具体地说,不经过美国的中介,便很难成为有着世界性影响的大家。因此西方中心主义在许多人眼里就是美国中心主义。这一看法虽不无偏激,但至少反映了美

---

① 艾克曼:《歌德谈话录》,杨武能译,四川文艺出版社 2018 年版,第 195 页。

国在西方世界的主导地位和英语在传播世界文化和文学过程中的霸权地位。

二、文化相对主义的建构与重构

和西方中心主义相辅相成的另一股文化理论思潮就是文化相对主义。这股思潮也经历了漫长的发展演变史,并且在不同的时期以不同的形式出现。早先的文化相对主义也带有明显的欧洲中心主义印记,它旨在凸显欧洲文化相对于其他各种不同的文化的优越之处,这一点尤其体现在那些有着鲜明的精英意识的欧洲作家和艺术家那里。包括歌德这样有着广阔世界主义视野的大作家也不能幸免。从前引歌德和艾克曼的谈话中,我们也可以看出,包括歌德在内的一大批欧洲作家和艺术家都认为,只有优秀的欧洲作家及其作品才有资格成为世界文学的经典和主体。但是曾几何时,美国后来者居上,由于美国在经济、政治和科学文化上的飞速发展以及在国际事务中的主导地位,早先的欧洲中心主义逐步演变成了西方中心主义。不仅以美国为首的西方国家掌握世界上最先进的科学技术以及发布这些科技新成果的话语权,而且他们在文化上也不甘寂寞,英美两国的文化学者和人文思想家充分利用英语的文化传播功能,牢牢地掌握了人文学术出版的话语权,这一点也体现在世界文学的研究中。我们今天在英语世界常用的两大世界文学选——《诺顿世界文学选》和《朗文世界文学选》——无一不是由美国学者担任主编。但即使如此,那些传统的欧洲人文学者和理论家骨子里并不看重美国的人文思想和文化理论,认为在现代以来风行美国乃至整个西方的理论思潮追踪其源头,几乎无一不出自欧洲。但是另一方面,这些欧洲的思想家和理论家如果不经过美国以及英语世界的中介,也很难成为有着世界性影响的理论思潮。因此,文化相对主义也始终贯穿在欧洲以及后来的整个西方国家的比较文学研究中。并在不同的时期以不同的面目出现,从而显示出不同的意义。

尽管如此,一些心胸开阔的有识之士仍一直试图突破欧洲中心主义的局限,他们开始关注文化相对主义并试图对之进行改造和重构,使其反其意而用之。已故荷兰比较文学学者和汉学家杜威·佛克马(Douwe Fokkema)应该算是国际比较文学界较早关注文化相对主义和世界文学经典问题的学者之一,佛克马对文学经典的形成和重构发表了一系列论述,这尤其体现在他对文化相对主义的重新阐释和建构,从而为他的文学经典重构实践奠定了必要的理论基础。如前所述,文化相对主义最初用于文学研究也是为了标榜欧洲文学之不同于另一些文学的优越之处,后来,由于美国的综合国力不断发展进而变得十分强大,它在文学上的地位也发生了变化,曾经带有"欧洲中心主义"特征的老的文化相对主义也就自然演变成为带有"西方中心主义"特征的思潮,这种情形一直延续到东方文化和文学的价值逐步被西方人所认识①。在西方的比较文学学者中,佛克马的经历也与众不同,他早年曾学习过中国语言文学,并在荷兰驻中国大使馆工作过。他既受过西方汉学的严格训练,同时又具有较为宽阔的胸襟和理论视野,因此在当代比较文学研究界,他最早将文化相对主义加以改造并引入比较文学和世界文学研究。在理论上,他认为,"文化相对主义并非一种研究方法,更谈不上是一种理论了",它主要体现为一种思维模式。但是他同时也认为,"承认文化的相对性与早先所声称的欧洲文明之优越性相比显然已迈出了一大步。"②这一相对性就体现在,任何一种文化都是相对于另一种文化而存在的,因而每一种文化都有其存在的理由,东方文化作为一种有着自己传统和特色的文化形态,也有自己的存在理由和表达形式,东方文学也是如此。因此在世界文学研究中,不应当仅仅关注欧洲或西方国家的文学,也应该对东方文化和文学给予足够的重视。这样形成的世界文学观才算是比较客观和全面的。由于佛克马所受到的中国文学熏陶,他在讨论一些普世问题时也总是以中国文学和文化中的例子作为佐证,这一点也是其他比较文学学者所无法做到的。

佛克马的这一思想也体现在他应邀为劳特里奇《全球化百科全书》撰写的"世界文学"词条中。尤其值得称道的是,在此之前,他就不断地在一些国际场合批评那种狭隘的欧洲中心主义的世界文学观,针对世界文学版图分布的不公正状态,他更是在该词条中严正指出:

雷蒙德·格诺(Raymond Queneau)的《文学史》(*Histoire des*

---

① 关于文化相对主义和文化相对性的定义及其作用,参见 Cf. Ruth Benedict, *Patterns of Culture*, London: Routledge & Kegan Paul, 1935, p. 200.

② Douwe Fokkema, *Issues in General and Comparative Literature*, Calcutta: Papyrus, 1987, p. 1.

littératures)（3 卷本，1955—1958）有一卷专门讨论法国文学，一卷讨论西方文学，一卷讨论古代文学、东方文学和口述文学。中国文学占了130 页，印度文学占 140 页，而法语文学所占的篇幅则是其十二倍之多。汉斯·麦耶（Hans Mayer）在他的《世界文学》（*Weltliteratur*）（1989）一书中，则对所有的非西方世界的文学全然忽略不谈。①

从佛克马的描述中，我们不难看出，任何稍有一些西方国家以外的文学知识的人都认识到，对世界文学地图的这种绘制显然是受到西方中心主义思维定式的影响，因此佛克马觉得应该从理论的根子上寻找原因并予以驳斥。在另一篇专门讨论新世界主义的文章中，佛克马更为直白地从文化相对主义的视角质疑了所谓"多元文化主义"的普遍性，他认为，"多元文化主义的论点已经在历史主义和文化相对主义的概念那里得到了支持，这两种观点强调的是种族上和文化上有着差别的族群的独特品质。"②当然，就其反对某种文化专制主义而言，这两种观点无疑有着一定的共同性和进步意义。但是，他认为，建构一种新世界主义在这方面也许更加奏效，因为在世界主义看来，"学会处理各种文化之间的差异也是一种社会的政治的需要，这个问题基本上可以说是一个伦理道德问题。"③因此他认为，中国古代的"天下观"更加具有这种世界主义的萌芽。"在中国传统中，历史的层面主导了地理上的分布。整个世界基本上都是根据一种文化模式得到解释的，如果一个人生活在野蛮人中的话，儒家人性的原则也会适用。中国思想的普遍主义特征直到本世纪才受到若在欧洲便以文化相对主义之名义发展的那些观念的挑战。佛教禅宗这另一个伟大的传统也像儒家学说一样具有普遍主义特征。"④他还认为，过去西方历史上曾出现并在一战前风行的那种老的"肤浅的世界主义不过是法国、英国和西班牙殖民主义文明的一个

① Douwe Fokkema, "World Literature," in Roland Robertson and Jan Aart Scholte eds., *Encyclopedia of Globalization*, New York and London: Routledge, 2007, pp. 1290 – 1291.
② 杜威·佛克马:《走向新世界主义》，王宁译，载王宁、薛晓源主编《全球化与后殖民批评》，中央编译出版社 1998 年版，第 245 页。
③ 杜威·佛克马:《走向新世界主义》，王宁译，载王宁、薛晓源主编《全球化与后殖民批评》，中央编译出版社 1998 年版，第 258 页。
④ 杜威·佛克马:《走向新世界主义》，王宁译，载王宁、薛晓源主编《全球化与后殖民批评》，中央编译出版社 1998 年版，第 259 页。

产物。由于这种老的世界主义依赖西方的霸权,因此它是不可能被允许卷土重来的"①。确实,在当今这个全球化的时代,民族主义浪潮风起云涌,人类社会也出现了一些超越民族主义之局限的具有普遍意义和共同价值的现象,因此建构一种新的世界主义就势在必行。在佛克马看来,这种新的世界主义"应当拥有全人类都生来具有的学习能力的基础。这种新世界主义也许将受制于一系列有限的与全球责任相关并尊重差异的成规。"②也就是说,这种新的世界主义已经超越了西方中心主义的局限,它吸纳了一些西方世界以外的共同价值观和具有普遍意义的东西,与中国古代儒家哲学中的"和而不同"思想有着异曲同工之处。在佛克马看来,"有着好几种理论源头的新世界主义在某些方面也与现代主义的遗产有所关联。事物的意义之属性是临时的,但也总是可以修正的,因为其基本的态度是通过考验和失误而习得。人们的头脑总是向着新的经验开放;认知的情感的自我正期待着新的发现。这些新的经验并非仅受制于自己族群的文化,而应当包括与其他文化的接触。所有文化本身都是可以修正的,它们设计了东方主义的概念和西方主义的概念,如果恰当的话,我们也可以尝试着建构新世界主义的概念。"③佛克马认为,老的世界主义产生于西方的土壤里,它之所以有着西方中心主义的根基与古希腊先哲们狭隘的眼界和思维模式不无关系。而在当今这个全球化的时代,面对东方文化的崛起和东方文学在全世界的传播和接受,世界文学的绘图也应该更新,因此建构一种新世界主义将为之提供理论基础,至少可以突破西方中心主义的局限。这样,经过佛克马的改造和重新建构,这种文化相对主义就转而以一种新世界主义的面目出现了。它非常适用于当今这个全球化时代的精神,对于彻底破除西方中心主义的思维定式有着强有力的推进作用。应该承认,这些先驱者们的努力为后来东西方学者的世界文学研究奠定了理论基础。

---

① 杜威·佛克马:《走向新世界主义》,王宁译,载王宁、薛晓源主编《全球化与后殖民批评》,中央编译出版社 1998 年版,第 261 页。
② 杜威·佛克马:《走向新世界主义》,王宁译,载王宁、薛晓源主编《全球化与后殖民批评》,中央编译出版社 1998 年版,第 261 页。
③ 杜威·佛克马:《走向新世界主义》,王宁译,载王宁、薛晓源主编《全球化与后殖民批评》,中央编译出版社 1998 年版,第 263 页。

三、超越西方中心主义的世界文学绘图

　　回顾世界文学概念一百九十多年来的历史演变,我们不得不承认,提出这一概念并不意味着我们仅仅要多读一些世界各国的文学作品,因为毕竟一个人的生命有限,即使充分利用这有限的几十年时间潜心阅读文学作品,也不可能通过翻译读遍世界上优秀的文学作品,更不用说通过原文来阅读了。按照美籍意大利裔世界文学研究者佛朗哥·莫瑞提(Franco Moretti)的考察,我们今天一辈子所能阅读的世界文学作品,哪怕是通过翻译来阅读,也只占真正的世界各国文学中的极小一部分,大约百分之一都难以达到,而绝大多数民族/国别的多达百分之九十九以上的文学作品,则是我们无法阅读的,因为它们由于种种原因被文学的屠宰场残酷地"屠宰了",或者说被我们读者全然忽视了。因此他认为,为了了解这百分之九十九的世界各国文学的概貌,我们只有采用一种远距离的阅读方法来把握其概貌,也即通过某种技术的手段来代读这些作品。于是他提出一种运用大数据分析归纳的方法来了解这百分之九十九的文学的概貌①。毫无疑问,这百分之九十九的受到忽视的世界文学作品必然也包括长期被西方中心主义"边缘化"的中国文学作品。由于在西方的东方学研究界占主导地位的东方主义——西方中心主义的一个变种——的作祟以及合格的翻译的缺席,大部分中国文学作品都没有被译成英语等世界上的主要语言,这与西方文学作品及人文学术著作充斥中国的图书市场形成了鲜明的对照。造成的一个必然后果就是包括中国文学在内的东方文学在世界文学的版图上仅占有微不足道的地位,这无疑与广袤无垠的地理上的东方形成了鲜明的对比。因此,若要从根本上改变这一格局,就得从对西方中心主义的批判入手。

　　因此,正如莫瑞提所指出的,"世界文学不能只是文学,它应该更大……它应该有所不同",因为不同的人们有着不同的思维方式,因此他们对世界文学的理解也是千差万别的。在莫瑞提看来,世界文学的"范畴也应该有所不同"②,因为"世界文学并不是目标,而是一个问题,一个不断地吁请新

---

① 关于莫瑞提的"远读"方法之于世界文学研究的意义,参阅冯丽蕙,《莫瑞提的远读策略及世界文学研究》,《文学理论前沿》第 23 辑(2020 年),第 149—180 页。

② Franco Moretti, "Conjectures on World Literature," *New Left Review*, 1 (January-February 2000), p. 55.

的批评方法的问题：任何人都不可能仅通过阅读更多的文本来发现一种方法。那不是理论形成的方式；理论需要一个跨越，一种假设——通过假想来开始。"①也就是说，通过关于世界文学问题的讨论来改变现有的不合理的世界文学格局。因此，反对西方中心主义得从西方学界本身入手。确实，在莫瑞提以及另一位美国学者戴维·戴姆拉什（David Damrosch）的有力推进下，世界文学于本世纪初伴随着全球化进程的加速及其在文化上的反应再度成为一个问题导向的理论课题。它不仅吸引了比较文学和世界文学学者的关注，同时也激发了文学理论学者的兴趣，甚至连那些传统的国别文学研究者也试图乘着全球化的东风，将本国的文学介绍到世界上的其他国家和地区。这一点尤其体现在中国的文学研究者的理论意识中。

世界文学在中国也并非一个全新的话题，而是一个有着一百多年历史的理论概念。一大批先驱者为之进入中国并挑起这方面的讨论而作出了奠基性的贡献。根据现有的研究资料显示，世界文学作为一个理论概念于20世纪初介绍到了中国，在这方面，诸如黄人、陈季同、鲁迅、王国维、马君武、郑振铎等人都为之在中国的驻足推波助澜②。实际上，在那前后，中国学界已经掀起了一场大规模的翻译西学的运动，一大批西方文学的经典著作以及人文思想家的著作通过翻译的中介进入了中国，大大地开阔了中国作家和人文知识分子的视野，使他们带有了某种世界的意识。但是，我们不难看出，在那场大规模的翻译运动中，译介到中国的大部分文学作品和人文学术著作都出自西方作家和理论家之手，只有少数来自俄罗斯和日本以及东欧的一些小民族的文学作品和理论著作进入了翻译者的视野。因此在不少人看来，世界文学在某种程度上就是西方文学的一个代名词，东方国家的文学在其中根本微不足道。由此可见，不仅是在西方学界，而且在中国的世界文学翻译和研究界，占据主导地位的依然是一种西方中心主义的思维定式。甚至不少中国学者都认为，翻译西学就等于是翻译世界文学经典和人文学

① Franco Moretti, "Conjectures on World Literature," *New Left Review*, 1 (January-February 2000), p. 55.
② 这方面较全面的追踪和梳理，可参阅王宁、生安锋等：《世界文学与中国现代文学》，中国社会科学出版社 2021 年版，上卷第一章"世界文学概念在中国的流变"（张珂执笔），第 43—99 页。

术著作杰作,但是,在中国学界,西方中心主义与反西方中心主义的博弈从来就没有停止。在这方面,鲁迅堪称破除西方中心主义的一位先驱者,这主要体现于他的翻译实践。

尽管今天的学界仍时常有人把鲁迅看作是中国近现代史上"全盘西化"的一位代表人物,但我认为这是不公平的。如果我们仔细考察鲁迅的翻译实践,就不难看出,鲁迅的翻译涉猎范围十分广泛,远远超出了西方世界,包括不少东欧的小民族文学以及东方的日本文学。许多在西方学界名不见经传的小民族作家正是经过鲁迅的翻译介绍,其作品才在中文的语境中获得新生的。而且鲁迅的翻译生涯也很长,在1903年至1936年的33年里,他共翻译了俄苏、日本、捷克、匈牙利、保加利亚、波兰、罗马尼亚、芬兰、西班牙、奥地利、德国、法国、荷兰、比利时、美国、英国16个国家、13个语种、110位作家的251种(部、篇)作品,总计330万字的外国文学作品①。根据王家平的概括:鲁迅的翻译分为这样几大块:"(1)欧美大国作品20种(部、篇),其中英、美两国作品分别为1篇,法国作品7篇(部),德国作品11篇,占鲁迅译作总篇数的7.97%。(2)欧洲小国作品26种(部、篇),其中捷克、波兰、罗马尼亚、比利时作品分别为1篇,保加利亚、芬兰作品分别为2篇,匈牙利、奥地利、荷兰作品3篇(部),西班牙作品9篇,占鲁迅译作总篇数的10.36%。(3)俄苏作品105种(部、篇),其中俄国作品48篇(部),苏联作品57篇(部),占鲁迅译作总篇数的41.85%。(4)日本作品99种(部、篇),占鲁迅译作总篇数的39.46%。"②从上面这一量化数据所示,我们完全可以得出这样的结论:鲁迅绝不是一个西方中心主义者,他在号召学习西方的同时,也通过自己的翻译实践有力地解构了西方中心主义的思维定式,使广大中国读者和研究者认识到,世界文学并不仅仅是由那些主要的西方国家的文学组成的,广大弱小民族和东方国家的作家及其作品也应当在世界文学的版图上占据应有的一席。

① 这方面的梳理和讨论,可参阅王宁、生安锋等:《世界文学与中国现代文学》,中国社会科学出版社2021年版,下卷第十一章"鲁迅与世界文学"(王家平执笔),第347—394页。

② 这方面的梳理和讨论,可参阅王宁、生安锋等:《世界文学与中国现代文学》,中国社会科学出版社2021年版,下卷第十一章"鲁迅与世界文学"(王家平执笔),第347—394页。

但是毋庸置疑，以鲁迅为代表的一大批中国现代作家所受到的影响和得到的启迪更多是来自外国作家，而非本国的文学传统。例如鲁迅本人就曾形象地描绘过自己开始小说创作的过程："但我来做小说，也并非自以为有做小说的才能，只因为那时是住在北京的会馆里的，要做论文罢，没有参考书，要翻译罢，没有底本，就只好做一点小说模样的东西塞责，这就是《狂人日记》。大约所仰仗的全凭先前看过的百来篇外国作品和一点医学上的知识，此外的准备，一点也没有。"①但是熟悉鲁迅的创作生涯的人都知道，鲁迅本人的中国文化功底十分深厚。正是由于他对中国传统文化了解得太深刻了，所以对其缺陷才有所认识。因此他在批判中国传统文化中的劣根性的同时，号召中国作家和人文知识分子学习包括西方在内的外国文学和人文学术思想。这应该说是鲁迅高于那些全盘西化论者的独特之处。

我曾在一些场合指出，世界文学应该是一个"双向的旅行"概念，也即世界文学早已经旅行到了中国，并对中国文学产生了重大的影响和启迪，中国文学也应该走向世界，并成为世界文学的一个不可分割的部分，这样才能彻底改变长期以来形成的西方中心主义的世界文学格局②。应该说前者是十分成功的，包括鲁迅在内的一大批五四作家、翻译家和人文学者都作出了巨大的努力，从而使得世界文学大家的主要作品都有了中译本，有些作家甚至在中国出版了作品全集；而坦率地说，后者则是不那么成功的，除了新中国成立后中国的外文出版社投入大量人力和财力翻译了一些中国文学大家的名著外，其余的古典和现当代中国文学作品的译介完全依赖国外汉学家的努力。这方面的译介不仅缺乏系统性，更不用说与外国文学在中

---

① 鲁迅：《我怎么做起小说来》，《鲁迅全集》第四卷，人民文学出版社 1989 年版，第512 页。

② 这方面可参阅我的下列文章：《世界文学的双向旅行》，《文艺研究》2011 年第 7 期；《中国文化走出去：外语学科大有作为》，《中国外语》2013 年第 2 期；《文化软实力的提升与中国的声音》，《探索与争鸣》2014 年第 1 期；《世界主义、世界文学与中国文学的世界性》，《中国比较文学》2014 年第 1 期；《世界文学的中国版本》，《学术研究》2014 年第 4 期；《世界文学语境中的中国当代文学》，《当代作家评论》2014 年第 6 期；《诺贝尔文学奖、世界文学与中国当代文学》，《当代作家评论》2015 年第 6 期；《一带一路语境下的比较文学与中国当代文学》，《人文杂志》2016 年第 9 期；《中国当代小说与世界文学》，《中国文学批评》2018 年第 2 期等。

国的翻译介绍相比拟了。如果说文学作品还有一些市场的话,那么中国人文学者的著作在国外被翻译并得到出版者则寥寥无几。因此,世界文学与中国文学的关系仍在很大程度上是一种单向的旅行,这其中与西方中心主义的作祟不无关系。但平心而论,我们自己的努力也是远远不够的。从五四时期的知识分子到当代学者和翻译者,在大量译介国外的,尤其是西方的文学作品及人文学术著作的同时,却忽视了将中国自己的优秀文学作品和人文学术著作译介到国外,因而客观上助长了西方中心主义在中国翻译界和学术界的盛行。现在全球化时代的来临为我们提供了文化学术交流的平台,我们应该充分利用这个平台来推动中外文化学术交流。

因此,我们今天在中国的语境下重新讨论世界文学问题,就应该立足中国的立场和世界的视野,突破西方中心主义的局限,大力弘扬包括中国文学在内的非西方文学,从而为重新绘制世界文学的版图而贡献中国的智慧和提供中国的方案。当然,要达到这样一个目标,我认为我们可以通过下列三种途径来实现:第一,立足中国本土的立场和观点,就国际学界的一些具有普遍意义的话题发出中国的声音,贡献中国的智慧,并提出中国的方案①;第二,在国际学界大力弘扬中国文学和文学理论,用中国的文学理论概念来尝试解释世界文学现象,从而改变国际比较文学和文学理论界长期一直风行的"以西释中"的西方中心主义模式;第三,由中国学者提出一个全新的话题,引领国际同行就此展开讨论甚至争论。如果我们能够在这三个方面都有所突破的话,可以肯定,国际学界的西方中心主义思维定式至少会受到大大的限制进而最终得到根本的改变。

---

① 在这方面,我本人近十年来作过多次尝试,即在多家国际权威的英文刊物上提出一个话题,邀请一批中外学者就此讨论,不仅开了引领国外学者讨论由中国学者提出的话题之先例,同时也促使一大批中国学者的英文论文得以在国际权威刊物上发表。最近的一个例子就是我本人应邀为欧洲科学院院刊《欧洲评论》主编的一组针对新冠病毒肺炎在全球蔓延并率先在中国得到遏制的文章:"Focus:Confronting the COVID－19 Epidemic and Control:Reports and Reflections from China",*European Review*,Vol. 29 (November 2021),No. 6,762－818. 该专辑于 2020 年率先在线发表,引起了强烈反响,最近又在该刊纸质版发表,被认为是中国的人文学者对治理新冠病毒全球蔓延提供的值得借鉴的方案。

第二节 "文学"概念的古今榫合^①

中国近现代的"文学"概念,不是自然地从传统文化中发展而来,而是在19、20世纪之交,由日本学者和欧美传教士从汉语传统中发掘出"文学"一词以对译英语的 Literature。这已是众所周知的常识。不少学者还对"文学"一词的引入路径做出过细致的钩稽和描述。因为现代的"文学"是一个引入的概念,引入后需要与传统对接,对传统的文学观念加以重释和改造,这就存在一个古今"文学"概念相互榫合的问题。这里的"古今榫合",不是通常意义上的"古今演变"。从内涵上说,固有的骈俪论接引了外来的审美文学观念,形成了中国的"纯文学"思想,试图取代过去的载道文学观;而在现代艰难时势中,"文以载道"并没有被审美超功利文学观完全取代,反而在三四十年代得到重新确立。从外延上说,传统的"文章"被排斥挤压,小说戏曲进入现代"文学"的中心;而强大的"文章"传统又使得"三分法"渐被"四分法"所代替。中外"文学"概念相互修正,而最终硬性铆合起来。

一、从骈体正宗论到纯文学观

"美在形式"是西方美学的一个基本命题,具体到文学,语言美是文学之美的一个重要方面。早在西方"纯文学"观念引入之前的清嘉庆、道光年间,阮元就将文笔之论转释为骈散之争,强调"文"用韵比偶的语言之美。至近代,刘师培在中西文化冲突交融中重提乡贤阮元的"文笔论"并作出新的发挥,阮元立论的侧重点在用韵比偶,刘师培在此基础上进一步强调藻饰,把藻饰之美视作"文之为文"的本质属性。基于这种藻饰论,他提出"骈文一体,实为文体之正宗"。刘师培提出藻饰文学观,一方面是继续与当时势头依然强劲的桐城古文相争锋,另一方面是对梁启超等效法日本的"报章体""新民体"的扼制,同时也是应对自西方而来的审美文学观。他标举讲究藻饰的"俪文律诗"为中国的审美文学,以与西方文学相对应。

以藻饰为文学之美,是当时许多人的共同看法。甚至于早期的新派文人如常乃德、蔡元培也是从这个意义上理解文学美的。新文化运动的主将

① 作者周兴陆,北京大学中文系教授。本文原载《文学评论》2019年第5期。

陈独秀排斥骈文,反对以骈文为中国文章正宗,视骈文为雕琢的、阿谀的、铺张的、空泛的贵族古典文学;但他也是从语言角度理解文学美的。在《我们为甚么要做白话文》里,陈独秀从意思充足明了、声韵协调、趣味动人三个方面阐述文学的"饰美"①。"饰美"即从语言的角度认识文学的审美性。这是中国文学观念中一个纵贯古今的传统,即重视文学的语言之美。

在"骈文正宗论"的氛围中,有人开始把传统的骈文与自西方而来的"美文"作对接。谢无量就认同刘师培的藻饰文学观,撰《论中国文学之特质》说:

> 中国文学为最美之文学。今世以文学为美术之尤美者,故谓之Fine Art,然文学中又有美文 Belle-lettres,中国文字本为单音,形式整齐,易致于美,而六朝时之文,殆又美文之尤者焉。自汉魏以后,渐有文笔之分,其所谓文,大抵即如今所指美文,虽曰有韵为文,无韵谓笔,有韵云者,非专指句末之韵,一句之中取其平仄调适,亦谓之韵,故骈俪之文,声律之诗,皆是昔之所谓文,而美之至者也。……故欧美诸邦虽有美文而欲使体制谨密,差肩于吾国之骈文律诗,当属万不可能之事。

谢无量对于外国的审美文学观已有充分的了解,他把"文笔论"中的"文"解释为"美文"Belle-lettres,这远远超出了阮元和刘师培的界定,对稍后杨鸿烈、郭绍虞等都不无启发。

"五四"新文化运动后,杨鸿烈在《文心雕龙的研究》中径直地说"文"就是纯文学,"笔"就是杂文学,显然不符合刘勰、萧绎的原意,也超越了阮元、刘师培的解释,是"纯文学"观念引入之后的牵强比附。但这却是二三十年代比较流行的说法。郭绍虞继续这种"以西律中"的阐释方式,创造性地解释"文笔":"'笔'重在知,'文'重在情;'笔'重在应用,'文'重在美感:始与近人所云纯文学、杂文学之分,其意义亦相似。"②通过这种重新阐释,自西方引入的"纯文学"观念在中国传统文论中找到了相对应的概念,相互嫁接,传统文论被赋予了现代意义。这种阐释是以对传统文论的扭曲为代价的。

---

① 陈独秀:《我们为甚么要做白话文》,《晨报》1920 年 2 月 12 日。
② 郭绍虞:《中国文学批评史》上册,商务印书馆 1934 年版,第 3 页。

二、审美超功利与"情的文学"

在 19 世纪末 20 世纪初,欧洲超功利主义审美观念传入中国,汇聚为一股冲决传统文学功利论的巨大力量。在对西洋美学的介绍上,王国维得风气之先。他接受西方的审美超功利文艺观,突出文学的游戏功能、情感慰藉功能,反对以文学为手段追求眼前的实利,是近代中国审美超功利主义文学论的先行者。

在 20 世纪初,西方超功利主义美学和文论的引介成为一股热潮。除了王国维介绍较多的康德、席勒、叔本华美学外,如法国维龙、英国斯宾塞、德国黑格尔等人的美学思想也纷纷介绍到国内,文学的审美属性得到前所未有的重视,被标举为文学的本质特征。随着在认知上将审美尊为文学的本质属性而带来了文学观念的两大变化:

一、接受康德、斯宾塞等人理论,将实用与审美明确地划分开来,强调"纯文学"的审美超实用性。王国维 1905 年在《论哲学家与美术家之天职》中明确揭橥"纯文学"的概念,在他心目中纯文学是审美超功利的,决不能有现实的功利目的。1907 年,周树人《摩罗诗力说》从纯文学立场论文学,视文章为美术之一,其作用是涵养人的神思,是"不用之用"。严复翻译英人倭斯弗《美术通诠》按语时把文章分为创意、实录两种,就是后来所谓美术文与应用文的区别。到了"五四"新文化运动前后,美术文与应用文,成为文章的基本分类。前者为纯文学,后者为杂文学。1917 年,年方弱冠的方孝岳对"纯文学"的性质作出明晰的阐释,文学以美观为主,单表感想,与以知见为主的学术相区别;文学包括诗、文、戏曲、小说及文学批评;各种著述、记载、告语之文都以实用为目的,不属于文学①。按照是否有功利目的,把文章划分为应用文与美术文是当时比较通行的做法。超功利的非实用性,似乎成为"纯文学"不证自明的特征,成为现代文论的一条原则。

二、接受英国浪漫主义文学批评家戴昆西(De Quincey)的"知的文学""情的文学"的划分,强调"纯文学"的情感特征。自黄人《中国文学史》出版之后的各类《文学概论》和《中国文学史》著作,多引述并认同戴昆西所谓"知的文学"和"情的文学"(或译为"力的文学"),不少文论家奉戴昆西为

---

① 方孝岳:《我之改良文学观》,《新青年》1917 年第 3 卷第 2 期。

"纯文学"的先导者。戴昆西这种"情的文学"之所以能毫无阻碍地为国人所接受，除了"五四"浪漫主义文学的时代精神需求以外，还与中国古代的抒情传统有关系，正是久远而强大的抒情文学传统，使得戴昆西的理论容易得到国人的认同。许啸天和曹百川等文论家都从传统中发掘出曾国藩《湖南文征》所谓"人心各具自然之文，约有二端：曰理，曰情"，以与戴昆西的"知的文学""情的文学"相对接。

纯文学的上面两个特征，即以情感人和审美超实用性，在一般论者眼里多是融合在一起的。情与知相对，美与实用相对，再加上前节所论的语言美，纯文学的三个特征已得到充分的确立。童行白曾通过与杂文学的比较而精粹地揭示纯文学的特征：

> 文学有纯、杂之别，纯文学者即美术文学，杂文学者即实用文学也；纯文学以情为主，杂文学以知为主；纯文学重辞彩，杂文学重说理。纯文学之内容为诗歌，小说，戏剧；杂文学之内容为一切科学、哲学、历史等之论著。二者不独异其形，且异其质，故昭昭也。[①]

新文化运动及以后一段时间里新文学家为文学下定义，都不违背上述的纯文学内涵，如在二三十年代影响较大的罗家伦的定义：

> 文学是人生的表现和批评，从最好的思想里写下来的，有想象，有感情，有体裁，有合于艺术的组织；集此众长，能使人类普遍心理，都觉得他是极明了、极有趣的东西。[②]

罗家伦的这个"纯文学"定义，带有"五四"的时代特征，既不像章太炎"以有文字著于书帛，故谓之文"那样失之宽泛，也不同于阮元所谓用韵比偶方为文那样狭窄。

三、从"三分法"到"四分法"

"三分法"是指西方近代的文学类别，把文学分为诗歌、小说、戏剧。"四分法"是指中国现代文论家根据中国文学的特殊情况，在"三分法"的基础上增加"散文"一体。

---

① 童行白：《中国文学史纲》，大东书局 1933 年版，第 1 页。
② 罗家伦：《什么是文学?》，《新潮》1919 年第 1 卷第 2 期。

中国古代的文章体裁分类颇为碎杂。刘勰《文心雕龙》、萧统《文选》分文章为 30 余体,至清代姚鼐《古文辞类纂》尚分为 13 体,名目繁多,小说、戏曲从来都未列入文章范围之内。至 20 世纪初,西方的文学"三分法"就已渐为国人所接受,传统的文章分类法被破坏和取代。其中的变化是小说、戏曲进入文学范围,并一跃而为文学之正宗,文章特别是散体文被逐出文学之外。

小说戏曲的地位自宋元以来就有上升的趋势,近代在西方文学思想的启发下,梁启超在《小说与群治之关系》中尊"小说为文学之最上乘"。此后把小说戏曲视为文学,已经少有异议。传统的散文则多被摒斥于文学范围之外。新文化运动时期,"三分法"已经得到明确。蔡元培《国文之将来》说:"美术文,大约可分为诗歌、小说、剧本三类。"①后来这个命题进一步被辞典释义固定下来,成为难以动摇的文学常识。

二三十年代主流的"文学史""文学概论"著述,多采用"三分法",只论及诗歌、小说、戏曲,连过去一度被视为"美文"的骈体,也没能进入这些纯而又纯的文学史叙述之中。其实,纯文学的"三分法"进入中国文坛并非是畅通无阻、大行其道的,相反,它遭遇到了传统的杂文学的对抗。林传甲编撰的《中国文学史》教材,采用的就是传统的杂文学观,广泛述及奏议、论说、辞赋、记述等,而对于小说、戏曲等通俗文学,采取极端轻视的态度。即使在新文学兴起之后,还出现过龚道耕的《中国文学史略论》、林山腴《中国文学概要》、袁厚之《中国文学概要》之类教材,视文学为国学,囊括经史子集。这类著述被新派人物唾弃为不知文学的边界,其与"纯文学"对抗的力量越来越微弱,不占主流,更不足以动摇"纯文学"的主导地位。

对"三分法"有力的矫正,是现代文学理论界根据中国文学的实际情况,将散文纳入文学范围而提出"四分法"。中国本来就具有强大的散文传统,散文自身在不断地变革和演化。近代以降的报章体、新民体、随感录、杂文,都是现代意义上的文学散文,是不容否认的。更重要的是在理论上,周作人 1921 年倡导"美文",紧接着,王统照提出"纯散文",胡梦华提倡"絮语散文",林语堂提倡小品文。现代散文创作的巨大成就,使得文学理论上不得不正视它,做出回应和推助。

---

① 蔡元培:《国文之将来》,《北京高师教育丛刊》1919 年第 1 期。

因为强大的散文传统和繁盛的现代散文创作,现代文学理论逐渐修正了西方"三分法",增入散文一类而形成"四分法"。考察二三十年代《文学概论》《中国文学史》类著作涉及的文体,情况非常驳杂。

第一类是大致在1920年前后出版的各类《中国文学史》教材,依然根据以文章为中心的传统文学观来构筑中国文学史,如林传甲(1904年)、王梦曾(1914年)、张之纯(1915年)、钱基厚(1917)、谢无量(1918年)、汪剑余(1925年)等人编写之作,均以文章为主,兼及诗和词,有的还略微涉及小说,但传统的文章占较大的篇幅。

第二类是大致在1930年前后出现的一批《文学概论》和《中国文学史》教材,依据"纯文学"观念,只论及诗歌、小说、戏曲,将散文排除在外。这类著作看似观念先进,跟得上时代,实际上是削足适履,肢解了中国文学史。中国古代,散文是文章的重心,一部不涉及秦汉散文、六朝骈体、唐宋古文的文学史,怎么也不能说是完整的。研究中国文学,能不能照搬西洋的模式?

第三类是对"三分法"作出修正,按"四分法"编著《中国文学史》《文学概论》在20世纪30年代以后逐渐成为主流。蒋鉴璋较早撰文对"三分法"作出批判性反思。他意识到中西文学的差异,西方文学是小说、戏曲发达,中国则相反,发达的是诗文。因此反对套用西方文学观念来"范围"中国文学,尊重中国文学"历史沿革、社会之倾向"的特殊性,提出对于"不朽之散文","取其有关情感者"[1],列入文学范围之中。对"三分法"提出修正,是较早对"四分法"的明确表达。蒋鉴璋《中国文学史》、潘梓年《文学概论》、陆永恒《中国新文学概论》、陈介白《文学概论》、赵景深《文学概论》、姜亮夫《文学概论讲述》、许钦文《文学概论》都论及散文。30年代以后的《中国文学史》,多能给予古代散文以一定的篇幅。他们论及散文,与20世纪初林传甲等人以文章为中心不同,是在确立了"纯文学"立场之后,尊重中国文学的特殊性,对西方"三分法"作了修正而将散文纳入进来的。

四、"文以载道"的破与立

不论是中国还是西方的传统文论,都重视文学的道德意义和政治功能。西方文论到了启蒙时期,提倡文艺自由,特别是康德提出"无目的的合目的

---

① 蒋鉴璋:《文学范围论略》,《晨报副刊·艺林旬刊》1925年第9期。

性"之后,审美超功利似乎成为文艺的本质属性。一百年后,在西方文论的刺激之下,国内发起了一场审美性对功利性的冲击。

王国维在20世纪初抨击传统的政治功利主义文学观将文学羁縻于政治之下,文学不能自由发展。大力引介康德、席勒、叔本华的审美主义美学。至辛亥革命前夕,周树人、周作人等对中国传统文论进行大破大立式的革新,强调文学应该自由地、毫无顾忌地抒情言志,抨击传统儒家思想加给文学的种种束缚。可见,周氏兄弟作为激进的资产阶级民主革命者,已经站在儒家政教功利主义文学理论的对立面,而对其大加挞伐。

但是,根深蒂固的传统并不因为几篇文章而发生动摇,辛亥革命后其力量依然强大。所以新文化运动兴起后,首先要破除的就是这根深蒂固的"文以载道"观。胡适《文学改良刍议》说:"吾所谓'物',非古人所谓'文以载道'之说也。"①陈独秀尝谓唐、宋八家文之所谓'文以载道',直与八股家之所谓'代圣贤立言',同一鼻孔出气。"②1917年是思想交锋最为激烈的一年,与胡适同样在哥伦比亚大学哲学系师从约翰·杜威的汪懋祖,就对胡、陈二人之论很不以为然,为"文以载道"辩护,但并不能阻止时代的大潮。新文化运动摧枯拉朽地冲决了传统专制思想和文化的禁锢,"道"的根基被破坏了,"文以载道"也很自然地遭到人们的唾弃,"载道"之文被视为"知的文学"的范畴,属于哲学,从"纯文学"中剔除出去,代之而起的是"为人生而艺术""为艺术而艺术"等更为时髦的命题,文艺似乎真正独立了。

周作人在"五四"新文化运动时期提出"人的文学""平民文学"等新口号以取代过去的"文以载道",到了30年代初,他从传统文论中发掘出"言志"和"载道",并将它们对立起来,抬高前者,贬抑后者,认为中国文学思潮的演进,是由"载道"派与"言志"派相互交替的,"五四"时期的新文学运动,是"言志"派替代了"载道"派③。"载道"派是功利主义文学观念,文学有一定的外在目的;"言志"派则没有确定的外在目的,重在抒写个人情感获得审美愉悦。联系近现代的文学思潮来看,梁启超与王国维、文学研究会与创造社,都体现出文学观念上的这种分野。"革命文学"的兴起,显然是功利

---

① 胡适:《文学改良刍议》,《新青年》1917年第2卷第5期。
② 陈独秀:《文学革命论》,《新青年》1917年第2卷第6期。
③ 参见周作人:《中国新文学的源流》,人文书店1932年版,第34—36页。相近的意思又见周氏《金鱼》《冰雪小品选序》等文章。

主义的载道派,而同时还存在个性主义和唯美主义文学观,算是"言志"派。周作人在30年代初提出"言志"和"载道"的对立,就是继续"五四"时期站在个性主义、审美主义立场上借批判"文以载道"而抨击当时的"革命文学"。

与周作人的文学观念较为接近的是朱光潜。朱光潜接受了从康德到克罗齐一脉相承的审美超功利主义文艺观,主张文艺自由与超实用性。从1924年发表的第一篇美学论文《无言之美》,到1937年在北京创办短暂的《文学杂志》,再到1946年7月复刊,朱光潜都坚持"纯文学"的立场,抨击文艺上的功利主义。1937年在《我对于本刊的希望》中,朱光潜列举了"为大众""为革命""为阶级意识",甚至于"为国防"等文艺宣传口号,认为是"文以载道"的继续,而加以否定。他反对统一思想,主张自由,期望文艺本身应该有多方面的调和的自由发展。

但是20世纪上半叶的中国,先是内战,后是抗日战争,政治动荡,社会极不安宁,没有给"纯文学"提供适宜生存和发展的土壤。不论是30年代初无产阶级文学运动和民族主义文学运动的斗争,还是后来民族革命战争的大众文学,都摆脱了"纯文学"的褊狭,而赋予文学以新的社会政治任务,换句话说是新的"载道文学"。除了各派势力从各自的政治立场出发宣扬自己的文学主张外,他们还对周作人和朱光潜展开激烈的斗争,对"文以载道"命题给予新的阐发,确立了"文以载道"的新的合法地位。

周作人的"言志""载道"论具有先天的局限。"诗以言志""文以载道",二者各行其是,在古代从来都不是对立关系,现在将"文"与"诗"统合到"文学"的名下,人为地把古代文学划分为言志派和载道派,加以对立,并不符合文学史事实。"五四"时期,陈独秀斥责传统的"文以载道"为谬见,但他提出国民文学、写实文学、社会文学"三大主义",其实也是"文以载道",不过是把传统的儒家之"道"换成了近代的内容。周作人提倡"人的文学""平民文学"不也是"文以载道"吗?30年代的无产阶级文学运动和民族主义文学运动都是新的"文以载道"。"道"虽已换了新的内容,但把"文"当作一种工具,服务于文学之外的社会目的,古今是一致的。

随着抗战形势的日益紧迫,传统"文以载道"的命题被重新激活起来,确立文学社会功用论的正当性。1942年5月,毛泽东《在延安文艺座谈会上的讲话》提出文艺是为中国人民解放的斗争中的文化战线,是有力的武器。它的功利主义,不是一己之利,而是"以最广和最远为目标的革命的功利主义"。这正是新时代的"文以载道"。

新的"文以载道"是在对审美主义、个性主义文学观的斗争中确立起来的。前述朱光潜持审美主义文学观,崇尚艺术自由,在三四十年代受到周扬、郭沫若等的激烈批判,迫使他在新中国成立后放弃了"纯文学"的观念。中华人民共和国成立后的文艺也是"文以载道",但是为人民大众服务的新的"载道"。

五、几个值得省思的现象

梳理"文学"概念古今榫合中存在的一些对应和龃龉,可以发现,传统与现代文学理论会通适变,既有内在的联系,也发生新的飞跃。这其中有几个值得省思的现象:

第一,"纯文学"取代传统"大文学",成为少数人的事业,曲高和寡,其结果是导致社会上大多数人,文而不"文"。早在"纯文学"初兴时,沈昌就感慨:"今之学者,常务末而弃本,其为文也,唯求华丽雄伟之作,以耀人耳目;一旦为社会服务,求其作一小简,订一规程,则反瞠目搁笔而不能达。嗟乎,此岂所谓能文者乎?"[1]20 世纪 30 年代,施蛰存也看到了这个问题。他说:

> 大抵在这二十年来我国新文学运动所影响到的还不过是一些以文学为专业的人。……在我们现代的史、地、哲学或科学书中,不容易寻找出一本足以兼占文学上的地位的著作了。……我们也可以说杂文学作品比之于纯文学作品更有社会的意义,因为它除了文学的趣味之外,还能给予读者以实感和智识。……若是有一部分作家,放弃了向诗歌、小说、剧本这些狭窄的纯文学路上去钻研,而利用他们的文学天才,去研究一些别的学问,写出一本书来,既可达到他的文学表现之欲望,又可使读者获得文学趣味以外的享受,岂不是更有益处的事吗?[2]

---

① 沈昌:《寄友论国文当注重应用文字书》,《江苏省立第四中学校校友会杂志》1918 年第3 期。

② 施蛰存:《杂文学》,《新中华》1937 年第 5 卷第 7 期。按,施蛰存后于《文学之贫困》(《文艺先锋》1942 年第 1 卷第 3 期)中进一步阐发了该观点。

二人所论甚是。只要看一看今天的实用文体之枯槁拙劣，就可以理解他所言并非无的放矢。中国古代，无论实用文体还是非实用文体，都讲究文体规范，注重可读性和感染力，骈体重辞采，散体讲义法，都将"文"当作一种"技进乎道"来考究。今天可能只有从事纯文学创作和研究的人还重视辞章，而社会上一般人多已放弃对辞章之美的讲究了。

第二，"纯文学"的精粹，并没有为现代文论所吸收，"纯文学"在中国现代文学史上并没有绽放出绚丽的花朵。正如前面分析的那样，中国现代文论史上的"纯文学"有三方面意义，一是辞采华美，二是抒情性，三是审美超功利。前面两点往往被视为"纯文学"的要义，而最重要的一点，即审美超功利，却被有意无意地忽略了。"纯文学"的意义，朱光潜所提出的"帮助我们超脱现实而求安慰于理想境界"，依然是遥不可及的奢望。现在大多数人理解的"纯文学"，无非是辞采华丽一点，着力在抒写个人情感甚至是男女之情，在王国维看来这是"导欲增悲"的"眩惑"，而非纯文学。如果说在20世纪乱世里，没有纯文学的生存土壤，那么在国家社会安宁的今天，是不是更应该倡导真正意义上的"纯文学"呢？

第三，"文以载道"论被多重扭曲。传统的"文以载道"论，在"五四"时期遭到质疑和否定，三四十年代后被重新确立，似乎是古今一贯的命题，但实际上这个命题被多重扭曲了：（1）这个"文"，在古代是指文章，且多指实用性的文章；在现代被置换为"文学"，甚至特指"纯文学"，要"纯文学"去担负起古代"杂文学"的载道责任，这不是扭曲吗？古代的诗歌多抒写个人情志，小说戏曲有的具有明确的教化用意，有的只是作者泄愤、娱情之作，如果通通迫使它们肩负"载道"的责任，那真是文艺的灾难！（2）这个"道"，在古代文论家眼里范围是很广泛的：韩愈的"道"既有强烈的道统意识，也具有切实的生活内容，如《马说》《师说》谈的是用人之道、为师之道；柳宗元倡言"文以明道"，现实性更为鲜明，《种树郭橐驼传》从种树谈到为官之道。欧阳修论道，须"修之于身，施之于事"；"中于时病，而不为空言"。苏轼提倡"言必中当世之过"，如疗饥之五谷、伐病之药石。但是现代文论中，"道"的内涵被狭隘化，往往成为特定时期政治理论的宣传，文学赤裸裸地为政治主张、思想宣传服务。这在特定时期（比如抗战时期）还有一定的合理性，但绝不是一个周全的、普遍的原则。（3）"文以载道"是宋代理学家周敦颐提出来的，古文家用得更多的是"文以明道"，文以"载道"是一种文学工具论,文学是不独立的;文以"明道"则不同,文是本体性的,首先是作文,在作文中彰显某种道理。"五四"时期为了打倒封建文化,把古文定义、理学定义通通说成是"文以载道",并对"文以载道"加以抨击。三四十年代又重新确立"文以载道"的合法性,"载道"的工具性就被融入现代文论中,支撑"革命文学"时期的宣传工具论。如周木斋就说:"因为文是一种工具,道也未始不可以载,但要看所载的道是什么。"①这种文学工具论在当时是占绝对主流的论调,后来也没有做出认真的检省,产生了一些负面的后果。重新检讨"文学"的概念,思考文学与社会的关系,还是值得重视的基础工作。

第三节 六朝美学两大主潮:情感美学与形式美学②

六朝是中国美学史上的一个极为重要的时代。六朝美学是一个众说纷纭而又充满魅力的话题。关于六朝美学,现有的中国美学史或断代美学史的阐释不够简明,也不尽准确,影响很大的宗白华先生的概括实际上似是而非。宗先生认为从"魏晋六朝"起,"中国人的美感走到了一个新的方面,表现出一种新的理想,那就是认为'初发芙蓉'比之于'镂金错采'是一种更高的美的境界"③。按照这种论断,谢灵运诗代表的"初发芙蓉"的美远高于颜延之诗代表的"镂金错采"的美,是"魏晋六朝"的主流,并在唐宋以后不断发展壮大。整个中国古代美学史,就分两个阶段:汉以前偏重于"错采镂金"之美,魏晋六朝以后偏重于"芙蓉出水"之美。笔者过去也曾对这个论断置信不疑。然而,随着对中国美学史研究的不断深入,发现这个论断是存在很大问题的。汉以前与魏晋以后美学追求两阶段论是一种简单化的分期,不符合六朝前后美学风潮马鞍形演变的三阶段实际。现撰此文商榷辨析,希望对人们准确把握六朝美学时代特征有所帮助。

---

① 周木斋:《文学上的"言志"与"载道"》,《社会月报》1934 年第 1 卷第 6 期。
② 作者祁志祥,上海交通大学人文艺术研究院教授。本文原载《江海学刊》2022 年第 5 期。
③ 王德胜编选:《中国现代美学名家文丛·宗白华》,浙江大学出版社 2009 年版,第 173 页。

一、汉代美学特征：以道德理性为美、以"情欲"和"淫丽"为丑

六朝美学是以汉代美学为发生演变的历史前提的。汉代美学的时代特征是什么呢？六朝美学对它是继承居多还是反叛为主呢？

美学是情感学。美是关乎情感快乐的。而在情感快乐背后，有着思想价值的主宰。人们永远不会对不以为然的对象产生快乐并以之为美。在审美实践中，美实际上是"有价值的乐感对象"①。明白了这个真谛，我们分析某一时代的美学特征，就不会脱离这个时代的价值取向，从而犯方向性错误。那么，六朝所面对的汉代思想界，价值取向是怎样的呢？那就是"性善情恶"。这个价值取向是怎样形成的呢？

汉朝是在推翻秦朝暴政的基础上建立起来的。如何吸取秦朝二世而亡的教训，是汉代政治家、思想家耿耿于怀的严峻问题。陆贾告诫汉高祖：天下可"马上得之"，不可"马上治之"。打天下用霸道，但治天下必须用仁政。文帝时贾谊在《过秦论》中指出："取与守不同术"。取天下贵"诈力"，守天下贵"仁义"。秦朝覆亡的教训归结为一条，即"攻守之势"转化了，但"仁义不施"。武帝时期的董仲舒总结说："王者，民之所往；君者，不失其群也。故能使万民往之，而得天下之群者，无敌于天下。"②君王如何使"万民往之"呢？根本方针就是实行以民为本、爱民利民的仁政。君王保证民利，就必须克制自己追求享受的情欲。君王为满足一己的享受亏夺民财，与民争利，必然致使民不聊生，导致揭竿而起。所以道家的清虚寡欲与儒家的爱民利民就殊途同归，走向合一。整个汉代，儒家学说与道家学说虽然有过消长，但从未分离、失落过，始终紧密地结合在一起。汉初，无情无欲、虚静无为的黄老学说为主，但儒家的民本仁政思想并未缺席。陆贾《新语》提出"行以仁义为本"，贾谊《新书》提出"民无不为本"，刘安《淮南子》强调"民者国之本"，主张"仁君明王""取下有节，自养有度"，皆然。汉武帝采取董仲舒的谏议"罢黜百家，独尊儒术"之后，道家的清虚淡泊、绝情去欲思想一直也没有消失。可以这么说，在整个汉代四百年中，儒家的爱民利民学说是政治本

---

① 参祁志祥：《论美是有价值的乐感对象》，《学习与探索》2017 年第 2 期；《美的解密：有价值的乐感对象》，《艺术广角》2022 年第 2 期；《乐感美学》第三章"美的语义：有价值的乐感对象"，北京大学出版社 2016 年版，第 53—101 页。

② 苏舆：《春秋繁露义证》，中华书局 1992 年版，第 133 页。

体论,道家的绝情寡欲学说是政治方法论。由于情欲与亡国之祸密切相关,所以为"恶";淡泊无情的道家道德与以礼节情的儒家道德为天下长治久安之所必须,所以是"善";这两种道德都属于人与生俱来的天性,所以汉人提出一个独特的价值命题:"性善情恶"。

关于"性善情恶",汉代思想家是怎么阐述的呢? 刘安《淮南子·原道训》从道家道德角度,首先提出"道善情邪""性善欲累"。稍后,董仲舒从天人感应、阳善阴恶的角度论证"阳善阴恶""性仁情贪"。人性就是贪与仁、利与义、情与理、恶与善的统一体。做人就当以"义"制"利"、以"礼"节"情"。西汉后期,扬雄继承董仲舒的二重人性论,提出"人之性也,善恶混"的命题①。"恶"指"由于情欲","善"指"由于独智"。东汉班固记录整理的《白虎通义》专设《情性》篇,将天赋的"仁义礼智信"叫做"五性";将天赋的"喜怒哀乐爱恶"叫做"六情",按照阴阳决定论的思路重申"性善情恶"。王充继承扬雄的思路,在《论衡·率性》中重申:"论人之性,定有善有恶。"这"恶性"是"饱食快饮,虑深求卧,腹为饭坑,肠为酒囊"的"倮虫"属性、动物情欲,"善性"则是超越"倮虫"属性的高贵的"识知"属性、理智属性。再后来,许慎《说文解字》中将"阳善阴恶""性善情恶"的共识通过文字训诂的方式综合起来、巩固下来:"情,人之阴气,有欲者;性,人之阳气,性善者也。"东汉后期诞生的道教经典《太平经》则明白地概括:人性"半善半恶"。

在"性善情恶"价值理念的主宰之下,人们以放纵情欲的形象为不快的丑、以克制情欲的理性形象为情感欢乐的对象,便成为汉代占主导地位的审美观。董仲舒《春秋繁露·人副天数》指出:"物疢疾莫能为仁义,唯人独能为仁义。"从天下万物只能被情欲主宰,而人类可以凭仁义主宰情欲的对比中,董仲舒得出了"人之超然万物之上,而最为天下贵也"的结论②。就是说,在天下万物中,"人"最高贵、最完美。然而,在现实中,并非每个人都这样完美。由于情欲的作用,就出现了上、中、下三类人:一是无法教化、始终被情欲主宰的,这叫"斗筲"之性,属于丑陋的"小人";一是教化得比较好,但还存在问题,因而有理有情、有善有恶的,这叫"中民之性",属于美丑并存的普通人;还有一种是完全能够以理节情、仿佛无情无欲的,这叫"圣人之

①　汪荣宝:《法言义疏》,中华书局 1997 年版,第 85 页。
②　苏舆:《春秋繁露义证》,中华书局 1992 年版,第 466 页。

性",属于尽善尽美的"圣人"。这便是"性三品"论。扬雄《法言·修身》本此提出"性三门"论:"由于情欲,入自禽门;由于礼义,入自人(普通人)门;由于独智,入自圣门。"圣人有智而无情,这就叫"圣人忘情"①、"太上忘情"。用以"善"为美、以"道"为美的观点去看世界万物,不仅圣人、君子的人格美是如此,自然之美也在于道德象征,这就叫"比德"为美。刘向《说苑·杂言》记述君子所贵的玉之美在于六德:"玉有六美,君子贵之。"许慎《说文解字》释"玉"之美,在于有"五德"。汉代"美善同意""性善道美"审美观的力量是如此巨大,一直影响到三国时期。魏初何晏提出"圣人无喜怒哀乐",直到魏国后期,钟会等人仍津津乐道。文学史上为人赞美的慷慨悲壮的"汉魏风骨"、寄托遥深的"正始之音",其实是汉代道德为美、兴寄为美思想的余波。

与"圣人无情""太上忘情"的审美观密切相关,汉代流行的另一审美观是对满足情欲享受的"闳侈巨丽"形式美的讽谕与否定。适应汉武帝好大喜功、称雄天下的需要,汉代出现了"非壮丽无以重威"的都城风貌、"观夫巨丽惟上林"的宫苑气象、"丘垄高大若山陵"的皇家陵寝、"雕琢刻镂"的楼台宫室、"绨绤绮绣"的文章黼黻、"闳侈钜衍、铺采摛文"的骈辞大赋。极视听之娱的"闳侈巨丽"形式美,成为皇家贵族的突出审美追求,构成了汉代审美的独特景观。刘勰《文心雕龙·通变》也有"楚汉侈而艳"的论断。然而,这是不是汉代美学的主导特征呢?答案是否定的。汉代主流的审美观对这种以雕琢、巨丽为特征的形式美恰恰是持讽谏、批判态度的,斥之为"淫丽"。陆贾《新语·本行》批评说:"夫怀璧玉、要环佩、服名宝、藏珍怪,玉斗酌酒,金罍刻镂,所以夸小人之目者也;高台百仞,金城文画,所以疲百姓之力者也。故圣人卑宫室而高道德,恶衣服而勤仁义,不损其行以好其容,不亏其德以饰其身。"《淮南子·主术训》批评说:"人主好鸷鸟猛兽、珍怪奇物,狡躁康荒,不爱民力,驰骋田猎,出入不时,如此则百官务乱,事勤财匮,万民愁苦,生业不修矣;人主好高台深池、雕琢刻镂、黼黻文章、绨绤绮绣、宝玩珠玉,则赋敛无度,而万民力竭矣。"《春秋繁露·王道》借古讽今,批评桀、纣骄溢妄行:"侈宫室,广苑囿,穷五采之变,极饰材之工,困野兽之足,竭

---

① 晋人王戎语,可视为对汉人思想的概括。刘义庆《世说新语·伤逝》,柳士镇、刘开骅《世说新语全译》,贵州人民出版社 1996 年版,第 530 页。

山泽之利,食类恶之兽,夺民财食;高雕文刻镂之观,尽金玉骨象之工,盛羽旄之饰,穷黑白之变,深刑妄杀以陵下。"《汉书·景帝纪》借景帝之诏告诫统治者:"雕文刻镂,伤农事者也;锦绣纂组,害女红者也。"这里,"雕文刻镂""锦绣纂组"等,都是作为反面的审美教训被批判否定的。汉赋描写"闳侈钜衍"的题材,最后都归于讽谕、讥刺,这就叫"劝百讽一"。枚乘的《七发》描写吴客给楚太子看病,起先楚太子洋洋自得夸耀自己声色享受的奢靡,而后吴客则指乘势诊断:太子的病因恰恰在于享受的声色太过奢靡。司马相如的《子虚赋》《上林赋》先写云梦泽、上林苑的无比阔大奇丽和君王游猎宫苑的种种奢侈靡费,后写对它的危害的讽谕和批评。适应穷形尽相描写巨丽对象的需要,汉赋在文字表达上极尽铺张扬厉、雕琢刻镂之能事,形成了"铺采摛文"的风格。为了具备这种技巧,汉代赋家在文字上下过功夫,往往同时就是文字学家。为了雕琢文字的"形美",汉赋习惯将同偏旁的字排列在一起。"汉赋讲求'形美','形美'的基本手法之一,是将同一义符的形声字加以类聚……"①在音节处理上,汉代赋家好用双声叠韵。不过,汉赋的这种对文字形美、音美的雕琢倾向,在汉代遭到了有识之士的反思。扬雄"少而好赋",早年醉心于文字的音美、形美雕琢。晚年悔其少作,反戈一击,认为那属于"雕虫篆刻"的小技,是"壮夫不为"的行为。推而观之,他批评整个汉赋创作都存在着"辞人之赋丽以淫"的弊病,提出"诗人之赋丽以则"的理想原则。汉赋虽未抛弃道德寄托,但由于"劝百"而"讽一",形式淹没了内容,所以扬雄斥为"淫丽"。汉人认为"淫丽"不是真正的美,而是应加以防范的丑。由此看来,宗白华先生将汉代美学视为崇尚"错采镂金""雕文刻镂"的阶段,是只见现象、不见本质和主流的皮相之见。

汉代以克制情欲享受的道德理性为美、以远离道德宏旨的"情欲"和"刻镂"为丑,具有吸取秦鉴,重视民本、保障民生的积极意义,无疑值得肯定。不过,它也有过分、片面之处值得矫正。机械、笼统地断定"阳善阴恶""性善情恶",简单、片面地标举"圣人无情""太上忘情",对人的情欲的正常需求及其对形式美的合理喜好形成了过度挤压,剥夺了情感美、形式美的存在权利,埋下了严重禁锢自然人性的隐患。正是汉代对情感美、形式美愈演愈烈的长期压迫,引发了魏晋玄学"逍遥适性"启蒙思潮的爆发,催生了六

---

① 胡奇光:《中国小学史》,上海人民出版社 1987 年版,第 52 页。

朝情感美学和形式美学两大潮流。

二、魏晋玄学的两种追求及其主导形态

魏晋玄学"逍遥适性"的启蒙思潮,是为反叛汉代对自然人性的过度压抑而生。而它依据的前提,正是汉代思想界长期的儒、道合一。当然,魏晋玄学对儒、道思想作了重新组合,提出了自然适性、解放人性、解放情欲的人生主张。而这当中又经历了三部曲。

首先是提出"适性""自然"的主张。其中,"适性"是更重要的核心概念。"自然"指自然之性,即天性。"适性"指适合、顺应万物的自然之性。魏晋玄学以庄学为圭臬。庄学的核心是"适性"。庄子屡屡强调:"任其性命之情""安其性命之情""不失其性命之情"。在庄子看来,万物只要顺应自己生命的天性,就能达到"至乐""自适""逍遥"的完美境界。魏晋玄学将庄学的这个概念截取出来,高举"适性"的大旗,对此作了充分的诠释和发展。于是"适性"成为魏晋玄学的新的价值追求,也成为魏晋玄学的独特美学追求。这方面作出重大贡献的是郭象的《庄子注》。《庄子·德充符》郭象注曰:"所美不同,而同有所美。各美其所美,则万物一美也;各是其所是,则天下一是也。"《逍遥游注》主张万物"各安其性",指出形体有大小,能力有高下,但只要"适性",皆可自得逍遥。郭象所说的"适性"之"性",既指万物个个不同的自然本性,也指同一物种中各个个体能力的大小、地位的高下、命运的好坏等。他阐释"适性",用心更多的是强调不同物种、不同能力地位命运的个人都应安于自己天生的命定的生命本性,量力而行,追求自己的本分,不做力不能及的事,从而保证自得其乐,不徒生苦恼。

但是魏晋玄学并未在这个主题上过多停留。魏晋玄学更感兴趣的是人性的解放。那么,人性是什么呢? 道家传统的看法是清虚淡寞、无情无欲之性,儒家的传统看法是仁义礼智、克制情欲之性。于是"适性"的原初含义就是去除好恶、不动声色,具有"雅量"。唐代陈子昂崇尚的"汉魏风骨""正始之音",与此是同物异名。这是魏晋玄学的第二主题。从何晏的"圣人无喜怒哀乐",到"正始之音"的代表人物嵇康《释私论》说的"达乎大道之情","志无所尚,心无所欲","乃为绝美",阮籍《清思赋》说的"形之可见,非色之美","恬淡无欲,则泰志适情",都是要求顺应道家所说的清虚无欲的道德之性。玄学还兼取儒家的人性观。在儒家看来,智慧、理性是人特有

的本性。以此要求"适性",结果就是以理节情、以智制欲。据何劭《王弼传》记载,魏初的王弼批评何晏的"圣人无情"说:"圣人茂于人者,神明也;同于人者,五情也。神明茂,故能体冲和以通无;五情同,故不能无哀乐以应物。然则圣人之情,应物而无累于物者也。今以其无累,便谓不复应物,失之多矣。"他指出"圣人"不是没有情感,只是"神明"、理智比一般人发达,能够以此克制情感,使情感不为物所累罢了。魏国另一位以研究人才学著称的刘劭也认为,"圣人"令人"不可及"的高明之处是理智的"智"。其《人物志序》指出:"圣贤之所美,莫美乎聪明。"这个"聪明"的理智,使人能够认识"中庸之德",使情感的活动处于"中和"状态,不逾礼教规范。晋人张辽叔在《自然好学论》中提出,人生来具有"好学"的天性,这就叫"自然好学";而学习、修养的内容,就是"六经"和"仁义"。向秀《难〈养生论〉》也认为,"智"与"欲"都属于"自然"人性。当两者发生矛盾时,"适性"就应当走向以"礼"节"欲"。郭象《庄子·天运注》以儒释庄,认为"仁义者,人之性也","适性"应当以"至理""遣"情。在控制情欲、毋使过分这一点上,儒家的"以智节情"与道家的"虚无去情"走向融合。于是,喜怒不形于色,泰山崩于前而方寸不乱,就成为令人仰慕的"魏晋风度"。《世说新语》称之为"雅量"。东晋大将军谢安是具有这种"雅量"的杰出代表。侄儿谢玄在前方指挥打仗,他却若无其事地陪来客下棋。前方使者送来淝水之战大获全胜的捷报,他"看书竟,默然无言",不露声色,继续下棋。客人问起究竟,他淡然应答"小儿辈大破贼",其余"意色举止""不异于常"。

这种"魏晋风度",与汉代的"太上忘情"一脉相承。表面上叫"适性",实际上是对自然人性的压抑。它不是魏晋玄学标举"适性"的真实用心,也不是魏晋玄学"适性"追求的主导含义。在利用传统树立了"适性"这面大旗之后,魏晋玄学便对"适性"的含义往解放自然情欲的方向作了改造,"适性"即适应、顺从人的情欲天性。这是魏晋玄学的第三大主题,也是玄学"适性"追求的最终用意和主导含义。

在这种改造中,魏晋玄学对儒家和道家的人性观作了重新截取。一方面,取用儒家情欲本有、不可去除的人性观,承认"情欲"是人的天性的事实,否定并取代道家"无情无欲"的人性观。另一方面,吸取道家"无思无虑"的人性观,否定和取消儒家"贵智"的人性观和以智节情、以理制欲的主张。在此基础上,要求顺应有情有欲的自然人性,挣脱不符合人性的名教纲常。于是，"适性"就走向了人的情欲本性的解放。值得注意的是，在这方面，魏晋玄学的代表人物嵇康、阮籍表现出思想的矛盾和言行的背离。嵇康一方面声称"心无所欲"，另一方面又指出："人性以从欲为欢。"主张"越名教而任自然"。在行动上，嵇康"滋味常染于口，声色已开于心"。阮籍一方面宣称"自然"之"道"以"无欲"为特征，另一方面又批判压制人欲的"礼法名教"不但不是"美行"，反而是"束缚下民"的枷锁，把按儒家名教"束身修行"的"大人先生"比作裤裆中的虱子。他虽然时常提醒自己"口不臧否人物""喜怒不形于色"，但行动上并不能控制自己，常常情不自禁"纵情""率意"，听任亲疏好恶翻"青白眼"，因此留下"任性不羁"，"嗜酒荒放，露头散发，裸袒箕踞"的记载。魏正始年间，嵇康、阮籍与山涛、向秀、刘伶、王戎、阮咸常在当时的山阳县竹林之下相互唱和，肆意饮酒，酣畅纵歌，放浪形骸，不拘规范。如刘伶恣欲纵酒，常脱光衣服，裸体在屋中。人见而讥笑，他则反驳说："我以天地为栋宇，屋室为裤衣，诸君何为入我裤中！"①《晋书》列传十九记载："常乘鹿车，携一壶酒，使人荷锸而随之，谓曰：死便埋我！"阮咸更狂放："至宗人间共集，不复用常杯斟酌，以大瓮盛酒，围坐相向大酌。时有群猪来饮，直接去上，便共饮之。"②时人不以为丑，反以为美，世谓之"七贤"。《世说新语》记录了大量这样的事迹，谓之"任诞"。

显然，"任诞"与"雅量"同为"适性"，但此"适性"不同于彼"适性"。与不动好恶的"雅量"相比，"放情肆志"的"任诞"是魏晋玄学的主要人生追求。今人谈"魏晋风度"，标志性的代表人物就是"越名教而任自然"的"竹林七贤"，即是显证。

三、"情之所钟"与"雕缛成体"：六朝美学的两大潮流

从玄学的"适性"分蘖、发展、壮大起来的"任诞"追求，旨在反抗汉代对自然人性的过度压迫。由此给六朝社会带来的重大变化，是改变了人们对情感的原有成见，公开为"情感"的伦理价值和审美价值正名。汉代认为情感是恶是丑，六朝则认为情感是善是美。汉代谈"情"色变，说"圣人无情"，

---

① 刘义庆：《世说新语·任诞》，柳士镇、刘开骅《世说新语全译》，贵州人民出版社1996年版，第606页。

② 刘义庆：《世说新语·任诞》，柳士镇、刘开骅《世说新语全译》，贵州人民出版社1996年版，第609页。

六朝则公开声称"情之所钟,正在我辈","最下不及情"①,"终当为情死"②。"情之所钟"成为六朝以情为美的一个时代标志。过去人们侧重于"情"与"礼"的对立,这时人们则注重"礼"与"情"的相融。如徐广《答刘镇之问》说:"缘情立礼。"徐邈《答曹述初问》说:"礼缘情耳。"袁准《袁子正书》指出:"礼者何也? 缘人情而为之节文者也。"过去连亲人死了,都应"豁情散哀",不宜流露出过度的悲伤,这时则可以"伤逝",毋需掩饰悲伤的情感,甚至发生因悲伤过度、为亡妻而死的事情。那个才貌双全的潘安在妻子死后写下了一往情深的《悼亡诗》,终身未曾再娶。过去强调遇事要有"雅量",克制喜怒,不动声色,现在则说"人生贵得适意尔"(《世说新语·识鉴》)③,即使"乘兴而行,兴尽而返"④也没什么奇怪。汉代崇尚文章的"风骨"之美、"志义"之美,六朝则高度强调文章的情感之美,这在这个时期的文艺理论和批评中有大量论述。

六朝是中国美学史上文艺创作空前繁荣的时期。而创作观念上的一个重大变化即是从原来的"言志"向此间的"缘情"的转变。汉代的《诗大序》指出:"诗者,志之所之也。""发乎情"的同时必须"止乎礼义"。六朝则突出了"情"在文章中的地位。陆机《文赋》强调文学创作是"情瞳昽而弥鲜"的活动。挚虞《文章流别论》强调诗赋应"以情义为主"。沈约《宋书·谢灵运传论》强调文章必须"以情纬文,以文被质"。六朝的理论家明确把文章的美与情感联系在一起,指出有情则有美,无情则无美。如陆机《文赋》揭示:"诗缘情而绮靡","言寡情而鲜爱"。刘勰《文心雕龙·情采》重申:"辩丽本于情性","繁采寡情,味之必厌"。尤其值得注意的是刘勰。他在《文心雕龙》中从文章之美、文学定义、各种文体、创作过程与情感的联系四方面,对情感在文学活动中的地位和作用作了全面、深刻的剖析,成为六朝文学领域崇尚情感美的标志性人物。

---

① 王戎语,见《世说新语·伤逝》,柳士镇、刘开骅《世说新语全译》,贵州人民出版社 1996年版,第 530 页。
② 刘义庆:《世说新语·任诞》,柳士镇、刘开骅《世说新语全译》,贵州人民出版社 1996 年版,第 637 页。
③ 张季鹰语,见《世说新语·识鉴》,柳士镇、刘开骅《世说新语全译》,贵州人民出版社 1996 年版,第 303 页。
④ 王子猷语,见《世说新语·任诞》,柳士镇、刘开骅《世说新语全译》,贵州人民出版社 1996 年版,第 633 页。

与此同时,诗歌评论家钟嵘在《诗品序》中从五言诗必须具备的"滋味"美特征出发,标举"吟咏情性",反对"理过其辞",主张"长歌"以"骋其情"。梁代皇室爱好文学的萧氏三兄弟以皇家之尊,共同切入文学的情感美。梁武帝长子萧统在所编《文选》的序中指出:"诗者……情动于中而形于言。"梁元帝萧绎在《金楼子·立言》中也强调:"至如文者……情灵摇荡。"文章所言之"情"范围很广,不只局限于"负戈外戍,杀气雄边","胡雾连天,征旗拂日"的豪情,以及"拔剑击柱长叹息"的仕途不平之情,还包括大量的观景、宴游、聚会、思乡之情。如萧统《答湘东王求文集及〈诗苑英华〉书》说:"或日因春阳,其物韶丽;树花发,莺鸣和,春泉生,暄风至,陶佳月而嬉游,藉芳草而眺瞩。"梁简文帝萧纲《答张缵谢示集书》则说:"至如春庭落景,转蕙承风,秋雨且晴,瞻梧初下,浮云生野,明月入楼。时命亲宾,乍动严驾;车渠屡酌,鹦鹉骤倾。……或乡思凄然,或雄心愤薄。是以沉吟短翰,补缀庸音,寓目写心,因事而作。"这是对晋代吟咏自然风景引起的怡悦之情的山水诗的理论阐释。到了南朝,文章所咏之情,甚至包括不受礼教约束的"放荡"之情。萧纲《诫当阳公大心书》告诫二儿子:"立身之道,与文章异。立身先须谨重,文章且须放荡。"萧纲说的这"放荡"之情,包括不拘礼教、欣赏女色的艳情。晋代的山水诗、南朝的宫体诗津津乐道于风花雪月、美女容貌引发的无关道德宏旨的愉悦之情,是六朝宽容情感、肯定情感、以"情"为美的典型证明。

六朝与情感美学同时并存的另一大美学思潮是以"雕琢"为美的形式美学。它是情感美学的对应物。既然以"情"为美,那么,引发情感欢乐的绮靡华丽的对象形式也就顺理成章、理直气壮地成为人们喜爱的美。因此,在汉朝被"情恶"论贬斥的"雕琢刻镂""闳侈巨丽"的形式美,这时翻身解放,受到人们普遍的肯定和热爱。六朝流行的充满文采的形式美大体可以分为如下几类。

首先,在生活用品中,以奢豪靡丽为美。《世说新语·汰侈》记载石崇与人斗富是典型的例子:"王君夫以饴(糖)糒(干饭)澳釜(洗擦锅子),石季伦用蜡烛作炊。君夫作紫丝布步障碧绫里四十里,石崇作锦步障五十里以敌之。石以椒为泥,王亦以赤石脂泥壁。""石崇厕常有十余婢侍列,皆丽服藻饰,置甲煎粉、沉香汁之属,无不毕备。又与新衣着令出,客多羞不能如厕。"六朝是一个讲究门阀等第的时代。富贵奢豪的享受对象和消费方式是显示自身高贵门第的符号象征。石崇的炫耀式审美方式并非个案,类似的例子在《世说新语·汰侈》中有许多记载。一次,晋武帝降幸,来到司徒之子王武子家,"武子供馔,并用琉璃器。婢子百余人,皆绫罗绔罗,以手擎饮食,烝(蒸)豚肥美,异于常味。帝怪而问之,答曰:'以人乳饮豚。'"王武子招待晋武帝的蒸小猪,竟然是用人乳喂大的。如此等等,不一而足。

其次,在生活和艺术中,以山水、人物的形色为美。在汉代,自然物只有成为道德的象征,才有审美的价值。到了六朝,自然山水使人愉悦的形色本身就有独立的审美价值。"眄庭柯以怡颜","时矫首而遐观":"云无心以出岫,鸟倦飞而知还。景翳翳以将入,抚孤松而盘桓。"(陶渊明《归去来辞》)"修竹葳蕤以翳荟,灌木森沉以蒙茂。萝曼延以攀援,花芬薰而媚秀。"(谢灵运《山居赋》)"鸟多闲暇,花随四时","落叶半床,狂花满屋"(庾信《小园赋》)。于是,以营造山水形色之美的私家园林及其园艺美学理论在这个时候发展起来。陶渊明"怡颜"于庭园,写下《归去来辞》;谢灵运"寄心"于山居,写下《山居赋》;庾信"闲居"于自家"小园",留下《小园赋》;潘安隐居于田园,写下《闲居赋》。"极貌以写物"的山水诗在这个时候也大量涌现。"池塘生春草,园柳变鸣禽。"(谢灵运《登池上楼》)"扬帆采石华,挂席拾海月。"(谢灵运《游赤石进帆海》)"山云遥似带,庭叶近成舟。"(阴铿《闲居对雨》)正如这时的理论家陆机《文赋》所揭示:"遵四时以叹逝,瞻万物而思纷,悲落叶于劲秋,喜柔条于芳春,心懔懔以怀霜,志眇眇而临云。""风花雪月",构成了六朝诗歌区别于"建安风骨"的一大特色。《隋书·李谔传》批评说:"连篇累牍,不出月露之形;积案盈箱,唯是风云之状。世俗以此相高,朝廷据兹擢士。禄利之路既开,爱尚之情愈笃。"白居易《与元九书》也表达了同样的批评意见:"以康乐之奥博,多溺于山水;以渊明之高古,偏放于田园。江、鲍之流,又狭于此。……率不过嘲风雪、弄花草而已。"

出于欣赏形色之美的同一审美机制,六朝人也毫不掩饰对俊男靓女的喜爱。梁朝诞生的宫体诗正是以描写宫廷美女的美色为主要题材的。萧纲《答新渝侯和诗书》指出:"双鬓向光,风流已绝;九梁插花,步摇为古。高楼怀怨,结眉表色;长门下泣,破扮成痕。复有影里细腰,令与真类;镜中好面,还将画等。"例如,梁武帝萧衍《子夜歌》云:"恃爱如欲进,含羞未肯前,朱口发艳歌,玉指弄娇弦。"萧纲《咏内人昼眠》云:"梦笑开娇靥,眠鬟压落花。簟文生玉腕,香汗浸红纱。"六朝时不仅男人可以公开地欣赏女人的美色,而且女人也可以公开地欣赏男人的美貌。"潘安玉貌"就是这个时候女人们的欣赏共同营造的"美男子"。据《晋书·潘岳传》记载,潘安唇红齿白,"妙有姿容",少时走在路上,"妇人遇之者,皆连手萦绕,投之以果,遂满车而归"。《世说新语·容止》留下了这样的评论和记录:"何平叔(何晏)美姿仪。""王敬豫有美形。""王夷甫容貌整丽。""潘安仁、夏侯湛并有美容,喜同行,时人谓之'连璧'。""时人目王右军:'飘如游云,矫若惊龙。'"当然,欣赏男子美貌的并不一定是女性,魏晋人物品鉴也发生在男性之间。《世说新语·容止》记载:裴令公见王戎,感叹:"眼烂烂如岩下电。"山涛评论嵇康:"嵇叔夜之为人也,岩岩(挺拔)若孤松之独立;其醉也,傀俄(倾倒)若玉山之将崩。"王右军见丹阳丞杜弘治,惊叹:"面如凝脂,眼如点漆,此神仙中人。"这说明,六朝人对人物形貌的美是非常敏感,态度是非常开放的。

再次是对文艺形式美规律的发现和热衷,特别是对五言诗音节美、形体美规律的发明和追求。关于这个特征,用刘勰的话说就叫"雕缛成体",用汤惠休的话说就叫"错采镂金",萧纲谓之"珠玉生于字里",陈子昂称之为"彩丽竞繁"。晋代的陆机、宋代的范晔、谢庄最早意识到诗歌的格律美规律。陆机《文赋》说:"暨声音之迭代,若五色之相宣。"范晔《狱中与诸甥侄书》说:"性别宫商,识清浊,斯自然也。"齐武帝永明年间,周颙、沈约等发明"四声八病"说,提出诗歌音节的声、韵、调必须按照"宫羽相变,低昂互节"的规律加以组合,"前有浮声,后须切响","一简之内,音韵尽殊","两句之中,轻重悉异"。于是,"永明体"作为最早的格律诗诞生流行开来。萧衍、沈约、王融、谢朓、范云、萧琛、任昉、萧衍、陆倕等人在齐朝竟陵王门相互唱和,号称"竟陵八友",都是重要的永明体诗人。此后至梁、陈100余年间,吴均、何逊、阴铿、徐陵、庾信等90多位诗人创作过这种格律诗。格律诗的声、韵、调之美是在对偶中错综变化的。这种齐同与变化交错的规律也渗透到词性的配对方面。而音节和词性的错综对偶之美不仅体现在诗歌领域,也在文、赋领域广泛铺开。魏晋以来,散文和辞赋不约而同地向着骈俪的方向发展,形成了中国独有的美文样式骈文和骈赋。

诗文创作"析句弥密"[1],讲究句与句的粘对规则;"联字合趣"[2],强调

① 刘勰:《文心雕龙·丽辞》,赵仲邑《文心雕龙译注》,漓江出版社1982年版,第301页。
② 刘勰:《文心雕龙·丽辞》,赵仲邑《文心雕龙译注》,漓江出版社1982年版,第301页。

字与字之间声、韵、调、性的交错对比,还要求规避诗歌创作的"八病",这些都是"剖毫析厘"①、精雕细刻的工作。于是"雕缋满眼","错采镂金",成为南朝文艺创作中突出的审美追求。汉代鄙之为"雕虫",这时誉之为"雕龙";汉代斥之为"淫丽",这时誉之为"绮丽"。曹丕《典论·论文》强调:"诗赋欲丽。"陆机《文赋》强调:"遣言也贵妍。""诗缘情而绮靡,赋体物而浏亮,……颂优游以彬蔚……说炜晔而谲诳。"萧统《文选序》声称《文选》所收文章"以能'文'为本","文"即"综辑辞采,错比文华","譬陶匏异器,并为入耳之娱;黼黻不同,俱为悦目之玩"。萧绎《金楼子·立言》也强调:"至如'文'者,唯须绮縠纷披,宫徵靡曼,唇吻遒会"。萧纲本此,其《昭明太子集序》批评扬雄"雕虫篆刻,壮夫不为"的观点,高度肯定以文采为特征成孝敬、移风俗的文章具有经天纬地的不朽价值:"'文'之为义,大哉远矣。""日月参辰,火龙黼黻,尚且著于玄象,章乎人事,而况文辞可止,咏歌可辍乎?"

这里特别值得一说的是刘勰。他不仅是六朝情感美学的标志,也是形式美学的符号。关于文章的文采美、形式美,《文心雕龙》有各种视角、极为丰富的指称和表述,如"丽""采""文""巧""甘""华""文采""文绮""文丽""绮丽""朗丽""雅丽""新丽""缛采""采奇""采蔚""雕琢""辩雕""雕玉""雕画""雕缛""绮靡""艳说""藻饰""文藻""夸饰""斐然""彪炳""文炳""惊采绝艳""铺采摛文""镂彩摛文""鸿律蟠采""麟凤其采""飞靡弄巧"等等。刘勰认为,文章光有情感美还不够,必须文质相称,具备有文采的形式美,所谓"吐纳经范,华实相扶","丽辞雅义,符采相胜","割情析采,笼圈条贯","致义会文,斐然余巧"。具备文采的形式美是文章不可缺少的特征:"圣贤书辞,总称'文章',非采而何? ……其为彪炳,缛采名矣。"②他以孔子贵"文"和儒经、诸子为据,论证文采对于文章的重要性:"志足而言文,情信而辞巧,乃含章之玉牒,秉文之金科也。"③"绮丽以艳说,藻饰以辩雕,文辞之变,于斯极矣。"④在刘勰看来,不同的文体以不同的方式与文采美相联系,他在文体论中对此作出了具体的论析。在此基础上,刘勰还对文章的听觉美、视觉美规律作了深入探讨和精辟总结。《声律》篇论析平仄相间的

① 刘勰:《文心雕龙·丽辞》,赵仲邑《文心雕龙译注》,漓江出版社 1982 年版,第 301 页。
② 刘勰:《文心雕龙·情采》,赵仲邑《文心雕龙译注》,漓江出版社 1982 年版,第 277 页。
③ 刘勰:《文心雕龙·征圣》,赵仲邑《文心雕龙译注》,漓江出版社 1982 年版,第 26 页。
④ 刘勰:《文心雕龙·情采》,赵仲邑《文心雕龙译注》,漓江出版社 1982 年版,第 277 页。

音调规律和双声叠韵字的交错相间规律:"声有飞沉,响有双叠。双声隔字而每舛,叠韵杂句而必睽。沉则响发而断,飞则声飚不还。并辘轳交往,逆鳞相比。"《文心雕龙》另设《炼字》篇,对文章字形美、视觉美规律作了全新的分析和系统的揭示,这集中凝聚为"缀字属篇"的四项原则。"一避诡异",即避用"字体瑰怪"、多数人不认识的冷僻字。"二省联边",即省用同一偏旁的字。"三权重出",即斟酌使用相同的字。"四调单复",即把笔画多与笔画少的字交错开来使用。这些都出于视觉美的考虑。对于晋宋时诗歌的绮靡华丽特征,《文心雕龙·明诗》中有一个客观的概括:"晋世群才,稍入轻绮,……采缛于正始,力柔于建安,或析文以为妙,或流靡以自妍,此大略也。……宋初文咏……山水方滋,俪采百字之偶,争价一句之奇,情必极貌以写物,辞必穷力而追新,以近世之所先也。"

在普遍爱好文采的风潮中,不讲格律雕琢、以平淡自然见长的谢灵运、陶渊明和质木无文的裴子野并不被时人看好。如陶渊明在钟嵘的《诗品》中只被列入"中品",萧纲《与湘东王书》批评谢灵运、裴子野:"谢客吐言天拔,出于自然,时有不拘,是其糟粕;裴氏乃是良史之才,了无篇什之美。……谢故巧不可阶;裴亦质不宜慕。"较之"初发芙蓉"的自然美,六朝人更偏爱"错采镂金"的雕琢美。这种时代特征不仅体现在"永明体"诗、骈文骈赋的创作中,也体现在六朝绘画、书法取得的艺术成就及其批评理论中。魏晋六朝不是如宗白华先生说的那样,是崇尚"芙蓉出水"之美的阶段,而恰恰是崇尚"错采镂金"之美的阶段。同时我们必须注意到:以"雕琢刻镂""富丽堂皇"的形式为美,是以"情之所钟""缘情适意"为美的情感美学的对应物。二者是互相依存、互为因果的。所以情感美学与形式美学构成六朝相互联系、双峰并峙的两大美学主潮。

四、"文章道弊五百年":隋唐在批判中确认六朝美学的两大特征

在魏晋玄学"适性"追求推动下形成的六朝情感美学与形式美学两大思潮,在反抗汉代对情欲过度压抑、解放自然人性方面具有合理的积极意义,但与此同时,也暴露出矫枉过正的新的偏颇。扼杀基本情欲的名教概念是应该反抗的,但节制过度情欲的理性规范是不能完全抛弃的。笼统地提"越名教而任自然",要求抛弃一切道德礼义,主张听任情欲无限地满足自己,沉迷于"奢侈淫靡""风花雪月""雕琢刻镂"的官能享受之中,必然会产

生若干危害社会稳定的严重后果。于是从六朝开始，就出现了反思、批评的声音。如东晋王隐《晋书》批评说："魏末，阮籍嗜酒荒放……其后贵游子弟阮瞻、王澄、谢鲲、胡毋辅之之徒，皆祖述于籍，谓得大道之本，故去巾帻，脱衣服，露丑恶，同禽兽。甚者名之为'通'，次之者名之为'达'也。"刘勰《文心雕龙·通变》评论魏晋以来的文学发展："魏晋浅而绮，宋初讹而新。从质及讹，弥近弥谈。"钟嵘《诗品序》批评"永明体"的形式主义弊病："王元长（融）创其首，谢朓、沈约扬其波……于是士流景慕，务为精密，襞积细微，专相陵架。""遂乃句无虚语，语无虚字，拘挛补衲，蠹文已甚。"

到了隋代，这种反思和批评发生了质的变化，成为一种来自官方的声音，而且很尖锐。如治书侍御史李谔"以属文之家，体尚轻薄，递相师效，流宕忘反"为由，上书隋文帝："魏之三祖，更尚文词，忽君人之大道，好雕虫之小艺。下之从上，有同影响，竞骋文华，遂成风俗。江左齐梁，其弊弥甚，贵贱贤愚，唯务吟咏。遂复遗理存异，寻虚逐微，竞一韵之奇，争一字之巧。连篇累牍，不出月露之形，积案盈箱，唯是风云之状。""以傲诞为清虚，以缘情为勋绩，指儒素为古拙，用词赋为君子。故文笔日繁，其政日乱。""损本逐末，流遍华壤，递相师祖，久而愈扇。"批判了六朝的形式主义美学、情感主义美学的弊病后，他提出文章的理性主义道德美学主张："褒德序贤，明勋证理"，关乎惩劝，"义不徒然"。结合"大隋受命"、天下大变的现实，指出"屏黜轻浮，遏止华伪"，复兴"圣道"，刻不容缓。隋文帝最终采纳了他的建议，"四海靡然向风，深革其弊"。稍后，王通著《中说》，以恢复孔子儒道自命，高举"文者济乎义"的道德美学大旗，对六朝醉心形式、德行有亏的诗人一一给予批判。总之，六朝诗人浸淫文辞技巧，遗忘道德之大，都是对国家"不利"之人。

唐初，太宗吸取隋炀帝无道而亡的教训，命人重注五经，重修八史，儒家仁义礼智之道被进一步确立。其时文坛，儒家道德美学大旗被高高举起，用来批判六朝以迄唐初的情感美、形式美偏向。魏徵《隋书·文学传序》批评说："梁自大同之后，雅道沦缺，渐乖典则，争驰新巧。简文（萧纲）湘东（萧绎），启其淫放；徐陵、庾信，分路扬镳。其意浅而繁，其文匿而彩。词尚轻险，情多哀思。格以延陵之听，盖亦亡国之音乎！周氏吞并梁、荆，此风扇于关右，狂简斐然成俗，流宕忘返，无所取裁。"《隋书·经籍志》批判萧纲开创的宫体诗："梁简文之在东宫，亦好篇什。清辞巧制，止乎衽席之间；雕琢蔓藻,思极闺闱之内。后生好事,递相放习,朝野纷纷,号为'宫体',流宕不已,讫于丧亡。陈氏因之,未能全变。"姚思廉《梁书·简文纪》也批评萧纲:"雅好题诗……然伤于轻艳,当时号曰'宫体'。"李百药《北齐书·文苑传序》批评说:"江左梁末,弥尚轻险,始自储宫,刑乎流俗。杂沾滞以成音,故虽悲而不雅……原夫两朝(梁、北齐)叔世,俱肆淫声,而齐氏变风,属诸弦管,梁时变雅,在乎篇什。莫非易俗所致,并为亡国之音。"令狐德棻《周书·王褒庾信传论》批评南朝形式美学、情感美学风潮对北朝文人的影响:"然则子山(庾信)之文,发源于宋末,盛行于梁季,其体以淫放为本,其词以轻险为宗,故能夸目侈于红紫,荡心逾于郑卫。"与此呼应,在唐初诗坛,面对六朝形式美学、情感美学的顽强残留,有责任感的诗人强调:"大矣哉,'文'之时义也。"(杨炯)文章的伟大意义在于道德事功,只有这样,"文章"才可以成为"经国之大业,不朽之能事"(王勃)。否则,就只能成为"缘情体物、雕虫小技"而已,属于"立身之歧路","何足道哉"?(骆宾王)而六朝以来诗文领域的风气恰恰是"争构纤微,竞为雕刻","影带以徇其功,假对以称其美","糅之金玉龙凤,乱之朱紫青黄","骨气都尽,刚健不闻"(杨炯)。所以,唐初四杰王勃、杨炯、骆宾王、卢照邻从理论到创作实践上都给以反对。

到了武则天时期,陈子昂《与东方左史虬修竹篇序》在继承、综合隋代的李谔、王通及唐初史家和诗人道德为美思想的基础上,标举"风骨兴寄",对晋宋以来"彩丽竞繁"的道德弊病给予猛烈批判:"文章道弊五百年矣。汉、魏风骨,晋、宋莫传。""仆尝暇时观齐、梁间诗,彩丽竞繁,而兴寄都绝,每以永叹。""常恐逶迤颓靡,风雅不作。"他认为六朝以来诗坛文苑斤斤计较于声律、骈偶、辞彩技巧,将文章降低为一种类似"俳优"的"薄伎""小能",因而在《上薛令文章启》中重提扬雄"雕虫篆刻,壮夫不为"的主张:"文章薄伎,固弃于高贤;刀笔小能,不容于先达。岂非大人君子以为道德之薄哉! ……徒恨迹荒淫丽,名陷俳优,长为童子之群,无望壮夫之列。……文章小能,何足观者!"他以诗文创作实践"一扫六代之纤弱"(刘克庄语),促进了情感美学、形式美学风潮向道德美学、风雅美学的转变。此后整个唐代,道德美学成为美学界的主潮。如在诗歌领域,白居易主张"风雅比兴外,未尝著空文",元稹主张"雅有所谓,不为虚文"。在散文领域,韩愈提出"修其辞以明其道",柳宗元主张"文以明道",反对"以辞为工",李翱主张文章是"仁义之辞",反对"号文章为一艺"。宋代继续延续着这个方向朝前发展,如周敦颐、朱熹等理学家主张"文以载道""道本艺末",欧阳修等古文家主张"道胜文至""文章为道之鉴",无不指向以风雅道德为文章之美、做人之美的美学观。可见,陈子昂的一句"文章道弊五百年",恰恰揭示了六朝美学区别于汉代美学和唐宋美学的时代特征,勾画出从汉代的"建安风骨"到六朝的"彩丽竞繁",再到唐宋的"风雅骨气""道德理义"的马鞍形走向。在这种注重以风雅道德的自然表现为美而不是以脱离道德内容的形式雕琢为美的社会风潮之下,"自从建安来,绮丽不足珍"(李白),"清水出芙蓉,天然去雕饰"(李白),才逐渐确立为一种新的时代趣味和审美理想①。

　　从六朝的反思、隋唐的批判及转向中,我们可以看出:六朝美学的整体特征是"道弊"而"丽淫",是宽容形色快感,是形式大于内容,是雕章琢句、"错采镂金""铺锦列绣"。如果说"清水出芙蓉,天然去雕饰"的审美理想是"魏晋六朝"的主流和特征,就无法理解隋唐人对六朝淫丽倾向的批判,或者说,隋唐人对六朝淫丽倾向的批判就不能成立。事实上这种批判已成为文学史、美学史上的一种共识。所以,宗白华先生将魏晋六朝与隋唐的美学特征视为一体、划归一个阶段是不符合实际、难以成立的。重新审视宗先生的论断,从魏晋六朝起,中国人的美感走到了一个什么"新的方面",表现出一种什么"新的理想"呢? 就是"情之所钟""从欲为欢",就是"铺采摛文""错采镂金"。二者是对汉代鄙薄情感和形式之偏的合理反拨,同时又以其矫枉过正、走向一偏,为唐宋的道德美学主潮纠正和取代②。

① 关于隋唐宋元的道德美学主潮的转向及其具体情况,详参祁志祥:《中国美学通史》第二卷第三编第一章,人民出版社 2008 年版,第 5—68 页;或祁志祥:《中国美学全史》第三卷《隋唐宋元美学》第一章"儒家道德美学主潮",上海人民出版社 2018 年版,第 4—67 页。

② 详参祁志祥:《宋代道德美学主潮》,《文化艺术研究》2022 年第 4 期。

第六章　中国古代文学的美学解析

主编插白：中国古代的文学虽然是广义的杂文学，并不一定以美为必备特征，但中国古代文学的主体——诗歌则是以形式美与情感美为显著特征的。同时，中国古代大多数文体都与指称形式美的"文"有关，所谓"言之无文，行而不远"。中国古代的文学以吟咏情性、表情达意为主，于是"文"就成为中国古代抒情文学的一种技艺。而"文"的本义"错画也，象交文（通纹）"恰恰可为这种技艺的注脚。华东师范大学教授胡晓明以读诗、写诗、研究中国诗学著称，对此有独特心会。他的《"文"：中国抒情技艺的一个秘密》就是饱含自己读诗、写诗经验的理论提升之作。文末总结指出："相间"与"交错"的形式美创作法，作为自觉的文学理论主张，渗透在诗文创作的对偶、平仄、顿挫、开阖等修辞技艺的各方面，因而古典中国文学的主流是图式化的艺术、技艺化的文学，具有中国古典语文的美感和生命力。而现代白话文学恰恰失去了中国古典语文的"相间与交错之美"带来的美感。这是值得我们反思的。"文以意为主。""诗者，吟咏性情也。"中国古代以诗歌为主体的文学素有抒情的民族特色和传统。这种特色和传统与西方古代文学追求摹仿外物的叙事特色和传统形成鲜明对照。中国古代文学的这种民族特色经海外华裔学者陈世骧、高友工、王文生等人的揭橥在海内外学界产生了重要影响，响应者甚众，但也有一些批评乃至否定的声音。北京师范大学李春青教授认为，中国古代文学抒情传统说虽然提出了不少颇具启发意义的见解，但总体上看存在着一种"具体性误置"的形而上学倾向，其初衷本是彰显中国文学的特质，结果却反而遮蔽了中国文学自身的复杂性。或许只有历史化、语境化的研究路径可以避免重蹈这种概念形而上学的覆辙。不过依据我的阅读与研究经验，就整体倾向来看,中国古代文学抒情特质说是符合实情的。中国古代文学不是不写景、咏物、叙事,但咏物是为了抒情,叙事是为了寓意,景语只是情语。所以中国古代的咏物诗实际上是抒情诗的别称,与西方的叙事诗有着根本的区别。中国传媒大学的张晶教授与人合写的《中国古典诗歌的审美化叙事》一文围绕诗歌文体特有的含蓄蕴藉的诗学品性,提出中国古代诗体叙事的诗学逻辑是"以事表情、化事为境",事"在场"而情"不在场","以事表情"意味着诗歌叙事潜藏着"情感导向","化事为境"意味着诗歌叙事具有"意蕴空间",从而,"在场"的事与"不在场"的情形成一种"虚实""远近"关系。在感事诗、纪事诗、叙事诗中,尽管有情与事的场内、场外之分,但情不虚情、以事表情、挟情叙事、情事交融往往是诗歌叙事的不二法门。场景、人物、事件尽管被当作故事中的"实存",但意象浑融的"化境"却是诗歌叙事的着力点。这种分析印证了陈世骧、高友工、王文生等人的看法,与李春青的观点恰恰形成了一定的张力,读者可以自加评判。

第一节 "文":中国抒情技艺的一个秘密①

一般论述皆从"和谐"这一美学意义上理解"物相杂故曰文"(《易传》)、"物一无文"(《国语》),本文从更具体的角度讨论,提出:"文"即相间与交错之美。"相间"即变化与区分,"交错"即联系与互动。中国美文的音、篇、句以及兴象风神意境,皆离不开这两个要素。因而"文"既是诗学的观念结构本身,亦是形而下的技艺奥秘。本文重点讨论有关"音成文"一题,钱锺书先生的疏失,以及相间与交错为语文技术,如何落实为具体的篇文和句文。

一、"文"即图式化

"文"是中国文学的一个最基本的概念,但是要把它讲清楚讲透彻又不容易。现代论家都感觉到它有很高深的意涵。刘若愚《中国文学理论》中,

---

① 作者胡晓明,华东师范大学中文系教授,中国古代文学理论学会会长。本文原载《长江学术》2016 年第 2 期。

认为"文"是中国文学理论中的"形上理论"。即是说,"文"是根本性、决定性的一个概念。因为,它无所不在,从最早的"记号""文饰",到文籍、文献、文章、文采、文化、学问、著作、文学,都从"文"这一根蒂中生长而出①。但是,这样一来有一个危险,即是将"文"泛化了,就像泛神论,结果也取消了神,泛"文"化的结果,也可能迷失了"文"的根本义。因而,我主张将"文"之意义,分为根本义与引申义。什么是"文"的根本义?刘若愚在众多的"文"的解释中,还使用了一个"样式"的概念,其实,"样式"正是"文"的根本义。关键是,我们如何理解"样式"? 宇文所安在《中国文论》中,也将"文"译为"Pattern",认为,"文"是"心在宇宙的身体中运作"(man serves the function of mind in the cosmic body)。他说:"书写的'文(字)'不是符号,而是将一切图式化,这因此没有主宰权的竞争关系。每一个层次的'文',既属于宇宙,也属于诗。"②这句话一开始读来委实费解,但是其实是有一点道理的,我们后面会再作解释。这里先说他用的"图式"这个词,正是刘若愚讲的"样式",但是遗憾的是他们都没有再讲下去,究竟图式或样式是个什么东西。近年来讲得最充分的,是郑毓瑜《"文"的发源:从"天文"与"人文"的类比谈起》。此文正是接着讲,将刘、宇文二氏所论的"图式",联系到中国文学思想与观念中最早、最根本的"引譬连类",将"图式"解为"譬喻世界",重新再体认天文与人文(身体与宇宙)之间有类的连通,继而将以古代中国的气感宇宙观,作为重建言辞、句式、段落,以及身/心、言/物之间,两个或多元类域之间,如何跨越或相互贯通的网络。郑氏将"图式"(文)本体化同时也身体化了,她的论述自成一体,尤重文的根本理念中的相似、类通、感应、相生、互动等理论与思想的维度③,然而通观其文,着重强调相似性,仍然忽略了"文"的另一面,即区分性。还是对比着说,我的分析是:"文"有根本义与引申义。引申义:文籍、文章、文献、文学、文辞、文彩、文明、文化、文质,等等。根本义:《说文》:"错画也";《周易》:"物相杂故曰文"。物相杂,即"文"之"样式"或"图式"。那么,合乎逻辑的一个问题就是,如何解释"物

① 刘若愚:《中国文学理论》,杜国清译,联经出版集团1981年版,第38—42页。
② 宇文所安:《中国文论》导论,王柏华、陶庆梅译,上海社会科学院出版社2003年版。
③ 原刊《政大中文学报》第15期,2011年6月,第113—142页。后收入《引譬连类:文学研究关键词》一书的导论,题为《"文"与"明":从天文与人文的模拟谈起》,联经出版集团2012年版,第48—57页。

相杂"？

"物相杂"无非就是不同的物放在一起。大致而言，"物相杂"有两种趋势：

一是自然的、即兴的、随意的相杂。如瓷器烧制过程中产生的"窑变现象"，可谓之"自然型"。桐城派的刘大櫆在《论文偶记》中说：

> 文贵变。《易》曰：虎变文炳，豹变文蔚。又曰："物相杂，故曰文。"故文者，变之谓也。一集之中篇篇变，一篇之中段段变，一段之中句句变；神变，气变，境变，音节变，字句变，惟昌黎能之。文法有平有奇，须是兼备，乃尽文人之能事。[①]

案，以"变化"来解释相杂，这是自然型的物相杂为文了。中国文学越是发展到近代，越是向自然型的方向发展。

二是人工的、有内在规定、有规律、有技艺的"相杂"。如音乐、编织、图案，图式化、格式化的"物相杂"，可谓之"图式型"，《说文解字注》"杂"，"所谓五采彰施于五色作服也。引申为凡参错之称。"杂从衣，集声。《玉篇》"集"："合也。"《广韵》："聚也，会也，同也。"表明："杂"首先是多样，其次，多样性不是混乱无序，而是既有类聚的一致性，又有区别的参差与交错，因而它有一个结构在其中。这种类的一致性，我们称为"交错"，这种区别的参差性，我们称为"相间"。换言之，"文"的根本义，正是相间与交错的图式。

后者正是古典语文，也是中国文学艺术的重要特色。自然型的物相杂，背后也有很多学问，我这里先不讲。这里论述的是"图式型"的物相杂即"文"。我们从彩陶中的花纹与图案，可以知道，作为最早的"文"，所有的图式中，无疑都有对称的因素，对称的美感背后，其实有一种均衡地相间与交错的思维，我们可以简单称之为有一种"广义的对对子"思维，这种美感思维起源得很早。我们可以想象先民们在一天的劳作之后，在窑洞或田边看月亮星星，看天上的云与飞鸟与地下的水与游鱼，看身边的火对水、锅对瓢、星对昏、门对窗，再回过头来看自己身边的男女、老幼、死生……于是有一天感悟到天地宇宙的一个绝大秘密，就是两两相对，有物必有对，一生二、二生

---

① 刘大櫆：《论文偶记》，舒芜校点，人民文学出版社 1998 年版，第 8 页。

三、三生万物,于是发明了一个汉字:"文":两两交错为"文"。《文心雕龙》说中国美文来自天地:"日月叠璧,以垂丽天之象;山川焕绮,以铺理地之形",其实也是原始思维的一种美的论述。宇文所安说的:"没有主宰权的竞争关系。每一个层次的'文',既属于宇宙,也属于诗。"正是这个意思:其中的结构(物相杂)没有一个主宰的绝对主体,既属于自然也属于人为。

从广义的对对子思维,于是我们可以再论"图式化"的表现以及要义:表层义:对偶、音韵、声调、节奏、句法以及其他语文技艺的文学。深层义:心在宇宙的身体中运作:天心与人心的应和(阴阳,《文心雕龙·原道》)。表层与深层的结合点:一切语文技艺都有的格式:相间与交错。中国语言文学的发展,其实正是这种美感思维的发展。先秦时代以自然型为主;六朝时代以图式化为主;唐宋时代以自然与图式分途发展;元明清时代以自然与图式相交错相竞争;现代以自然型一统天下。

尽管先秦语文以自然型为主,但已经有了图式化的现象。且不论韵文如《诗经》《老子》,且看早期的赋如《风赋》,里面就有句式的图式化现象:单双、骈散、长短、婉峭。如下列划线的文字正是图式化(格式化、人工技艺化)的文字:

> 楚襄王游于兰台之宫,宋玉景差侍。有风飒然而至,王乃披襟而当之,曰:"快哉此风!寡人所与庶人共者邪?"……
> 然后……乃得为大王之风也。①

其中,类的一致性,即句式的整齐与早期的骈偶化,而区分的相间性,即有意在骈偶、单双、婉峭之间有意无意的区分。

二、"物相杂即文"的思想史文献

然而自然型的物相杂与图式化的物相杂,并不等于散文与骈文。如果说,阮元在《文笔论》中,所论骈偶、音韵等确实是属于我这里所说的图式化的物相杂(表层义),他所争的是骈文所失去的地位,而我在这里所论的比阮元所争取的东西要更多更深。因为阮氏根本不见有深层义的物相杂。傅山说:"'物相杂故曰文',只此六字可尽文义,非一先生之言所得暧姝。"②上

---

① 萧统:《文选》第二册,上海古籍出版社 1986 年版,第 581—583 页,下文所引同出此书。
② 傅山:《霜红龛集》卷三十八《杂记》三,山西人民出版社 1985 年版,第 1055 页。

文已明,其秘密即相间与交错。然而我们追到陶纹也只是一种现象。其实古人已经有此自觉,绝非现代文学史家所说的六朝时代才有文学的自觉。从文献上看,"文"之本义的源头有三个:来源于易之阴阳哲学;来源于乐之音声迭代;来源于周之礼乐文明。这三个来源是真正的文之自觉。而"文"的核心义,乃大大强化于六朝之美文,而不是六朝或魏晋人才发现了文学的自觉。

先说礼乐文明。"周人尚文"(《史记·梁孝王世家》);"郁郁乎文哉"(《论语·八佾》),周之文化创造性,可以用"文"来品题。这是众所周知的事实。我们知道"周文"是文明创造,是人文主义,区别殷商时代的重鬼神,但文明与人文,只是"文"的引申义。除此之外,文有没有相间与交错的本义?关键是如何理解"周文"的核心内容。周公制礼作乐,礼别异(相间),乐和同(交错)。这里就完全符合"文"的本义。而"周文"另一核心要义的表述是亲亲与尊尊,亲亲,即仁爱,发源于血缘亲人之间的爱,爱即心的"交错"。而尊尊,即秩序,根源于政治生活中上下左右的位序、责任与义务,此即"相间"。因而,"周文"的伟大实践,即将相间与交错发展而为一套政治人生之理、理想社会之道。

再说阴阳。朱子最清楚地发挥了易的思想:文即阴阳相间与交错。他说:"'物相杂,故曰文'。卦中有阴爻,又有阳爻,相间错则为文。若有阴无阳,有阳无阴,如何得有文?"(《朱子语类》卷第七十六)

易学中的其他术语,如"入",即交错;"文章"即交错变化。李道平疏"物相杂"一句,谓:"'物相杂,故曰文'。虞翻曰:乾,阳物。坤,阴物。纯乾纯坤之时,未有文章。阳物入坤,阴物入乾,更相杂成六十四卦,乃有文章,'故曰文'[疏]'乾,阳物。坤,阴物',上传文。纯乾纯坤,阴阳未变,其时未有文章。郑语曰'物一无文'是也。乾坤交通,故'阳物入坤,阴物入乾',而成六子。八卦更相错杂,成六十四卦,刚文柔,柔文刚而文章成焉。说文曰'文,错画也'。盖即'物相杂,故曰文'之义也。"①这即是相间与交错的文义,在易学上的根据。

再说音乐。首先是古义"音"与"声"不同。来源于《乐记》对音乐的人工性、图式化甚至格律化的强调。《乐记》曰:"声相应故生变,变成方谓之

---

① 李道平:《周易集解纂疏·系辞第九》,中华书局 1994 年版,第 676 页。

音;比音而乐之,及干戚羽旄,谓之乐。"郑注曰:"宫商角徵羽杂比曰音,单出曰声。乐之器弹其宫则众宫应,然不足乐,是以变之使杂也。方犹文章也。"①"此杂声和乐之义也。单声不足为乐,变杂五声使之交错成文,谓之比音,故亦曰'声成文谓之音',比音斯和乐矣。"(清黄以周《礼书通故》第四十四《乐律通故》)

后来在齐梁时代,根据"声成文"的道理,自觉创造了语言的音乐性。沈约曰:"五色相宣,八音协畅,由乎玄黄律吕,各适物宜。欲使宫羽相变,低昂中节,前有浮声,则后须切响,一篇之内,音韵尽殊,各句之中,轻重悉异,妙达此旨,始可言文。"(《宋书·谢灵运传论》)最值得注意的就是其中运用了相间与交错的原则,冯胜利先生有相当精当的研究②。相间与交错,古人用的语言是"迭代"。"迭"即不同声音的相间,"代"即不同声音的交错。陆机《文赋》"音声之迭代,若五色之相宣",李善曰:"言音声迭代而成文章,若五色相宣而为绣也。"李翰曰:"音声,谓宫商合韵也,至于宫商合韵,递相间错,犹如五色文彩以相宣明也。"③

三、再论声成文,兼说钱锺书先生之失误

钱锺书先生有一篇很有名的文章论诗歌文学中的"通感",但是他将声成文也说成是"通感"则是明显的误解。他说:

> 我们的《礼记·乐记》有一节极美妙的文章,把听觉和视觉通连。"故歌者,上如抗,下如队,止如槁木,倨中矩,句中钩,累累乎端如贯珠",孔颖达《礼记正义》对这节的主旨作了扼要的说明:"声音感动于人,令人心想其形状如此。"《诗·关雎·序》:"声成文,谓之音。"孔颖达《毛诗正义》:"使五声为曲,似五色成文。"这些都真是"以耳为目"了!(《通感》《文学评论》1962 第 1 期)

他在《管锥编》中《毛诗关雎(二)》也继续申论这个说法:

---

① 郑玄注:十三经注疏本《礼记·乐记》,孔颖达疏,北京大学出版社 1999 年版,第 1074 页。

② 冯氏以西方韵律学的音步理论解释浮声切响,有重要发明。参见《汉语的韵律、词法与句法》(修订版),北京大学出版社 2010 年版。

③ 萧统:《文选》卷第十七《文赋》,第 766 页。

又"声成文,谓之音",《正义》:"声之清浊,杂比成文"。即《易·系辞》:"物相杂,故曰文",或陆机《文赋》:"暨音声之迭代,若五色之相宣"。夫文乃眼色为缘,属眼识界,音乃耳声为缘,属耳识界;"成文为音",是通耳于眼、比声于色。以听有声说成视有形。[1]

"通感"不是一般的比喻,而是感官上的打通。我们看钱先生举的通感例子:

白居易《和皇甫郎中秋晓同登天宫阁》:"清脆秋丝管。"

贾岛《客思》:"促织声尖尖似针。"

丁谓《公舍春日》:"莺声圆滑堪清耳。"

《儿女英雄传》第四回:"唱得好的叫小良人儿,那个嗓子真是掉在地下摔三截儿!"

王维《过青溪水作》:"色静深松里。"

刘长卿《秋日登吴公台上寺远眺》:"寒磬满空林。"

杜牧《阿房宫赋》:"歌台暖响。"

当然不止钱先生一人论通感。陈望道说:"官能的交错——就是感觉的交杂错综。这是近代人神经极敏所生的一种现象。例如德国诗人兑梅尔《沼上诗》中有'暗的声音'一语,明暗是视觉上的现象,声音的听觉上是无所谓明也无所谓暗的。是'暗的声音'是视听两官感觉的混杂,就所谓官能的交错了。"[2]而五音比五色,看似打通了视与听,然而细想:"声成文",是声音之间的交错,不是不同官能之间的交错,因而不是通感。如果讲成通感,就完全忽略抹杀了"声成文"的本义是真实的不同声音的相间与交错;而声音的相间与交错,不必一定要想到五色相宣的画面。不必一定有视与听的感官相交错。五色相宣只是比喻而已。因而,钱先生的说法是对"声成文"的误读。混同于通感,就失去了"文"的正解。声文与形文一样,不能离开相间与交错之美。

四、明清时期文学及艺术批评中讨论相间与交错即文

明人周子文《艺薮谈宗》卷四论:"'物相杂,故曰文'。文须五色错综,

---

① 钱锺书:《管锥编》,中华书局 1979 年版,第 59 页。

② 陈望道:《陈望道文集》卷一《文学小辞典》,上海教育出版社 1980 年版,第 509 页。

乃成华采；须经纬就绪，乃成条理。"错综，乃成华采；即是交错之美。经纬，乃成条理，正是相间之功。周氏其实已经意识到其中的关键。

清人刘熙载有更明确的认识。《艺概·经义概》谓："《易·系传》：'物相杂故曰文。'《国语》：'物一无文。'徐锴《说文通论》：'强弱相成，刚柔相形。故于文，人爻为文。'《朱子语录》：'两物相对待故有文，若相离去，便不成文矣。'为文者，盍思文之所由生乎？"①所谓"文之所由生"，即"文"之根本，"文"相生相创的内在机制。"相形""相对"，即相间。"物无一则无文"，即交错为"文"。刘氏又对"物一无文"有新解，他说：

> 《国语》言"物一无文"，后人更当知物无一则无文。盖一乃文之真宰，必有一在其中，斯能用夫不一者也。

前一个"一"，是单一、无变化。后一个"一"，是不相离，是统一性，即交错性。这个一，可以表现为作品的主题、文章内在的生气，以及风格的整体性等主宰性的因素，文似看山不喜平，总归有一个起伏绵延的"山"在那里。此外，刘氏明确认为相杂即"对"：

> 《易·系传》言"物相杂故曰文"，《国语》言"物一无文"，可见文之为物，必有对也。然对必有主是对者矣。

"对"相间。"然对必有主是对者矣"，即两两相对相间的要素中，由相互交错而发生的意义联系。譬如，在西湖的山与水、雨与晴、明与晦、浓与淡之间，有宜人怡心的"西子"，作为灵魂的存在（苏轼《饮湖上初晴后雨》）；在扬州的隐山远水、秋草明月、玉人夜桥之间，有悠然的箫声在其中摇漾（杜牧《寄扬州韩绰判官》）。"文"（相间与交错的）的表现有章法（篇法）、句法、音韵、风格等。刘熙载《艺概·经义概》明确论及：

> 章法之相间，如反正、浅深、虚实、顺逆皆是；
> 句法之相间，如明暗、长短、单双、婉峭皆是。

章法与明清八股文的评点与训练更有关。八股中所谓"八股"，就是四组特

---

① 刘熙载：《艺概》，上海古籍出版社，第 182 页。以下引文同此书。若干版本的《艺概》，原文皆为："《易系传》言：'物相杂故曰文'，《国语》言：'物一无文'，可见文之为物，必有对也，然对必有主是对者矣。"并无后引徐锴《说文通论》与《朱子语录》，然钱锺书先生《管锥编》里面却是如上所引。见《管锥编》第一册，中华书局 1979 年版，第 52 页。

殊对仗的文字，是特殊、复杂对仗思维的产物。如钱基博所论：八股文之工，"严于立界（犯上连下，例所不许），巧于比类（截搭钩渡），化散为整，即同见异，通其层累曲折之致。"其中，"严于立界"与"即同见异"即是相间，重在区分；而"巧于比类"与"化散为整"即是交错，强调融合。在相间与交错之间，八股文尤为重视"相间"，即各种对照、排比、正反、破立、推挽的本事。此外，韵文中更为自由的词也是极为重视相间与交错之编织技术。如《艺概》卷四论词的章法："词或前景后情，或前情后景，或情景齐到，相间相融，各有其妙。"句法来源甚古。前论《风赋》即有长短、单双、婉峭之别。元人陈绎曾《文式》卷下《论作文法》："文字一篇之中，须有数行整齐处。或缓或急，或显或晦，缓急显晦相间，使人不知其缓急显晦。常使经纬相通，有一脉过，接乎其间，然后可。"这里明确讲到了"相间"，也讲到了"相通"（交错）。无论诗赋与八股文有多少不一样，相间与交错的原则都是离不开的。清人李锳《诗法易简录》卷六七评李白《远别离》、卷一五言古诗评辛延年《羽林郎》："通篇凡四用兮字。……奇偶相间、错综变化，音节与笔法相辅而行也。""'两鬟何窈窕，一世良所无。一鬟五百万，两鬟千万余。'此四句单行以疏其气，古文古诗无不奇偶相间者，盖一阴一阳之道递相乘除有如此。"

老杜格律细诗法精，有关杜诗的章法句法，骨子里都有相间与交错之美。如云：

> 《送李校书二十六韵》"顾我"以下，妙将己与校书两两比较，相间成章。见李壮而我衰，李为亲而勇往，我无家而安归。慕之、祝之，文情凄婉。①

> 《奉送王信州莹北归》此诗篇法之相间，音节之相承，如画花之有凹凸，山水之有起伏回抱，当循其节拍，顿挫而自得之。

> 浦二田云：……四篇（《飞仙阁》《龙门阁》《五盘》《石柜阁》）一苦一愉，以相间成章，总见章法变化处。②

最后一条论组诗的结构，而讨论得最多的是所谓"虚实相间格"，《杜诗详注》里好些诗评都指向这一条：

---

① 〔清〕浦起龙著：《读杜心解》卷一，中华书局 1961 年版，第 47 页。
② 〔清〕杨伦著：《杜诗镜铨》卷七，上海古籍出版社 1998 年版，第 307 页。

引黄生评《归雁》:事起景接,事转景收,亦虚实相间格。

《陪裴使君登岳阳楼》仇评:首二登岳阳楼,三四陪裴使君,五六楼前春景,七八自叙行踪。此虚实相间格也。

《严公仲夏枉驾草堂兼携酒馔》仇评:上四记严公交情,下四述草堂景事,……末作自谦之语,与起处宾主相应,此虚实相间。①

相间与交错,不仅是具体的写作技艺,还有比较抽象的文章美学,如节奏、浓淡,以及文气的宽紧、文脉的断续,文法的抑扬等。如云:

刘少彝诸作,丽藻夺目,绝无近日纤趋之习。所可改者,文章之妙,必须浓淡相间、长短错综,八斗之华,稍稍割美删繁,须以轻微之意剂之。(陈懿典《陈学士先生初集》卷三十四)

文之扬处为宽,拍处为紧。用宽用紧,取其相间相形。若全宽,是无宽;全紧,是无紧也。

文忽然者为断,变化之谓也。如敛笔后忽放笔是。复然者为续,贯注之谓也。如前已敛笔,中放笔,后复敛笔,以应前是。

抑扬之法有四:曰欲抑先扬、欲扬先抑、欲抑先抑、欲扬先扬。沉郁顿挫,必于是得之。(刘熙载《艺概》卷六)

无论如何变化,总之离不开相间与交错,因而,这不是一种"窑变式"的自然语文,而仍然是一种有其内在格式,一种图式化的语文。

古典美学有其相通性,书法也是如此,其中奇正、巧拙、顿挫、收放、疏密、枯湿、明晦、推挽等,无不体现"物相杂"的美学。董其昌的《画禅室随笔》说:"作书所最忌者,位置等匀。且如一字中,须有收有放,有精神相挽处。王大令之书从无左右并头者。右军如凤翥鸾翔,似奇反正。米元章谓大年千文,观其有偏侧之势,出二王外。此皆言布置不当平匀,当长短错综、疏密相间也。作书之法,在能放纵又能攒促,每一字中失此两窍,便如黑夜独行全是魔道矣。"包世臣《艺舟双楫》亦论:"先以搭锋养其机,浓墨助其彩,然而以枯墨显出之,遂使一幅之中,秾纤相间、顺逆互用,致饰取悦,几于龋齿堕髻矣。"(卷六《论书》二)。至于舞蹈艺术,更是从音乐的声成文而

---

① 〔清〕仇兆鳌著:《杜诗详注》,上海古籍出版社 1992 年版,第 447—478、775、357—358 页。

来,《乐记》曰:"屈伸、俯仰、缀兆、舒疾,乐之文也。"表明相间与交错是一切艺术的"文眼"。

五、"以对偶成篇":江淹赋的两个问题

第一个问题,在江淹的《恨》《别》两赋中,不仅是骈字丽语,而且更是"以对偶成篇",这一特点,是骈文的技艺,与他的思想有何关系?

骈赋的对偶,实能将许多抽象的命题用对举的方式抽绎出来,并加以很好的表达。《恨赋》第二段中,作者一一细数了八种千古恨事。而将帝王与列侯、名将与美人、才士与高人相对举,就不仅是其篇章结构上的一种巧构之笔,而且其中其实也蕴含着江淹对于人生的种种哲学思考,或者说是其人生哲学的外在体现。

秦始皇与赵王迁,一为帝王,一为诸侯。一为得意者,想得到更多而不满足;一为失意人,想收回失去的而不得。一个是未能寻得虚幻的仙山,满足延寿之欲,故是死后之憾;一个则是不得返故土而饮恨,故是生前之悲。然江淹将此二人并举,是为了指向同一个不争的事实:人生始终就是一种不满足的状态,而人就是一种遗憾的动物……

李陵与明妃,同者,两人皆是背井离乡,背负着身处异域之憾。异者,则是有着屈辱与荣耀的区别。但是以抽象的眼光来看,恨虽千差万别,但人生的遗憾与悲哀乃是超越永恒、善恶、荣辱、黑白和敌我的,这也是江淹的人生哲学。

至于冯衍与嵇康,两人反差甚是明显。从命运结局来看,一个是无疾而终,且享天伦之乐,只不过错过了明君圣主,错过了一展雄才的大好时机;一个则是含冤下狱,被杀身亡。当然也是未能施展抱负。但江淹将两人并举,可见在其眼里,士人命运无论是终老晚年还是英年屈死,在人生长长的遗憾面前都是一律平等、毫无差别可言的。这种"唯遗憾至上"的虚无主义,归根究底,仍然来自他的人生哲学。

由此可见,江淹创作这篇作品的思路,其实正是理一而分殊,"一"是交错,"分"是相间;以交错为经,以相间为纬。交错为主干,相间为枝叶。

第二个问题,《别赋》是否有钱锺书先生所说的"偏枯"之病?《别赋》的结构,融议论文、戏剧与诗歌为一炉。开宗明义,点题设论:"黯然销魂者,唯别而已矣!"指出了离别的距离之远,时间之久,因而更添悲伤。然后笔锋顺

势而下,绾合一般离别的双方——"行子"和"居人"的处境和心境,描写一种种超越在家与外出、男与女之区别,成为一种永恒的伤心事。接下来便列举了公卿(庙堂)与侠士(江湖)相对、从军之春日与去国之秋天相对、男女夫妇相对,以及成仙之人天之别与情恋之世俗之别相对,展开一系列人间情境,表达富于人生普遍情感张力的离别悲伤,最后归结到无法形容与表达离别悲伤之重。中间有照应、复沓,结尾有回抱。显然,这是典型的以对偶成篇。不仅结构简明,层次明晰,而且使短短篇章,极富于戏剧性,也极富于人生哲理。

《别赋》第七节,描写"华阴上士"求道入山,与世间作人天之别,这真实反映了古代社会因宗教信仰而导致人间离别,给家人带来苦痛。韩愈《谁氏子》云:"非痴非狂谁氏子? 去入王屋称道士。白头老母遮门啼,挽断衫袖留不止。翠眉新妇年二十,载送还家哭穿市。"以及《红楼梦》第一回,甄士隐随疯道士"飘飘而去",其妻子封氏哭个死去活来。钱锺书称全赋唯此节偏枯不称,其实此一内容甚有普遍性重要性。

由骈文可见,相间与交错之技艺,不仅是艺术,而且是思想。只不过,技艺是明显的、可传的,思想却是隐性的,秘传的。这需要我们去从作品中挖掘出思想。

六、以孟浩然与叶嘉莹诗为例,相间与交错之鉴赏

山光忽西落,池月渐东上。(东西、山月)

散发乘夜凉,开轩卧闲敞。(时间、空间)

荷风送香气,竹露滴清响。(嗅、听)

欲取鸣琴弹,恨无知音赏。(无人)

感此怀故人,中宵劳梦想。(孟浩然《夏日南亭怀辛大》)

我们看这首小诗,中间四句人与自然非常亲,身体、听、嗅觉,有机融合在一起。表现人心与自然的大和谐。然而如果用"相间与交错"的理论来解析,则更为具体入微。譬如第一二句,有东、西相对,山、月相间,"忽""渐"相衬,非常撑开的一个空间,又收得很紧。第三四句,有嗅觉与听觉的相间,又有夏夜的清爽相交错。最后四句,则是无人赏与有故人的对比,从对比中,表明大自然、身体、神思的清旷,最后写出欲将此清旷的美

好,分享友人,从大自然中得到的和谐之美,转而为人心与人心的和谐之
美。诗思之自然化,与自然物之生命化,在这首诗中得到很美妙的呈现。
再如:

> 木落雁南度,北风江上寒。
>
> 我家湘水曲,遥隔楚云端。
>
> 乡泪客中尽,归帆天际看。
>
> 迷津欲有问,平海夕漫漫。(《早寒江上有怀》)

从情与景的角度来看,不是简单的前景后情,而是交错式的。即第三、五、七
句实写,而第四、六、八句虚写,因实而虚,一片神行。前人评此诗,"回翔容
与。"正是相间与交错的音乐化。最后一句那种无着落、无挂搭的心,只有在
执着地问家乡的衬托下,才更动人。下面是孟浩然的名篇:

> 挂席几千里,名山都未逢。
>
> 泊舟浔阳郭,始见香炉峰。
>
> 尝读远公传,永怀尘外踪。
>
> 东林精舍近,日暮但闻钟。(《晚泊浔阳望香炉峰》)

孟浩然的这首名诗被王渔洋评为"色相俱空"的神韵,关键即能化实为虚。
本来,"挂席几千里,名山都未逢。泊舟浔阳郭,始见香炉峰"这一江上之
旅,是诗人"晚泊浔阳望香炉峰"之时的回忆与感想,是诗人的亲身经历,然
而正是因为有了"尝读远公传"这一句,变成一疑问。因为,慧皎《高僧传》
中的"慧远传",有"释慧远欲往罗浮山,及届浔阳,见庐峰清静,足以息心,
始住龙泉精舍"云云,因而"挂席几千里,名山都未逢。泊舟浔阳郭,始见香
炉峰"究竟是指传记中的远公,还是指诗人孟浩然的亲临?因而似真似幻,
亦实亦虚,变得回忆与想象不分,诗人真身与书中古人迷离,交错亦复相间,
合二为一,又一而能二,诗歌的兴象高妙,莫此为甚。

最后再以叶嘉莹《病中答友人问行程》为例:

> 敢问花期与雪期,衰年孤旅剩堪悲。
>
> 我生久是无家客,羞说行程归不归。

叶嘉莹诗中的"雪"与"花"、"家"与"路"、"归不归"不止是字面上的意思,
不止是回不回温哥华的犹豫不决,而更有比兴寄托的意思在里面。我以为,

这里的"家"是精神乡关,这里的"孤旅",是文化心灵的远游不归与终身跋涉,这里的"花期"与"雪期",也分明是文化中国与现实中国的冷暖交替、四季轮回与阴晴明灭。叶先生不仅是写出了她个人的存在感受,而且,20 世纪所有的游子心情:飘泊异乡、旅食东西、无"家"可归,而又终身心系文化家国的行者情怀……①。

七、几点结论

一、陈寅恪先生说:"中国文字,固有其种种特点,其文法绝非属于'印度及欧罗巴 Indo-European 系',乃属于'缅甸西藏系'。中文文法亦必因语言文字特点不同,不能应用西文文法之标准,而中文应与'缅甸西藏系'文作比较的研究,始能成立完善的文法。现在此种比较的研究,尚未成立,'对对子'即是最能表现中国文字特点,与文法最有关系之方法。"②对对子不仅最能体现中国语文特征的论述,而且也能表现思想之特征。陈先生又说:"妙对不惟字面上平仄虚实尽对,'意思'亦要对工,且上下联之意思须'对'而不同,不同而能合,即辩证法之一正,一反,一合。"③表明:对对子思维即是文之根本,相间并非不相干的相间,而是"'对'而不同",交错即"不同而能合",类似于辩证法思维。陈先生的论点值得细思。但"文"仍不同于辩论法,因为"文"中的各种二元性因素及其相互性,都是以经验甚至体验为本的,不是先验的精神活动,尤为重要的是,"文"更是一种生命的境界。容教探讨。

二、相间与交错作为"文"的根本思维,渗透、包含同时超越修辞学所说的对偶、平仄、顿挫、开阖等技艺,既是一种长期训练与默会的知识与文体要求,也是自觉的理论主张。

三、从创作论来说,相间与交错,作为"文"的根本结构,是文学与文章的自性生命力,如果尊重语文本身的生机,就要重新认识中国文学的"因文生情"的机制;现代文学观由于过于强调作家与个性,忽略了语文作为有机生命的存在,是一教训。

---

① 引自胡晓明:《古典今义札记》,海天出版社 2013 年版,第 1—3 页。
② 陈寅恪:《与刘叔雅论国文试题书》,《金明馆堂丛稿二编》,生活·读书·新知三联书店 2001 年版,第 249 页。
③ 王震邦:《独立与自由:陈寅恪论学》,上海人民出版社 2011 年版,第 121 页。

四、从风格论来说，古典中国文学的主流是图式化的艺术，即技艺化的文学。而现代文学失去了这个本色，即失去了中国古典语文的美感，导致了过于欧化、过于口语化与俗化的语文趋向。

五、从批评论来说，相间与交错之美，有显性的与秘传的之分。形式与技艺是显性的，对对子的思维则是秘传的。我们从古代文学批评那里，传承与整理了显性的形式与技艺，我们更要从古代诗人文学家的作品里，挖掘和整理秘传的那些对对子思维与智慧。

六、从价值论来说，西方文艺思想传统以"罪"为核心记忆，这在《圣经》里早已埋下种子。因而，天人交战、黑白二分、神魔不容。中国的"文"是主张一种富于差异与区分，同时又相互包含并互为存在的二元性，不同于"罪"的对抗性与冲突性。如何重新肯定此一古典美学，不仅值得学理再认，而且值得实践上的亲近与体认。

第二节　"中国抒情传统"说之得失①

在当下的中国，传统文化越来越受到全社会的普遍重视了，这无疑是值得充分肯定的。正是由于文化传统不言而喻的重要性，才使得我们究竟拥有怎样的文化传统成为亟待弄清楚的大问题。也正是在这样的语境中，"抒情传统说"才显示出其重要的讨论价值。"中国的抒情传统"原是多年旅居美国的华人学者陈世骧先生一篇短文的题目②，后来经过高友工、肖驰、孙康宜、吕正惠、陈国球、王德威等学人的踵事增华，终于成为关于中国文学传统乃至整个中国文化传统的一种重要观点，在海内外学界发生了广泛影响。其说问世以来亦曾受到一些质疑与商榷，其中以博学多闻且见解独到的龚鹏程先生的批评最为深入细密并切中肯綮。由于"抒情传统说"关乎对中国文学传统乃至整个中国文化传统的理解与定位问题，牵涉既广，承义又重，故而依然有着很大讨论空间，理应引起更多的关注与讨论。笔者不揣谫陋，略陈管见，就教于方家。

---

① 作者李春青，华南师范大学。本文原载《文学评论》2019 年第 4 期。

② 该文是陈世骧先生 1971 年发表的一篇英文讲稿，由杨铭涂译为中文，收入杨牧编《陈世骧文存》(台湾志文出版社 1972 年版)中，大陆则有辽宁教育出版社 1998 年版。

一、"抒情传统说"的主要观点及其学理逻辑

海内外学者论及"中国的抒情传统"的很多,我们这里仅就陈世骧、高友工这两位原创者,也是最具代表性的学者的观点展开讨论。从陈世骧先生的角度来看,他提出此说既有充分的客观依据,又有强烈的主观动因。就客观依据而言,该说并非陈先生一时兴起之论,而是他长期浸润于中国古代文学与文化学术并且经过深思熟虑的产物。在他看来,从以"兴"为标示的中国诗乐的发端到《诗经》与《楚辞》,从乐府与汉赋到六朝隋唐的诗歌,甚至于元明的小说传奇、清代的昆曲无不体现了一以贯之的"抒情的道统"。他所做的不过是对这俯拾皆是的客观现象加以归纳升华而已。就主观动因而言,则"抒情传统说"的提出根本上是为了寻找中国文学的"光荣"与"荣耀",使之足以与西方文学传统并立而不逊色。他说:"人们惊异于伟大的荷马史诗和希腊悲喜剧,惊异它们造成希腊文学的首度全面怒放。其实有一件事同样使人惊奇,那便是,中国文学以毫不逊色的风格自纪元前十世纪左右崛起到和希腊同时成熟止,这期间没有任何像史诗那类东西醒目地出现在中国文坛上。不仅如此,直至二千年后,中国还是没有戏剧可言。中国文学的荣耀并不在史诗;它的光荣在别处,在抒情的传统里。"①这里蕴含的显然是一种强烈的民族自尊意识。综合这两方面的因素来看,"抒情传统说"的提出可以说是有其必然性的。

但是陈世骧先生提出"抒情传统说"并非仅仅是为了满足一种民族的自尊,更有着探求真理的学术诉求。其云:

> 做了一个通盘的概观,我大致的要点是,就整体而论,我们说中国文学的道统是一种抒情的道统并不算过分。我这个看法,简言之,我想会有助于我们的研究世界文学。藉此我们了解中国文学的特色,并且——在它可代表远东各种文学传统的范畴中——可以了解东方文学或多或少连贯在一起的整体和西欧文学在一个焦点上并列而迥异。

> ……把抒情体当作中国或其他远东文学道统精髓的看法,很可能会有助于解释东西方相抵触的、迥异的传统形式和价值判断的现象。②

---

① 陈世骧:《中国的抒情传统》,《陈世骧文存》,辽宁教育出版社 1998 年版,第 1—2 页。

② 陈世骧:《中国的抒情传统》,《陈世骧文存》,辽宁教育出版社 1998 年版,第 3—4 页。

在这里,陈世骧指出其"抒情传统说"至少有三层重要意义:一是揭示出中国文学的"特色"。"发愤抒情"和"触景生情""寓情于景"在中国文学中是很普遍的现象,这是尽人皆知的事情,但把这种现象理解为一种传统乃至"道统",那就是另一回事了。二是有助于揭示造成东西方文学理论与批评在"传统形式"和"价值判断"上差异的原因。中国文学一切归之于"抒情",其表现形式与评判标准自然与更重视叙事的西方文学迥然不同。在陈先生看来,中国文学批评在言说方式与评价标准上与西方存在的种种重要差异,根本而言也都是源于中国文学的这一"抒情传统"。三是有助于对"世界文学"有更加准确客观的认识。因为有了以"抒情"为特色的东方文学的参照,西欧文学的特色也就自然而然地凸显了出来。这样便可以对世界文学的整体样貌有一个全面而准确的理解,而不至于偏于一隅。然而陈先生的志向似乎还不止于此,他还想进而揭示人类文学的普遍本质——"所有的文学传统'统统是'抒情诗的传统"①。其所隐含的意思是:"抒情"才是一切文学的真正本质,因而"中国的抒情传统"实际上才是世界文学之正统。可见在这篇篇幅短小的发言稿中,陈世骧先生赋予了十分丰富的内涵。

与陈世骧一样,高友工也是旅居海外多年的华裔学人。在陈世骧的基础上,高友工对"抒情传统说"进行了极大的丰富与深化,使之成为一种既具有理论的支撑,又有着具体文体和文本依据的文学理论体系。简略言之,高友工对"抒情传统说"的阐发有如下要点:

首先是大大强化了"抒情传统"在整个中国文化史中的普遍意义。如果说陈世骧主要是从文学的角度提出"抒情传统说"的,那么高友工则把"抒情传统"泛化到整个文化史之中了。在谈到研究这一问题的目的时,他说:

> 我希望在这里能逐步地讨论中国文化中的一个抒情传统是怎样在这个特定的文化中出现的,而又如何能为人普遍地接受,进而取得了绝对优势的地位,甚至于影响了整个文化的发展。②

这就是说,与陈世骧不同,高友工并不满足于对显现于文学史上的"抒情传统"的梳理、勾勒,他还要进而把这一传统与整个中国文化联系起来,考

---

① 陈世骧:《中国的抒情传统》,《陈世骧文存》,辽宁教育出版社 1998 年版,第 6 页。
② 高友工:《美典:中国文学研究论集》,生活·读书·新知三联书店 2008 年版,第 90 页。

察其所产生的文化原因,揭示其之于整个文化传统的影响。因而在他眼中,"抒情传统"其实是一种表征,体现着一种"文化理想",背后隐含着一个完整的价值体系。换言之,"抒情传统"虽是一种文学传统,但其体现的"抒情精神"却是"无往不入,浸润深广"的。他的研究就是要从文学和艺术的角度切入,进而揭示"抒情传统"的文化内涵及中国文化的整体特征,"因为我个人以为这个传统特别突出地表现了一个中国文化的'理想'。而这种理想,正是在'抒情诗'这个形式中有最圆满的表现"①。

其次是进一步深化并具体化了"抒情传统"的内涵。与陈世骧仅仅把研究视角集中于以诗歌为主的文学不同,高友工把研究视角从文学扩展到美学,并创造出"美典"一词,用以指称在文化史中形成的"一套艺术的典式范畴"。换言之,所谓"美典"即是支撑着一种美学体系的基本范畴与准则。与"叙事美典"不同,"抒情美典是以自我现时的经验为创作品的本体或内容"的。故而其创作方法主要是"内化"和"象意"。我们来看看高先生的表述:

> 抒情美典的核心是创造者的内在经验,美典的原则是要回答创作者的目的和达到此一目的的手段。就前者来看,抒情是"自省"(self-reflection),也是"内观"(introspection);就后者来看,抒情则必须借助"象意"(symbolization)和"质化"(abstraction)。总的说来,它是一个内向的美典(introversive,centripetal),要求体现个人自我此时此地的心境。②

这就是说,"抒情美典"所规范的创作路向乃是作者对自身内省经验的审视与象征,而不像"表现美典"那样是对某种意念的表达,更不像"叙事美典"那样是对某种外在现实的摹写。在以"抒情美典"为主导的中国文化传统中,"外在的客观目的往往臣服于内在的主观经验",对"境界"的重视也就往往高于对"实存"的重视。于是不仅在文学艺术上,而且在文化整体上都呈现一种"内向的价值论"③。体现了这一价值论的"抒情美典"是自我指涉的、自足的,完全无需依据外在的客观标准。高友工认为,对这样的研究

---

① 高友工:《美典:中国文学研究论集》,生活·读书·新知三联书店 2008 年版,第 82 页。

② 高友工:《美典:中国文学研究论集》,生活·读书·新知三联书店 2008 年版,第 147 页。

③ 高友工:《美典:中国文学研究论集》,生活·读书·新知三联书店 2008 年版,第 95 页。

对象可以从"感性、结构、境界"三个层次上来考察。这意味着,遵循了"抒情美典"的作品所呈现出来的世界始终是一个依照作者某一瞬间的内在感受组织起来的结构,其中不仅给人以美感,而且还蕴含着对生命意义的领悟,这后者也便是所谓"视界"或"境界"。总之,"抒情美典"追求的是"感性的快感""结构的完美感"和"生命的意义"三位一体的审美理想。如此则"抒情传统"就不再是对一种文学现象的简单概括,而是成为一个具有了十分丰富而深刻内涵的范畴。在高友工关于"抒情美典"的分析中,我们可以看出西方心理美学的深刻与精微。

二、"抒情传统说"的问题之所在

陈、高二位先生的"抒情传统说"是具有相当的学术价值的,特别是高友工的"抒情美典"之论,借鉴了西方哲学、语言学、心理学的理论与方法,对中国古代文学艺术的"内向性"特征进行了深入细致的分析,具有重要启发意义。但是总体上来看,我认为"抒情传统说"是不能成立的,除了龚鹏程先生批评的各点之外,此说最大的问题是试图用一个内涵简单的抽象概念来概括中国文学这一极为复杂的具体存在,进而用一种理论的建构代替对具体问题的考察。借用怀特海用以批评欧洲 17 世纪科学哲学的说法,这是一种"具体性误置"的谬误①。在陈、高两位先生这里,这一谬误主要表现在下列几个方面:

其一,以"抒情"来标示几千年的中国文学传统具有明显的"本质主义"倾向。对于学术研究而言,"本质主义"无论如何是要不得的,因为它总是把复杂问题简单化,而真正有意义的研究恰恰是揭示看似简单现象背后的复杂性。作为与"现象"相对而言的"本质"这个概念是具有合理性的,对人们的认识与言说都具有积极意义,而"本质主义"则有百害而无一利。"本质"一词只有在被限定的范围内、具体的条件下才有意义,而"本质主义"恰恰是超出了任何具体的限定性,试图揭示"放之四海而皆准"的真理。从陈、高两位先生的论述来看,"抒情传统说"至少可以说是有本质主义倾向。中国古代文学无论从文体、风格还是从内容、意义角度看都是多元性的、多维度的,拈出来自西方文学传统中的"抒情"一词来涵盖之,确实是不符合

①　[英]怀特海:《科学与近代世界》,何钦译,商务印书馆 1959 年版,第 54 页。

实际的。其结果势必遮蔽掉许多"非抒情性"的,却同样是中国文学中普遍存在的东西。

其二,"抒情传统说"缺乏历史的视野,把文学艺术的演变理解为一种独立于具体社会历史条件的现象,试图用概念间"平面"的逻辑关系来代替文学现象与社会文化之间"立体的"历史联系,从而陷入概念形而上学的迷雾之中。在陈、高二位先生那里,"抒情"被赋予了一种具有独立性的、能够自身运动演变的存在,成为近似于西方哲学史上那种被称为精神实体的东西——如果说在西方的思辨哲学那里世界万物是那种被称为"理念""唯一实体""绝对同一性"或者"绝对精神"的精神实体自我演化的产物,那么在"抒情传统说"这里,一部中国文学史就是"抒情"这一艺术本体的自我展开形式。陈世骧先生说:

> 以字的音乐做组织和内心自白做意旨是书抒情诗的两大要素。中国抒情道统的发源,《楚辞》和《诗经》把那两大要素结合起来,时而以形式见长,时而以内容显现。此后,中国文学创作的主流便在这个大道统的拓展中定形。所以,发展下去,中国文学被注定会有强劲的抒情成分。在这个文学里面,抒情诗成了它的光荣,但是也成了它的限制。紧接而来的是汉朝两类创作文学,乐府和赋。这两类文学在文学道统中继续光大并推进抒情的趋势……元朝的小说,明朝的传奇,甚至清朝的昆曲,不是名家抒情诗品的堆砌,是什么?[1]

显然,"抒情"在这里获得了某种自主性,它构成一个"大道统",一切的文学形式均被统摄其中,成为它的呈现方式。这种离开了具体历史语境的"抒情"只能是形而上学思维方式的产物。

相比之下,高友工先生倒是尽力表达一种历史的意识,他的代表性论文《中国文化史中的抒情传统》,从题目上即可以看出他是希望在历史演变中来考察"抒情传统"的,但遗憾的是,整体上看,他的研究依然是一种超历史的形而上学理路。高先生的逻辑是这样的:要想对"抒情传统"进行深入研究,就"不得不以一个较为普遍、抽象的理论架构开始"。这个架构是"放诸四海而皆准的",然而"理论却又不能在真空中存在",所以"有了历史的现

---

① 陈世骧:《中国的抒情传统》,见《陈世骧文存》,辽宁教育出版社1998年版,第2—3页。

象,理论架构才有了例证,而免于空疏"①。可见在高先生这里,历史现象仅仅是作为"理论架构"的例证而存在的。那么高先生的这个"放诸四海而皆准"的理论架构是什么呢? 这就是他在多篇文章中都津津乐道的所谓"抒情美典"。在他看来,美典的最基本的问题是"为什么"和"怎么样",即一个作者为什么创造一件艺术品,以及他是怎样达到其目的的。"抒情美典是以自我现时的经验为创作品的本体或内容。因此它的目的是保存此一经验。而保存的方法是'内化'(internalization)与'象意'(symbolization)。"②所谓"内化"就是把外在的客观之物变为人内在的主观之物;所谓"象意"就是利用某种符号传达主观意念。高先生借助于西方哲学美学与心理美学的某些概念建立起来这个被称为"抒情美典"的理论架构,然后便以此为标准来梳理中国文学艺术乃至整个中国文化史,把那纷乱繁复的文学艺术与文化现象统统纳之于这个阐释框架之内,于是一部中国文学艺术乃至整个中国文化的发展史,也就成为"抒情美典"不断展开和丰富的历史。故而,尽管高先生的具体论述中不乏精彩之见,但就其整体思路而言,却依然挣不脱形而上学的羁绊。

其三,对中国哲学与艺术历史演变轨迹之原因的分析具有很大的主观随意性,不符合历史的实际状况。如果中国文化史上真的有一个"抒情传统",那么其原因何在呢? 这个问题当然是"抒情传统说"的题中应有之义。高友工先生在论及"抒情传统"之形成原因时说:

> 然而在思想史上有一点却不能不略加说明。因为这与中国传统中何以走向重抒情的路有很大关系……我们更应注意到在整个中国哲学走修身养性这条实践的道路,正如中国艺术走抒情的道路同源于在思想史上很早即由客观的物或天转向主观的心和我。因此价值和真理虽然相关,但并不排斥其他的可能性。最高的生命价值可以寄于个人实现其理想境界。这种境界自然是系于个人的内心;也可以说个人的行动不见得指向外在的目的,往往止乎内心经验本身。③

---

① 高友工:《美典:中国文学研究论集》,生活·读书·新知三联书店 2008 年版,第 90—91 页。
② 高友工:《美典:中国文学研究论集》,生活·读书·新知三联书店 2008 年版,第 93 页。
③ 高友工:《美典:中国文学研究论集》,生活·读书·新知三联书店 2008 年版,第 107 页。

从整体上看,中国古代文化,包括学术与文学,都比较偏重于人的内在主观世界而不大重视外部客观世界,这种判断似乎并无问题。但高先生这段话是关于"抒情传统"或"抒情美典"形成原因的阐述,其所陈之理由,却经不住认真推敲,是似是而非的。首先,"整个中国哲学走修身养性这条实践的道路"这样的判断是可以成立的吗?先秦诸子大体上都是救世的方略,除了儒墨两家之外都不大讲什么修身①。即使是最重视修身的儒家,也并非以修身为鹄的。孔子学说的根本目的是"复礼",孟子是"仁政",荀子是"王制",都是关于社会政治秩序与价值秩序的乌托邦构想。汉儒务心于以经学为手段与统治者合谋建立国家意识形态,相比之下,对汉儒来说修身养性的重要性还不如先秦儒家。其次,"在思想史上很早即由客观的物或天转向主观的心和我"这说法可以成立吗?诚然,在中国思想史上确实很早就不大关心"客观的物或天"了,但是不是很早就转向"心和我"了呢?恐怕不能这样说。在中国思想史上真正转向"心和我"的只有道家的庄子学说和杨朱学派,即使是老子之学至少有一半是关乎社会人生的。至于作为中国思想史之主流儒学,从来都是把人伦关系,即君君、臣臣、父父、子子置于核心位置的,并没有转向"主观的心和我"。即使是宋明儒者的心性之学,也绝对不可以理解为"不见得指向外在的目的,往往止乎内心经验本身",而是恰恰相反,儒家的修身养性是有着鲜明的外在目的的,在所谓"修齐治平"的顺序中,修身只不过是一种手段而已,"内圣"的目的在于"外王"。

陈、高两位先生为代表的"抒情传统说"之所以会出现上述种种问题,其关键之处除了思维方式和方法论方面的原因之外,主要是由于他们是以西方的文学观念来考量中国文学的,也就是龚鹏程先生所说的"以西律中"。这就难免出现圆凿方枘之弊。这也并非只是如陈、高等海外学人才会出现的问题,而是清末民初以来,在强势的西方文化冲击下的中国学界普遍存在的问题,即使在今天,这依然是一种普遍现象。一个世纪以来,中国文学史、文学批评史的学术研究与教材编写都存在着用西方标准剪裁、评判中国材料的问题。由于在科学技术等方面西方远远优胜于中国,以至于让许多中国学人相信在文学艺术上也应该以西方标准为标准,于是译自西方的

---

① 道家的"致虚极,守静笃""心斋""坐忘""见独""悬解"之类严格意义上说并不是"修身养性",而是"体道"的一种方式,带有神秘色彩。

"文学"概念渐渐取代了中国固有的"文"或"诗文",来自西方的"抒情诗"
"叙事诗"等分类标准也渐渐取代了中国传统的"咏怀""咏物""咏史""讽
喻"之类的分类标准。如此则那些与西方文学标准相近的方面就得到突显,
与之相异或相反的方面就被遮蔽。在某一时期我们的文学史研究曾经用
"现实主义"和"浪漫主义"两大标准来梳理中国文学史,为之分类,在相当
程度上造成了对作家作品评价的混乱。在我看来,用"抒情传统"来概括中
国文学史也有类于此。

　　一种文学其实是一种趣味的表征,而趣味又是特定生活方式凝聚而成
的性情倾向与文化惯习。用基于此一文化惯习而产生的、标志着特定趣味
的文学标准来衡量基于另外一种文化惯习而产生、表征着另一种趣味的文
学作品,那肯定是不恰当的。在我看来,陈世骧和高友工两位学人正是没有
注意到不同文学传统所体现出来的这种趣味上的差异性,直接搬用西方学
术概念来指称中国文学现象,自然会导致"具体性误置"的谬误。我们不难
想象,像西方18世纪浪漫派那样的"抒情",如果放在中国古代,那肯定是会
被讲究含蓄蕴藉、味外之旨、韵外之致的文人们笑掉大牙的。当然从我们今
天的角度看,这里并没有高下对错问题,我们不能说拜伦、雪莱的诗不如苏
东坡、黄庭坚,也不能反过来说西方的诗就好于中国的诗,这里存在的只是
趣味的差异,而趣味只有在同一语境中才可以分雅俗高下、美丑妍媸。

三、阐释中国文学传统的恰当方式

　　"抒情传统说"之所以是一个值得讨论的话题并不是因为这一理论学
说本身有很高的学术价值,而是因为它涉及了究竟应该如何考量和研究中
国文学传统这一大问题,甚至可以说是涉及应该如何考量和研究整个中国
文化传统的大问题。而从文学理论的角度看,关于这一问题的讨论还有可
能涉及文学研究的一般方法问题。由此观之,"抒情传统说"是一个很有学
术"生长性"的话题。在下面的讨论中,我们将针对"抒情传统说"存在的问
题,提出另一种关于中国文学传统的阐释路径,而在我看来,这种阐释路径
较之"抒情传统说"更为合理,更切近中国文学传统的实际情形。

　　首先是思维方式问题。与"抒情传统说"的"本质主义"、形而上学的超
历史倾向相反,我这里强调阐释的历史化、语境化。面对中国文化传统,在
任何时候都不要试图用一个概念、一个命题来涵盖之。其丰富性、复杂性永

远超乎你的想象。所谓历史化也就是从历史实际出发来提出问题、展开研究的意思。这是马克思主义文学研究的基本原则之一。弗里德里克·詹姆逊说："我想我们同康德的区别在于强调历史。换句话说，我对那些'永恒的'、'无时间性'的事物毫无兴趣，我对这些事物的看法完全是从历史出发。这使得任何康德式体系都变得不可能了。"[①]"从历史出发"而不是从抽象的观念出发，这就是"历史化"。历史不是概念和逻辑构成的，而是无数具体事件构成的。所以历史化作为一种研究方法首先就是面向具体事物之间的联系而不是概念与概念之间的关系。这就要求研究者按照事件自身的逻辑进行阐释，而不是依据某种理论观念进行逻辑的建构。从材料入手而不是从理论预设入手，拒绝用一种现成的、先在的观念或概念去梳理材料，让事件作为需要剖析的对象而不是用来证明那些理论或概念的例证。就研究目的而言，历史化要求呈现研究对象的复杂性而不是简单地为之命名。历史本身是非常复杂的，往往是杂乱无章的，旧历史主义常常是按照一定的因果逻辑来梳理历史材料，把那些看上去无序的事件整合于一个因果链条之中，使之看上去是清晰有序的，因而也是可以理解的。历史化的研究则要求尊重历史的复杂性，不是要把复杂的问题简单化，而是要从看上去简单明了的历史叙事中发现复杂的关联性。语境化与历史化紧密相关，离开了历史化也就无所谓语境化。"语境化"的核心是把研究对象看作一个动态的生成过程，而不是一个静态的存在物来研究。语境化研究是对这个动态过程中的种种关联因素进行梳理与阐释，而不是简单地概括其性质与特征；其目的是揭示对象之所以如此的原因，感兴趣的不是对象所呈现的东西而是它背后隐含着的东西。换言之，语境化研究关注的是事件展开的过程而不是结果。结果是简单明了的，过程则是错综复杂的，因为在结果这里已经隐去了导致它如此这般的复杂关联因素，而过程则恰恰是由这些关联因素所构成的。由于我们直接看到的研究对象都是结果而不是过程，是静态的作品而不是动态的事件，这就需要我们的研究将结果还原为过程，使静态的作品还原为动态的事件。

根据这种历史化、语境化的研究路径来考察中国文学传统问题，我们就

---

① ［美］弗里德里克·詹姆逊：《晚期资本主义的文化逻辑》，张旭东译，生活·读书·新知三联书店1997年版，第44页。

不会拈出一个"抒情传统"或其他什么"传统"来试图一劳永逸地解决问题，而是要在具体的历史条件下和具体语境中来提出问题、解决问题。其次是研究的主体视角问题。"主体"正是"抒情传统说"所缺失的一个重要的研究视角。如果真有"抒情传统"的话，那么为什么不去追问究竟是"谁在抒情"呢？诗词歌赋都是人创作出来的，要真正把握其特色或特质，主体视角是不可或缺的。如果对中国古代文学主体真正有所了解，在考察中国文学传统时就不会笼统地拈出一个"抒情"或者别的什么词语来标识它了。从主体视角来看，中国古代文学的发展演变的历史也就是一部知识阶层的心态史，是他们的精神状态与审美趣味生成演变的历史。例如《诗经》中的作品，"三颂""二雅"以及相当一部分"风"诗都可以确定为两周贵族所作，它们反映的是贵族阶层的思想、情趣、爱好以及日常生活场景，无论如何都不是用"抒情"二字可以囊括得了的。即使是文人们大讲"诗缘情而绮靡""摇荡性情，形诸舞咏""感物吟志，莫非自然"的两晋南朝时期，诗歌的状况也远不能用"抒情"二字概括。何以见得呢？盖此期主导文坛的是士族文人，这是一个中国历史上很独特的知识阶层，与西周时期"世卿世禄"的贵族相比，他们不是严格意义上的贵族，但在精神品位的追求上他们却比贵族有过之而无不及。他们采用一切方法来强化、确证自己的精神贵族地位，借助于在精神领域中的创造性活动及其产品尽力把自己与社会其他阶层，甚至包括帝王宗室区隔开来，以此来彰显自身的价值。放浪形骸、行为怪诞是他们在日常生活层面的自我标榜；清谈与玄学是他们在哲学层面上的自我张扬；诗词歌赋、琴棋书画则是他们在文艺层面上的自我雅化。士族文人虽然人数并不多，但由于他们在政治、文化、经济上的特殊地位，故而能够领导社会潮流，使得那些寒门出身的文人无不靡然向风。在这样的文化语境中，诗歌也就成为士族文人趣味的表征。游仙、玄言、山水、田园等都是这种趣味的不同表现形式，无论是在内容上还是在修辞上均不能与西方浪漫主义文学的"抒情"相提并论。前者要复杂得多。士族文人之清谈玄言讲究辨言析理、探赜索隐、宏论滔滔，看上去似乎是在追寻真理或真相，实则不然。他们重视的是过程而非结果。是非对错并不重要，重要的是在"通"与"难"的交锋中让听者感到酣畅淋漓，令对手张口结舌，无言以对。就是说，对于士族文人来说，清谈与玄学的根本目的并不像西方哲学那样旨在揭示世界的奥秘、人生的真谛，而在于确证自己的精神贵族身份，在彼时的文化场域中获得某种尊重,满足一种虚荣。因此清谈与玄学中那些"关键词",诸如无、玄、风、神、气、妙、清、远等本质上都不是知识性概念,而是价值概念,表征着一种在精神上超尘拔俗的追求。同样的道理,士族文人诗歌创作的根本目的既不是为了抒情,更不是为了叙事,而是旨在表达一种不同流俗的趣味、品位与技能,以此来强化其与其他社会阶层之间的差异,从而达到凸显自身身份之独特性的目的。士族文人这种强烈的区隔意识表现在诗文的形式和修辞上,便是格律与骈偶的出现。如果像"抒情传统说"所说的"抒情"是中国文学的"特质"的话,那么我们就很容易把律诗与骈文的出现归因于"抒情"的需要,事实上高友工先生正是把律诗作为"抒情美典的高峰"理解的。然而,正如龚鹏程先生所指出的,律诗与抒情并无必然的关系,因为不讲格律丝毫也不会影响对情感的抒发。那么为什么从齐梁间开始文人们越来越讲究格律了呢? 从主体视角来看,对诗文形式的精益求精是文人趣味的体现,是一种标举精神贵族身份的必要手段。安分守己的平民做不到的适性逍遥,一般学养难以企及的奥义玄理,初学之人无法明了的声律骈偶——这些都是士族文人精神旨趣与审美趣味的显现,客观上发挥着确证、彰显其精神贵族身份的社会功能。至于唐代以后律诗的大发展,则一方面是因为在文化惯习的作用下士族文人趣味衍化为一般文人趣味,另一方面则与汉语自身特征及诗歌的自律性因素相关。简言之,是以"雅"为核心的文人趣味与汉语自身特征相结合决定了魏晋以后诗歌在声律骈偶方面的特点。

第三节　中国古典诗歌的审美化叙事[①]

　　把一种文化置于其他文化的参照下方显其特别,把一种文体与另一种文体作对比才能愈显其类属。对于中国古典诗歌来说,这种"以对比求差异"的方法一方面在西方"摹仿——再现——形象——典型"的叙事模式参照下凸显出自身的"物感——表现——意象——意境"的抒情模式;另一方面在"史之称美者,以叙事为先"[②],"赋体物而浏亮,碑披文以相质"[③]的文

---

①　作者张晶,中国传媒大学资深教授;李晓彩,河北师范大学讲师。本文原载《复旦学报》2021 年第 3 期。题目有改动。

②　刘知幾:《史通》(上),白云译注,中华书局 2014 年版,第 278 页。

③　陆机:《文赋》,郭绍虞编《中国历代文论选》(1),上海古籍出版社 2001 年版,第 171 页。

类对比下,更印证了自身"诗缘情而绮靡"的文体归属。正是在此意义上,记事、叙事就一度陷入"有损诗歌文学性和背离诗歌文体本质的尴尬"①境地。然而,这种研究法很大程度上遮蔽了中国古典诗歌多元化的诗学基因和丰富性的美学内涵。如果我们粗略地对中国古典诗歌的发展轨迹作一梳理,就会发现从《诗经》、楚辞、汉赋、汉乐府、魏晋南北朝民歌,到唐代古风、新乐府、近体诗、宋词、元曲等,尽管不同的诗歌类型具有不同的载事能力和叙事方式,但都与"事"有着不解之缘。感事、纪事、述事等多样化的表达方式之所以未将诗歌流于"记叙文",一个重要的原因就在于诗体叙事的"审美化"。事实上,无论是从中西文化,还是从诗歌文本,抑或是从历代诗话来看,叙事与抒情都既非绝对的对立相悖,亦非并列平行,而多是彼此交融、显隐交互的共生关系。叙事诗学的引入也会为诗歌审美开边启境,拓宽诗歌"远近之间""虚实之中"的诗境空间。以事表情,化事为境,通过叙事丰富诗歌的情感表现和诗境空间是诗体叙事的美学导向。

一、在场与不在场:诗体叙事的诗学逻辑

不同文化、不同文体、不同媒介的叙事逻辑自不相同。亚里士多德在谈到古希腊悲剧如何编组事件时说:"悲剧是对一个完整划一,且具有一定长度的行动的摹仿……一个完整的事物由起始、中段和结尾组成②,特意强调了悲剧史诗叙事的完整性和秩序性。刘知幾在谈到历史叙事时说:"夫国史之美者,以叙事为工,而叙事之工者,以简要为主。简之时义大矣哉"③,又将简要作为历史叙事的重要标准。王夫之在评论庾信的《杨柳行》时说:"一面叙事,一面点染生色,自有次第,而非史传、笺注、论说之次第。逶迤淋漓,合成一色。"④表明了诗歌自有不同于其他文体叙事的"次第",错综复杂而又浑然圆融。

一般来说,"叙事"需要依时间顺序、情节承续或因果关系来显示其中的逻辑。但诗歌叙事的"逻辑"则需要回到诗歌的文体本质来考察。无论是诗中之事,还是诗外之事,抑或是诗内外之事,"事"都是化生诗意的实然

---

① 张晖:《中国"诗史"传统》,生活·读书·新知三联书店 2016 年版,第 146 页。
② 亚里士多德:《诗学》,陈中梅译,商务印书馆 2014 年版,第 74 页。
③ 刘知幾:《史通》(上),白云译注,中华书局 2014 年版,第 284 页。
④ 王夫之:《船山全书》第十四册,岳麓书社 2011 年版,第 562—563 页。

性存在,而诗意则是一种超然性的存在。张世英先生在《哲学导论》中说:"诗的语言具有最强的'思辨性',它从说出的东西中暗示出未说出的东西的程度最大、最深远,而一般的非诗的语言毕竟未能发挥语言的诗意之本性。诗的语言(严格说来是语言的诗性)的存在论根源在于人与世界的融合,重视不在场者,一心要把隐蔽的东西呈现出来。所以,诗的语言的特性就是超越在场的东西,从而通达于不在场的东西,用海德格尔的话说,就是超越'世界'而返回'大地'。"①张先生从诗歌语言的角度把握到了诗歌"超越在场,通达不在场"的诗学本质。中国古典诗歌讲求"象外之象、景外之景、韵外之致、味外之旨"的含蓄蕴藉之美也缘于此。诗歌叙事"在场感"愈强,意味着"事"的鲜活性愈强,其通达不在场的生发性愈大。如清代许印芳所言:"既臻斯境,韵外之致,可得而言,而其妙处皆自现前实境得来"②。那如何将"事"叙述出"在场感",又如何将事从"在场的东西"延伸到"不在场的东西",就成为我们研究的重点。

"在场"叙事需要以可视、可听、可感的叙述方式描摹出现时态、可进入的"事发现场",给人以置身其中、亲身体验的审美效果。中国古典诗歌在"在场"叙事方面具有先天的优势:一方面缘于中国语言"超时态"的叙述方式使得所叙之"事"在没有时间定语限制的情况下,永远以一种"现时态"的状貌呈现;另一方面,即使在有时间限定的"非现时态"的叙事中,也因中国古典诗歌"视象性"的叙事方式让所叙之"事"呈图画式呈现,给人以身临其境之感;另外,中国语言独特的"音韵性"又赋予叙事抑扬顿挫、含情带意的听觉效果。形象生动的视听叙事最大程度地缩短了故事时空与现实时空的距离,为读者进入"事发现场"提供了便利。萧驰先生在谈到历史与诗歌叙事时说道:"史是'从旁追叙',即站在事件和时间的距离之外,以第三者的立场叙述,'挨日顶月,指三说五';而诗则要在'天人性命往来授受'的当下,'觌面相当'地亲证。"③"在场"是区别诗歌叙事与历史叙事的一个重要维度,历史叙事侧重"有距离"地"观览",以获取理性的评判,而诗歌叙事更注重"零距离"地"体

① 张世英:《哲学导论》,北京大学出版社 2002 年版,第 196 页。
② 许印芳:《与李生论诗书跋》,胡经之主编《中国古典文艺学丛编》(二),北京大学出版社 2001 年版,第 120 页。
③ 萧驰:《抒情传统与中国思想:王夫之之诗学发微》,上海古籍出版社 2003 年版,第 15 页。

验",置身事中以感受事发的情感波澜。或许中国古典诗歌所叙之"事"不尽完整、有序,情节有时也会单一、简略、缺乏连贯性,甚至有时人物性格也不够典型,但"在场"叙事,以活泼泼的事发现场引人注目却是共通的诗学追求。

"身与事接而境生,境与身接而情生"①。审美主体置身"事发现场",耳濡目染事件的发展走向,结合自身的生活境遇,体验事中的情感波澜,生发无限的联想想象,由"在场的东西"通达"不在场的东西",进而完成诗歌审美的全过程。"在场"意味着直观、直闻、直感,"不在场"则表示需要借助联想和想象才能感受到的诗外之"事""理""情""境"等。刘勰在《文心雕龙·隐秀》篇里专门以"隐秀"为题论述了诗歌的这一审美特质:"隐也者,文外之重旨也;秀也者,篇中之独拔者也。隐以复意为工,秀以卓绝为巧。斯乃旧章之懿绩,才情之嘉会也。"②"隐"即为含蓄蕴藉的文外之意,"秀"是篇中最突出的呈现。"隐"的工巧表现在文外有深意,秀的巧妙在于篇内有亮点。"隐"与"秀"在诗歌中互存共生,"秀"为"隐"铺就通道,"隐"为"秀"开拓诗境。一般来说,中国古典诗歌篇幅较短,在叙事上多有限制,比如事件的长度、完整度、人物的复杂性等方面不易铺展开来,但同时也因这种限制为诗歌的含蓄蕴藉埋下了伏笔。诗歌叙事之所以能含蓄蕴藉、意味无穷,关键在于"在场"与"不在场"浑然一体、合成一片。

二、以事表情:诗歌叙事的情感导向

中国早期的诗与歌以及与历史之间的关系盘根错节,诗歌叙事在很大程度上兼具着"歌"与"史"的成分。"歌"偏于主观抒情,"史"偏于客观记事,这就使得中国古典诗歌需要在两者之间寻找一种平衡。据闻一多先生考证:歌的本质是抒情的,诗的本质是记事的。而随着后世文体的发展演变,歌与诗合流,历史逐渐从诗中分化出来,诗歌中"情"与"事"的比重逐渐向"情"倾斜,"'情'的成分愈加膨胀而'事'则暗淡到不合再称为'事',只可称为'境'"③,这样一来"古代歌所据有的是后世所谓诗的范围,而古代诗

---

① 祝允明:《枝山文集·送蔡子华还关中序》,胡经之主编《中国古典美学丛编》(上),中华书局 1988 年版,第 247 页。

② 刘勰:《文心雕龙》,周振甫《文心雕龙今译》,中华书局 1986 年版,第 357 页。

③ 闻一多:《歌与诗》,《闻一多全集》第一册,生活·读书·新知三联书店 1982 年版,第 190 页。

所管领的乃是后世史的疆域。"①闻先生对早期诗歌文本中"情"与"事"所做的条分缕析,接近于科学量化的分析法一方面表明了诗歌本身具有抒情与叙事两种诗学基因,另一方面也指出了诗歌文本中"情"与"事"的比例关系并不稳定,或者如《诗经》比例相当,或者如《十九首》"见情不见事",或者如《孔雀东南飞》"只忙着讲故事"。如果我们沿着闻先生的研究继续往前走,就会发现,诗歌不仅有在场的"情"与"事",还有不在场的"情"与"事",两者共同影响着诗歌的美学意蕴;诗歌不仅只有"记事"与"言情"的功能区分,更多的则是"以事表情、挟情叙事"的审美交融。诗歌叙事并不仅仅是为了客观记录历史,更多的是一种主观情感上的现实观照。诗歌审美也并不唯情与事的比重多寡,而在于情与事能否浑然圆融,生成独特的审美灵境。因此,为了更通透地认识中国古典诗歌叙事的审美特质,我们需要把"诗歌叙事"放在一个在场与不在场共同营构的审美语境中,分析"情"与"事"相互交织,"抒"与"叙"分工合作的诗学内涵。

"事"有诗中事,诗外事,"情"有诗中情,诗外情,内外贯通、情事一体、意境深远是诗歌叙事的意旨所在。根据诗歌文本中"事"与"情"的在场与否以及抒叙倾向,我们将诗歌分为感事诗、纪事诗、叙事诗等。

"感事诗"经常又被称为"抒情诗",原因在于事在诗外,诗中或有情有事,或情大于事,甚至有时看不到事,诗中所抒之情,所叙之事皆是受到诗外之事的强烈刺激,要么直抒胸臆,要么寓情于景,要么事因情发生不同程度的变形。隐喻假借、寓言故事、景象碎片等都是经常出现在此类诗歌文本中的叙事方式。曹植的《野田黄雀行》中看似散漫无章的景象碎片、人生感慨、寓言故事之所以能意脉贯通又情深境邃,不得不归于诗人身世经历的无形介入。诗外之事形成一种浓郁的抒情语境,为诗中每一份情愫、每一个隐喻、每一个故事、每一个形象都找到通达不在场的延伸空间。中国古典"感事诗"很少呈现出完整、清晰的故事脉络,其"语言次第"也经常会散漫无章,其人物形象也会时常被人为地物化变形,但这并不能影响诗歌含蓄蕴藉的审美意味,重要的一点就是诗外之事与诗内之情、之事的参互成文,让诗

① 闻一多:《歌与诗》,《闻一多全集》第一册,生活·读书·新知三联书店 1982 年版,第187 页。

歌"因事起情,事为情用"①,虚中有实,实中有虚,虚实贯通,深沉含蓄,耐人寻味。

"纪事诗"从某种意义上说具有闻一多先生所说的"史"的意味,但并不等同于"史"。历史叙事力求直接、客观、简要,事外之情的介入势必会影响到历史记录的客观性、真实性。而"纪事诗"事在诗内,情在诗外,诗中事大于情,叙述者看似不露声色地"零度纪事",实则是叙述者化情为事,以事表情的叙事方式。情节完整、事象鲜明、铺陈直叙、不露声色是"纪事诗"常见的叙述方式。元稹的《六年春遣怀八首》(其二),题为"遣怀"的悼亡诗,却没有一字直抒感怀之情。信中所描述的只不过是"读信"的事象:翻检信纸,看到信上的字,想到信中的人,回忆信中所记的事,然而读来感人至深。正如闻一多先生所说的"事是经过'情'炮制之后的事"。宋代文论家魏泰说:"诗者述事以寄情,事贵详,情贵隐,及乎感会于心,则情见于词,此所以入人深也。如将盛气直述,更无余味,则感人也浅,乌能使其不知手舞足蹈;又况厚人伦,美教化,动天地,感鬼神乎?"②直抒胸臆往往容易使诗歌余味不足,寄情于事,以事表情,以鲜活的事象触人耳目,以潜隐的情感击人内心,往往会令诗歌韵味更加绵长。纪事诗的含蓄蕴藉处正在于此,寓情于事、寓理于事、寓气于事、寓识于事,也正是在此意义上,诗并不一定比历史真实,但可能会比历史更真诚、更灵动。

"叙事诗"所叙之事可实可虚,所表之情可切身切己,也可切人切物,有着相对完整、连贯的故事情节和鲜明的人物形象,诗中载事载情,有叙有抒,诗外亦有情有事,诗境开阔。与西方以时间顺序或因果逻辑来叙事的长篇史诗不同,中国古典"叙事诗"大多是切取自身经历的一个事件片段,以"镜像式"的叙事方式将"一时、一事、一情、一景"合成一片,再以"蒙太奇式"的组接方式连缀成篇的中短诗篇。究其原因,在于中国古典诗歌注重对"此时此地、此事此人、此情此景"的在场性呈现,以及从在场通达不在场的蕴藉性生成。翁方纲就提到:"所谓置身题上者,必先身入题中也。射者必入彀而后能心手相忘也。筌蹄者,必得筌蹄而后筌蹄两忘也。诗必能切己、切时、切事、一一具有实地,而后渐能几于化也。未有不有诸己、不充实诸己,而遽

---

① 王夫之:《船山全书》第十四册,岳麓书社 2011 年版,第 680 页。
② 魏泰:《临汉隐居诗话》,何文焕辑《历代诗话》(上),中华书局 1981 年版,第 322 页。

议神化者也。"①翁氏所谓"实地"即"在场",没有在场的切己、切时、切事的切身体验,诗中之事很难生情化境。李白的《南陵别儿童入京》,开篇以丰年之景起兴,寓示诗人归家报喜的兴奋和激动,其后采用直陈其事的赋体手法将一连串的事象呈于眼前:烹鸡酌酒、高歌取醉、起舞弄剑、著鞭跨马、辞家入秦。读之阅之,置身事中,感受其间洋溢的真性情,身心也随之激动、愉悦、畅快起来。正所谓"情、景、事合成一片,无不奇丽绝世。"②

除了上述"自传切片式"的叙事诗之外,还有一种"故事型"的"叙事诗",诗歌多以第三人称的全知视角对人物及事件做尽可能完整、详尽的叙述,情节跌宕起伏、人物形象突出。诗中故事是独立于现实世界之外的审美空间,如高小康先生所言:"故事中的与现实相独立的时空结构决定了故事作为阅读对象的孤立性,故事成了只有通过叙述和阅读的活动才存在或显现的世界。叙事活动因此而成为审美的活动。"③作为独立的审美空间,诗中所叙之事不需要倚重诗人的身世经历,而是自生情境、自成一统。叙述者尽可能地以故事的情节和人物引人入胜,读者往往因鲜活的故事而意往神驰,作者、故事、读者因此神交在一个虚构的审美空间中,并可能不断向现实空间延伸,达致物我两忘,融会贯通的审美境界,《诗经·大雅·生民》《陌上桑》《孔雀东南飞》《木兰诗》《长恨歌》等都是这样的"叙事诗"。

由此可见,无论是感事诗、纪事诗,还是叙事诗,我们很难以诗中情与事的比重多寡来分析其是属于"叙事诗"还是"抒情诗";无论在场的是怎样的事,情感总是诗歌叙事的审美导向,无论在场的是怎样的情,其背后总会有让人动情的事,情不虚情、以事表情、挟情叙事、情事交融往往是中国古典诗歌叙事的不二法门。

三、化事为境:诗歌叙事的意蕴空间

在中西诗学观念中,叙事与化境似乎存有某种内在的紧张关系。刘勰

---

① 翁方纲:《神韵论·中》,郭绍虞主编《中国历代文论选》(3),上海古籍出版社 2001 年版,第 374 页。
② 王夫之:《船山全书》第十四册,岳麓书社 2011 年版,第 902 页。
③ 高小康:《中国古代叙事观念与意识形态》,北京大学出版社 2005 年版,第 17 页。

在《文心雕龙·论说》中提到："序者,次事"①,意为叙事应该将事依次交代清楚。而化境往往意味着浑然不分,无迹可寻,如清代贺贻孙在《诗筏》中所说："清空一气,搅之不碎,挥之不开,此化境也。"②一般来说,事务实,境务虚;事贵序,境贵浑;事在有,境在无,从这点来说,两者之间似乎难以融彻,如刘勰所说："然滞有者,全系于形用;贵无者,专守于寂寥;徒锐偏解,莫诣正理;动极神源,其般若之绝境乎。"③意思是说,执着于"有"的完全着眼于形象和有用的方面,看重"无"的,专注于寂寥清虚的境地。硬作牵强的辩解会达不到真理的要求,要触及真理的究竟,只有在佛法的境界里。

那能否就此认定,诗歌叙事影响诗境的生成呢? 这个问题是中国古代诗论中一个颇有争议的话题,其争议的焦点在于叙事对诗歌含蓄蕴藉审美品性的影响,尽管众说纷纭,但从中透露出一个一致的看法,那就是实笔直录、直陈时事的叙事方法肯定会影响诗歌的含蓄蕴藉之美。我们认为,诗歌固然可以有浅白、含蓄等不同的风格,叙事也可以有直陈、委婉等不同的笔法,但能触人耳目、沁人心脾、余味绕梁的诗意蕴藉无疑是诗歌最动人的审美品性。因此,最大程度地通过"在场的东西"通达"不在场的东西"是诗歌叙事的文体规约。一般情况下,诗歌叙事中"在场的东西"包括场景、人物、事件等故事元素,"不在场的东西"则是由这些故事元素生发出的由物、事、人、情、景、理、义等交融而成的浑然诗境。化事为境、化实为虚、化序为浑的审美化叙事需要依助于诗歌特有的语言结构形式。

杨载在《诗法家数》中说："诗有内外意,内意欲尽其理,外意欲尽其象,内外意含蓄,方妙。"④杨载所说的"内意"和"外意"颇似索绪尔在《普通语言学教程》中提到语言符号的所指和能指。"内意"即为叙事的所指,"外意"即为叙事的能指,"内外意含蓄"即为在特定的所指中蕴含无尽的能指。中国古典诗论注重以"语言"为媒介、以"象"为状貌、以"韵"为声调、以"兴"为旨归的表述方式正是所指与能指"集约性"、审美化的呈现。美国叙

---

① 刘勰:《文心雕龙》,周振甫《文心雕龙今译》,中华书局 1986 年版,第 167 页。
② 贺贻孙:《诗筏》,郭绍虞主编《中国历代文论选》(3),上海古籍出版社 2001 年版,第 220 页。
③ 刘勰:《文心雕龙》,周振甫《文心雕龙今译》,中华书局 1986 年版,第 169 页。
④ 杨载:《诗法家数》,何文焕辑《历代诗话》(上),中华书局 1981 年版,第 736 页。

事学家西摩·查特曼提到:"当我们说叙事本身就是一个有意义的结构时,这实际上又意味着什么呢?这个问题不在于'某个特定故事的意义何在',而在于'叙事本身(或将某文本叙事化)的意义何在'。'所指'准确而言有三方面——事件、人物及背景描述;'能指'则是(任何媒介的)叙事陈述中能够代表这三者任何一者的那些因素,就第一者而言是任何一种物质的或精神的活动,就第二者而言是任何人(准确地说是任何可以人格化的实体),就第三者而言是对于地点的任何唤起。"①查特曼对叙事结构中事件、人物和场景所做的所指意义和能指兴发的分析为我们研究中国古典诗歌叙事如何从"在场"通达"不在场"提供了思路。

"场景"是故事人物活动和事件发生的空间环境,在诗歌中通常有实景和虚景。实景是现实存在的场景空间,既可以作为一种含蕴故事的审美对象,也可以是塑造人物形象和推动故事发展的背景;虚景多是诗人意念中的故事空间,加注了诗人各种情感色彩。中国古典诗歌对"景"的描写尤为普遍,化事为景、化情为景、景中生境都寓示了"景"对于诗歌所指意义和能指唤起的独特优势。刘禹锡的《竹枝词二首》(其一),以实景喻虚景,化心事为景、景中含情、情中生境,令人浮想联翩。

"人物"在中国古典诗歌叙事中是颇具"化境性"的故事元素,甚至经常被质疑到"见事不见人"的程度。与西方诗学中"典型人物"相比,中国古典诗歌中的"人物"经常被物化、事化、情化、意化、景化,正如查特曼所说"人物的能指"可以是"任何可以人格化的实体"。纳兰性德的《木兰花·拟古决绝词柬友》,以一系列的意象"画扇""骊山语""雨霖铃""比翼连枝"等来指代人物故事,班婕妤被冷落深宫,杨贵妃诀别唐明皇,然而诗中的人物并非只有"所指",而可以是任何一个遭遇"变心"的人和人物关系,或男或女,或夫妻,或朋友,或君臣等,这一切可能的"能指"正是源于"人物意化"的叙事方式,即无具体人物形象而有明确情感意味的普遍性人物存在,这种人物塑型方式为诗歌衍生了无尽的想象空间。当然,中国古典诗歌中不乏一些有具体所指的"人物形象",这些人物独特的身世阅历、情感经验、人生感悟同样具有"能指唤起"的功能意义。贺知章的《回乡偶书》中诗人自指性"人

---

① 西摩·查特曼:《故事与话语:小说和电影的叙事结构》,徐强译,中国人民大学出版社2013年版,第11页。

物"——我,显然隐含了更广泛的情感认同,从而将一切能指性"人物"融彻进来,化成"情感共同体",将在场的人物延伸至不在场的人、情、事,从而为诗歌打开了更广阔的审美空间。

"事件"作为诗歌叙事中具有确切所指的故事元素,既可以是一个完整的故事,也可以是一个事件片段、细节、场景,或者可以是事态、事由、事象等。具体来说,取事入化、用事入化、叙事入化是诗歌"化事为境"常见的叙事方式。首先,"取事入化"意为择取情至深、意至浓、矛盾焦点最为突出的事件作为诗歌叙事的故事元素,以唤起事外之事、之情、之理的联想和想象。王维的五言绝句《息夫人》,诗人择取的是春秋时期息国君主妻子被楚王占有以后,在楚宫仍思念旧人,痛苦不堪的场景。然而这一场景却有着无尽的能指,即包括任何不轻易移情别恋,贪慕富贵的痴情男女的故事。"取事入化"的意义就在于不就事论事,而是借事发挥,把事件的能指发挥到最大程度,以通达无限的可能。其次,"用事入化"是诗中引入历史典故,并与诗中所叙之事、所表之情、所描之景浑然贯通,吻合无间。杜甫诗《题张氏隐居二首》(其二),整首诗貌似白话直说,实则"无一句无来历",句句用典,贵在不着痕迹,自然生趣。其中"杜酒"原指杜康之酒,"张梨"原指张公大谷之梨,这里巧用宾主姓氏来说明喝杜家的酒,吃张家的梨,多么惬意有趣!这便是"用事入化",打通故事时空和历史时空的审美境界。再次,"叙事入化"指一面叙事一面修辞,包括结构铺设、语词组合、韵律和声、赋比兴手法等都能做到即事生情,通然化境。王夫之评价庾信的《燕歌行》时说:"句句叙事,句句用兴用比。比中生兴,兴外得比,宛转相生,逢原皆给。"[1]船山对诗歌审美化叙事颇有要求,利用一切修辞手法,让诗歌"就事逼真,忼慨流连,引古今人于无尽"[2],也正是"叙事入化"的审美境界。

因此,诗歌的意蕴空间不仅依助于在场的场景、人物和事件,更需要这些故事元素的延伸和拓展,也就是不在场的能指。"化事为境",将所叙之"事"的所指引向能指,从近向远、从实向虚、从序向浑延展开去,是诗歌叙事的审美意义所在。

---

① 王夫之:《船山全书》第十四册,岳麓书社 2011 年版,第 562 页。
② 王夫之:《船山全书》第十四册,岳麓书社 2011 年版,第 545 页。

四、远近与虚实：诗歌叙事的文体审美

"事"在中国古典诗歌中除了表情、化境等诗性功能以外，还赋予诗歌文体一种介乎远近之间、虚实之中的"离合"之美。"离合"意味着从"在场"通达"不在场"，从"所指"到"能指"的张力关系。"远近之间"不仅是一种空间距离和时间距离的调和，更是一种心理审美距离的"离合"。"虚实之中"不仅是事与情、事与境的比重多寡，更是审美心理中事、情、境的"离合"。正如刘熙载在《诗概》中所言："凡诗：迷离者，要不间；切实者，要不尽；'广大'者，要不廓；'精微'者，要不僻"①。

在诗歌叙事中，"远近之间"不是可以丈量的物理尺度，而是审美心理中一种可以向外延伸的"在场"，可以向内回溯的"不在场"，在"在场"与"不在场"之间游刃畅通。方东树在《昭昧詹言》中说："凡诗写事境宜近，写意境宜远。近则亲切不泛，远则想味不尽。"②此处"事境"一词与"意境"并置，强调"事境宜近"，"意境宜远"，"近"意味着切实可感，不虚不浮的在场感，"远"则指向想象和联想中的"不在场"。但就诗歌化境而言，"化境"本身就意味着融化一切素材，包括事、情、景、意、理等而化成的浑然不分的"诗境"。如元代陈绎曾所说："凡文无景则苦，无意则粗，无事则虚，无情则诬。立意之法，心兼四者。"③在这个意义上，方东树对"事境"与"意境"并置的意义并不在于发现了一种新的诗境类型，而在于拓展了诗境"远近之间"的审美空间，诗歌的文体审美不仅在"远"，也包含着"近"，而且更重要的是"由近及远"不断延展的兴味。那么，"远与近"之间的距离如何把握？王世贞在评论阮籍《咏怀》时说："远近之间，遇境即际，兴穷即止，坐不着论宗佳耳"④。王世贞所谓的"远近之间"在于境生与兴穷之间。翁方纲在《神韵论·中》提到的"远近之间"在于"切己切时切事的实地"与"邈议神化者"之间。相较而言，翁氏的"实地"更近，王氏的"兴穷"更远。诗歌叙事所开

---

① 刘熙载：《艺概笺释》（上），袁津琥笺释，中华书局 2019 年版，第 426 页。
② 方东树：《昭昧詹言》，汪绍楹校点，人民文学出版社 1961 年版，第 504 页。
③ 陈绎曾：《文说》，胡经之主编《中国古典文艺学丛编》（二），北京大学出版社 2001 年版，第 184 页。
④ 王世贞：《艺苑卮言》卷三，丁福保辑《历代诗话续编》（中），中华书局 2006 年版，第 988 页。

拓的审美空间就在于从眼前的"事发地"到意想中的"兴穷处"。弄清这一问题,我们就更能理解诗歌叙事的文体审美,以事表情,近在事中,远在情处;化事为境,近在事处,远在境中。"远近之间"存在着弹性的诗性空间,而这正是诗歌不同审美风貌的自然呈现。

"虚实之中"是诗歌叙事中"实"与"虚"错综复杂关系的审美呈现。"实"一方面指切实可感的在场性;另一方面还意味着真实发生的事情。"虚"一方面指超越在场的不在场性;另一方面还具有虚构之事的义涵。如此一来,"虚实之中"就衍生出不同的审美关系,一方面是在场中含有不在场;一方面是真实与虚构的融合;还有一方面是真实事件在场中衍生出来的不在场,其中第三种关系是第一种关系的一个子关系,也是中国古典诗歌叙事最普遍存在的关系。中国历代诗话都推崇所叙之事的真实性,如"事信而不诞"①"事核而理长"②"事贵实,情贵真"等等。因为在诗歌审美中,事件的真实性决定了情感的真挚性和事理的合法性,所以"诗贵真"成为中国诗学公认的原则。亚里士多德在《诗学》中指出,历史在于描述已经发生过的事情,而诗"在于描述可能发生的事,即根据可然或必然的原则可能发生的事。……诗是一种比历史更富哲学性、更严肃的艺术,因为诗倾向于表现带普遍性的事。"③如果说历史叙事"务实",追求真实事件的在场性,亚里士多德诗学中讲求以在场的逼真感虚构故事,在虚构的故事中蕴含不在场的普遍性规律,那么中国古典诗歌叙事的"虚实之美"则倾向于事件的真实性,在场的感受性,以及由此兴发的不在场的任何一切。明代诗论家谢榛在《四溟诗话》中说:"写景述事,宜实不泥乎实。有实用而害于诗者,有虚用而无害于诗者。此诗之权衡也"④。在这个层面上,中国古典诗歌叙事不一定比历史更真实,然而比历史更虚灵化,更审美化。

当前"叙事学"研究呈现出两种态势,一种是"跨界化",即以"跨文化""跨文类""跨媒介"的研究视角建构具有普适性的理论体系;一种是"语境化",即结合具体的社会历史背景、文体属性和媒介特质研究具有独特审美

---

① 刘勰:《文心雕龙》,周振甫《文心雕龙今译》,中华书局1986年版,第31页。
② 张表臣:《珊瑚钩诗话》,《历代诗话》(上),中华书局1981年版,第464页。
③ 亚里士多德:《诗学》,陈中梅译,商务印书馆2014年版,第81页。
④ 谢榛:《四溟诗话》卷一,丁福保辑《历代诗话续编》(下),中华书局2006年版,第1148页。

风貌的叙事话语。在这种背景下,中国古典诗歌叙事研究一方面需要有通识性的叙事学视野,另一方面更需要立足本土文化,结合中国古典诗歌特有的审美样态进行本土化叙事诗学建构,这将有助于廓清中国诗歌的文化根脉与内在机理,并开扩长期以来被遮蔽的审美空间。抒情、意境这些被冠以"抒情传统"的审美范畴与诗歌叙事并非水火不容,相反,三者之间的浑然圆融才是诗歌含蓄蕴藉的审美特性。在场性并不是诗歌叙事唯一指定的方向,关注不在场的事、情、境,并厘清之间的互通关系将会有助于获得更通透的审美体验,这便是诗歌审美化叙事的意义所在。

作者樊波,江苏省美学学会会长,南京艺术学院教授、博士生导师

第七章　网络文学与人工智能

　　主编插白：随着高科技手段对文学创作活动的介入，网络文学异军突起，成为文学创作领域的新宠。中南大学的欧阳友权教授是国内网络文学研究的代表人物。他的《新世纪网络文学创作的四大走向》一文高屋建瓴，纵览全局，给人们有益的指导和启示。他指出：新世纪以来，中国的网络文学主要呈现出四条发展走向，即从玄幻题材满屏走向现实题材升温；新生代网络作家强势崛起，与前辈作家四代同框；网文走向海外，并超越作品传播，走向模式输出；未来网络文学生态出现网生环境优化与文学兼容、内容破圈、市场化倒逼创作等三个变数。当前中国网络文学创作尚处于成长期的"弱冠"之年，充满不确定性，也孕育着多种发展可能，尤需坚守文学本原，辨识发展方向，提升历史定位。网络文学的强劲发展改变了当代文学的力量布局和生态景观。如何对网络小说文本展开批评和研究，是批评家面临的重要课题。上海大学的张永禄教授借用小说类型学理论，提出"建构网络小说类型学批评"的设想，主张借此在理论上帮助类型小说的鉴别，推进类型小说的创新，在实践上推进文化市场对网络小说及其文化延伸产品的可持续开发。正如作者所说，这项理论建构和实践工作刚刚起步，其实绩尚待进一步努力和确证。在作家借助网络手段和平台从事网络文学创作的基础上，创作主体也在人工智能的介入下发生了新的变化。传统的审美主体和文学创作主体都是人，人工智能介入审美与创作后，会引发审美与艺术活动的什么新变？对此又该怎么看？以研究人工智能与审美关系著称的中国社会科学院的刘方喜研究员在《人工智能引发文化哲学范式终极转型》一文中给我们提供了认识这个问题的大视野。他指出：从自然和人类文化进化史看，人脑神经元系统及其产生的生物性智能是"自然"进化的产物,人工智能则是人类"文化"进化的产物。它是人根据对自身思维规律的认识、模拟人脑神经元系统制造出的机器系统生产的物理性智能,正在引发人类文化范式的转型。作为文化一级生产工具的语言文字系统的发明,把智能从生物性人身限制中解放出来;根据人脑对自然规律的认识而制造出的能量自动化机器系统,则把能量从人身限制中解放出来;作为一级生产工具革命成果的人工智能机器系统,将把智能或文化创造力从人身限制中充分解放出来,获得自由发展。超越观念论旧范式,重构马克思生产工艺学批判,将有助于构建与当今人工智能时代相匹配的文化哲学新范式。这个文化哲学范式当然也包括审美范式。华东师范大学的王峰教授也致力于研究人工智能与审美的关系。他的《仿若如此的美学感:人工智能的"美感"问题》以独特的视角触及这个前沿美学话题,提出人工智能创造的"美感"是"仿若如此"的"美学感"这样的新概念。他指出:既有的美学理论在人工智能美感问题上是失效的。人工智能的美感问题以两个事实为前提。一是人工智能与人在机制上的差异,二是人工智能与人在美学效果上的相同。相较这个前提,人工智能对人的能力的模仿只是解决两者的关联,并不解决人工智能美感的结构。从根本上说,人工智能美感是一种"美学感",是基于美学系统的建模方式与具体感觉数据的结合,与人的内在美感反应是完全不同的。人工智能美感只在效果上谋求与人的美感的一致性,它是"仿若如此"的"美学感"。这些具有创新意义的探讨和提法值得美学工作者关注与补课。

第一节　新世纪网络文学创作的四大走向[①]

我国的网络文学已走过"弱冠"之年。作为一种前所未见的文学新锐,网络原创文学已是体大量足,姿貌卓荦;而从人类文学史的"文学"来看,则仍属"弱冠弄柔翰",起步路迢迢,其不确定性与可成长性并存的境况,总难免让人对这个崛起于技术丛林和山野草根的"野路子"文学满腹质疑又充

---

① 作者欧阳友权,中南大学教授,中南大学网络文学研究院院长,中国文艺理论学会网络文学研究分会会长。本文原载《学习与探索》2020 年第 8 期。

满期待。不忘来时路，回首见初心，好在历史不长，这一文学的发展足迹清晰可见，我们尽可以在激越的号角与不断改写的当代文学版图中，辨识其行进中的历史方位，以找出新世纪以来网络文学发展的"阿里阿德涅彩线"。

一、从"玄幻满屏"到现实题材升温

从作品形态看，20 年网络文学最受关注的是文体无疑是小说，并且是堪称浩瀚的网络类型小说，而类型小说的发展轨迹则经历了一个从玄幻为主到现实题材进入"窗口期"的渐进升温过程，这其中的缘由要从早期网络文学发展动因说起。

回溯源头，我国早期的网络文学本是以现实题材为主的，20 世纪 90 年代后期被称作"四大写手"的李寻欢、邢育森、安妮宝贝等人，就是创作的现实题材。那时一些颇有影响的网络小说如《性感时代的小饭馆》《蚊子的遗书》《活得像个人样》《成都，今夜请将我遗忘》等，都是书写现实、紧贴生活的作品。不过，在经历了早期的"文青式"①写作后，大约在世纪转轨期，由于没有找到适于网络环境的商业模式，起步不久的网络文学很快走入低谷，直到 2003 年才出现触底反弹，然后便一路高歌，登上"马鞍形"上扬快车，并一直延续至今。这个从低谷崛起的契机便是 2003 年下半年由起点中文网尝试的"VIP 付费阅读模式"的成功实践。随之，除阅读付费得以盈利外，还衍生出读者月票、粉丝打赏等线上盈利与线下出版相互激励的多营收渠道，而这个由"在线更新超长篇"的"起点模式"的推广运营，正是类型小说特别是玄幻类小说大行其道的基本动因，由此开启了读者付费阅读、写手与网站共享收益的数字阅读时代。从商业上看，这一模式架构出了"生产-消费"的互动机制，其下游出口是尊重读者选择，而上游入口则规制出内容至上、故事压阵、长篇续更的"爽文"导向，而要做到这些，选择玄幻、奇幻、仙侠、修真等幻想类题材是最为适恰的路径，因为较之于其他类型，创作幻想题材不受物理时空的制约，少有人间烟火的生活逻辑掣肘，对创作者的生活阅历和社会评判力的要求相对较低。

付费阅读模式的创立、2008 年 7 月盛大文学的出现，以及 2015 年 3 月

---

① "文青"即文学青年，"文青式"写作是指有文学情怀的写作，是与后来的商业化写作相对应的概念。

阅文集团的诞生,极大地催生了网络类型小说的爆发式增长,并陆续创生出近百种小说类型。在众多类型小说中,数量最多、质量最高的当属以"玄幻"为特征的幻想类小说。在商业模式掣肘下,幻想类作品一家独大,还有更多的依据。譬如,已连续发布十二届的"作家富豪榜·网络作家富豪榜"中,排名靠前的网络作家几乎无一例外的都是幻想类作家,如个人收入连续多年排名第一的唐家三少就是以玄幻小说《斗罗大陆》而荣登榜首的。

大约从 2015 年前后,网络创作开始出现现实题材作品日渐增多的趋势,这得力于政府的倡导、政策的支持和网络文学从业者的观念自觉。2014年 10 月 15 日,习近平《在文艺工作座谈会上的讲话》明确提出,作家艺术家应该书写和记录人民的伟大实践、时代的进步要求,弘扬中国精神、凝聚中国力量,鼓舞全国各族人民朝气蓬勃迈向未来,认为互联网技术和新媒体改变了文艺形态,带来文艺观念和文艺实践的深刻变化,应该引导其成为繁荣社会主义文艺的有生力量。2015 年 10 月,中共中央制定了《关于繁荣发展社会主义文艺的意见》,明确提出"大力发展网络文艺",实施网络文艺精品创作和传播计划,让正能量引领网络文艺发展。从 2015 年起,国家新闻出版署开始举办年度优秀网络文学原创作品推介活动,中国作协开展"中国网络小说排行榜"的评审与发布,这两个国家级榜单均采取了对现实类题材作品的侧重与扶持政策,以鼓励网络现实题材创作。在观念引导和政策利好的作用下,许多网络作家开始把文学目光聚焦到现实生活,一些过去写玄幻作品的网络大神也尝试转向写现实题材,如唐家三少就创作了《为了你,我愿意热爱整个世界》《拥抱谎言拥抱你》等"现实向"的励志言情小说。网站平台和社会组织也纷纷举办网络文学现实题材创作征文大赛等活动,为网络作家的现实题材创作营造出"网络创作面向现实,创作现实题材网文"的舆论环境。

政策的支持、舆论的引导和各种举措的有效实施,网络文学"玄幻满屏,一家独大"的境况得以改观,现实题材作品迅速出现在各大文学网站主屏,名篇佳作不断涌现。如反映深圳改革开放历史足音的《浩荡》,表现网络时代创业者艰辛的《网络英雄传》,赞美公安干警卧底扫毒惊险业绩、展示人间真挚爱情友情的《写给鼹鼠先生的情书》,真实反映青年一代支教山区、改变贫困面貌的《明月度关山》和《大山里的青春》,讲述大型国企艰难复兴,塑造新型改革者形象的《复兴之路》,表现城市底层青年生存奋斗的励志作品《草根石布衣》，讲述从沿海滩涂到高原深岭，用汗水建造祖国大动脉的《中国铁路人》等取材现实、反映时代精神的作品受到广泛好评。《大国重工》《朝阳警事》入围新中国成立 70 年为主题优秀作品推介，《大江大河》《都挺好》《亲爱的，热爱的》《全职高手》等现实题材网文 IP 改编的影视剧在二次传播中成为现象级作品。据《2018 中国网络文学发展报告》统计，各网站平台发布的年度新作中，现实题材占比达 65.1%，同比增长 24%。①《2019 年度中国网络文学发展报告》更是明确提出，"现实题材创作成为主流风向标""网络文学现实题材创作'整体性崛起'"②。中国作协网络文学委员会主任陈崎嵘在回答记者提问时说："所谓现实题材创作'整体性崛起'，表现在：逐步廓清网络文学不宜创作、不能创作现实题材的认识误区，对其必要性、重要性、可行性的认识越来越趋于统一，共识度不断提高；现实题材创作领域不断拓宽，开始放弃穿越、重生、异能、金手指等'捷径'，转为'正面强攻'，故事情节的可信度与人物形象的真实感明显增强；一部分原先专事玄幻创作的网络名家，开始尝试现实题材创作，并取得不俗成绩；现实题材作品数量呈现井喷式增长，思想内涵不断深化，艺术水准明显提升，有的网络文学作品已具备与传统文学精品相媲美的可能性。"③应该说，现实题材升温是对一段时间内网络创作"装神弄鬼"、远离普通人生活的一次矫正，有助于网络文学关注时代，增加作品的"人间烟火气"，促使网文作品融入社会文化主流，不仅为人喜爱，还能"有补于世"。但网络创作如何解决现实题材"高调入场"和现实主义文学的"精神合榫"，着力提升作品的艺术品质，仍然还有很长的一段路要走。

二、网络作家四代同屏，新生代强势崛起

在经历了早期"五大写手"的"文学试水"后，新世纪以来的网络作家呈现出四代同屏、俊彦济济的盛况。网络的技术平权让民间的文学创造力得到了巨大释放，网络文学的多样化与原生力，网文作品的丰沛性与良莠并

① 张鹏禹：《网络作家：写现实题材的多了》，《人民日报》（海外版）2019 年 8 月 16 日。
② 《2019 年度中国网络文学发展报告》，中国作家网：http://www.chinawriter.com.cn/n1/2020/0220/c404027-31595926.html。
③ 王志艳：《陈崎嵘：网络文学现实题材创作"整体性崛起"》新华网：http://www.xinhuanet.com/book/2019-02/25/c_1210067541.htm。

陈,很快在赛博空间打造出"大跃进式"的文学景观,数以千万计的网文作品涌进当代文坛,犹如房间里的大象,谁都不能对其熟视无睹。

如果以入网先后并参考作者的年龄因素,我国网络作家群大抵由70后、80后、90后和00后四代写手构成,并实现了"四代同频"。

第一波网络作家以70后为主,大抵出现在2000—2003年网络文学的"低谷区间",今何在的《悟空传》2000年在新浪网金庸客栈上连载,抢去了"榕树下"不少风头;2002年慕容雪村创作的《成都,今夜请将我遗忘》被评为"年度最佳网络小说"。风中玫瑰的《风中玫瑰》出现在2001年,李臻的《哈哈,大学》诞生于2003年,它们从文体与小说写法上挑战了传统文学的创作惯例。这个时期上网写作基本都是"非职业性"和"非商业化"的,属于有"文青"情怀的文学性创作,江南、尚爱兰、何员外、陆幼青、李臻、云中君、十年砍柴、西门大官人、中华杨等,都是在这个时期崭露头角的。由于网络发表的"无功利"特点,许多网络写手都希望通过线下出版纸质书得到相应收入,同时赢得"文学认可",韩寒、郭敬明就是从这里起步由"网"而"书"并为人熟知的,当时火爆网络的陆幼青的《死亡日记》,被认为是一次成功的"商业文学秀"。

新时期第二代网络作家集中涌现在2004—2008年期间,他们大多出生在70年代中后期和80年代前期,由于VIP付费制度建立起的"读-写"互惠机制,刺激了长篇类型小说尤其是玄幻类小说的兴盛,因而这个文学与网络的"蜜月期"成就了一片"大神的天空"。萧鼎的《诛仙》,天下霸唱的《鬼吹灯》,南派三叔的《盗墓笔记》,萧潜的《飘邈之旅》等成为类型小说霸屏的"报春鸟",一时间,玄幻奇幻、武侠仙侠、修真穿越、历史架空、盗墓灵异、都市言情、军事科幻……上百种"类型文"让一个个文学网站变成类型小说的大本营。《中国网络文学二十年》曾描述过这一时期类型小说的代表人物:"萧鼎、天下霸唱、唐家三少、南派三叔、玄雨、辰东、梦入神机、格子里的夜晚、猫腻、树下野狐、跳舞、无罪、血红、烟雨江南、燕垒生、云天空、青斗等人打开了一个玄幻的世界;当年明月、灰熊猫、雪夜冰河、阿越、曹三公子、月关、酒徒、天使奥斯卡、雪夜冰河等将历史讲得别开生面,引人入胜;言情界的作家们也都身怀绝技,赵赶驴、三十等人文笔轻松幽默,桐华、金子、天下归元、辛夷坞、流潋紫、崔曼莉、禹岩等人将爱情故事演绎得异彩纷呈。战斗类也涌现了许多才华横溢的作家,如刺血、纷舞妖姬、金寻者、卷土、骷髅精灵、晴川、玄雨等人。"①这批作家为中国网络文学创造了辉煌的历史,至今他们仍在续写这一辉煌。

第三代网络作家以 80 后为主,时间大约是在 2008 年后。引爆这个阶段网络文学大幅度增长的有两件大事,一是 2008 年 7 月"盛大文学"的成立引发了资本市场进军网络文学,网络写手大踏步向职业化创作迈进;二是 2011 年后出现的智能手机和随后的"4G"商用大大拓展了阅读市场,碎片化的屏显、碎片化的时间与"续更"文本达成的适恰性和解,其市场反应是以消费倒逼生产,使网络文学成为文化产业新的增长极,网络创作成了许多文学青年的"圆梦"之举,甚至是安身立命的职业"蓝海"。这时期展露文学才华的网络作家很多,除了此前提到的外,我吃西红柿、天蚕土豆、妖夜、烽火戏诸侯、打眼、方想、高楼大厦、柳下挥、苍天白鹤、七十二编、胜己、天籁纸鸢、忘语、火星引力、善良的蜜蜂、傲天无痕、奥尔良烤鲟鱼堡、爱潜水的乌贼、陈词懒调、冰临神下、风御九秋、管平潮、风青阳、骷髅精灵、风凌天下、罗霸道、贼眉鼠眼、卧牛真人、观棋、天使奥斯卡、南无袈裟理科佛、徐公子胜治、国王陛下、二目……他们在幻想小说(少数是历史、悬疑等其他类型)领域无不成就斐然,许多人都登上了"大神"或"白金"作家的高台。蒋胜男、叶非夜、丁墨、匪我思存、顾漫、丢疯子、意千重、涅槃灰、纯银耳坠、宁睿、黛咪咪、浅绿、乖乖、蘑菇、鱼人二代、唐欣恬、蒋离子、紫月君、阿彩、吱吱、Priest、吉祥夜、希行、沧月、红九、随侯珠、囧囧有妖、墨宝非宝、祈祷君、御井烹香、风流书呆等女性作家或主打女频的作家创作了一大批有影响力的女频佳作,许多人成为晋江、红袖、云起书院、起点女生等女性网站的驻站大神。丛林狼、流浪的军刀、骠骑、梁不凡、步千帆、最后的卫道者等擅长军旅题材的作家写出了许多热血军文;而书写现实题材的骁骑校、郭羽、刘波、何常在、蝴蝶蓝、阿耐、庹政、李枭、梦入洪荒、齐橙、wanglng、沐清雨、舞清影、罗晓、房忆雪、郭怒、常书欣、林海听涛、秦明、周浩晖等,都有自己的拿手之作,在倡导现实题材网络创作的当下,他们中的许多人都是各类网文榜单上的常客。

网络作家"四代同屏"的年轻一代是 90 后、95 后、00 后出生的新生代,也可称作"Z 世代",他们作为"网络原居民",不仅年轻,敏于接受新鲜事

---

① 欧阳友权主编:《中国网络文学二十年》,江苏凤凰文艺出版社 2018 年版,第 97 页。

物,富于创新活力,而且对数字化新媒体有着运用自如的天然亲和力,因而对于中国网络文学来说是"天降大任"、开启新天的一代。有统计表明,截至 2019 年底,我国文学网站聚集的写手超 1 755 万人,其中网络新手比例超过 6 成,90 后作者比例超过 5 成,笔龄在 3 年以下的作者占 53.7%。① 《2019 年度中国网络文学发展报告》得出的数据是,在 2018—2019 年度阅文集团签约作家中,85、90、95 后占主体,为 74.48%,其中 90 后占比最大,为 29.9%。尽管 00 后作家的数量占比相对较少,但增长幅度则最大,同比上一年增长 113.04%,其次是 95 后,同比增长 40.26%。在 2018—2019 年度实名认证的新申请作者中,95 后占 74%,90 后占 13%。00 后的作者数量增长迅速,越来越多的年轻人愿意加入写作行列,呈现出可喜的趋势。② 网络时代的"文学少年"正在崛起,成为未来的文学创作的人才资源。并且,新晋作家的"封神"之路时间大大缩短,涌现出许多"一部封神"甚至"半部封神"的新锐作家。会说话的肘子、卓牧闲、志鸟村、百鸟朝风、菜雪等新生代作家展现了强劲实力,墨香铜臭、老鹰吃小鸡、极品妖孽、晨星 LL、齐佩甲、纯洁滴小龙、榴弹怕水、七月新番等新锐一俟露头便圈粉无数。会说话的肘子以《大王饶命》开创首部月票总数和原生书评超百万的记录,也开创了网文"圈粉"的历史纪录;横扫天涯凭借《天道图书馆》2018 年晋级阅文集团"大神"作家,2019 年又晋级"白金"作家;我会修空调是 2018 年入驻起点中文网的新手作家,2019 年凭借未完结的《我有一座冒险屋》跻身"大神"行列。阅文集团的"2019 都市最强新人王"真熊初墨的首部作品《手术直播间》,上架后稳居阅文总畅销榜前列,其影视版权已出售。育凭借《九星毒奶》成为"2019 科幻畅销王",已获得超百万粉丝的追捧。尽管我国的网络文学创作队伍"四代同屏",代际叠加,阵容可观,但未来的网络文学当如何发展,将取决于新生代的文学作为及创造力。

三、网文出海,从作品传播到模式输出

中国网络文学"出海",把传播半径从国内延伸至世界,是在 2014 年开

---

① 陈雪:《网络文学:"量大管饱",更要时代精品》,《光明日报》,2018 年 8 月 4 日。
② 《2019 年度中国网络文学发展报告》,中国作家网:http://www.chinawriter.com.cn/n1/2020/0220/c404027-31595926.html。

启"众妙之门"的,由此,这个高光绽放、堪与好莱坞电影、日本动漫和韩剧相比肩的中国网络文学,靠自己的努力赢得了走向世界的底气,并获得了世界性意义,实现全球化时代中国故事跨文化传播的一次成功逆袭,也为中国文化"走出去"开辟了一个别致的民间窗口。之所以说它"别致",是因为我们的网文出海不是源自中国的"推传播"——动用政府的行政力量把网文作品推送到国外,而是来自异域消费者的"拉传播"——国外读者出于对中国网文作品的喜爱,主动译介中国的网络作品(主要是类型小说),因而是一种真正意义上的"文化软实力"认可。

"网文出海"的源头可以追溯到美国武侠小说读者 RWX(华裔青年赖静平)2014 年 12 月创办的中国玄幻网络小说翻译网站 Wuxiaworld。其他如 Gravity Tales(英文)、Volaretranslations(英文)、Rulate(俄文)和 spcnet. tv、lightnovels. world 英文论坛等,也是从事中国网络小说翻译的海外主力站点。2017 年 5 月,阅文集团旗下的"起点国际"(webnovel)正式上线,这个国内专门从事网文翻译的龙头网站组织起遍布全球 200 余人的翻译队伍,以英文版为主打,陆续推出英语、西班牙语、法语、泰语、韩语、日语等十多个语种。网站建立了专有名词的词汇库,让用户可以轻松了解八卦、太极等网络文学常见的东方文化元素,现已上线英文翻译小说 500 余部,授权作品超 700 部,品类覆盖玄幻、仙侠、科幻、惊悚、游戏等 10 多个门类,现已累计访问用户超 4 000 万,已上线的翻译作品排行榜中,前 200 部作品最低点击量即达 600 万次,单书点击最高突破 3 亿,前 50 名作品的总评论数超过 3 000 万①,海外用户从东南亚延伸到北美洲、欧洲和非洲等国家,覆盖"一带一路"沿线 40 多个国家和地区,初步形成了网络文学全球化传播体系。

海外市场,空间扩大,中国的网文作品论故事不输于哈利·波特、漫威等西方文化畅销品;论文化,其丰富、神秘、惊异和绵远的东方文化色彩对异域读者有着巨大的吸引力。这次的"出海"之举让老外知道,当今中国不仅有熊猫、姚明、阿里、华为、高铁和移动支付,还有好看的网络文学。不过我们的"网文出海"没有止步于内容输出,而是从作品传播向模式输出延伸,即输出网络文学的商业模式,特别是网文作品的原创功能和 IP 分发,让网络文学出海进入新时代——如果早期的海外出版授权是网文出海的 1.0 时

---

① 杨鸥:《起点欢迎你》,《人民日报》(海外版)2019 年 12 月 23 日。

代,后来的海外平台搭建与网文内容输出是 2.0 时代,而如今的海外原创内容上线及 IP 内容输出则是网文出海的 3.0 阶段。2018 年 4 月,起点国际对用户开放了原创功能,吸引许多外国人在中国网站上创作自己的作品,使异域文学网民从一个纯粹的粉丝读者一跃而成为写手。

作为一种模式输出,网文出海的海外文学市场管理也日渐健全和规范,付费阅读、广告运营、版权代理、分发运营等产业链分工越来越精细化。其输出形式不再局限于小说,而是向影视、动漫、游戏等衍生业态扩展。一批网络文学精品力作以泛娱乐互动的形式被海外读者实力圈粉。火星引力的《逆天邪神》、二目的《放开那个女巫》、蝴蝶蓝的《全职高手》、海底漫步者《绝对一番》等 10 余部网络小说在海外各大站点的点击率颇高,其商业附加值正不断提升。墨香铜臭的《魔道祖师》改编成影视剧《陈情令》火遍东南亚,受千万粉丝追捧。会做菜的猫的《美食供应商》、发飙的蜗牛的《妖神记》等改编漫画作品连续多次创下韩国漫画畅销榜佳绩。千山茶客的《重生之将门毒后》、乱的《全职法师》、我会修空调的《我有一座冒险屋》、晨星LL 的《学霸的黑科技系统》在韩国取得人气、口碑双丰收。

可以说,中国网文的海外传播起步不凡,初步实现了从内容到模式、从区域到全球、从输出到联动的整体性转换,正试图完成“中国网文→华人传播→出海授权→模式输出→外文原创→全方位文化出海”的全过程,在传播中国文化、构建大国形象、推进文明互鉴、构建网络空间命运共同体方面迈出了坚实的步伐。但要走好未来的可持续发展之路,“出海”行业仍需深耕业态,在两个着力点上付出更大努力。一是提升“网文出海”的文化站位,从文学出海走向跨文化融合,培育兼容的异域文化生态,在全球化背景下,以中国故事与世界文化和国际文明对话,加速中国文化在海外“本地化”的进程,让网络文学传播成为文化落地的背景与先声,也让文化软实力成为网文出海的“压舱石”。二是创新产业举措的落地与拓新,把模式输出的重心放在内容分发与 IP 衍生开发上,开辟 IP 多元形态输出的模式。从故事类型看,武侠、玄幻、奇幻、都市等作品在海外比较受欢迎,但如何把文学的“喜欢”变成 IP 跨界分发后的流量与适应他国消费者视听精品,提高作品附加值,还有很大的创新空间,而外国网络写手母语原创作品的 IP 分发也应该被提上业态深耕的日程,在全球化阅读体系的基础上,与世界知名 IP 运营企业联动,以多媒版权精耕细作的长尾效应助力网文的国际表达。

四、未来网络创作生态的三个变数

中国网络文学的成长壮大依托两个重要的社会历史语境,一是改革开放带来的经济高速增长,以及随之出现的纯文学的日渐式微;二是互联网等数字化媒介的巨大变革给文学与网络"联姻"带来的契机。前者为网络文学创作和欣赏提供了经济支撑,也让网络文学弥补纯文学退潮留下的市场"空框期"有了历史的合理性;后者则使新兴网络文学借助新媒体的东风乘势而上,以"娱乐"为剑开辟自己的大众消费市场。这就是新世纪以来网络文学创作与时代间的"图-底"关系。在经历了规模、体量的粗放式增长以后,今日的网络文学正面临转型升级、提高品质的新拐点,网络创作在社会、文化、内容、消费者与市场的多重关联中,需要调适和应对行业生态的几个重要变数。

一是网生环境优化与文学兼容度问题。与传统文学相比,网络文学的覆盖面更宽,社会渗透性更强,因而人文生态环境对其影响力也更大。在诸多环境制约因素中,有两个因素更为直接,即政策因素和舆论环境。早期的网络文学缺少规范治理,不同程度存在内容低俗、传播淫秽色情信息、侵权盗版等问题。2010 年起,国家采取"净网行动""剑网行动"等举措,并陆续出台一系列与新媒体文化、网络文艺相关的政策法规文件,效果十分显著,品质也大为改观,一些涉黄、涉政、涉黑、涉爆的网络作品被清理,一些不合规范的作品由网站平台主动下架,并查处了一批典型案件。许多文学网站对照相关法规的规定进行自我清理,对违规作品主动下架。持续的专项整治,有效推动了网络文学建设健康清朗的环境,对于树立正确的价值观,坚持以人民为中心的创作导向,倡导网络文学塑造美好心灵、引领社会风尚,起到了积极的引领作用。在舆论环境上,对于起步期的网络文学应该多了解,多关爱,多给予善意的宽容和兼容,允许从业者"摸着石头过河",鼓励创新,宽容失败,能够容错纠错,不得不分青红皂白,发现问题便一棍子打死。网生环境的优化和舆论兼容度的调适,对未来网络创作生态构建至关重要。

二是"内容破圈"或将形成网络创作的新进阶。所谓"破圈",就是绕开惯例,突破旧制,破解已有的圈层、圈局和圈路,在反套路中开辟新天。网文创作最需要的是内容破圈、作品的质量破圈。做好内容生产应该是网文行业不变的初心,重品质更应该是网络创作永恒的追求。大凡网络"爆款"之作,无不是文学"内容破圈"之作。随着读者对类型圈层小说固有套路的厌倦,已有新生代作家大胆尝试网文圈的反模式、反套路的"破圈式"创作。如通过力量体系和世界架构创新,人设和整体风格独具一格,抑或金手指的巧妙设定等,实现作品的内容破圈,玄幻、游戏、悬疑、科幻等基础类型较早开始呈现出这一创作风向。例如,青衫取酒的《亏成首付从游戏开始》以反套路和戏剧性反转方式横扫各大网游小说新作榜单,熊狼狗的《明日之劫》以"反差萌"风格在玄幻小说中独树一帜。机器人瓦力的《瘟疫医生》在现代医学与神秘力量混搭中颠覆悬疑类型书写,Priest 的《残次品》、藤萍的《未亡日》、晨星 LL 的《学霸的黑科技系统》、十二翼黑暗炽天使的《超级神基因》、远瞳的《异常生物见闻录》等,更是以"破圈"书写开拓了科幻小说的创作空间,为类型写作开辟了新道路。还有近年兴起的"灵气复苏流"也在内容创新上聚集了"破圈"之功,其所开启的突围之路,对打破类型小说的模式化跟风、套路化因袭,拓展了一片新的"蓝海"。

三是网络文学的市场化推进对创作形成倒逼的可能性。我国的网络文学是市场化的产物,从它诞生的第一天起,就带有文化资本和商业经营的基因。2003 年起点网创立"VIP 付费阅读"模式被推广到全网,2015 年网文 IP 概念的普及,以及由此崛起的文化资本对网络文学的大规模挺进和网文产业链的形成等,以读者为中心、以市场为靶向便庶几成为行业壮大的不二法门。这一经营模式的下游绩效是显在的,可以量化的,而它对产业上游即创作源头的影响则是潜在的,却又是深远的,不可忽视的,故而成为网络创作生态的重要变数之一。有许多网络作家以卖版权为目标,针对影视、游戏、动漫改编等来进行创作。电视剧《延禧攻略》与同名网络小说同时推向市场,热播剧远比小说的盈利空间要大。《后宫甄嬛传》《亮剑》《伪装者》《都挺好》等,作为网络小说并不知名,而作为电视剧却热播不止。如此来看,网络文学的市场化推进、产业化开发成就的不仅是网文业态,也会倒逼网络作家的文学思维向影视、游戏等业态倾斜。丛林狼的《最强兵王》《丛林战神》等作品特别注重故事的节奏感和场景的画面性,目的正在于方便影视剧改编。郭羽、刘波的《网络英雄传》注重人物性格刻画和矛盾冲突的内在张力,也是为了方便视听版权的开发,为二度加工做铺垫。由此看来,网络文学的市场化推进对创作的倒逼作用问题,对未来的网络文学创作将是一个不可忽略的变量。随着消费市场的变化和技术传媒的升级换代,网文创作将不再是宅男宅女自顾自地操作键盘鼠标,而是需要在把握消费市场的脉动中适应市场需求,与不断变化的消费市场保持必要的张力和平衡。这样,处于不确定性与可成长性并存期的网络文学,才能坚守文学初心,辨识历史方位,把"弱冠"之年的历史节点提升为历史的尊重。

第二节　建构网络小说的类型学批评[①]

网络类型小说是指电子阅读时代,由一些在网上诞生的体量较大,经过时间陶冶后在艺术上形成了具有规约性的叙事语法(模态)、价值取向和审美风貌,并能给读者带来相应爽感期待的大众小说样式。从阅读市场来看,网络文学(小说)是当今的"主流文学"[②]。中国网络文学经过 20 余年的发展,成为世界文化工业的四大奇迹之一,这主要就是由网络类型小说带来的。对于网络类型小说的批评和研究是网络文学研究工作者重中之重。如何有效开展网络类型小说的研究和批评工作呢?这是当前网文界研究的热点,也是难点。依照文学理论研究思路,用艾布拉姆斯提出的"四因素"说,或国内学者单小曦的"五因素"说审视。从作者维度看,它是人人都可以成为作家的创意观体现,小说创作者的身份从作家降格为写手,通过模仿训练等路径实现作家的普遍化,特别是人工智能写作的兴起,写作越来越成为稀松平常的事;从读者角度看,网络文学作为文化工业的产物,是文化快销品,网文粉丝的阅读建立在爽文化理论和机制上;从文本角度就是用类型理论来考量网络小说,发掘不同小说类型的艺术特征与价值意涵,在艺术成规与创新之间体会辩证法独有的魅力;就世界系统来说,主要指网络小说提供新的世界观设定及其运行逻辑;从媒介角度来说就是数字媒介文艺,是新媒介(媒体)文学。本文主要是从立足于网络文学的文本,试图用小说类型学理论,尝试探讨网络类型小说类型学批评的可能路径和方法。

一、当代网络小说批评困境和突围可能

当代批评面临的最大困境或许是长篇小说的类型化大变局,该变局对

---

①　作者张永禄,上海大学教授。本文原载《当代文坛》2022 年第 6 期。

②　邵燕君:《新世纪第一个十年的小说研究》,北京大学出版社 2016 年版,第 253 页。

批评家提出了很大的挑战,令他们再也无法回避或保持沉默。挑战首先是来自阅读量。这个"量"是指海量的作品数量,据中国互联网络信息中心发布的第47次《中国互联网络发展状况统计报告》统计,目前近500家文学网站储藏的网络文学作品有2 590.1万部,网络每年流传的长篇原创网文230万部之多。"量"大也体现在小说越写越长,出现了超长篇现象,像淡然的《宇宙与生命》2 730多万字,傅啸尘的《武神空间》、莫默的《武炼巅峰》都是1 000万字以上。据《中国网络文学报告2018》统计,超500万字的80部,200万字以上的1 049部,100万—200万字的1 100部,100万字以上的2 149部。30万字以上的长篇占比54%以上,200万字以上的占比近10%。海量的网文数量和超长篇出现,这对读者的阅读提出极大挑战,对于批评家来说更是如此。巨量对象使得传统批评要求精读、多次阅读几乎不再可能。今天的批评家即便是穷尽一生精力,难尽网文的万分之一。传统批评提倡要尽可能占有材料,要反复阅读,通过细读的方式来把握文学作品的微言大义基本变得不可能。

第二个挑战是来自批评方法和手段。网络类型小说的出现,对当代文学产生了很大挑战,或者说对于文学观念的挑战。时至今天,仍有不少的当代文学批评家瞧不起网络文学,提出当代文学要重新提倡文学性。但在我们看来,作为当代文学重要组成的网络文学对以文学性为旨归的传统当代文学(或精英文学)构成挑战。

这种挑战简要归纳起来:一是破除了天赋作家的精英主义作家观念,树立了人人都可以成为作家的可能与信心。随着对写作内部规律的不断解密,数字技术迭代发展,出现了比较成熟的写作软件,大大提升了作家的写作效率。在写作机器人(或写作软件)的帮助下,成为作家的门槛前所未有地降低,作家队伍越来越庞大,各个行业,各个领域,各个年龄阶段都在涌现自己的作家。二是作家和读者关系的改善。传统文学活动中,作家和读者的关系比较疏远和松散,一方面作家对读者影响大,但读者对作家的创作影响却微乎其微。在读者眼中,作家还是有一些神秘感。但在网络模式下,作家和读者可以建立密切的互动关系,读者成为作家的粉丝,参与到其创作中来,提供写作素材,和作家讨论人物走向等,作家会按照读者们的好建议和阅读需求来修正自己的写作路径,有些作家甚至请读者部分代笔。三是就文本而言,网络写作部分改变了文本的形态。因技术助力,不仅可以实现超文本形态的写作,还可以实现多种艺术模态的混合,音频、视频等的综合立体呈现。同时,原有文体内部也发生了变化,长篇小说的长度大幅增加,一部长篇通常 200 万—300 万字。四是数字化写作处理人和世界的关系上,提供了不同于传统文学的现实主义、浪漫主义世界观,提出了更为丰富和多样的世界观设定、世界观系统和世界观运行机制。五是改变了文学的价值和功能,文学的对于人性的深度模式探索在消解和变异,作为大众文学新形态的数字化写作,文学的文学性被故事性取代,文学的审美愉悦要被爽感取代。有的网文研究者认为传统小说的人物、环境和情节到了网络文学就发生了很大置换,人物从典型走向类型,情节让位于故事,环境被切换为场景①。因此,传统文学批评理论和方法对网络文学就显得束手无策了。

近几年来对网络文学的批评虽然发展很快,取得了一定的成就,但和发展迅猛、体量庞大的网络文学创作相比,就显得刚刚起步,也存在一些明显问题,比如简单套用传统文学批评的理论与方法,不愿俯身研读作品而造成的批评理论滞后,批评观念缺乏创新,批评方法老套,标准失范,批评价值紊乱等,因而网文研究和批评界越来越认识到:建构网络文学评价体系,设置网络文学批评的标准与原则,强化网络文学批评的特征与方式体认,创新网络作家作品和类型化创作的评论,以及正视网络文学发展中的问题和局限等②是网络文学批评工作亟待解答的焦点问题。而对从类型学视野开展对网络作家作品的类型研究无疑是批评的基础的"入场工作"。

二、网络小说类型学批评构想

何谓类型学批评方法?即把分享相同叙事语法和价值取向的小说类集合体作为对象,按照类型学的原则和方法,研究其一般叙事成规和具体文本差异性等艺术形式,进而探索艺术形式背后的价值一般和价值具体及其辩证逻辑的新人文科学研究与批评方法。

从研究和批评的意义上讲,这里的类型是自觉的,既是学术范式,也是研究方法。作为学术范式,在当今各个学科领域,比如哲学、语言学、宗教

① 韩模永:《网络小说三要素的变迁及其现实主义的反思》,《学习与探索》2019 年第 6 期。
② 欧阳友权:《网络文学批评的五个焦点问题》,《社会科学家》2018 年第 5 期。

学、建筑学、历史学、电影学等非常流行,只是在文学领域则相对寥落。作为方法论,它是一种中观研究方法,它既摆脱了既往研究中的经验性、局部狭隘性的束缚,又能比较全面地审视事物发展的量和度。类型学研究方法是新的人文科学方法,它一方面恪守了对人文价值的追求,另一方面又追求研究方法的科学性。为保证这一新的学术质素和品格,小说类型学批评倚重结构主义和人类文化学方法的结合,把类型和价值联结,实现了形式和内容的贯通。

网络小说类型学批评的基本目标和任务是通过对指认的某一类型小说叙事的恒定因素和可变因素的分析比较,寻找其共同或主导性的叙事因(或叙事语法),即艺术共性的寻找和文化价值的发掘,以有效勾画出该小说类型的艺术发展总倾向,以及相对于其他类型的成熟的艺术独特性,以说明什么是真正的艺术独创性。同时,在"类型关乎价值"的思想指导下,通过对小说类型在审美地承担现代性价值理念考察,展示现代小说类型形成和发展的历史过程与内在矛盾,从新的视角论证审美现代性的复杂性和可能困境。这是对具体小说类型的批评。至于单篇具体小说,我们则不妨把它放到相应的类型长河中,用该类型的叙事成规作为参照系,能更有效地考察其艺术的继承性、规范性,也能更科学地衡量其创新性、突破性。这样的文学批评既是专业的,又是科学的。

类型学批评作为一种专业性要求较高的文学批评方法,有自己相对稳定的操作程式。首先是做类型指认,即先确认研究对象属于哪一类型。不同的类型,因其叙事语法和语义结构有自身规定性,这不能混淆或错误,这就是我们所谓的类型语境。语境不对,我们的研究不仅可能事倍功半,还可能是盲人摸象。早在1930年代郑振铎就警告一些批评家,不能拿《红楼梦》的标准要求《水浒传》,大体就是这个意思,因为世情小说和英雄传奇是不同的小说类型。小说的分类,从我国古代到现代的小说分类都相当混乱且落后,至今仍沿用按体裁分类的原始和经验的状态,只要看一看文学史或小说史的分类体例和操作手法就不难而知了。具体到当前的网络小说的类型,这是前所未有的繁荣与繁复,类型清理工作量很大。

鉴于此,我们提出网络小说分类的基本思路、分类的原则与分层操作等初步设想。网络小说分三步递进思路。第一步,把小说分类和自然科学分类区别开来,作为人文科学,它本质上是"意义生产"的方法,对当代小说分类既要符合现代学术的一般逻辑准则(比如 AT 分类法),又要体现人文科学性的"意义生产"性,努力实现特定小说类型的深层结构与一般价值对位。第二步,确立小说分类的原则,按照一般学科研究方式,网络小说的分类原则应该包括:形式与内容相结合,稳定性与可变性相结合,规律性和变异性相结合,逻辑与惯例相结合①。第三步,建构三层分类理路:第一个层面需要在体裁(文体)意义上区分网络小说和其他网络文类,以确定研究对象;第二个层面需要在表现社会生活的向度上,以人文价值诉求的强度、规范和相应叙事成规的有无来区分基本的小说类型(基本类型),这是网络小说分类最为核心的工作,比如白烨做的 10 组 19 种分类,贺予飞的 16 种基本类型(玄幻、奇幻、武侠、仙侠、都市、现实、军事、历史、游戏、体育、科幻、灵异、二次元、同人、女生、短篇)②,我们初步认为网络小说有传统的基本类型:武侠小说、言情小说、侦探小说、历史小说、科幻小说、职场小说、成长小说、世情小说、神魔小说;新生的小说类型有:仙侠小说、玄幻小说、奇幻小说、耽美小说、悬疑小说、谍战小说、同人小说、网游小说等。当然对于这些小说类型能否成为具有类型学价值的类型,需要专门做考释,以它们具备独立的叙事语法和价值沉淀为依据。显然这是很浩大的网络小说类型批评工程,我们这里不展开。

第三个层面需要辨析成熟小说类型内部富有活力的变体③情况,也就是子类小说(比如网络武侠小说下面有玄幻武侠、奇幻武侠、修仙武侠、言情武侠、耽美武侠、悬疑武侠和网游武侠等)。有研究者按照游戏者或游戏内容的时空关系把网游小说分为生活日志类网游小说、未来幻想类网游小说、科幻类和游戏灵异类网游小说④。有了这个基础,我们才可以对于更为复杂的网络小说的跨类、变体等有理有据地开展学理研究。

第二步是寻找某一类型自我规定性的成熟叙事语法与价值成规。这是类型批评最见功力的环节,需要批评家有博大的阅读视野和强大的归纳思

---

① 参看张永禄:《类型学视野下的中国现代小说研究》,上海大学出版社 2012 年版,第 184—186 页。

② 《基于商业生态系统的网络文学产业发展研究》(博士论文),中南大学,2018 年。

③ 小说的正体与变体是一组相对的概念,具体差别和联系请参见张永禄、葛红兵:《类型学视野下小说的正体与变体》,《当代文坛》2018 年第 4 期。

④ 此处对刘小源的定义有参考,特此致谢。参见刘小源:《来自二次元的网络小说及其类型分析》,东方出版中心 2019 年版,第 182 页。

维能力。海量的和巨型的网络小说外表形态千姿百态,但内部存在既定不变的艺术法则却是有限的,就好比变形金刚,你可以摆置出千奇百怪的姿态来,但是其关节点却是固定不变的。结合俄国学者普罗普的故事形态学、托多罗夫的叙事学中的句法理论和格雷玛斯的深层语义学理论的思想和实践,我们不妨用句法结构、语义结构和行动元模态等三个维度来建构网络小说类型的叙事基本语法的分析方法。

基本句法分析上,参考托多罗夫的句法研究和格雷玛斯的表层结构构成要素,结合汉语句式表达习惯,我们把类型小说的基本叙事句法浓缩为具有高度因果情节链的五要素:心有欠缺→产生欲望→锻炼能力→实现目标(目标失败)→得到奖赏(接受惩罚或受到原谅)①。

为便于理解,我们不妨用该方法试图分析当下走红的网游小说的基本句法。网游小说(网络游戏小说)是热爱并有丰富游戏经验的作者和读者,将网络游戏的基本设定和内容框架移植到成长小说等类型叙事中,以获得游戏快感的网络小说类型②。以经典的蝴蝶蓝《全职高手》为例,这部小说讲的是因种种原因被迫退役的顶尖高手在网游中重建一支职业战队,克服重重困难,带领团队问鼎电竞职业联赛冠军重返至尊荣耀的故事。当前的网游小说还是励志故事范畴,走成长小说路子。《全职高手》一开始出现的是男主叶修从闪耀的人生地位跌落到人生低谷,被迫在一个小网吧做管理员(心有欠缺),在朋友帮助和粉丝的激励下,心灰意冷的叶修重新激发热情,在 10 区组队练级以试图进入职业赛(产生欲望),但一个没有俱乐部支持的民间团体需要克服人员组合、装备等诸多困难以及主角个人家庭等生活问题(锻炼能力),但历尽千辛的叶修团队最后获得联赛冠军(得到奖赏)。小说的主要情节就是要他们克服一个又一个困难,打赢 N 场比赛,这是网络小说打怪升级换地图的整体模式在网游小说上的具体体现。符合网络小说讲故事的整体风格和意趣。

结合其他学人的研究和中国文化的表述经验,我们不妨初步把网游小说的基本叙事语法归纳为:游戏化的 VR 世界,打怪升级的图景,快意游戏的生命激情。"游戏化的 VR 世界"是网游小说的故事展开背景,说明这是

---

① 张永禄:《类型学视野下的中国现代小说研究》,上海大学出版社 2012 年版,第 214 页。

② 刘小源:《来自二次元的网络小说及其类型分析》,东方出版中心 2019 年版,第 185 页。

一个高度科技的后人类生活与工作的世界与时代,虚构与真实的界限模糊,游戏与生活开始合流。故事的主线就是围绕大职业联赛而不断的练级升级,换装备升级,打怪升级等上升模式,这是人物展开活动的方式。网游小说的价值取向是游戏训练和打赛过程中的"爽感"体验,赢得比赛或问鼎冠军不过是故事叙事弧线的 G 点,但真的快感是主人公和阅读者在游戏过程中打怪或战胜对方高手决战中显示的智力、速度、技术的胜人一等的个体性"本质力量"游戏化表征。

在这个叙事模式中,按照格雷玛斯的语义矩阵,基本语义就是现实 V 虚拟,平庸 V 卓越。现实中的 Z 世代其实大多平庸且空虚(很多沉迷游戏学业不太好的在校学生),他们不愿意为未来探索外部世界及其艰苦卓绝的人生实践付出。沉迷游戏的大多数却幻想通过他们喜欢的游戏的练级晋升来实现成功的梦想,并获得同龄人(特别是他们心中的梦想女生)的青睐与崇拜。网游小说不排斥主人公的后天努力,但更崇尚天才论。人物之间围绕夺冠这一目标,形成了竞争型的多重而动态的对手关系,不再是信仰、阶级立场的对立,但国族和民族的身份却很鲜明,比如骷髅精灵的《英雄联盟:我的时代》。围绕目标和荣耀,他们成为对手,但天才的魅力光芒和分享荣耀,可以通过重新整合竞争者成为合作伙伴,因而这一类小说带有很强的青春小说的色彩,或者说他们吸取了传统成长小说的叙事模式,让天赋性的主角在游戏的世界里开挂,主角的金手指或异能令游戏迷们晕眩或兴奋不已,代入感由此而生。经过这三个维度的叙事分析,大体上特定小说的基本类型特征的艺术形式是可以掌握的。

第三步是价值观照,这是类型学批评的点睛之笔。我们假设,成熟的网络小说类型和其价值取向存在内在关联性。阅读经验告诉我们,小说内部特定叙事语法,从形态构成到价值表达可能路径的可能性。对于当代网络批评家而言,重要的任务之一是从艺术形式与价值关系入手,对网生代(特别是 Z 世代)的观念、思想、情感和价值取向与网络文艺类型发展的复杂关系作出研究,对中国当代"审美革命"的复杂性和辩证矛盾作出深入分析,从而在审美形式层面向意义之维掘进,这是一个非常广阔的空间,需要有文化研究和人类学方法帮助(或者说,只有走到这一楼,文化研究与文学人类学才有了用武之地)。

网生代们把游戏作为自我认同与人生意义的符号,他们通过游戏竞技的方式开展情感交流打上了鲜明的时代与世代烙印,被传统所鄙视的游戏被他们作为人生的目标与追求,最高的审美境界是游戏快感,他们在宣扬"游戏如人生,人生是游戏"的价值观同时,也宣告游戏作为这一代最伟大的艺术可能。同时也让我们思索,后工业化时代的后人类的主体性问题,当技术和人彼此高度镶嵌,技术在不断智能化,人日益被技术化,现实和虚拟的界限模糊(VR)后,人究竟"是"什么? 从这个意义上讲,网生代们通过网络小说讲述的是他们的人生故事。进一步把中华文学与文统、文脉与文运做谱系性的考量,诚如有学者所言:"中国网络文学是 21 世纪以来中国文运的变化表,反映了其如何追根溯源、不忘本来开启未来,在未来已来和外来既来的合力之中源流之变、重塑运道中的变革轨迹,同时更为隐秘地映照中国国运的变化。"①通过 Z 世代们讲的网络故事是了解当代青年不错的途径,通过网络文学认知当代中国及情感结构,是网络文学的根本价值所在。

三、网络小说类型学批评的使命和价值

网络小说的类型学批评作为一种理论假设,有很大的理想成分和静态研究色彩。很多批评家认为,网络作家没有经过专门的创作教育,他们在写作中不会按照类型理论那么老实"就范",总是为了显示自己独特的"个性"或独创性而"别出心裁"。事实上,这也是网络小说类型学批评要解决的实际问题。这个实际问题中,最为显著的应该属于"变体"现象和类型融合(兼类小说)现象,这正是小说类型发展最具有活力之所在。我们给出的类型批评的一般法则不过是提供了批评的一把尺子和基本参照。在这把基本尺子的考量下,我们正好可以研究作家本人的创作"出轨"所在和内外原因及得失,进而衡量其创作乃至本人在类型长河中的地位。这是再自然不过的批评手法了。而对于兼类小说,网络小说的批评家要做的是,考察主导新类型和非主导性类型,考量各自类型中那些因素的重复(可以兼类的理据)和不可重合的因素(构成差异性和复杂性的表现),进而通过语义矩阵和结构模态来清理作家的创作"心思"与技术创意,其窥探复杂叙事的魅力②。

① 庄庸等主编:《爽文时代:中国网络文学阅读潮流研究》(第 1 季),中国青年出版社 2021 年 5 月版,第 9 页。

② 张永禄、葛红兵:《兼类小说的诗学观察》,《华中师范大学学报》(人文社科版)2000 年第 2 期。

提倡网络小说类型学批评的基本目的,不外是通过类型学这样一种科学研究方式,客观上把握当下网络小说的一般艺术特征,便于对不同类的艺术规律及其价值有相对明晰和宏观的认知。但其根本目的则是对于具体小说的研判,把特定小说类型的基本类型特征作为参照系和属于该类型的小说做比较,分析其变异的部分,考量其变异的艺术创新动机和社会历史动因,因而获得对于具体小说文本的快捷而准确的艺术与价值判断,从而进一步获得对该小说的艺术价值的科学合理的判断,这是小说类型学批评的基本使命。

总体看来,开展网络类型的类型学批评,不仅有较强的理论意义,也有重要的现实意义。理论上讲,它有助于梳理网络小说类型演变的历史,考察其发展机制,为网络小说类型史积累成果和方法。作为小说学的分支之一,网络小说类型学批评体系的建构可丰富小说学研究视野,深化小说研究。早在1950年前,著名的新批评领袖韦勒克和沃伦就憧憬,最理想的文学史应该是类型史体例。他显然没有考虑到中国当下小说的主流是以类型小说为代表的网络文学,但鉴于网络小说和传统通俗小说的继承与发展的密切关系,我们以为,沃伦的预言对网络小说的批评和研究是有指导性意义的。

今天,网络小说入史已提上议程。我们设想的网络小说史的研究是对网络小说类型史的有效阐释。这就需要做到对当代小说的形式变迁的共时性与历时性统一,形式化与内容的同一,整体风貌和经典文本的协调。网络小说史的研究可能遇到的最大麻烦在于历史文本(旧的类型)与当下文本(变异了的新类型)经常断裂。类型理论则可以将这种断裂以自己特有的视角和理论优势连接起来。"一方面,过去存在的文本及其意义有可能成为当下文本意义阐释的重要基础;另一方面,'正像语言学和语文学提供了某些阐释断裂问题的探索路线一样,类型理论也提供了另一些路线',通过对类型变化的历史编码,就可能使得我们回溯和描述其发展、变化轨迹,'在文学中,记录变化的磁带常常能够通过对类型的研究而部分地倒转'。"①这样一来,小说类型史能克服当下的孤立的、碎片化状态,走向打通内外、融会古今的整体性研究。

从实践上讲,网络小说类型学批评重要的现实意义则主要体现在文学

---

① 葛红兵、肖青峰:《小说类型理论与批评实践——小说类型学研究论纲》,《上海大学学报(社会科学版)》2008年第5期,第65页。

产业化的发展上。网络文学的各种类型都是在需要中产生的,属于文化工业产品,掌握了类型批评的理论和方法,可以帮助出版界、网络文学网站在选题策划上实现类型的可持续开发。策划者和编辑们根据各种网络小说类型的艺术发展规律、市场发展前景和阅读市场的读者反映来推进和开发一些类型小说和文本及其 IP,这一方面很多出版社和文学网站有了很好的表现和经验,比如阅文集团就形成了以市场为导向,以 VIP 在线收费的机制,写手、读者和编辑实时交流,实现了写、读和编"一体化"的新型"共同写作"的模式。有了类型理论的指导,未来的文学市场可能会更加合理和自觉。青年学者贺予飞对国内排名前 100 的文学网站进行了 8 年跟踪调查,发现"网络文学作品的主要类型由 37 类增至 70 类,基础类型由 12 类增至 16类,细分类型品种由 133 种增至 544 种,品类增长率高,基础类型稳定,作品精细化趋势明显"①。她的调研发现了网络小说类型命名随意,类型过于琐细,分类比较混乱等情况,急切需要类型学做分类谱系的研究等。长久来看,用科学的理论指导和规约网络小说市场已越来越迫切,小说类型学批评越来越有用武之地。

有了类型学理论的指导,网络作家们能清楚自己的类型特长和短板,做到扬长避短。同时,在适合自己特长的小说类型上,既可以做到类型创意的纵深发展,而不是自我重复,也有助于创意探索上的事半功倍。对于作家来说,类型理论及批评,并不必然是创作的桎梏和僵化,而是意味着更有效率和更具方法性的引导与启迪。当代写作的网络化、市场化和类型化大潮的合流,是有志于通过写作实现自我人生价值和写作理想的时代大机遇。有志于成功的作家,需要抛弃对于类型的成见,辩证理解和把握成规与创新的关系,"优秀的作家在一定程度上遵守已有的类型,而在一定程度上又扩张它"②。"伟大的作家很少是类型的发明者,他们都是在别人创立的类型里创作出自己的作品"③。富有历史感和语境性的网络作家只要清楚地认识

---

① 贺予飞:《基于商业生态系统的网络文学产业发展研究》(博士论文),中南大学,2018 年。

② 雷·韦勒克、奥·沃伦:《文学理论》,刘象愚等译,生活·读书·新知三联书店 1984 年版,第 268—269 页。

③ 葛红兵、肖青峰:《小说类型理论与批评实践——小说类型学研究论纲》,《上海大学学报(社会科学版)》2008 年第 5 期,第 67 页。

到网络类型小说是当今的主流文学,好的类型化网络创作是时代潮流和艺术规律期许。有了类型理论和类型批评的理论"定心丸",网络作家们就可能在时代的大江大河中创造新的类型文学和类型奇迹。

小说类型学并不是横空出世的创造或者发明,它应该是中外文化艺术的产儿,是人类智慧的结晶。从我国古代的类书到目录学再到现代分类学,从西方的理念论到类型论到典型论再到总体性结构,从当代批评的语言转向到文化转向,等等,这些学术思想都在小说类型学身上留下烙印。小说类型学着眼于现实文坛,针对当代网络文学的批评困境,试图确立一种小说批评的科学。这种研究应做到科学,符合理性、逻辑和可生成的标准,摆脱经验束缚,上升到理性层面,研究的方式和结果具有生成性。它为小说文本和小说类型的"内部构成"找到一条"可判定"的形式化研究方法,从而确立小说类型学批评模式在时下的网络小说批评中不可取代的"科学"地位。

显然,无论是理论建设,还是批评实践,都才刚刚开始。我们目前的工作离上述基本看法和目标有很大距离,但我们坚信,随着越来越多的学者认识到小说类型学的重要性,加入到研究的行列,形成强大的气场,不断修缮批评体系和提升批评水准,使它从"解构主义的热病中康复",形成网络小说研究新的范式指日可待。

第三节　人工智能引发文化哲学范式终极转型[①]

巴拉特把引发"奇点"的"人工智能(artificial intelligence,简称 AI)"称作人类"最后的发明","人类发明火、农业、印刷术和电力的时候,是什么情形呢? 难道之前就没有发生过技术'奇点'? 颠覆性的技术变革并不是什么新鲜事,但没有人觉得非给它想出个花哨的名字不可";而用"奇点"这个似乎有点花哨的概念来描述 AI 技术变革的原因有二:一是"技术奇点本身会带来智能(也即造就初始技术的,独一无二的人类超强实力)上的变化,这就是它跟其他所有革命不同的原因";二是文奇所谓的"生物转折点",即"人类 20 万年前登上世界的舞台。由于智人比其他物种智能更强,他逐渐

---

① 作者刘方喜,中国社会科学院文学研究所研究员,中国中外文艺理论学会副会长。本文原载《学术月刊》2020 年第 8 期,题目有改动。

主宰了整个地球。同样地,比人类聪明一千倍一万倍的智能,将永远地改变这场游戏"①——作为从机器(计算机)系统自动化运动中产生的智能,AI是对人脑神经元系统的某种模拟:如果说人脑神经元系统及其产生的生物性智能是"自然"进化产物的话,那么,AI则是不同于"自然"的人类广义"文化"发展的产物,它是在把能量从生物性人身限制中解放出来的自动化机器系统上发展起来的,作为智能或文化一级生产工具的终极革命,它又在语言文字系统之后,把智能从人身限制中更充分解放出来,正在引发人类文化范式终极转型,文化哲学范式也应随之转型。

一、马克思生产工艺学及其文化哲学意蕴

从国际学界相关研究现状看,扎卡达斯基《人类的终极命运:从旧石器时代到人工智能的未来》一书有较强历史纵深感,但总体看,该书也只关注"智能"或广义"文化"本身,而对其物质性生产工艺、工具关注不够。影响极大的赫拉利《未来简史》、提出 AI 奇点的库兹韦尔的一系列著作,在讨论AI 及其社会文化影响中皆采用了"物种进化论"视角——而马克思研究生产工具的"生产工艺学"也首先与进化论有关。

《资本论》第一卷在讨论"机器"时提出"批判的工艺史"理念:达尔文研究了"在动植物的生活中作为生产工具的动植物器官是怎样形成"的"自然工艺史",即维科所谓的"自然史",而研究作为"每一个特殊社会组织的物质基础"的"社会人的生产器官"形成史的"批判的工艺史",则是一种"人类史",维科强调:"人类史是我们自己创造的,而自然史不是我们自己创造的";所谓"工艺学"揭示的是"人对自然的能动关系",研究"人的生活的直接生产过程""人的社会生活条件",以及由此产生的"精神观念的直接生产过程",这种"工艺学"方法乃是唯一的"唯物主义"和"科学"的方法,而当"排除历史过程的、抽象的自然科学的唯物主义"越出自己的"专业范围"时,就会显露出"抽象的和唯心主义的观念"②——作为"自然史"的物种进化史是"作为生产工具的动植物器官"的形成史,而"批判的工艺史"研究的

---

① 詹姆斯·巴拉特:《我们最后的发明:人工智能与人类时代的终结》,电子工业出版社 2016 年版,第 129—130 页。

② 以上引文参见《马克思恩格斯全集》第 23 卷,人民出版社 1972 年版,第 409—410 页注释(89)。

是作为"社会人的生产器官"的生产工具的进化史、发育史——相对于"自然史",这就是一种"人类史"或广义"文化史"——以此来看,人类自身的生物性智能,不是人直接创造的,总体而言首先是自然进化的产物;而 AI 作为一种物理性机器智能,则是由人直接创造出来的——因此,马克思的"批判的工艺史"视角,对于我们今天在人类长时段文明史中考察 AI 及其社会影响有重要启示。

当今 AI 机器堪称人类最发达和最复杂的"生产工具",其凸显出的一个基本问题是:智能生产工具的物理性与生物性之间的关系——马克思指出:劳动者在劳动过程中直接掌握的,不是"劳动对象"而是"劳动资料",在"采集果实之类的现成的生活资料"的场合,"劳动者身上的器官是唯一的劳动资料",除此之外,"劳动资料"主要是外界自然物,劳动者把这种作为自己"活动的器官"的自然物,加到"他身体的器官"上,"不顾圣经的训诫,延长了他的自然的肢体"①——"劳动者身上的器官"(手等)是人自身的"生物性"生产工具,而劳动者使用的外界自然物则可谓"物理性"生产工具,它们是人的生物性体力器官(手等)之"延长";而当今 AI 机器作为一种智能生产工具,则可谓人的生物性智力器官即大脑的"延长":当创造外在于人体的物理性生产工具比如原始人开始制造石斧等之时,人类实际上就已经开始了超越自己生物性力量限制的文化进化史,一部人类生产工具创造史,就是人类不断超越自身生物性力量限制的解放史。而当今 AI 机器作为人脑的"延长",则标志着人类对自身生物性智能限制的超越——这可视作是生产工艺学在文化哲学层面上对当今 AI 所作的定位。

马克思指出:自动化的"机器体系"乃是"固定资本的最适当的形式"②,其发展程度是"资本主义生产方式的发展程度的指示器",相关研究者往往按照"生产资料的物质"或根据"生产资料的进步和已达到的状况"对"史前"原始社会进行研究和说明③,即在"自然科学"而非"历史"研究的基础上,按照"制造工具和武器的材料",把"史前"时代划分为"石器时代""青铜时代"和"铁器时代",而除此之外的"历史著作"则很少提到"物质生产的

---

① 《马克思恩格斯全集》第 23 卷,人民出版社 1972 年版,第 203 页。
② 《马克思恩格斯全集》第 46 卷下册,人民出版社 1980 年版,第 210 页。
③ 《马克思恩格斯全集》第 49 卷,人民出版社 1982 年版,第 417—418 页。

发展"即"整个社会生活以及整个现实历史的基础"①——这里所谓"历史"是指不同于"自然史"的广义"文化史",资本主义时代就可以表述为"机器时代"并根据"机器"加以说明——但是西方"历史著作"或者说广义"文化史"研究,也就在考察"史前时期"才不得不提一下生产工具,对于史前期之后文明时代的文化史考察,则基本上就撇开了物质性生产工具,如此就形成了一种不同于客观的"现实的历史叙述"的"观念论的历史叙述"方式,所谓"文化史"就只表现为"宗教史""政治史",或"主观的(伦理的,等等)""哲学的"历史等②——主观的"观念论的历史叙述"就成为西方文化史主导性叙述"范式",迄今依然如此,客观的文化史叙述则最终建立在物质性生产工具的"批判的工艺史"上,而现代"文化史"研究就应建立在"机器史"上——这才是我们今天考察 AI 及其社会影响更适配的范式。

马克思、恩格斯对"观念论的历史叙述"何以成为"文化史"主导范式的社会历史根源也有所分析:最初,人们的"思想、观念、意识的生产",往往直接与"物质活动""物质交往"和"现实生活的语言"等交织在一起,还是"物质关系"的直接产物,"表现在某一民族的政治、法律、道德、宗教、形而上学等的语言中的精神生产"也是如此③——因为在"史前的时代"人类精神生产与物质生产还紧密地"交织在一起",所以,关于史前"文化史"的叙述,还不得不采用"石器时代""青铜时代""铁器时代"这样的"工艺学"范式;进入史前之后的文明时代,人类精神生产(脑力劳动)与物质生产(体力劳动)日趋分化(马克思、恩格斯"分工"理论对此多有分析)——这是出现脱离物质生产尤其脱离物质性生产工具的"观念论的历史叙述"的历史根源——从这种历史演进脉络看,当今 AI 的重要影响之一是使精神生产与物质生产重新紧密交织在一起:说"智能生产(程序、算法的设计等)"是一种广义"文化生产"应无问题,而 AI 又正在不断融入物质生产之中——如此,"观念论的历史叙述"范式将越来越不适合阐释 AI 所引发的新的社会文化现象。

马克思指出:机车、铁路、电报、走锭精纺机等"机器",不是"自然界""制造"出来的,而是"人类劳动的产物",是"人类意志驾驭自然的器官或人

---

① 《马克思恩格斯全集》第 23 卷,人民出版社 1972 年版,第 204 页注释(5a)。

② 《马克思恩格斯全集》第 46 卷上册,人民出版社 1979 年版,第 47 页。

③ 《马克思恩格斯全集》第 3 卷,人民出版社 1960 年版,第 29 页。

类在自然界活动的器官的自然物质"和"人类的手创造出来的人类头脑的器官",是"物化的知识力量",这些机器的出现表明:社会生产力不仅以"知识的形式",而且作为"社会实践的直接器官"和"实际生活过程的直接器官"被人类直接生产出来了①——从任何"机器"都不是"自然界"制造出来的角度说,"机器"也就属于相对于"自然"的广义"文化"范畴或"第三世界",大工业"机器史"本身就是一部现代"文化史",是一本"打开了的关于人的本质力量的书"和"感性地摆在我们面前的人的心理学",而人们却一方面总是仅仅从"外表的效用"来理解这种"心理学",另一方面仅仅把"人的普遍存在,宗教或者具有抽象普遍本质的历史,如政治、艺术和文学"等,理解为"人的本质力量的现实性和人的类活动"②——今天大工业所锻造出的 AI 机器系统,更堪称直接就是"感性地摆在我们面前的人的心理学",心理学实际上也正是 AI 技术研发所要参照的重要学科之一;而马克思以上所描述的状况,在当今国际学界的 AI 研究中其实依然存在:一方面,商业开发者关注的只是 AI"外表的效用"如所谓"应用场景"等;另一方面,"艺术和文学"研究者往往对于 AI 这种物理性机器智能及其生产出的文艺产品不屑一顾,依然认为只有人创造的文艺才体现"人的本质力量"。不光"文化"研究者容易忽视"机器",即使像库兹韦尔这样熟知 AI 技术理论的专家,一旦放任自己想象力,其判断也会离开"机器"这种物质基础:库兹韦尔指出,当奇点来临而出现 ASI(Artificial Super Intelligence),"整个宇宙将充盈着我们的智慧","它就是我们所超越的物质能量世界","超越"的最主要含义是"精神",即"物质世界的精神实质"③——它显然忽视了问题的另一面,即"精神世界"的"物质实质",即使未来真的出现了 ASI,其作为一种机器智能依然还会受到"机器"这种物质及其物理规律的限制——库兹韦尔关于奇点和 ASI 的无限遐想,或许正印证了马克思的判断:"抽象的自然科学的唯物主义"的研究者,一旦越出自己的"专业范围",往往就可能显露出"抽象的和唯心主义"的观念倾向——由此可见"观念论"文化哲学范式惯性之强大。

---

① 《马克思恩格斯全集》第 46 卷下册,人民出版社 1979 年版,第 219—220 页。
② 《马克思恩格斯全集》第 42 卷,人民出版社 1979 年版,第 127 页。
③ 雷·库兹韦尔:《奇点临近》,机械工业出版社 2017 年版,第 14、232 页。

二、AI 引发人类文化范式终极转型

从长时段人类文化进化史看,作为"人类的手创造出来的人类头脑的器官",根据人对"自然规律"的认识而由人手制造出的现代自动化"机器系统",首先把能量从生物性人身限制中解放出来;在此基础上,当今 AI 又从自动化机器运动中生产出"智能",使"智能"或"思维的技巧"也从人的生物性身体上转移到了物理性机器上,从而也就将"智能"从人身限制中解放出来——这将把能量和智能从生物性人身限制中全面解放出来——这表明人类文化范式一场划时代乃至终极性革命和转型,正在由急速发展的 AI 引发。

其一,作为由现代机器系统自动化运动产生的智能,AI 正在引发人类文化范式划时代乃至终极性转型。

着眼于现代"机器史",布莱恩约弗森、麦卡非认为:蒸汽机等引发了"克服并延展了肌肉力量"的第一次机器革命,而现在的计算机和其他数字技术正在引发"我们的大脑理解和塑造环境的能力"作用于"金属力量"的第二次机器革命[1]。恩格斯指出:

> 文化上的每一个进步,都是迈向自由的一步。在人类历史的初期,发现了从机械运动到热的转化,即摩擦生火;在到目前为止的发展的末期,发现了从热到机械运动的转化,即蒸汽机……就世界性的解放作用而言,摩擦生火还是超过了蒸汽机……蒸汽机永远不能在人类的发展中引起如此巨大的飞跃……整个人类历史还多么年轻……到目前为止的全部历史,可以称为从实际发现机械运动转化为热到发现热转化为机械运动这么一段时间的历史。[2]

恩格斯以上所论显然是在最宽泛意义上使用"文化"一词的,在此意义上,"机械运动"与"热"之间的相互转换,也可谓广义"文化范式":人通过摩擦生火使机械运动转化为热,开启了这种"文化范式"转型,而蒸汽机通过使热转化为金属机械运动,则使这种转型得以完成——基于此,恩格斯认为在

---

① 埃里克·布莱恩约弗森、安德鲁·麦卡非:《第二次机器革命》,中信出版社 2016 年版,第 10—11 页。

② 《马克思恩格斯全集》第 20 卷,人民出版社 1971 年版,第 126 页。

引发人类发展巨大飞跃上,蒸汽机反而不如摩擦生火。而当今 AI 在人类文化进步史上的划时代意义在于:机器(计算机)的自动化"机械运动(包括等价于机械运动的电子运动)"可以转化为或生产出"智能"——这种人类迈向自由的巨大飞跃和"世界性的解放作用",堪比机械运动转化为热的摩擦生火,而超过使热转化为机械运动的蒸汽机,标志着人类历史已告别了恩格斯所说的"年轻"而走向成熟壮年。

"自然界"没有制造出任何机器,在隐喻的意义上,"自然界"倒是"制造"出了有机性、生物性的智能即人的智能(科学的说法是这是自然进化的产物),但是,"自然界"没有"制造"出任何无机性、物理性智能:如果说人的生物性智能是"自然"进化产物的话,那么,当今 AI 作为一种物理性机器智能则是人类"文化"进化的产物! 当然,AI 计算机作为一种"机器系统"依然是"人类的手创造出来的人类头脑的器官",一般认为,AI 进一步发展的关键是:"算力"的提升、"算法"的改进等,其中,"算法"相对而言似可脱离计算机硬件而先由人脑构想出来,但最终也要通过机器(计算机硬件)运动才能得到落实;而"算力"则直接由机器运动(尽管也离不开软件)产生。极宽泛地说,AI 是相对于"人"的"物"的智能,而人类关于"物"可以具有智能乃至意识、灵魂等的"构想"其实早就存在(神话、万物有灵论等),而近代以来关于 AI 的科学构想则可以追溯到莱布尼茨以及拉·梅特里《人是机器》等——但是,只有通过"人的手的创造物"(计算机硬件)及其机械运动、电子运动,这种构想才能转化为工艺上的现实。

其二,AI 作为由机器运动产生的智能,又体现为智能或"思维技巧"从人脑神经元系统转移到了机器系统上,人以此在实践上证明了对自身"思维规律"认识的客观真理性和现实性力量。

库兹韦尔《奇点临近》一书的副标题是"人类超越生物性",指出 AI"奇点"一旦来临,将允许人类超越自身"身体和大脑"的"生物局限性"[1]——这描述的是智能自动化,而马克思所描述的能量自动化,则表现为"使用劳动工具的技巧"从工人"身"上转到了"机器"上,从而从"人身限制"下解放出来[2]——由此我们也可以说:当今 AI 作为一种智能自动化,就是把人的

① 雷·库兹韦尔:《奇点临近》,机械工业出版社 2017 年版,第 2 页。
② 《马克思恩格斯全集》第 23 卷,人民出版社 1972 年版,第 460 页。

"思维的技巧"从人"身(生物性大脑)"上转移到"机器(机械性大脑)"上，从而也从"人身限制"或者"生物性局限性"中解放出来。

作为"人类的手创造出来的人类头脑的器官"，"机器系统"首先是人根据人脑所掌握的"自然规律"制造出来的。人的思维对象不外两大类：一是外在物质世界，二是思维本身，而人的思维所掌握的就包括"自然规律和思维规律"①两种，与此对应，人的经验就包括"外在的、物质的经验，以及内在的经验——思维规律和思维形式"两类，"世界和思维规律是思维的唯一内容"②。那么，人如何证明自己思维的客观真理性？"人应该在实践中证明自己思维的真理性，即自己思维的现实性和力量，亦即自己思维的此岸性。关于离开实践的思维是否现实的争论，是一个纯粹经院哲学的问题"③——人通过大脑可以掌握外在"自然规律"如热力学规律等，而人一旦用手成功制造出蒸汽机等机器，也就在实践上证明了人关于这些自然规律的思维的客观真理性和现实性力量——这对于人有关自己"思维"的"思维"或对"思维规律"的认识来说同样如此：即使现在通过机器学习所实现的 ANI（Artificial Narrow Intelligence）至少也已表明：人已通过用手制造出的机器，在实践上证明了人的归纳逻辑思维规律等的客观真理性和现实性力量——这在人类迈向自由的文化史上绝对是划时代的巨大飞跃！

其三，作为"社会人的生产器官"，能量自动化机器把能量从生物性人身限制中解放出来，使现代生产"体力"器官发育成熟；在此基础上，当今 AI 革命正在把智能也从人身限制中解放出来，使生产"智力"器官也开始发育。

从"个体人的生产器官"看，"正如在自然机体中头和手组成一体一样，劳动过程把脑力劳动和体力劳动结合在一起了"④——作为"社会人的生产器官"的机器同样如此，马克思考察的是第一次工业革命所催生的社会生产的能量器官的发育，而其相关理论，对于我们今天考察 AI 机器的生成、运作等也有重要启示。

从生成、发展过程看，两相比较，现在由大数据驱动的 ANI，大致还处于

---

① 《马克思恩格斯全集》第 3 卷，人民出版社 1960 年版，第 323 页。
② 《马克思恩格斯全集》第 20 卷，人民出版社 1971 年版，第 661—662 页。
③ 《马克思恩格斯全集》第 3 卷，人民出版社 1960 年版，第 3—4 页。
④ 《马克思恩格斯全集》第 23 卷，人民出版社 1972 年版，第 555 页。

马克思所描述的由"工场手工业"向"大工业机器自动化生产"的过渡阶段，在这个阶段，机器本身还要依靠"个人的力量和个人的技巧"，还取决于劳动工人"发达的肌肉、敏锐的视力和灵巧的手"，大工业尚未得到充分的发展，还会到处都碰到"人身的限制"，还不能"从根本上突破"；只有当能够"用机器来生产机器"之时，大工业才能真正得以"自立"①——像这种过渡阶段机器能量的自动化运作还受到人手这种人身限制一样，目前的 ANI 还受到人（程序员等）的大脑这种人身限制，因而也还不能形成"根本上的突破"；也像能量自动化的"根本上的突破"有待于"用机器来生产机器"一样，AI 机器的"根本上的突破"也有待于"用智能来生产智能"——而这就是 AGI（Artificial General Intelligence）了，这种"根本上的突破"一般被称作"奇点"。

"自动的机器体系"乃是"由自动机，由一种自行运转的动力推动的"②，机器能量自动化，既需要发动机能"自行（自动化）"地"提供"动力，也需要这种动力本身能在工具机中"自行（自动化）"运转："只是在工具由人的机体的工具变为机械装置即工具机的工具以后，发动机才取得了独立的、完全摆脱人力限制的形式"③——只有发动机与工具机都实现充分自动化并高度有机融合在一起，才能使能量自动机器系统得以成熟，才能使能量从人手这种生物性限制中真正解放出来——AI 机器系统同样如此：与 AI"工具机"相关的是所谓"算法"，而意识的"算法化"同时也意味着"自动化"④，其自动化程度的提升，对于 AI 的进一步发展尤其对于将智能从人脑神经元系统这种生物性限制中解放出来至关重要。

三、AI 时代文化生产工艺学批判重构及其意义

一部机器史，就是能量与智能不断从生物性人身限制中解放出来的广义"文化"进化史，而作为文化一级生产工具的终极革命，AI 机器系统把智能或文化创造力从人身限制中更充分解放出来，正在引发人类文化生产范

---

① 《马克思恩格斯全集》第 23 卷，人民出版社 1972 年版，第 420—422 页。
② 《马克思恩格斯全集》第 46 卷下册，人民出版社 1979 年版，第 207—208 页。
③ 《马克思恩格斯全集》第 23 卷，人民出版社 1972 年版，第 415 页。
④ 乔治·扎卡达基斯：《人类的终极命运：从旧石器时代到人工智能的未来》，中信出版社 2017 年版，"序言"第 XIII 页。

式终极转型——只有置于人类文化或智能生产工具这种长时段进化史中，才能充分揭示当今 AI 的转型意义。

其一，从生产工艺学看，语言文字系统与当今 AI 机器系统，乃是思维或智能、文化的"一级生产工具"，考察非生物性的语言文字系统与生物性人脑神经元系统之间的关系及其融合发展，对于当今 AI 研发等有重要启示。

语言系统是当今 AI 机器系统设计和研发重要的参照之一，如语音自动识别、语义结构分析或语义学方面的研究等皆与此相关。"思维本身的要素，思想的生命表现的要素，即语言，是感性的自然界"①，语言又包括口语与文字两种：人的思维所使用的劳动资料或生产工具也首先是"思维者身上的器官"即大脑神经元系统，而文字系统则是这种身体器官的"延长"并成为外在于人有机身体的"无机的身体"："精神"从一开始就与"震动着的空气层、声音"这些物质纠缠在一起，而口语还与人的生物性器官口、耳等紧密联系在一起，"文字"则超越了人的生物性身体的限制，由此，人的文化、智能的发展就不再会因为肉体的死亡而被中断，智能或文化创造力就会通过文字产品而得以保存和累积性传承——没有这种外在于人身限制的累积性传承和发展，人类文明就不可能告别史前期而取得今天这样的丰硕成果。

前已指出，AI 机器系统作为一种对人脑神经元系统的模拟，表明人的生物性"思维技巧"或智能转移到了物理性"机器系统"上；而"文字系统"早已使思维技巧或智能由人的生物性身体转移到了外在物质性系统中了，而这种"转移"恰恰意味着将思维技巧、智能或文化创造力等从人身限制中解放出来。当然，揭示两者的相通之处的同时，也不应忽视两者区别：文字系统是一种静态符号结构，而 AI 则是在机器动态运动中生成的（更接近动态的人脑神经元系统）；日常生活中使用的语言一般被称为"自然语言"，而不同于各种"人工符号"或"人工语言——这种表述暗含着语言及其智能与人的生物性身体及其自然进化的关联，对于 AI 的未来发展当有重要启示：当今 AI 机器在使用语言技巧的某些方面或许已大大超过了生物人，但 AI 机器学习还不能全面掌握人使用自然语言的全部能力；AI 研发的进一步发展，既要参照生物性人脑神经元系统，也要参照非生物性文字系统，兹不多论。

---

① 《马克思恩格斯全集》第 42 卷，人民出版社 1979 年版，第 129 页。

其二，AI 机器正引发现代文化"一级生产工具"革命，使"机械复制"转向"机械原创"。

细加分析，以上讨论的语言文字系统还只是智能或文化的"一级生产工具"，此外还有"二级生产工具"，比如文字还需通过刀具、毛笔、打字机、金石、兽皮、纸张等这些"二级工具"的使用，才能使文化或智能真正转化为"文字产品"并得以保存、传播——而人类文化生产工艺的现代化，就首先体现为这些"二级生产工具"的现代化，即体现在自动印刷机等机器上——本雅明用"机械复制（Mechanical Reproduction）"加以概括："艺术作品的机械复制性改变了大众对艺术的关系"，如机械复制技术对中世纪直至 18 世纪末绘画接受中那种"分成次第"的"等级秩序"的颠覆等①。由现代印刷机直至非智能化计算机、互联网，文化生产工艺还处于本雅明所说的现代机器的"Reproduction（复制）"阶段，涉及的还主要是"二级生产工具"；而 AI 则正在使现代文化生产工艺进入机器的"Production（原创）"时代，已涉及"一级生产工具"，正在锻造人类文化全新乃至终极范式：（1）人脑神经元系统乃是自然进化漫长历史的产物；（2）语言尤其是文字符号系统，则是人在自己身体之外制造出的一种非生物性的一级生产工具，将智能或文化的发展从人身限制中解放出来——尽管在文字系统之外，人类还创造了许多非生物性符号系统，如各种视觉符号（美术等）、听觉符号（音乐等）以及科学符号等，但是这些符号的发展不可能完全脱离语言文字系统；（3）现代印刷、电子、数字等技术总体来说只是引发文化"二级生产工具"革命，通过各类视听符号越来越快速的生产、传播，不断提升文化大众化、民主化的程度；（4）而当今 AI 机器所引发的则是文化"一级生产工具"革命，其在超越人脑神经元系统生物性限制上的划时代意义，堪比文字系统的发明，是由现代印刷机直至非智能化的计算机、互联网等"二级生产工具"的作用所无法比拟的。

置于摩擦生火、文字的发明、蒸汽机直至当今 AI 机器这种长时段人类文化进化史看，一部生产工具尤其是机器创造史，就是人类不断把能量与智能从自身生物性人身限制中解放出来而迈向自由王国的进步史——资本对这种进步有巨大推动作用，而在机器/资本二重性历史辩证运动，资本终将

---

① 瓦尔特·本雅明：《机械复制时代的艺术》，中国城市出版社 2002 年版，第 114、116 页。

被扬弃而退出历史舞台——对此,许多西方 AI 理论家已有初步揭示,如扎卡达基斯通过"从旧石器时代到人工智能的未来"这样超长历史时段的考察,揭示"经济自由的资本主义的终结"将是"人类的终极命运"①。一旦扬弃资本的垄断和操控,AI 机器解放人的智能或文化创造力的巨大工艺性力量,才会也就会得到真正充分的释放——超越观念论旧范式,重构马克思生产工艺学批判,将有助于我们构建与当今人 AI 时代相匹配的文化哲学新范式,并科学洞悉人类未来发展大势。

第四节　仿若如此的美学感:人工智能的"美感"问题②

随着人工智能深入到艺术领域,在音乐、绘画、书法、诗歌等领域取得不俗的成绩,人工智能艺术逐渐成为艺术共同体的一员,但是艺术研究对这一状况却显得束手无策,难以从理论上解释人工智能艺术形态的构成机制,这就要求我们突破传统艺术观念和美学理论的藩篱,抛开既有理论的条条框框,对人工智能艺术与美的问题进行革新性思考。在这里,提出一个人工智能美学的难题:人工智能艺术中是否存在美感。

无疑,从传统美学和艺术理论来看,这是一个极易回答的问题:美感是人的心灵的表征,人工智能从本质上来说是机器,不是人,所以,人工智能这里不存在美感。但是,我们怎样解答人工智能艺术的大量出现,并且逐渐符合人们对艺术品的期待和需求? 美感一定产生自饱满丰富的心灵吗? 人工智能作为足够复杂的机器能够产生某种程度的美感吗? 如果能够产生,其构成机制应该是什么样的? 下面的陈述将尝试回答这些问题。

一、有机体:感觉的直接性

感觉是一切经验的现实基础。"当我们被一个对象所刺激时,它在表象能力上所产生的结果就是感觉。"③美和艺术的判断是基于经验性的感觉

---

① 乔治·扎卡达基斯:《人类的终极命运:从旧石器时代到人工智能的未来》,中信出版社 2017 年版,第 297 页。

② 作者王峰,华东师范大学中文系、传播学院联聘教授,上海市美学学会副会长。本文原载《同济大学学报》2022 年 4 期。

③ 康德:《纯粹理性批判》,邓晓芒译,人民出版社 2004 年版,第 25 页。

的,这是一种鉴赏判断,"鉴赏判断并不是认识判断,因而不是逻辑上的,而是感性的(审美的),我们把这种判断理解为其规定根据只能是主观的。……在其中主体是像它被这表象刺激起来那样感觉着自身。"①康德的感觉观念具有强大影响力,一直到现在都是一种具有统治力的观念模式,但是人工智能加入美学和艺术领域之后,美的感觉问题就成了一个困难。人工智能似乎难以与美的感觉相连接,无论从哪个角度,人工智能都难以完成康德式的感觉任务,尤其是那种基于单一经验之上的主观综合式的鉴赏感觉任务,这似乎成为人工智能美学的致命伤。

一个疑问是,为什么我们没办法去谈一个非有机体的感觉?按照康德框架,当我们谈感觉的时候要求一种直接性,这种直接性是我们谈论这个问题的不可被清除的要求,甚至可以把它看作一种先天性的要求②。我们看到,康德从感性开始,劝导我们相信,感觉是经验认识的基础,但经验认识并不是理性认识的基础,甚至不是知性认识中关键的部分;感觉是人(有机体)的直接感受,康德认为这是直观的,但单纯经验的直观往往混乱的,需要统觉性的认识能力的把握,所以必须使概念范畴延伸到感性直观中,才可能形成一个清晰的认识。康德的理论框架中,感觉的地位相对较低,虽然不可或缺,这就带来理论上对感觉的贬抑。实际上,感觉造就了认识能力的基础,人的认识就像广阔的大地上对具体而特殊之物的呈现,感觉构成了人的各种认识活动。康德基本只关心感觉中的视觉和听觉部分,触觉和味觉等则被放在一边。巧合的是,人工智能基本上也是沿着视觉和听觉两个方向展开,将视觉和听觉依赖的材料经由计算媒介进行处理就形成了人工智能的基本框架,而其他感觉比如触觉、味觉等还难以模拟。康德对感觉的划分展现了文化和知识中最先通过理性和计算的方式来达到的部分。

但是这样一来,我们就重新回到一个传统的问题:理性与身体是不是可分离的?丰富而脆弱的感觉身体是不是就应该被清除出理性之外?身体所感知的一切只是为理性提供材料吗?从有机体的角度来说,我们没办法把主司理性的大脑与主司感觉的身体分开,充满丰富感觉的身体看起来是脆弱的,但是理性也无法把感觉的痕迹清除干净,虽然我们通过进一步的观念

---

① 康德:《判断力批判》,邓晓芒译,人民出版社 2002 年版,第 38 页。
② 康德:《纯粹理性批判》,邓晓芒译,人民出版社 2004 年版,第 25 页。

反省清除身体感觉的偶然性影响,但是这种原初的感觉却依然留在理性之中。一个自然人进行思考的时候,所有的身体感觉都被带到理性思考当中,因此,身体感觉的偶然性不可避免地进入理性思考。与此相较,人工智能复制人的理性,自然会带有先天的片面缺陷。这看起来是人工智能美感的天然缺陷。

二、人工智能:感觉的间接性,效果的直接性

那么,我们就此认定,人工智能不可能具有美感吗?并非如此。但如果我们依照传统的美学观念,这又是一个必然结论。有无可能调节我们的美学理论系统,以适应一个新的可能性呢?

人与人工智能不同,人工智能模仿人的能力或者功能,人的能力包含功能,但是人工智能只能谈功能,不涉及能力。比如问人工智能可以进行创造吗?这个问题有点难回答。但如果问人工智能有可能制造出艺术作品吗?那就比较肯定。这里使用"制造"一词,而没有使用"创造"一词,原因在于"创造"一词中天然带上了人类的素质,容易产生观念上的偏差①。

如果我们承认人工智能与人的基本差别,就可能澄清很多误解。从生存论的角度来说,人工智能不能做很多事,这一点德雷福斯说得没错,在其具有挑衅性的著作《人工智能仍然不能做什么》中,他认定,"我们应该通过对大脑的学习能力建模而不是对世界的符号性表征来创造人工智能。"②这样的能力建模并没有根本性的问题,但所谓的能力建模与世界的符号性表征之间也不存在根本性的矛盾。德雷福斯所认定的内在能力模仿之路很可能是走不通的。与德雷福斯立场相近的塞尔更是坚定地认为,人工智能能够思考这是一个理论错误③,所谓的人工智能思考是一种虚假的思考。如此可以推证,人工智能的美感一定也是一种虚假的感觉。塞尔、德雷福斯式的观点引起很多同情,但却无法回应日益增多的人工智能艺术状况。如果

---

① 参见拙文:《挑战"创造性":人工智能与艺术的算法》,《学术月刊》2020年第8期。

② Hubert L. Dreyfus, *How Computers Still can't Do*: *A Critique of Artificial Reason*, Cambridge: The MIT Press, 1999, p. xiv.

③ 塞尔建立了一个"中文屋"的思想试验,模仿图灵测试,目的是说明图灵测试是错误的。从此推断,人工智能实际上并不是进行思考,因为在中文屋活动中,没有出现理解行为,只有机械式的执行任务。塞尔将之驳斥为形式的行为主义路线,是一种残余的二元论。参见塞尔:《心、脑与科学》,杨音莱译,上海译文出版社2006年版,第29页。

我们从美学理论上向前跨进一步，得出的结论可能就与塞尔、德雷福斯等人文主义哲学家的观点完全不同。我们同样承认人与人工智能的不同，这一点与人文哲学家们没有区别，区别在于判断智能和感觉的标准。人工智能艺术作品的出现让我们有机会反省人与作品之间的关系是否像此前所预设的那样牢不可破，除此无二。传统艺术和美学理论假定了艺术作品来自独创性，来自深深的内在感受或饱满的心灵，而人工智能则向我们提出一个新挑战，没有这些同样可以生成艺术作品。这就让我们反省，我们在做出美学判断的时候，到底是依据哪种标准进行判断。——任何一个美学判断都不是单一判断，而是一项系统性的判断，一个美学判断折射了整个美学观念。

然而，缺失这一感觉的直接性会成为人工智能美感的致命伤吗？让我们以一个实际的例子来判断。手机 APP 智能星图，只需要夜晚时分把手机镜头照向天空，马上头顶的星图就出现在手机上。对于人类而言，确定星图的方式是学习星图知识，然后在夜晚观察星星的位置，从而确定头顶上方的星图。但手机 APP 却并不使用这样的人类知识机制，它只需要三个设备：一是星图，二是手机的水平仪，三是定位仪。定位仪确认所在经纬度，水平仪与地面保持一定角度的时候，确定镜头对准的是哪个星区，然后调用手机中的星图，与镜头中显现出来的夜空里的星星相叠加，这就完成了星图的识别。手机的星图 APP 与人类看夜空找星图是两种方式，但达到的效果是一样的。星图 APP 是在模仿人类看夜空这一行为的效果，但并不是一板一眼地模仿人的功能，只是部分模仿，在这一模仿中，引人注目的部分反而是那些替代性的技术手段。人工智能大部分不是对应人的纯然的功能，而是加入了其他的非有机的方式，这些方式基于数据与智能 APP 的适配度。手机 APP 展现的星图与肉眼看到的星图一样，但对准星空的镜头与人的肉眼所见完全是两种机制。

自然人的肉体天然是有容错性的，而人工智能的感知器是不能容错的，只能以正确的方式运作，一旦出错，就可能引起整体系统的不适应。相对而言，这种整体不适对人而言一直存在，甚至这是系统之中的必然因素，我们只需要不断调适，就能达成协调的整体性。在人工智能计算当中，这却是一个难题，系统性表现为设计上的模型刚性。两者相比，明显可以看到自然身体具有更广泛的适应性。如此一来，我们似乎可以判断，人工智能就是不能做很多自然机体的任务。然而，从效果上看，人工智能又的确能够完成人的任务。这样一来,我们似乎就要决断到底以自然能力为准还是以效果为准。这可能是问题的关键。

三、转换:补足模型

以往讨论人工智能的时候,总是考虑人与人工智能的并列,甚至是人与人工智能的对立。这种对立是实实在在的,比如我们倾向于将人工智能理解为像人一样的造物,所以我们会自然地将其理解为具有人的身体的样子。人工智能无疑要去模仿人的能力或功能,把人的功能转运到人工智能上去,是一个预先设定的结构,但是这一结构并不真实。

这一结构中存在一个隐蔽视角,必须把它补足。人与人工智能的并列仿佛是将两者分开,其实并非如此。在这一并列中,隐藏了一个统治性的人的维度,它居于并列的深处。人和人工智能的并列是一种对照思考的模型,这一模型看似客观中立,未掺杂任何立场,但这一看似中立的立场却是有问题的。如果只是人与人工智能的并列或者对立的话,就缺少一个真正的意义承载者,即我们讨论人工智能能干什么、不能干什么的最终用意是什么?如果我们沿着这一线索去寻找意义的承载者,我们就会发现,除了我们人类自己之外,并不存在其他的意义承载者。所以,这里就呈现出一个隐蔽的人类视角,必须要把它挖掘出来。如果只运用对立视角或者并列关系,就容易得出人与人工智能的最终对立。如果在结构上进行意义补足,把人工智能最终为谁所用揭示出来,那么,我们就不会忧虑某一天达到奇点,人工智能摆脱人的控制,反过来控制人类,甚或消灭人类。从技术发展的社会历程来看,哪怕未来奇点来临,人工智能替代了人类,我们也不会像科幻作品所描述的那样仿佛末日来临,而是载欣载奔,热烈拥抱那一时刻的到来。观察人类社会的整个发展就能发现,任何一个奇点都可能树立为一个时代的伟大目标,树立为正面发展的方向,无论这一发展方向在其后的某个时间回望,或许会发现这一伟大目标的偏差,但处在彼一时代之中,我们很少否认这一方向的正确性。所以,对奇点的判断不可能脱离时代的立足点。这是问题的一方面。另一方面,我们还必须加上"发展"的视角。时代发展,技术变革,人的观念也无时无刻不在发生变化,此时所坚持的观念,未来 20 年、50 年很可能沧海横流,毫无踪影。在这些年里,我们借助智能辅助让人类变得更加智能,更加赛博化,未来,这样的形态越来越普遍,可能成为正常态。现在人类看来的奇点,在未来,也许只被视为一个必然的过程。正如我们视当下的生活形态为必然,但若古代人穿越至此,必会觉得无法理喻。从此而论,人类已经一步一步演变为赛博格。发展是一个巨流,人类的观念也是巨流中的浪花,考察一种变动的观念,不妨将之置于流动之中,讨论其可能的流向。当然,身在其中难免迷失,而这正是人文社会科学的价值:我们置身变动之中,努力发展变动的真正走向,尊重发展的复杂性,并给出尽量合理性的说明。

四、美学效果:仿与若

人工智能但若产生一种美学,它的基础就应该是新的理论,比如基于图灵观念的新模仿论①。这种新模仿论美学跟传统的人类主义模仿论美学不同。人类主义的模仿论谈的是人模仿外物或者说模仿动物,也许也包括模仿人类内心,但这只是词语上的组装,从模仿的角度来讲,内心无法模仿,只能表现。然而,人工智能并非人的模仿,而是一种新的模仿。

人工智能模仿,就是美学感觉上的效果探究。人工智能具有某种形态的美学感吗? 这是一个困难的问题。塞尔等人坚决反对人工智能是一种真正智能,在社会观念中具有极大影响力。然而在一般看法中,人工智能无疑具有某种形态的美学感觉,因为在人工智能创作的作品中,我们的确感受到了与人的创造相似的感觉,那么,这一事实反驳了塞尔的否定观念吗? 人工智能能够达成某种美学效果,与人工智能的感觉不同于人的感觉,这两个对立的状况看起来都是明显正确的事实。对于这两个事实,此处并无异议。但由这两个事实导出的两种截然判断,即人工智能美感否定论和人工智能美感肯定论却都是成问题。此处我们将基于这两个看似对立的事实寻找另外的理论出路。

人工智能的某种美感并非就是人的审美感觉,但它们之间有相似性,这一相似不存在于两者的作用机制中,而存在于美学效果中。我们可以说,这一美学效果是仿若如此的,它好像人的美感一样,但并非人的审美感觉。这样一种仿若如此的美学效果指的是什么呢? 这里格外使用了"美学的"效

---

① 新模仿论指的是人工智能模仿人类行为。参见拙文:《人工智能模仿:新模仿美学的起点》,《文艺争鸣》2019 年第 7 期。

果,是为了强调,人工智能美感必须依照美学学科对美感的功能性界定,而与人的生存论审美感觉无关。在人工智能那里实现的是一种仿造性的美学效果。在平常的概念运用中,"美学的"一词往往运用于学科上,并不运用于基础概念上,所有的学科概念和系统都来自于概念和系统的反省,反省的方法是人文科一个传统而又有效的基本方法,使用这一种方法可以在相关历史中找到稳定性和确定性,以此形成学科,而学科又反过来强化概念系统以及相应的系统壁垒。借用海德格尔的话说,"我们指出在哲学中未曾思的东西,并不构成对哲学的一种批判。如若现在必须有一种批判,那么这种批判的目标毋宁说是那种自《存在与时间》以来变得愈来愈迫切的尝试,即追问在哲学终结之际思想的一种可能的任务的尝试。"①进行思考,而非做哲学,我们要不断击碎固化之物,让整个思想流动起来。我们谈论美的观念的时候会说"审美观念",而尽量少说"美学观念",因为"美学观念"显得相对机械一些,包含对美学学科性质的强调,并且把美学学科的性质当成一个优先的考量标准;假如把美学学科性质视为标准,就很可能发生固化的缺陷,而人文学科时刻怀疑所有固定的东西,那些被树立为真理的东西,必须经过每一个体的头脑进行批判性考量。过分强调美学学科优先可能产生很多问题。但在人工智能这里却的确需要加上"美学"二字。为何如此?因为在这里,我们恰好需要运用美学系统和概念,没有系统和概念就没办法建立美学模型。人工智能并不是像人一样能够直接面对粗糙的感觉与料,它面对的是经过处理的数据。

美学感一词是为了表达一种特殊的美学系统的错位:首先,人工智能那里不存在人类美感的生成机制;其次,在人工智能与人的艺术作品那里,引发的人类欣赏者的感觉具有一致性;再次,这一感觉的一致性保证了两种美学机制的有效互通,其根本在于人类美感系统的美学规则造就了人工智能美感的位置,没有美学系统,就没有人工智能美感的出现,人工智能美感是一种比人类美感还要复杂的机制,它来自于某种美学系统,造成美学效果上的一致性,它天然是有局限的,不像人类美感那样灵活广阔。这就是人工智能进入艺术、美学之后,给我们带来的新变化。美学数据必须通过计算系统

---

① 海德格尔:《面向思的事情》(增补修订译本),陈小文、孙周兴译,孙周兴修订,商务印书馆 2014 年版,第 99 页。

完成输入和输出，这与美学的系统和概念具有密切的关联，所以人工智能的美学感只是对人的美感的一种学科制式的仿造，并非如人一样可以进行创造性复制。

　　人工智能美学与现行美学观念大相径庭。用简单的话来说，人类与美的关联完全不同于人工智能与美的关联。美学是人类生存的一种方式，是我们思考世界并展现对世界的内在思考的一种途径，这一方式表达了我们对这个世界的深刻认知，美学思考无止境，无论怎样去思考它，都会发现其中存在某种维度的未获认知之处。谈及人工智能美学的时候，我们必须有一个清醒的认识：人工智能与美学的关联必须以人为中介，也就是说，无论是在机制上还是在实现的途径上，都不能缺少"人"这一个桥梁。人工智能模仿以计算为基础，对人的某一功能进行计算性模仿。这一计算性模仿从现在的科学水平来说，暂时还达不到人所能达到的复杂性程度，但人工智能毕竟已经实现人的某些功能。从单一角度来讲，这些功能超出人类的单一功能，但却无法达到有机体的综合能力。为了人工智能的缘故，我们可以做一个必要的转换，即以处理方法为中介，将人的有机能力转换为可计算性，并进而处理成人工智能的美学功能，也就是说，当我们把美学功能当作一种可以展现出来的基于计算模型的所有可能性的时候，我们就为美学建立了一个特殊的处理模型，这一模型此前并未出现，而人工智能对文学和艺术的介入让我们发现人工智能所能够达到的程度，它以人的能力的方方面面为模仿对象，在某些层面上甚至超过人的具体能力，而这一超出也是有条件的，只有将人工智能的美学功能与人的某种出于学科化或程式化表现出来的能力（这个时候更适当的表述是功能）相匹配，我们才可以说，人工智能的这些可操作的部分还是以人的某些能力为基础的，它的模仿并不是对人的能力的无限模仿，而是有所限制的模仿，这一限制无疑来自人工智能的美学表达模型，而这一模型的基本规则必然出自我们对美学原理和规则的理解。如果人工智能所达到的美学功能超出了人所能接受的范围或可以思考的范围，那么，它就超过了美学功能这一层面，变成了其他功能，这在人工智能的美学功能衡量中只能被看作杂音被清除。在这里，我们发现，人工智能达到的程度就是模仿人的功能，达到仿若如此的状态。这是人工智能美学的一个根本之处。从机制上来看，人工智能美学正是一种仿若如此的美学，它基于复杂性计算，又必须与人的美学机能相比较，才能获得更深入的开拓。

五、如何理解美学感？

美学感是一个新词，完全为人工智能美学而造设。这一概念有利于区分人工智能与人的美感概念。

美感概念是一个重要的人类学概念。我们假定，在美感中存在各种各样的美的体会，这些美的体会一定是发自于我们内心的，如果不是发自内心，我们就假定它不具有真实性，不具有直接体验的含义，即身体触发的意义。因而，美感既是感受而发的，也是在美中获得的所有感受性的保证。

与人相反，在人工智能那里，我们却绝不能够假定这一先天能力的存在，因为我们都知道人工智能实际上是一种计算的机器，目标是模仿人的某种功能。这一目标也让我们有机会将美学能力独立出来，作为一种功能来对待。将此功能与人的美感相比附，很可能导向人工智能具有美感这样的判断，但这一判断又经不起仔细思量，因为我们很快发现，这实际上并不是一种发自内在机能的感受，而是一种仿佛像美的感受的东西，由于它与人的所有的美学判断保持模仿的关系，因而我们可以看出一种特殊的形态，这种形态也称之为某种感觉，它模仿内在机能自然而发的感觉，是对这样一种感觉的复现，它的机制是基于人类审美形态的理解之上而进行的计算性模仿。从此角度来讲，把它称为一种美学感，恰当地表达了人工智能的美学功能的状况。

"美学感"这个词是为了表达人工智能判断当中既接近于人的审美判断，但又不同于人的审美判断的那样一种状态，因而我们以一种略带吊诡的方式将之称作美学感。这个概念的特殊之处在于，从表面上看，它直接呈现了机械复制的内涵，因为任何一个关于美和艺术的探讨都可以放在美学之列。平时所说的美感或审美感觉具有其特殊的含义，既然它是一种感觉，那么它就一定与人的某种感受相关，这一感受不可能是某种单纯的视觉、听觉、触觉和味觉，而是与所有这些感觉相关的某种整体的感受性质。这一美感带有由外及内的性质，也暗示由内及外的可能性，这就具有了一种双向性质，这一性质是美学研究的一个重要范畴，我们甚至认为这一范畴隐藏了美的探讨和艺术探讨的真正本性。如何达成那一真正的美感是美学的核心问题。

美学作为一个学科既包含丰富复杂的美感经验,也包含具备规则形态的学科知识,我们倾向于假定后者以前者为基础。美学学科的制度化性质在美学研究当中其实处于比较低的层面或者第二性的层面。这些第二性的东西在我们看来更接近于教条,但无论何种教条,它们本来都是来自第一性的真正体验,所以,当我们这里用美学感来代替美感的时候,不能不冒着这样一种风险:我们在用第二性之物来代替第一性之物,而第二性无论何等丰富,都无法达成第一性的无限美感。因而,当我们强调美感的时候,是在强调人的心灵的丰富性,而在陈述美学感的时候,无疑将之看作一个无关乎美感无限性的功能切片。"美学"这个词汇无疑带上了某种程度的贬义,因为它暗示我们所讨论的东西实际上是相当局限的,而我们本来应该面对广阔无垠的活生生的存在世界;但此处,只有将这种可能产生的贬义运用为一种基本方法,才能在新的人工智能美学领域内找到解决问题的基础手段。这是我们不得不面对的窘境。——然而,我们并不就此否定这一方式,相反,还承认这一否定,并将其视为美学系统对读产生的错位,把它放在关联的系统中去考察,这样,看似否定性的判断就产生了积极性的意义,美学意义生成的新方式也找到了落脚点。

否定美学感,将之视为一种低级的概念、低级的方法,无疑具有理论上的合理性,但是,我们反过来说,任何一种关于美或美感的讨论,实际上都放在美学范围之内,我们之所以能够假设存在一个无限的美或美感,那是因为我们已经按照既有规则,对美和美感进行尽可能的探讨,这些探讨全部摆在美学当中。基于它们,我们才能够做出一个合理性的假设:存在一个无垠的存在世界,它比我们的美学探讨要更加广阔,我们目前形成的美感一定是向着无垠的美感而努力的,如果我们满足于目前的美学规则指导下形成的各种感觉,那么,美学感就不是一种真感觉。但是,我们必须看到,美感不能失去规则的根基,任何一种美感的成熟都离不开某种明确的美学倾向,因而,当我们陈述美学感的时候,其内涵是以规则为基础的,而从具体的美感呈现来说,没有美学规则,我们就难以有明确的美感,至于那种处于美学规则之前的朦胧的感觉,我们很难把它称为美感。

从此观念出发,我们发现,所谓的美感当中也潜藏美学感,但是我们所要做出的真正陈述却不止于此,还要冒风险进一步做出区分:上面讨论的思路都是以人类的观念和体验为基础,并没有加入人工智能艺术和美学创造这样的美学性质,只有以新的美学性质为基础,我们才会理解后人类的美学观念。如果我们承认人工智能可以进行艺术创造,它的作品所展现出来的各种素质无疑与人的艺术创造是相当接近的。在某种程度上,我们不在意人工智能生产出多少产品,哪怕它仅仅完成一件接近人类艺术创造的作品就说明一个特殊的情况出现了,即人工智能也能够进行艺术创造。我们以前认为艺术创造是饱满心灵外化的表现,不可以用规则进行陈述和标明,但人工智能艺术却明确反驳了这样一种艺术创造的观念。当然这一反驳并不说明人类就此走上以规则为主导的艺术创造之路,对人类来说,那依然可能是错误的方向,但是对人工智能来讲,这却是唯一的不得不如此的方向。不可能脱离规则来谈论人工智能的创造,甚至更进一步判断,人工智能的创造本来就是遵行规则为基础的计算模型的建造和可实践性。承认这一点,并不会导致人类美学的崩溃,只会让我们发现除了人类美学坐标之外,我们还可以建立另一个美学坐标系,并且在这两个坐标系之间,是可能进行沟通的。

从两种美学坐标系的角度出发,人工智能的美学感既顾及了人类美学观念当中美感的生成,又指出了人工智能艺术创造或者美学效应所包含的根本性差异的基础,虽然这样的观念在目前的人类主义美学观念当中是被贬抑的,但是借着这种被贬抑的观念,我们可能走向广阔的人工智能创造与人的创造相互促成、和谐共进的未来。

从这两个概念可以发现人工智能与人的审美感受的不同,它完全以人工智能艺术的出现为契机,从此我们可以将人的艺术与非人的艺术进行对照,它们在效果上是相同或相类的,而这样的相同或相类都离不开人的中介,因为无论在作为机能的仿若如此以及作为效果的美学感上,我们都发现,参与者和最终的判断者都是人类。没有人类活动,就根本不存在艺术活动,不存在人工智能艺术,也不存在美学以及美学感这样的形态。当然,我们可能习惯于某种科幻形式的想象,认为未来会产生某一种人工智能形态,既包含丰富的情感,也包含丰富的审美判断,同时又能达到极高的逻辑水平,并且如此一来,我们就会觉得,如此超级的人工智能将全面压倒人类,接管人类的发明创造,人类将丧失存在的空间,最终人工智能成为人类最后一个发明。对于这种想象,我们只要指出这是一种科幻式的想象就可以了。科幻想象是可贵的,它能够促进当代社会文化的发展,同时也在某种程度上促进技术的想象力。但是,科幻想象与人工智能现实之间存在巨大距离,我们在处理人工智能的判断和理解时如果带上这样的想象,就会出现范围误置的错误。这需要不断进行澄清鉴别。

美学坐标系统的转换是一个艰巨的任务,人工智能美学坐标系是一个新系统,可以想见,坐标转换会是一个长期的过程。人工智能美学感问题会是其中关键一环。在新的系统坐标中定位美学感,会带来更新更广阔的美学天地。

作者樊波,江苏省美学学会会长,南京艺术学院教授、博士生导师

第八章　创作发生与审美批评

　　主编插白：创作发生与审美批评是文艺活动过程的首尾两端。本章选录的三篇文章对这两端的问题提出了颇有独到心得的见解。天津市美学学会会长、南开大学文学院教授周志强提出"剩余快感"的新概念，由此来解释当前文艺生产的驱动力。他指出：恰如剩余价值是资本生产的真正目的，剩余快感也成为现代社会文化生产的真正目的。当代文艺尤其是大众文艺正从象征型时段走向寓言型时段。诸多作品隐藏了本身存在却没有陈述的信息；各种被压抑的意义像幽灵一样在银幕与文字间游荡；快感正成为生活财产和生命印记。剩余快感驱动下的文艺作品，其内容有时候会显示出极端荒唐诡异的情形，但是，恰如拉康所言，疯狂本身蕴含着严格的逻辑，妄想遵循可以推理的演绎。但是，对于这类文本而言，传统的文艺美学所强调的"文学反映现实"已经失效，需要借助于寓言论批评，将文本外部意义"引入"文本之中，才能重构其内涵。上海社会科学院的研究员胡俊致力于研究西方当代的神经美学。她的《审美发生、过程及美感性质的神经美学阐释》依托西方当代的神经美学成果，从人脑神经机制的角度，对审美发生的奥秘作出了新的探寻。作者试图通过探讨人类审美大脑的进化时间节点，剖析审美过程中脑审美机制的加工模型，回应"美感性质"的审美脑区激活数据，来解释"美本质"这一千古之谜，促进美学原理的新建构、新阐释。自从阐释学进入文艺批评，文艺批评的客观性受到挑战。否定它是经不起推敲的，但因为坚持文艺批评的客观性而否定文艺批评的主观性也是站不住脚的。文艺批评的主观性体现为批评者多维的倾向性。只有同时加以兼顾，才是全面公允的审美批评。中国社会科学院的丁国旗研究员《文学批评客观性、倾向性、多维性探讨》一文系统论述了这个问题。"客观性"要求对文学批评持有一种科学理性的态度，这是由文学创作及文学活动的客观规律所决定的。"倾向性"不仅是批评者的个性差异所致，更是批评者的立场、价值观、世界观、历史观不同造成的。"多维性"是就一部作品从不同的角度展开评论，对丰富文艺作品的艺术价值与思想价值具有重要意义。对"文学批评三性"的认知和把握，有助于扭转以往对于文艺批评的种种误解或模糊认识，促进文学批评的健康发展。

第一节　剩余快感：当前文艺生产的驱动力①

驱动当代中国文艺生产的动力到底是什么？今天，我想通过这个问题的讨论，来思考这样一些现象：为什么人们越来越喜欢"享受症状"？为什么剩余快感而不是审美愉悦正在决定文艺消费？为什么菲勒斯中心主义会成为支配今天诸多娱乐文化制作的内在驱力？

民谣歌曲《不会说话的爱情》（2010，周云蓬）用沉着的声音演唱这样的"诡异"：只要拥有纯粹的爱情，就会深陷卑贱。

电影《村戏》（2007，郑大圣），父亲亲手打死了自己的女儿，并在葬礼上给死去的女儿脸上抹了一把黑泥。

小说《酒楼》（2009，许春樵）中，逆袭的知识分子齐立言成为富商，却只跟前妻"通奸"，而只要与她复婚，自己就会失去快感。

都市伦理剧《欢乐颂》高标"欢乐"，红酒、气球和姐妹情深；然而，樊胜美在黄浦江边撕心裂肺的痛苦却戳中我们的痛点。

今天，文艺作品既让我们"快乐"，又创造着"诡异惊颠"：帅哥用卫星电话求爱、美女驰骋律政、穿越、女尊、逆袭、耽改。我们正在大众文化领域经历"想象界的大爆发"；潜存的死亡意象、对故事的践踏、用光辉的情感书写卑微的幻觉、以暗淡的色调凸显凡人的英姿。不仅大众文艺呈现出文本意义的错位，就连正典文学或说严肃文学也越来越抵抗秩序和逻辑，越来越直面悖论和荒诞。格非在《望春风》（2016，格非）中拆散了当代中国的"时代

---

① 作者周志强，南开大学文学院教授，天津市美学学会会长。本文原载《文学与文化》2021年第4期。

叙事",把"人"作为孤零零的生命迹象进行陈述,结尾处,"我"成为"历史剩余物",成为无法被飞速发展的故事所陈述的"尴尬人"。小说表面对乡村消失的叹惋,无法掩盖其深藏的对"个人"被剥夺的凄怆。同理,何常在的网络小说《浩荡》(2019,何常在)书写四十年深圳之成就,潜存"回溯"视角;这种潜存视角指的是这样的情形:小说讲述的故事,仿佛正在发生,但是,潜在的故事叙述者(现实主义的上帝视角)却是在四十年改革开放之后对历史的"回溯",于是,这种波澜壮阔历史的"重讲",令那些原本在"实在界"无法理解的种种困境,变成了自然而然可以克服的"故事";主人公何潮总是准确判断世事变化,仿佛可以"预知"未来,从而无往不胜。显然,小说在陈述"现实"意义的时候,却隐含了"掌控四十年真谛"的欣然;与此同时,那些原本被主人公轻易克服的困境,却幽灵一样留给恒久的彻骨之寒——胜利的故事带来的震撼,小于那些阴谋诡计与尔虞我诈的事件。

顺理成章的故事中总是浮现出令人不安的诡异物(the Uncanny)①。文艺作品中这些看似荒唐的情形背后,有没有可以让我们看清的其核心内涵的逻辑线索? 事实上,虚妄的东西内部隐藏了现实的逻辑。弗洛伊德尝试将荒唐的梦境转述为可以理解的愿望逻辑的体现;而拉康则更进一步认识到,不是"愿望"(Wish)而是"欲望"(Desire)创造出疯狂与荒唐的行为或想象②。精神分析让我们知道,哪怕是精神疾病的荒唐古怪,也可以进行逻辑化的理性解析。

在我看来,这个线索就是"剩余快感"。剩余快感正在影响我们的生活,支配我们的精神。剩余快感的生产,也成为现代社会文化生产的真正目的。

---

① 弗洛伊德认为,在人的情感表达中,总是存在一些本应出现却隐藏起来的东西,它往往令清醒的自我不愿意接受,却同时因为这种不愿意接受而顽强存在。弗洛伊德举了Miss Lucy R. 的病例,露西小姐爱上了自己的雇主,却不愿意承认,因为她"不想知道"这种爱情———一种诡异物的情感———很多作家不也喜欢否认自己写作时扮演"全知者"或者"命运的掌控者"的快感吗? 参见弗洛伊德:《诡异物》,*The Standard Edition of the Complete Psychological Works of Sigmund Freud*, Volume 17. Ed. James Strachey. Vintage Press 2001. p. 241.

② 在拉康那里,愿望指的是想要得到某种东西的想法,而欲望与愿望无关,它是被压抑和修改了的冲动,它的存在形态就是匮乏。比如,孩子想要水。但是,母亲给予孩子水,乃是"爱";于是,"爱"抹掉了"水的需要",转化为孩子对母亲的占据欲望。"孩子需要爱"是以愿望的方式,隐藏了欲望:永远不可能却永远要占据母亲的冲动。

与之相应，我们也就要思考这样的问题：如果大众文化使得人们被傻乐主义、反智主义所围困，那么，我们也就会悄然丧失认识真实与现实的能力——文艺产品越来越呈现这样的特点：其表面直接表达的东西，与深藏其间的冲动，处于错位的状况，其表达的现实的经验不再是直接的和切实的，而是寓言化。如何从文艺中把握我们自我和生活的真实处境？如何使得自己从物化、异化的逻辑中解放出来，超出大众文化的围困？这些正是今天最终要反思的核心命题。

一、欲望的客体化：快感真的只是一种享受吗？

谈剩余快感这个概念之前，我先聊聊最近正在读的一部网络小说，名为《重生之一代枭龙》。这是一部烂俗而爽的小说——"无脑爽文"。

这个小说讲的故事模式大家肯定会比较熟悉：一个叫江志浩的人突然重生到了 2000 年。在上一世，他的好赌让自己的老婆孩子吃尽了苦头，最终他们自杀身亡；而这一世他就决定从头来过，痛改前非，让家人过上美好生活；"重生"，让他能够预知很多人的命运，也因此了解到发财商机，赌石、买古董、股票投资、房地产买卖……让他短短的时间内就财富暴增——这个小说读起来很"爽"。而成了大富豪的江志浩还非常低调，并刚正不阿，有担当有情义，拒绝各种诱惑——小说竟然写出了一个"高大全"式的人物。

小说的情节是模式化的：总是有骄奢淫逸，看不起穷人的富家子弟，他们不知道自己的家底和富豪江志浩是不可同日而语的；而他们见到江志浩，就会轻视他，侮辱他，令他愤怒并进行反击，从而展现自己金钱和权力结合在一起形成的强大势力。简单说，小说故事模式就是"富二代凌辱江志浩，而江志浩惩罚凌辱者"。

我曾经在《寓言论批评》这本书中提到过，《权力巅峰》和《余罪》这两部小说也有类似的情况：两个故事都有着欲望狂想的叙事。当我们无力克服强大的资权机制对我们生活的压制时，我们就用想象来取得彻底胜利。表面上，《权力巅峰》讲的是一个无往不胜的官员与各种腐败分子斗争的故事，但是，它实际创造了一个有超级能力绝对正确的"极端人物"，他随意殴打不良官员和恶霸流氓，无往不胜，带给读者以毁灭一切现实中无力毁灭的强大对象的极端快感。同样，很多网络官场小说中也隐含一种怨毒和愤恨的文化逻辑：在反抗它所描绘的黑恶世界时，又内在羡慕主人公能够在丛林世界里随心所欲生活的状态。在《余罪》中，一个小人物"逆袭"的过程，乃是通过"非理性执法"的方式，以"恶人方式制恶"，形成合理的执政者和纵情的惩戒者的二合一，这种既能消灭腐败，还能呈现我们心中纵情欢"恶"的欲望的叙事，召唤阅读，形成故事的动力。

有趣的是，最近播放的电视剧《赘婿》当中也同样能让我们看到这类情形：有人欺负赘婿的妻子，赘婿用火枪把他"慢慢"打死。而《重生之一世枭龙》比《赘婿》《余罪》等还要夸张，其故事更接近"欲望幻想的大爆发"。小说中，江志浩对凌辱他的人进行了无情的屠杀清洗，使别人对他产生无尽的恐惧。血洗、灭门的场景写得非常震撼——这样的场景至少出现了两次。在一个法治时代中，这样的"纵恶狂想"确实把我惊住了。

不过，仅仅从形象角度看，这部小说似乎在塑造一个所谓道德正义的高大全形象：刚正不阿、坐怀不乱、恩爱分明、有情有义的主人公"江志浩"（男频小说中的核心符码），但是，小说却并不伸张正义，或者只是假装伸张正义。这个"重生"的故事亦如同类型小说情节，被一种诡异快感所驱动：那些在现实生活当中深陷凌辱境地的屠弱者，其实也可以寻找机会，在合法合理的条件下，凌辱那些凌辱者。虽然"江志浩"低调、正直、勇敢而强势，但是，这个人物的塑造，与其说来自对道德理想人格的追求，毋宁说来自绝大多数与"财富"无缘的小人物们内心的"无能狂怒"：无数次遭遇嫌弃厌憎而形成的"社会性自卑"。

简言之，这部小说没有宣扬正义，或者假装宣扬正义，而是深陷"被凌辱的屠弱者，其实可以凌辱那些凌辱者"的快感幻觉之中。换句话说，希望自己能够像有钱人一样去欺负别人，这种无耻的自卑创造了小说的"爽"。

显然，现在很多文艺作品，总是表面上在讲一种崇高的正义，伟大的道德，实际实现的欲望却是深藏我们内心的那些隐秘快感。我把这种快感称为"剩余快感"。当前琳琅满目，各色各样的电影、电视、小说，甚至我们的生活，都有可能跟这种隐秘的快感紧密相关。

有趣的是，我们从小接受的教育可能告诉我们"快感是无耻的"，快感被看成是一种"感官刺激"，对于快感的追求，体现了感觉战胜理智的状况。我的同学向我抱怨，自己的孩子都上了研究生，还沉迷电子游戏；甚至我的侄子都认为电子游戏是不好的。这些追求快感的行动被看作是匮乏自制力而沉溺感官享受的后果。过去，我们一直认为快感是一种随时可以自我克制的东西,一个有理性的人不能完全按照快感的支配去生活的。可时至今日,快感已经成为我们社会生活中非常重要的文化生产动力。

2020 年 6 月,印度西孟加拉邦纳迪亚地区一个 21 岁的学生,因政府的禁令无法继续打《绝地求生》,被发现在家里上吊自杀。还有一个例子,有一个中国女孩,她妈妈觉得她爱好电子游戏是耽于享乐,不务正业。直到有一天,母女爆发了比较严重的冲突,之后,妈妈趁女儿不在家,把女儿游戏机砸掉了。女儿在微博上说,当我听到这个消息的时候还以为是开玩笑,结果发现她真的是把游戏机砸了。这个女孩觉得天昏地暗,在微博写了很长一个事件经过的描述,然后自杀。

这些故事让我们不禁要问:快感真的只是一种享受吗?

在今天,快感不只是我们的心理现实。从经济学的角度来讲,今天快感已经可以成为财产。我们因为追求财产而追求快感,我们就会储币。比如,我们购买了大量的游戏,游戏打到某一关,很多时候也是"氪金"的结果;一旦毁掉这个游戏,那么毁掉的就是人们伴随游戏成长的过程、付出的精力以及投入的金钱;游戏中形成的、可以带来快感的"设备",不仅可以交换,甚至可以代币。

所以,快感已经跟我们生命历程、心理成长、财产收益紧密相关。未来虚拟现实的发展会让文学艺术和社会生活越来越趋于快感化。只要给身体制造相应的感知设备,提供快感场景,那么,人就会被机器制造出来的快感直接支配。快感也许并不像今天父母一代所说的那样,是可以靠主观观念或理性就可以克制的东西——它已经客体化了。

二、剩余快感:以周萍与繁漪为例

那么,何谓"剩余快感"呢?

我们有必要通过弗洛伊德的两个案例来了解剩余快感。虽然弗洛伊德将这两个案例视为精神病的案子,可是,如果我们引入社会学,尤其是马克思主义的分析方法,就会从弗洛伊德的这些案例——也包括他的梦境——当中,找到比弗洛伊德所理解的更多的东西。

第一个案例(我希望弗洛伊德的这个案例不会引起女性主义者的不快),一个女孩八岁时在商店遭到性侵,因为年纪小,她并不理解所发生的事件蕴含的真正信息。但是,当她长大后,逐渐意识到这是性侵(弗洛伊德因此认为,创伤是"回溯性"的),她本应该恐惧商店而永远不再踏入商店;然而,弗洛伊德发现,这个女孩通过意识到羞耻而诡异地得到快感——或者说,只有陷入羞耻之中,才能变相地重新体验"性侵"带来的快感。一件耻辱的事情,女孩儿本应该是以羞耻心来躲避它,但是,她把这个事情悄悄转换,把自己身体被一个男人抚摸这件事,置换成了店员对她进行嘲笑而令她感觉到害怕——女孩将嘲笑视为攻击,从而把性侵隐藏了起来;于是,女孩身体中也就隐藏着一个被抚摸所产生的隐秘快感。这个故事听起来非常荒谬,可是它就符合我们的精神事实。

乔希·科恩在《死亡是生命的目的》当中说,其实在每个人的内心里面都存在着一种"内在他性"(internal otherness),不确切地说,都存在一个不能被你的理性完全控制的"小人",这个"小人"顽强地追求快感。这也就是诗人兰波所说的"我也是另一个人"(I is someone else)的意思。"我"是受内在与自我深处的"另一个人"所支配,这个人就是"id"或"Es"(德语)。原来这个"id"翻译为"本我",可是,不如翻译为"本它",即藏在自己内心深处的支配者①。就像那个女孩她疯狂地追求性的快感,但是她却不得不戴上羞耻的面具。真正让她恐惧商店的原因,并不是来自羞耻,而是可以通过恐惧商店,默默地享受商店总是跟身体快感紧密相关的情境。这样一个案例,让我们突然发现,在我们的精神世界里,深藏了一些被驱逐、被压抑、被禁忌的内心快感。好像真正让女孩子享受到快感的不是她自己,而是内在于自己的"另一个人"。

另一个精神分析的案例则说明,快感问题比我们想象的还要社会化,它身上带有深刻的文化和政治印记。弗洛伊德提出著名的俄狄浦斯情结,第二个案例与此有关。

一个男人在将要死去的父亲床前陪护,医生嘱咐说,如果陪护不慎,父亲就会死掉。结果,这个男人在床前睡着了,父亲就在睡眠的过程当中死掉了。醒来之后,面对父亲死去的现实,医生告诉他说,这不是他的过错。

但是,这个人从此陷入一种精神分裂状态:他无论做什么事都要寻找同伴,无论是逛商场、上下班还是去洗手间,都要找人陪伴——这个男人在不

---

① [美]乔希·科恩:《死亡是生命的目的》,唐健译,中信出版社 2016 年版,第 82 页译者注。

断地寻找自己不在"杀人现场"的证据。他固执地认为,是自己导致了父亲的死亡。他之所以积极地扮演弑父者,疯狂地寻找不在场的证据,是因为他内心隐藏了一个秘密:从7岁的时候就有杀死自己父亲的冲动和愿望,而父亲的死正好实现了这一内心冲动。换言之,父亲死了,这既令他悲痛,也竟然让他满足。

但是,问题的复杂之处却在于:这个男子明明知道自己没有导致父亲死亡,却为什么要通过"寻找不在杀人现场"的幻想,积极扮演杀死父亲的角色?因为他只有不断寻找自己不在杀人现场的证据,才能努力地向自己证明说"我没有杀死父亲";有趣的是,这也同时暗示自己:父亲的死乃是7岁时被驱逐和压抑的快感的实现——一种剩余快感的实现。所以,这个男人越是努力证明自己不在现场,他才越能够真正合法地承担导致父亲死亡的角色,作为一个剩余快感的实现者。

在这里,我们就把被驱逐、被禁忌、被压抑的愿望实现的过程,称为剩余快感的获得过程。"剩余快感"这个概念不应该仅仅遵循拉康或者齐泽克的意思,还应该回到弗洛伊德那里。它表达了快感的真正位置:在完成了合情合理的安排之外,隐形存在的剩余物。

剩余快感让我们知道,很多文化现象,表面上看起来有合理合法的解释,可是深处却蕴含剩余快感的支配性。在话剧《雷雨》当中,周萍和繁漪通奸。一个儿子跟后母通奸,可能打着爱情或激情的旗号,但却是在实施想象性地驱逐父亲的计划——儿子占有父亲的女人,从而占有父亲的位置。这里实现的不正是在想象当中杀死父亲的剩余快感吗?所以,周萍的目的并不是与繁漪的相爱,而是通过占有繁漪,让父亲象征性死亡。

但是,问题更复杂之处在于,周萍和繁漪通奸,又体现了周萍的"卑弱":周萍充分认识到杀死父亲是完全不能够实现的事情。所以,周萍与繁漪通奸,这既让周萍想象性地扮演了父亲的角色,也让他身陷屠弱之中:他终究不敢对父亲采取直接攻击和对抗。于是,周萍跟繁漪通奸的行为,在表达新青年弑父愿望的同时,又呈现新青年不可能完全摆脱宗法伦理的生命困境。所以,周萍遵循内心快感的驱动,与繁漪通奸;又因此让自己只能困守快感——快感乃是被理性驱逐的剩余物。

同理,阿多诺曾认为,流行音乐好像给观众带来了快乐,但流行音乐也存在支配性的权力要素。我在很多摇滚乐队的现场看到年轻人在那里随着节奏不断地甩头,当歌手振臂一呼的时候,他们跟着合唱,当歌手把话筒伸到他们面前,他们会替歌手唱那些高潮部分。在《乐队的夏天》中,张亚东坚持宣扬音乐理性。他提出观众必须遵守音乐的理性,不能只欣赏乐队的这种"躁"的能力,还要欣赏乐队宁静的能力。然而,张亚东不能认识到的是,去看现场的观众期待的,恰恰不是乐队和他一起唱出一首可以直接录成CD的歌曲,而期待的是一个完全不可控的瞬间的爆发,那种真嗓、破音,那种突然之间的狂热,甚至表演性的摔吉他、跳水等,这些是很多粉丝愿意看到的。所以,阿多诺只是看到了音乐的支配性旋律,却没有关注到这种支配性旋律本身不是流行音乐全部的号召力:他没有认识到的是,乐迷对乐手的服从,表面上是爱乐手,实际却是通过乐手实现自己内心的剩余快感。

换句话说,人们在《乐队的夏天》的现场,真正的要实现的并不是某一首歌毫无走调地演唱,而恰恰是把这种整齐的音乐理性践踏得粉碎的狂欢——尽管这种"践踏"可能是事先设计好的后果。

在这样的乐队现场,只用耳朵能实现的叫作快乐,而用嗓子实现的是享乐。罗兰·巴特把快乐和享乐做了区分,享乐在某种意义上恰恰是剩余快感的那种破坏性、冲击性的力量的体现,它是被隐藏的、被禁止的、内在的冲动,在一个合理的合法的场景大行其道,自由地挥发激情。

所以,"剩余快感"是这样一种东西:作为一种"本它"(id)的欲望,它被排斥和驱逐;然而,在取得合法化面具的时候,就会突然爆发,实现压抑的欲望在想象中满足的快乐(其实是罗兰·巴特所说的享乐 Jouissance);然而这种"实现"是通过冗余或症状的方式来实现的。拉康认识到,"欲望"必须借助于症状才能呈现,如恋物癖,只有诸如一条丝带或者一双靴子"恰当地"出现对方身上的时候,才会召唤欲望滋生;然而恋物癖,首先呈现的是"爱情"这种合法化的需求,隐藏在丝带或者靴子上面的欲望,是剩余性的,仿佛不重要——这样才会激发快感享受。简言之,剩余快感指的是欲望通过冗余的方式,在合法化的情形下所实现的享乐——享乐沉溺就是剩余快感的核心秘密

三、"享乐沉溺":为什么会"疾病获益"?

由上可知,剩余快感在支配着我们的文化,在创造着我们都想不到的生命时刻,那么,它是怎样做到的呢?

弗洛伊德在《性学三论》当中提到了"疾病获益"概念①。他发现,精神病患者会迷恋自己的病症,不愿意变成正常人。

精神病患者不愿从症状当中醒来,是因为症状对他有好处:精神病的症状是患者的自我保护与自我拯救。在生活当中,如果人们遭遇巨大创伤,就会无法面对,于是就疯掉——而疯狂令人们出离创痛,获得快乐。

我在读硕士的时候用这个理论分析过金庸笔下的萧峰。萧峰武功高强,旷古绝今,这个形象体现了强大的身体狂想。我发现,现当代的中国武侠小说,包括英雄文学、战争文学,都喜欢夸大中国人的身体能量,尤其喜欢强调与外国人进行身体对抗的快乐。如果我们把武侠小说当中所具有的这种身体的狂想看作是一种社会性的、集体性的精神病症,那么,它体现了中华民族曾经作为"东亚病夫"这一创伤记忆的自我拯救。当代武侠中的武功狂想,乃是民族曾经屡弱境地的想象性自救。

进而言之,所谓"疾病获益",指的是通过狂想来躲避创伤——只有躲在症状里,人才能够不再被曾经的创伤伤害,因为它让人们把伤害的过程转变成快感享受的过程。

今天的文学艺术,尤其是大众文化或者说娱乐文化,不正处在完全沉浸于症状的享乐过程中吗?我把这种状况称为"享乐沉浸"。

费斯克曾经发现,大众文化并不是按照占支配地位的那些人的意志来创造的,而是按照受支配地位的人的愿望创造的。所以,他认为,大众文化充满了对支配性的文化的抵抗,它隐含着解放,可是他的错误在于没有认识到这种对抗本身是虚无的。

尽管如此,费斯克却向我们呈现了一些非常有趣的现象。他发现,游戏厅里面玩游戏的人和在海滩上冲浪的人是不一样的。游戏厅里面玩游戏的人是通过建立人机的关系重新确立一种权力关系,通过跟游戏的交往,取代自己跟现实生活的交往,从而对抗现实中的物质性关系。

海滩上的冲浪者却更为有趣,海滩是一个介于人的世界和自然的世界的界限,海滩上会有牵着狗的裸胸女子,他把它称作 dirty,认为狗是介于人和兽之间的符号,而裸胸女子是介于身体的原始状态和文化状态的一个中

---

① [奥]弗洛伊德:《抑制、症状与焦虑》,载弗洛伊德著《自我与本我》,车文博主编,九州出版社 2014 年版,第 234 页。

间状态,因此冲浪者是把海滩这个文本解读为没有所指的文本。换句话说,冲浪者通过冲浪的行动不是要实现什么,而是不做什么[1]。

如果我们把费斯克对冲浪者的分析加以引申,它使得我们看到了疾病获益的第三个意义——这是弗洛伊德没有发现、拉康齐泽克也没有意识到、费斯克则完全没有在意的意义,即纯粹的享乐沉浸本身。

纯粹享乐的沉浸,可以让一个人躲在完全不被意义化、不被文化化、不被秩序化、不被规则化的身体当中。简单来说,冲浪者无论做什么,他真正的快乐在于他所做的一切都是仿佛没有在做什么,他只是冲浪。所以,享乐,或者说沉溺于自己症状的享受,就是能够把自我完全封闭在身体当中的一种行为。

电影《失恋33天》里面有句话:今天,谁要是不得个忧郁症什么的,都不好意思和朋友们打招呼。这句话说出了今天一个很有趣的现象,越来越多的人,尤其是青年人们通过对症状的沉溺而把自己关闭在自己的世界中,让自己完全跟那个充满了激励、崇高、前进口号的世界,那个把一切都编织成意义的整体世界截然无关。

最近,网上流行所谓的"舔狗"。有个漫画这样描绘:舔狗说"我终于忘记她了",另一人说"那很好啊,你喝点水",舔狗说"她最喜欢喝水了"。这个笑话说明了舔狗乃是舔狗者的通行证。人为什么要做舔狗?因为做"舔狗",就能沉浸在一种"卑恋"的状态当中,把自我卑微化,把个人的情感凝聚在一个带有牺牲感的愿望里;这种典型的舔狗症状,体现出精神异化的状况。这种舔狗意识,通过损减主体的姿态,让自己获得悲凉感:这里蕴含了一种强烈的沉浸性的存在感。

其实,在金庸武侠小说当中,也能看到这一点。杨过断了一只胳膊,张无忌在光明顶上被周芷若刺了一剑,令狐冲在封禅台前被岳灵珊刺了一剑:在爱自己或者自己最爱的人面前自残身体,从而引发一种自我爱怜的诡异满足感,这体现了类似于舔狗感受到的隐秘快乐。现在,网上也流行所谓的废话文学:"听君一席话,如听一席话","我上次吃饭还是在上次""你一定行的,除非不行"。在废话文学里面,我们看到一种把整个时间都凝固在一

<hr>

① [美]约翰·费斯克:《理解大众文化》,王晓珏、宋伟杰译,中央编译出版社2006年版,第60—61页。

个永远毫无意义的、什么都不做的状态当中的情形。废话文学的背后就是冲浪者的活动本身——我在活动，但我什么都没做；因为我什么都没做，我才能够完整地活动，才能够把运动，把大海，把这些所有有意义的东西都隔绝起来，封闭在内心的世界当中。废话文学充满了对有意义的、有秩序的、逻辑化的、确定性的世界全部隔绝的冲动。

显然，从疾病获益到享乐沉溺，我们看到了今天文化艺术生产与人们对剩余快感的隐秘追求紧密相关的意识根源。

恰如剩余价值是资本生产的真正目的，剩余快感的生产，也成为现代社会文化生产的真正目的。剩余快感让我们沉溺在精神症状的享乐之中。在这里，享乐呈现为一种去势快感，一种去抵抗性的剩余物。传统的文化研究，其核心的缺陷在于没有认识到"享乐沉溺"就是享乐的现实化和物质化，是本身具有实践性内涵的东西。

如果说快乐来自确定的心理能量——如本能的实现，或者破除禁忌的快感，那么，"享乐"则是拒绝风格仪式或者主体凸显的非确定性的心理能量——如驱力。

就个体而言，它是一个人完全享受自己的症状，处于弗洛伊德所说的无时空性的精神迷狂状态；就其哲学内涵来说，享乐是对"沉溺性身体"的发现，是主体"内在他性"的狂欢，即不再把自己作为"自我"来对待的时刻；而就其社会文化内涵来说，"享乐"是一个整齐划一的象征秩序中的"诡异物"（Uncanny），即无法明确其社会位置和符号定位的"某物"。

所谓"某物"（并非 Thing，而是 Something），指的是特定的事物形象和符号命名中处于游移不定位置的东西，那些令既定的语言、符号、话语和形象都失效的东西。弗洛伊德创造了一种"心理动力学"，把精神世界看成是围绕无法说清楚的"某物"自动运转的过程。拉康则通过"信"显示"某物"的规定性力量，把"故事"阐释为围绕"信"——总是可以抵达收信人的一种"内潜规则"——的运转过程。马克思令"商品"神秘性的一面得以彰显，于是，资本主义社会就逐渐"清晰化"，因为商品以神秘的力量给现实重新排序，令其整饬统一——按照马克思的逻辑，商品收编了"某物"，让它的魅影以消费主义的光辉呈现。然而，资本主义又是自我颠覆的，以齐泽克的方式来说，资本主义是"症状式"的：它总是假装实现了伟大的意义，却潜在地回归"某物"的召唤。

剩余快感指向的恰恰是"某物",它给予了"享乐沉溺于症状"巨大的魔力。换言之,享乐是对"某物"的固着:享乐不仅仅是"脏物"(Dirty)——不纳入资本社会清洁规划的污点,恰如沉迷游戏的孩子;不仅仅是"抵抗"——费斯克所说的那种拒绝中产阶级服饰所代表的道德律令的牛仔裤上的破损;更不单纯是"躺平"——对于宰制性力量的"冷漠"。享乐事实上乃是不可化约的矛盾爆发的时刻,它将自身构造为"某物":多种截然不同的对立性力量被关闭在身体之中的节点;以安静的方式凸显矛盾的"否定性";在身体层面上打造否定性客体;它令享乐者变成了"某物"或者体验了"某物";它令享乐者不再进入现代社会总体意义规划而"存活"。

这正是剩余快感支配下光怪陆离的当代文艺生产情形的根本秘密。

这种剩余快感所支配的症状沉溺现象比比皆是。穿越作品中,主人公只要掌握一点点现代社会里的有用的东西,类似《庆余年》里的狙击枪或者《风轻尘》里的 AK47,当然也包括现代物理知识或医学手段等,有了这些,就可以让整个世界在他面前低头——这恰恰是穿越故事里隐秘的剩余快感的体现。

在很多女性喜欢的耽改作品当中,我们也看到了一种所谓"芭比娃娃情结":女性所幻想出来的男性之间的爱恋关系,是一种芭比娃娃式的关系。杜西尔认为,芭比娃娃隐含着这样一种冲动,通过小女孩的面孔和成年人的身体,实现小孩子"无性的性感"愿望。在这里,芭比娃娃指向了一种可爱、纯净、多样而单纯的控制力。

在耽改作品当中,我们看到了女性在男权宰治当中的性困境,用小公主一样的情怀来想象情感规则取代丛林规则的冲动——这也是一种剩余快感的体现:芭比娃娃不仅仅表达了女孩子长大后的理想自我,更隐藏了可以掌控成人世界的隐秘冲动。

周云蓬有一首歌,《不会说话的爱情》。在这首歌里面他唱的是和自己最爱的人分手的最后时刻。他说,从此以后我们仇深似海,可是分别之前最后时刻,我们还亲昵如火,我们让自己的身体着起火来,拥抱在一起,我们欢愉无限,"解开你的红肚带,撒一床雪花白,普天下所有的眼泪,都在你的眼里荡开。"周云蓬这最后的欢爱时刻写得如此纯净,但是,越纯美,越优雅,那种仇深似海的悲哀就越强烈。

周云蓬在这首歌里向我们呈现了这样的痛苦悖论——越是向往美好爱

情,最后越是剩下纯粹的欲望;越是期望自己的爱情永久,越是能够感受到爱的绝望。反过来,只有当爱情消失的时候,才那样的渴望永久;只有当爱情不可能的时候,才能够深深沉溺在"从此以后仇深似海"的片刻。所以,在这首歌当中,我们看到了剩余快感,那种爱与欲望纠缠在一起所产生的享乐沉溺。

四、走向新的寓言论批评

在今天,剩余快感驱动下的文艺生产,令文学和艺术不单是受托尔斯泰所说的那种简单的道德情感的支配,而是被潜在的多种精神意识支配。托尔斯泰认为,小说就是把曾经让自己感动的东西写进故事中,转而让读者也感动。这显然是不能解释今天的文学艺术和日常生活的。今天的文学不再是象征化、感情化的东西,而是寓言化、症状式的东西。也就是说,支配文学艺术创作的隐秘的力量是剩余快感,而文学作品呈现出来的可能是合理合法的合情性,背后实现的却是隐秘的、被驱逐的剩余性冲动。

所以说,当代文艺——尤其是大众文艺正从象征型时段走向寓言型时段。每一个作品都隐藏了本身没有陈述的信息;各种压抑性的意义像幽灵一样在银幕与文字中游荡;快感正成为生活财产和生命的动力,沉浸在偏执和分裂之中,才能够得到一些剩余快感。如果从这样的角度来阐释当代文艺的生产,就会发现,在看似混乱的文艺现象的背后,存在着非常清晰的文化逻辑和精神意识。

在这里,我们需要一种新的分析、阐释和反思当代文艺新变的方法,这也是为什么我要用"寓言论批评"来理解当代文艺和生活的原因所在。我在《寓言论批评:当代中国文学与文化研究论纲》这本书当中想要阐述的恰恰正是种种"荒谬性合理"的情形。这种荒谬性的合理,在我看来正是当前大众文化快感逻辑的诡异性体现。

今天,文学表意总是以想象的美好图景代替隐含的利益关系:一方面总是承诺一个令人神往的未来,另一方面大部分人生活在困顿和衰败的挣扎之中;一方面总是用各种各样的手段激发人们瑰丽奇伟的浪漫想象,另一方面总是让人们像机器一样在现实的生活中日复一日地劳作;一方面告诉人们大自然的美丽和爱情的甜蜜,另一方面却永远在物质的层面上走向两极分化。

然而,文艺中所讲述的世界的美丽和我们的真实处境往往如此不同:当在现实生活中很多人办一场婚礼都捉襟见肘的时候,《非诚勿扰2》却办了一场规模如此宏大的离婚典礼;当很多人因为无钱治病而失去生命的时候,《非诚勿扰2》却搞了一个如此温馨的生命告别仪式。

何为我们生活的真实经验呢? 所谓的"经验的贫乏"并不是我们生产经验的贫乏,而恰恰是资本主义的文化生产体系不断生产掩盖现实处境的经验,它不断生产伪经验,所以也充满了对于所谓纯粹经验的强烈追求——它不是对真经验的叙事,它的泪水是建立在物化逻辑之上的。《山楂树之恋》正是一种虚假的、建立在物化基础上的纯洁,如果没有一个物化的现实图景的话,谁会要那种畸形的"纯"呢?

所以说,当前文学文艺作品中的"生活"与"现实"已然不能等同,描绘生活也不能代表现实主义。生活似乎越来越不是我们应该有的现实。本雅明等认为,在资本的逻辑下,我们的生活日益趋于单向度的世俗生活,拜物教的文化在扭曲我们的生活,使得我们缺乏对自身真实处境的认识以及对未来生活的有意义想象。

事实上,今天的文艺作品中存在着"有生活的假现实"现象。《乡村爱情故事》系列绝对是"有生活"的电视剧,每个人物活灵活现,细节也贴地气,都是东北农村的现实生活场景。可是,看起来打打闹闹的乡村烦恼竟然全是爱情的烦恼,这是一个没有粮价波动或者就医难烦恼的乡村。

有趣的是,这种"有生活的假现实"在畅销作品中屡见不鲜,不论是《何以笙箫默》《致我们终将逝去的青春》《欢乐颂》……这些作品的生活场景、事件和人物情绪,无不栩栩如生;却偏偏不能把握当今中国社会生活的真实处境和困境——写的是生活,得到的是韩剧。

更流行的是"爽生活反现实"。《盗墓笔记》《诛仙》《芈月传》……这些热作,已经构建了自己故事的"异托邦",自成系列的题材、类型和人物。人们解放了欲望的同时,也就用"梦游"的方式拒绝现实,乃至拒绝意义。它们变成了人们心灵按摩或者精神消遣的方式,于是,"爽"就成了这类作品的核心主旨。

同样也存在着"假生活的真现实"与"无生活有现实"。比如《琅琊榜》算是一个代表者,完全无生活的故事,却不得不依赖对现实政治生态的想象和阐释,其间的尔虞我诈,也就具有对现实社会政治文化的隐喻性和象征性内涵。

正从这个意义上说,我个人主张重新反思今天的现实主义,我认为应该提倡一种寓言现实主义:这种现实主义,不是对生活的直接反映,而是描绘携带批判意识和反思意识的现实。同理,面对寓言式的现代文化生产逻辑,我们需要建构一种"新型寓言"与之对抗,即用马克思主义的乌托邦代替文化生产中的异托邦,用创造新社会的勇气来代替温情浪漫的文化生产的妥协和虚弱,用召唤起来的危机意识来代替被装饰的文化奇观。

第二节　审美发生、过程及美感性质的神经美学阐释①

随着 20 世纪 90 年代脑影像技术的出现,关于人脑审美神经机制的研究兴起,在一定程度上激活了传统美学问题的研究,为美学的未来发展提供了一种崭新的视角。比如围绕审美发生、美本质、审美过程、美感性质等美学基本概念和问题,我们可以依据一系列神经美学研究成果来进行独特、全新的阐释,为美学的发展提供了一种新的可能方向。

一、审美发生:人类审美大脑进化的时间节点

从进化史的角度来看,现代人类的大脑一旦形成,就会有着共同的发展和变化路径。不论地域、人种和民族的差异如何,艺术都在人类中无处不在,甚至有着相同的艺术主题。可以说,人类在进化的过程中,有着共同的审美反应、审美欣赏能力和审美创造能力。加州大学洛杉矶分校的戴利亚·扎德(Dahlia Zaidel)教授认为,早期现代人类在广泛分散的地域中,出现了不同的史前艺术作品,说明早期现代人类具有共同的大脑神经解剖结构和共同的审美认知能力②。

关于人类具备审美意识和审美能力,能够进行艺术创作的起源时间,一直是艺术史学家们关注的问题。虽然大约在 10 万年前,或许更早些时候,身体和大脑解剖学意义上的现代人类从非洲出现,但象征性的、具体的、非功能性的实际艺术在西欧大量出现的时间更迟,大约是在 4 万 5 千年前到 3

① 作者胡俊,上海社会科学院研究员。本文原载《国外社会科学前沿》2021 年第 9 期。
② Dahlia W. Zaidel, *Neuropsychology of Art*, London and New York: Routledge Press, 2016.

万5千年前。但是也有证据显示,至少在视觉艺术方面,人类艺术的出现早于欧洲的这个时间。比如在以色列的戈兰高地(Golan Heights)发现了距今22万年左右的由人类手工雕刻的小型火山石雕像。对该雕像的仔细研究,也支持了这是象征艺术的实践。此外,在赞比亚的萨卡附近的双子河洞穴(Twin Rivers Cave)中发现了大约18万到13万年前的300块左右的颜料和绘画研磨工具,可见早期人类已经使用颜料,或许是用来画身体,或者象征性地标记动物,或者是为了获取它们的力量,或者是为了某种社会象征意义,等等。

人类思想产生在语言出现之前,视觉绘画能力作为一种抽象或象征的思维方式,可能也发生在语言能力出现的前后。扎德认为,美在艺术和大脑进化中发挥着重要作用。早期人类可能受到了自然和动物之美的启发,不断从美的资源包围中获得益处。神经美学家们一般认为艺术的起源和发展,是来自人类对环境的更好适应,以及更有利于人类生存的大脑进化。神经美学家们还推测有些环境比另一些环境更有利于大脑进化。

早期人类把这些能够获得益处的自然资源看作是美的,这些有利于个人和群体生存和繁衍的植物、动物、同类、环境等能够让人类大脑产生正面积极的概念,以及产生想要的认知需求和喜欢的愉悦情感,人类逐渐把它们看作是美的事物。而且早期人类创作出简单的美的事物的标记,这些抽象的符号可以帮助他们进行相互交流。艺术是人类进化过程中为了更好生存的一种无意识产物,艺术是一种纯粹的象征或模拟。

神经美学家从意识进化和艺术关联的角度,阐释了审美的历史发生及其意义,认为艺术中必然包含审美意识,才可称之为艺术,因此我们可以认为人类审美发生和艺术产生是一种相互关联发展的关系。人类能够生产石器、创作岩画等的关键之处在于,有一个能够以具象来描绘事物,或以抽象来表现事物,以象征想象世界的大脑,才能够产生出既美又有象征意义的艺术。艺术能刺激思维,唤起我们的情感,艺术是人类有意识体验的审美知觉的成果。

二、美本质:美学千古之谜的神经美学阐释

关于"美本质",我们依据神经美学的"人脑—艺术契合论"以及恒定法则与抽象性、模糊法则与未完成性,指出美的基本规定性,以及艺术的最终

目的是求真、获取本质和表达情感。不同的审美主体在欣赏或创作艺术时，能通过艺术进行沟通，说明不同的正常人脑都存在一个共同的神经基础，美的艺术能够引起人们的美感，在于具备激发这一共同神经机制的外在表现。人脑与艺术的契合性，说明美的产生是有脑神经基础的，人脑产生审美体验背后都有着相似的神经机制。寻求事物恒定本质特征的大脑，与表现了恒定事物特征的艺术相遇，于是就产生了审美体验。

　　虽然森马·泽基（Semir Zeki）教授认为艺术家也是神经学家，比如威廉·莎士比亚（William Shakespeare）和理查德·华格纳（Richard Wagner）知道如何用语言和音乐技巧来探索人的心灵，比绝大多数人更懂得如何感动人的心灵，但他们只是能够理解有关人的心灵的一些事情，还是不能清楚认识人脑的神经机制。从神经生物学视角来看，艺术的功能与大脑的功能非常类似，都能描绘出物体、面孔、情景等的恒定、本质的特征[①]。因此我们不仅从画面上的物体、面孔、情景中获取知识，而且由此延伸到其他物体来进行归纳，从更大范围的事物中获取知识。在艺术创造过程中，艺术家必须挑选本质的属性，而大量抛弃那些多余的东西。由此可见，艺术功能之一就是视觉大脑的主要功能的延伸。在瞬息万变的表象世界下，潜藏着更为真实、更为接近本质的特性。因为表象总是每时每刻都在变化。而伟大的艺术家能够抓住这种特性，呈现出永恒的真实。

　　视网膜仅仅是精细缜密的视觉机制的重要的初始阶段，从视网膜可以一直延伸到大脑的所谓"高级区域"，视网膜就像是一个基本的视觉信号的过滤器，能够记录光线的强度以及光线的波长，然后将这些经过转化的信息传送到大脑的"初级视觉皮层"（the primary visual cortex，以下简称为"V1"区）。V1 可以接收来自视网膜的绝大部分神经纤维，通过这些点对点的连接，视网膜上的影像图被重新创造在 V1 区。因此瑞典的神经科学家所罗门·亨森（Salomon Henschen）称 V1 为"大脑皮层的视网膜"。事实上，V1 区的周边皮层，过去都被模糊定义为"关联皮层"（association cortex），是由许多"专门视觉区"（specialized visual areas）组成的，有 V2、V3、V4、V5 等。德国的神经科学家保罗·弗勒希西格（Paul Flechsig）认为"关联皮层"具有

　　[①] Semir Zeki, Art and the Brain, *Journal of Consciousness Studies*, vol. 6, no. 6 - 7, 1999, pp. 76 - 96.

更高级的思考和认知功能,他把它们称之为"精神中心"(Geistigezentren)或"思想中心"(Cogitationszentren)。V1和V2负责将筛选过的视觉信息传导到其他视觉加工区域,不同的视觉加工区域将专门负责加工和理解这些视觉影像的不同属性,V3、V4、V5分别专门处理形状、颜色和运动等视觉影像属性。换句话说,一个人是用V1来"看",用V1周围的"关联皮层"来进行理解。总之,视觉大脑是一种对本质的主动探求,大脑视觉皮层筛选出能够表现物体恒定、本质特征的必要信息。

艺术和大脑一样,都在追寻恒定和本质。大脑的任务就是获取关于世界的知识,但是大脑必须克服一个问题,就是这个知识是不容易获取的,需要从可视世界不断变化的信息中提取本质的、不变的特质。通常,我们说艺术也有一个目标,用艺术家们自己的话说,就是描绘出物体本来的样子。同样,艺术也面临着一个问题,也是如何从可视世界不断改变的信息中,仅仅提取出那些重要的信息来表现出物体永恒的、本质的特征。实际上这是伊曼努尔·康德(Immanuel Kant)的哲学美学的基本观点——表现完美。但是,完美暗示着永恒性,因此,这引发了一个问题,即如何在一个不断变化的世界里描绘完美。所以有人把艺术的功能定义为寻求恒定,这也是大脑的一个最基本的功能。因此泽基认为艺术的功能是大脑功能的一个延伸——在一个不断变化的世界中对于知识的追寻。

我们对视觉大脑的功能有了新认识之后,便能将艺术对本质的探求看作为视觉大脑功能的延伸。从神经生物学的视角看,伟大的艺术可以被定义为:它必须最接近于真相的多种事实,而不是表象,因而愉悦大脑对各种本质的追寻。泽基从神经生物学的角度为艺术下的定义是:艺术是对恒定性的追求。艺术家在创作过程中必须舍弃许多东西,然后筛选出本质的东西,因此艺术是视觉大脑的延伸。心理学家和神经生物学家都经常谈论到某个视觉属性的恒定性,例如颜色或形状的恒定性,这是指即使观察时明暗状态不同,物体的颜色也不会有显著差异;或者说,即使观察时角度远近不同,物体的形状也不会改变。艺术的恒定性不仅适用于物体、脸孔、情景等,还包括一些抽象的概念,比如情感、理念等。

泽基把艺术的恒定性分为两个方面,两者也是相互联系的。恒定性的第一个方面是"情境恒定性"(situational constancy):某种情境与很多其他情境具有共同的特征,使得大脑很快把它归类于能够代表所有同类的情境。

以约翰尼斯·维米尔（JohannesVermeer）的绘画作品《信》（*The Letter*）为例，这幅画不仅对绘画的技巧掌握纯熟，而且画家利用高超的技巧营造出"模棱两可"（ambiguity）的情景，能够用一幅画同时表现出数种场景和真相，而且每种真相都是有根据的。比如在这幅画中女主人正在伏案写信，站在身后的女仆正望向窗外，也许女仆正在边等待女主人写信，边想其他的事情；也许女仆正在小心提防外头有人发现女主人写信；还也许女仆正在帮女主人想适当的话语写给收信人。就此画面内容来说，这些情景都说得通，因此它能同时符合各种欣赏者的不同"典型"（ideals），头脑会根据过去储存的类似记忆，在这幅画中辨认出许多情景的典型，并将这幅图像归类为快乐或哀伤。

"模棱两可"是所有伟大艺术的共同特征，因为从神经美学的角度来说，"模棱两可"并不是含糊不清（vagueness），而是指同一幅画面能够表现出数种事情的情景和真相。维米尔的画作简单而又意味深长，每一幅画不仅可以理解成很多不同的、基本的情境，而且每一个情境都同样真实清晰。

也就是说，维米尔的画具有恒定性：它描绘的已不是某个特定的情境，而是可以做很多不同理解但又真实可靠的情境。而且维米尔作品中的各种情境在欣赏者的大脑中形成。在欣赏者看来，每一种情境都一样真实，但欣赏者如果想寻求真正的解释，那却是"永不知晓"的，因为创作者原本就没有给出真正的解释，也没有标准答案。或许维米尔正是有意通过这样的方法，来丰富画作的蕴含内容。

恒定性的第二个方面，泽基称之为"暗示恒定性"（implicit constancy），大脑能够对"未完成"的作品进行各种各样的自由阐释，从米开朗琪罗·博那罗蒂（Michelangelo Buonarroti）的未完成作品中可以理解暗示恒定性的内涵。

米开朗琪罗的很多雕像停留在未完成的状态，他未完成的大理石雕像就有三十五座之多，比如《隆达尼尼圣殇像》（Rondanini Pietà）、《圣马特奥》（San Matteo）、《留胡须的奴隶》（The Bearded Slave）和《昼》（Day）。他的画作中也有未完成的作品，如《圣母、圣约翰与耶稣受难图》（Crucifixion with the Virgin and St. John）等。米开朗琪罗在耶稣的生命中发现了至高无上的爱，他的一些作品就是以耶稣被钉在十字架上，以及从十字架上被放下的一刻作为主题。我们的大脑对耶稣受难的景象能做出无限的想象，要以一件作品将所有想象表达出来,根本是不可能的事。既然如此,倒不如让欣赏者在头脑中创造出更多的形象。这些未完成作品,在被人们讨论的过程中,能让头脑发挥更大的想象力,欣赏者的观点会随着他们脑中的想象而定,这可谓是运用了一种神经学的手法。简单地说,这些未完成的作品具有"模棱两可"和恒定性。这些作品的轮廓仍模糊不清,因此人们在欣赏米开朗琪罗的未完成作品时,便能发挥想象力创造出更多的形体,在不同欣赏者的头脑中具体成形,达到艺术的恒定性。

恒定性的这两个方面实际上是相互联系的,因为两者都有一种难以估计(inestimable)的特质在里面,使得都可能让大脑提供合情合理的不同版本的解释,而且所有的解释都是有根据的。

此外,探讨美的本质还涉及对主观和客观的美的深入理解。客观派认为,美是事物本身固有的性质,如柏拉图、亚里士多德等古希腊哲学家和后来理性主义学者亚历山大·戈特利布·鲍姆加登(Alexander Gottlieb Baumgarten)等;主观派认为,美存在于旁观者的眼中,如英国经验主义学者大卫·休姆(David Hume)和埃德蒙·伯克(Edmund Burke)等人所宣称的那样:美不是事物本身固有的性质,它只存在于观赏事物的人的主观心灵中。康德主张审美判断既具有主观性,又具有普遍有效性,从而协调了理性主义者形而上学的教条主义立场以及经验主义者形而上学的批判怀疑主义立场。康德认为品味判断实质上是基于愉快或不悦的感觉进行的主观判断(因而有别于经验判断),但品味判断看似具有规范性,可能还存在普遍有效性。

从科学美学,或者从神经生物学的角度来看,有关美的客观和主观的讨论主要聚焦于先天基因的先验因素和后天的文化、环境因素是如何影响我们的审美的。审美过程中的早期加工,主要是感知觉加工,可能是由已经固化在大脑中的个体遗传和系统发育因素决定的。比如安简·查特杰(Anjan Chatterjee)指出,在感知颜色等视觉元素时,人类的视觉系统会对相同的光频做出类似的响应[①]。在审美过程的晚期,人脑视觉系统会选择和识别与记忆和目的有关的对象,而这些记忆和目的随文化、环境和个人经历的影响

---

① Anjan Chatterjee, Prospects for a Cognitive Neuroscience of Visual Aesthetics, *Bulletin of Psychology and the Arts*, vol. 4, no. 2, 2004, pp. 55 – 60.

而变化。根据遗传或文化、环境的不同,审美材料的不同方面可能会引起主体的普遍或相对反应,当然我们还需要更多实验来验证审美判断是否同时具有客观性和主观性。

三、审美过程:脑审美机制的加工模型

神经美学家们依据不断积累的脑成像实验成果,建构了审美活动过程的神经加工模型。神经美学研究初期阶段,随着脑影像技术的运用,许多研究人员监测了不同审美材料的不同类型审美活动在不同审美实验中激活了被试者的哪些大脑区域,并研究了这些激活的脑区在审美过程中的功能和作用。在了解了相关脑区在审美中的功能定位和结构关联之后,后来的神经美学研究能够更加关注人脑审美活动的运行机制,包括审美感知、情感、判断等复杂动态的整体加工过程。

有些神经美学家们依据神经美学实验成果,对审美过程中脑神经运行机制进行了阶段划分,从而建构了人脑审美神经机制的几种基本加工模型,对人脑处理审美过程进行了科学假设和严谨推测,在学界产生了重要影响。

在神经美学史上查特杰首次提出人脑神经视觉审美机制的"三阶段"模型:早期加工阶段主要是由枕叶皮层对形状、颜色等视觉信息进行提取、分析;中期加工阶段主要是通过颞叶区对已提取的视觉信息进行筛选和加工,激活相关记忆信息来赋予审美对象一定意义;晚期加工阶段主要是眶额部皮层和尾状核会激活、引发主体的审美情感反应,前扣带回和背外侧前额叶区被激活,主体产生审美偏好,做出审美判断①。

紧接着,2004 年赫尔穆特·莱德(Helmut Leder)等提出审美体验五阶段加工模型②,经常被神经美学家们引用作为相关理论的基本发展框架。该模型与查特杰的三阶段说相比,把审美过程设想得更为具体,包括"感性分析""暗示的记忆整合""明确的分类""认知掌握""评估"等神经认知加工回路。认知信息流在这个模式的某些部分是单向的,而在其他一些部分

① Anjan Chatterjee, Prospects for a Cognitive Neuroscience of Visual Aesthetics, *Bulletin of Psychology and the Arts*, vol. 4, no. 2, 2003, pp. 55 - 60.

② Helmut Leder, Benno Belke, Andries Oeberstand Dorothee Augustin, A Model of Aesthetic Appreciation and Aesthetic Judgments, *British Journal of Psychology*, vol. 95, no. 4, 2004, pp. 489 - 508.

又是双向的。输入这个神经回路系统的是艺术品本身(主要限于视觉刺激物),在每个阶段,一个特别的运作将执行在视觉刺激物上,从而提取视觉刺激物的不同特征。因此,在已经提取了视觉刺激物的感性属性之后,会把它放置进一个自我参考的(暗示的记忆整合)和明确的(分类)环境中,在认知掌握期间评估放置在艺术品上的意义和阐释。如果认知掌握是成功的,而且主体成功地阐释了这一艺术品,这一艺术品会被评估为好的或坏的艺术作品。那些审美判断将会分别地伴随着积极或消极的审美情感,另一方面,如果认知掌握是不成功的,而且主体失败于解释这一艺术品,那么它可能会被评估为坏的艺术作品,伴随着消极的审美情感。也就是说,最后通过认知状态的理解或模糊以及感情状态的满足与否,产生审美判断和审美情感的输出。因为莱德的审美体验模型受到广泛的关注,10年后,莱德和马科斯·纳达尔(Marcos Nadal)还对该模型进行了完善和修整[1],他们认为审美过程中认知和感情加工是不断相互作用的,因此在上述认知信息流之外,还增加了一个平行运行又不断交汇的人脑审美的"感情评估流"。

在综合比较查特杰和莱德的两个审美加工模型基础上,2007年奥辛·瓦塔尼安(Oshin Vartanian)和纳达尔提出审美体验的模式组合,认为艺术体验是一个复杂的过程,是物体和感知者之间的相互作用、认知和情感过程的相互作用的结果[2]。同年利·侯夫(Lea Höfel)和托马斯·雅各布森(Thomas Jacobsen)还提出包括绘画、音乐、诗歌和舞蹈等不同艺术形式的审美加工三阶段模型,包括感受阶段、中央处理阶段和审美产出阶段[3]。

2009年,杰拉尔德·卡普切克(Gerald C. Cupchik)及其同事试图通过审美实验来研究审美体验的自上而下和自下而上的两个路径,特别是认知

① Helmut Leder and Marcos Nadal, Ten Years of a Model of Aesthetic Appreciation and Aesthetic Judgments: The Aesthetic Episode Developments and Challenges in Empirical Aesthetics, *British Journal of Psychology*, vol. 105, no. 4, 2014, pp. 443 – 464.

② Oshin Vartanian and Marcos Nadal, A Biological to a Model of Aesthetic Experience, in Leonid Dorfman, Colin Martindale, and Vladimir Petrov (eds), *Aesthetics and Innovation*, Newcastle: Cambridge Scholars Publishing, 2007, pp. 429 – 444.

③ Lea Höfel and Thomas Jacobsen, Electrophysiological Indices of Processing Aesthetics, Spontaneous or Intentional Processes, *International Journal of Psychophysiology*, vol. 65, no. 1, 2007, pp. 20 – 31.

控制和知觉促进对审美情境的贡献①。被试者被要求从实用主义和审美角度来欣赏各种具象绘画作品，包括强调轮廓和构图的线性硬边风格绘画作品，以及开放式软边表现风格的绘画作品。实验结果发现：在实用情境下，被试者注重获取有关绘画内容的信息；而在审美情景下，他们则注重体验绘画的意境，并且欣赏绘画带来的感觉。实验还要求被试者欣赏基线刺激物，包括抽象绘画作品。研究结果表明，与从实用角度欣赏硬边绘画相比，当受试者从审美角度欣赏软边绘画时，左侧顶上小叶的活性得到增强。这种自下而上的激活主要是因为欣赏者试图分辨软边绘画中的模糊外形，以便在审美情景下构建连贯图像。一般研究认为顶叶在视觉意象的空间认知中发挥着作用②。通过把被试者欣赏审美刺激物和基线刺激物进行对比，结果显示双侧脑岛被激活。辛亚·迪奥（Cinzia Di Dio）等③以及皮特·汉森（Peter Hansen）等④进行的前期研究显示：脑岛的激活一般是因情感体验诱发。在实用情景中，被试者因为对有意义的对象进行了识别，所以激活了右侧梭状回。此外，左侧前额叶参与了自上而下的内部自我参照以及在审美情境中的审美感知。总之，卡普切克的研究推测了审美体验中的两条加工路径，即自上而下的来自前额叶的审美注意力定向和自下而上的审美知觉输入之间的相互作用。

2014 年，查特杰和瓦塔尼安提出审美三环路的加工模型⑤，并在 2016 年对审美三环路展开了具体论述⑥，包括三环路的具体脑区、运行机制和相关作用等。这一审美神经加工模型是在 2003 年查特杰审美体验三阶段说

① Gerald C. Cupchik and Oshin Vartanian, Adrian Crawley, David J. Mikulis, Viewing Artworks: Contributions of Cognitive Control and Perceptual Facilitation to Aesthetic Experience, *Brain and Cognition*, vol. 70, no. 1, 2009, pp. 84 - 91.

② Scott L. Fairhall and Alumit Ishai, Neural Correlates of Object Indeterminacy in Act Compositions, *Consciousness and Cognition*, vol. 17, no. 3, 2008, pp. 923 - 932.

③ Cinzia Di Dio and Vittotio Gallese, The Golden Beauty: Brain Response to Classical and Renaissance Sculptures, *Plos One*, vol. 2, no. 11, 2007, p. 1201.

④ Peter Hansen and Mick Brammer, Gemma A. Calvert, Visual Preference for Art Images Discriminated with FMRI, *Neurolmage*, vol. 11, no. 5, 2000, p. 739.

⑤ Anjan Chatterjee and Oshin Vartanian, Neuroaesthetics, *Trends in Cognitive Sciences*, vol. 18, no. 7, 2014, pp. 370 - 375.

⑥ Anjan Chatterjee and Oshin Vartanian, Neuroscience of Aesthetics, *Annals of the New York Academy of Sciences*, vol. 1369, no. 1, 2016, pp. 172 - 194.

的基础上,依据审美活动三个阶段的不同脑区神经活动的结构和功能提出的。根据查特杰审美三环路的模型,审美体验是由下面三个神经系统共同引发的心理状态,虽然三个神经系统不一定对审美体验有着同等的意义。一是依据审美活动激活了枕叶、梭状回、内侧颞叶、运动系统乃至镜像神经元系统等,提出人脑审美的"感觉—运动"神经回路,主要负责对审美对象基本特征进行感觉、知觉加工和具身认知。二是依据审美活动激活了眶额皮层、内侧额叶皮质、腹侧纹状体、前扣带回和脑岛等,提出"情绪—效价"神经回路,主要负责个体审美过程中审美情绪、奖赏、喜爱等状态的神经环路。三是依据审美活动激活了内侧眶额皮层、腹内侧前额叶等,提出"知识—意义"神经回路,主要负责专业知识、语义背景和文化有关功能等。"我们能够从艺术品的感官品质之外提取出其语义属性的程度,会影响到神经系统为审美体验服务的参与程度。"①也就是说,在审美过程中,以意义和知识为形式的自上而下的加工对审美体验产生了强烈的影响,使得我们对艺术的体验受到其感性品质之外的因素的影响,涉及处理艺术的语境和语义等,最容易受到个人、历史和文化的影响,是形成个性化的审美体验的最重要一环,也是目前人们了解最少,最值得研究的。

依据神经美学脑成像实验成果,我们认为审美过程中不仅有人脑认知的跨知觉分析,还有情感的连接、关联的想象,以及判断的推理,乃至意义的校准,是一个复杂动态的神经通路。也就是说,审美神经的加工过程包括审美认知、审美情感体验、审美判断、奖赏等。

四、美感性质:神经美学的实证分析

从神经美学的角度来看,美感性质是受到主客观因素的共同影响。神经美学家通过脑区激活的实验证实:审美体验中美感的产生不仅和客观的审美价值有关,也和主观的审美判断相连,并受到核心情感中心——脑岛和杏仁核的调节。

美学研究中绕不开的一个关键问题,是关于"美感是怎样产生"的神经机制研究,主要涉及审美的感受、知觉和情感等方面,是呈现高级、复杂形态

---

① Anjan Chatterjee and Oshin Vartanian, Neuroscience of Aesthetics, *Annals of the New York Academy of Sciences*, vol. 1369, no. 1, 2016, pp. 172 - 194.

的大脑意识活动。

通过脑磁图技术,克拉-孔迪(Camilo J. Cela-Conde)等进行了欣赏摄影作品的实验,结果发现当被试者感知、体验到美时,前额叶被选择性地激活。据此,他们认为审美大脑在感知和加工事物的审美属性时,前额皮层发挥了主要作用。接着,他们进行了进一步的研究,结果发现被试者产生美感体验时,激活了左背外侧前额叶;而被试者进行审美判断时,会激活扣带回[①]。

审美体验、审美判断不仅有认知的影响,还受到情感、情绪的影响。迪奥和埃米利亚诺·马卡鲁索(Emiliano Macaluso)等曾经进行过观察原作和修改版的雕塑作品的脑成像实验,实验结果是原作雕塑大多获得正面评价,修改后的雕塑大多获得负面评价[②]。与修改后的雕塑相比,对原始雕塑进行欣赏时,右前脑岛活性较强,并且枕外侧回、楔前叶和前额叶等大脑皮层区也会激活。于是迪奥等得出以下结论:审美欣赏既通过引起一系列皮层区活动的刺激物的内在参数(被实验者定义为"客观")介导,又通过与观赏者自身的情感体验相关,并且引起右侧杏仁核活化的过程(被实验者定义为"主观")介导。

通过更深入的实验研究,迪奥和维托蒂奥·加莱塞(Vittotio Gallese)发现,被试者对视觉艺术作品产生审美体验时,感觉运动区域、核心情感中心和相关奖赏中心都被激活[③]。迪奥等依据审美活动过程中激活的脑区结构和功能,分析认为审美体验是一个多层累叠的加工过程,再次证实美感体验不仅来源于对艺术作品的纯粹视觉感知、分析、感觉运动等,还和情绪、情感共振相关。其中,情感与审美的神经连接性,体现在审美体验受到核心情感中心——脑岛和杏仁核的调节。也就是说,迪奥的两次实验结果都表明美感体验不仅与事物的客观属性有关,而且与情感之间存在明显的神经联系,并且审美偏好至少在基本的审美处理水平上由核心情感中心(脑岛和杏仁

① Camilo J. Cela-Conde and Gisèle Marty, Fernando Maestú, Tomás Ortiz, Enric Munar, Alberto Fernández, Miquel Roca, Jaume Rosselló and Felipe Quesney, Activation of the Prefrontal Cortex in the Human Visual Aesthetic Perception, *Proceedings of The National Academy of Sciences of the United States of America*, vol. 101, no. 16, 2004, pp. 6321–6325.

② Cinzia Di Dio Emiliano Macaluso and Giacomo Rizzolatti, The Golden Beauty: Brain Response to Classical and Renaissance Sculptures, *Plos One*, vol. 2, no. 11, 2007, p. 1201.

③ Cinzia Di Dio and Vittotio Gallese, Neuroaesthetics: A Review, *Neurobiology*, vol. 19, no. 6, 2009, pp. 682–687.

核）来调节，这也证实了审美体验与情感的关系，说明审美体验的主观判断与被试者的情感调节有关。此外，美感体验、审美判断还是与受到历史、文化影响的语义语境相关联的。

总之，美感体验的产生不仅和客观的审美价值有关，也和主观的审美判断相连。也就是说，美感的性质受到主客观因素的共同影响，既与客体的审美属性相关（如对称性、复杂性、新颖性、典型性），又与主观的审美判断有关（如加工的流畅度、熟悉度、专业知识、文化、内隐记忆与想象等）。

神经美学的研究为美学发展提供了新的科学基础，在美学的基本问题方面，进行了独特分析，激活了传统美学研究。就像泽基所说"任何美学理论，若没有构建在脑活动的基础上，是不完备也不可能深刻的"[1]。神经美学研究在美本质、审美发生、审美过程、美感性质等方面取得了许多有意义的研究成果，为传统美学研究提供了全新的思路。换句话说，在理论研究上，审美的脑机制研究有助于对我们中国当代美学长期陷入"美本质"思辨论争泥潭的状况，提出新的研究视角，为"美是什么"和"美的成因"等提供了新的阐释空间和实证依据。

虽然日益兴盛的审美神经机制研究，将推动当代美学学科的理论创新和实践发展。但目前由于国外神经美学研究兴起较晚，只有20多年的研究历史，关于认知神经美学的研究，大多是由神经生物学家、神经心理学家、神经生理学家进行认知神经学的科学分析，同时在美学方面提出一些观点。当然目前脑科学的发展还在探索中，关于人类审美活动的神经机制还没有形成系统完整的科学结论和解释，同时因为研究者群体中缺少美学理论工作者的广泛参与，也没有建立起以审美认知神经机制为基础的一整套美学理论。

而且国内学者的研究水平与国外还有很大差距，大部分是由心理学家、神经科学家在介绍引进国外神经美学的研究成果，也有少数零星的自主研究，但都没有关于美学原理的重新构建和系统分析，还不足以构建以脑审美机制为基础的美学理论，还需要继续进行更深入的审美实验研究和理论阐释，促进美学基本原理的新发展。所以当前我们的研究具有双向意旨，一方

---

[1] Semir Zeki, *Inner Vision: An Exploration of Art and the Brain*, New York: Oxford University Press, 1999, p.52.

面把西方神经美学的研究进展、成果介绍传播到国内学界,主要分析它在理论方面对中国美学的革新性影响;另一方面也希望推动中国的美学研究者们建构本土的神经美学的基本理论系统,寻求本土美学实践的神经美学话语权。

第三节　文学批评的客观性、倾向性、多维性①

　　当下我国文学创作的数量是惊人的,然而红火的表面背后,却埋藏着太多的问题。习近平在文艺工作座谈会上的讲话就提到了这一现象:"在文艺创作方面,也存在着有数量缺质量、有'高原'缺'高峰'的现象,存在着抄袭模仿、千篇一律的问题,存在着机械化生产、快餐式消费的问题。"至于那些低俗不堪的作品,单纯追求感官娱乐、甘愿拜倒在亚当·斯密那只"看不见的手"下的创作,就更是满天乱飞,横行于世,充斥于公众的视野之中,新的媒体传播方式以及现代社会极其宽容的心态,也都在一定程度上纵容了这些作品的存在。网络新媒介时代,人人都可以成为作家,人人都可以通过网络发表自己的作品,而全球消费文化的洗礼,也使人们将当下所有的文化现象都视为一种消费,文学也被纳入到了单纯个人消费的行列之中,成为一种纯粹个人化的事情。消费社会语境下,只张扬个人的喜好,而很少考虑公众的道德、人性的高尚、人类的前途。而这些也正是当下文学批评在面对文学诸多问题时,无从应对的原因所在。消费文化无处不在,那些愿意守护精神家园的批评家处境可怜,已成为孤独面对夕阳西下的守墓老人。而更多的文学批评者,则是不知道为何批评,拿什么批评,又批评什么。于是批评变成为一种程式,变成为一种职业,像种田卖货一样成为养家糊口的赚钱手段。而批评家过于主观的批评,已使批评丧失了"批评"的意义,沦为一种为创作装点门面的摆设,对文学乱象毫无针砭之力。那么究竟什么才是真正的文学批评,本文想从文学批评三性,即客观性、倾向性、多维性三个方面,对这个看似简单的问题谈些自己的看法,以期厘清认识,推动批评工作健康有序的开展。

---

　　①　作者丁国旗,中国社会科学院民族文学研究所研究员。本文原题《论"文学批评三性"——文学批评客观性、倾向性、多维性探讨》,载《南京社会科学》2015 年第 3 期。

一、文学批评的客观性

任何作品都是独一无二的，因为它由独立的个体创作出来。正如世界上不存在两片完全相同的叶子，在文学世界里也没有在情节安排、情感表达、思想呈现、语言运用等方面完全一致的作品。虽然文学创作多样复杂，作品的呈现丰富多彩，但文学批评却不可以五花八门、随心所欲，文学创作对艺术创作的一般规律以及"文学"门类创作的特殊规律的遵循，决定了文学批评应该是一种类似于"科学研究"的工作。批评家必须去发现文学活动中某些规律性的或本质性的东西，必须对批评工作抱有科学客观的态度，有客观稳定的标准，这是文学批评安身立命的本分所在。可以说，客观性是文学批评的基本性质之一。

文学批评的客观性首先表现为批评是一种理性分析的过程。文学批评作为文学活动的重要组成部分，与文学创作需要重视作家个人的情感体验与独特理解不同，它要求批评主体按照一定的理论和标准，对批评对象进行分析、研究、鉴别、判断，从而去发现作家创作的优点和缺点，总结文学创作规律性的东西。这种对对象进行分析、研究、鉴别、判断的过程，是一种凝视静观、冷静分析的过程，是发现问题寻找答案的过程。因此，如果说创作是一种偏重于个体感性的活动，那么批评就是一种偏重理性分析的活动，虽然它也表现批评者个人的立场观点和价值取向，但这种表现是通过对作品细节的理性分析来完成的。另外，批评家对文学作品的解读总是建立在自己对作品充分鉴赏的基础之上，需要比一般的读者更多地熟悉作品，了解作品产生的背景与作家创作的意图等。批评者还要拥有更多的专业知识储备、理论修养以及足够的从事批评的逻辑思维训练。这些既是理论分析的前提，也是批评必须客观的前提。总之，文学批评作为一种批评，是通过摆事实讲道理来完成的，就像一个外科医生面对一位等待手术的病人，并不需要过多的感情介入，只要有高超的手术能力就可以了。

文学批评的客观性还在于如何批评要受到文学创作规律的制约。文学创作虽然有其强烈的个性化特征，但创作不同于写日记，可以随意发泄、随性涂鸦。实际上作品的故事情节安排、结构设定、典型人物塑造、语言运用等都必须在遵从创作规律的条件下进行，并始终围绕作家情感的审美表达、人物性格的合理变化来推进，这是文学作为一门艺术创造的根本要求。作品虽然是作家创作的,但并不意味着作家在创作过程中是万能的,可以主观地决定一切,改变一切。有资料显示托尔斯泰在《安娜·卡列尼娜》的结尾安排安娜以卧轨自杀的方式来结束生命的时候极为痛苦,当有人问他既然如此痛苦为什么不把结局改变一下,让安娜有一个好一点的生活。托尔斯泰的回答却是"我试过,但我做不到"。作品中人物的塑造与现实生活中孩子的成长是一样的,人物也要受到他所处的自然环境和社会环境的影响,恩格斯所提出的"典型环境中的典型人物"①就是这个意思。人物一定是环境中的人物,他性格的形成、处世的方式都与其生存环境和成长过程密不可分。一个孩子出生以后所接触的人和事构成他的成长环境,他在该环境的影响下渐渐形成了自己独立的人格,学会了判断与思考,之后,他便会按照自己的方式待人行事。同样,小说中的人物也有一个慢慢长大的过程,只是他是被作家慢慢塑造出来的,而一旦作家给人物创造出了社会的、家庭的乃至地理的生存环境,人物便一定会形成与这样的环境相配衬的性格与行为方式,他也就不再听由作家的摆布,而会按照自己的方式生活、交友或恋爱;这时候作家已不能随意地支配人物,而只能顺应他。也就是说,如果托尔斯泰真要改变安娜的命运,那他就必须重新为安娜安排一次人生,要从她出场之初,就为她将来美好的结局安排好一切。

所有优秀文学作品的产生都是这样,作品中人物的生活属于人物自己,属于人物的出生环境及他周围的人和事对他的影响。祥林嫂的悲剧命运不是鲁迅给他的,鲁迅只是写出了她的故事,造成她悲剧的原因是旧时代的封建社会,以及辛亥革命前夕中国农村社会的基本状况。文学创作需要遵循艺术规律,而文学作品一旦完成,其所携带的可供分析解读的符号系统就会是相对稳定的,而文学批评也必然要立足于作品本身来展开,依照创作的基本规律来辨析。文学作品作为文学批评的对象是客观的,人物的生存环境及其性格的生成是客观的,作家在创作作品时遵守的创作规律也是客观的,这些决定了批评也应该具有客观性,它有规可循,依规而评,而不能乱弹琵琶。那些完全凭个人的感觉和体验就进行的批评是伪批评,没有一种科学精神与科学态度的批评,也一定会伤害创作,偏离主题,影响阅读。

---

① 恩格斯:《恩格斯致玛·哈克奈斯》,《马克思恩格斯选集》第 4 卷,人民出版社 1995 年版,第 683 页。

文学批评的作用主要是推动作家更好地创作,帮助读者更好地阅读,同时又能在开展文学批评的过程中不断发现和总结文学运动的规律,推动文艺理论的发展。文学批评的对象是具体的作家作品,作家创作上的得失成败都可以在批评中被挖掘出来。因此,好的批评可以帮助作家总结创作上的优点,也可以指出他的不足和缺憾,使其在以后的创作中扬长避短。一部好的文学作品由于种种原因,也可能出现读者难以理解,难以接受,甚或根本读不懂的情况,这时候也需要通过文学批评的分析引导,消除作品与读者之间的隔膜,在作品和读者之间、作家和读者之间架起沟通的桥梁,帮助读者更好地阅读与欣赏作品,认识作品的价值。说出作品的好坏,摆出其好坏的事实和道理,在分析作品的过程中发现创作的规律、阅读的法则、作家的风格和特征,这就是文学批评在文学活动中的作用。文学批评的客观性要求我们,对批评要有所敬畏,要多掌握相关的专业知识,要熟悉文学批评的规律,要有丰富的艺术体验和感受,同时更为重要的是还要不断加强职业训练,有较高的逻辑分析与理性思考能力。

二、文学批评的倾向性

　　批评是客观的,但也是有倾向的。既然批评是由作为主体的批评家来完成的,那么批评家个人的立场、思想、情感、好恶就会在批评中自然流露出来,从而表现出批评家个人的倾向性,批评的倾向性是批评家的社会历史观和个人价值观共同促成的结果。由于文学批评首先要求的是客观理性的分析,因此批评的倾向性并不表现为批评者个人基于生理、心理上的不同而出现差异,而是这种差异的升华,也就是说,这种倾向性是升华了的个人情感和认知,即立场、价值观、世界观、历史观的差异性表现。

　　任何作品都是有倾向性的,因为任何作品都是对现实生活以及作家思想情感的反映。文艺反映生活,并不是作家消极冷漠地对现实生活进行自然摹写,而是需要经过作家头脑加工、改造的一种能动的反映,是作家以一定的社会生活为原料而进行的一种创造性精神活动,它总是或隐或显地反映出作家对被描写对象的认识和评价,渗透着作家对人物的思想情感和态度。因此,作品既反映生活,也反映情感,反映倾向,是主观与客观融而为一的结晶。莫泊桑曾经说过:"须知绝对的真实,不掺水分的真实是不存在的,因为谁也不能认为自己就是一面完美无缺的镜子。我们每个人都有一种思想倾向,教我们这样或那样去看待事物;同一桩事,这个人觉得是正确的,另一个就可能觉得是错误的。"①批评也是如此,批评是对具有倾向性的文学作品的批评,因此,怎样发现与看待文学中所表现出的倾向,怎样评论作家艺术家在作品中所流露出的情感,以及作家在创作方法运用上的个人特点等,背后都要有批评者的立场、价值观、世界观、历史观的介入与影响。《红楼梦》在不同的历史时期所遭遇的不同待遇,就是一个明显的例证。由最初的"淫书"到现在思想艺术上的典范之作,差距如此巨大,就是因为批评者的世界观价值观等的巨大差异所造成的。鲁迅先生在谈到《红楼梦》时说过一段非常有名的话:"《红楼梦》是中国许多人所知道,至少,是知道这名目的书。谁是作者和续者姑且勿论,单是命意,就因读者的眼光而有种种:经学家看见《易》,道学家看见淫,才子看见缠绵,革命家看见排满,流言家看见宫闱秘事……"②每个人所站的立场、所持的观点不同,自然便会得出不同的结果,批评必然要反映批评者的立场观点,从而表现出批评的倾向性。

文学的倾向性是越隐蔽越好,批评的倾向性则是越直截了当越好。关于文学的倾向性问题,恩格斯在评论玛·哈克奈斯的《城市姑娘》时说道:"我绝不是责备您没有写出一部直截了当的社会主义的小说,一部像我们德国人所说的'倾向性小说',来鼓吹作者的社会观点和政治观点。我决不是这个意思。作者的见解越隐蔽,对艺术作品来说就越好。"③在另一篇致敏·考茨基的信中,恩格斯同样指出:"我绝不是反对倾向诗本身。……可是我认为,倾向应当从场面和情节中自然而然地流露出来,而无需特别把它指点出来;同时我认为,作家不必把他所描写的社会冲突的历史的未来的解决办法硬塞给读者。"④显而易见,对于文学创作而言,作家虽然可以表达倾向,但这种倾向的表达需要通过作品自身来完成,即通过故事的推演、人物性格的变化等来完成,而不需要直接在作品中说出来。对文学作品而言,不

①　莫泊桑:《爱弥尔·左拉研究》,中国社会科学院文学研究所编《古典文艺理论译丛》第八册,知识产权出版社 2006 年版,第 149 页。
②　鲁迅:《〈绛洞花主〉小引》,《鲁迅全集》第 8 卷,人民文学出版社 1981 年版,第 145 页。
③　恩格斯:《恩格斯致玛·哈克奈斯》,《马克思恩格斯选集》第 4 卷,人民出版社 1995 年版,第 683 页。
④　恩格斯:《恩格斯致敏·考茨基》,《马克思恩格斯选集》第 4 卷,人民出版社 1995 年版,第 673 页。

去直接说出的倾向性是更高的对于倾向性的表现。然而与强调作品的倾向性需要"自然而然地流露出来"不同,文学批评的倾向性则必须"直截了当"地说出。我们仍然以讨论文学的倾向性这一问题为例,看看马克思主义经典作家在进行文学批评时是如何直接表达观点和态度的。

批评必须是明确的、直接的,只有这样才能实现推介优秀作家作品,贬斥庸俗作家作品,以及总结规律、推动创作的作用和功能。恩格斯对于在作品中直接表达倾向性的文学作品一直都持有毫不留情的批判态度,在《德国的革命和反革命》一文中,恩格斯批评了在1830年法国七月革命影响下,德国文学所发生的变化。他说:"当时几乎所有的作家都鼓吹不成熟的立宪主义或更加不成熟的共和主义。用一些定能引起公众注意的政治暗喻来弥补自己作品中才华的不足,越来越成为一种习惯,特别是低等文人的习惯。在诗歌、小说、评论、戏剧中,在一切文学作品中,都充满所谓的'倾向',即反政府情绪的羞羞答答的流露",他们只是一些散布"杂乱思想的作家"①。他还批判那些"真正的社会主义"作家,说他们"无论是散文家或者是诗人,都缺乏一种讲故事的人所必需的才能","对叙述和描写的完全无能为力",是他们"诗篇的特征"②。在这里,恩格斯显然对那些由于缺乏才华而直观流露倾向性的创作进行了尖锐的批评,亮明了自己的态度,讥讽他们是"低等文人的习惯"。同时在评价巴尔扎克和左拉时,恩格斯更是明确而坚定地指出:"巴尔扎克,我认为他是比过去、现在和未来的一切左拉都要伟大得多的现实主义大师"③。关于歌德,恩格斯的批评与肯定则是兼而有之,认为"歌德有时非常伟大,有时极为渺小;有时是叛逆的、爱嘲笑的、鄙视世界的天才,有时则是谨小慎微、事事知足、胸襟狭隘的庸人"④。而列宁对托尔斯泰的评价也是中肯而清晰的,他说:"托尔斯泰的作品、观点、学说、学派中的矛盾的确是显著的。一方面,是一个天才的艺术家,不仅创作了无与伦比的俄

---

① 恩格斯:《德国的革命和反革命》,《马克思恩格斯选集》第1卷,人民出版社1995年版,第492页。

② 恩格斯:《诗歌和散文中的德国社会主义》,《马克思恩格斯全集》第4卷,人民出版社1958年版,第237页。

③ 恩格斯:《恩格斯致玛·哈克奈斯》,《马克思恩格斯选集》第4卷,人民出版社1995年版,第683页。

④ 恩格斯:《诗歌和散文中的德国社会主义》,《马克思恩格斯全集》第4卷,人民出版社1958年版,第256页。

国生活的图画,而且创作了世界文学中第一流的作品;另一方面,是一个发狂地信仰基督的地主……"①另外,马克思恩格斯对文学的"莎士比亚化"的肯定,对"席勒式"的批判,如此等等,都非常鲜明清楚地表明了他们的观点、态度和立场,让我们看到了在评论作家作品时他们爱憎分明、"直截了当"的品格和勇气。

关于文学批评的倾向性问题,还有一点必须说明,这就是批评的倾向性并不意味着批评的政治性,更不是批评的党性。倾向性和政治性、党性是有区别的,倾向性的内涵与外延远远大于政治性或党性。新时期以前很长一段时间,我们要求文艺为政治服务,文艺从属于政治,以致造成文艺创作的限制越来越多,直至出现极"左"时期8亿人民8个样板戏的荒唐年代。新时期之后,我们党提出了新的"文艺为人民服务、为社会主义服务"的"二为"方针,以替代过去文艺从属于政治的口号,从而根本上扭转了文艺对政治的依附关系,大大拓宽了文艺的创作空间,解放了文艺创作的活力。因此,对文艺批评而言,只要是求真向善趋美的作品,我们都应该认为是有正确倾向的作品,都应该得到肯定。如果将倾向性仅仅界定为政治性甚至党性,将会阻碍文学正常健康的发展,同时对政治性和党性也会是一种误读和损害。总之,文学的倾向性可以包含党性、政治性,但党性、政治性只是倾向性的部分内容,对倾向性不能做狭隘的理解。当然,批评的倾向性虽然不是批评的政治性和党性,但文学批评却是有阶级性的,批评作为一种思想武器掌握在谁的手里,是非常重要的。对社会主义文艺而言,提倡弘扬主旋律、传播正能量的文学批评,应该是我们始终要坚持的文学批评的倾向性。文学批评的这种倾向性要求我们,要深入学习历史唯物主义,要加强思想修养,要树立正确的人生观、世界观、价值观,要充分认识文学对于人性塑造的陶染作用,以及对于审美价值的培育作用。只有这样,才能高屋建瓴,真正读懂作品,把握好文学批评这个武器,让文学批评为文学自身、为社会、为人类的未来服务;必须坚决抵制庸俗错误的文学批评倾向,因为错误的倾向性会将作家引向歧途,将读者引入邪路,让文学迷失方向。

①　列宁:《列夫·托尔斯泰是俄国革命的镜子》,《列宁全集》第17卷,人民出版社1988年版,第182页。

三、文学批评的多维性

文学批评的多维性就是面对一部作品,我们可以从不同的角度展开研究与评论。虽然批评是客观的,但对作品的批评并不是单一的。虽然批评是有倾向性的,但有同样倾向的批评却可以从不同的角度来展开,所谓"横看成岭侧成峰,远近高低各不同",批评的角度不同,评论者的兴趣点不同,所得出的批评的结论也就会不同,这就是文学批评的多维性。文学批评的多维性,使同一部作品可以从不同的方面得到批评者的关注与研究,这对展示作品的整体风貌以及创作诸方面的优劣得失都是有益的。文学批评的多维性是以文学批评模式的多样性来体现的,以下本文将对文学批评模式做一粗略的探讨。

所谓批评模式,学界没有明确的界定,但一般而言它应该是在某种具体文学理论指导或影响下形成的一种批评视角或解读方式。对于批评的具体模式,理论界探讨得比较多,尤其是对当代西方文学批评模式的研究。20世纪是西方各种文艺理论观念大爆发的世纪,因而也就相应地形成了各种各样的文学批评模式。关于文学批评模式,目前比较流行的观点是美国学者艾布拉姆斯在《镜与灯》中提出文学"四要素"之后,对文学批评所做出的四种模式的划分,分别是模仿说、实用说、表现说、客观说。在《镜与灯》一书中,艾布拉姆斯对这四种批评模式进行了非常详细的阐释和梳理,这里不再详解[1]。当然由于《镜与灯》出版于1953年,因此国内有学者认为艾氏所论述的四种批评模式只是20世纪前期轮流上演的批评模式,而在20世纪后期还出现了一种"全新的、多视角的批评模式"即"文化批评模式",这样"20世纪的西方文学批评就是在这五种模式的交替中进行的"[2]。然而在笔者看来,仅仅将"文化批评"模式加入到艾氏已经绘制的文学批评四模式图谱中,显然也还远远不够,因为艾氏的文学批评四种模式的提出,是建立在对传统文学理论与批评的总结之上,而发生在20世纪西方最新的理论与批评流派都不在其视野考察之内,倘若一定要在其四种批评模式的基础上增

---

① M. H. 艾布拉姆斯:《镜与灯——浪漫主义文论及批评传统》,郦稚牛等译,北京大学出版社1989年版,相关内容见该书第一章。

② 洪永稳:《论20世纪西方文学批评的五种模式及其得失》,《合肥师范学院学报》2013年第4期。

添新的批评模式,就不仅仅是加上文化批评模式而成为五种批评模式这么简单。从数量上说,恐怕要增加到十余种,甚至数十余种,才算符合 20 世纪西方文学批评发展的实际状况。因此,艾氏《镜与灯》中关于批评模式的探讨能够带给我们的启示,重要的不在于他给我们归纳出了多少种具体的模式,而在于他所提出的作品、作家、世界、读者的文学四要素观点可以成为我们梳理 20 世纪众多批评模式的一个分类标准,以便于我们对已经出现的数十种批评模式加以归类。有学者正是根据艾布拉姆斯的文学"四要素"说,将当代西方文学批评模式做出如下的分类与归纳:(1)强调文学与世界联系的:社会历史批评、西方马克思主义批评、女性主义批评、新历史主义批评、后殖民主义批评、文化批评等,这些批评强调外部世界中的社会、政治、经济、历史、文化、种族身份、时代精神、意识形态等因素与文学之间的关系;(2)强调文学与作者联系的:精神分析批评(心理学批评)、神话—原型批评等,这些批评强调作者的情感经历、个人心理或集体无意识心理对文学的影响;(3)强调文学与读者联系的:现象学批评、解释学批评、接受理论批评、读者反应批评等,这些文学批评都强调文学活动中读者的重要作用;(4)强调文学文本自身的:俄国形式主义批评、英美新批评、结构主义批评、解构主义批评等,这些批评强调对文学文本本身的结构、语言等形式因素的研究①。应该说,这样的梳理与归纳一定程度上反映出了当代西方文学批评模式的基本概况。

当然关于文学批评模式的讨论与归纳远不止这些,除按照文学四要素提出或建构文学批评模式之外,许多理论家还从各自的理论立场出发提出了许多新的关于文学批评模式的具体分类或种类,这里再列举一些以更好地说明这一情况。美国霍斯特大学的英语教授韦尔伯·斯克特在《文学批评的五种模式》一文中,通过洞察当代和过去的文学批评的各种流派,提出并系统分析了道德模式、精神分析模式、社会学模式、形式主义模式和原型模式这五种批评模式,并对这些批评模式的起源、发展、本质和局限性都做出了详细的梳理和介绍②。该文基于对当代和过去文学批评流派的高度概

---

① 网文《当代文学批评模式的阐释和应用》,http://www.docin.com/p-622596030.html。
② 韦尔伯·斯克特:《文学批评的五种模式》,《东疆学刊》(哲学社会科学版)1987 年第 4 期。

括所提出的五种模式,一定程度上有其合理性,但这五种模式的提出如果对照起来看,并没有全面反映出文学史上文学批评的整体风貌,尤其是对当代西方文学批评的概括与分析,给人以挂一漏万之感。另外,著名的后殖民理论家萨义德在其《世界、文本与批评家》一书中则提出了"世俗批评"这一批评模式,作为又一个第五种批评形式,"用以替代实用批评、文学史、文学鉴赏和诠释以及文学理论这四种在他看来在智性上不再能很有效地发挥作用的传统批评形式"①。萨义德的文学批评模式从界定上来说,视角显然要广大得多。而为大家所熟知的英国当代马克思主义文学理论批评学者伊格尔顿也在他的《二十世纪西方文学理论》中提出了"政治批评"这一形式,虽然"政治批评"在他这里主要是针对文学理论而言,但将其用在具体的文学批评上恐怕也不会有人反对,因为在伊格尔顿看来,"文学,就我们所继承的这一词的含义来说,就是一种意识形态。"②以上这些例子再次证明,对于文学批评模式的探讨或许本身就像是西西弗斯的巨石一样永无止境,对其模式数量的考证显然没有太大意义,也如伊格尔顿所说:"试想一个文学批评包括多少方法吧!你可以讨论这位诗人的有气喘病史的童年,或研究她运用句法的独特方式;你可以在这些'S'音中听出丝绸的窸窣之声,可以探索阅读现象学,可以联系文学作品于阶级斗争状况,也可以考察文学作品的销售数量。这些方法没有任何重要的共同之处。"③一种批评模式实际上就是一个批评方法,有多少个方法也就意味着有多少种模式,每个人都可以从自己的角度出发提出各种各样的批评模式,这才是文学批评多维性的真实面貌。

过去一谈到文学作品,我们能够想到的就是作品的思想内容与艺术成就,而文学批评多维性的存在将打破我们对于作品分析的原有局限,为丰富和开拓文学批评的手段与思路打开局面。文学批评的多维性要求我们,要全面地看问题,对于一部作品既可整体把握,也可局部分析,既可从作者出发,也可以从读者入手,既可讨论与社会的关系,也可以专注于文本分析,当

① 丹尼尔·奥哈:《现世性和他世性批评——爱德华·萨义德与理论的崇拜》,见 Williams, Patrick, ed. *Edward Said*. Vol. 4. Lon-don: Sage Publications, 2001, p. 13. 转引自赵建红《第五种批评形式:萨义德的"世俗批评"》,《外国文学》2008 年第 2 期。
② 特雷·伊格尔顿:《二十世纪西方文学理论》,伍晓明译,北京大学出版社 2007 年版,第 21 页。
③ 特雷·伊格尔顿:《二十世纪西方文学理论》,伍晓明译,北京大学出版社 2007 年版,第 199 页。

然也可以根据现实的需要或具体的作品做出更为具体的批评。文学批评的角度是开放的，要允许发现一部作品不同的美，通过不同维度的分析，帮助读者认清作品，帮助作者总结经验教训。文学批评的多维性大大丰富了作品的内涵与价值，也为文学批评开辟出更为广阔的阐释空间。

以上本文从"文学批评三性"的客观性、倾向性、多维性探讨了文学批评的性质这一基本问题。客观性要求在评价作品时要尊重艺术创造规律，做到实事求是；倾向性要求在分析作品时要充分发挥批评主体的能动性，将批评的价值尺度运用到批评中，站稳立场，把握好方向；而多维性要求在批评中要以开放发展的眼光，充分发现作品的潜能和价值，全方位展示作品的魅力。客观性、倾向性是文学批评的基本性质，是任何批评所必须具有的；多维性是文学批评延展出来的性质，是对多次批评总结把握的结果；客观性、倾向性、多维性共同构成文学批评的本质特性。关于"文学批评三性"的探讨，对于当下我国文学批评实践活动具有重要的理论价值与意义。很多时候人们不把批评当回事，忽视了批评家个人对于相关专业知识及专业以外知识的学习与了解，忽视了批评者个人的人格修养与境界的提升；有很多人，甚至一些专业从事批评工作的也认为谁都可以当批评家，以致造成批评界整体水平的下降，一些不学无术的人混迹于批评行列。因此，"文学批评三性"的提出，可以作为一面镜子，照出存在于批评界的诸多问题，改变学界对于文学批评的诸多误解和模糊认识。去年习近平同志在文艺工作座谈会上的讲话表达了对文学批评的重视，并且提出了文学批评的历史的、人民的、艺术的、美学的四个观点，明确指出了具有中国特色的社会主义文艺批评的应有立场、基本观点。结合本文对"文学批评三性"的解读，笔者认为，要做好文学批评工作并非易事，它需要文学批评工作者有较高的学术修养，良好的职业操守，坚实的理论支点，服务艺术献身艺术的精神追求；文学批评绝不是随随便便的事情，它关乎我国文学的未来发展，关乎文学能否真正"以人民为中心"，做到为人民服务、为社会主义服务等诸多的问题。

第九章　音乐美学与戏剧美学

　　主编插白:蒋孔阳先生是上海市美学学会的首任会长。蒋先生的美学贡献,不仅体现在《德国古代美学》的研究和《美学新论》的建构上,而且体现在对中国古代音乐美学的开拓性研究方面。蒋先生弟子、复旦大学中文系陆扬教授联系《先秦音乐美学思想论稿》,系统阐释了蒋孔阳先生的音乐美学思想。在蒋孔阳先生看来,先秦的音乐美学思想不是先秦乐官们居高临下给音乐自律规定的高头讲章、纯粹理论,而是彼时诸子百家从政治需要和哲学世界观出发发表的对于音乐的德治政教功能的看法。所以蒋孔阳很少就音乐论音乐,而是多立足于实证来考究音乐承载的社会功能。无论是音乐的"省风"功能还是"宣泄"功能,孔子的"正乐"要求还是墨子的"非乐"主张,都贯穿着一种音律之外的人文意志与情怀。这可以说是蒋孔阳音乐美学思想的一个重要标志。可见,蒋先生的音乐美学思想更多是他律的。当然,中国古代音乐美学在重视德治政教功能的同时,并未无视对"声文"规律的探讨。中国古代诗乐一体,这导致了古代中国诗词对音乐美的超乎寻常的推崇。上海戏剧学院的王云教授在《诗词赋呈现音乐美的三重维度》一文中指出:一方面,诗、词、赋是语言的艺术,描述音乐形象非其所长,另一方面,中国古代的诗、词、赋又借助语言文字来描述音乐形象,创造特殊的音乐之美。它们的共同策略是以某种艺术手法引发读者关于音乐形象的联想,进而感受音乐美。具体说来是以音乐的特征彰显音乐美、以音乐的效果映衬音乐美、以音乐的由来暗示音乐美。文章从这三个维度分析总结诗词赋呈现音乐美的十种具体的艺术手法,这些艺术手法大多为当下的音乐评论所用,因而这种探讨具有现实的启示意义。中国古代的戏剧是不能离开音乐歌唱的。但在西方,戏剧在歌剧之外,有仅以对话和动作为表演手段展开剧情塑造人物的戏剧,叫"话剧"。20世纪初、辛亥革命前夕,话剧最早进入中国,称"新剧"或"文明戏",在现代中国社会变革中发挥过推波助澜的作用。新中国成立后,话剧的创作和接受发生了一系列变迁。上海戏剧学院陈军教授的《中国当代话剧接受的审美变迁》一文研究指出:中国当代话剧接受的审美变迁与中国当代社会文化语境的转型密不可分。这种审美变迁呈现为"十七年"和"文革"时期、1980年代"新时期"、1990年代以来几个不同的历史时期,话剧观众的审美趣味各有特点,风貌各异。文章考察了不同时期话剧观众精神结构、欣赏习惯、接受心态和审美价值观念的演变,揭示1949—1976年,是政治压抑娱乐,审美接受标准化、一体化的阶段。1980年代是审美娱乐得到重视,戏剧探索在争议中前行的阶段。1990年代以来是娱乐接受日益凸显,观众接受多元分化的阶段。作者对这些演变的得失提出了自己的反思,可为读者提供有益的借鉴。

第一节　蒋孔阳的音乐美学思想[①]

蒋孔阳先生的音乐美学思想举其荦荦大端者,集中见于他的《先秦音乐美学思想论稿》,该书1986年人民出版社出版,是中国音乐美学的开拓性著作。日后蒋孔阳回忆他的两部国别美学代表性著作,坦言虽然《德国古典美学》影响更大,台湾也出了繁体字版本,但是他自己格外心仪的,则还是《先秦音乐美学思想论稿》,其缘由是中国人写中国的东西,自有一种亲切感。倘若不是身体条件渐感不支,《先秦音乐美学思想论稿》本应是蒋孔阳撰写一部《中国美学史》心愿的序章。正如该书"前言"中作者所言:

> 在各门艺术当中,我国古代的音乐特别发达,而且有关音乐的论述又特别多,因此,探讨我们古代的音乐美学思想,应该是研究我们古代美学思想的一个重要环节。我们甚至可以这样说,我们古代最早的文艺理论,主要是乐论;我国古代最早的美学思想,主要是音乐美

[①]　作者陆扬,复旦大学中文系教授。本文原载《宁波大学学报》2021年第1期。

学思想。①

可见,在蒋孔阳看来,音乐思想可视为中国美学史的源头所在。蒋孔阳的这个洞见不妨说也是人类文明的一个共识。音乐对于人类文明之必须,早在《尚书·舜典》就有明确记载。时当舜继尧位,安定天下,即任命百官,令各司其职。轮到音乐,帝曰:"夔!命汝典乐,教胄子,直而温,宽而栗,刚而无虐,简而无傲。"这可见音乐与文明的启蒙是同步的。希伯来文化中,更将音乐对人类之必须,上推到创世之初。《旧约·创世纪》说,"拉麦娶了两个妻,一个名叫亚大,一个名叫洗拉。亚大生雅八,雅八就是住帐篷养牲畜之人的祖师。雅大的兄弟名叫犹八,他是一切弹琴吹箫之人的祖师。"雅八和犹八这一对分别掌管畜牧和音乐的兄弟祖师,是亚当和夏娃的长子该隐的第六代子嗣。这可见,紧邻着开天辟地的太初时光,人类就有了音乐。

一、音乐美学的合法性

《先秦音乐美学思想论稿》早在 1976 年即已完成初稿,带有那个时代的特定印记。但是它 1986 年方告面世,真所谓是姗姗来迟。关于此书的写作经过,蒋孔阳在该书《后记》中有一个交代:

> 记得 1975 到 1976 年之间,我从牛棚放了出来,回到了教研组。我用不着天天去参加强迫性的劳动,可以自由来去和看书了。但是,我又还不够格参加教学或其他任何正式工作。因此我那时真是百事不管,成了我一生中少有的空闲时候。没有事,我就天天上图书馆。我本来喜欢历史,这时,我就大量翻阅我国古代的著作,以及近人研究我国古代的著作。翻阅中,我发现我国古代讨论音乐的资料特别多,使我认识到音乐在我国古代社会生活中的重要地位。于是,我产生了研究我国古代音乐美学思想的念头。②

由此我们知道《先秦音乐美学思想论稿》不是命题作业,甚至也不是事先的规划,它更多是出自一种非功利的写作灵感。而这个灵感的直接来源,

---

① 蒋孔阳:《先秦音乐美学思想论稿》,《蒋孔阳全集》第一卷,安徽教育出版社 1999 年版,第 465 页。
② 蒋孔阳:《先秦音乐美学思想论稿》,《蒋孔阳全集》第一卷,安徽教育出版社 1999 年版,第 743 页。

是上文所言"近人研究我国古代的著作",具体说,便是顾颉刚主编《古史辨》中阴阳五行与音乐关系的相关文章。1975年到1976年这个特殊的写作年代,跟朱光潜先生在20世纪60年代初叶写作出版不朽经典《西方美学史》,多有相同处。这个共通处是,特定意识形态的印记,对于学术本身的影响,其实不是举足轻重的。《先秦音乐美学思想论稿》没有《西方美学史》完稿即告付梓,付梓是年便洛阳纸贵,得以重印的幸运。反之从它完稿到付印的中间十载,中国的学术环境业已历经天翻地覆的变化。特别是1984年刘纲纪撰写的《中国美学史》卷一面世之后,长期养在深闺人未识的中国古代美学,也几乎是在一夜之间,星火燎原开始成为显学。即便如此,反顾这部45年前面世的《先秦音乐美学思想论稿》,依然是在迄今为止最优秀的艺术门类断代史之列。

《先秦音乐美学思想论稿》的一个显著特点是夹叙夹议。蒋孔阳承认自己不懂音乐,更不懂先秦的音乐。由此引出一个音乐美学评论的合法性问题。这个问题其实不是问题。在艺术学被确立为第13个学科门类,音乐与舞蹈学被确立一级学科的今天,我们有理由期望音乐家亲力亲为,起笔叙写自己学科的历史和理论。但是在做到这一点之前,自柏拉图以降,音乐美学或者说哲学,从来就是哲学家的分内使命。《理想国》有一段有趣的对话。当时苏格拉底问格劳孔哪一些曲调是靡靡之音,格劳孔答曰伊奥尼亚调和吕底亚调。苏格拉底又问,此等靡靡之音对于士兵冲锋陷阵可有用处?格劳孔回答说,毫无用处,看来你只剩下多利亚调和弗里其亚调了。苏格拉底乃道:"我不懂这些曲调。我但愿有一种曲调可以适当地模仿勇敢的人,模仿他们沉着应战,奋不顾身,经风雨,冒万难,履险如夷,视死如归。我还愿再有一种曲调,模仿在平时工作的人……"①

这里可以见出柏拉图著名的音乐教育思想,具体说是以伊奥尼亚调和吕底亚调为靡靡之音,反之推崇多利亚调和弗里几亚调,认为它们表现了节制和勇敢。有意思的是,请出苏格拉底代言的柏拉图,坦言他自己"不懂这些曲调"。换言之音乐的好处他是纸上谈兵。事实上柏拉图也好,亚里士多德也好,以及嗣后圣奥古斯丁写《论音乐》,波爱修写《音乐原理》,这些音乐理论史上的大家和经典著作,都理所当然以哲学为音乐师。而按照波埃修

① 柏拉图:《理想国》,郭斌和、张竹明译,商务印书馆2012年版,第104页。

《音乐原理》中的说法，音乐家人分三等，第一等是像他那样的哲人来谈音乐，他们虽然不解音乐实践，但是深晓音乐的根本之道，是为第一等人。第二等人是作曲家。第三等人是音乐实践家，他们能弹会唱，但是那不过是技艺。波埃修和奥古斯丁的音乐理论雄霸欧洲中世纪一千余年，而令哲学家当仁不让成为音乐美学的宗师，在这个传统的源头，则是毕达哥拉斯学派以数为宇宙和谐之源的数学模型。

所谓时过境迁。从希腊罗马到中世纪的这个哲学家、作曲家、演奏家依次而下的等级秩序，在今天看来是颠倒翻了过来。是以哲学家和美学家来谈音乐，开始面临一个合法性的问题。蒋孔阳发表他的《先秦音乐美学思想论稿》，很显然也意识到了物是人非：两千年下来，开始浮现的这个新问题。是以该书"后记"中作者强调说，他这部《论稿》既不是研究先秦音乐本体，也不是研究先秦时期的音乐史料，亦非研究此一时期乐官乐手们创造出来的音乐形象。这些方面是音乐家关心的话题，如杨荫浏的《中国古代音乐史稿》，便是先例。故而他所探讨的，主要是先秦时代表现在音乐领域当中的美学思想。这些美学思想，说到底便是这个特定的时代大家对于音乐的一些所思所想。他们当中有些人可能很懂音乐，有些人可能压根就不解音乐为何物，但是他们都听过音乐，是以情动于中而付之于文。所以这里他要研究的，主要就是根据先秦时代诸子百家著作中所留下的有关音乐的言论，研究这些言论所产生的时代社会背景，以及在诸子百家的哲学体系中所占有的地位。

那么，什么又是"音乐美学思想"？在今天美学大普及，一切行业都可以用"美学"来加修饰的今天，这个问题不成其为问题。但是在蒋孔阳写作《先秦音乐美学思想论稿》的20世纪70年代中叶，它认真就是一个问题。为此蒋孔阳作了一个言简意赅的说明。具体说，音乐美学思想不是美学家居高临下来给音乐归纳原理，就先秦音乐美学思想而言，它不是先秦乐官们关于音乐的理论，而是彼时诸子百家对于音乐的看法和想法，是为他们哲学思想的组成部分。是以蒋孔阳坦言他写这部《论稿》，密切关注了两个问题。其一是先秦的哲学家很少从纯哲学角度论道，而都带有浓厚的社会政治伦理色彩，这也反映到音乐美学思想上面，没有人是为音乐而谈音乐。其二，春秋战国是百家争鸣的时代，私家讲学蜂起，反映到音乐美学思想上，很自然形成不同派别和观点。这两个问题导出的乐和礼的主题，以及各家乐论的分歧,事实上也是《论稿》展开叙述的重点所在。蒋孔阳最终这样归纳了美学家论音乐的合法性:"你可以知道我这本书,根本不是谈音乐本身的规律和理论,而是联系音乐或者通过有关音乐的言论,来谈哲学,来谈政治和社会。正因为这样,所以我这个不懂音乐的人,也才敢于大胆地来试一试。"①在这一谦卑却又深入的先秦音乐美学思想梳理之中,则可以见出蒋孔阳抽丝剥茧的拾遗补缺考据心力。

二、"省风"与"宣气"

《左传·昭公二十一年》载周景王欲铸无射编钟,时乐官州鸠道,"夫乐,天子之职也。夫音,乐之舆也。而钟,音之器也。天子省风以作乐,器以钟之,舆以行之。"这段话中的"省风以作乐"语,通常的阐释是天子省察风俗民情以作乐。如三国时期史学家韦昭《国语注》释《国语》中伶州鸠的"乐以殖财"语:"古者以乐省土风而纪农事,故曰'乐以殖财'。"(周语下)在此基础上,蒋孔阳以"省风"为中国古代音乐美学思想的一大特征,对此他的说明是:

> 所谓"省风",是指通过音乐的耳朵,来听测和省察风的方向、温度和湿度等。不同季节的风,具有不同的方向、温度和湿度。它们有的有利于农业的生产,有的不利于农业的生产。古人认为通过音乐能够听测出所刮的是什么风,所以音乐具有"省风"的作用,在农业生产中,占有重要的地位。②

蒋孔阳作如是言,是自觉运用马克思主义的唯物史观来构架历史叙述,以物质生产为一切精神生活形式的出发基点。适因于此,蒋孔阳对于"省风",首先作了字面义的阐释。他指出,无论是客观的宫商角徵羽五声,还是主观的喜怒哀乐情绪,都是由五行六气产生的。进而天地万物,亦莫不系由阴阳六气构组而成。一如韦昭解《国语》中的"天六地五":"天有六气,谓阴、阳、风、雨、晦、明也;地有五行,金、木、水、火、土也。"(周语下),以及《左

① 蒋孔阳:《先秦音乐美学思想论稿》,《蒋孔阳全集》第一卷,安徽教育出版社1999年版,第742页。

② 蒋孔阳:《先秦音乐美学思想论稿》,《蒋孔阳全集》第一卷,安徽教育出版社1999年版,第505页。

传》："则天之明，因地之性，生其六气，用其五行，气为无味，发为无色，章为无声。"（昭工二十五年）

　　蒋孔阳认为，上文《左传》和《国语》中"天六地五"的说法可以表明，春秋时期阴阳五行的观念已经十分流行。而流行的前提，则是五行和阴阳六气作为自然的物质基础，得到了确认，这应可显示，当其时，自然"物"的观念，已然产生。这和商周神学的天命论唯心史观，大不相同。是以蒋孔阳考察先秦音乐的"省风"功用，首先以"风"为物质义解。他引《国语》"虞幕能听协风，以成乐物生者也"（郑语），以及韦昭的相关释义："虞幕，舜后虞思也。协，和风也。言能听风知风，因时顺气，以成育外物，使之乐生。"进而指出，远古以降的古时乐师，皆善听测风声。所以他们的使命，就是以"省风"来服务农事。而如《广雅·释言》云，"风，气也。"以及《淮南子·天文训》："天之偏气，怒者为风"，不妨说，作为西方哲学四大元素之一的气或者说风（air），跟中国哲学六气中的风联袂，成为了音乐产生的物质基础。

　　关于音乐用于战事，蒋孔阳分别引证了《左传》《周礼》和司马贞的《史记索隐》。如《左传》襄公十八年："晋人闻有楚师，师旷曰：'不害！吾骤歌北风，又歌南风。南风不竞，多死声，楚必无功。'"这可见以音乐来判断战争形势，蔚然成风。音乐与战争的主题事实上多为人关注。希伯来文化中，军队亦以不同的角声代表起行、安营、发动攻势或撤退等不同的命令。一如圣保罗所言，"若吹无定的号声，谁能预备打仗呢？"（《哥林多前书》，14：8）。又《民数记》中，我们看到耶和华交代摩西如何号令："若单吹一枝，众首领，就是以色列军中的统领，要聚集到你那里。吹出大声的时候，东边安的营都要起行。二次吹出大声的时候，南边安的营都要起行。他们将起行，必吹出大声。但招聚会众的时候，你们要吹号，却不要吹出大声。"（10：4—7）这可见古今中外，音乐与战争从来就是同仇敌忾。但是像蒋孔阳这样以"省风"角度来审查音乐和战争的关系，应无疑问是表达了一个独特的音乐美学视野。

　　关于"宣气"，蒋孔阳指出，假若说"省风"之说还主要是关注风向与风情，那么"宣气"之论，则更进而希冀音乐能够打通阴阳阻滞，予以宣泄疏导。这和希腊美学流行的"卡塔西斯"（katharsis）即宣泄、净化观念，应为一类。蒋孔阳指出，若遇风雨不顺，四时失序，古人会希冀音乐发挥相应的"宣气"作用以扶正阴阳。对此他引《吕氏春秋》的《察传篇》："夔于是正六律，和五声,以通八风,而天下大服。"又指出,《古乐篇》讲的也是同样的道理:"昔陶唐氏之始,阴多滞伏而湛积,水道壅塞,不行其原。民气郁郁阏而滞着,筋骨瑟缩不达,故作为舞以宣导之。"有鉴于古代舞与乐同为一体,蒋孔阳强调说,这里都可见出音乐的"宣气"功能。这毋宁说也是再一次重申了音乐的物理缘起。对于音乐的这一认知,在蒋孔阳看来,与嗣后殷周贵族用音乐来"制礼作乐",是大有不同的:

> 总之,"省风"也好,"宣气"也好,春秋时唯物主义的思想家,都是用物质性的阴阳和五行来解释音乐,并因为阴阳和五行直接与生产有关,所以他们也把音乐的作用直接与生产联系在一起。这一点,他们和原始时代强调音乐在生产中的地位和作用,基本上是一致的。[1]

蒋孔阳这一代人在正统马克思主义熏陶之下,形成了自己自觉的美学意识形态。是以他愿意从人类最基础的物质生产为出发点,来彰显音乐最初的实用功能,反而以嗣后阴阳五行谶纬神学的神秘主义乐论为耻。蒋孔阳以美学为业,他的世界可以毫不夸张地说,就是一个美学的世界。在他看来,人类所有的精神活动,无不带有自我表现的本能愿望,故而理性精神唯其在直观形式中实现自身,方有美可言。生活中的蒋孔阳处世淡泊,对美却无苛求。他的衣着永远是平实无华的,着中装的时候远较穿西装的时候多。饮食上面更无挑剔。家里则满目是书,除了友人和学生赠送的一些小摆设,不见其他刻意装饰。可以说,蒋孔阳的美学之道,实是许多人望尘莫及的平凡之道。

三、"正乐"与"非乐"

蒋孔阳将音乐美学思想定义同时代人对于音乐领域的看法和想法,就先秦中国音乐美学思想展开探讨的同时,也鲜明展示了作者主体的性格立场。是以《先秦音乐美学思想论稿》不是单纯的史料汇合,即便在史料这一方面,作者纵横捭阖、旁征博引的考据功力和心力,迄今同类著作无有出其右者。《论稿》的一个鲜明特征是史论结合,论述绵密分布在叙述的各个部分,交织而成就全书坚实的理论构架。这个构架的一大显著特征,便是质疑

---

[1] 蒋孔阳:《先秦音乐美学思想论稿》,《蒋孔阳全集》第一卷,安徽教育出版社 1999 年版,第 514 页。

孔子的"正乐"理论,反之推崇墨子的"非乐"思想。

在音乐美学研究中轻孔尊墨,这在新儒学雄风重振,"礼乐"美学几成不二之论的今天,似乎有些不合时宜。事实上蒋孔阳也有充裕时间,来修正他《论稿》中留下的 20 世纪 70 年代中叶那一段特定政治气候下的时代印记。但是蒋孔阳坚持了他的上述音乐美学评价立场,这立场本身,也跟他一以贯之的平民主义人生哲学息息相通。对于"礼乐"音乐美学的形成,蒋孔阳指出,本来在殷周的奴隶社会中,礼和乐是相须为用的。周公最大的政治措施之一,便是"制礼作乐"。但是将"礼"和"乐"并接成为一个专有名词,由此形成一个完整的哲学和美学的思想体系,则是始于孔子。孔子以六艺教,六艺的头两项就是礼和乐。《论语》之中,孔子也一再谈到"礼乐"。如《季氏》中的"乐节礼乐""礼乐征伐",《先进》中的"先进于礼乐""后进于礼乐",以及《宪问》中的"文之以礼乐"等。所以要谈孔子的"正乐"思想,不可能光谈乐,不谈礼。孔子的"正乐"思想,是以从大处看,不外乎两个目的:其一是用"礼"来驾驭"乐"。简言之,孔子欲予扶正和斧正的"乐",并非他"乐",而是能够用于服务于"礼"的"乐";其二,孔子以其"礼乐"以攻其他非礼之"乐",如郑卫之音,等等。故显而易见,孔子提出"礼乐"之说,不仅有音乐上的美学意义,更有其鲜明的政治倾向性。

蒋孔阳认可并且推崇孔子的音乐素养,指出孔子不但能歌兼善击磬鼓瑟,而且极有欣赏和评论音乐的天赋和能力。如《八佾》中他说,"乐其可知也。始作,翕如也;从之,纯如也,皦如也,绎如也,以成。"这都是迄至今日亦叫人叹为观止的音乐评论。正因为孔子的音乐敏感,使他忧虑音乐不复再能恰如其分来服务周礼。如《史记》中《孔子世家》记载的一则掌故:孔子陪鲁君相会齐君于夹谷,齐国奏"四方之乐",那是孔子不齿的夷狄之乐;又奏"宫中之乐","优倡侏儒为戏而前"。孔子当即大怒,请命诛杀奏乐人。蒋孔阳认为这都可以见出孔子是如何坚决地捍卫礼乐,反对非礼之乐。特别是晚年周游列国,四处碰壁之余,蒋孔阳指出,孔子是深感政治作为业已穷尽,是以寄希望于意识形态纠正。其撰《春秋》以正名,倡"正乐"以接续商周礼乐体统。一如孔子本人所说,"吾自卫反鲁,然后乐正,雅颂各得其所。"(《子罕》)。蒋孔阳认为无论是《子罕》中所言之雅颂,还是后来司马迁又加上韶和武,都足以显示它们就是孔子"正乐"的标准。

但是蒋孔阳对孔子的"正乐"思想不以为然。他的分析是,到春秋战国之际,由于政治格局今非昔比,要回归古代各安其位的礼乐制度,事实上已时过境迁。而且殷周礼乐究竟是何等样式,已然无人得知。现存的《周礼》《仪礼》《礼记》这三礼,早有后人考据均非周代作者所撰,而系战国和两汉时期的儒者所为。所以作为"圣之时者也"的孔子,表面上讲的还是周代的礼乐,骨子里已经是在表达他自己托古改制的礼乐理念了。是以孔子在美化古代贵族音乐的同时,排斥是时流行的郑卫之音,以为非礼之乐,是为必然。总之:

> 礼指的并不是宴席酬酢等烦琐的礼节;乐指的也不是舞蹈钟鼓等音乐。礼指的是合乎礼的行为,乐指的是对这一行为的爱好和趣味。因此,孔丘"正乐",推行"乐教",最后的目的,并不在于礼乐的本身,而在于通过礼乐,来培养和教育能够推行仁政和德政的理想的统治者,从而达到"天下太平"。①

值得注意的是,即便蒋孔阳对于孔子的"正乐"思想总体上持否定态度,他还是充分肯定了这一理念的道德教育风范。简言之,通过诗书和礼乐,来达到培育理想人格的目的。对此蒋孔阳本人作为一名孜孜不倦的美学教师,显然是予以充分认可的。

对于墨子的"非乐"思想,蒋孔阳表达了更能感同身受的情感立场。他指出,墨子的"非乐"思想,是针对儒家"礼乐"思想提出的。这见于墨子的音乐专论《非乐篇》,也见于其《三辩》《公孟》《节用》等其他篇章。而分析孔子"正乐"和墨子"非乐"理念的根本分歧所在,蒋孔阳再次将目光投向了它们的社会基础。他引《礼记》中的文字:"古之君子必佩玉,右徵角,左宫羽,趋以《采齐》,行以《肆夏》"(《玉藻》),指出似这般样阔气的"礼乐"制度,一般下层人民由于"礼不下庶人",既没有资格享受,也享受不起。墨子本人肯定不是王公贵胄,出生应比较贫贱。是以不奇怪墨子成为具有平民色彩的思想家,所持立场与儒家针锋相对。在蒋孔阳看来,这首先见于儒家和墨家的"义""礼"之辩。在于孔子,"君子喻于义,小人喻于利"(《里仁》)。在于墨子,则"仁人之事者,必务求兴天下之利,除天下之害。"(《兼爱上》)甚至,"义,利也"(《经上篇》)。当然也见于他著名的"非乐"思想:

---

① 蒋孔阳:《先秦音乐美学思想论稿》,《蒋孔阳全集》第一卷,安徽教育出版社1999年版,第581页。

"且夫仁者为之天下度也，非为其目之所美，耳之所乐，口之所甘，身体之所安，以此亏夺民衣食之财，仁者弗为也。……是故子墨子曰：为乐非也。（《非乐上》）"蒋孔阳并归纳墨子论辩之要，列出为乐七害：一、要为乐，必须制造乐器，费用无非出自对百姓横征暴敛。二、乐器制造好了，却无实用功能，黄钟大吕、弹琴鼓瑟，都无助于百姓饥寒交迫。三、音乐不但没有用处，还有坏处。它浪费劳动力。四、即便王公大人沉湎音乐，也会影响工作。五、人演奏音乐必追求美颜美服，造成奢侈浪费。六、人需劳动方得生存，但是音乐妨碍了各阶层人士的正常工作。最后，历史上耽于音乐者，十有九亡。

　　很显然，墨子对音乐的上述声讨，无论是当其时，抑或今天来看，都是叫人很难苟同的。对此蒋孔阳的辩护是，仔细考究墨子"非乐"的本意，可以发现问题其实没有这么严重。首先墨子没有否定过人有审美的要求和音乐的爱好。他引墨子《非乐》中的话："墨子之所以非乐者，非以大钟、鸣鼓、琴瑟，竽笙之声，以为不乐也；非以刻镂、华文章之色，以为不美也。"进而指出，这可见墨子并不是从根本上否定音乐的审美价值和意义。墨子之所以"非乐"，是因为要"先质而后文"，先解决温饱需要，然后再谈音乐。墨子的"非乐"思想由是观之，蒋孔阳认为，应是他的功利主义哲学使然，即以有用、无用，有利、无利为衡量应否需要音乐的标准。故对于墨子的这一"非乐"思想，我们应当具体地历史地分析，不能一概说对或不对：

　　　　首先，像我们前面说的，他的"非乐"思想，是有其明确的现实意义和针对性的。他的矛头，始终对准儒家所称颂的"王公大人"和"当今之主"。说这些"王公大人"以及"当今之主"，"繁饰礼乐以淫人"，造成"上不厌其乐，下不堪其苦"的严重局面，"亏夺民衣食之财"，而且妨碍了国家的工作和生产，因此，墨子从劳动人民的疾苦和利益出发，严厉地批评儒家的"礼乐"思想，反对为奴隶主享乐服务的"礼乐"，这从当时来说，应该是进步的。[①]

　　鲁迅也轻孔孟而对墨子情有独钟。《汉文学史纲要》第三篇《老庄》中他说，墨子"尚夏道，兼爱尚同，非古之礼乐，亦非儒"。又说，"然儒家

---

① 蒋孔阳：《先秦音乐美学思想论稿》，《蒋孔阳全集》第一卷，安徽教育出版社1999年版，第593页。

崇实,墨家尚质,故《论语》《墨子》,其文辞皆略无华饰,取足达意而已。"①鲁迅本人的小说新编《非攻》,更将墨子塑造为一个胖手胼足,为正义不辞赴汤蹈火的非攻战士。按照张岱年的说法,倘若墨学未中绝,唐宋以后或能形成儒道墨三家学术并立局面,中国传统文化将不会是今天模样。蒋孔阳对墨子"非乐"思想的上述评论,放到这个更大的背景中看,自是意味深长。

蒋孔阳晚年为脑梗死所苦,在 1999 年谢世之前,身体长久时好时坏。当中有过几次凶险,可是每一次都能逢凶化吉,转危为安。但是腿脚活动,甚而语言表达,终而是在渐失灵便,只是思绪却始终是非常清楚。就在他去世的一个月之前,我去上海市第一人民医院看望蒋先生,那时他的病情还在稳定好转,而且照例谈起美学,举了一个生动的譬喻:刘勰穿的是佛衣,吃的是佛饭,说的是佛语,可是骨子里却是原道、征圣、宗经的儒家思想。就在这样的身体状态下,晚年的蒋孔阳除了出版社和杂志社组稿约稿源源不断,疲于应对,还有同辈、晚辈和学生新作的不断索序。光是《蒋孔阳全集》卷四收录的序文,就有 70 种近 30 万字。给他人作序不比自己写作,当中耗费的心力,其实可以想象。而且《全集》第四卷收录的 70 种序文,还远不是蒋孔阳作序的全部。遗漏的包括我本人出版的第一本小书,写林语堂的《幽默人生》,和博士论文基础上完成的《德里达:解构之维》,这两本书我也厚颜跟蒋先生索了序文。后来收进了再版的第五卷。特别是《幽默人生》我是应出版社要求请蒋先生赐个再版序言,可是序言写成,书却没有再版。序言中说,在林语堂徘徊在儒道和基督之间的矛盾人生里,"表现最为突出,最有特色的性格特征,是'幽默'。为什么呢? 这就因为'面临一个荒诞不经的悲剧世界,它偏偏做出喜剧性的反应'。"②这可见蒋孔阳是读过我的这本如今作者自己业已无从寻觅的小册子的。

刘纲纪认为《周易》以降,从荀子《乐论》到《礼记·乐记》,从《乐记》再到《毛诗序》,中国美学始终是以心物交感而产生的情感来说明艺术发生及其本质③。蔡仲德则以"儒道两家音乐美学思想既互相对立斗争,又互相吸

① 鲁迅:《汉文学史纲要》,人民文学出版社 1973 年版,第 16 页。
② 蒋孔阳:《读〈幽默人生〉》,《蒋孔阳全集》第五卷,安徽教育出版社 1999 年版,第661 页。
③ 刘纲纪:《周易美学》,武汉大学出版社 2006 年版,第 10 页。

取交融"①为线索，构架出他分为萌芽时期、百家争鸣、两汉、魏晋隋唐和宋元明清五个时期的《中国音乐美学史》。自蒋孔阳《先秦音乐美学思想论稿》付梓以还，有关中国音乐美学的讨论不复寂寥。但是蒋孔阳这部作于文革后期的《先秦音乐美学思想论稿》大气磅礴又绵密细致，立论既恢宏鲜明，材料的布列更是苦心孤诣，深稽博考层层推进。而说到底，一种虚怀若谷的人文意志，坚韧地贯穿了下来，这是蒋孔阳音乐美学思想的一个标识，也是蒋孔阳整个美学思想的鲜明特点。

第二节　诗词赋呈现音乐美的三重维度②

《乐记》："夫乐者，乐者，人情之所不能免也。"这大约是世上所有民族推崇音乐的基本理由，然不同民族推崇音乐的深层理由各不相同。《论语》记孔子语："礼乐不兴，则刑罚不中；刑罚不中，则民无所措手足。"《乐记》："故礼以道其志，乐以和其声，政以一其行，刑以防其奸。礼、乐、刑、政，其极一也，所以同民心而出治道也。"音乐乃治国平天下的工具，这是儒家为其重视音乐而给出的深层理由。儒家思想在古代意识形态中占据主流地位，而这一深层理由又契合"政治正确"，因而即使墨家"非乐"，也丝毫未能动摇儒家的音乐价值观，自然也未能动摇古代中国人对音乐超乎寻常的推崇。正因如此，古代诗人创作了大量呈现音乐美的诗词赋。

不过，描述音乐绝非文字所长。《音乐的乐趣》说："音乐语言不易被迻译成自然语言。你不可能从言说音乐的文字中推知某一段音乐本真的声音。"③文字无法还原音乐，哪怕在最低程度上，却又要让人领略音乐美，那唯一可行的便是以各种具体手法令人联想音乐形象并进而感受音乐美。这是诗词赋呈现音乐美的总纲。审视它们呈现音乐美的十种具体手法，不难发现这些手法皆出自以下三个维度。

---

① 蔡仲德：《中国音乐美学史》，人民音乐出版社 2003 年版，第 9 页。

② 作者王云，上海戏剧学院教授，上海市美学学会副会长。本文原载《安徽师范大学学报（人文社会科学版）》2020 年第 2 期。

③ Kristine Forney and Joseph Machlis. *The Enjoyment of Music：An Introduction to Perceptive Listening*, New York：W. W. Norton & Company, 2011. p. 5.

一、以音乐的特征彰显音乐美

苏轼《前赤壁赋》写箫声："其声呜呜然，如怨如慕，如泣如诉。""泣""诉"和"呜呜"谓箫声所含有的音调之特色，"怨"和"慕"谓箫声所抒发的情感之特质。这似乎告诉我们，诗词赋所描摹的音乐特征不外乎此二者，前者形而下，后者形而上，且后者往往由前者所彰显。与西方前现代抒情诗直抒胸臆这一主流抒情方式大异其趣的是，中国古代抒情诗往往借景、事、物言情，因而有着高度意象性。欧阳修《琴》："琴声虽可状，琴意谁可听？"把音乐之"声"状写得具体可感总要比把音乐之"意"状写得具体可感容易得多。出于以上两个原因，中国古代诗词赋大多以具象的也即隐喻性的语言来描摹音乐的音调特色，甚至进而显示音乐的情感特质，鲜见仅以抽象的也即透明性的语言直接描摹音乐的情感特质。

1. 以自然声响描摹音乐的音调特色，从而令人联想音乐形象并进而感受音乐美。音乐的内容源自人们的思想情感，而其形式则源自自然声响："宫商虽千变万化，却都是大自然的音乐之流之一波"①。说到底，音乐不过是音乐家从自然声响中提炼出来的，用以表达思想情感的音调化、节奏化了的声音，因而人们就有可能以比较和谐的自然声响，即接近于音调化、节奏化了的自然声响来模拟乐声的音调特色。

古琴既是地位最崇高的乐器，也是传说中历史最悠久的乐器之一，故呈现古琴声之美的诗词赋数量最多。北齐萧悫《听琴》："弦随流水急，调杂秋风清。"唐刘长卿《幽琴咏上礼部侍郎》："泠泠七弦上，静听松风寒。"唐李颀《听董大弹胡笳声》："幽音变调忽飘洒，长风吹林雨堕瓦。迸泉飒飒飞木末，野鹿呦呦走堂下。"欧阳修《江上弹琴》："飒飒骤风雨，隆隆隐雷霆。"因"高山流水"典和《风入松》曲，故以水声、松涛和山籁来模拟古琴声的诗句不胜枚举，但看多了，总觉得不如"为我一挥手，如听万壑松"（李白《听蜀僧濬弹琴》）气势恢宏；不如"应留西涧水，千载写余音"（明高启《夜访苣蟾二释子因宿西涧听琴》）含蓄蕴藉；不如"此曲弹未半，高堂如空山；石林何飕飗，忽在窗户间"（岑参《秋夕听罗山人弹三峡流泉》）余味曲包。琴声然，其他乐声亦然。在以自然声响呈现其他乐声之美的诗词赋中，宋刘过《听阮》

---

① 朱谦之：《中国音乐文学史》，上海人民出版社 2006 年版，第 18 页。

别具一格:"却将江上风涛手,来听纱窗侧阮声。"

如果说"西涧水"和"万壑松"等还都是大自然固有的声响,那么下引诗歌中的声响却是有了"人化了的自然界"后才产生的声响。唐张祜《楚州韦中丞箜篌》:"千重钩锁撼金铃,万颗真珠泻玉瓶。"韦应物《五弦行》:"古刀幽磬初相触,千珠贯断落寒玉。"白居易《琵琶行》:"银瓶乍破水浆迸,铁骑突出刀枪鸣。曲终收拨当心画,四弦一声如裂帛。"苏轼《琴》:"风松瀑布已清绝,更爱玉佩声琅珰。""钩锁""金铃""玉瓶""古刀""幽磬""银瓶""刀枪"和"帛"皆非自然物,因此它们受外力影响或相互之间影响而产生的声响显然不是大自然固有的。

2. 以视觉形象描摹音乐的音调特色,从而令人联想音乐形象并进而感受音乐美。从创作角度看,文字塑造视觉形象和塑造听觉形象都是间接的,都必须借助于人的第二信号系统,在这两者之间,前者恐怕更容易。从接受角度看,用文字塑造的视觉形象要比用文字塑造的听觉形象赋予了受众更大的想象空间。因此诗人在描述音乐形象时,往往诉诸一定的视觉形象。

王昌龄《琴》:"仿佛弦指外,遂见初古人。意远风雪苦,时来江山春。"王昌龄《箜篌引》:"弹作蓟门桑叶秋,风沙飒飒青冢头。将军铁骢汗血流,深入匈奴战未休。"韩愈《听颖师弹琴》:"划然变轩昂,勇士赴敌场。浮云柳絮无根蒂,天地阔远随飞扬。"此类作品中,以花状写乐声尤其是琵琶和笙之乐声的时复可见。南朝梁徐勉《咏琵琶》:"含花已灼灼,类月复团团。"唐郎士元《听邻家吹笙》:"重门深锁无寻处,疑有碧桃千树花。"唐殷尧藩《吹笙歌》:"玉桃花片落不住,三十六簧能唤风。"难道琵琶和笙的音色更易令人联想"红杏枝头春意闹"不成?

以视觉形象来呈现音乐美之所以能取得较好的艺术效果,乃因为人类有着联觉这一特殊的联想能力。钱锺书将联觉称作"通感"或"感觉挪移",他的《通感》对中西文学作品中的联觉现象尤其是视听联觉现象多有深刻阐发。其实,中国人早就意识到这一心理现象。《乐记》记师乙语:"故歌者,上如抗,下如队,曲如折,止如槁木,倨中矩,句中钩,累累乎端如贯珠。"孔颖达疏曰:"此一经论感动人心形状……言声音感动于人,令人心想形状如此。"①此言若换成汉马融《长笛赋》中的话,那便是"尔乃听声类形,状似

---

① 郑玄注、孔颖达疏:《礼记正义》第 3 册,北京大学出版社 2000 年版,第 1340 页。

流水,又象飞鸿。泛滥薄漠,浩浩洋洋;长讐远引,旋复回皇"。在他的笔下,长笛的乐声忽而让人仿佛目睹浩浩洋洋之流水,忽而又仿佛目睹旋复回皇之飞鸿。《通感》评说道:"马融自己点明以听通视。"①显见在使用这一手法时他颇具自觉意识。

在描摹音调特色时,自然声响和视觉形象难免拼合或糅合在一起。李白《示金陵子》:"金陵城东谁家子,窃听琴声碧窗里。落花一片天上来,随人直渡西江水。"忽见天坠一片花,又闻西江流水声,故此为拼合。唐五代韦庄《听赵秀才弹琴》:"巫山夜雨弦中起,湘水清波指下生;蜂簇野花吟细韵,蝉移高柳迸残声。"谁又能将雨、波、蜂、蝉的声音从巫山、湘水、野花、高柳的景象中彻底剥离出来,故此为糅合。有时要辨识一句诗是否糅合型还真不容易。李颀《听董大弹胡笳声》:"空山百鸟散还合,万里浮云阴且晴。"后一句无疑是视觉形象,前一句究竟是视觉形象还是自然声响,抑或二者兼而有之,也只能见仁见智了。《通感》援引了不少把乐声比作"珠"的中西诗句或文句,且说它们大多意谓乐声"仿佛具有珠子的形状,又圆满又光润"。若要挑选一种乐声最像珠子,那无疑是琵琶声了,因为琵琶音色最具颗粒感。然《通感》却从语境的角度认定白居易的"大珠小珠落玉盘"(《琵琶行》)仅仅"是说珠玉相触那种清而软的声音"②。如是判断大可存疑。

3. 以抽象概念直接点出音乐的情感特质,且辅之以视觉形象,从而令人联想音乐形象并进而感受音乐美。宋晏几道《菩萨蛮·哀筝》:"纤指十三弦,细将幽恨传。"这段筝声所传递的情感之特质无疑是"幽恨",但这是一种怎样的幽恨呢?晏几道既未赋予其形象,也未暗示受众联想的路径。这终究不是注重意象性的古代诗词赋的主流写法。欧阳修《江上弹琴》:"用兹有道器,寄此无景情。"孟郊《楚竹吟》:"欲知怨有形,愿向明月分。"音乐所抒发的情感一定是"无景情",然它却可能"有形",即被赋予形象。

张祜《听筝》:"分明似说长城苦,水咽云寒一夜风。"唐顾况《听角思归》:"故园黄叶满青苔,梦破城头晓角哀。"白居易《五弦》:"又如鹊报喜,转作猿啼苦。"唐郑愔《胡笳曲》:"曲断关山月,声悲雨雪阴。"宋赵汝鐩《闻舟中笛》:"吹怨芦声惨,含凄雁影寒。"其中的"苦""哀""喜""悲""怨""凄"

---

① 钱锺书:《七缀集》(修订本),上海古籍出版社 1994 年版,第 67 页。
② 钱锺书:《七缀集》(修订本),上海古籍出版社 1994 年版,第 67—68 页。

等因有形象的烘托皆具体可感。此类诗句中,最令人叫绝的是明陈继儒的"有时弦到真悲处,古战场中蟋蟀声"(《鼓琴》)。以"蟋蟀声"来模拟古琴声实在俚俗得有点不伦不类,然以"古战场中蟋蟀声"来诠释古琴声的"真悲"却足以化大俗为大雅,它不仅令人发思古之幽情,而且使"真悲"完全落到实处。

除了直接将抽象的情感特质形象化外,另有用典这一间接形象化之法。李颀《听董大弹胡笳声》:"乌孙部落家乡远,逻娑沙尘哀怨生。"意谓古琴声中的哀怨之情仿佛如远嫁乌孙国的汉江都公主和解忧公主、远嫁吐蕃国的唐文成公主和金城公主的异乡哀怨之情。不过,其中唯有江都公主的异乡哀怨之情正史中有明确记载。这种借助典故的手法源远流长。韦应物《五弦行》:"燕姬有恨楚客愁,言之不尽声能尽。"宋陈普《鼓瑟》:"凄凉楚客新愁断,清切湘灵旧怨多。"赵孟頫《闻角》:"抑扬如自诉,哀怨不堪闻。……只今霸陵尉,那识旧将军。"明吴俨《听郑伶琵琶》:"江头商妇愁无限,塞外明妃恨不同。"上引诗句分别用了"燕姬""楚客(屈原)""湘灵"①"旧将军(李广)""江头商妇""塞外明妃(王昭君)"之典,有了这些典故,便在此文本与他文本之间建构起互文性。正是这种有意建构的互文性,让受众拥有了联想路径,想见了历史场景,从而间接地获得了形象感。

二、以音乐的效果映衬音乐美

以文字描述音乐形象之美勉为其难。对于世上任何难以描述的形象美,避免对其进行直接描述而代之以对其效果进行描述不失为明智之举。莱辛《拉奥孔》说:"诗人就美的效果来写美。""诗人啊,替我们把美所引起的欢欣,喜爱和迷恋描绘出来吧,做到这一点,你就已经把美本身描绘出来了!"②

1. 以听者的反应描述音乐效果,从而令人联想音乐形象并进而感受音乐美。听者最典型的反应莫过于被感动得泪流满面甚至泪沾衣襟。白居易《琵琶行》:"凄凄不似向前声,满座重闻皆掩泣。座中泣下谁最多,江州司

---

① 屈原《远游》:"使湘灵鼓瑟兮,令海若舞冯夷。"宋洪兴祖《楚辞补注》:"……此湘灵乃湘水之神,非湘夫人也。"湘夫人即娥皇和女英。

② 莱辛:《拉奥孔》,朱光潜译,人民文学出版社 1979 年版,第 119—120 页。

马青衫湿。"他既描述自己流泪，也描述他人流泪，但大多数诗人仅执其一端。岑参《秦筝歌送外甥萧正归京》："清风飒来云不去，闻之酒醒泪如雨。"此为自己流泪。唐严维《相里使君宅听澄上人吹小管》："今夕襄阳山太守，座中流泪听商声。"此为他人流泪。孟郊《听琴》："闻弹正弄声，不敢枕上听。"为何不敢枕上听？难道怕泪水沾湿了睡枕，难道怕浮想联翩以至长夜无眠？

欧阳修《玉楼春·琵琶》："不知商妇为谁愁，一曲行人留夜发。"宋王武子《玉楼春·闻笛》："一声落尽短亭花，无数行人归未得。"如同驻足倾听，生发乡愁也是听者典型的反应。李白《春夜洛城闻笛》："此夜曲中闻折柳，何人不起故园情。"唐李益《夜上受降城闻笛》："不知何处吹芦管，一夜征人尽望乡。"唐卢纶《河口逢江州朱道士因听琴》："引坐霜中弹一弄，满船商客有归心。"比之于上引三联，以下三联皆意在言外。李益《从军北征》："碛里征人三十万，一时回首月中看。"明杨载《闻邻船吹笛》："江山万里不归家，笛里分明说鬓华。"张祜《听简上人吹芦管》："月落江城树绕鸦，一声芦管是天涯。"一声芦管，便让听者有身处天涯之感，显见言外有乡愁。

唐常建《高楼夜弹筝》："曲度犹未终，东峰霞半生（升）。"一夜都听不厌的筝声该是怎样的筝声？如果说最夸张的是唐施肩吾的"却令灯下裁衣妇，误剪同心一半花"（《夜笛词》）。那么最具奇思妙想的当属唐徐安贞的"银锁重关听未辟，不如眠去梦中看"（《闻邻家理筝》）。听者可以是经验世界中的人，也可以是超验世界中的神仙或鬼妖。岑参《秋夕听罗山人弹三峡流泉》："幽引鬼神听，净令耳目便。"李颀《听董大弹胡笳声》："董夫子，通神明，深山窃听来妖精。"李贺《李凭箜篌引》："吴质不眠倚桂树，露脚斜飞湿寒兔。"居然可让神仙鬼妖凝神倾听，吴刚彻夜不眠，显见古琴声和箜篌声之大美。

2. 以假想中的经验世界或超验世界的变化描述音乐效果，从而令人联想音乐形象并进而感受音乐美。曹丕《善哉行》："淫鱼乘波听，踊跃自浮沉；飞鸟翻翔舞，悲鸣集北林。"南朝陈江总《赋咏得琴》："戏鹤闻应舞，游鱼听不沉。"唐李峤《笛》："逐吹梅花落，含春柳色惊。"经验世界或超验世界的变化不仅表现于动植物对优美乐声的反应，有时还表现于无机的自然物对优美乐声的反应。李颀《听董大弹胡笳声》："川为净其波，鸟亦罢其鸣。"李贺《李凭箜篌引》："十二门前融冷光，二十三丝动紫皇。"上引两联的前一句皆描述了无机自然物的反应。孟郊《楚竹吟》："昔为潇湘引,曾动潇湘云。一叫凤改听,再惊鹤失群。江花匪秋落,山日当昼曛。"动物、植物和无机自然物的反应三者齐全。在以假想中的世界变化来描述音乐效果的诗句中,想象最大胆,意象最奇诡的无疑是李贺的"女娲炼石补天处,石破天惊逗秋雨"(《李凭箜篌引》)①。

3. 以关于音乐的典故暗写音乐效果,从而令人联想音乐形象并进而感受音乐美。古代音乐典故几乎都与音乐效果密切相关。李白《听蜀僧濬弹琴》："为我一挥手,如听万壑松。客心洗流水,余响入霜钟。"据嵇康《琴赋》中的"伯牙挥手,钟期听声",显见此诗暗用了《列子·汤问》中的伯牙和钟子期的典故。"高山流水"四字也因此典而成了优美琴音之代称。"客心洗流水"应读作"流水洗客心",含义有二:濬的优美琴音洗涤了诗人的客中情怀;通过优美琴音这一媒介,濬与诗人有了知己之感。虽用典,然文字却毫不艰涩,显示了李白高超的语言技巧。

李贺《李凭箜篌引》："吴丝蜀桐张高秋,空山凝云颓不流。"苏轼《前赤壁赋》："余音袅袅,不绝如缕。"它们暗用《列子·汤问》中秦青"声振林木,响遏行云"和韩娥"余音绕梁櫺,三日不绝"的典故。伯牙的古琴声、秦青的歌声、韩娥的歌声如此美妙,那么,蜀僧濬的古琴声、李凭的箜篌声、"客"的箫声又焉能不美妙。上述三典都是为诗人反复运用的熟典。李峤《琴》："子期如可听,山水响余哀。"明常伦《琵琶》："白雪调终宴,青云遏远天。"李白《拟古》："弦声何激裂,风卷绕飞梁。"

北周庾信《和淮南公听琴闻弦断》："一弦虽独韵,犹足动文君。"韦庄《听赵秀才弹琴》："不须更奏幽兰曲,卓氏门前月正明。"它们皆使用了司马相如琴挑卓文君的典故(《史记·司马相如列传》)。李白《金陵听韩侍御吹笛》："王子停凤管,师襄掩瑶琴。"元倪瓒《王都事家听周子奇吹笙》："风流自有王子晋,留取清樽吸月明。"它们皆使用了王子乔(王子晋)吹笙作凤凰鸣的典故(《列仙传·王子乔》),李诗还同时使用了春秋卫乐官师襄子(孔子曾从其学琴)的典故(《史记·孔子世家》)。与王子乔一样,王母侍女董双成也善吹笙(《浙江通志》卷一九八),故唐曹唐《小游仙》说:"花下偶然

---

① 此类手法在西方文学中也不鲜见,如奥维德《变形记》对俄耳甫斯歌声之效果的描述:"他的歌声引来了许多树木,野兽听了也都着了迷,石头听了跟着他走。"

吹一曲,人间因识董双成。"

三、以音乐的由来暗示音乐美

音乐从何而来?音乐自然是人演奏或演唱出来的。若非声乐,一定是人凭借着乐器演奏出来的。若既非声乐,也非即兴创作,一定是人凭借着乐器和乐谱演奏出来的。此外音乐表演还与场所有关。作为创作主体的人,作为创作工具的乐器和乐谱,作为创作空间的场所都是音乐创作的因素,也即本文所谓的音乐由来。古代诗人有时正是利用了这些因素来暗示音乐美的。

1. 通过描述音乐家的内心情感和人生遭遇,令人联想音乐形象并进而感受音乐美。《乐记》:"凡音者,生人心者也。情动于中,故形于声;声成文,谓之音。"音乐家在创作过程中是否饱含情感对于音乐的质量至关重要。孟郊《听琴》:"闻弹一夜中,会尽天地情。"若音乐家无情,何以让受众"会尽天地情"?因而明示饱含情感的创作状态便成了暗写音乐美的一种手段。卢纶《宴席赋得姚美人拍筝歌》:"有时轻弄和郎歌,慢处声迟情更多。"李白《拟古》:"含情弄柔瑟,弹作陌上桑。"宋张炎《法曲献仙音·听琵琶有怀昔游》:"听到无声,谩赢得、情绪难剪。把一襟心事,散入落梅千点。"以下诗句比上引三联似更能让人获得现场感。南朝梁简文帝《赋乐名得箜篌》:"欲知心不平,君看黛眉聚。"白居易《代琵琶弟子谢女师曹供奉寄新调弄谱》:"珠颗泪沾金捍拨,红妆弟子不胜情。"白居易《夜筝》:"紫袖红弦明月中,自弹自感暗低容。弦凝指咽声停处,别有深情一万重。"就暗示音乐美而言,具体明确的情感要比笼而统之的情感更具穿透力。白居易《夜调琴忆崔少卿》:"今夜调琴忽有情,欲弹惆怅忆崔卿。"明王弼《赠庞生吹箫》:"秋来见月苦思归,不觉悲凉指间作。"因忆友而惆怅,因思乡而悲凉,音乐之美便愈加具体可感。

《乐记》:"凡音之起,由人心生也。人心之动,物使之然也。""乐者,音之所由生也,其本在人心之感于物也。"人生遭遇也是一种"物",音乐家的内心情感因此"物"而生,进而抒发于音乐。从"自言本是京城女"直至"梦啼妆泪红阑干",白居易《琵琶行》以二十二句之篇幅"转述"了这位少为"长安倡女","年长色衰委身为贾人妇"的琵琶女关于自己身世的"自叙"。她的身世以及与之相呼应的"弦弦掩抑声声思,似诉平生不得志"等有力地映衬了不时显现"幽愁暗恨"的琵琶声。同样,王昌龄《箜篌引》也以一个身经"百战",而今却"颜色饥枯掩面羞,眼眶泪滴深两眸"的老兵之身世映衬了其弹奏出的以"苦幽"为基调的箜篌声。

如果说上引二诗以演奏家的人生遭遇来映衬乐声,那么,李颀《听董大弹胡笳声》则以作曲家的人生遭遇来映衬乐声。此诗标题中的"胡笳声"即蔡琰参照胡笳调而写成的古琴曲《胡笳十八拍》。由《胡笳十八拍》歌词(宋郭茂倩《乐府诗集》)和蔡琰归汉后创作的五言体《悲愤诗》可知,此曲抒发的正是蔡琰对自己人生遭遇,尤其归汉前"别稚子"这一经历的"愤怨"和"悲嗟"。该诗如是开篇:"蔡女昔造胡笳声,一弹一十有八拍。胡人落泪沾边草,汉使断肠对归客。古戍苍苍烽火寒,大荒沉沉飞雪白"。且不论作者有无主观意图,这些诗句客观上在蔡琰的人生遭遇与董廷兰的古琴声之间建构起互文关系。蔡琰的身世以及与之相呼应的"嘶酸雏雁失群夜,断绝胡儿恋母声"等有力地烘托了以"幽音"为基调的古琴声。

2. 通过描述音乐家的演奏技能和容姿服饰,令人联想音乐形象并进而感受音乐美。苏轼《书李伯时山庄图后》:"有道而不艺,则物虽形于心,不形于手。"[①]没有起码的物化技能,就不可能有音乐;没有精湛的物化技能,就不可能有美的音乐。易言之,精湛的物化技能是产生音乐美的必要条件。既然如此,那么描述了这一必要条件,也就在一定程度上暗示了音乐美。

李颀《听董大弹胡笳声》中的董大(董庭兰,或董廷兰)是唐玄宗和唐肃宗时期的著名琴师。在李颀笔下,他的弹琴技艺十分了得:"言迟更速皆应手,将往复旋如有情。"手法如此娴熟,古琴声焉能不美?白居易《琵琶行》序:琵琶女师出名门,且又"名属教坊第一部","曲罢曾教善才伏",显见其演奏技艺之高超。《琵琶行》描述道:"转轴拨弦三两声,未成曲调先有情。……低眉信手续续弹,说尽心中无限事。"居然可以"信手续续弹",却又"说尽心中无限事",琵琶声之美则不言而喻。

以精湛技能暗示音乐美的适例很多。卢纶《宴席赋得姚美人拍筝歌》:"忽然高张应繁节,玉指回旋若飞雪。"元朱德润《和赵季文觱栗吟》:"缓急应节如解牛,清风席上寒飕飗。"元揭傒斯《李宫人琵琶行》:"一见世皇称绝艺,珠歌翠舞忽如空;君王岂为红颜惜,自是众人弹不得。"倪瓒《听袁员外

---

① 孔凡礼编:《苏轼文集》第6册,中华书局1986年版,第2211页。

弹琴》："两忘弦与手,流泉松吹声。"明黄姬水《听查八十弹琵琶歌》："抑扬按捻擅奇妙,从此人称第一声。……据床拂袖奋逸响,叩商激羽高梁上。……回飙惊电指下翻,三峡倒注黄河奔。"技艺如此精湛,音乐自然精美。

南朝梁沈约《咏筝》："徒闻音绕梁,宁知颜如玉。"此联意谓,只闻筝曲之美,难道不知弹筝者之美?[①]沈约由音乐之美涉及或推知音乐家之美,然更多的诗人却以音乐家之美暗示音乐之美。音乐家的容姿服饰美,她弹奏出的音乐就一定美吗? 诗人们的答案是肯定的。宋张先《剪牡丹·舟中闻双琵琶》："酒上妆面,花艳媚相并。"明王稚登《长安春雪曲》："暖玉琵琶寒玉肤,一般如雪映罗襦。"明石沆《夜听琵琶》："娉婷少妇未关愁,清夜琵琶上小楼。"此类诗句中,最具秾艳香软之品质的,恐怕要数明许观的"六孔恍疑娇黛润,几斑还带粉香温"(《咏湘妃竹箫应教》)。

大多数诗人干脆连音乐之美也一并写出,真可谓各美其美,美美与共。南朝陈吴尚野《咏邻女楼上弹琴》："青楼谁家女,开窗弄碧弦。貌同朝日丽,装竞午花然。"她的琴声果然不同凡响："一弹哀塞雁,再抚哭春鹃。"白居易《筝》："云髻飘萧绿,花颜旖旎红。双眸剪秋水,十指剥春葱。"她的筝声果然美奂美轮："猿苦啼嫌月,莺娇语妮风。"宋僧惠洪《临川康乐亭听琵琶坐客索诗》："玉容娇困拨仍插,雪梅一枝初破腊。"那么她的琵琶声呢?"日烘花底光似泼,娇莺得暖歌唇滑;圆吭相应啼恰恰,须臾急变花十八。"写女性音乐家然,写男性音乐家亦然。王弼《赠庞生吹箫》："青年白皙吹者谁,庞子风流妙音乐。"

3. 通过描述音乐家所使用的乐器和所演奏的乐曲,令人联想音乐形象并进而感受音乐美。李白《听蜀僧濬弹琴》："蜀僧抱绿绮,西下峨眉峰。"此联不仅表现了濬的非凡气派,而且还点出了他手中那把名贵古琴。绿绮原本就是四大名琴之一,更因为司马相如的传奇人生和精湛琴艺,故"绿绮"在后世成了名贵古琴的别称。李峤《琴》："风前绿绮弄,月下白云来。"倪瓒《听袁员外弹琴》："郎官调绿绮,谷雪赏初晴。"琴好,抚琴的技艺自然也好,否则何以匹配? 琴好,抚琴技艺好,音乐自然就美。音乐美就是这样被烘托出来的。与"绿绮"异曲同工的是李贺"吴丝蜀桐张高秋"(《李凭箜篌引》)

---

① 此诗中的"宁知"即"宁不知"的缩略语。

中的"吴丝蜀桐"。蚕丝和桐木是制作古琴和箜篌的最佳材料,而吴地所产之蚕丝和蜀郡所产之桐木又为优中之优,显见李凭所用的是品质优良的箜篌。刘禹锡《武昌老人说笛歌》:"当时买材恣搜索,典却身上乌貂裘。"价格不菲且千方百计搜寻而得,这自然是品质优良的笛子。

如同名器,名曲同样可以烘托音乐之美。白居易《琵琶行》:"轻拢慢捻抹复挑,初为《霓裳》后《绿腰》。"《霓裳羽衣曲》即《霓裳羽衣舞》,是唐朝歌舞中的集大成之作。白居易似乎特别钟情于它,他在《霓裳羽衣舞歌》中说,"千歌万舞不可数,就中最爱《霓裳舞》。"《绿腰》(《六幺》)亦为唐朝著名的歌舞大曲。元王士熙《李宫人琵琶引》:"琼花春岛百花香,太液池边夜色凉。一曲六幺天上谱,君王曾进紫霞觞。"作为古琴名曲,《胡笳十八拍》等也经常现身于呈现音乐美的诗词赋。一首名曲,又遇上一个出色的演奏家,他会演奏出何等美的音乐? 一切皆不言自明。

4. 通过描述音乐家演奏音乐的环境,令人联想音乐形象并进而感受音乐美。在演奏音乐的环境中,主角自然是音乐,主要配角当为"江"和"月"。唐刘沧《江楼月夜闻笛》:"南浦蒹葭疏雨后,寂寥横笛怨江楼。思飘明月浪花白,声入碧云枫叶秋。"张祜《瓜洲闻晓角》:"寒耿稀星照碧霄,月楼吹角夜江遥。"石沆《夜听琵琶》:"裂帛一声江月白,碧云飞起四山秋。"杨载《闻邻船吹笛》:"江空月寒江露白,何人船头夜吹笛。"

如果说"江"和"月"是主要配角,那么,"树(木)""云(霞)""山(峰)""风""花"和"水"等则为次要配角。李颀《琴歌》:"月照城头乌半飞,霜凄万树风入衣。"常建《江山琴兴》:"江上调玉琴,一弦清一心。泠泠七弦遍,万木澄幽阴。"唐丁仙芝《剡溪馆闻笛》:"山空响不散,溪静曲宜长。"宋韩维《再和尧夫饮杨路分家听琵琶》:"春湖水渌花争发,好引红妆上画船。"赵汝鐩《闻舟中笛》:"孤音起水面,余韵到云端。"金郭彦邦《秋夜闻弹箜篌》:"露重花香飘不远,风微梧叶落无声。"元郭钰《无题》:"游丝风暖飐飞花,窈窕箫声隔彩霞。"

借景言情是中国古代诗歌的主流抒情方式。描述的是美景,抒发的却是闻音听乐之后赞赏的情感;描述的是美景,抒发的却是因被音乐感动而生发的愉悦、惆怅和凄凉等情感。正是这样的情感令人在不经意间领略了音乐的美。此类诗歌中,唐钱起的"曲终人不见,江上数峰青"(《省试湘灵鼓瑟》)最耐人寻味;刘禹锡的"扬州市里商人女,来占江西明月天"(《夜闻商人船中筝》)最含蕴灵动。

第三节 中国当代话剧接受的审美变迁①

中国当代话剧接受的审美变迁与中国当代社会文化语境的转型密不可分。总体来说,"十七年"和"文革"时期存在意识形态化倾向,政治压抑审美,对题材内容和思想意识的重视明显高于艺术审美和形式技巧的分析,甚至以政治批评代替审美批评。艺术接受也局限于现实主义剧作,审美的娱乐性欠缺。20世纪80年代的"新时期",随着"拨乱反正"和"改革开放"政策出台,文艺生态环境更加民主宽松,政治干预与控制有所减弱或淡化,随着导演意识的觉醒,舞台形式更加丰富多彩,艺术审美接受越来越受到重视,一些探索性强的现代主义剧作和新现实主义剧作得到观众关注和认可,观众接受视野更加开阔,参与性和对话性增强。20世纪90年代所谓的"后新时期",商品经济对戏剧的影响日益突出,民营剧团和独立制作人不断涌现,话剧发展更加多元,呈现出主流话剧、实验话剧、商业话剧等多块并存的发展格局。政府加大投入力推主旋律戏剧,商业话剧则应运而生,市民社会重新活跃,同时,"小剧场戏剧"日益红火,先锋戏剧既有新奇的实验探索(如戏仿、拼贴、多媒体制作等),又呈现出世俗化、游戏化、商品化倾向,先锋与商业在一定程度上开始合流,观众接受更加多元、分层和分流。新世纪以来的中国话剧继续延续20世纪90年代多元化发展格局,由于中国社会经济实力的崛起,不少外国戏剧被原汁原味地引进中国,被学界称之为新时期以来的"二度西潮"。德国戏剧家雷曼所提出的"后戏剧剧场"受到戏剧实践者追捧,导表演的能动性更加凸显,戏剧文学地位则日益降低。随着新媒体时代的到来,网络、微信、微博、公众号等新的媒介手段出现,观众接受更加分层、混杂和无序,总体呈现出感官化、娱乐化和时尚化特点,凸显后现代文化语境大众娱乐消费倾向。

一、1949—1976:政治压抑审美和娱乐,接受标准化、一体化

具体来说,"十七年"和"文革"时期,由于社会政治因素的干扰,话剧接

---

① 作者陈军,上海戏剧学院教授。本文原载《云南艺术学院学报》2022年第1期。

受主要聚焦意识形态层面,关注它的政治性、社会性、思想性,对戏剧艺术性重视不够、欣赏不足。用戏剧所属的一般意识形态本质来代替和消融它的审美性和娱乐性,对思想内容的重视远远高于形式批评,导致了整个中国当代话剧接受空间的逼仄和褊狭,接受格局和境界也不够开阔和高远。事实上,围绕着话剧接受产生了一系列艺术理论问题,如有关戏剧冲突、戏曲改革、历史虚无主义、人性人道主义、典型、写真实、形象思维、创作方法、"黑八论"等焦点论争和美学思考,但受制于现实政治语境,这些理论问题讨论得都不充分和深入,浅尝辄止,一定程度上影响了话剧接受的广度和深度。周宁在《20 世纪中国戏剧理论批评史》导论中开篇就指出:"20 世纪中国戏剧理论批评史,论争多于理论,而'争'又多于'论'。从新旧剧之争开始,一系列的论争就持续不断,而这些论争的动机往往是社会政治的,不是艺术美学的,所以论争的焦点不是戏剧观,而是社会政治的使命与立场。……现代戏剧理论批评的社会政治化起点,决定了 20 世纪戏剧观念中的核心问题,即政治与美学的二难选择。这个问题成为核心问题,根本原因在于 20 世纪在中国大历史中的特殊意义,这是个千年未有之大变局的激化时代,所有的活动,不管是政治的、经济的、文化艺术的,都离不开这个大历史的动机,所有活动的方式与特点,也都为这个动机所决定。所以,20 世纪戏剧观念的总体取向是政治话语强势压倒美学,戏剧的社会政治性作为正题贯穿始终,美学性只是间或出现的副题,它可以在特定历史条件下修正或减弱政治强势,但从未彻底颠覆或取代前者。"①周宁这个判断可能对于某个特定时期也不无偏颇,但对"十七年"和"文革"时期的话剧来说可谓完全正确。这一时期,话剧被纳入到现实政治轨道,常常自觉或不自觉地成为政治宣传的工具,强调政治标准的第一性,甚至是唯一性,经常拿一些具体的政策条文来学习、比对和硬套。20 世纪 50 年代前期,冯雪峰就说过:"但求政治上无过,不求艺术上有功"②,戏剧的艺术性被放在次要地位。周扬在《新的人民

---

① 周宁:《20 世纪中国戏剧理论批评史·导论》(上卷),山东教育出版社 2013 年版,第 1 页。

② 对冯雪峰的说法,著名讽刺喜剧作家陈白尘曾坦言:"我是深表同感的。而且更进一步为自己规定下这样的'格言':'但求工作上无过,不求创作上有功。'这就是不写,或尽量少写,工作忙,不过是托词,其实是个怕字。"(陈白尘:《〈陈白尘剧作选〉编后记》,转引自《五十年集》,江苏人民出版社 1982 年版,第 67 页)

文艺》中就指出："艺术家必须具有无产阶级和广大群众的立场观点，必须歌颂他们的劳动和斗争，并教育他们。艺术标准是必要的，也是重要的，但像国家生活的其他方面一样，必须优先考虑文艺的政治标准。"①由于过分强调政治标准，导致"十七年"话剧创作中对话剧题材问题高度重视，并形成一波又一波题材热点，如"歌颂剧""新编历史剧""反修防修剧"等蔚然成风、争相上演。同时"主题先行"也成了作家的潜意识和潜规则。而在话剧评论（接受）上则出现"一边倒"现象，即以政治批评、思想批评为主，审美批评、形式批评次之，对"写什么"的重视要超过"怎么写"，更加重视作品的思想意义和现实内容，这都是一种偏至的批评与接受，对剧作家的创作及普通观众的接受亦产生了消极影响。到了"文革"时期，政治、社会、文化的畸形发展，使得话剧艺术走入歧途，题材单一、主题先行，戏剧冲突模式化，人物形象脸谱化，话剧语言口号化，所谓"根本任务"论和"三突出"原则都是违背创作规律的。由于政治因素强势介入，政治批评代替审美批评，话剧接受呈现为一种被异化了的"单向度"接受。

　　与政治至上相一致的是把现实主义作为创作与接受的最高标准。从五四《新青年》始，新文学就力倡现实主义，胡适发表在《新青年》上的著名论文《易卜生主义》就明确指出："易卜生的文学，易卜生的人生观，只是一个写实主义"②。从20世纪30年代始，因为国内局势动荡及"救亡压倒启蒙"的原因，现实主义逐步占据主流，并被奉为圭臬，把现实主义作为唯一合理的创作模式和审美范式，成为评价作家作品的最高标准。到了新中国成立后，人们在提倡"现实主义"时，还加了许多修饰语和限定词，诸如"社会主义现实主义""革命现实主义"，后来又有"革命现实主义与浪漫主义的结合"，结果使"现实主义"这一概念本身被改造以至置换。"在创作方面，现实主义被视为'唯一正确'的创作原则和'最好的'创作方法，作家也被要求依照现实主义的规范从事创作。因此在文学批评中，'现实主义'已不是中性的描述性概念，而是包含着价值标准的评价性概念，指称某个作家作品是'现实主义'的，或者'革命现实主义''社会主义现实主义''两结合'等等，

---

① 周扬：《新的人民的文艺》，洪子诚主编《中国当代文学史料选》，长江文艺出版社2002年版，第158页。

② 胡适：《易卜生主义》，《新青年》1918年6月。

就意味着肯定和褒扬,若是'非现实主义'或'反现实主义'则意味着贬抑和批评。"①同样,与文学创作上的现实主义相统一,在舞台实践上也严格践行斯坦尼斯拉夫斯基的心理——体验的现实主义演剧体系,1956年斯坦尼的主要著作《演员的修养》和《角色的创造》俄文版被译成中文,不久中文版《斯坦尼全集》陆续问世,斯坦尼体系的学习在中国渐成热潮,并被当作训练演员的科学方法而备受推崇,要求演员"从生活出发"、注重"内心体验",追求"逼真地再现生活",主抓"样板戏"的江青甚至连演员身上一根腰带、一个补丁都要管。此时的现实主义不仅是创作方法或批评尺度,更是政治理想与思想立场,这种创作范型不仅在观念与思想层面上塑造一代又一代人,激发作者、读者(观众)积极向上的奋斗激情和时代使命感,还成功改变他们"看"事物、"看"世界的方式。从而在某种意义上,使得"十七年"和"文革"时期的文学批评成为一种高度政治化的文学批评。周宁就曾指出:"'社会主义现实主义'创作原则在建国后被尊为不容置疑的圣训,艺术成为政治,理论成为教条,批评成为批判。戏曲改革、话剧革命,从'十七年'到'文革','社会主义现实主义'始终是戏剧创作与批评的最高原则。直到改革开放后,这一原则也没有被否定,而是在有限的范围内被质疑、无限的范围内被搁置。"②对现实主义的推崇使得中国话剧中的现代主义和后现代主义话剧的生长空间受到不同程度的抑制,超功利的、重形式、非写实的探索得不到发育与成长,观众也褊狭地以现实主义作品为主要接受内容和欣赏习惯,艺术审美的丰富性与多样性不足。这一创作和接受情形到了新时期以后才得到改观。

审美接受的被压制也造成了话剧接受的娱乐性不足,喜剧创作得不到良好的发育与生长。美国当代戏剧家埃尔玛·赖斯曾直截了当地指出:"就他们(指观众)中的大部分人而言,吸引他们到剧场来的东西中没有比想得到娱乐的欲望更强烈的。"③众所周知,先秦的俳优表演、唐代的参军戏等民间喜剧形式曾是中国戏剧的主要源头。中华民族具有乐天的性格,对喜剧

---

① 冯牧、王又平:《中国新文学大系1949—1976·文学理论卷·序》,冯牧主编,上海文艺出版社1997年版,第13页。

② 周宁:《20世纪中国戏剧理论批评史·导论》(上卷),山东教育出版社2013年版,第43页。

③ [美]埃尔玛·赖斯:《论观众》,《戏剧学习》1985年第4期。

情有独钟,周作人曾说:"中国'戏文'有一点与别国不同,值得一说的,那便是偏爱喜剧。""中国人民喜爱喜剧,这便是性情明朗、酷爱和平的表示。"①俗话说:听曲解忧,看花解愁,老百姓需要喜剧给他们枯燥的生活带来欢乐和愉悦。但中国当代话剧显然不能满足观众这一欣赏习惯和精神需求,整个20世纪只有50年代中期和80年代初这两个非常短暂的喜剧微澜,中国当代喜剧的整体不发达已是不争的事实。陈白尘1995年在为《中国现代喜剧论》所写的序言中就不无困惑地指出:"但奇怪的是:在国民党统治被推翻、新中国成立以后,中国话剧,特别是喜剧应该发展的时候,它却交了'华盖运'。《布谷鸟又叫了》遭到围攻。《新局长来到之前》以及《葡萄烂了》《开会忙》等讽刺喜剧都遭到打击,喜剧被赶进一条狭窄的小胡同——歌颂性喜剧——里,或者把讽刺的笔尖对准国外强敌,聊以自嘲。到了'史无前例'的'文化大革命'中,中国只存下八个'样板戏',更谈不上喜剧了。'四人帮'覆灭以后,喜剧获得新生,《枫叶红了的时候》等破土而出。但曾几何时,等到《假如我是真的》一出现,喜剧又遭厄运,此后喜剧,特别是讽刺喜剧又交了'华盖运'……这是为什么呢? 令人费解。"②胡德才在2007年发表的论文《高扬喜剧精神与复兴当代戏剧》中则一锤定音:"如果要对中国当代喜剧状况下一个判断,那就是:中国当代是一个缺少喜剧的时代,是喜剧精神衰弱的时代。"③他还指出:"极'左'思潮盛行时期'左'倾教条主义和政治实用主义对个性的束缚与压制、主体精神的丧失和喜剧观念的迷失是造成中国当代喜剧精神衰弱的三大原因。"④沙叶新在1979年发表的《"寓教于乐"是重要的艺术规律》一文中指出,"我们的作品,可以根据不同的内容搞得轻松些、活泼些、抒情些、多样些、幽默些、有味些。这样做不是庸俗地迎合观众,而是尊重观众,是为了满足观众多种多样的精神需要,是为了更好地发挥'寓教于乐'的作用。"⑤但这条重要的艺术规律践行

---

① 周作人:《喜剧的价值》,《周作人自选精品集》下册,河北人民出版社1994年版,第381—382页。

② 陈白尘:《中国现代喜剧论·序》,南京大学出版社1995年版,第3页。

③ 胡德才:《高扬喜剧精神与复兴当代戏剧》,《戏剧艺术》2007年第1期。

④ 胡德才:《主体精神的丧失与中国当代喜剧精神的衰弱》,《中国现代文学论丛》2010年1月第4卷第2期。

⑤ 沙叶新:《沙叶新的鼻子——人生与艺术》,上海社会科学院出版社1993年版,第252页

起来并不容易。以沙叶新的《假如我是真的》为例，因为是一部讽刺社会不正之风的喜剧，艺术"笑果"不错，演出反响热烈，所以它深受观众喜爱，但因为它尖锐地揭露和批评了党内某些领导干部官僚主义和特权思想问题，让文艺管理部门感到担心，生怕作品演出会产生不良的社会影响，甚至惊动了上层，为此专门召开了戏剧创作座谈会（胡耀邦亲自参加），最终被禁。《假》剧在 1981 年遭到禁演，1983 年清除精神污染时，《假》剧又被点名批评。这是中国当代话剧为了"教"而放弃"乐"的明证，而没有妥善地处理好"教"与"乐"之间的关系。对此，董健在《中国当代戏剧史稿》中曾呼吁："戏剧在人类精神领域的'对话'中追求审美娱乐（精神之乐与感官之乐相统一），而不是单纯做政治斗争或道德教化的工具。"①

二、20 世纪 80 年代：审美接受得到重视，戏剧探索在争议中前行

新时期以后，随着我国改革开放政策的实施，当代欧美各种戏剧思潮、流派、观念及其不同的艺术形式和手法，纷至沓来，开阔了中国戏剧家的眼界，冲击着他们的戏剧思维。同时一些西方现当代戏剧理论和作品被陆续译介到中国，西方现当代戏剧导、表演能动作用的显著增强给中国戏剧家留下极其深刻的印象，并带来新的戏剧理念和舞台启示。1983 年前后诞生了全国范围的"戏剧观"大讨论，涉及对戏剧艺术本质的探讨，内容包括戏剧是演出者与观众的一种共同体验和创造、以表演为中心的总体艺术、发挥舞台假定性的魅力等，有力地改变了人们固有的戏剧观念，加深了人们对戏剧本质的理解。随着导表演意识觉醒，一批运用新的舞台艺术语汇和创作方法的探索戏剧层出不穷，如突破易卜生—斯坦尼现实主义一元模式的限制，创作方法更加开放多元，努力向西方现代派话剧取精用弘，对西方非写实、非幻觉戏剧文体情有独钟，文学的哲理性和思辨性增强、人物内心世界得到发掘、人物塑造更加立体化，结构形式和手法更为大胆创新。与此同时亦注意向传统戏曲学习和借鉴，"写意话剧"得到提倡与实践，话剧在与时代互动中实现了现代化嬗变。但探索戏剧过于注重形式探索，一味地求新求变，也引起一些学者的关注和批评，王元化在《和新形式探索者对话》中就指出："只有真的才是美的和善的，形式和表现手法毕竟不是文学的根本问题。

---

① 董健、胡星亮：《中国当代戏剧史稿·绪论》，中国戏剧出版社 2008 年版，第 4 页。

我们不能把形式或表现手法在文学创作上的作用加以无节度的夸大,用它作为衡量作品是否敢于突破和创新的唯一尺度,或者评论作品优劣成败的决定因素。"①到了 20 世纪 80 年代下半期,以锦云的《狗儿爷涅槃》(1986)、陈子度等的《桑树坪纪事》(1988)的成功为标志,一种被称为"新写实主义"的话剧文体开始为越来越多的人所接受,表现为写实和写意、幻觉与非幻觉的结合,力求摆脱政治的影响,在更高更深的层次上反思民族的历史与文化,并构建自身独立的美学品格,令人耳目一新。对于新时期观众来说,话剧艺术的审美特性开始得到重视和自觉,接受内容更加丰富多元,对话剧探索更加包容和理性,话剧对观众的吸引力和集聚效应增强。

值得指出的是,探索戏剧(包括小剧场运动)本是回归戏剧美学本体的努力与尝试,可惜因过于仓促而显得华而不实。20 世纪 80 年代的探索戏剧最起码存在两个弊端:一是存在理胜于情,偏于哲学思辨而艺术本体反而被淹没的弊端。丁罗男在《论新时期话剧文学的历史地位》一文中就指出:"新时期话剧的主题性反思,相当程度上可以看成是在完成哲学反思的任务,这从适应现代人的怀疑精神和补充现实哲学力量的不足方面来说,本来具有历史的必然性和进步意义。然而这一使命毕竟与艺术的本体生命相抵触……理性也好,反思也好,脱离开个体生命的感性形式就成了外贴在作品表面的标签。"②一些探索戏剧偏于哲理思考,把理性与感性对立起来,审美性不足,结果背离了中国观众的期待视野,观众往往敬而远之,由此加深了观演之间的隔膜;二是不同程度地存在推崇现代主义和写意性而贬低传统的现实主义倾向。《中国当代话剧史稿》就不无辩证地指出:"中国话剧突破'易卜生—斯坦尼模式'的独尊是有必要的,但却无需走向极端,以现代主义和写意、非幻觉去否定现实主义和写实、幻觉的存在价值,因为它们各有千秋,不必厚此薄彼。其实,写实与写意、幻觉与非幻觉对戏剧来说,本来是两可的,两者既可出好戏,也可出差戏。在这两极之间还有更广阔的中间地带,那将是戏剧家驰骋创造的艺术天地。"③一些探索戏剧的探索过分地流于虚幻抽象,挑战了中国观众长期养成的现实主义欣赏习惯,结果疏远和

---

① 王元化:《和新形式探索者对话》,《文艺报》1981 年第 1 期。
② 丁罗男:《二十世纪中国戏剧整体观》,文汇出版社 1999 年版,第 364 页。
③ 董健、胡星亮主编:《中国当代戏剧史稿》,中国戏剧出版社 2008 年版,第 274 页。

流失了一部分观众。

三、20世纪90年代以来：感官娱乐日益凸显，观众接受多元分化

20世纪90年代以来，商品经济大潮对文学、戏剧的影响日益突出，话剧在政治和经济的夹缝中生存，因为文化生态环境的变化和人文精神的萎缩，话剧进入步履维艰的所谓"后新时期"。一方面政府加大投入力推主旋律戏剧，并通过各种奖项的设立和戏剧审查来引导话剧的走向，虽然其中不乏观众热捧的好作品，但毋庸讳言，主题先行确立不代表艺术审美和观赏效果的确立。因为不是所有的好人好事都有"戏"，所谓"戏"，从《说文解字》来说有"戏弄、角斗"的意思，除了人物的感人事迹以外，它还要有紧张的矛盾冲突、引人入胜的故事情节以及戏剧性的迭转和机趣。对有些英模来说，其业绩更多的在于他们几十年如一日辛勤地完成本职工作，在于他们的责任意识和默默奉献精神，其事迹平淡无奇而又令人感动与敬佩，这种事迹写成报告文学或者拍成电视纪录片可能更感人，但不一定能写成好戏。同时，有的剧作太拘泥于纪实，没有遵从戏剧的规律性进行典型化的艺术处理，在创作时，不少编导往往只注重剧作的思想意义和宣传效果，却忽视艺术的锤炼，戏剧的想象空间和观赏性不足。再者，一些主旋律戏剧常常突出人物的事功，而人物行为背后的动机得不到揭示，尤其是人物之真之全之深处也绝非凭事业可烘托与表现，不少作品因为目光向"上"，对观众不闻不问，社会现实的批判性不足，结果造成主旋律戏剧的接受效果大打折扣，不少是通过行政手段、组织安排的形式由政府花钱请群众看戏，而观众还颇有微词。应该说，新世纪以后，主旋律戏剧的审美性有了一定程度的改善，在宣传时代主题和正能量的同时，也力求突破题材僵化以及概念化、模式化的创作倾向，舞台面貌和艺术形式上有了很大创新，观众接受则更加综合多元，戏剧的审美分析得到重视，越来越重视主旋律戏剧作品中区别于一般戏剧的艺术特色。同时批评家的主体性不断增强，评论更加客观，不再满足于简单的意识形态分析，做到有褒有贬，辩证公允，在接受方面体现了诸多可喜的变化。

另一方面，20世纪90年代随着民营剧团和独立制作人的出现，"小剧场戏剧"日益红火，先锋戏剧既有新奇的实验探索，又呈现出世俗化、游戏化、商品化倾向，先锋与商业在一定程度上开始合流。同时，在大众文化与

后现代主义思潮的影响下,后现代戏剧大量涌现、独领风骚,虽然后现代文艺思潮对传统的"解构"不乏积极一面,但其自身的精神建构和美学建构不足,"消解意义""解构经典"直接造成了对文学性的贬斥,戏剧文体亦受到冲击。例如孟京辉执导的《我爱 XXX》,牟森执导的《零档案》《与艾滋有关》,林兆华执导的《哈姆雷特》《三姊妹·等待戈多》,黄纪苏和张广天执导的《切·格瓦拉》等剧,其剧本与传统戏剧已经大相径庭,有的通篇都是朗诵,有的演出脚本是诗歌而不是常识意义上的剧本,没有故事情节,也没有具体的人物,有的则是各种文体、文本的拼贴和杂糅,这都是对传统话剧文体的一种颠覆和解构。陆炜在《试论戏剧文体》中指出:"从剧本创作,尤其是先锋戏剧的剧本创作看,剧本怎么写已经没有了任何规范。正因为如此,戏剧文体成了亟待思考的问题。"①文体的解构大大挑战了观众对戏剧的认知水平和接受能力,如果观众还以传统的审美心理和接受心态去看这种"新型的戏"肯定是不适应的。先锋话剧努力发掘剧场艺术的新潜能,大量采用戏仿、拼贴、即兴表演、多媒体制作等新的运作方式,令观众目不暇接,却又难以避免形式大于内容、戏剧核心精神贫乏以及经典化不足的弊端。《中国当代戏剧史稿》曾这样评价 20 世纪 90 年代的先锋戏剧:"客观地说,先锋戏剧有自己的艺术追求,其试验也在某些方面丰富了戏剧表现的可能性。但是,否定文学在戏剧中的重要地位,重表演而轻文本,戏剧叙事的表象化,有时则掺杂过于激进的政治偏见,所有这些都使得它们缺少深刻的内涵。先锋戏剧虽然对传统的'解构'尖锐犀利,而自身的精神建构和美学建构则明显不足。因此,它们主要聚集在京城,大都是个人制作而难成气候,到世纪之交也同样走入困境。"②

　　新世纪以来,德国戏剧家雷曼所谓的后戏剧剧场在中国受到追捧,雷曼将世界戏剧的整个发展史概括为三个阶段:前戏剧剧场、戏剧剧场与后戏剧剧场,如果说戏剧剧场指以剧本为中心的戏剧形式,后戏剧剧场则"将剧场艺术视为一种独立于文学之外的艺术形式。"③弱化一度创作的作用,突出导、表演的核心地位,探索新型观演关系。后戏剧剧场本质上是一种形式主

----

① 陆炜:《试论戏剧文体》,《文艺理论研究》2001 年第 6 期。
② 董健、胡星亮主编《中国当代戏剧史稿》,中国戏剧出版社 2008 年,第 281 页。
③ 李亦男:《后戏剧剧场》译者序,[德]汉斯-蒂斯·雷曼《后戏剧剧场》,北京大学出版社 2016 年版,第 2 页。

义剧场,当代先锋戏剧代表人物孟京辉就宣称:"我的理论实际上叫形式创作方法。我是怎样创作的呢?我不是通过社会,我也不是通过历史的判断,我完全是通过形式来进行我的创作步骤的。"①总体来看,后戏剧剧场的观众接受有三个特点:1.关注剧场的视听性和形式感,表现出强烈的感官主义特征;2.注重戏剧的娱乐和审美功能,疏离其认知和教育功能;3.看戏成为一种过程体验和消费方式,彰显生活的时尚化追求。"来到剧场,观看演出如同进入一个超级市场,琳琅满目的商品,视觉、感官的冲击扑面而来。各种文化符号的堆积带来的并不是完整的艺术作品而是'时尚文化快餐''综合节目展演'。其中,夸张的肢体演出、戏仿式的调侃、无厘头招式、流行元素的拼贴成为表现形式上的最大特色。"②马克思曾说:"艺术对象创造出懂得艺术和能够欣赏美的大众——任何其他产品也都是这样。因此,生产不仅为主体生产对象,而且也为对象生产主体。"③后戏剧剧场的艺术实践追求感官化、形式化和娱乐化,由此带来的观众接受的精神走向是:观众的精神结构更加扁平化、单向度,表现出深度模式的欠缺,内心浮躁,重形式轻内容,见"物"不见"人",由此造成意义和价值缺失,审美趣味碎片化、娱乐化和时尚化,日益凸显后现代语境大众娱乐消费倾向。徐健在《"西潮东渐"与"守正创新"——对近十年外国戏剧引进潮的思考》一文中指出:"新世纪以来,人们的精神生活、社会观念、文化选择趋向多元,大众文化、网络文化异军突起,物质发展与精神世界之间出现的错位,带来了整个社会精神文化结构的变化,思考、思想让位于娱乐、肤浅,成为这个时代的奢侈品。"④

综上,中国当代话剧接受因为穿越不同的社会意识形态和政治文化语境,而呈现出不同的审美接受倾向,除了时代精神的外在影响,它跟戏剧创作实践有关,也跟观众自身审美变化有关,从中不难看出观众精神结构、欣赏习惯、接受心态和审美价值观念的演进。这里有两点值得我们反思:一是如何妥善处理政治与审美的关系问题。显然,"政治化"与"去政治化"都不

① 孟京辉、赵宁宁:《年轻的戏剧,年轻的二十一世纪——当代戏剧谈话录》,《电影艺术》2001年第1期。

② 徐健:《中产阶级趣味与新世纪话剧的审美定位》,《艺术广角》2009年第3期。

③ 《马克思恩格斯选集》第2卷,人民出版社1972年版,第93—95页。

④ 徐健:《"西潮东渐"与"守正创新"——对近十年外国戏剧引进潮的思考》,《戏剧艺术》2016年第3期。

可取,也不现实,不要把二者人为地对立起来。对中国当代话剧来说,就是要努力改变周宁所说的"政治话语强势压倒美学"的问题,这首先就要把"审美之维"看作文学艺术的本体特征。马尔库塞在《审美之维》中指出:"艺术不是(或不应当是)一种用于人的日常活动范围的使用价值。它的功用性是某种超越形态的功用性,即有用于灵魂或心灵……"[①]1953年,美国康奈尔大学英文系教授M. H.艾布拉姆斯在《镜与灯》这部著作中归纳了文学批评的四要素,即世界、作品、艺术家和欣赏者。他强调:"欣赏者,即听众、观众、读者。作品为他们而写,或至少会引起他们的关注。"[②]他还说:"'给人教益'和'令人愉快',与修辞学中另一术语'感人',这三个语词在几个世纪以来代表了读者方面的一切审美作用。"[③]这都提醒我们审美是观众对文艺接受的核心诉求,文艺要按照"美的规律"来反映政治。二是在戏剧欣赏和接受中如何避免审美偏至的问题。中国当代话剧接受的审美变迁也像一面镜子反映出观众接受的主体性不足,例如容易受时代语境的影响,没有一定的审美标准,盲目跟风,受舆论市场所控制;接受较为情绪化,随性任意,喜欢偏至和走极端等,莱辛在《汉堡剧评》中就指出:"片面的鉴赏力等于没有鉴赏力;然而人们却往往带着强烈的倾向性。真正的鉴赏力是具有普遍性的鉴赏力,它能够详细阐明每一种形式的美,但绝不妄求任何一种于形式,以至于超出它可能提供的娱乐和陶醉的范围。"[④]这就提醒我们批评要有严谨客观的学理性。看戏不仅是"看热闹",而且还要"看门道",观众需要具有一定的戏剧专业知识和艺术修养,要学会提高自己戏剧欣赏的水平和能力,构建一种开放、多元、健全的戏剧价值观。

---

① [美]赫伯特·马尔库塞:《审美之维》,李小兵译,广西师范大学出版社2001年版,第180页。
② [美]M. H.艾布拉姆斯:《镜与灯》,郦稚牛、张照进、童庆生译,北京大学出版社2004年版,第4页。
③ [美]M. H.艾布拉姆斯:《镜与灯》,郦稚牛、张照进、童庆生译,北京大学出版社2004年版,第14页。
④ [德]莱辛:《汉堡剧评》,张黎译,上海译文出版社1981年版,第3页。

第十章　守护古典与追踪前沿

　　主编插白：长江后浪推前浪,芳林新叶催陈叶。学术史的发展须靠星火传承,美学史的前进同样离不开中青年学者的赓续。本书作为上海市美学学会和上海交通大学联合主办的文选,有义务向上海市美学学会和上海交通大学的中青年学者倾斜。上海是全国美学研究的重镇。上海的中青年学者的美学成果,也反映着全国中青年美学学者的研究动态。总体看来,守护古典与追踪前沿,是中青年美学学者研究呈现的两大特点。复旦大学中文系李钧教授是上海市美学学会第三任会长朱立元先生的弟子。朱先生以研究黑格尔美学著称。李钧也在黑格尔的传统美学经典研究上多有创获。在《黑格尔对于艺术思考的二重性》一文中,李钧指出:黑格尔对于艺术有双重看法。一方面他根据艺术的独特性来构建艺术,形成了以"身体"为特征的古典型艺术理论,艺术史成了古典型艺术发生与解体的过程。另一方面,他根据艺术的概念对艺术进行全面考察,艺术内容进而延伸到宗教和哲学,显示出宽广的生命力。与此同时,艺术形式也达到对于"显现"的超越,以时间性的"阴影"为更高形式,在精神的"回忆"中成为历史性的"画廊",以表达更深的内涵。这种广义的思考是黑格尔艺术哲学中更复杂、更深刻的地方,表现了对于现代艺术的前瞻性意义。如果说李钧的研究表现了对古代经典的守护,另外四位的研究则体现了对前沿的追踪。上海交通大学人文学院的汪云霞教授以研究中国现代诗歌为专攻。她的《中国现代诗的"情境"及其审美建构》一文最近引起学界广泛关注。"情境"作为一个现代诗学概念,融中国古典的"意境"和西方的"戏剧性处境"等观念于一体,体现了现代诗吸收小说、戏剧等文类要素而呈现出的文体混合倾向及其包容性品质,同时指现代诗采用的客观化、非个性化的知性抒情策略。中国现代诗的情境建构可分为拟态化、场域化和戏剧化三种类型。"拟态化"的实质是诗人将自我情感客观化,并在自我与外物、自我与他者之间建立一种相应相通的情感契合关系。"场域化"特指诗歌吸收绘画艺术的表现功能,将抒情主体在时间流程中的思想或行动转化为具有强烈视觉效果的空间形象,以视角形象和空间场域来传递思想和情感。"戏剧化"指诗人营造的戏剧性人物的独白与对话、戏剧性情节的对立与冲突、戏剧性时空的跳跃与转换,以及由此综合而成的戏剧性处境。现代诗的情境写作,是现代诗人面临20世纪以来多样化和复杂化的文化语境所做出的积极回应,折射出现代诗自身发展的内在需求与审美趋向。情境诗学为我们研究现代诗提供了一个新的维度。上海戏剧学院的支运波教授是去年刚刚评出的上海市社科新人。他的《海德格尔的"本有"诗学观》体现了对当代美学的精神导师海德格尔的诗学观的独特心会。诗在海德格尔的思想中不仅占有重要位置,而且是他为时代沉沦开出的一剂药方。携带着"思"之品质的诗人在寻求精神的历史归属过程中思得了存有的意义,并在其到达之所诗意地栖居着;同时由于诗人介于诸神与人类之间的信使角色,使其能向人类传达诸神之谕,给人类指明澄明之所。于是,作诗便成了居于天地之间、神人之侧的一种本有运动,而非原有的文学理论所说的情感想象活动或文化活动。尽管海德格尔目前在中国的学术界拥趸很多,影响很大,但撇开他令人不敢恭维的人品不谈,神是不是存在,诗人是不是介于诸神与人类之间的信使,诗歌创作是不是居于天地之间、神人之侧的一种运动,乃至他对传统诗学观念、文学观念的否定,都是可以质疑、不必迷信的。以《重构美学》引人瞩目的韦尔施是西方当代美学的另一位代表人物。上海师范大学人文学院的副教授潘黎勇从"辩证的感性学"入手,探讨韦尔施的"反审美"理论。他指出:"反审美"是韦尔施立足感性学思维的思想视域提出的一种美学理论。在"感知"语义的总体框架中,"反审美"指涉多重意涵。它与审美构筑的张力关系不仅丰富了审美知识学的内涵,更对审美泛化的日常现实表现出鲜明的价值对抗意图。在此过程中,艺术通过发展多元性感知而建构的"反审美"模式承担了审美化批判的重要使命。在这种评析、表述中,什么叫"审美",什么叫"反审美",等等,尚待我们进一步去追问。

华东师范大学中文系教授吴娱玉是颇富活力、甚为活跃的青年美学学者。她的《当代法国理论关于先锋艺术的潜在对话》突破一人一评,具有较高的学术含量。文章展示了如下思考:打破同一、呈现差异是后现代法国理论家的思维模式和基本立场,但是如何打碎、怎么实现则有千万种选择。聚焦于"表象""抽象""形象""拟像",可以窥探当代法国不同理论家对先锋艺术的界限有不同的划分尺度,进而引发人们思考先锋派艺术的困境和出路。利奥塔采用的是彻底与认知断裂的方式,强调艺术的不可交流、不可归类性,试图让人们在无序之中获得新的可能性。德勒兹认为这一做法容易导致感觉陷入无序混杂的状态,这一做法本身也变相建构了一种新型的编码模式和艺术权威。德勒兹对此不以为然。不仅德勒兹,包括福柯,都主张采用从内部爆破的方法,在已有的认知模式内部插入一条楔子,从而寻找一条逃逸和超越之路。这种方式保留了艺术的可交流性,同时使感觉脱离原来固有的秩序实现了解放,让艺术成为一个呈现不可见之物的"异托邦"。

第一节　黑格尔对于艺术思考的二重性[①]

黑格尔认为,世界的真理——精神的存在是系统性以及历史性的。在历史中,有艺术、宗教和哲学三种观念史在并行或相续,同时艺术也是历史性的,象征型(die Symbolische Kunstform)、古典型(die Klassische Kunstform)和浪漫型(die Romantische Kunstform)接续变化。在一般理解中,黑格尔把古典型作为艺术的标准和体现,但是,种种迹象显示,黑格尔又对艺术有更深的建构,也许黑格尔更心仪的艺术形式并非是古典型而是一种经过浪漫型艺术发展过后充满动态和历史性的影像性的东西。在黑格尔思想中,有可能有两种艺术标准,他对于艺术的思考在这两个标准中波动,导致其美学思想的深度含糊。这个二重性,原因涉及黑格尔对艺术进行的两方面思考。他一方面就艺术的独特性来看艺术,于是艺术就被定位为精神的浅在层次;另一方面又从艺术全体来思考,思想进行从独特性到一般性(即艺术所表达

---

① 作者李钧,复旦大学中文系教授。原题《身体与阴影——黑格尔对于艺术思考的二重性》,载《复旦学报》(社会科学版)2021 年第 5 期。

的最深的精神与理念)之间的运动,于是艺术就呈现出远比它的独特性更多的内容。他一方面把艺术看作是精神历史的初级阶段,于是艺术与精神的完全实现隔得很远;另一方面,他又把艺术看作精神完全实现的一方面,于是艺术又能使精神本身成为自己的内容。于是艺术有自己的藩篱,又打碎藩篱,去碰触自己所能触及的最高东西并形成适应这个东西的新的标准和形态。

黑格尔艺术哲学最集中的问题是艺术的"终结"(Ende)问题,这个问题集中了他艺术哲学中最深的思考和最大的含糊。一方面,以古典型为代表的艺术是过去了的精神形态,另一方面,古典型后显然浪漫型还取得了重大的发展,对此黑格尔甚至倾注更多的论述和欣赏。与此同时,甚至有论者在讨论黑格尔对于现代艺术的开启作用①。从艺术史的现实来看,艺术显然没有过去,但黑格尔关于艺术终结的论述又显得那么合理与有力。那怎么来看待黑格尔自己论述中的不一致以及艺术史现实与"终结"论的不一致呢? 他关于艺术思考的二重性的问题应该是一种比较好的解决方式。

黑格尔对于艺术的思考在表面的明确下潜藏着不一致,这个问题在黑格尔研究中长久以来都被关注。著名的黑格尔研究者 W. 戴斯蒙德(William Desmond)在《艺术与绝对》中明确提出,综合黑格尔的不同著述,他对于艺术有"美学的"和"宗教的"两种看法。在"美学的"看法中,黑格尔承认艺术拥有自己的"自主性",它集中在人与对象的关系中,"艺术被视为人类精神自我包含的表达,由它自己的力量、特别是想象力产生,不同于人类意义的其他领域如历史和科学"。但是戴斯蒙德并不认为这是黑格尔艺术哲学的精髓,他认为黑格尔不仅讲"为艺术的艺术",更加注意艺术与绝对的关系,"把绝对不断赋予艺术"。这体现在他把艺术和宗教结合起来。他说,在关于人的创造力的"美学的"解读中,"人处于与自己的想象性对话中,……人是对话的两端,他是说话者,被说者,和自己倾听性的对话者"。

---

① 关于这个问题,参见 Jason Gaiger, Catching up with History: Hegel and Abstract Painting(见 *Hegel*: *New Directions*, ed. By K. Deligiorgi, Acumen, 2006.)介绍。霍尔盖特(S. Houlgate)和皮平(R. B. Pippin)在关于这个问题上产生了明显冲突。皮平是对于黑格尔开启现代艺术观点的支持者,他的著作 *After the Beautiful*: *Hegel and the Philosophy of Pictorial Modernism*(The University of Chicago Press, 2013)比较充分地阐述了这个观点。

而在"宗教的"解读中,"有一个更大的复杂性在此辩证性中,……在这个对话中,人倾听自己,但总是在一个与比有限个体更加终极的东西的交谈的语境中,这个东西是无法'人类学化'的"①。艺术宗教化,显示了黑格尔不再关注"与其他形式并列的形式",而是关注一个"运作在所有形式中的创造性力量,即'精神'本身"。而艺术也因此获得了绝对性,在宗教化中,"艺术有自己的领地,然而在这个领地之内已经进行了对于'仅仅审美'的超越,这一超越不是简单地对艺术进行否定和取代,而毋宁是伴随着它的最高到达与充实"。在宗教的解读中,人的力量"指向了一个更基本的绝对精神的创造性,因为这力量不再是贬义的私人性和主体性,艺术在此获得了形而上的意义"。"艺术弥漫在人民的整个生活中,在伦理、政治和宗教性的实际中,艺术宗教展开了人民的世界,艺术因此成了整体的某种运作。""艺术作品成了有限的人与精神力量的连接点。"戴斯蒙德坚持在一般人认为艺术要被取代的与宗教、哲学相关的处境中,艺术却真正拥有在自己概念中的存在,"重要的不是艺术被约减到宗教,而是提升作为'审美的'艺术"②。

这种几乎是拆解重构式的解读,深刻地触到了黑格尔艺术哲学隐含的内容。戴斯蒙德在一般人所认为限制了艺术范围的"艺术宗教"中,反过来看到了黑格尔心目中真正独立而完全的艺术,体现了他对于黑格尔艺术思想深刻的理解。同时他把艺术分成两个层次,作为同一种精神在不同层次上理解的产物,也是符合黑格尔的方法论的。艺术突破了对于他者的抵抗与附属来获得自己内涵的思路,打开了对于黑格尔艺术哲学理解的空间。

黑格尔艺术哲学真正的价值不在于对一种已逝去的艺术的回顾,而在于对于艺术整体性的理解。对于这两者进行区分的研究思路是很有价值,并且也是具有文本依据的,因此,值得对此进行进一步探讨。

一、逝去的身体型的古典型艺术

从著述整体来看,黑格尔确实潜在地对艺术做了区别,分两个方面对艺术进行了探讨。这个区别并非是表面的"艺术(或'美学')"与"艺术宗教"

① William Desmond, *Art and the Absolute*: *A Study of Hegel's Aesthetics*, State University of New York Press,1986,38, Ⅶ, 47 – 48.

② William Desmond, *Art and the Absolute*: *A Study of Hegel's Aesthetics*, State University of New York Press, 1986,41 – 4.

的区别,而是独特(狭义)的艺术领域和完全的艺术领域的区别。

首先要考察独特的艺术领域是如何被定位的。在黑格尔的著述里,他将艺术独立出来讲,主要在两个地方,一个是《美学》,一个是《历史哲学演讲录》(《全书》尽管独立地讲艺术,但和宗教是交错的)。我们看到,在这两个地方,都高度重视古典型艺术,前者尽管同时讲述了象征型、古典型和浪漫型三种相交替的艺术类型,但他明确指出只有古典型,才是艺术的代表,是"理想"(das Ideal)。在后者,古典型则是艺术的唯一内容。

按照《美学》流行的说法,黑格尔称艺术为"理念的感性显现"[1],或者按"历史哲学"的说法,"优美"是"在感性事物的显现中蕴含的精神"[2]。或者按照他在《全书》里"科学"的表述,艺术作品这种自然直接性的形象"是理念的符号(das Zeichen der Idee)"[3]。这几种说法总体上是一致的,那就是理念或者精神显现于感性的存在物中。如果按照这种说法,那么艺术并无什么特别。因为依据黑格尔的整体哲学,绝对精神总是以异化的方式存在,随着这个作为精神最初级存在的自然的发展,它逐渐具有自为存在,有了自我意识,以及与自我意识相对立的客观对象;自我意识一步步发展为无限的主体性,客观对象发展为无限的实体性,最终两者在绝对的对立中完成和解,达到绝对精神的完全存在。这个过程也可以概略成为精神的感性显现过程。但黑格尔把这个总体模式分为三个方面,对应于绝对精神存在的直接性部分(艺术-直观)、本质性部分(哲学-概念)和两者的联系(宗教-表象)。也就是说,艺术必须坚持它在总模式的这个"直观"或者感性的重点,方才成为艺术。但问题是,坚持艺术的范围,是仅仅坚持这个差异性,还是以这个差异性为基础,全面地考察艺术全部范围,这还是有区别的。

---

[1] 1818—1829年间,黑格尔关于"艺术哲学"做了五次讲座,通行的《美学演讲录》是其学生霍托(H. G. Hotho)根据他这些讲座的手稿和学生笔记进行整理合并而成。近百年来(1931年拉松开始提出问题),在对于不同讲座学生笔记的研究中,人们发现在具体的不同讲座中,黑格尔对于艺术关注的重点是不同的,有些提法并非所有讲座都出现的,对于艺术终结的说法各讲座也有宽和与尖锐的不同态度,"理念的感性显现"一说在具体的学生笔记中也未找到完全相同的表述,整理者霍托在一定程度上掺入了自己的理解,等等。这些研究,促进了对于黑格尔美学思想的理解,也导致了整理本与分笔记之间在把握黑格尔艺术思想的差异性的争议。

[2] 黑格尔:《黑格尔全集》(第27卷第1分册),刘立群等译,张慎等校,商务印书馆2017年版,第290页。

[3] 黑格尔:《黑格尔著作集》(第10卷),杨祖陶译,人民出版社2015年版,第326页。

在黑格尔思想的基本原理里,任何事物总有自在存在(直接的存在)、自为存在(与他者相区别而存在)以及自在自为(既与他者区别又能回到自身的存在)的存在几种模式,而且,更进一步,黑格尔还在更复杂的体系里做了更复杂的区分。比如他说精神的时候说:"它首先只对我们而言或自在地是这个自在而自为的存在,……但当它对它自身而言也是自为的时候,这个自己产生,即纯粹概念,就同时又是对象的客观因素,……"①泛而言之,也就是说,事物总是有两个"自己",一个是强调与其他事物不同的自己(自为存在,或者在更复杂的层次上是对他者的自在自为),一个是明白了自己的终极概念是什么的自己(自在自为存在或者是对自己的自在自为)。因此,理念的感性显现,尽管总体一致,但"理念""感性""显现"乃至于黑格尔所说的艺术的另一个要素:"主体的创造性",每个范畴其实都有在对他者自在自为意义上和对自己自在自为意义上不同的解读角度和意义。基于这些认识,可以考察他独立地讲述艺术之处主要是出于什么角度。

在《美学》中,黑格尔说:"因为艺术的任务在于用感性形象来表现理念",所以不论艺术里面有何种差异,艺术"须使自己有直接感性存在"。在这个基本点上,"艺术在符合艺术概念的实际作品中所达到的高度和优点,就要取决于理念与形象能互相融合而成为统一体的程度"。自在自为的感性就是最好、最高以及最有代表性的艺术。按照黑格尔的艺术哲学语言,这就是理念和形象能融合一体的感性。他称此为"理想"②。在此我们应该意识到,在黑格尔构筑"理想"的时候,有两个内在因素,一是他始终强调在与宗教、哲学的不同中构建理想。他在演讲录中一直坚持他关于绝对精神的三种方式的区别:"第一种形式是直接的也就是感性的认识,……在这种认识里绝对理念成为观照与感觉。第二种形式是想象(或表象)的意识,最后第三种形式是绝对的自由思考。"③正因为这种区别因素,所以他不仅强调感性,而且还强调某种感性模式(理想)。其他方式不是没有感性,感性里面也不是没有其他样态,但强调某一种其他方式无法拥有的感性样态,正是

① 黑格尔,《精神现象学》(上卷),贺麟、王玖兴译,商务印书馆1979年版,第17页。
② 黑格尔:《美学》(第一卷),朱光潜译,商务印书馆1979年版,第90—91页。
③ 黑格尔:《美学》(第一卷),朱光潜译,商务印书馆1979年版,第129页。

以与他者的区别确立自己的结果。这种感性是自在自为的（有形式有内容），但它是对于他者的自在自为，而不是对于自身的全面的自在自为。黑格尔其实很清楚这种感性因此而具有的有限性，因此有第二个因素，即指出这个理想的内容，也是"直接性"的，他说，理念之所以美，"只是由于它和适合它的客体相直接结成一体"①。所以，这个在狭义的艺术中最高的、作为代表的理想，在理念的整体性中地位并不高。

狭义艺术的代表是"理想"，而"理想"的代表是古典型艺术。狭义的艺术的展开三阶段：象征型、古典型、浪漫型就体现为古典型艺术的产生、建立与解体过程，这是《美学》全体一个明显的主线。

因为重点在感性独特性这里，所以古典型艺术的特点其实是感性的充沛，即感性得到精神贯注。此处需要关注一个中间因素，即人体（das Körper）。精神在异化与回归的过程中，因为自我意识的出现，会产生一个关键环节，即人。在古典型艺术阶段，人正处于主观的自我的初级阶段，即知道有自我并且这自我和外在感性：身体合一的阶段。所以，人的身体粗略地说就是"理想"："精神的内在因素在精神所固有的肉体形象里找到了它的表现。"②因此，表现人体的古希腊雕塑就是古典型的代表进而是艺术的代表。为了和宗教的"启示"所需要的更有意义的具体的特殊个人区别开来，黑格尔在"历史哲学演讲录"中除了讲述希腊人已经把自己的身体当作艺术以外，进一步指出这种身体不是特殊的具体的身体，而是综合身体各种规律形成的"在大理石中""在幻想的图像中"的完美的雕像。这就是黑格尔关于狭义艺术本质的形象性表达。

但这种艺术，在精神的过程中地位并不高，因为黑格尔认为它表达的理念，其实不是最深的理念，而是理念分裂的中介形态，因而，这种艺术模式也被称为"显现（das Scheinen）"，而与成熟宗教模式的"启示（die Offenbarung）"相区别。这种模式里最早出现了两个方面（精神的自我认识与精神的异化存在）的统一，但这个统一是直接的，它的统一因为着重于感性，而感性是最分裂的东西，因而它所统一的精神也是分裂的，因而是主观、有限的。《历史哲学演讲录》最清晰地表述了这个看法。黑格尔说，希腊人

① 黑格尔：《美学》（第一卷），朱光潜译，商务印书馆 1979 年版，第 136 页。
② 黑格尔：《美学》（第三卷上册），朱光潜译，商务印书馆 1979 年版，第 17 页。

的精神还没有发展到普遍性和概念性,"精神还没有在精神中得到把握",
"他们在此仍然停留在神的外在化,止步于外在的现象,……希腊宗教还处
在外在化中,必然是一种多神论,这就是神圣东西如何向希腊人显现的方
式。……希腊人的神是被理想化为优美的人"①。

在这里我们看到,艺术在感性上被定位为理想,在理念上也被定位为个
体,坚决地与宗教和哲学区别开。因为艺术要独立出来,它必须围绕着它与
其他东西的差异性而建立起来,这看起来似乎没什么问题。但是,这种建
立,显然是为了艺术的艺术,以及为了他者的自在自为,这种独特性,标志出
了艺术,但其实并不能表示艺术的全体。

二、"美学"并不仅是"美"学

黑格尔认为,古典型艺术建立了一个"美(das Schöne,优美)",这个似
乎是他艺术论的唯一内容,在《美学》中他开宗明义地说自己的"美学(die
Ästhetik)",就是研究"die schöne Kunst(优美的艺术)",那么,这个艺术哲
学应该是讲述那个独特的感性和独特的个体性。

但是,他并没有严格固守这个范围。"现象学"和《全书》中,优美和宗
教纠缠在一起,它们之间的过渡给艺术论提供了很多弹性,在其中艺术作为
宗教的一部分,尽管坚持了艺术内容的有限性,但给艺术提供了宗教所达到
的理念的更深的内容背景。这个背景不断突破艺术原有的有限内容。《全
书》接受"理念和形象不适合"的浪漫型艺术为艺术内容,并且在此和宗教
纠缠在一起。"现象学""第七章"为"宗教",在此讲述艺术作为宗教的一个
阶段,主要讲古典型艺术,但又把"喜剧"和"苦恼意识"作为长长的余音和
启示宗教混在一起。开头明确坚持"优美"的"美学",内容却最为宏阔地包
容了在黑格尔之前的艺术的所有内容,不仅是古典型艺术,而且也包括象征
型与浪漫型艺术。后两者显然是内容和形式"不适合"的,不是"优美"。特
别是"浪漫型",它在《美学》和《全书》中几乎对应着启示宗教或其大部分,
这让人觉得,艺术可以含在宗教里,但似乎宗教也在艺术里能得到表现。艺
术因为优美的浅层和谐,给了人一个浅层的解放,但理念发展获得的最深的

---

① 黑格尔:《黑格尔全集》(第 27 卷第 1 分册),刘立群等译,张慎等校,商务印书馆 2017
年版,第 295、269、294、306 页。

解放却给艺术一个广大的未来。

此时我们隐约看到了黑格尔对于"艺术"理解的二重性。这个二重性不能简单地在黑格尔表面上关于"艺术"和"艺术宗教"的不同表述上寻找，相反，两者都给二重性理解提供了不同角度的材料。正如前面所说，从黑格尔哲学特别是"逻辑学"的基本原理来看，事物总是有两个方面，第一个是自己与他物的差异性存在，第二个是在与他物的差异中仍然维持自己的综合性存在，随着范畴的发展，后者还会随着对自己的认识不断深化，进而把自己奠基到最深的根基，实现对于自己的自在自为。按照黑格尔的思想，"精神"或"理念"有个环节性展开的系统或历史，每个环节都是精神的一方面，它们各自本身都是"精神"，但是，它们互相差异。差异性和这个"精神"本身的结合构成了环节的整体存在。"精神"由各环节构成，而每个环节又是一个整体与差异的整体。现在我们看到，在狭义的"艺术"中，形式和内容是齐备的，可以说是自在自为的。但是，很显然，独特的形式和独特的内容都和其他环节有着明确严格的区别，甚至可以说，形式和内容的独特性就是来自系统的定位和与其他环节的差异，所以，这种存在应该是对于他者的自在自为，而艺术作为科学的环节，应该还要打破这个限制，实现对于自己的自在自为。

这个时候，我们可以看到，黑格尔对于艺术的一般定义具有含糊性与歧义。无论是理念或精神的显现也好，还是理念的符号也好，这里面的精神和理念应该具有双重性，一个是差异性的主观个性，一个是普遍性的主体性。同时，独特的显现与符号在面临普遍主体性的各种样式时，会解体，从而从某种特殊感性形式扩展成各种变体，从而也涵盖感性的各种可能性。艺术的整体拥有一个自己完备的历史，这个历史涵盖作为它差异性及变体的感性各种形式与作为它本身及各种变体的精神各种形式，形成一个"圆圈"。如果从全面的方面来理解，艺术的"高度和优点"，未必就是"身体"。

黑格尔的"美学"就其在全面考察艺术方面，与一般美学相比，也有独特的地方，那就是核心范畴不是"优美"和"崇高（die Erhabenheit）"，他更加集中于"古典型"与"浪漫型"的比较与发展，如果说"古典型"是"优美"，那么它并立的不是"崇高"，而是由"喜剧（die Komödie）""讽刺（die Ironie）""幽默（der Humor）"以及"浪漫型"各范畴组成的某种东西。它可以看作是艺术对于宗教的表现,是艺术的拟宗教、向宗教阶段和方面。这种分布,也对应着黑格尔关于艺术具有独立地位和"艺术宗教"的双重看法。

"喜剧"与"讽刺"在《美学》中是古典型艺术解体时发生的。精神要把自己异化而表达为"存在"时,可以直接表达(产生自然),也可以自己建立一个人(自我),然后通过这个主体来表达(形成第二自然)。古典艺术是主体和自然(感性)的某种程度的和谐。但是,随着精神的发展,主体也要更加深化对自己的认识,因此,这个"理想"是要解体的。接下来"浪漫型艺术"是什么呢?"(精神要)提升到回返到精神本身……就形成了浪漫型艺术的基本原则。……古典理想的美……就不是最后的美了。……精神认识到它自己的真实不在于自己渗透到躯体里,与此相反,它只有在离开外在世界而返回到它自己的内心世界,把外在现实看作不能充分显现自己的实际存在时,才认识到自己的真实。……现在的美却要变成精神的美。"①当然,精神还不能完全提升到精神本身,它还具有主观主体的基本形式,因此它是"内在主体性",但比古典型的开始的主观性已经大大进步了,达到了走向完全与自由主体性的临界点。"幽默"是浪漫型艺术的终点,"主体性说要显示的就是它自己,……要造成一件供创造的主体来表现自己能力的作品。……使艺术就变成一种表现奇思幻想和幽默的艺术"②。

这是艺术的更深拓展层。对于浪漫型艺术,黑格尔也表现了双重态度,不同于他对于古典型艺术的又褒又贬,而是他表现出对于浪漫型艺术是不是艺术的两可态度。他一方面认为浪漫型艺术本质上不再是艺术:"后面的浪漫艺术尽管还是艺术,却显出一种更高的不是艺术所能表现的意识形式。"但又认为浪漫型还是艺术:"有比古典这种精神在它的直接感性形象里美的显现还更高的艺术。"③其实浪漫型艺术是和黑格尔的向启示宗教过渡与启示宗教阶段本身是重合的。

启示宗教最基本的模式是"启示"。"启示"之和"显现"有别,在于在宗教阶段,主体性已经发展到很高阶段。精神已经意识到了作为整体的普遍

① 黑格尔:《美学》(第二卷),朱光潜译,商务印书馆1979年版,第275页。
② 黑格尔:《美学》(第二卷),朱光潜译,商务印书馆1979年版,第372页。
③ 黑格尔:《美学》(第二卷),朱光潜译,商务印书馆1979年版,第170、274、255页。

性的自己,并且同时还把自己显现为现实所有领域中的"每一个"存在,这"每一个"又因为是在时间中的,它们又会死亡、消逝,"在这个否定性中绝对具体的东西作为无限主体性而与自己同一。""启示"是一种特别的"显示","启示"中,形式和内容是分裂的,绝对的不同一,内容是无限的主体性,它不会被外在存在混合。但它们又是绝对的同一,因为它已经发展到"自我规定的东西",它自己就有自己的存在,所以,"它就完全是显示"①。"启示"中,因为精神已发展到近最高阶段,所以它就在具体的、特殊的"这一个"中完整地显示自己,不需要"理想"那样做抽象。而"这一个"也让人认识到精神本身,因此,它不再是孤立淡漠的一个"直观",而是"表象",是一个同时是精神本身和直接性的双重性关系。

对于黑格尔来说,浪漫型艺术,主要在五个方面进行了拓展和变化。其中第一个方面就是"内在主体性"的显明。他说:"(精神)由肉体存在退回转到精神本身的内在生活,情欲和情感不再……完全流露于外在形状,而是要借这外在形状来反映出内心的……活动。"②浪漫型完全不顾外在材料而注重表达主观主体内心感受,不仅如此,主体还会发展到主体的最高形式。黑格尔说,随着这种倾向继续发展:"人深入到自己,从而摆脱某一种既定内容和掌握方式的严格界限,使人成为它的新神,所谓'人'就是……普遍人性。……他变成实际上自己确定自己的人类精神。"③个人从确定自己到发现自己其实也是一个空无(如苦恼意识),于是就要突破有限的自己而达到普遍的自己,从而"把自己纯形式的有限人格提升到绝对的人格……抛开希腊意义的拟人主义"。这种超出,甚至以个体死亡为代价:"(人)要摆脱有限,消除空无,通过他的直接现实存在的毁灭,去变成神在显现为人之中所化为客体的那种真正的现实存在。……这种个人主体性的牺牲所带来的无限痛苦和死亡是古典艺术多少要避免的,……而在浪漫型艺术中却第一次成了它特有的必然。"④

随着内在主体性的转移与提高,形式和内容不再融合在一起,它们分裂

① 黑格尔:《黑格尔著作集》(第 10 卷),杨祖陶译,人民出版社 2015 年版,第 331—333 页。
② 黑格尔:《美学》(第三卷),朱光潜译,商务印书馆 1979 年版,第 329 页。
③ 黑格尔:《美学》(第二卷),朱光潜译,商务印书馆 1979 年版,第 380 页。
④ 黑格尔:《美学》(第二卷),朱光潜译,商务印书馆 1979 年版,第 275、280 页。

了。艺术的形式也发生了变化,于是第三,形式不再是永恒而抽象的"优美",它又回复为普通的、日常的现实。"客观世界变成是散文性的,日常生活。"它们没有固定附着的意蕴了,成了"一张白纸(tabularasa)"。也因此,现实中一切东西都可以作为艺术形式,形式得到了解放。最后,这个真实的特殊的"这一个",又因为如此而又复显出它是消逝的和幻相的方面,但是,此时的消逝,却正是"表象"对于所指的绝对主体性的回归,这种真实的时间性具有神性的意义。

综合以上,可以看到,这广义的浪漫型艺术,一直表达到感性所能接触到的精神的最深处,也涵盖了从古典以来到黑格尔的"现在"所有的艺术型式,从他对于艺术类型的分解来看,也包括了"绘画""音乐""诗歌"等大部分主要的艺术类型。这种"精神的美"的部分,突破了"古典型"的特定形式和特定内容,它向我们展示了黑格尔对于艺术的更深思考。

三、阴影、历史画廊与回忆

从黑格尔整体论述来看,艺术超越了独特感性,但不超越感性为立足点的这个范围。实质上,艺术、宗教和哲学都离不开感性,但宗教以感性和精神的关系为立足点,哲学以精神本身为立足点。重点的不同出现了三个不同领域。以感性为立足点的艺术,按黑格尔的论述,至少还涵盖了宗教的精神高度,如果深入理解,还应该有他未明确述说的意思,即艺术也可以涵盖哲学的精神高度。

对于自身的自在自为的艺术,应该立足于自身的区别性特征,面对自身所触及的精神(内容)的所有层面,进行整体的自我构建,在构建中,也扩展自身的形式到最大的可能性,从而形成对于自身的整体认识。因此,黑格尔对于艺术,做了从象征型到浪漫型的全面考察。《美学》中的这个考察,绝不能因为黑格尔对于艺术独特性的执念而仅仅理解为古典型的出现与解体的过程,其中尤其是"浪漫型"及其所提供的拓展,在黑格尔精神的发展历程里应该处于更高的高度,值得更大的重视。在古代,精神只是那个个体性的"理想"层次,它只能通过艺术表现,随后,精神更高发展,它可以通过其他形式表达。那些宗教或哲学的高度,以宗教或哲学的形式去表达也许是更适合的,但是,这不妨碍艺术也可以达到那些高度。艺术就算不是体现真实的最高方式,也不意味着艺术自身不能发展而去体现更高的真实。这些高度与形式,都是艺术整体圆圈的重要内涵,如果加上它们,也许会改变艺术的中心样式。

在这个关于艺术的全面而整体认识里,黑格尔应该有超越"身体"的对于艺术更高或者更为当代的认识。结合他多处论述,这个艺术的更高的形式表述,应该是以"阴影"为形式性质的在"回忆"中的"画廊"更加合适。

除了"身体"以外,黑格尔也用消逝、幻相性的"阴影"来表示艺术的形式。他在关于艺术美的概念辨析中谈到艺术感性应该脱离物质性而保持为外形性时讲到:"从艺术的感性方面来说,它有意要造出只是一种由形状、声音和意象所组成的阴影世界(eine Schattenwelt)。"在关于艺术"理想"的形式的理想性他又说:"席勒在他在《理想与生活》那首诗里拿'寂静的阴影世界(stilles Schattenland)的美'来和现实世界……相对照。……出现在这世界里的灵魂对于直接存在来说,是死亡的,……从有限现象……的束缚中解放出来的。"①如果深入了解黑格尔艺术理论可以理解到,其实用"阴影"来表达古典型艺术的形式是不适合的,古典型以宁静的身体为形象,其形式紧紧和个体性内容捆绑在一起,甚至有了"永恒"的性质,就算他超越了现实,也不会是幻相和消逝性的。如果把艺术的各种形式的性质比作"阴影",那最适合的指示是古典型以后直到"现在"的泛浪漫型艺术形式,那个走向和已经实现"启示"了的形式:形式多样性,形式不再固化,形式在时间性中达到与最高主体性的表象关系。

黑格尔的艺术理论中,艺术形式的性质(媒介)的发展其实是他艺术形态、风格、内涵发展的主要线索:"新的原则导致新的感性材料和媒介。"②象征型是形式与内容分裂,形式是最粗朴的感性材料,只能外在、象征地表达精神;古典型是形式和内容互相融合捆绑,形式带有自己固定永恒的含义并且形成高下之别;浪漫型及以后,精神发展到挣脱形式,于是形式和内容再度分裂,形式不再有固定秩序和固着内容,形式成为缤纷幻相,当它再度求得自己偶然表面的必然性时,它的消逝性就不再是偶然的消逝,而是精神不再扭曲、更为真实的表达。在《美学》中,黑格尔充满热情地描述作为绘画、

---

① 黑格尔:《美学》(第一卷),朱光潜译,商务印书馆1979年版,第49、201页。

② 黑格尔:《美学》(第三卷上),朱光潜译,商务印书馆1979年版,第218页。

音乐和诗歌的形式媒介的光影、声音和语言,它们不再固着有障碍性的有限内涵,而是自由地表达最深的主体性:"(绘画中)客观的物质仿佛开始在消失,……达到了外形的解放,外形……可以在自己的活动范围里自由地发挥作用,显示出外形反复映照的游戏和明暗色调的幻变。"①在黑格尔看来,艺术或者精神的发展,就是要把沉重的外在感性溶解掉,把它们透明化。媒介材料走向了非材料化,但又维持着感性微薄的最后立场(感性立场是艺术的区别性特征,否则不再是艺术),这应该是黑格尔心目中艺术所能发展到的最高的形式性质。

单纯的偶然性是"阴影",但体现最高必然性的也是"阴影"。后者在黑格尔这里,因为自身已经基本脱离了材料性,也脱离了自己固着的个别而有限的内容,所以"是已经从树上摘下来的美丽的果实。"在这个《精神现象学》著名的比喻里,这"摘下"是对过去所有艺术作品脱离了它们当时情境的欣赏与回忆,也是把作品的形式去掉它固有的有限意识形态而单纯化的行为,这和黑格尔在艺术发展中把艺术形式"解放"并且"消逝"化、"幻相"化的理论建构是一致的。当然,正如他在"客观幽默"上所指出的,形式的解放意味着主体更大的出现,而出现的主体必须达到最高的高度以获得自己的客观性,从而能够驾驭这个消逝。因此,在这个比喻里,摘它的是被比喻为"少女"或"命运"的精神,她站在一个比它们产生时局限的时空更高的位置上,把它们加以"回忆","加以表象式陈列",在这个过程中,精神"通过自我意识的眼光和她呈现水果的姿态把这一切予以集中的表现,所以精神超过那个民族的伦理生活和现实;因为这精神乃是在它们那里还以外在的方式表现出来的精神在我们内心中的回忆,……(它)把所有那些个体的神灵和实体的属性集合成一个万神殿,集合成自己意识到自己作为精神的精神"。艺术形式越透明,艺术越"过去",越带来黑格尔的欢呼,因为只有这样,精神本身会在这消逝中被"回忆"出来。因此,在这个时候,"精神出现的一切条件都具备了——艺术创造的各个阶段所形成的圆圈,包括了绝对实体外在化自身的各个形式"。这些形式最高处就是"纯粹消逝着的对象"或"最后作为提高到了表象的实际存在"。"这种存在扩大而成的一个世界,这世界最后被总结称为普遍性。"最后"分娩出""包含着那些形态作为

---

① 黑格尔:《美学》(第三卷上),朱光潜译,商务印书馆 1979 年版,第 330、329 页。

它的各个环节的简单、纯粹的概念"的"精神"①。

艺术也能以自己的形式来表达"绝对实体外在化自身的各个形式",对于艺术的全面考察,才能理解艺术的最高与最终使命。当这些形式充分发展,形成一个"圆圈"时,作为整体的精神的"精神",就被这整体的阴影围绕着,"企望着、拥挤着",在"回忆"中呼之欲出。于是乎我们也能理解《精神现象学》最后也是最著名的比喻在艺术哲学上的意义:"(精神的变化)是一个图画的画廊(die Galerie),其中每一幅画像都拥有精神的全部财富。"精神在"深入自己的过程中","抛弃了它的现时存在(Dasein)并把它的形态交付给回忆(die Erinnerung)。……回忆是内在本质,而且事实上是实体的更高的形式。……知道自己为精神的精神,必须通过对各个精神形态加以回忆的道路。"而这,就形成"历史"②。

黑格尔在这里描述的是精神本身出现了的状态,此处,他已经走出艺术了,但他似乎又在"回忆"艺术。因为,精神本身是包含着直观和感性的,哲学包含着感性直观及其整体以及对于整体的穿透。因此,《全书》说:"这门科学是艺术和宗教的统一",艺术提供直观,宗教把直观"束在一起成为一个整体",由此直观就被提升到"有自我意识的思维"③。哲学和宗教都包含有感性,反过来,感性的艺术其实也能伸展到宗教和哲学的内容。在关于艺术的整体探索中,艺术已经至少模拟着宗教的大部分内容了,也在这模拟中,具有了暗示哲学-精神出现的条件。所以,艺术的生命是可以随着历史的发展一直持续下去的。不过,我们也要注意到,艺术在伸展出自己狭义的范围时,艺术形式必须走出完美的"身体",把自己丰富为所有的现实,并且还要走进"回忆"中,从而触及最深的整体的精神。在"回忆"中,感性只是感性,而非理想;现象只是现象,而非实体。它要去掉自己的自性,成为感性最薄的消逝性的自反存在,并用宗教和哲学的内容来赋予这个偶然以最深的必然。这个感性形式的点,可能是黑格尔所赋予的艺术在不断进展中所能达到的最高点。

① 黑格尔:《精神现象学》(下卷),贺麟、王玖兴译,商务印书馆 1979 年版,第 262—263 页。
② 黑格尔:《精神现象学》(下卷),贺麟、王玖兴译,商务印书馆 1979 年版,第 310—311 页。
③ 黑格尔:《黑格尔著作集》(第 10 卷),商务印书馆 2015 年版,第 335 页。

第二节　中国现代诗的"情境"及其审美建构[①]

"情境"作为诗学概念，最早来自唐代王昌龄《诗格》："诗有三境：一曰物境。二曰情境。三曰意境。"[②]"三境"说涵盖了写景、抒情与言志等三种诗歌审美形态。虽然抒情诗在中国古典诗中占主导地位，但用以指称其审美风格的"情境"概念并没有得到普遍运用，而"意境""境界"等诗学术语反倒广泛流传。

尽管如此，仍有学者认为，"情境"作为诗学概念，有其超越于"意境""境界"之处。王文生认为，言"意境"和"境界"不如言"情境"。"抒情诗是强烈情感的自然流露，是情与境的结合，而不是理与境的结合"，因此，在表述抒情诗的本质时，"情境"比"意境"更清楚和准确。同样，"情境"也胜于"境界"，因为"境界"仅表示文学作品的形式，而不涉及内容。他指出，王国维的"境界"说，将抒情文学基本质素的探讨转变为对结构的研究，但未能"强调情感的内容"。因此，运用"情境"较之于"意境""境界"更为恰切[③]。不过，由于论者过于强调中国文学抒情传统与西方文学叙事传统的分别，其对情境的阐发基本囿于古典诗学的范畴，缺乏现代诗学的烛照。

亦有研究者从"情境"角度探讨近现代诗歌的审美特性。吴晓东指出，分行、韵律、意象、情境是现代诗的基本审美要素，情境不仅增加了诗歌的艺术感染力，也带来了诗歌多重阐释的可能性[④]。但他只是使用了"情境"概念，并没有展开辨析。张剑将"情境诗学"作为理解近世诗歌的另一种途径，认为近世诗歌具有日常化、地域化和私人化特征。"情"指"一种主观化的感受，近于心灵史性质"；"境"则指"一种外在境遇，近于生活史性质"[⑤]。"情境"在此被泛化使用，它指的是一种融合了诗人心灵史和生活史的广义

---

① 本文作者汪云霞，上海交通大学人文学院教授。本文原载《社会科学》2022年第4期。

② 王昌龄著，胡问涛、罗琴校注：《王昌龄集编年校注》，巴蜀书社2000年版，第316页。

③ 王文生：《论情境》，上海文艺出版社2001年版，第93—94页。

④ 吴晓东：《二十世纪的诗心：中国新诗论集》，北京大学出版社2010年版，第257页。

⑤ 张剑：《情境诗学：理解近世诗歌的另一种路径》，《上海大学学报》（社会科学版）2015年第1期。

诗歌语境,而非诗歌本身的审美形态。赵飞强调,现代汉诗要突破古典诗的辉煌,就不能仅以传统的比兴手法书写情境交融的意境,而需要转变抒情方式,"凭借细腻、微妙的现代感受力来写复杂精微的现代感觉、处境、场景,组织成具体的情境"①。但他也未对"情境"作基本界定,也未从现代诗的宏观层面对情境写作加以提炼。

总的看来,虽有少数研究者运用这一术语来探讨近现代诗的审美形式和特质,但并未对概念本身进行深入辨析和系统阐述,或仅将"情境"泛化为诗人创作的心灵状态或生活境遇,而非聚焦诗歌审美层面来探讨。但考察中国现代诗的创作实践,我们发现,"情境"成为现代诗的重要审美质素和抒情方式。因此,我们认为有必要将"情境"作为一个现代诗学概念加以提出,厘清它的内涵与外延,分辨其主要美学特征,在此基础之上,探究中国现代诗如何进行"情境"建构与表达。

一、"情境":作为一个现代诗学概念

当我们把"情境"作为一个现代诗学概念提出时,其内涵与外延均不同于王昌龄《诗格》中的描述。王氏之"情境",专指抒情诗"深得其情"的境界。作为现代诗学概念的"情境",从外延上来看,它并非王氏所指狭义上的抒情诗,而指向与戏剧、小说等文体并置的广泛意义上的抒情诗。从内涵上来看,它也并非单纯强调诗歌"深得其情"的情绪感染力,而具有更复杂的意指。"情境"概念可以涵盖和辐射古典诗学中"物境""意境"乃至"事境"所兼具的某些指涉功能,融合西方现代诗学观念,从而具有更丰富的所指空间,能更准确地指称中国现代诗的审美品质。

第一,"情境"概念可融中国古典的"意境"和西方的"戏剧性处境"于一体,实现中西诗学会通。从王昌龄的"诗有三境"到王国维的"意境""境界",这些诗学概念聚焦的核心是中国诗歌"情与景融"或"情与景谐"的美学特质。王国维提出"有我之境"与"无我之境",②朱光潜则提出"同物之境"与"超物之境",尽管两人使用概念不同,但无不强调"情景相生而契合无间,情恰能称景,景恰能传情"的诗歌"境界"。而作为现代诗学概念的

---

① 赵飞:《论现代汉诗的情境写作》,《求索》2015 年第 11 期。
② 王国维:《人间词话》,上海古籍出版社 1998 年版,第 1—2 页。

"情境"，它注重揭示一种与现代诗歌文化相适应的动态化、张力性美学风格。

艾略特提出寻找"客观对应物"的诗学主张。他说："用艺术形式表现情感的唯一方法是寻找一个'客观对应物'。"①寻找"客观对应物"与中国传统的"情与景融""情与景谐"有相通之处，二者都注重将诗人主体的情感借助于"景"或"物"来表现，并在情与景、情与物、主体与客体之间寻求契合与平衡。所不同的是，艾略特扩大了"客观对应物"的范围，使它不仅包括景物，还包括"一系列实物、场景，一连串事件"，并且表现出较强的综合性和戏剧性张力色彩。因此，作为现代诗学概念的"情境"，既可指现代诗所承袭的中国古典诗"情景交融"的和谐境界，也可指现代诗所创造的具有现代张力的"戏剧性处境"。

第二，"情境"概念可揭示现代诗吸收小说、戏剧等文类因素而呈现出的文体混合倾向，以及这种文体混合所带来的诗歌包容性品质。厄尔·迈纳认为，抒情诗作为一种文体类型，它区别于戏剧的"模仿性"和叙事文学的"连续性"，主要表现为即时的"呈现"与"强化"；中国抒情诗也不乏"抒情与戏剧、叙事的融合"；"抒情诗能够自由方便地吸收戏剧和叙事，使它们臣服于它"②。确如迈纳所言，中国古典诗虽以抒情为主流，但也存在与"抒情与戏剧、叙事的融合"现象，古典"事境"之说就是明证。"凡诗写事境宜近，写意境宜远。近则亲切不泛，远则想味不尽。作文作画亦然。"③"诗必切人、切时、切地，然后性情出焉，事境合焉。"④古典诗的"事境"主要以赋法为基础，强调铺写物象，直陈其事。从哲学层面来说，人与世界关系的建构，可以基于"事"来考察。"以事观之"意味着，作为人之所"为"或人之所"作"，"事"既展开于特定的境遇，且指向特定的对象。人作用于世界的过程，即是"事"的展开过程⑤。"事境说"和"以事观之"等观念为我们诠释现代诗的"情境"提供了参照。中国现代诗在发展过程中，越来越倾向于突破

① T. S. 艾略特：《艾略特诗学文集》，王恩衷编译，国际文化出版公司 1989 年版，第 13 页。
② 厄尔·迈纳：《比较诗学》，王宇根、宋伟杰等译，中央编译出版社 2004 年版，第 129 页。
③ 方东树：《昭昧詹言》，人民文学出版社 1961 年版，第 504 页。
④ 翁方纲：《苏斋笔记》卷十一，《复初斋文集》手稿影印本，文海出版社 1974 年版，第 8725 页。
⑤ 杨国荣：《中国哲学视域中人与世界关系的构建：基于"事"的考察》，《哲学动态》2019 年第 8 期。

抒情诗自身的文体限制,表现出与戏剧和叙事文学相融合的趋势。一些现代诗不仅继承了古典诗的"事境",还进一步扩充和强化了其叙事性成分,进而呈现明显小说化、戏剧化的文体混合特征。

因此,所谓"情境"之"情",并不单指诗人主体的情感,还指向诗的叙事性或情节性特征。诗歌的情节性既可能是抒情主体内在心灵化的行为如回忆、想象、意识流、梦幻等的绵延与渲染,也可能是抒情主体所经历的外在事件或戏剧性活动的延续与扩展,相应地,抒情主体的行为、行动的背景氛围或时空场域即为"情境"之"境"。由于抒情主体的行为方式有内外之别,诗歌衍生的境也就有虚实之分,实境与虚境相伴而生,互相浑融,合力形成一种"戏剧性处境"。

第三,"情境"概念还可指向现代诗所采取的客观化、非个性化的知性抒情策略。艾略特说:"诗歌不是感情的放纵,而是感情的脱离;诗歌不是个性的表现,而是个性的脱离。"[①]"情境"概念显示出对艾略特非个性化理论的认同与接受。首先,"情境"概念与"新批评"的"语境"有相通之处。"情境"不仅指涉诗歌文本的具体语境,还指向与诗歌文本构成互文性关系的各种潜在历史语境,而历史语境的生成自然离不开诗人历史意识的烛照。其次,"情境"建构的过程,即诗人将自身经验、感受、情感、意志与客观的景物、事物、境况、事件等进行有机化合的过程,它凸显了诗人大脑的催化剂作用。最后,"情境"意味着"情与境"的高度统一与融合,诗人不是抽象地表达情感和思想,而是借助于"客观对应物",将情感和思想知觉化、形象化。因此,运用"情境"概念,可以彰显现代诗非个性化的知性色彩。

二、中国现代诗的情境建构:拟态化

综合考察中国现代诗的审美形态,我们认为,"情境"是其重要审美建构方式。"情境"生成可以概括为三种类型:拟态化、场域化和戏剧化。从表现效果来看,这三种类型有层层深化、逐步加强之势。但对于具体诗作而言,有时一种类型占主导地位;有时则三种类型相互交织、难分彼此。

中国现代诗情境建构的第一种类型是拟态化。拟态化作为一种情境建

---

① 托·斯·艾略特:《艾略特文学论文集》,李赋宁译注,百花洲文艺出版社 1994 年版,第 11 页。

构类型,它不是作为诗中的局部修辞而存在,而是形成整首诗的情感基点和逻辑结构。兰色姆提出"架构(structure)-肌质(texture)"理论①。拟态化的本质是为诗歌建立一个抒情的逻辑线索即内在"架构",这个"架构"与诗的"肌质"共同构成诗的整体生命力。拟态化是诗人寻找"客观对应物"、将主体情思客观外化的一种较为基础的抒情方式,它又可以分为拟物化、拟人化、代拟体三种表现方式。这三种表现方式,其实质都是诗人在自我与外物(或他者)之间寻找情感的契合点与连接点,从而建立自我与世界的相互关系。

其一,拟物化。拟物不仅将诗人的情感寄托于外物,还将抒情主体直接虚化为物,通过模拟物的情态和行为来呈现诗人的情感和思想。凭借拟物,诗人在自我与外物、真实与想象之间建构一种特殊的情感联系,由此生成诗歌特定的情境氛围。徐志摩《雪花的快乐》在"我"与"雪花"之间寻求情感的连接点。开篇"假如我是一朵雪花"奠定了全诗情感的基调,也设立了诗歌的内在抒情线索。全诗围绕"我是一朵雪花"来展开叙述,"我"的情感被投射到同"雪花"相关的一系列物象、气氛和场域之中,"幽谷""山麓""清幽的住处""朱砂梅的清香"等构成了"雪花快乐"的基本语境。诗人精心营造与雪花相关的情境,从而"自动释放"出意义——即"她"所隐含的古典神韵和东方情调。艾青《我爱这土地》以"假如我是一只鸟"展开想象和联想,"我"与祖国的情感关系被转化为"鸟儿"与土地的关系。透过鸟儿"歌唱""死亡""腐烂"等行为和场景,"我"对于祖国深切的爱恋情感和忧患意识自然而然被召唤出来。作为诗歌核心喻体的"鸟儿"也被赋予各种互文性想象,如"荆棘鸟"的传说,王尔德和济慈笔下的"夜莺"形象,以及"凤凰涅槃""精卫填海"等神话原型,它们共同构成了"鸟儿"潜在的历史语境,从而拓宽了诗的表现境界。

其二,拟人化。拟人是将物(包括具象或抽象的)虚拟为具有情感和思想的人,让物以人的方式来说话。在《闻一多先生的书桌》中,闻一多让书桌上的各种"静物"开口说话,众声喧哗、彼此嗔怪,好不热闹②。通过静物的人格化和行动化,诗人创造了一个"喧哗与骚动"的情境世界,这个世界

① 约翰·克娄·兰色姆:《纯属思考推理的文学批评》,载《"新批评"文集》,赵毅衡编选,百花文艺出版社 2001 年版,第 104、108 页。
② 闻一多:《闻一多全集》(1),湖北人民出版社 1993 年版,第 167—168 页。

亲切又陌生,令人哑然失笑,又使人猛然自省,诗人可谓嘲人嘲世嘲己,其诙谐、幽默、超越之姿在"书桌"情境中尽显无遗。戴望舒《我的记忆》对"记忆"这一抽象主题进行了拟人化、形象化的书写。全诗的"肌质"异常绵密充实,它由各种空间化、时间化的"记忆"形象、场景和情节汇合而成。在记忆的情境化书写中,诗人不仅成功构建了自我身份认同,而且对"记忆"主题本身也进行了形象化诠释,如对记忆女性化特质的细腻感受,对普鲁斯特式"意愿记忆"与"非意愿记忆"的敏锐捕捉①。

其三,代拟体。代拟体即诗人假借他者的口吻来说话,从而在自我与他者、真实与想象、现实与理想之间建立特殊联系。古典诗的代拟体一般指身为男性的作者以女子的口吻说话,如《花间集》文人的作品。叶嘉莹指出,古典诗人往往以"弃妇之怨"婉转表达"逐臣之慨",当男性诗人以女性声音说话时,表现出明显的双性人格气质②。现代诗也不乏代拟体的运用,如卞之琳《妆台》《鱼化石》、戴望舒《妾薄命》、何其芳《休洗红》等,这些诗歌作者都是男性,而诗中抒情主人公"我"则为女子身份。以《鱼化石》为例,诗人假借"女子"或"鱼"的口吻说话时,诗中的"我"即为"女子"或"鱼","你"相应地就变成"男子"或"石"。借助于代拟,诗人的自我情感经历了一个客观化、非个人化的过程,并获得了以"我""女子""鱼"这三重身份来自由建构话语空间的可能。

拟物即"人的物化",拟人即"物的人化",代拟则为"自我的他者化"。无论是拟物,还是拟人,抑或是代拟,都意味着诗人的情思经过了一个想象、虚构、重置和外化的情境建构过程。借由拟态化,诗人在自我与外物、他者之间建立一种相通相应的情感契合关系,如同波德莱尔《契合》的诗性表达③。人与自然、人与世界所达到的这种契合状态即为情境写作所希冀创造的审美效果。

三、中国现代诗的情境建构:场域化

中国现代诗情境建构的第二种类型可称之为"场域化",指诗人在寻找

① 本雅明:《发达资本主义时代的抒情诗人》,张旭东等译,生活·读书·新知三联书店2007年版,第20页。
② 叶嘉莹:《迦陵文集》(4),河北教育出版社1997年版,第237页。
③ 飞白主编:《世界名诗鉴赏词典》,漓江出版社1989年版,第388页。

"客观对应物"时,将情感投射于特定的空间或场域,通过营造具体的视觉形象和空间场景来表达思想和情感。场域化一定程度上体现了诗人打破诗与画界限的努力。诗画关系,在中西诗学中皆有深入探讨。一方面,诗和画号称姊妹艺术,甚至被视为孪生姊妹。宋代张舜民尝言:"诗是无形画,画是有形诗",古希腊西蒙尼德斯也说:"画为不语诗,诗是能言画。"①另一方面,诗画异质,各有擅场,也是不争的事实。莱辛虽然着重分析了诗与画的分别,但他并没有抹煞二者之间的联系。他承认,二者在一定条件下可以相互融合,画可以表现诗的要素,诗也可以表现画的要素②。借助于莱辛的诗画理论,所谓场域化,特别指诗歌作为一种时间的艺术,充分吸收绘画作为空间艺术的表现优势,将诗歌抒情主体在时间流程中的思想或行动转化为具有强烈视觉效果的空间形象,从而建构诗歌的审美情境。场域化包含三个方面。

其一,情感的空间化。诗人的情感充溢于所构筑的空间形象之中,空间场域的特征一定程度上烘托与映照了诗人情感表现的特质。卞之琳《断章》就将诗人思想和情感的"断章"转化为空间形象的"断章"。诗歌营造了两幅画面:看风景、装饰与做梦。何为风景,又如何观看,这是风景画家所面临的最核心的问题③。画面中的风景由"人、桥、楼、明月,窗,梦"组成,而"人"除外,其他意象都具有一定的历史互文性意义,它们隐含的各种互文性文本构成风景的广泛语义场。《断章》中风景的新意在于,"你"作为看风景的现代主体,在"看"的同时亦成为被看的"风景","你"进入风景,成为风景的一部分。于是,人与风景、看与被看、主体与客体彼此之间相互转化的辩证关系就经由空间场景的巧妙设置而被召唤出来。整首诗的时间线索是隐蔽的,空间成为情感聚焦之所在。正是由于时间的淡化,空间的凸显,诗中主人公的"看""装饰""做梦"等行为似乎变成了一种"去时态"化的存在状态,能够唤起某种普遍的情感认同。

其二,"空间与地方"。段义孚指出,"空间的意义经常与地方的意义交融在一起。"空间作为一个抽象的概念,必须加入个人经验后才能成为地方。

---

① 钱锺书:《七缀集》,生活·读书·新知三联书店 2002 年版,第 5—6 页。
② 莱辛:《拉奥孔》,朱光潜译,人民文学出版社 1979 年版,第 222—223 页。
③ 马尔科姆·安德鲁斯:《风景与西方艺术》,张翔译,上海人民出版社 2014 年版,第 7—11 页;米切尔编:《风景与权力》,杨丽、万信琼译,译林出版社 2014 年版,第 1—4 页。

只有通过身体的参与与世界产生经验性关系,人们才能将空间变成自己熟悉的地方①。他还提出,"更为持久和难以表达的情感则是对某个地方的依恋,因为那个地方是他的家园和记忆储藏之地","恋地情结并非人类最强烈的一种情感。当这种情感变得很强烈的时候,我们便能明白,地方与环境其实已经成为了情感事件的载体,成为了符号"②。诗人在将情感进行空间化建构时,空间既可能是抒情主体内在心灵或外在行为的具体场所或舞台背景,也可能是某种具有情感依恋色彩或文化记忆功能的"地方"符号。郑愁予《错误》中的江南就是一个兼具空间与地方色彩的情境符号。何为江南? 江南是地理空间,也是一个文化隐喻。江南是故事发生的空间场所,它也是诗人个人情感和文化记忆的回归之地。莲花、东风、柳絮、青石的街道、紧掩的窗扉、思妇、游子等,形成了一个具有浓郁江南气息的诗性空间。"江南"既是古典化、审美想象化的符号,它也承载着诗人独特的个人记忆和"恋地情结"。诗人在 20 世纪 50 年代的台湾创作的这首诗,其实包含了他对于战争、对于江南、对于中国母体文化的深刻记忆与想象。

其三,化时间为空间。现代诗人在创造情境时,显示出化时间为空间的努力,诗人通常选取线性时间中的某个重要节点,加以绘画式的场景凸显。如《断章》就以两个时间节点、两幅画面来表达情思。诗人在化时间为空间时,还注重发挥诗歌作为时间艺术的优势,化静为动,在空间画面中嵌入声音元素和声响效果。或以画外音来提示、暗示空间场域中时间的流逝;或以声音的植入反衬抒情主人公内在心理时间绵延与外在物理时间流逝之间的巨大张力;或以突然的声响效果打破主人公的联想、想象、潜意识,使其回到现实时空。《错误》中"哒哒的马蹄声"可以视作整首诗情境氛围的一个重要线索。马蹄声的引入,不仅使优美、宁静、幽深的江南场域获得了动态感和立体感,同时,它还可以作为一个潜在的情节要素,暗示诗中古典与现代、真实与想象、实境与虚境的界限。

四、中国现代诗的情境建构:戏剧化

中国现代诗情境建构的第三种类型可称之为"戏剧化"。较之于拟态

---

① 段义孚:《空间与地方》,王志标译,中国人民大学出版社 2017 年版,第 4 页。
② 段义孚:《恋地情结》,志丞、刘苏译,商务印书馆 2019 年版,第 136 页。

化和场域化,戏剧化更能折射现代诗的包容性特质以及趋向于文体混合的发展态势。戏剧化中往往同时包含拟态化和场域化,它属于情境书写中最具综合表现力的一种类型。

首先,采用戏剧性人物的独白与对白,营造戏剧性舞台处境。诗人在寻找对应物,将自我情感进行客观化表达时,重要手段之一是借戏剧性人物来说话。诗人往往有意识地采用叙述人称的多样性来展示戏剧性对话,通过人物的独白与对白,形成即时性、客观化的舞台处境。卞之琳就声称自己的创作,"这时期的极大多数诗里的'我'也可以和'你'或'他'('她')互换"。《断章》以第二人称"你"展开叙述,实质上有一个潜在的"我"与"你"相互对话,另外,诗中还有所谓"看风景人"与"别人"。全诗不过四句,却创造了"我与你""看风景人与你""别人与你"这三组对话关系。《鱼化石》中因为副标题"一条鱼或一个女子说"的戏拟,使得"我"同时兼具诗人、女子与鱼三种身份,诗中相应地形成了"我与你""女子与男子""鱼与石"这三组戏剧性人物关系,由此构成这首短诗多声部、立体化的表现效果。卞之琳的《距离的组织》设置了"我""远人""友人"等人物角色,诗的主线是"我"在一个冬日下午的行动与梦境,其间插入了远方友人的心理和行动。诗中两次出现"友人",所指其实不同。"醒来天欲暮,无聊,一访友人吧",说话人正是"友人",而其声称"一访友人"则是打算拜访"我","友人"实指"我"。而诗的结尾"友人带来了雪意和五点钟",这个"友人"指的才是"我"的朋友。全诗巧妙运用"我"与"友人"的戏剧性独白和对白,显示了时间与空间、现实与梦境的跳跃与转化,折射出浓厚的知性化色彩。

穆旦代表作《诗八首》中包含多个戏剧性人物和角色,这些人物的独白与对白构成复杂的戏剧性处境。其戏剧性角色或叙述人称包括"上帝""主""我们""你我""你""我""他""它"等,可以将它们分为三个层级。第一层级:无所不在的"上帝"或"主"(或以"他自己""它""巨树"来指称)。第二层级:处于爱情关系中的"我们"(或以"你我""变形的生命""另外的你我"等来指称)。第三层级:处于爱情关系中的"我们",又表现为独立存在的个体"你"(或以"姑娘""暂时的你""小小野兽""春草"等来指称)和"我"(或以"自己""他"来指称)。全诗八节,由这三个层级的戏剧性角色彼此对话,构成了整首诗高度综合的戏剧性处境。

其次,诗中叙事性或故事性因素的强力渗透,凸显出鲜明的戏剧性情节张力。较之于拟态化和场域化，戏剧化的情境建构突出地表现为叙事性元素的大量融入，诗歌呈现出鲜明的小说化、故事化等情节性特征。

卞之琳《寂寞》全诗两节，仿佛一个高度浓缩的微型成长小说，展示了一个个体生命从"小孩子"到"长大"，从"乡下"到"城里"，从"生"到"死"两种不同时间、不同空间、不同形态下的寂寞人生处境。痖弦的《上校》以不动声色的冷静口吻客观描摹上校的故事。在这种冷静叙述中，上校战时和战后的两种生存状态、两种人生处境显示出强烈的戏剧性张力。穆旦《诗八首》也可以看作一部爱情小说或成长小说，"是一组有着精巧的内在结构，而又感情强烈的情诗"[①]。它揭示了抒情主人公从生到死、从爱到哀、从希望到绝望的戏剧化人生历程。在这首诗的整体性悲剧氛围和处境中，抒情主人公"我"究竟是谁促人深思。他像是古希腊神话中推动巨石的英雄西西弗斯，又像是莎士比亚笔下的忧郁王子哈姆雷特，还像是艾略特"情歌"中敏感虚弱的普鲁弗洛克。

最后，诗歌的时空呈现出明显的跳跃与转化，并表现为戏剧性舞台场景的转换。以戏剧化进行情境建构的诗歌往往表现出高度的综合性，在抒情诗的短小篇幅里容纳高度浓缩的小说化、戏剧性内容，诗歌抒情主体的情感和思想、命运和处境随着时空场景的转换而发生戏剧性变化。

诗人创造的戏剧性时空有时是外在写实性的。如《寂寞》中"小时候"和"长大了"的线性时间发展以及"乡下"和"城里"两种空间转化；《上校》中20世纪40年代的战争场景和60年代的日常生活空间的切换。通过外在时空的拉长与转换，折射主人公命运和处境所发生的戏剧性变化。诗中的戏剧性时空有时具有浓厚的心理化痕迹。《错误》诗中的外在时空虽然变化不大，但因为主人公在物理时空与心理时空之间游进游出，诗歌由此也呈现了现实与历史、真实与想象之间的戏剧性处境。

从中国现代诗歌发展的历史轨迹来看，情境写作呈现了一个逐步自觉与深化的过程。初期白话诗人处于新诗草创阶段，其作品大多直接写景、抒情或议论，诗境相对单纯明晰，除周作人《小河》等少数作品外，还未表现出情境写作的自觉意识。自新月派诗人开始"新诗戏剧化"实验，"徐志摩、闻一多的戏剧独白、对白、场景主要来自英国维多利亚时代诗人尤其布朗宁的

---

① 郑敏：《郑敏文集·文论卷》（中），北京师范大学出版社2012年版，第318页。

影响。而卞之琳在这方面既继承了徐、闻两位前辈诗人的语言策略,更得到后期象征主义诗人如艾略特等人的滋润"①。以李金发为代表的初期象征派诗人,已经比较有意识地运用"情境"来表达"对于生命欲揶揄的神秘,及悲哀的美丽"②,其诗中抒情主体的潜在心理活动和外在身体行动被极力渲染和强化,诗歌的戏剧性张力色彩也较为突出。到 20 世纪 30 年代的"现代派"和 40 年代的西南联大诗人,由于所处战争与革命的复杂历史境遇,以及现代汉诗自身发展的内在需求,诗人们开始大胆追求"现实、象征与玄学"的高度综合,为"新诗现代化"寻求新的方向,从而将戏剧化的情境建构推向了高潮。此后,20 世纪 50—70 年代的台湾现代主义诗人和 80 年代以后的"朦胧诗人"及"后朦胧诗人"也都不同程度地承继了情境化写作的道路,并探索新的可能性。

中国现代诗人的情境写作,一定程度上,正是对于 20 世纪以来多样性和复杂性的社会文化语境所作出的积极回应。他们一方面继承中国传统诗歌的"意境""境界"美学,一方面又吸收西方现代诗人寻找"客观对应物"的写作主张,在融合中西诗学资源的基础上,探索出拟态化、场域化、戏剧化的情境建构方式。中国现代诗的情境写作,既见证了现代诗人面临现代多元文化语境所进行的探索与努力,也折射了中国新诗自身发展的内在需求和审美趋向。可以说,情境诗学为我们研究中国现代诗提供了一个新的维度。

第三节　海德格尔的"本有"诗学观③

自 20 世纪 60 年代理查德森提出海德格尔 Ⅰ 与海德格尔 Ⅱ 的著名论题,尤其是随着近年来以海德格尔全集第 65 卷《哲学论稿》(1935—1936)、第 66 卷《沉思》(1938—1939)以及第 71 卷《本有》(1941—1942)等为代表的海德格尔三四十年代关键著作的不断面世之后,在国内外海德格尔研究界迅疾掀起了回归海氏文本探讨"本有"(Ereignis)范式及其诗学思想的新

① 王毅:《新诗戏剧化》,《武汉大学学报》(哲学社会科学版)1996 年第 4 期。
② 朱自清:《〈中国新文学大系·诗集〉导言》,良友图书公司 1935 年版,第 7—8 页。
③ 作者支运波,上海戏剧学院教授。本文原载《杭州师范大学学报(社会科学版)》2016 年第 6 期。

转向与新潮流①。并且,由"本有"所引起的"关于思的非凡的新开端",业已被利奥塔与南希、德里达与德勒兹、列维纳斯与福柯、阿伦特与巴迪欧乃至于齐泽克与阿甘本等诸多西方思想巨擘们以各自极富影响的研究贯彻了整个20世纪。可是,海德格尔的思想"转向"(Kehre)以及"本有"这个独属海德格尔思想中心词的发现②却都与诗人荷尔德林的深刻影响不无关系。早在1914年就对他产生"地震"式影响,三四十年代又与他遭际"命定时刻"关联,直至晚年还念念不忘两人之间所存在的"不可避免的关系"③的诗人、诗作,如何从海德格尔明确批判的"存在被遗忘状态"的存在论范式阶段转向到"本有"范式阶段去沉思海德格尔的诗学观念便作为一个重要的理论问题凸显了出来。

一、诗歌作为此在的建基

"本有"是海德格尔从古希腊以及中国古代道家思想那里汲取的思想养分,在处理诗——特别是荷尔德林的诗时——提出的一个方案。这个方案成为《艺术作品的本源》的两个关键前提之一。在其中,海德格尔展示了艺术是何以通过存在意义的沉思而归属"本有"的④。然而,这种方案的完成却是在有关荷尔德林诗的阐释中最终实现的⑤。而且,"本有"的沉思也被视为是海德格尔阐释荷尔德林的"唯一目标"。如果试图想从"本有"的进路去一窥海德格尔诗学思想概貌,那就不得不首先考察"此在"(Dasein)问题。因为,在海德格尔看来,"此-在乃是本有之转向中的转折点,是呼声与归属的对立作用的自行开启出来的中心,是要像王侯领地一样来理解的本己性,是本-有过程(作为归-属于本有的归本过程)的主配中心,同时也

① Thomas Sheehan, A Paradigm Shift in Heidegger Research, *Continental Philosophy Review* 34,2001, p. 183 – 202.

② George Pattison, *Routledge philosophy Guidebook to the Later Heidegger*, Taylor & Francis e-Library, 2001, p. 176.

③ Martin Heidegger, *The Elucidations of Holderin's Poetry*, Trans. by Keith Hoeller, Prometheus Books, 2000, p. 224,226.

④ Martin Heidegger, *Poetry, Language, Thought*, Translated by Albert Hofstadter, Harper Perennial Modern Classics, 2013, p. 86,73.

⑤ Martin Heidegger, *Hölderlin and the Essence of Poetry*, Kampmann, 1988, p. 84 – 85.

归本于本有:自身生成"①。此外,将海德格尔对诗歌的规定性立于"此在",而不是其他概念那里的依据还在于:一是"此在"通过"本有"既联系于"作为历史之归属状态",又联系于"将来历史之基本发生"。"此在"是"本有"过程②;二是"此在"已是克服了一切主体性、对象性、先验论的表象认识的西方形而上学的一次破晓;三是只有首先对"此在"做生存论分析才能最终进入存在本身的意义问题。这是"存在之思本身"③,也是基于人的生存实践,而且它本身也处于敞开与遮蔽的人、神、世界与大地"四方"之间的急迫之中。惟其如此,人(人类、民族)才从根本上被改变,并成为"本有之寻求者,存在之真理的保护者,最后之神的掠过之寂静的守护者"④。

　　海德格尔规定"此在"处于人与诸神之间,这不仅赋予它与处于上帝与人类之间的"本有"比邻而居,且"本有"是以世界、大地、人与诸神的"四方"环舞开启此在自身的。就"此在"与人而言,它被把握为与归属于"本有"过程的人之存在的"此在";就"此在"与诸神而言,诸神需要凭借"此"而跃入到此之建基者所归属的"本有"中去;就"四方"运作而言,通过"四方"的开裂性生发,"历史性的人类与存在之本现,诸神的近化与远化"⑤,世界与大地进入时空的原始争执之中。如此这些极富隐秘性的话语只有联系于《海德格尔全集》第70卷中,海德格尔所明确赋予诗歌的"存在的发生和存在的建基者"的地位中才能获得探求的依据。也就是说,须从"在-此在-在世"的意义上去理解海德格尔的诗学。众所周知,荷尔德林的赞美诗《帕特莫斯》,尤其是"但是哪有危险,哪里也就有生救"这句,经常被海德格尔引用与评论。这里的"危险",海德格尔在《诗人何为?》中将其刻画为"神的日子日薄西山""世界黑夜弥漫""上帝的离去与缺席""上帝和诸神逃遁""神性的光辉熄灭"……,世界失去了"基础"(Grund)而陷入弥漫着黑暗的"深渊"(Abgund)之中;第二个"危险"是人类处于由科技摆置的"集置"和计算性思维之中,人成为"表象活动的表象者"⑥;海德格尔判断"危险"的第三个

①　海德格尔:《哲学论稿:从本有而来》,孙周兴译,商务印书馆2012年版,第329页。
②　海德格尔:《哲学论稿:从本有而来》,孙周兴译,商务印书馆2012年版,第36、267页。
③　张汝伦,《〈存在与时间〉释义》,上海人民出版社2014年版,第1134—1135页。
④　海德格尔:《哲学论稿:从本有而来》,孙周兴译,商务印书馆2012年版,第310页。
⑤　海德格尔:《哲学论稿:从本有而来》,孙周兴译,商务印书馆2012年版,第329页。
⑥　海德格尔:《林中路》,孙周兴译,上海译文出版社2008年版,第95页。

方面则是来自当时纳粹政治所宣扬的德意志民族的德意志性所造成的"深渊"。人们在这暗夜的世界中期备黑夜的转向、光明的林照，但这并非是寄望于上帝的重生。因为，尼采早就宣称上帝已死，而人类自身也难以承担。要使得神性的光辉普照大地，海德格尔通过援引荷尔德林的"自我们是一种对话"将希望置于语言和历史的关联处。因为，"只有语言存在的地方才有世界……只有世界主导的地方才有历史"①，就需更早地入于深渊、居于人—神之间，寄希望于靠近诸神的诗人在新神尚未到来之际通过命名神圣以敞开一个新的澄明之境，世人才能寻觅神性的光辉。因为只有通过命名，历史才能最终得以实现，与人成为一种对话。而这种诸神的命名则是真理的发生（Ereignis）和世界再世界化所必备的。所以，作为"终有一死者"的诗人，"其天命就是要去追寻消逝的诸神的踪迹，去歌唱那隐失了神性的光辉，从而为他的同类摸索通往'转向'的道路"②。故此，荷尔德林说，"诗人能在世界黑暗的时代里道说神圣"。诗人道说神圣，常人倾听诗人的道说才可能摆脱"贫困"，从世界的黑暗走向存在的光明。而诗人道说的神圣之维在海德格尔看来就是他所说的"存在的澄明"（即 Ereignis），而"诸神的逃遁"从根本上而言则是"存在的最极端的遗忘"，这乃是贫困时代的"隐含本质"。也就是说，海德格尔思"存在之澄明"就等于荷尔德林歌唱"神圣"。海德格尔把命名神圣作为诗人的责任，其目的是要使诗歌重新回到"为将来者敞开一条积极路径"以"护送"古希腊诸神，即诗人必须为诸神的到来开辟空间，而"开辟空间"以腾出位置亦即海德格尔说的"敞开"（das Offene）也可翻译为"此在"的"此"（Da），它是海德格尔关注的中心问题。

当被询问什么是他关于技术统治情势的最终看法时，海德格尔认为那是走出技术统治的"'拯救力量'（saving power）来自技术自身本质的理解，这种本质……来自于艺术"③。海德格尔从技术的本质及其古希腊词源学角度考察了它与诗在作为解蔽和带入眼前的模式意义上的源始关系——借

---

① Martin Heidegger, *Hölderlin and the Essence of Poetry*, Kampmann, 1988, p. 56.

② 孙周兴:《说不可说之神秘:海德格尔后期思想研究》，上海三联书店 1995 年版，第209 页。

③ Andrea Janae Sholtz, *The Transformative Potential of Art: Creating a People In Heidegger And Deleuze*, Doctor of Philosophy Degree, The University of Memphis, 2009, p. 82.

助 poēisis 这个词,并指出技术的本质危险和拯救的艺术之途①。诗意地沉思为允许我们去切近技术的本质,并为我们预备一个命运到来的时刻和回撤到适宜自己本质的场所且可在那里开始自己的栖居。但不可否认的还在于,海德格尔在诗中沉思的"拯救力量"并不能完全撇清其与 1933 年政治参与的关系。例如,美国学者波尔特就认为:"海德格尔 1933 年投身政治很明显地是打算贡献一个'开端'(Anfang)———一个(真正)历史、(真正)时间和(真正)澄明的开创。正如他后来所看到的,存在并非总是作为物种的成员已经赠予给了'我们';只有当我们努力克服我们历史地是谁,它才赠予(或真正地赠予)给我们,通过弄明白物的意义,我们才分享允诺的存在的发生。"②尽管海德格尔在后来政治热情有所减退,但他依然迫切地坚持诗意地沉思"开端"。而"开端是本有"③,"此在"之本源又在于"本有"④。这样一来,海德格尔在荷尔德林诗中发现的"全部救赎"⑤,便在"此在"和"本有"那里获得了建基。海德格尔说:"唯有最伟大的发生,最亲密的本有,才能把我们从那迷失于单纯事件和谋制之忙碌活动的状态中拯救出来。此类东西必定发生出来,它为我们开启存在,并且把我们回置入存在之中,从而把我们带向我们自身,带到作品和牺牲品面前。"⑥

或许,正是在上述意义上,海德格尔才说"作为给出忠告的此-在"和"使此在具有将所有根本的事物聚向自身和承认其根本尊严的能力"⑦。而从"本有"角度探讨海德格尔诗歌思想的"此在"建基,还应注意的是海德格尔对"此在"的理解:既非概念性的,也非实存意义上的。在《本有》(英译为《事件》)中,海德格尔说:"此-在不是实存、现实性(actualitas)、事实

---

① Martin Heideggerr, *The Question Concerning Technology, and Other Essays*, Harper Perennial Modern Classics; Reissue, 2013, p. 34.

② Richard Polt, *Meaning, Excess, and Event*, From: *Gatherings: The Heidegger Circle Annual*, 1, 2011, p. 41.

③ Martin Heidegger, *The Event*, Translated by Richard Rojcewicz, Indiana University Press, 2012, p. 47.

④ 海德格尔:《哲学论稿:从本有而来》,孙周兴译,商务印书馆 2012 年版,第 35 页。

⑤ Timothy Clark, *Martin Heidegger*, Taylor & Francis e-Library, 2001, p. 98.

⑥ 海德格尔:《哲学论稿:从本有而来》,孙周兴译,商务印书馆 2012 年版,第 63 页。

⑦ Martin Heidegger, *The Event*, Translated by Richard Rojcewicz, Indiana University Press, 2012, p. 266.

（actuality），此-在不是客观现实意义上的作为整体的存在者，此-在也不是生命意义上的人类存在。"①在《本有》之前的《沉思》卷中，海德格尔曾简洁地称"此-在不是显而易见的"，严格地说，此-在应从"本有"角度被思为历史地存在②。海德格尔所宣称的诗人是存有（Seyn）的创建者，这是在大地、诸神、人类以及其一切存在的历史性本质的意义上而言的③。然而，达到这一历史性的本质场所（或空间），却离不开思的力量。

二、沉思与作诗的历史相遇

海德格尔将诗作为拯救"此在"世界"危机"的一剂良方。而他所意指的"拯救"并不仅仅单纯地指使某物摆脱危险，而更为根本的意思则是"把某物释放到它本己的本质之中"④。在一系列著作中，海德格尔提出诗以及思具有冲破现存种种"危急时刻"、尚未确立的存在的调协和外部计算性思维从而为"另一开端……着手进行的准备"的"本质性位置"，因为，诗与思"具有把人移入一条本质性道路的能力"⑤。而诗与思的这种"能力"则是由本有"指引而入于它们的本质之本己中"的⑥。自此，追问诗与思意味着历史地把握其指派给真理建基的任务。

对于诗与思，海德格尔延续了他惯用的本质追问的方式。从前古希腊思想家（巴门尼德和赫拉克利特）那里本源地考察了哲学之思的概念，且在索福克勒斯悲剧中看到技术（techne）或知识（know-how）与 poiesis（制造/创造）活动的一致。海德格尔试图以此呈现思与诗之间起源上的亲属关系。在《通向语言的途中》《面向思的事情》《本有》和《荷尔德林诗的阐释》等重要著作中，海德格尔都着重谈到了诗与思的关系问题。特别是《本有》，诗

① Martin Heidegger, *The Event*, Translated by Richard Rojcewicz, Indiana University Press, 2012, p. 177.

② Martin Heidegger, *Mindfulness*, Translated by Parvis Emad and Thomas Kalary, Continuum, 2006, p. 289.

③ Martin Heidegger, *Hölderlin's Hymns "Germania" and "The Rhine"*, Translated by William McNeil and Julia Ireland, Indiana University Press, p. 214.

④ 海德格尔：《演讲与论文集》，孙周兴译，生活·读书·新知三联书店 2011 年版，第158 页。

⑤ 瓦莱加-诺伊：《海德格尔〈哲学献文〉导论》，李强译，华东师范大学出版社 2010 年版，第 123 页。

⑥ 海德格尔：《海德格尔选集》（下），孙周兴译，上海三联书店 1996 年版，第 1099 页。

与思的分量几近全文的四分之一。通过考察,海德格尔发现前苏格拉底学派的思以诗的(poetical)为特征,相应地,索福克勒斯的诗歌则是沉思的。也就是说,思与诗,一方的存在以另一方为依据。然而,作为与存在的意义相关的方面,唯有从 poiesis 这个存在的解蔽(a-letheia)模式出发,才能更加深入地澄清思与诗的关系。对于 poiesis,在海德格尔的思想历程中也分别经历了马尔堡时期(1923—1928),30 年代以及《形而上学导论》(1935)等不同时期①。在基础存在论时期,海德格尔对于 poiesis 的看法直接来自亚里士多德。此时,海德格尔既认为 poiesis 不是真理的原始路径,又坚持 poiesis 是解构希腊本体论和现代形而上学的关键支点。与马尔堡时期 poiesis 不被作为真理原始解蔽的位置不同,在 1930 年代,海德格尔重新阐释了 poiesis 概念,并回溯到前苏格拉底学派的语境中在"本有"所敞开的空间中去认识这一概念。经过概念的历史回溯,海德格尔发现了 poiesis 的更本源的意义:沉思从本质上讲不同于人类产品,现实上仍然是 poiesis(诗)。沉思以语言的中介把存在带入眼前,人类产品以可见的视觉表象为媒介将存在带入眼前。然而,两者都敞开了一个世界,创造了在各自世界中理解"此在"的方式。

诗与思对面而居于"此在"之所,即诗与思是一种"近邻关系"。这是海德格尔对两者关系的一个总的规定性看法。思与诗的近邻关系,其"近"(Nähe)是"本有"的出现将其带向切近②,同时也是"本有"的聚集运作,即"四方"相互切近的居有,"近"的本质在于"本有"之中。"近邻关系",首先是一种同一性关系,然后才是分居关系。海德格尔认为思即诗,存在之思是诗的原始方式,思乃是原诗(Urdichtung),思的诗性本质保存着存在之真理的运作。在《在通向语言的途中》中,海德格尔说:"一切凝神之思都是诗,而一切诗都是思。两者从那种道说而来相互归属,这种道说已经把自身允诺给被道说者,因为道说乃是作为谢恩的思想。"③感恩是思:作为诗意思的感恩;作为思的诗的感恩,如感恩是一种诗—问候,感恩是种沉思——作为

① Alexander Ferrari Di Pippo, *The Concept of Poiesis in Heidegger's*: *An Introduction to Metaphysics*, *Thinking Fundamentals*, IWM Junior Visiting Fellows Conferences, Vol. 9: Vienna 2000.

② Joseph J. Kockelmans, *Heidegger on Art and Art Works*, Martinus Nijhoff, 1985, p. 201.

③ 海德格尔:《在通向语言的途中》,孙周兴译,商务印书馆 2004 年版,第 270 页。

追问那些值得追问的事情。在思虑的意义上,思是一个感恩,所有的思献出,献出是一个词语。因此诗也思,即,以词汇而思。诗是献出感恩,而思是感恩。"近邻"意味着比邻相对而居,这既是一种事实关系,也是一种亲密关系。在事实性上,诗与思通过"道说"(Sagen)向先验地居于它们自身之中,且活动于其中的人道说一切。正是因此,诗与思在语言的层面上早已就相互归属了。可现实的思想却与这种无处不在的存在相背离而专于将一切逐入虚空的计算性思维,即两者昭示的亲密关系。现在,只有"我们必须先返回到我们真正已经逗留于其中的所在"①,才能在沉思中经验诗意的东西和倾听到诗意地道说的东西。然而,诗与思的近邻关系又在另一方面处于分离关系中,即"近邻关系"所意味的差异性。这种分离关系就如同平行线一样,它们交汇于一个并非由平行线本身所构成的断面上。海德格尔既经常强调诗是思,思亦是诗,两者不可分离且亲密地共属一体,但他也经常提醒"思是原初的诗,优先于所有的韵文(poesy)"②,在对存有历史的沉思上,思优先于作诗。虽然作诗早已发生,但只有当开始历史的沉思之际,作诗才到达。思不仅仅是对诗歌的阐释,它还是对存有的创造性沉思,因为比诗更具存在性、更古老。

诗与思的本质以及两者的关系及不同,从来不是依据诗学(poetic science)或哲学知识(philosophical scholarship)判定的。由于缺乏它们各自命运以及遭遇和分离的事件,所以只有历史性的事件才能决定诗(作为火)与思(作为水)这两种水火不容的东西以各自不同的本质在历史性时刻相遇。此时,那就似乎不是情感的生动经验管辖了同诗之词语的对话。故此,"对话"则成为了海德格尔对诗与思之关系的另外一个重要的规定性理解。甚至,基于一种思与诗的对话是海德格尔认为的进入诗歌历史唯一性的方式。在《本有》卷中,海德格尔说:"只有在留心(heeding)中倾听,只有在对话中留心,只有在同样的语言中对话;因此说:同样的词语;词语本质上是一样的。只有始源地思才是说并将我们带回到词语中。必须思同样与诗具有

---

① 海德格尔:《在通向语言的途中》,孙周兴译,商务印书馆 2004 年版,第 181 页。
② Martin Heidegger, *Early Greek Thinking*, Translated by David Farrell Krell and Frank A. Capuzzi, Harper San Francisco, 1985, p. 19.

本质的开端。也就是,以话语的方式。"①海德格尔对荷尔德林《追忆》诗的解读就敞开了一个诗与思对话与相互致敬的时刻。当诗人与思者相互致敬时,他们就随即进入到了一个将自身向时间、历史和存在敞开的被给予的领域。因为致敬创建了文本与历史之间的关系,它和历史与诗意行为之间的关系密切相关。在严格的荷尔德林意义上,致敬可以被理解为源于人、神间的话语,标志着分离的人类与诸神的共属一体。或者说,它是神圣的一部分。荷尔德林诗中的神圣则是天、地、人、神亲密性的一部分②。海德格尔将自己对荷尔德林诗的阐释规定为"思与诗的对话"。海德格尔让思(Denken)与诗(Dichten)形成对话,或许是在反对"对存在的逻辑解释是唯一可能的解释"这么一个偏见。自我们是一种对话,且能彼此倾听,天神才得以命名。海德格尔试图从诗的"原语言"中汲取别样的语言赋予思想。海德格尔说,"诗人思入有存在之澄明规定的处所,存在之澄明作为自我完成的西方形而上学已经达乎其印记,荷尔德林的运思之诗担当了对这一特性的思之领域的塑造。他的作诗如此亲密地居住在这一处所之中,在他的时代里没有其他任何诗人能与之相比,荷尔德林所达到的处所乃是存在之敞开,它本身属于存在之命运;处于此存在之命运,存在之敞开才成为诗人所思"③。诗之所思乃是一种栖居,思者之思则"是一种感恩"和"自由之本质的解放"④。而思与诗对话的目的,在海德格尔看来则在于将语言的本质召唤出来以便终有一死者重新学会在语言中以自我澄明的自由方式而诗意地栖居、游戏。

三、作诗与沉思的栖居及澄明

海德格尔让诗建基于"此在"之所,而对于"此在"他认为其标明了"第一开端与另一开端之间的危机"⑤。海德格尔解释道:在"第一开端"中,"此

①　Martin Heidegger, *The Event*, Translated by Richard Rojcewicz, Indiana University Press, 2012, p. 281.

②　Avital Ronell, On the Misery of Theory without Poetry: Heidegger's Reading of Hölderlin's "Andenken", *PMLA*, Vol. 120, No. 1, Special Topic: On Poetry (Jan., 2005), pp. 16 - 32.

③　海德格尔:《林中路》,孙周兴译,上海译文出版社 2008 年版,第 61 页。

④　Martin Heidegger, *The Event*, Translated by Richard Rojcewicz, Indiana University Press, 2012, p. 239.

⑤　海德格尔:《哲学论稿:从本有而来》,孙周兴译,商务印书馆 2012 年版,第 311 页。

在"被自然地理解为存在者的在场状态;而在"另一开端"中,"此在""属于这种作为本-有而本现的自行遮蔽本身",也指那些为历史性的存在者设置空间的澄明以及来自"本有"的"自由者"①。但是,如果所有的沉思都没有聚焦于澄明之存在者,或者"此在"之"此"的话,那么这些哲学之思就仍然行进在形而上学的范围内,而有关存在的真理就依然没有被把握住②。这显然是海德格尔所极力反对,并试图努力克服的。海德格尔一方面着手沉思诗的本质以改变我们同思的关系,从而设置一个空间让存在自行敞开;另一方面又着手赋予思自身作为或归属于一种栖居的本质③,这样一来作诗便成为了"让栖居成为栖居"。像 1936—1938 年,"本有"意味着发生的可能性,在其中就是可以建立一个民族培育意义的时空的新栖居④。海德格尔在以《艺术作品的本源》为代表的一系列重要演讲和著作中,都赋予了作品的意义运作和源始争执的本己性空间。

何谓"栖居"呢?海德格尔说:"栖居,即被带向和平,意味着:始终处于自由(das Frye)之中,这种自由把一切都保护在其本质之中。栖居的基本特征就是这样一种保护。它贯穿栖居的整个范围。一旦我们考虑到,人的存在基于栖居,并且是作为终有一死者逗留在大地上,这时候,栖居的整个范围就会向我们显示出来。但'在大地上'就意味着'在天空下'。两者一道意指'在神面前持留',并且包含着一种'向人之并存的归属'。从一种原始的统一性而来,天、地、人、神'四方'(die Vier)归于一体。"⑤我们发现自由与栖居,包括诗与思都如同海德格尔在《沉思》中所认为的那样,它们和存在、建基、遮蔽以及真理等这些词一样,每一个都"道说了本有,并由本有所决定。没有任何形而上学词汇可以沉思这些概念"⑥。

① 海德格尔:《哲学论稿:从本有而来》,孙周兴译,商务印书馆 2012 年版,第 314 页。

② Martin Heidegger, *Mindfulness*, Translated by Parvis Emad Thomas Kalary, Continuum, 2006, p. 184.

③ Martin Heidegger, *Poetry*, *Language*, *Thought*, Translated by Albert Hofstadter, Harper Perennial Modern Classics, 2013, p. 160.

④ Richard Polt, *Ereignis*, from: Hubert L. Dreyfus and Mark A. Wrathall Edited, *A Companion to Heidegger*, Blackwell, 2005, p. 376.

⑤ 海德格尔:《演讲与论文集》,孙周兴译,生活·读书·新知三联书店 2011 年版,第 156—157 页。

⑥ Martin Heidegger, *Mindfulness*, Translated by Parvis Emad Thomas Kalary, Continuum, 2006, p. 84.

因为,它们在本质上历史地就与人类及其活动共属一体且被现实地经历着。

　　不管是诗意地沉思,还是沉思作诗,抑或是诗意地栖居,海德格尔的真正意图还是在于打开一个存在的空间。"这个空间"在《存在与时间》那里是以"在世界中存在"的面貌呈现的,而在 30 年代以后则是"本有"所指涉的位置,其具体的呈现是"四方"古朴运动。不管是有人不满其具有"二元性"①,或是有人批判其存在两两统一的"自然与文化的双重性"②,抑或是反对其"相互作用关系"③,但海德格尔已经在《哲学论稿》中用 Ereignis 的环舞(镜像-运动)统摄了"四方"。如果,从人与存在的相关归属来看,那么人以栖居的方式实现了"四方"的动态性统一。人们在阅读诗歌中可以进入澄明之境,诗歌从而实现了拯救现实的历史性命运。在海德格尔看来,荷尔德林道说了西方的命运的深刻历史,这是荷尔德林在海德格尔心目中所处地位的根本原因所在④。这也是荷尔德林诗歌的基本情绪。荷尔德林在海德格尔那里,就等同于诗的本质。这是海德格尔在"澄清"荷尔德林诗歌第一讲时就给出的基调。可是,不管荷尔德林如何重要,就如同海德格尔在《艺术作品的本源》中对艺术家的认识一般——他只是作为一个"通道",借助诗人的通道而走向诗的本质空间:澄明之所才是他对诗歌的基本期待。诗与思并不制造澄明,其所栖居的地方,乃是来自"本有"的镜像运动。⑤

　　诗意沉思允许我们更切近一个始源的历史时刻。因此,艺术作品揭示了存在的遮蔽,并为存有的历史及其意义的彰显带来了可能。诗人信誓旦旦地投身于存在的召唤,从人们审视自身中划定界限。因此,倾听诗意逻各斯和诗意之思作为我们的文化活动被提出来。诗歌最初是作为将人安置在大地上的人神之间的可能性建基而起作用的,那是为了历史性,因而成为人。艺术品为人建立一个世界,同时也就包含大地这个成分。因此,海德格

①　Graham Harman, *Tool-being*: *Heidegger and the Metaphysics of Objects*. Open Court, 2002.

②　Julian Young, *The Fourfold*, in Charles B. Guignon (ed.), *The Cambridge Companion to Heidegger*, 2nd ed. Cambridge University Press, 2006, pp. 373 – 418.

③　Jeff Malpas, *Heidegger's Topology*: *Being*, *Place*, *World*, MIT Press, 2008, p. 246.

④　Timothy Clark, *Martin Heidegger*, Taylor & Francis e-Library, 2001, p. 113.

⑤　Karen Robertson, *Original and Originary Ethics*: *Heidegger on Language and Subjectivity*, DMA, Trent University Peterborough, Ontario, Canada, 2008, p. 25.

尔发现了创建一个民族的标准。作为历史性,人类本质仍然特别地联系被抛或像位置的东西。艺术作品敞开空间,这个空间建立于自由,而自由是来自存在的赠予。自由是让-存在者-是,即"投身于敞开领域以及让每个存在持存于敞开"①。通过让存在者存在,海德格尔意指我们作为所是和为其所是向存在者敞开。只是通过自由这么一个指示人就进入了他的本己中,只是来自自由的澄明的敞开,存在者便能为人而存在。

在《艺术作品的本源》中,艺术作品为人的"此在"开辟了可能,所以,敞开反映了比"此在"更为原始的东西。它是一个自由的空间,"此在"可在其中发生。对揭示真理/存在,曾-在是必须的,但经验必须作为存在的归属被沉思。强化"此在"允许海德格尔去聚焦一个事实,那就是存在给出自身并且敞开/澄明是发生的一个事件。归属存在是我们原始的存在状况。在《艺术作品的本源》中,作品而不是个人的"此在",开辟自由或敞开一个空间,因为这是敞开的自由。作品给出一个共同世界,这个世界作为一个为了以大地和世界的真实关系的聚集一个民族的空间而起作用。特别是作为作品之一种,诗歌让存在如其自身般发生,因为语言的本质是存在现身的一个敞开/澄明。诗歌,作为一种特殊语言,让敞开/澄明比语言的其他形式更始源地发生。诗歌让语言经由独特性洗礼,显示语言的本质,它作为命名的道说首次把存在带来。诗歌也例示了艺术品的一般本质,因为语言本质上是一种共同经验。可见,在海德格尔那里,诗歌绝非是幻想、虚构或情感流露的流俗见解。诗歌作为"澄明者的策划""让无蔽开启"以及使"存在者发光和轰鸣"的那道"闪入"之光引导存在者"诗意栖居"或"道说本真语言"的方式。

30 年代以后,海德格尔关注的是形而上学被颠覆之后,怎样从全新的角度审视诗的问题。海德格尔希望借助这种历史性的沉思以扭转时代文化的沉沦,并将其置于原处历史的开端之处,再从那里重新开始,在有根基历史的起源关联中让事物如其自身本来的样子那般自行显示自身。这是他在《艺术作品的本源》中对西方思想"转渡"的批判,也是他在《哲学论稿》中的不懈追求。他所思得的"本有"成为进入其全部著作的一个通道②,通过"本

---

① Martin Heidegger, *Basic Writings*: *Martin Heidegger*, Routledge, 2010, p. 127.
② Bret W. Davis, *Martin Heidegger*: *Key Concepts*, Acumen, 2009, p. 140.

有"为我们理解海德格尔的思想"打开了意义的新领域"①。当然,"本有本身不是一个实体,但它也不是作为意义的存在。它是无-意义(meaning-less),或者作为意义的存在的给出的自我遮蔽"②。拒斥一切以"诗歌"(poetry)和"哲学"解释"诗"(poetizing)和"思"(thinking)的流俗做法,历史地展开海德格尔从"此在"沉思诗歌的过程,从受我思的强制的表象突围出发③去体验生存的澄明或许才能稍微领会与切近海德格尔所思之诗。

第四节　辩证的感性学:韦尔施的"反审美"理论④

作为当代欧洲一位颇负盛名的美学家,韦尔施以其对全球化时代的审美趋向的热切关注和对美学合法性危机的独到阐释而闻名。在他看来,当代美学的合法性危机固然普遍表征为审美实践模式和审美文化品格的剧烈转变所带来的理论阐释上的巨大困难,但这种理论能力与经验现实的脱节从根本上说是由美学对自身的学科本义——感性学(aisthesis)——的遗忘招致的。韦尔施据此相信,回到美学的感性论要旨,重证美学与感性学的原始语义关系乃是重建学科合法性根基的有效途径。他提出,可以在"感知"的语义框架内建构出一种被称为感性学思维的美学思维模式,将与感知相关的所有问题纳入美学的观照视野,从而深化和扩展其在感性经验上的阐释效力与话语限度。然而,美学的现代性困境不仅是审美知识学意义上的,它更实质地表现为一种进入全球化时代后在文化价值言说上的话语失范。如果感性学思维只是试图解决知识论层面上的问题,即通过改变美学的叙事方式及学科结构来扩展学科的话语空间,则无法真正构成对美学合法性危机的有效回应。有鉴于此,韦尔施立足于感性学思维的思想视域所提出的"反审美"(anaesthetic)理论就不止以修补现代审美知识学的逻辑漏隙为目的,而尤注重对美学在当下社会生活境域中的价值立场和文化使命

---

① Richard Polt, *Meaning*, *Excess*, *and Event*, from: *Gatherings*: *The Heidegger Circle Annual*, 1, 2011, p. 28.

② Richard Polt, *Meaning*, *Excess*, *and Event*, from: *Gatherings*: *The Heidegger Circle Annual*, 1, 2011, p. 27.

③ 海德格尔:《哲学论稿:从本有而来》,孙周兴译,商务印书馆2012年版,第324页。

④ 作者潘黎勇,上海师范大学人文学院副教授。本文原载《学术界》2016年第2期。

的重新思考。

一、"感知"视域中的"反审美"内涵

在韦尔施的美学理论叙事中,鲍姆加登的"感性学"思想具有特殊的重要性,因为感性学揭示了美学与其原初语义 aisthesis 即"感知"的基本回溯关系,而韦尔施把这种回溯关系视作其所谓的感性学思维的核心。他指出,对于感性学这种"最广义的美学"而言,关键就在于感知。韦尔施在一般意义上认为,感知包含了知觉(perception)和感觉(sensation)两重含义。"作为'知觉','感知'指的是对诸如颜色、声音、味道和气味等感官属性的感受和判断,为'认识'服务;然而,用作'感觉'意义时,它指的是情感走向,以'愉快'和'不快'作为评价尺度"①。此处对美学的感知语义的分析,既包含了牵连于主观情感的感觉层面,也高度重视感知的认知性功能,而后者在某种程度上之于感性学思维更具有关键性的意义。韦尔施在《审美思维》(*Ästhetisches Denken*)一书中提出,感性学意义上的感知"不能仅是想到感性的感知,而且要想到一般的感知,特别要想到对原本事态的把握,这种事态因其原本性,只有通过感知的施行才能被呈现出来,它不能以逻辑归纳或逻辑演绎的方式来获取"②。这里的感性感知便是感知的感觉层面,一般性感知则指向对世界的理解和认知。在韦尔施看来,感性学思维实际上超越了作为艺术哲学的美学范畴,而上升到作为认知世界的一般性方法的哲学高度。同样,感性学定义中的感知也不仅仅是艺术畛域内的审美感知,而是包括了与人类生存相关的一切经验活动。由此我们便不难体会韦尔施对美学的如下定义:"从更宽泛的意义上讲,我把美学理解为感性学。它探讨的是人类的各种感知活动——感官的和精神的,日常的和崇高的,生活世界的和艺术领域的。"③根据这样的理解,作为一种特殊的审美实践类型和感知方式的"反审美",显然也可以且应该被纳入到感知视域中进行考量,这也是感性学思维在逻辑上的必然要求。如韦尔施所说:"此类型的感知性思维因而即是一种由感知出发、并且也涉及到反审美成分的思维,简单地说,是一

① [德]韦尔施:《重构美学》,陆扬、张岩冰译,上海译文出版社 2006 年版,第 67—68 页。
② W. Welsch, *Ästhetisches Denken*, Stuttgart:Reclam, 1990, p. 109.
③ W. Welsch, *Ästhetisches Denken*, Stuttgart:Reclam, 1990, p. 9 – 10.

种既包括审美也包括反审美的感性学思维。"①韦尔施始终坚称,"反审美"是他所说的有关感觉和感知研究的美学概念的一部分。

"反审美"(anaeshteitc)原本是一个医学术语,是指凭借麻醉手段使肉体失去感知能力,处于某种感官麻木的状态。韦尔施描述了作为感官知觉之反面的反审美的特征:

> "反审美"是对"审美"相反的应用。反审美意味这样一个基本的美学状况:感官的敏感性失效了。当审美具有强大力量的时候,反审美就是一种麻木,即对感性的损耗,阻止感受能力或使之不可能,以及达到这样的地步:从身体的迟钝到精神的盲目。简单地说,反审美就是审美实践的反面。②

审美作为一种感知活动有赖于身体感知功能的完整性和有效性,"反审美"的首要表征便是这种感知功能失去了活力,由于缺乏感官的敏感性而无法有效地去感觉、认知、评价某个对象。不仅如此,身体感官的迟钝还会导致精神的盲目,因为无论从饱满的感性力量之于高质量的精神状况的重要性来看,还是从敏锐的感知机能之于逻辑认知的基础性作用来说,前者都具有绝对的重要性,它使我们与这个世界建立了最初的也是最切身的联系,而呈现为某种"感性的损耗"状态的"反审美"使我们失去了这种能力,这就像医学上的"脱敏"作用。

如果仅从"反审美"的字面含义来理解,其内涵似乎只能是消极和否定性的,但韦尔施恰恰认为可以从"反审美"所指涉的感知缺失(absent)来寻求其中的积极意义。为了从感知层面来确认"反审美"的美学价值,韦尔施提醒我们必须有意识地将之同另外三种相似的状态区分开来,"反审美"概念也只有通过这样的区分才能获得某种定位。其一,"反审美"不是反感知,它从未脱离感知的阈限,它是审美之维的某种变形,或者可以将之看作一种特殊的感知实践;其二,"反审美"不是非感知,而是感知(审美)的一种反面标准,它不只是一种具有否定和消极意味的东西;其三,"反审美"并非与感知毫无关系,而是象征了感知本身所具有的一体两面的特性③。韦尔

---

① W. Welsch, *Ästhetisches Denken*, Stuttgart: Reclam, 1990, p. 110.

② W. Welsch, *Ästhetisches Denken*, Stuttgart: Reclam, 1990, p. 10.

③ W. Welsch, *Ästhetisches Denken*, Stuttgart: Reclam, 1990, p. 10 - 11.

施借助这种概念上的区分,将对"反审美"的理解牢牢地锁定在感知的语义场中,但他拒绝对"反审美"作出一种拥有统一性意义的定义,而"只是想指明它们在现象领域的不同层面与使用方式"①。于是可以看到,与在使用"审美"这个词汇时表现出的随意性相似,韦尔施对"反审美"概念的解说也是很不严谨的。

韦尔施曾借助观念艺术家布鲁斯·瑙曼(Bruce Nauman,1941—　)的《磁带录音机》②这件作品来说明"反审美"概念的主要意思。在他看来,像瑙曼这样的艺术家及其奉行的先锋艺术实践的重要贡献乃是"系统地使我们的感知能力超越了单纯感性的感知,超越了狭义的感知。恰恰由于这一点,它使我们有能力与这个世界的非美学打交道"③。显然,在这件装置艺术中,本来可感知的东西(叫声)变得不可感知(被屏蔽)了,观众唯有借助语言描述(理性认知)才能得知其中存在一个可感知的对象。语言描述在这里使观众在追问感知、鉴赏力的界限的基础上又突破了这种界限,感知到了不可感知者。因此,问题的关键不是能不能感知,而是愿不愿意去感知、如何去感知的问题。我们可以按照韦尔施的逻辑将其所说的"感知不可感知者"称为"超越感知的感知",也就是要超越现代美学那种感性化的形式感知(可感知者必定具有一定的形式),去追求某种无形式的感知,培育感知无形式对象的能力。这种不可感知性不仅在后现代艺术中大量存在,它更是我们所处之生活现实的根本特性(如不可见的电磁辐射),如果人们缺乏这种感知不可感知者的能力,不单会妨碍对世界的认知和体验,甚至对生存造成威胁。但反过来讲,如果客体对象和现实的不可感知性决定主体必须培育一种超越感知的感知能力的话,那么,当面对在审美上令人无法接受的社会的、环境的现实遭遇时,主体拒绝感知的"反审美"态度同样至关重要,它在某种程度上成为人类自我维护的一种手段。在这一过程中,主体不再主动去感知"反审美"的客体,闭合感知机能才是首要之举,因为当感官受到大量恶劣的感知元素的侵袭时,个体很可能会在感官的腐化中失去判

---

① W. Welsch, *Ästhetisches Denken*, Stuttgart：Reclam, 1990, p. 9.

② 瑙曼用一个无限循环播放的磁带录下了一个被严刑拷打者的惨叫声,然后把磁带和录音机密封在混凝土块中,人们因此无法听到其中的声音,但可以从关于这件艺术品的内容描述中知道这里面"播放"的是什么。

③ W. Welsch, *Ästhetisches Denken*, Stuttgart：Reclam, 1990, p. 67.

断真正有价值的事物的能力。

韦尔施的"反审美"概念实际上是借助一种美学话语形式,阐发了主体认知能力的局限性,并昭示了突破这种认知限度的可能性路径。一般情况下,人只能把握到感知能力范围之内的事物,但毫无疑问,存在着感官无法触及且极其重要的东西。人们由于无法感知某些不可感知之物就往往忽略它们的存在,并认为世界的形貌只能是如感知所呈现的样子。于是,"没有谁相信会有别的更好的东西代替它,也没有谁相信,感知活动的维度是必须要被超越的"①。与此同时,"反审美"提示了存在某些潜在的感知领域。当人在选择某种感知对象或感知形式时,必然伴随着对其他感知对象和形式的放弃,即是说,在感知维度上,主体的选择和放弃,客体的呈现和隐退乃是同步的,是一体之两面,"使某物成为可见的,其实就是指在同一个行为里让其他事物成为不可见的"②,问题在于如何揭示出被遗忘的不可见的一面。从审美活动来看,审美实践的彰显总是伴随"反审美"的隐遁,在这里,"反审美"不只是一种特定的感知形式,而是存在于所有感知活动当中,它就是感知本身的反面表征。据此可以发现,感知方式的选择就不仅关乎审美,同时也关乎"反审美"。

二、审美与"反审美"的辩证法

在韦尔施那里,"反审美意味着这样一个基本的美学状况:感官的敏感性失效了"③,而失效的原因恰恰与审美有关。他坚信,"反审美"只能发生在审美的条件下,即,感性要素的优集之处和感知能力的卓越之处遭遇反转,官能因感知过度而变得麻木不仁,感知被阻止或不可能了。需要再次指出的是,感知的麻木或缺失未必是消极的,必须结合它所依存的另一面,即审美状况来作具体分析,审美与反审美之间绝不能被认为是一种简单的对立关系。在上文对"反审美"概念的辩析定位中,韦尔施将"反审美"与反感知、非感知和感知的空无等否定情态区别开来,其意在说明,"反审美"乃是感知的另一种维度和变相,乃是审美的某种反面实践,审美与"反审美"相

---

① W. Welsch, *Ästhetisches Denken*, Stuttgart: Reclam, 1990, p. 34.

② W. Welsch, *Ästhetisches Denken*, Stuttgart: Reclam, 1990, p. 22.

③ W. Welsch, *Ästhetisches Denken*, Stuttgart: Reclam, 1990, p. 10.

反相成地、辩证地维系在感知的整体框架之内。他坦称,自己的"首要观点是,反审美不是从审美的外部来的,而是来自它的内部"①,并干脆将"审美与反审美的相互联合、相互交织、相互影响"②看作是整个后现代的基本特征。这种特征不仅是两种感知类型的客观勾联的状态,而且将不可避免地从中引发出一种基于后现代状况的价值批判模式。在我们看来,韦尔施所谓的审美与反审美的辩证关系主要是通过两个理论层面获得阐发的,即,认知的反审美基础和审美化场域中的反审美反应。

关于认知上的反审美问题必须结合"认识论审美化"这一命题来看。韦尔施认为,现代美学在创立之初的认识论构架(如鲍姆加登)及其历史流衍表明,"认识论审美化"实质是现代美学的思想起点。他所说的"认识论审美化"首先是指主体的基本认知结构具有一种原生性的审美性质。这里的"审美"是指感性领域中的直觉、隐喻、虚构等精神活动,由此审美认知形式建构而成的作为观念意指物的现实世界自然也呈现出多样性、模糊性、流动性等审美特征。其次,现实的存在模式或构成性质是审美的,它将导致主体意识和关于现实的认知方式的审美化,这主要是指,由当代媒体技术改造的审美世界(以虚拟性为基本特征)反过来对主体的认知方式起到审美化的重塑作用,认知上的反审美乃是基于前者而言的。如果说,现实的审美建构来源于主体认知结构的审美化特质,也就是将包括直觉、想象、隐喻等感知方式而不是理性逻辑当作认知世界的根本手段,那么感知又是以什么为条件或前提的呢? 韦尔施认为,感知不是突如其来的,而是有赖于一种反审美的前域:"即使是感知本身也是通过反审美(Anästhetik)来获得的。……而且,内部的反审美对于外部的感知效率是一个必需的条件。"③韦尔施在这里将"反审美"嵌合进审美认知结构当中,使两者在功能上相互交织而构成一个完整的认识机制。实际上,此中的"反审美"应该作为无感知来理解,它指向一种感知的不在场(absence)状态。对韦尔施来说,"没有无感知就没有感知"④,不以无感知为基础的感知是不存在的,前者成为生发感知的原点和功能性条件。感知的不在场并非感知的绝对空无,而毋宁是一种

① W. Welsch, *Ästhetisches Denken*, Stuttgart: Reclam, 1990, p. 31.
② W. Welsch, *Ästhetisches Denken*, Stuttgart: Reclam, 1990, p. 30.
③ W. Welsch, *Ästhetisches Denken*, Stuttgart: Reclam, 1990, p. 34.
④ W. Welsch, *Ästhetisches Denken*, Stuttgart: Reclam, 1990, p. 32.

涵育感知的待守状态或称之为前感知状态,不恰当地套用哲学解释学的一个概念,前感知类似认识上的前理解,只不过这种前理解指的是感知的虚位之势而非认知上的成见。由此可知,反审美(无感知)不仅是审美感知潜在的先决条件和生成根据,而且审美感知也必须经由这种无感知阶段才能完成功能上的转换。韦尔施意图说明的是,任何认知都需要依靠这个过程中的某种尚未明晰的或未被感知的成分,空无作为认知完满的一个必要的基础和方法而具有价值,这就是所谓的"认知的反审美"。根据韦尔施所信奉的绝对多元性的后现代立场,传统认识论那种独断、单一的理性主义模式已经不能适应甚至会阻遏人类对当代世界的理解和把握,在后现代境域中,不管是自然对象还是社会现实都要求对认知效果和意义进行多元性解读,而这种感知的不在场对于解释的模糊性和新意义的生产可能是至关重要的。

如果审美和"反审美"在认识论中所结成的是一种理论性的辩证关系的话,那么,韦尔施针对审美化的当代现实及其后果所阐释的审美和"反审美"的辩证关系就具有了强烈的实践性意涵。他提醒我们,当代这个由技术塑造的"图像世界""不仅以审美化,而且以反审美化为特征"①,后者传播的速度和范围更是难以想象。接下来的问题便是,美学应该如何面对这种现实场域中的反审美化,它是否在其中发现了自己的逻辑界限,或是将自己的学科权限拓展到"反审美"领域。韦尔施坚持认为,真正发达的美学思维应该将"反审美"问题纳入思考范围,特别是面对肇生于日常生活审美化语境中的"反审美"现象时,这种选择就显得尤其必要。关键的根据在于,审美感知本身也是自我批判的,某些自以为是的审美事物恰恰会令真正完善的审美意识难以接受,"反审美"在此不仅作为后果,而且是审美必有的一种反思机制。

对韦尔施来说,"反审美"在当代生存语境中首先指的是一种感知麻木或感觉迟钝的状态,它是我们痴迷审美化的物质表象和虚拟世界的必然后果,是"全球化的审美化"的最大缺陷。质而言之,"反审美"是紧接审美化而来的,"越多的审美带来越多的反审美"②,审美和"反审美"之间具有一种明显的因果关联。众所周知,审美的功能机理或本来的价值在于形成刺激,

① W. Welsch, *Ästhetisches Denken*, Stuttgart: Reclam, 1990, p. 63.

② W. Welsch, *Ästhetisches Denken*, Stuttgart: Reclam, 1990, p. 16.

即通过审美形式作用于感官知觉来影响人的情感和精神。然而,在消费社会中,审美刺激却成为催发消费欲望、实现资本利润最大化的手段。于是,当日常生活最大限度地遵从由消费逻辑制导下的刺激—反应模式时,我们对审美化的反动便开始了,审美被体验为烦扰甚至是恐惧,接着是感知的冷漠,直至麻木不仁。在这里,感性经验的过量和超负荷具有双重效果,它既刺激我们的感觉,同时又使之变得迟钝,韦尔施用陶醉(Berauschung)和麻醉(Betäubung)来分别命名这两种状态,这两种状态之间存在着一个从零感知到感知现象的过量化的过程。他如此论断道:"在信息社会,感知被标准化、被预先形式化、被强制化。伴随着感知之潮的是感知的丧失。"①感知过量必然走向其反面——感知匮乏,因为感知能力在过度使用的过程中已经受损乃至丧失了。

但问题的吊诡之处在于,当我们身处一个兴奋与疲乏不断轮回的感官王国时,无动于衷的感知麻木却能使我们逃离审美化的戕害,遁入宁静的飞地,从而成为自我保全的一种生存策略。从这里开始,"反审美"不再只是审美化的一个后果,而是转换成一种对审美化的有意识的反抗行为,它是通过"一种对中断、破碎的渴求,对冲破装饰的渴求"②来实现的。"反审美"在此指向一种感知的延宕和间歇效用,期望借此在超级审美化的绿洲中开辟出一块荒漠以中止审美化机制。韦尔施将之看作是当代美学的一项任务,说道:"我们的知觉(感知),也需要一个缓冲、交融和安静地带,每一位知觉心理学家都知道这一点。处处皆美,则无处有美,持续的兴奋导致的是麻木不仁。在一个过度审美化的空间里,留出审美休耕的区域是势在必行的。"③正是在这片审美休耕区中,"反审美"发展出它对于已经腐化的审美的拯救力量。如果承认审美化已经走向审美的反面,那唯有通过"反审美"才能使审美重获新生。感知麻木纵然是审美化带来的后果,但它同时也是审美化的中止之处,在这块审美荒漠中,感知能力正等待重启,"反审美"也由此预示了新的审美可能性。因此,"反审美"对审美便具有一种批判性的疗救作用,它能够使脱敏化的感知恢复敏感性,使人们重新获得对世界的感

① W. Welsch, *Ästhetisches Denken*, Stuttgart: Reclam, 1990, p. 63.
② [德]韦尔施:《重构美学》,陆扬、张岩冰译,上海译文出版社 2006 年版,第 93 页。
③ [德]韦尔施:《重构美学》,陆扬、张岩冰译,上海译文出版社 2006 年版,第 140 页。

知能力,这"就像在医疗中一样,反审美(只要被正确地运用)是为了健康!"①尽管如此,韦尔施对于在一个审美化已成为我们日常生存现实的背景下去实现"反审美"的美学价值与文化功能仍心存疑虑,而在他看来,艺术(特别是先锋派和后现代艺术)或许是解决这一问题的关键所在。

三、反审美:艺术的新使命

著名批评家戴夫·希基(Dave Hickey,1939—)在发表于1993年的一篇文章中预言,"美"将成为接下来十年中美学的主导性论题②,这在美学界和艺术批评界引起强烈反响。"美的回归"的宣言显然是针对当代的艺术现实而言的。然而,韦尔施对希基的看法表示质疑,他认为"美的回归"根本就是一个伪命题,因为美从来就没有离开过。相反,"艺术品的美在近几十年中比之前任何时候都要显耀,不管是在博物馆、展览会还是各种各样的媒介中"③。这里所说的艺术品的美,很大程度上是商业环境和消费文化的产物,与希基言称的艺术之美是不同的,不过,正是这种发生在日常空间中的审美泛化的事实成为韦尔施强烈反对在艺术中重新召唤美的重要依据。在他看来,我们已处于一个日常生活审美化的时代,美的形象和气息——当然是由资本创造并由消费逻辑驱动的——散布、弥漫于日常空间的各个角落。在一个审美泛化的世界里,艺术不应该再将美带入其中,因为美化生活的任务业已由其他方式完成了,艺术若想重证自己的价值,就不该与审美化合流,而应当作出另外的选择。韦尔施由此提出了艺术在审美化时代的新使命:"艺术的使命不是颂扬已经存在的任何事物,这里面当然也有艺术的生存机会。将日常生活的审美化包含在一种相异的陌生的形式中以激起批判性的反思或许是艺术的可能性选择之一,许多艺术也正遵循于此。无论如何,我认为艺术在根本上都应该是一个异质性的领域。面对审美化社会过度刺激的敏感,反审美才是我们更加需要的。"④韦尔施尽管被认定为后现代美学家,但他丝毫没有背弃其所在的德国的批判美学传统,他

① W. Welsch, *Ästhetisches Denken*, Stuttgart: Reclam, 1990, p. 22.
② Dave Hichey, Enter the Dragon: On the Vernacular of Beauty, in Dave Hichey, *The Invisible Dragon: Four Essays on Beauty*, Los Angeles: Art Issues Press, 1993, p. 11.
③ W. Welsch, The Return of Beauty?, *Filozofski Vestnik*, No. 2, 2007, p. 15.
④ W. Welsch, The Return of Beauty?, *Filozofski Vestnik*, No. 2, 2007, p. 22.

在这里希望借由艺术的异质性形式与日常现实产生的感知裂隙来对后者展开反思和批判,这与法兰克福学派所建构的艺术的否定精神及其审美解放策略是一脉相承的。而在当代审美化场域中,艺术更应凸显其对社会文化的批判功能,挺身去反对美艳的审美化及其混合物,干预审美化的漫无边际的扩散。要达此目的,"艺术不应再提供悦目的盛宴,反之,它必须准备提供烦恼,引起不快"①,以建立一个与审美化格格不入的反叛权威,在此过程中展示自己与日常现实的不协调特征。那么,艺术对审美化的批判或反审美的内在理路是怎样的呢?

我们知道,韦尔施是从三个层面来定义"审美化"的:审美化首先是指物质层面的浅表的审美装饰,它意味着美、漂亮和某种时尚风格;其次是技术和传媒对日常现实的审美化改造,主要指向一种虚拟性的特质;再次,物质和社会的审美化导致主体对世界的认知方式的审美化,它属于深层的审美化。这三种审美化虽然指涉的对象、范围、程度不同,但它们都作用于人的感知,并对后者的功能特性造成影响。也就是说,审美化过程不单单意味着美的形式要素的量的扩散和堆砌,至为根本的是,它重构了我们的感知,深刻地改变了我们看待世界的方式。不可否认,这种改变具有相当复杂的意义,但消极后果已愈发明显地凸显出来。电子媒介对于感知方式的重塑和宰制,以及对于世界本真价值的消解就是突出的例子。针对审美化带来的负面影响,韦尔施相信,艺术能够起到疗治的作用。艺术被看作是"拓展和强化世界感知的工具"②,艺术的鉴赏经验将影响我们对世界的感知,使我们有可能立足于作品构筑的视野框架来观察周围的一切。面对审美化导致的感知钝化和感知方式的新的一元化趋势,艺术要做的应该是重新激活我们的感知能力,麻木的感知可以在某种震惊的刺激下再次苏醒过来。比如,后现代艺术经常运用干扰、中断、抗拒等手法去创造一些奇异、激愤和拙朴的作品,观众则在反审美产生的"震惊"效应中使那业已被审美化所麻痹或操控的感性得到复苏和拯救,艺术在这里"被看作是对我们感知的无意识习惯的一种陌生化干预"③。但韦尔施敏锐地意识到,这种艺术风格与现实

① 韦尔施:《重构美学》,陆扬、张岩冰译,上海译文出版社 2006 年版,第 141 页。
② 韦尔施:《重构美学》,陆扬、张岩冰译,上海译文出版社 2006 年版,第 104 页。
③ Jerome Carroll, *Art at the Limits of Perception: The Aesthetic Theory of Wolfgang Welsch*, Bern: Peter Lang AG, 2006, p. 162.

的差异带来的震惊效果亦非拯救的根本途径,没有任何东西比震惊更快地丧失效果了,而审美化却是一种持久的现实境域。所以,关键在于从艺术中发掘一种可供操作的稳定模式,它使我们在任何时候都有能力打破感性经验制造的幻象,从审美牢笼中解脱出来。韦尔施指出,这种模式必须在艺术感知的多元性特征那里去寻找。

韦尔施提醒艺术家必须高度明确自己的如下使命:"我的真正任务可能并不是为艺术而艺术,而是发展不同的感知角度和方式,以及变化多端的感知和理解图式,并且加以示范。"①审美化的实质乃是感知的程式化和感性经验的一元化,是消费意识形态在感性领域建立的霸权体制,而提供一种多元性的感知模式便成为艺术反审美实践的中心目标,因为多元性意味着反抗和解放。在审美化语境中,多元的、动态的艺术感知显现出对专制的、稳定的审美化现实的抵抗作用,主体亦从中获得一种反思现实、想象他者的能力,并最终"揭穿审美化的虚饰,结束那种空洞的欢愉和昏睡般的冷漠状态"②。韦尔施反对格林伯格那种将艺术拘囿在纯粹形式领域中的现代主义者,他坚定地认为,"即使在艺术明显自主的时刻,它依然总是非常自觉地回应周围世界的审美状态"③。艺术总要跨越自己的边界而延伸到艺术之外的存在,它通过各种方式向世界敞开自身,不仅致力于表现世界,更期望改变世界。真正有价值的艺术感知应该具有这样一种功能,它能够突破纯粹的形式感知的界限,将艺术自身与周围环境关联起来,使我们的经验王国——无论是审美的、认知的、道德的还是其他的——在感知的统构下连成一体,并由此重建我们与世界的关系。于是,当艺术跳脱出单个审美特征的局限而将自己与现实重新关联起来的时候,一种多维的感知结构便呈现出来了,在这一感知结构中,不同知觉模式相互联系,它们可能是历史的、政治的、社会的、日常生活的,也可能是语义学的、冥思的、隐喻的和情感的,总而言之是多元的。但需要强调的是,韦尔施将艺术作为针对审美化的批判策略和疗救手段,并不意味着将艺术崇奉为某种高于现实的价值范本,而是揭示艺术感知的多元模式对于社会现实的示范意义以及隐含的重塑功能,因

---

① 韦尔施:《重构美学》,陆扬、张岩冰译,上海译文出版社 2006 年版,第 113 页。

② W. Welsch, *Ästhetisches Denken*, Stuttgart: Reclam, 1990, p.14.

③ 韦尔施:《重构美学》,陆扬、张岩冰译,上海译文出版社 2006 年版,第 103 页。

为只有多元性才能带来自由、公正和创造。艺术和现实毋宁是两种既矛盾对立又交叉融合的感知经验，它们不存在价值上的高低优劣之分，却始终处于相互参鉴、相互作用的横向互动之中，这实质就是艺术和现实构成的反审美和审美的辩证关系。

韦尔施对"反审美"的论证首先固然提醒我们，把美限制在艺术上或规范化地强迫艺术成为美的这种艺术本质主义思维是非常荒谬的，但作为一种新的艺术鉴赏视角和阐释方法显然并非"反审美"理论的关涉重心。"反审美"是一个具有多层次内涵的美学概念，它激励人们摆脱僵化的审美定式，帮助人们去体验多元化的感知类型，创造自由、开放的表达空间。尤其重要的是，韦尔施始终是在"感知"语义的总体框架中来阐释"反审美"的思想意蕴的，目的是在确证美学的感性学意旨的基础上，以一种更加宽泛、辩证的思路来实践美学的感性学思维，进而在审美与反审美的张力关系中来理解"反审美"在审美化的日常现实中所表现出的价值对抗意图及从中发展出的文化批判路径。"反审美"理论可被视为韦尔施对当代美学的主要贡献。

第五节　当代法国理论关于先锋艺术的潜在对话[①]

19 世纪末 20 世纪初，相机的使用让绘画展现真实的功能严重贬值，于是，绘画要脱离客观再现的束缚，试图在内容与形式上展开一场前所未有的革新以便重新找回自己的广阔天地，它不以再现可见世界为目的，而是要呈现不可见的世界。"先锋派"（Avant-garde）应运而生，这一术语源于法国，后来被用于富于革命精神与颠覆性的艺术风格与艺术流派，先锋派艺术运动包括了诸如抽象主义、表现主义、意大利未来主义、达达主义、抽象表现主义、波普艺术等具有实验精神的诸多流派，其艺术特征表现为反对的传统思维模式，打破约定俗成的创作原则，坚持艺术超乎一切之上，不必承担任何义务，让艺术成为它自身，在艺术形式和风格上追求标新立异，擅长描绘变形的梦境和神秘抽象的瞬间，挖掘人物内心的奥秘和意识的流动，让毫无关系的许多事件齐头并进，组成多层次、多元化的结构。先锋派的理论庞杂而

---

① 作者吴娱玉，华东师范大学中文系教授。本文原载《文艺研究》2022 年第 6 期。

多样,本文以利奥塔在《崇高与先锋派》中对先锋派的划定为依据,利奥塔的先锋派理论不是对某个艺术事件或艺术史的评述,也不像比格尔那样系统地对先锋派进行内部分析,其甄别标准取决于美学特质——对崇高(The Sublime)的呈现,即"不可呈现物"的呈现,那么,以摹仿、再现、叙事、抒情为原则的流派就被排除在外。事实上,利奥塔的先锋派同艺术史上先锋派的交集是以纽曼为代表的抽象表现主义。抽象表现主义出现在20世纪40年代的纽约,它结合了抽象形式和表现主义非写实性绘画风格,画风大胆粗犷、内容尖锐、色彩强烈且尺幅巨大,并经常出现偶然效果。而面对这些层出不穷、风格迥异、让人瞠目的作品时,理论界遭遇到前所未有的难题,艺术以何种思维模式反叛传统?反叛的边界在哪里?绘画是否离开真实世界越远就越意味着先锋?这些疑问构成了当代法国理论共同的问题域,无论是福柯、德勒兹、德里达、利奥塔都批判了表象世界,都试图通过艺术打开一种新的可能性。尽管他们并未指名道姓,却不约而同地交汇在这一共同的问题域中:利奥塔用"抽象"取代"表象",而德勒兹对此有赞同也有异议,并用"形象""拟像"改进"抽象",福柯与德勒兹异曲同工,以"拟像"批判"表象"。于是,本文聚焦"表象""抽象""形象""拟像",探索不同理论家通过对先锋派的论述完成对表象世界的批判和自我理论的建构,进而发掘当代法国理论关于先锋艺术的潜在对话与思想碰撞,探讨其背后不同的认知模式和哲学思想。需要指出的是因为不同理论家没有明确地针对彼此,也没有明显的继承影响关系,只是就同一问题发表了不同观点,为了凸显问题意识,本文没有按照发表评论的时间顺序集结全文,而是按照问题的内在逻辑进行组织。

一、从"表象"到"抽象":德里达到利奥塔

对表象的批判是一个步步拆解的过程,各个理论家的批判程度也呈现渐变的趋势,德里达《恢复绘画中的真实》对于表象世界的批判起了一个承前启后的作用,他接续了解构先驱海德格尔的思路,又批判了海德格尔思想中残留的主体,进一步拆解了绘画与表象的关系,而利奥塔以纽曼为代表的抽象表现主义为切口,更加彻底批判表象世界,试图震碎传统思想中的认知、概念等一切前理解,在震惊中获得一种全新、陌异的体验。

自15世纪意大利文艺复兴时期透视法被广泛使用以来,精准地模仿自

然、客观地再现世界一直是绘画的使命,到了 19 世纪末 20 世纪初画家从马奈、塞尚,到高更、凡·高等后印象派开始,真实再现已经不再是绘画的金科玉律,批评家也开始重新思考真理的意义和价值。其中最著名的是海德格尔在《艺术作品的本源》中对真理的反思,然而,海德格尔的逻辑起点受到了美术史家夏皮罗的质疑:这不是农妇的鞋,而是梵高的鞋。"他的靴子——与他的身体不可分割的事物,……他将它们转化为自画像的一部分,他自己的服饰的一部分;……作为'自我的一部分'的鞋子(用哈姆生的话来说),乃是凡·高的透露真情的主题。"①鞋是艺术家自我表达的一种手段,是对社会存在的折射。如此说来,鞋的主人是谁决定了这幅画应该如何解读。

而德里达对海德格尔、夏皮罗的批判是解构表象的第一步,他认为夏皮罗对海德格尔的全部批驳都依赖于真实的鞋子:"无论是海德格尔还是夏皮罗都把画上的鞋带紧紧系在'真实的'一双脚上"②。"'它们明显是'系动词'是'就如鞋带,把画上的鞋子和画家的鞋子系在了一起,……这意味着绘画作品中的鞋可以实实在在归属于和归还给一个实在的、可以确认的、叫得出姓名的主体,而将画的签名者作为这个主体似乎顺理成章。"③这段话有两层深意:首先,问题的出发点是"谁的鞋",事实上,提问方法有很多,比如关于鞋的什么? 是鞋吗? 谁的鞋? 是什么鞋? 鞋是什么? 但人们解读绘画第一思路就是找到鞋的主人,确定其归属,并恢复其真实面目。其次,为什么是"一双"鞋? 为什么不可以假设两只鞋都是左或右脚的,而夏皮罗和海德格尔急于把它们确定为"一双"才可以放心。而马格利特《红色模特》是一双靴子和一双脚的混合物,海德格尔和夏皮罗都将这双鞋看作是对真实鞋的再现,对绘画的解读基于这双鞋的实在主体——农妇或画家。而在德里达看来,夏皮罗和海德格尔的阐释都是在场的形而上学或逻各斯中心主义的表征,只不过海德格尔更加隐蔽。夏皮罗的思路是"物"如何"实

① [美]夏皮罗:《艺术的理论与哲学:风格、艺术家和社会》,沈语冰、王玉冬译,江苏美术出版社 2016 年版,第 138 页。
② [法]雅克·德里达:《恢复绘画中的真实》,何状实译,《外国美学》第 11 辑,商务印书馆 1995 年版。
③ [法]雅克·德里达:《恢复绘画中的真实》,何状实译,《外国美学》第 11 辑,商务印书馆 1995 年版。

在"，海德格尔的焦点是"物"如何"存在"。

尽管理论家发现了梵高绘画试图通过扭曲、变形和革新拒绝再现，也尝试用一种新的方式去解读，但依然落入了梵高的圈套，德里达认为鞋带呈陷阱的形状，鞋带的一端是敞开的环形，且"鞋带"（la cet）有"陷阱"的意思，德里达认为突破艺术再现世界的圈套就要将鞋与支撑鞋的主体割裂，让鞋成为一个空的、匿名的、卸去负担的状态，绘画才能摆脱工具的地位成为自身，新的解释才能浮出水面。于是，德里达用"打孔的真理"取代了"绘画的真理"①。"打孔的真理"是德里达制造的文字游戏：法文绘画（peinture）与打孔（pointure）是谐音词。"pointure"指印刷中尖尖的打孔器，也指用它打的孔，还有鞋眼儿的意思。在梵高的画中，鞋带穿过鞋眼，到达皮革或画布不可见的另一面，然后再回来，鞋带的铁尖进入金属边的鞋眼儿，穿透皮革和画布，仿佛把皮革缝在画布上。皮革和画布有各自的厚度，是不同的组织，但被鞋眼穿透以后，两者就无法区分了。这意味着鞋带沟通了自身和他者，消除了内外之间的对立。在德里达看来，"绘画的真理"就在打孔的动作中穿破一切"框"的限定，打通内外之间、消解二元对立、击碎预设的真理和秩序的牢笼。

由此看来，海德格尔试图在作品中破译出一个存在真理的思路实际上依然是一种前理解，只不过在结构上发生了微妙的替换，背后隐藏着的依然是主体思维，而德里达的解构更加彻底，他质疑任何既定的前结构，不再追逐真理的本源、打碎表象世界、肯定偶然与游戏。

同样，利奥塔也认为摹仿或再现意味着绘画是现实的工具，尤其在机械复制时代，艺术更容易被标准生产与批量复制。当绘画真实再现世界的障碍被移除了，又面临技术时代的标准化生产，艺术应该何去何从？利奥塔开出了药方，他认为艺术的道路应该走向先锋主义与崇高美学，这里的崇高美学来自抽象表现主义画家纽曼的启发，1948年开始，纽曼创作了一系列以"崇高"的为主题的绘画，发表了"崇高即现在"的文章，标志着一种新的艺术形式：艺术与"优美"无关，"崇高"才是最重要的标准。于是利奥塔推崇先锋、改造崇高，用"抽象"击碎"表象"。

---

① ［法］雅克·德里达：《恢复绘画中的真实》，何状实译，《外国美学》第11辑，商务印书馆1995年版。

首先,崇高即现在(maintenant)。纽曼认为时间就是画作本身,这里的时间并非解读的时间,而是一种消耗的时间。纽曼的画与叙事全然对立,让人的认知力瞬间失效。如果说面对杜尚的画作,评论者追问:"说的是什么?""意味着什么?"那么,面对纽曼的作品,他们只会感叹"啊""居然这样","这种'就是这样'(voilà)感觉被纽曼称之为'崇高',这一刹那,人们对它一无所知,无从追问,'能消耗的唯有感觉,感觉的瞬间就是瞬间'"①。纽曼的现在是纯粹的现在,使人惊慌失措、撤销意识,它不被意识建构,甚至是意识为了构建自身而忽略的那部分,即发生(qu'il arrive),是一种偶然和意外事件(occurrence),这不是指所发生的事存在或意义,而是"发生"先于所发生事情之前。只有真正意义上的"事件"(quid/event)才能"发生","事件"是不可预测、不可调控,脱离意识掌控、知性范畴、概念框架、日常体验的一种异质的元素,唯有唤醒主体之外的他者,发生全然陌异的"事件"才能抵抗主体哲学。

其次,利奥塔受纽曼的启发改造了康德的崇高概念,崇高意味着当人面对一个无法预料、无法把握的对象,往往惊异、恐惧、震撼,这是因为知性和想象力在绝对物面前失调而产生的一种无力感和痛苦感,此时,理性开始发挥作用并将人引向崇高的境界,康德将崇高引向道德,并未赋予美学真正独立的地位。利奥塔提出"崇高不是提升(élévation)(提升是亚里士多德用以区分悲剧的范畴),而是激化(intensification)"②,不依附于知性与想象力,是对表象(presentation)活动的一种超越,是对感性材料彻底的无中介直观,是对"不可呈现物"的呈现。而先锋派对未定型与不确定的狂热是崇高"对不可表现物的否定性表现(présentation négative)"的外化。

然而,不久先锋艺术就暴露了它的局限。先锋派没有具体的内容和核心观点,依据反叛传统的相对性而建构的,大多数批评家将先锋派与某些特定团体、圈子、风格等同,先锋派不得不通过一次次挑战传统而确立自身,而无数次的造反意味着先锋派的边界在无限扩大,批判锋芒也不断被虚化。不少流派在先锋的旗帜下鱼目混珠,而这些流派的内核是商品经济和消费

①   Jean-François *Lyotard L'inhutnain*:*Causeries sur le temps*,éditions galilée Paris, 1988, p. 91.
②   Jean-François *Lyotard L'inhutnain*: *Causeries sur le temps*, éditions galilée Paris, 1988, P. 111.

主义,暗含着对再现和摹仿复兴。先锋派遇到了前所未有的挑战,根源在于利奥塔看重抽象表现主义产生的极端震惊的革命性,在形式和内容上排除任何相似、叙事和通感,然而,观者震惊之余变得模棱两可,任何感觉就都可以混入其中,感性陷入无政府的混杂状态。

二、从"抽象"到"形象""拟像":德勒兹与培根

关于绘画与真实、后现代的崇高话题,德勒兹在《感觉的逻辑》中也有相关论述,一方面,对于崇高的利用和改写,德勒兹和利奥塔不谋而合、形成互文;另一方面,批评了利奥塔关于抽象表现主义的误区。

首先,德勒兹对崇高的改造与利奥塔异曲同工。第一步德勒兹区分了"感性存在"(être sensible)和"感性之存在"(être du sensible)①,他认为认知和共通感就构成了官能的经验运用,在这种经验运用中,认知对象实际只能是一个被质量和广延等所定义的感性存在。认知中的感性物不是那些只能被感觉的东西,而是与一个能被记起、被想象、被构想的对象中的诸感官(sens)直接发生关系的东西。人们预设了共通感综合运用,但感性物并没有真正被感觉到,只是被当作了认知对象。然而,感性之存在不是与料,而是与料被给出的条件,是不可感的东西(insensible),在这里,感觉的所有能力都挣脱了通感的铰链,每一种能力都在自身秩序中打碎了经验元素、通感形式和固有常识,所有能力汇聚一起认知对象的共同努力已不复存在。在诸能力的不协调中,每一种能力都试探着自身的极限,并从其他能力那里获得或传递一种暴力,形成差异。

第二步他定义了"官能的超验运用",崇高展现了理性的要求与想象的能力间的冲突,一种官能失调的状态。在德勒兹看来,官能的超验运用是原生性的,并构成了官能的"超验的经验主义",而迫使我们思考的是遭遇,遭遇作为一种暴力、一种强制力从一个官能传递到其他官能,并使其他官能也进入相应的超验运用。每个官能都从其他官能那里收获一种暴力,使每一官能都面对自己的界限与特性,从而诸感官得到一种自由的、游牧的、非组织化的状态。这意味着官能的"超验的经验主义"破除了先验思想的幻觉,解开了思想开始之谜,揭穿了预设通感的谬误。

---

① Gilles Deleuze: *Différence et répétition*, Presses Univesitaires de France, 1968, p. 182.

第三步他批判了康德的共通感。在康德那里,共通感意味着官能间特定的和谐状态,共通感是作为一种先验预设而存在的,即便是官能的超验运用也依然归属于一种更高意义上的和谐,正是在康德止步之处德勒兹开始了他的思考,德勒兹认为这种和谐只是假象,是对诸官能进行组织化、中心化的一种束缚,而真正的思想始于差异,它只能来自一种遭遇、失调和悖识。德勒兹和利奥塔都将崇高和事件联系在一起,都有不合时宜(Intempestif)和当前(actuel)的意思,但利奥塔选择了以纽曼为代表的抽象表现主义,这是一种彻底拒绝再现客观真实的不折衷主义。而德勒兹则受梅洛-庞蒂的影响更加强调感觉和肉,选择了以培根为代表的第三条路径。

其次,德勒兹不赞同抽象表现主义将"无形式"推向极致,这让画面极端混乱。德勒兹谈到现代绘画秩序有三种不同道路。一是抽象主义,它属于一个纯粹视觉性的全新空间,抽象画并没有建立一种图表(le diagramme)①,而是遵从形式上的对立,建立了一种象征编码,用编码取代了图表将形式上对立的元素统一起来,二是抽象表现主义,将混沌与深渊扩展到了极致,让视觉层面的几何构型完全崩溃,让位于零散的色点、混乱的线条和叠加的色块,它不限定任何东西,是一种不具形艺术,如波洛克的线、莫斯利·路易斯的色点、纽曼的色块。尽管抽象表现主义绘画中的线条不是从一个点到另一个点,而是在各个点之间穿梭,不断改变方向,达到一种超越整体的强度,但德勒兹认为这种线依然设定了轮廓,还是一种观念化的、形式化的表象。具体来看,抽象主义画家康定斯基的图像没有轮廓,是游牧的线条,蒙特里安的方框两边不相等的厚度开出一条潜在的,没有轮廓的对角线,但到了抽象表现主义波洛克那里,这一线条和色点的功能被发挥到极致,不再是对形式的转化,而是一种物质的结构,向我们呈现物质的线条构成与颗粒,这种情况下,不是内在的视觉给人无穷感觉,而是一种形式上的全然混乱,他更加强调技法,即行动绘画,"行动绘画所有的暴力的工具,木棍,刷子,扫帚,抹布甚至挤奶油的喷枪,都在一种绘画-灾变中肆意妄为,感觉是达到了,但处于一种不可救药、混淆杂乱的状态之中。"②尽管抽象表现

---

① "图表是线条、色点、曲线和区域的可操作性整体"参见 Gilles Deleuze: *Francis Bacon-Logique De La Sensation*, l'Ordre philosophique, 1981, p.95.

② Gilles Deleuze: *Francis Bacon-Logique De La Sensation*, l'Ordre philosophique, 1981, p. 103.

主义颠覆了传统的真理体系和认知范畴,但完全离开事实、放弃形式和感觉并非艺术最佳选择,德勒兹与利奥塔不同,他选择了"抽象""具象"之外的"形象"与"拟像",他以培根为例,认为培根既不像抽象画那样纯靠视觉,也不像行动画那样纯运用手,而是一条"形象""拟像"之路,具体表现在三个方面:

首先,培根没有像抽象表现主义画家那样放弃架上画,而是选择了三联画,架上画是表象世界的再现,强调画家与大自然的关系,其框架和边界起到了限定作用,并对画作的内部进行了组织,例如深度,透视等等,而现代画家已经放弃架上画,如蒙德里安的抽象画中,画作不再是一种有机体或组织,而是成为无数区块,而培根的三联画也是一种放弃架上画的选择,但培根的三联画中每幅都是独立的,又始终处于一种组合状态,起到一种汇集-分开的作用。三联画的法则是一种运动之运动、一种复杂的力量状态,通过运动,三联画被延伸到画框之外,打破了画框组织画面,制造秩序的气度,达到了光线与色彩的最大统一,实现了形象的最大分离,它不再叙事,而是画出感觉的节奏。

其次,"具象"和"形象"的差别。培根根据不同角度,以不同速度喷剂颜料,并随意画出随机的划痕,清理或抹擦一些地方或区域,这些划痕、线条是非理性的,非图解性的,非叙述性的无意义的线条,这里看到是混沌,而不是视觉组织,德勒兹认为图表就是线条、区域,无意义非再现性的线条和色点的可操作性整体,线条与色点与形象化决裂,而形成形象。"形象"(figure)不同于"具象"(figuration)也即"形象化"(figuratif),所谓形象就是在感觉层面可感觉的形状,它直接对神经系统起作用,是肉体的,与形象化不同,形象化意味着依然再现了某个对象,或参照了表现对象的某些常规模式。形象化通过形象与一个外在的对象之间存在的理性关系来建立和解释形象之间的关联,从而将过去模糊的形象形象化地再现出来。而形象不具有"具象性""图解性""叙述性",不要表现原型,不讲述故事,彻底地解放形象,形象不是形象的再现,而是生成。培根的美学规划是使用非相似性的手段制造相似:不成比例的混合色调,保持了色彩的感觉上的异质性或张力,他用线条、色点的方式,用距离法、色彩法,将它拉长、切断、涂刮成晕线以干扰形象化的线条,在线条之间引入新的距离、新的关系,产生出非形象化的相似性。绘画将是一种非常特殊的事实变得可见,形状被形象化,所有这些叙述关系让位于一种纯粹性的连接方法,它不讲故事,只表现运动,呈现出一股连续不断的力。

再次,建构拟像世界。培根不像抽象主义与抽象表现主义那样彻底告别相似性(resemblance),而是通过类比(analogie)的语言延续塞尚的感觉。类比不是通过编码运用象征而被制造出来的,而是通过感觉的相似性被制造出来,是非编码、非形象化的,构成了一个拟像(simulacre)世界。塞尚通过透视法的圆柱体、圆球形、锥体等去处理自然,并非像抽象画家一样强调绘画编码模式,而以一种类比的方式完成对几何的运用。类比的语言属于神经系统,是一种关系语言、表达的运动、反语言的编码。当一件事物的元素之间的关系直接从另一件事物的元素之间穿过,另一件事就成了第一件事物的图像时,相似性就有制造能力,感觉的相似性被制造出来了,类比的美学不是相似性的模仿,而是非形象化,非编码的。抽象表现主义则将图表扩展到整个画面形成类比流,而不是让类比流通过图表而展现出来,仿佛图表只为自己而存在,没有被处理的图表不再超越自身成为一种编码,而是融入混乱和干扰中。

三、从"表象"到"拟像":福柯与玛格利特

关于先锋派的选择,福柯与利奥塔保持距离,与德勒兹殊途同归,福柯没有彻底割断与相似性的瓜葛,进行内部改写和置换,他在表象与抽象之间选择了一条中间道路——拟像(simulacre/similitude),具体从以下两个方面论述:

首先,在"像"与"不像"之间。福柯在《这不是一只烟斗》[①]中谈到:长期统治绘画的原则假定了相似的事实与对某种再现/表征的结合的确定之间的等价。只要一个图形与一件物相似,就说:"你看到的,是这个",人们不能把相似(resemblance)与确认(affirmation)分开。绘画表象功能彻底终止归功于康定斯基,他坚决地肯定线条和色彩,将相似和再现性关系予以消除,康定斯基打破了相似与确认两者之间古老的等值关系,背离了人的前见

---

① 《这不是一只烟斗》是福柯在玛格利特死后次年写作的纪念之作,早期版本出现在 1968 年的 *Les Cahiers du chemin* 上。直到 1973 年,才以单行本的形式出版了这篇文章的扩展版。

和经验,摧毁了人的认知能力,人们只能从点、线、面和色彩和外观来判断其内容,在某种程度上也是击碎了人的感觉功能,绘画变成了艺术理念的色块表达,经过变形的包装而变成一种新的编码和秩序。看起来玛格利特与康定斯基背道而驰,他的画专注于相似性和准确性,让再现占据统治地位。但玛格利特采取的从内部倒戈的方式,他的画比其他人的作品更专注于把书写成分和赋形成分割裂,他以直接、明确的方式打破二者的联系,让一个在另一个不在的情况下表演,他保持了属于绘画的感觉,却扰乱了其中的各种确认,他绘画中的文字明晰、图像逼真,却制造风马牛不相及的配比,构成对立又互补的并置关系,让名称和图像互相质疑彼此的真实性,例如他将蛋叫刺槐、鞋叫月亮、圆礼帽叫雪、蜡烛叫天花板,在这个意义上马格利特以更加简单明了的方式达到了康定斯基的效果,却没有造成认知力的无序和感受力的失效,既避免了编码,又拒绝了乱码。

其次,关于烟斗的两幅画中的"拟像"。福柯认为拟像/类似(la similitude)与相似(la resemblance)不同:相似有一位"模板"(patron),即本原的要素,它从自身出发,整理并按等级排列那些越来越远离和削弱的复制品。相似的前提是一个起规定和分类作用的第一参照,相似为再现服务,受制于再现,相似只允许唯一;而"拟像拓展成为一个个既没有开始也没有结束的、人们可以从这个方向或那个方向浏览的系列,它们不遵从任何等级,但是以微小的差异一点点繁衍。"①拟像是成分的移动和交换,而非相似性复制。相似仅仅可以使人识别可见物,而拟像则可以使人看到可识别物及熟悉的形状所掩盖的、妨碍看到的、变得不可见的东西,拟像增加新的意义,不同的意义互相支撑,互相印证。

其次,拟像世界的生成:差异性原则。在传统哲学中,拟像是对真实的否定,它可以追溯到柏拉图的"洞穴隐喻"中真实与幻像的对立。福柯认为:"所有这些拟像之形象(figures-simulacres)都就地旋转:浪荡子变成了检察官,神学院学生变成了纳粹军官,……这些突如其来的扭曲是由经验的'交替装置'(alternateur)的游戏所产生的。"②,拟像可以颠倒、旋转、让固有

---

① Michel Foucault: *This Is Not a Pipe*, Trans. by James Harkness, Press University of California, Berkeley Los Angeles London, p. 44.

② [法]米歇尔·福柯:《声名狼藉者的生活》,汪民安编,北京大学出版社 2015 年版,第 121 页。

的秩序翻转,是一个扭曲的交替装置。德勒兹也提出了拟像世界,他认为同一性界定了表象世界,传统哲学是在机械、刻板的重复中不断地提取出微小的差异、变易与变状(modification),而我们想要离开那个将不同之物重新引向相同的表象世界,进而独立地把握自在的差异。而现代思想诞生于同一性的破灭、表象力(forces)的消亡,现代世界应是拟像的世界,现代哲学的任务是颠转柏拉图主义:柏拉图的神学以理念/神即存在者的超越因为研究对象,亚里士多德的存在论以存在即存在者普遍属性为研究对象,存在即同一。颠转柏拉图主义意味着否认原初之物对于复制品的优先地位,意味着否定"分有"所产生的纵向的、系列性的辩证法,意味着一种绝妙的混沌存在取代表象的保守秩序,实现了原型相对于影像的优先地位,开辟了一个拟像(外在类似性)与影像(image)(内在类似性)的世界。可以说,拟像世界是对表象世界的瓦解,具体表现有二:

第一,拟像的游牧分配取代了表象的定居分配。德勒兹将柏拉图从神话、理念分化到各种行分化者的金字塔模式颠倒了,居于上方的是多样且差异的拟像世界。柏拉图区分了好的表象和坏的表象:遵照理念模型的就是好的表象,而拷贝的就是坏的表象。"复本"是第二位的拥有者,是良好奠基的述谓者,它们通过相似性而得到保证;而"拟像"是假的述谓者,基于非相似性而建构的,是一种堕落。这意味着一个是"复本-肖像"(copie-icône),另一个是"拟像-幻象"(simulacre-phantasme)①。拟像是复本的复本,一种无限后退的肖像,一种无限减弱的相似性,柏拉图要保证复本对于拟像的优先性就要抑制拟像,阻止其上升,使其无所作为。在柏拉图看来糟糕的东西在德勒兹这里极为重要,因为它们不再同原型有模仿和相似关联,否定本原与拷贝、模型与复制品的关系。恰恰是这些自生自灭的、四处流浪的拟像才是事物的真实存在,那些具有表征作用的差异是被人为制造出来的,这种被表征的差异影像与真正的差异之间存在断裂。

第二,拟像世界是一个"异托邦"(les hétérotopies)。福柯谈到如果乌托邦(les utopies)代表了某个"以完美的形式呈现社会本身,或将社会倒转"的"非真实空间",异托邦则是以"真实空间"——"它们确实存在,并且形成社

---

① Gilles Deleuze: *The Logic of Sense*, edited by Constantin V. Boundas. New York: Columbia Unitverstiy Press, p. 256-257.

会的真正基础"——的形式发挥作用①,但它是虚拟、不连续的,它最重要的性质即异质性和关系性,对一种文化来说,"异"是内在又是外来的,通过禁闭它被排斥了;而物之序是"同"之历史,"同"是散布的又是相关的,被分门别类收集在诸同一性(identity)之中。异托邦经验是一种脱离日常经验的差异的重构。那么,拟像世界的价值就在于拉开了与同一性的间距,不断地让差异增生繁殖,实现了对表象世界的解构。

综上所述,表象世界由同一性主导的不断复制的网状世界,这是对世界的压缩和折叠,而拟像世界是一个由差异主导的不断解构的游牧状态,这是对世界的增殖和铺展。事实上,打破同一性暴力,让边缘的、多元的事物呈现是后现代理论家的基本立场和思考框架,但是如何打碎、怎么实现? 其中有千万种选择,聚焦于"抽象""形象""拟像"就可以窥探出不同理论家对先锋的界限和反叛的程度有不同的评判尺度,进而引发人们思考先锋派的困境和出路。利奥塔采用的是击碎知性综合能力、彻底拒绝前见的方式,强调艺术的不可交流、不可归类性,试图让人们在无序之中获得新的可能性,但这一釜底抽薪的做法容易让人陷入匪夷所思的境地,让感觉陷入无政府主义的状态,甚至在某种程度上建构了一种新型的编码模式和艺术权威,而德勒兹和福柯采用从内部爆破的方法,在已有的认知模式内部插入一条楔子,让它生根发芽、自行胀裂,从而寻找一条僭越和逃逸之路,这种方式保留了艺术的交流性和可感性,使感觉脱离原来的秩序走向解放,让艺术变成一个呈现不可见之物的异托邦,这里没有绝对空间、没有连续时间,而是一种多维的拓扑空间,世界不再由先验的理念整合而成,而是由异质的多元文化构成的异托邦的联合与并置,每一个部分具有新的意义和新的生长点。

---

① 〔法〕米歇尔·福柯:《不同空间的正文与上下文》,包亚明主编《后现代性与地理学的政治》,上海教育出版社 2001 年版,第 21 页。

第十一章　品牌美学的探索建构

　　主编插白：品牌美学是一个新鲜话题。关于品牌美学的理论研究都带有探索特点。恒源祥（集团）公司是享誉国际的著名民族品牌，也是国内服装家纺行业唯一的奥运赞助商。改革开放以来它们靠品牌经营获得巨大成功，第二代掌门人刘瑞旗被国际权威人士誉为"中国的品牌营销大师"。目前公司在上海大虹桥核心区域建立了面积达三万七千平方米的环球品牌港。实践使他们认识到，品牌问题不仅是商业营销问题，也是一个生活美学、应用美学问题。公司董事长兼总经理陈忠伟是一位怀有文化底蕴和美学情结的企业家。作为恒源祥第三代掌门人，他结合公司自身品牌兴企的经验加以理论提升，发表《"美好生活"视野下的品牌美学研究》，探究品牌美学的研究途径，阐述品牌管理的美学策略，展望品牌美学的未来发展，提示品牌美学研究关系到国家品牌的振兴与繁荣，呼吁品牌美学研究成为一项国家工程，值得参考。上海交通大学人文艺术研究院的谢纳教授结合自己的品牌使用与艺术研究经历，撰著《品牌美的历史源流与当代样态》一文，指出品牌美是当代生活美学必须面对的一个崭新论域。传统美学坚守纯粹审美的精英立场，较少关注一般日用商品蕴含的审美文化问题。伴随人类工艺技术的不断发展，尤其是工业生产制造技术的飞速发展，艺术作品与工艺制品、审美文化与日常消费、精英文化与大众文化之间的区隔被不断突破，呈现出"日常生活审美化"或"生活产品审美化"的当代文化发展趋势。文章以东西方品牌文化发展为历时性线索，以当代品牌文化发展为问题意识，探究品牌美学问题，有助于超越传统美学的固有局限，开拓当代生活美学发展的崭新视界。上海工程技术大学的胡越教授调动服装设计的研究积累，从时尚的维度讨论品牌美，发表《品牌美的时尚维度》一文。文章指出:品牌是具有经济价值的无形资产,是在与大众长期的互动过程中形成的独特、抽象、可识别的心智概念和综合标识,对其所有者和社会受众都可以产生功能性利益和情感性喜好。作为审美对象,品牌美具有历史、文化、风格、产品等多个维度,贮存了大量的认知信息和审美信息。在诸多审美维度中,时尚是一个重要维度。文章围绕这个维度对品牌美展开了丰富阐释,可供人们认知品牌美学问题时参考。

第一节　"美好生活"视野下的品牌美学研究[①]

随着信息数字时代的到来,人们的需求从基础的物质生活升华到了美好生活,人们接受的信息量呈爆炸式增长,具有美学意蕴的品牌产品和服务往往能从众多品牌中脱颖而出,影响和引领人们的美好生活。所以,品牌美学的研究和应用越来越深广。品牌美学集理论和实践于一体,理论溯源基于哲学和美学,实践上涉及品牌管理、设计、传播、消费者研究等领域,侧重探索一般美学规律的综合交叉营销科学。品牌需要创造一种不可抗拒的吸引力,这种吸引力并不仅来自产品或服务的核心专长力、质量和客户价值,而主要来自品牌美学的塑造,在消费者心中塑造整体的正面形象。简而言之,我们要寻找中国人的美好生活,就是要为中国人的生活建立一颗"美好的心",从而重建文明的中国,重建中华文明的感性内核[②]。

一、品牌与美好生活的关系

人们对美好生活的体验,品牌发挥着重要的作用,因为品牌的概念包括吸引消费者,建立品牌忠诚度和美誉度,为消费者创造品牌体验,建立品牌市场优势地位等。从更广义的范围上,品牌形成了人们的记忆,品牌是人们记忆的标识,由此构建了一个有形与无形的系统,有形部分由产品、产业、行业组成,无形部分由个人、组织、国家(地区)组成,而有形部分与无形部分

[①]　本节作者陈忠伟,恒源祥集团公司董事长兼总经理。本文原载《文化中国》2022 年第 4 期。

[②]　刘悦笛:《生活美学:阐释美好生活之道》,《文汇报》2019 年 3 月。

之间是相辅相成、互相依存的。从一般商业企业的范围上,品牌是一种记忆的识别标志,是一种精神象征,是一种价值理念,是优秀产品和服务品质的核心体现。培育和创造品牌的过程也是一个不断创新的过程。只有拥有创新的力量,才能在激烈的竞争中立于不败之地,进而巩固原有的品牌资产,多层次、多角度、多领域参与到市场之中。品牌审美活动作为消费者认识品牌的一种特殊方式,是消费者在感性与理性的统一中,按照"美的规律"体验品牌真实存在的一种自由的创造性实践。当对品牌进行审美活动时,消费者会从外到内欣赏和感知品牌的外在视觉美和内在价值美,从而达到整体的认知和联系。星巴克总裁霍华德·舒尔茨曾经说过,"星巴克出售的不是咖啡,而是人们对于咖啡的体验",这种体验感恰恰是对人们对美好生活的一种追求,而品牌主题的建立,有效地激活消费者的感官和情感体验,向消费者传递品牌诉求,让人们对于生活有更高的美好追求①。

美好生活是当前人们的迫切需要,也是国家发展的主要目标。以人为本、全面发展是美好生活需要的目标,追求美好生活是人类社会的目标,是发展的内在动力。美好生活问题不仅是社会学问题,更是文化和美学问题。"一个普遍存在真、正义、善、富、美的社会",这是社会对美好生活的追求,是人类社会的社会目标和内在动力。

品牌与美好生活的联系表现在哪些方面?

品牌是美好生活情感价值的必然需求。根据马斯洛的需求层次理论,人的需求是由低层次向高层次发展的。因此,对美好生活的需求也从物质需求发展到了精神需求,对精神的追求必然导致对美的追求。好的生活无疑是有"质量"的生活,所谓衣食住行各方面都需要达到一定的水平,才能满足人民群众的物化需求。美好的生活有更高的标准,因为这是有"品质"的生活。品牌需要创造一种不可抗拒的吸引力。这种吸引力并不仅来自产品或服务的核心专长力、质量和客户价值,而主要来自品牌美学的塑造,在消费者心目中塑造整体的正面形象②。

品牌是美好生活方式转变的外在体现。改革开放40年以来,我们党团结带领全国各族人民不懈努力,人们的物质需求早已不成问题,"落后的社

---

① 朱颖芳:《品牌美学中的体验式营销》,《中华商标》2008年第2期。
② 刘文嘉:《美好生活的中国表达》,《光明日报》2019年1月。

会生产"成为了历史词汇。在中国特色社会主义进入新时代的今天,在中华民族迎来从站起来、富起来到强起来的伟大飞跃的时候,在中国成为世界第二大经济体、第一大贸易国、第一大外汇储备国的时候,在中国发展成为当代世界历史传奇篇章的时候,人们对发展的高质量、持续性、获得感有了更高的要求,人们对生活的审美需求也在逐步提升①。品牌是美好生活方式转变的外在体现,可以从物质、心理、情感等方面来表现,品牌致力于满足消费者自身的审美需求,美的快感本身是有质量和本质的。事物的外观和感觉会触动人心的本能。人类是以五种感官为体验的生物,倾向于让美包围自己的感官,产生快乐。

品牌是美好生活从好到美的审美升华。中国社会科学院哲学研究所研究员刘悦笛倡导"生活美学",其研究指出,面对当今中国社会文化的变迁,人们对美好生活的追求应该包括两个维度:一个是"好的生活",一个是"美的生活"。好的生活是美的生活的基础,美的生活则是好的生活的升华。美好的生活无疑是有"质量"的生活②。生活美学就是以"美的生活"提升"好的生活",以有品质的生活升华有质量的生活,为人民大众普及生命美育。品牌美学是生活美学的逻辑演绎,可以通过生活美学来实现。现在从事茶道、花道、香道、汉服复兴、工艺美术、非物质文化遗产保护、游戏动漫、社区规划等领域的人越来越多,都在积极投身于生活美学的潮流与实践,在各地传播美育的理念。所以,美好生活不仅仅是一门与"审美生活"相关的学问,更是一种追求"品牌美学"的方式。前者的"学"是理论性的,后者的"道"是实践性的,二者合一,是知行合一的审美③。

二、品牌美学的理论与实践

美学思想从意大利文艺复兴传播到法国,建立了唯理主义的美学体系,之后在德国得到了完成。康德美学是德国启蒙美学的总结,也是德国古典美学的开端。康德以其美学作为感觉世界和道德世界的中介,所展示的就是一个以自由为基础,以道德法则为形式,以至善为根本目的的道德世界

---

① 习近平:《在文艺工作座谈会上的讲话》,人民出版社 2015 年版,第 6、9 页。
② 刘悦笛:《生活美学:为生活立"美之心"》,《光明日报》2019 年 7 月。
③ 刘悦笛:《走向文明中国的生活美学》,《人民日报》2017 年 3 月。

观,其结论"美是道德的象征"也就是美是自由的象征。康德将审美看作是想象力和理解力自由和谐的结合,是形式合目的性与知行合规律性的统一。而黑格尔是德国古典美学的巅峰,黑格尔著名的命题"美是理念的感性显现",强调了美的感性事物所应该体现的一定思想意蕴。理念并不是个别的抽象思想概念,而是绝对精神,其美学核心观念仍然像其他古典美学家的观念一样,关注人,人的心灵、精神,他说,"艺术在越出自己的界限之中,同时也显出人回到他自己,深入到他自己的心胸,从而摆脱了某一既定内容和掌握方式的范围的严格局限,使人成为它的新神,所谓'人'就是人类心灵深处高尚的品质,在欢乐和哀伤、希求、行动和命运中所现出的普遍人性。相比较康德,黑格尔的美学理论更加宏大。黑格尔美学将人类及各种艺术实践的历史纳入一个精神与自然、逻辑与历史相统一的庞大结构之中,以此建立了一个融合艺术、人类心灵的历史以及人类文化的恢宏体系,将德国古典美学的讨论,也就是主题与审美、人与艺术等问题推向巅峰。

品牌美学集理论和实践于一体,理论溯源基于哲学和美学,实践上涉及品牌管理、设计、传播、消费者研究等领域,侧重探索一般美学规律的综合交叉营销科学,研究内容主要包括:品牌美的哲学、品牌消费心理学和品牌消费美的应用。品牌美学研究品牌审美心理的本质和起源,它对经济时代营销的影响指向品牌美感的消费。品牌审美心理学主要研究消费者在品牌消费过程中的心理活动规律,进而解释消费者在品牌体验中的消费动机,关注品牌美学在品牌建设和传播过程中的具体方式和方法,从而展现品牌美学在企业营销过程中的独特价值,这是品牌美学应用研究的主要内容[①]。

"乐感美学"学说创始人祁志祥曾指出,"美"作为令人愉快的事物,具有客观性、形象性,美所以使人愉快,是因为它本身具有适合普遍使人愉快的品质、属性[②]。而事实证明,从客观方面寻找、归纳"美"的语义的统一性是徒劳无功的,"美"这个词的含义的统一性只有从主体的感觉方面去寻找。黑格尔曾在著名的《美学》中提出,"美的要素可以分为两种,一种是内在的,即内容,一种是外在的,即内容显示了它的意义和特征"[③]。正如外在

---

① 张良丛:《"美好生活"的美学维度阐释》,《民族艺术》2018 年 6 月。
② 祁志祥:《论美是有价值的乐感对象》,《学习与探索》2017 年第 2 期。
③ 宗白华:《美学散步》,上海人民出版社 2005 年版。

形象与内在涵养的结合体现了一个人的美一样,品牌审美也是品牌外在视觉形象与内在文化理念的统一。1996年,恒源祥品牌在澳大利亚斥巨资拍摄了万羊奔腾的广告片,并在春节前播放给全国人民,给大家带来了美好祥和的节日气氛。众所周知,恒源祥品牌是以羊毛制品赢得广大消费者的信赖的,这个广告展示出万羊欢愉地奔腾在广袤无垠的草原上,"万羊奔腾的场面"深深地打动着观者的内心,自然、纯真又热烈、欢快的感觉令人心向往之,广告播出后轰动全国,成为人们热议的话题。这种内在文化理念与外在视觉强烈冲击的结合,加速了人们对这一品牌的认知,使知名度、美誉度和节日销售大大提高,品牌的核心文化价值理念构建了品牌的内在与外在之美。

品牌美学包括对产品、服务、设计、传播、营销理论的研究,包括消费者行为、消费观念和消费方式,它追求的是消费者的美感和精神愉悦。随着市场经济和品牌概念的不断发展,品牌美学有了成长的机会和空间。品牌美学拓展了品牌研究的面貌和模式,它以消费者为中心,研究产品营销背后消费者的品牌审美感受,深度挖掘品牌审美活动的创造性,从而建立品牌美学的框架体系,品牌美学是品牌传播的结果,是消费者深度参与品牌建设的具体体现。综上所述,品牌美学的研究范围是企业通过产品和服务不断进行创新,不断提高消费者的消费品质、和谐消费和审美消费,提升自身生活品质的一种生活品质活动和管理活动①。

品牌美学关注消费者美好愉悦的消费需求,研究方法可以从消费者的动机基础介入,研究可从三个方面入手:

1. 消费心理。品牌美学研究要从消费者心理和品牌接触的心理感受入手。美国营销协会的研究表明,人们通常会在前七秒钟关注某个产品。在这七秒钟里,他们在决定购买一件产品时,有70%是受视觉表达的影响。例如,在二次世界大战后,巴黎普遍处于低迷的气氛中,1947年迪奥(Christian Dior)发布了它的新作"花冠",此种礼服上身的裁剪流顺,腰际下蓬裙绽开,给人一种明亮畅快的感受,一扫战争的阴霾,鼓励巴黎人重新振作找回自我,被评价为有时代意义的新面貌(New Look),这种设计使人过目不忘,成为企业产品和形象最鲜明、最重要的外部特征之一,可见视觉在消

---

① 朱玲:《颜值即正义,新消费时代下的品牌美学营销》,《国际品牌观察》2021年6月。

费心理中的重要性①。

2. 设计理念。设计是创造和创意美的第一场所。产品的外在美感体现在消费者感官所能感知的各个方面,如形状、色彩、材质等,而这些美感直接来源于设计理念。例如,"海飞丝"采用海蓝色,让人联想到蔚蓝的大海,产生清新凉爽的感受,突出了产品的去头屑功能;"飘柔"的草绿色包装给人以青春的感受,并使人联想到风吹青草柔顺的感觉;"潘婷"杏黄色的包装给人以营养丰富的视觉效果,突出其"从发根渗透至发梢,使头发健康亮泽"的营养型个性。由此可见,包装的色彩会在不知不觉中左右人们的情绪、精神乃至行动。所以品牌美学的研究应用方法,重在设计创意。

3. 品牌理念。品牌理念是品牌的核心,德国的品牌十分注重质量问题,法国的品牌更加注重精致性,而日本的品牌非常讲求舒适、环保等设计理念,这些通过国别的文化理念,增加了自身品牌的美誉度。独特的主题与风格、极致的工匠品牌理念,都从不同的文化角度,给消费者留下了不可磨灭的印象,品牌的内在美只有通过消费者的实际体验才能实现。

如何在品牌管理中运用美学策略?

把握消费者的审美需求。消费者的消费行为取决于需求。马斯洛需求层次理论指出,人的需求是由低层次向高层次发展的。所以消费需求也从物质需求发展到精神需求,对精神的追求必然导致对美的追求②。美国著名经济学家加尔布雷斯曾指出,"我没有理由主观地假设科学和工程方面的成就是人类享受的最终目的。当消费达到一定限度时,压倒一切的利益可能在于美感"③。

苹果的产品设计之美源自乔布斯主张的"东方禅意美学",这让苹果风靡全球。耐克、星巴克、哈根达斯等为什么能支撑高出同行业平均将近60%的品牌溢价呢?除了这些品牌拥有强有力的、知名全球的品牌资产外,从这些品牌别具一格的美学设计中可以找到答案,耐克的运动绩效美学,星巴克的品位美学,哈根达斯的情感美学。当某品牌产品能产生消费者可以看到、听到、触摸到、感觉到的具体的美学体验时,它所带来的品牌附加值就是实

① 宋向华:《关于品牌的美学研究》,《美与时代》2013 年 5 月。
② 邹卫红:《基于美学视角的品牌经营研究》,《经济研究参考》2016 年 10 月。
③ 李泽厚:《美的历程》,天津社会科学院出版社 2001 年版。

实在在的,让消费者心甘情愿地为其买单①。

品牌既是经济的,也是文化的,文化的渗透大大增强了品牌的人文关怀,提高了审美品质。审美不仅具有一定的稳定性和共性,还具有可变性和个性。消费的审美取向与时代特征密切相关。消费者的审美意识会随着社会的变化而发生很大的变化,审美需求会逐渐上升,并向多样化发展。只有了解消费者的审美需求,才能量身定制适合其需求的产品,主动迎合消费者的心理趋势,注入符合消费者审美的品牌内涵,从而准确有效地将产品传达给消费者,刺激消费,实现品牌建设②。

确立品牌的美学主题与风格。随着全球消费进程的迭代,消费者的生活方式和喜好成为关注点,生活方式成为现代消费者选择品牌的重要依据。生活方式随着时代的变化而变化。在当今快节奏的世界,时尚潮流瞬息万变,品牌需要不断完善、创新,建立自己的审美风格和主题,以满足消费者的视觉审美需求和生活审美体验。美学品牌风格是品牌识别的主要组成部分,必须与主题相结合。在产品同质化、产品和品牌信息多样化的市场环境中,独特的品牌形象最容易吸引消费者的注意力③。

全球最有价值品牌,如可口可乐、苹果、迪士尼等都建立了大量的品牌忠诚市场,它们都有自己品牌独特的主题和风格,使自己获得了稳固的行业席位。强势品牌之所以在产品同质化的今天仍大行其道,其成功不仅在于产品品质和服务质量的高水准,作为品牌整体战略组成之一的品牌美学策略发挥了不可低估的作用。企业在品牌运营管理中,要学会运用品牌美学主题策略,打造属于自己的与众不同的品牌个性。

利用形式美学元素提升品牌价值。实验表明,人们获得的信息 70% 来自视觉,消费者一般在 20 秒内对形象做出判断,形成 80% 左右的第一印象。因此,形式价值是消费者对品牌第一印象的基础。形式美的首要元素是色彩,色彩营销已经越来越多地应用到品牌管理实践中④。

以恒源祥为 2022 年北京冬奥会和冬残奥会设计的颁奖典礼花束为例,花束包括六个美丽的花样:红玫瑰、粉玫瑰、白铃兰、黄月桂、乳白色绣球、绿

①　辛杰:《品牌美学视角下的品牌策略》,《经济与管理》2008 年第 10 期,第 89—92 页。

②　余鑫炎:《品牌战略与决策》,东北财经大学出版社 2001 年版。

③　张体勤:《基于和谐思想的管理美学初探》,《山东社会科学》2005 年第 10 期。

④　龚璐曼:《基于品牌美学的营销传播策略研究》,《流行色》2020 年 6 月。

橄榄,分别象征友谊、坚韧、幸福、团结、胜利与和平。花束丝带是北京冬奥会色系中的蓝色,配以相匹配的色调,象征了蓝色的宇宙力量。在北京冬残奥会的花束中丝带变成了黄色,深浅搭配,寓意生生不息、蓬勃向上。这束花已经成为永不凋谢的花束代言,成为品牌形象最鲜明、最重要的外在特征之一,给人带来的丰富视觉效果,彰显奥运会绿色、共享、开放、诚信的人文理念。由此可见,色彩构建的形式美学元素,是品牌形象价值提升的有力载体。

营造独特的审美意境。知名美学学者宗白华先生认为,意境是由高度、深度和宽度创造的想象空间。一切审美活动的最终目的都是欣赏。因此,在传统传播的基础上,加入不同层次的审美元素,用新奇和原创来激发消费者的兴趣,以此来吸引消费者的注意力,强化消费者的记忆[1]。

可口可乐在全世界畅销的背后,隐藏着这种独特的审美意境,可口可乐的瓶形宛如少女的裙子外形,用以传递可口可乐一贯主张的美好欢乐情感,给消费者留下深刻的记忆。苹果的 iPod 广告风格独特,用一种剪影的方法,表达音乐陶醉状态下人的感觉,突出 iPod 独特的白色机身和耳机,传播音乐无处不在的观念,一时间在全球范围内迅速引起白色效应,使音乐爱好者进入了一个全新的体验境界[2]。

一个好的创意几乎是品牌美学的生命。借鉴传统文化元素,在继承中创新,融入现代审美氛围,才能创造出独特的创意[3]。北京 2022 年冬奥会和冬残奥会上,恒源祥提供的抱枕被上采用了具有中国传统文化特色的篆刻形式图样,通过独特的品牌美学弘扬中华传统美德和健康气息,吸引了更多消费者热议和追捧,以此真正意义上实现社会、品牌、消费者的多方多赢。

三、未来品牌美学发展展望

美学不仅是我们现阶段的要求,更是整个世界的大势所趋。当代数字化社会的生活方式会让生活的多样性更加突出。新的历史时期,美学以一种新的、积极的因素正在不断成长,美学与哲学之间会更加紧密联系。西方

---

[1] 厉春雷:《论品牌的审美情感形式》,《现代营销》,第 5—7 页。

[2] 贝恩特·施密特、亚历克斯·西蒙森:《视觉与感受——品牌美学》,上海交通大学出版社 1999 年版。

[3] 王延祥:《整合营销传播中的美学元素》,《企业改革与管理》2007 年第 11 期。

当代的后现代美学，反映了一个多元多向、失序不宁的生活世界，体现了现代生活的权宜性、危机性、浑沦性。美学研究似乎仍有一个潜存的愿望，即在现象的表露中，诉求整体的秩序以及太和的安详。对于未来的中国美学，周易的哲学观念从五个本体存在的层次与向面提出了中国美学的特点，即宇宙、心灵、道德、礼乐、艺术，认为在其中蕴含了中国古人重视的涵容、沉潜、刚健、高明、和乐、自由之美。与西方的美学相比，中国美学更注重一个生生不息开创新境的美善诸多价值的实现过程，即多彩多姿的理、思、文、赋、诗、画、歌、舞等。当代不同的美学思想要善于在品牌实践中充分运用，为品牌持续注入源源不断的动力。

如何理解品牌美学的价值意义？

经济价值。在经济全球化的今天，品牌已经成为地区、组织乃至个人关注的焦点。品牌管理的专业化、系统化、国际化是品牌营销的基石。品牌审美是强势品牌取胜的重要原因。强势品牌早已把品牌美学提升为品牌战略乃至企业整体战略的重要组成部分。在品牌管理中，企业要学会运用品牌美学策略来提高消费者的美誉度和忠诚度，产生品牌的溢价效益，构建品牌的高端壁垒，塑造自己鲜明的品牌个性，从而增加自身的经济附加值[1]。

文化价值。品牌美学蕴含着不同时代下，不同文明文化背后的生命意识、生命观念和生命追求语境，一方面展现了摇曳生姿的生命场景之美，另一方面指向了其起源、走向和蜕变的可能性。品牌美学的使命在于将其在继承中扬弃、发展和不断创新，品牌美学要成为美好生活、幸福生活的评价标准之一，在品牌实践中，引领人们追求美好生活的同时，也成为国家、社会乃至个人具有共通之美价值的参照。

如何打造未来中国特色的品牌美学？

未来的企业将不再创造纯粹的产品，而是消费者内心的感受，创造赏心悦目、难以割舍的美好舒适的体验环境，潜移默化地影响消费者的情绪与记忆，积极传递品牌文化，建立消费者的忠诚度[2]。

众所周知，2022 年，北京举办了冬奥会和冬残奥会，颁奖花束采用的是非物质文化遗产的海派绒线编结技艺的绒线花束。花束由恒源祥提供，自

---

① 孙日瑶、马晓云：《中国装备制造业自主创新品牌研究》，《山西财经大学学报》2007 年。

② 郑晶：《品牌美学实现品牌价值创新的挖掘与构建》，《包装工程》2016 年 7 月。

2008 年北京奥运会以来,恒源祥连续成为奥运会赞助商之一,也是"海派绒线编结技艺"的非遗传承单位。这束"绒耀"之花充分体现了美学的特点,也是未来中国特色品牌美学的发展之光。同时,2022 年北京冬奥村里的抱枕被也是由恒源祥提供的,抱枕内部图案采用具有中国传统文化特色的篆刻纹样,既体现了北京冬奥会的特色,又延续了恒源祥悠久的通过艺术形式传播奥运精神的传统。另外,在冬奥村中国传统技能技艺文化展示体验区中,展示着恒源祥为北京冬奥会献上的又一件非遗礼物——《绒之百花·春之镜像》艺术装置,主角仍然是绒线花和海派绒线编结技艺,有牡丹、月季、百合、玫瑰、菊花、红梅等全球各地四季代表性花卉 28 种,充分发挥了中国手工技艺本身的特色和精神,充分彰显了这背后浓烈的中国文化自信与魅力。

未来的品牌美学将融合世界的潮流,体现"美美与共 世界大同"的人文理念。从习近平同志的治国思想中,可以深入挖掘品牌美学的内容,为实现人们的美好生活提供理论支持。习近平总书记为中国加快品牌建设指明了前进方向①。品牌是高质量的代名词。当我们能够创造出更加闪耀的品牌时,我们就能够照亮高质量发展的前进道路。让品牌点亮中国,让品牌创造美好生活。

中国社会主要矛盾已经转化为人民日益增长的美好生活需要和不平衡不充分的发展之间的矛盾。美好生活是当前人们的迫切需要,也是国家发展的主要目标。以人为本、全面发展是人民美好生活需要的目标,体现了新时期政府治理理念的转变。品牌美学作为文化治理的核心部分,承担着传承和塑造国家文化和国家品牌的历史使命。只有塑造人们新的感性,提升人们对美好生活的认知,才能实现新时代的审美治理目标,才能迎来更美更好的国之未来。

品牌构建了一个有形与无形的系统,有形部分由产品、产业、行业组成,无形部分由个人、组织、国家(地区)组成,有形与无形部分共同形成了一个综合生态系统。根据我们前期的研究成果《国家品牌战略问题研究》的结论之一:国家品牌由组织品牌构成,组织品牌由个人品牌构成,行业品牌由

---

① 贾丽军:《"品牌美学"定义演变与研究意义》,《广告大观》2009 年 7 月。

产业品牌构成,产业品牌由产品品牌构成①。所以对品牌美学的研究不仅与企业有关,更关系到国家品牌的振兴与繁荣,所以品牌美学研究更建议成为一项国家工程。

第二节　品牌美的历史源流与当代样态②

品牌正以令人难以想象的速度改变着我们的社会,影响着我们的生活。今天我们所说的现代意义上的品牌,是随着现代性进程的推进,特别是都市的发展,作为人类生产生活方式的重要组成部分而产生发展起来的。都市生活铸造了人们的审美感受,反过来又产生了新的都市文化和时尚景观。品牌的景观化、符号化、影像化堆积也成为都市生活中一道独特的审美文化风景线。在大都市的街头,霓虹灯的映衬下,路易威登大肆地宣扬着旅行哲学、以山茶花和格纹呢为标志的香奈儿张扬着"新女性的时尚革命";飞奔的劳斯莱斯、手腕上的劳力士、脖颈间的卡地亚等品牌似乎在告诉世界,这就是时尚最前沿;冰凉激爽的可口可乐、制造了世界第一条牛仔裤的李维斯、传递"Think Different"价值观的苹果等,则以独特的方式进入并改写着现代人的日常生活。

品牌,既指向生产,更指向消费;既是物质产品,更是情感体验。因此消费者选择了某种品牌商品,也就是选择了一种生活品位,一种审美愉悦。每一场品牌盛宴的背后,既是一场人类技术革新的超越史,更是一部艺术审美愉悦的感性表征史。因此,在我们看来,作为一种审美文化,品牌是能够带给人愉悦的有价值的乐感载体。

一、品牌之美:从"产品制造"到"品味制造"

当我们提出"品牌美"这一概念时,是基于这样一个基本判断:即人类总是要按照"美的规律"来进行生产创造,以使其所制造的器物或产品成为凝聚着审美愉悦价值的"制造品"。在这里,首先需要厘清"制造产品"与"艺术作品"这两个概念之间的区别。我们所说的"品牌"或"品牌产品"一

---

① 刘瑞旗、李平:《国家品牌战略问题研究》,经济管理出版社 2012 年版。
② 作者谢纳,上海交通大学人文艺术研究院教授。本文原载《艺术广角》2023 年第 2 期。

般是指具有实用价值或使用价值——即"有用性""功利性"的"制造产品"，而并不包括仅具精神价值或审美价值——即"非功利性"的"艺术作品"。因而，当我们思考"品牌之美"这个问题时，实质上是在思考具有实用价值或使用价值的"制造产品"如何具有美的特质的问题。

传统美学以纯粹的艺术或"美的艺术"为研究对象，而很少顾及物质生产的"制造产品"——无论是工业产品，还是手工艺产品。对此，当代美国文化理论家杰姆逊指出："德国的古典美学家康德、席勒、黑格尔都认为心灵中美学这一部分以及审美经验是拒绝商品化的……美是一个纯粹的、没有任何商品形式的领域。而这一切在后现代主义中都结束了。"[1]一般来说，我们习惯于以艺术作品为中心谈论审美价值，标举艺术审美的自律性和独立性，反对艺术的功利性或有用性，将艺术打造成为远离世俗生活的象牙塔。但这并不意味着，除了艺术作品之外，人类所生产创造的其他"产品"就不是"美的创造"或不具备"审美愉悦价值"。传统美学守持纯粹艺术的精英主义立场，认为一般的"制造产品"不能归入"美的艺术"的行列。这样的看法，因其只认定纯粹的艺术或"美的艺术"具有审美品性，而否定实用性"制造产品"中具有审美因素。实际上，那些模糊的审美价值是隐藏在以实用价值为主要内容的劳动成果背后的。

伴随人类使用工具能力的不断增强，特别是人类工艺技术，尤其是工业生产制造技术的飞速发展，一方面，审美活动逐渐从物质活动中分离出来，成为独立发展的高级精神生产活动；另一方面，"制造产品"也越来越多地融入"审美质素"，以至于出现了以"日常生活审美化"或"生活产品审美化"为主要特征的当代审美风尚。20世纪90年代中后期，德国美学家韦尔施开始关注"日常生活审美化"这一新的文化潮流。韦尔施认为："倘若广告成功地将某种产品同消费者饶有兴趣的美学联系起来，那么这产品便有了销路，不管它的真正质量究竟如何。你实际上得到的不是物品，而是通过物品，购买到广告所宣扬的生活方式。"[2]进入21世纪的今天，我们看到韦尔施所描述的"日常生活审美化"运动愈加勃兴且蔓延开来，无孔不入地渗透

---

① ［美］杰姆逊：《后现代主义与文化理论》，唐小兵译，北京大学出版社2005年版，第145页。

② ［德］韦尔施：《重构美学》，陆扬、张岩冰译，上海译文出版社2006年版，第6页。

到商品生产的全过程。以至于有学者提出了"品味的工业化"的概念,所谓品味的工业化是指后工业时期出现的一种生产发展趋势,其主要特征是审美动因成为整个经济活动——生产制造与消费的主要动力。"审美品位,即鉴赏与享受的能力对促进消费正发挥着前所未有的重要作用。……设计体现了消费的审美前提。某些品牌着重在产品的审美品质和消费者的美好幻想上下功夫,这也是明显的征兆。"①我们看到,无论是"日常生活审美化",还是"品味的工业化",都描述了审美品位不仅进入到"制造产品"的过程中,而且,"审美品位"已经成为整个生产的主导动力,这无疑改变了以往以"物质需求"为主要动力的传统生产模式。因此,对于产品"品牌"来说,品牌是否具有"审美品位"无疑是我们衡量一种产品是否可以称之为"品牌"的极其重要的尺度和指标。甚至,也可以说如果一种产品不具备或者缺少"审美品位",它也很难成为名副其实的"品牌"。

通过上述分析,我们了解到"制造产品"与"艺术作品"之间的联系与区别,那么,与之相关,"品牌之美"与"艺术之美"之间的联系与区别有哪些呢?通过这样的分析我们可以辨识出"品牌之美"的本质与特征。在我们看来,"美是有价值的五官感觉快感对象和心灵愉快对象。有价值的五官快感对象构成形式美,有价值的心灵愉快对象构成内涵美。"②在此,我们尝试以"美是有价值的乐感对象"这一美的本质定义出发,理解"品牌美"的本质与特征。

首先,从主体审美感受上看,品牌产品具有"生理快感"与"审美乐感"相统一的美学特性。作为品牌的产品首先是为了满足人们的物质需求而生产的"制造产品",也就是说品牌产品必须能够满足一般的生理欲求,从而带来物质欲求满足后的"快感",正如衣服给人以肌肤的感受、食物给人以饱腹的感受——即所谓温饱的生理快感。可见,满足人们的生理快感是一般产品的基本属性。从美学的观点看,虽然生理快感并不能等同于更为高级的审美乐感,但它是人们获得审美乐感的基本前提。马克思指出:"囿于粗陋的实际需要的感觉,也只具有有限的意义。……忧心忡忡的,贫穷的人

---

① [法]阿苏利:《审美资本主义:品味的工业化》,黄琰译,华东师范大学出版社 2013 年版,第 7 页。

② 祁志祥:《乐感美学》,北京大学出版社 2016 年版,第 4 页。

对最美丽的景色都没有什么感觉。"①粗鄙低级的生理满足只是低级的快感，只有在此基础上进一步进行文化的创造和提升，才能获得具有审美意义上的心灵愉悦"乐感"。这就需要我们制造精品，凝聚文化，蕴藉品位，打造品牌，由此创造出"品牌之美"。

其次，从客体审美价值上看，品牌产品具有"实用价值"与"审美价值"相统一的美学特性。美的事物一定是对人有价值有意义的事物，正如人的感觉感受有高级低级之分别，事物的价值也有差别和联系。事物的价值可以有"实用性"和"非实用性"之分，一般产品能够满足人们基本的物质需求就表明其具有"实用性价值"，但除了实用性产品外，人类还创造出许多并不具有直接的"实用性价值"的事物或作品。这是因为，人类的劳动实践活动一般来说总是物质生产在前，精神生产在后。人必须首先解决衣食住行等物质生存问题，然后才能从事更高一级的精神文化活动。原始先民所从事的劳动实践活动主要是以功利实用性为目的，首要诉求是满足物质功利性需求，随后精神活动才能得以逐渐展开，低级的自然生理欲望、简单的物质实用欲求才逐渐"失去了自己的赤裸裸的有用性"（马克思）。品牌产品在具有"实用性"的同时，也赋予产品以文化和审美的内涵，使人们在实现实用价值的同时也获得审美价值的享受。

再次，从生产制造技术上看，品牌产品具有"技术之美"与"艺术之美"相统一的美学特性。技术是人类改造自然创造自然所具有的技能，任何产品制造都离不开技术，只有高超精良的技术，才能制造出具有品牌价值的精品。从人类使用技术制造物品的角度看，技术本身无疑就具有美的特质，其中蕴含着"美的规律"，"动物只是按照它所属的那个种的尺度和需要来建造，而人却懂得按照任何一个种的尺度来进行生产，并且懂得怎样处处都把内在的尺度运用到对象上去。因此，人也按照美的规律来建造。"②确实，技术与艺术、技术制造与审美创造之间有着紧密的关联，在中西方人类文明早期阶段技术就等同于艺术，或者被称为"技艺"。中国甲骨文中"藝"字是一个人在种植的"象形"，其原初之义与种植等农事生产劳动的技艺直接相关。在古希腊文中，艺术（τεχνη）一词的内涵十分广泛，除包括各门艺术之

① 《马克思恩格斯全集》第 3 卷，人民出版社 2002 年版，第 305 页。
② 《马克思恩格斯全集》第 3 卷，人民出版社 2002 年版，第 274 页。

外,还囊括人类所从事的几乎所有技术技艺活动。"技"与"艺"不分,其内涵主要是指在经过不断教育、训练、操演后才可能获得的技能或技艺。因此,品牌产品所凝聚的精湛技术具有艺术审美的特质。

最后,从物化产品形式上看,品牌产品具有"符号形式"与"优质品性"相统一的美学特性。古希腊哲学家亚里士多德曾提出构成事物的"四因说",其中有"形式因"与"质料因"。他认为事物是质料和形式的合成物,比如铜质雕塑是以铜金属为材料或质料和雕塑家设计造型为形式而组合生成。对于品牌产品来说,产品内在固有的质量——即优质的品性构成其"质料因",而产品的外在形式以及符号化标识——即品牌的"形式因"。广义地说,没有无质料的形式,也没有无形式的质料,尤其是品牌产品要实现实用性功能都必须具有优秀的质地品性,但仅有质地品性还是不够的,品牌必须要有广泛的影响力和传播力,这就需要符号化、形式化的完美表达和呈现,而这种表达和呈现无疑要"按照美的规律来建造"。英国美学家克莱夫·贝尔曾将艺术本质规定为"有意味的形式",运用这一概念来看待品牌产品,我们也可以将品牌之美规定为"有品质的形式"或"有品位的符号"。中外品牌的发展史展示了品牌的"符号""形式"与"品质""品性"完美融合统一的审美历程。

二、中国品牌美的历史积淀与造物美学

虽然,品牌文化主要是现代社会的产物,但品牌带给人们的乐感愉悦——即它所具有的审美功能则源远流长,当人类有了物质和精神生活需要,人类就有了最初的品牌意识。《品牌学》中提出:"中国是最早创建世界品牌的国家,中国品牌早在公元 15 世纪就已经闻名遐迩、享誉世界。"①其证据是,中国江西的昌南镇自 11 世纪开始就因能够制作精美的瓷器而得到当时的皇帝宋真宗的青睐,宋真宗将当时的年号景德赐予昌南,也就是今天我们所说的景德镇。1403 年,郑和带领船队远涉西洋,这些精美的瓷器得到了王公贵族的青睐。因此,昌南的译音"China"与中国的名称紧密地联系到了一起。

在中国这样一个有着悠久品牌历史审美文化的国度,原始的氏族图腾

---

① 赵琛:《品牌学》,高等教育出版社 2011 年版,第 1 页。

符号凝聚着远古先民们模糊朦胧的标识意识。四川金沙遗址出土的"太阳神鸟"金箔饰中四只展翅飞翔的神鸟围绕着太阳生生不息、循环往复地飞翔,表达了中国古人朦胧而神秘的原始宗教哲学思想。在现代品牌设计中,这类神鸟纹样成为华夏文化一个重要的表征符号,中国国际航空公司的品牌形象设计就以太阳神鸟为主体而展开。2005年,国家文物局将寓意着追求光明、团结奋进、和谐包容的"四鸟绕日"确立为"中国文化遗产"的标识,使之成为维系中华美学精神的国家品牌。这些远古的文化符号,为后世品牌的标识设计提供了源流不断的精神动能。

春秋时期,秦国商鞅推行"物勒工名"制度,为后世中国品牌思想的"优质品性"观念提供了历史性的依据。《礼记·月令篇》记载:"物勒工名,以考其诚,工有不当,必行其罪,以究其情。"这段文字真实记录了中国最早的产品质量检查制度。按照秦国立法,所有官造器物都必须要铭刻工匠的名字,以备追溯究治。因此秦人的兵马俑、铜车马、兵器,乃至每一块秦砖的边角处大多可以找到工匠之名。尽管"物勒工名"以实名制的形式对工匠予以严苛无情的检查与处罚,但是应该承认,"物勒工名"制度极大地推动了春秋至汉代匠人制作工艺的提升。春秋至汉代,干将莫邪剑、田氏作竟等之所以能够成为传世珍宝和历史名牌,与"物勒工名"所起到的责任监管制度有着紧密的关联,后世品牌理念中的优质意识、信誉保障在春秋时期已经初具雏形。

从早期图腾符号的标识意识到"物勒工名"制度的品质意识,都为后世真正意义上品牌的出现提供基础和保障。从宋代开始,在其后八九百年的时间里,中国不仅早于西方几百年出现了真正意义的品牌,而且产生并留存了大量的"中华老字号",形成了与西方世界不同的品牌发展模式。真正具有商业属性的品牌标志出现于宋代。城市的发展、商业的繁荣、审美品位的提升等,促进了宋代市民对日常生活产品制作精良、精致、精细化需求提升,形成了宋代鲜明的品牌意识,我们在宋代大量的器物中窥见"实用价值"与"审美价值""技术之美"与"艺术之美"的融合。现存于中国国家博物馆的北宋"济南刘家功夫针铺"青铜版,被认为是世界最早的品牌广告,比欧洲要早几百年。该青铜上"白兔捣药图"居于中心,图案两侧注明"认门前白兔儿为记"。下端刻有:"收买上等钢条,造功夫细针。不误宅院使用,□□兴贩,别有加饶。请记白。"这段文字宣传了白兔儿刘家针铺的经营范围、质量保证,并提醒顾客在买卖过程中要认准门前的白兔品牌,谨防假冒。该铜版整体布局中最吸引人的莫过于那只拿着铁杵捣药的白兔,其原型来自嫦娥奔月故事里的玉兔,为广大消费者所熟悉喜爱。此外,白兔捣药用的杵还会让人联想到诗仙李白"只要功夫深,铁杵磨成针"的典故,唤起购买者产生持之以恒、匠心独具的审美感受。该青铜板图像化地直观地表达了华夏民族对"持之以恒"这一文化品行的高度认可,白兔儿刘家针铺的品牌已经超越了单纯意义的招牌、标识,具有了审美想象与民族文化的精神内涵。

从史料中可以看到,类似的品牌札幌、商业广告在元、明、清的餐饮、服饰、日常用品中被大量使用,诸如六必居、张小泉、王致和、同仁堂、全聚德、内联升等。这些中华老字号品牌早已经超越了单纯的产品标识和品质保证,它们以鲜明的中华民族传统文化背景和深厚的文化底蕴而传承至今。据传诞生于明朝 1436 年的"六必居",其品牌意识可谓开一代风气之先。它以精益求精、童叟无欺的生产经营理念屹立五百年而不衰,造就了中国品牌史的奇迹。六必居以自己五百年的历史印证:品牌,特别是老品牌,是历史、是文化、是价值、是快感、是乐感,是审美,是与我们如影相随的一段美好生活记忆。

19 世纪末,清王朝内忧外患,洋务派大力发展军事工业和民用工业,实现自强自富的一系列举措,客观上促成了中国近代民族工业的兴起,也正是在这个过程中产生了中国现代民族工业品牌。"五四"运动后,随着民族矛盾的不断激化,以"实业救国"为口号的国货运动如火如荼地展开,甚至还掀起了一场以"中国人要用中国货"为口号的"国货运动"。正是在这样的语境之下,一大批民族品牌纷纷涌现:1911 年的龙虎(人丹)、1915 年的冠生园、1916 年的大前门(香烟)、1923 年的佛手(味精)、1925 年的大无畏(电池)、1926 年的关勒铭(金笔)、1927 年的恒源祥、1931 年的百雀羚、1932 年的"抵羊"牌绒线、1941 年的司麦脱(衬衫)等。民族品牌为民族振兴做出了重要的贡献。1932 年,宋棐卿创办的"抵羊"牌绒线,无论从商标还是谐音,都取"抵制洋货"之意,意在与洋货竞争,创国货名牌。特别值得一提的是,以恒源祥为代表的民族品牌见证了一百年来中华民族从屈辱走向富强的历程。20 世纪 20 年代的上海,绒线还是一个从西方舶来的奢侈品。少时便坐着乌篷船来到上海的沈莱舟,在经历了 19 年的伙计职员生涯后,创办了恒源祥,开启并创建了与羊共舞八十载的绒线神话王国。沈莱舟经营的店铺采用玻璃柜台,各色绒线一目了然。他还邀请周璇、白杨、上官云珠等电影明星到店里穿着绒线衫造型,为恒源祥绒线代言。改革开放以来,恒源祥在第二代传人刘瑞旗的经营管理下,成功转型,成为家纺行业享誉世界的民族品牌。恒源祥十分注意品牌自身的审美文化建设,它以中华民族自古有之的"衣被天下"情怀,发起为全国百万孤残儿童编织一件毛线衫的活动,完成了让绒线有文化、有品位、有温度、有乐感的品牌愿望,实现了品牌多重审美价值的统一。

新中国成立后,党和政府始终高度重视品牌建设,2017 年国务院批准每年的 5 月 10 日为中国品牌日。我们看到,老品牌焕发新机,青岛啤酒、回力球鞋、全聚德烤鸭、同仁堂医药、荣宝斋等,甚至引领了世界的"国潮风";另一方面,在党和政府的引领和扶持下新兴品牌如雨后春笋:1956 年解放牌汽车;1958 年的上海牌手表、红旗牌轿车;1959 年的凤凰自行车;1964 年的海鸥相机;1984 年的海尔和联想;1987 年的华为;1990 年中国长城旅游品牌广告第一次在伦敦地铁亮相;1999 年的阿里巴巴,2010 年的小米……这些民族品牌以积极健康的形象,显现出品牌的乐感价值。

今天,我们看到,在中华传统文化的助力之下,中国品牌以迅猛的姿态快速发展,在世界市场中占有不可忽视的地位。品牌文化作为中国文化的重要组成部分,以独有的审美意蕴和文化表征讲述着中国故事、传播着中国文化、展示着中国品位。

三、世界品牌美的符号表征与互鉴创新

西方世界对"品牌"一词的来源有着多种不同的阐释,其中大多数研究者认同"品牌"一词源于古挪威语"Brandr",即"打上烙印",他们认为这种原始游牧部落将专属烙印打在自家牲畜身上,用以标明私有财产的印记,是品牌作为产品标识的最古老的形态。

11—13 世纪,十字军东征期间,欧洲骑士贵族热衷于佩戴"纹章"以彰显个人身份和家族荣誉。据传,最初的纹章诞生于战场和骑士比武场,目的是便于识别身份。"到了 13 世纪,血统的观念深深地根植于贵族社会之中,并通过联姻的方式与社会地位相当的贵族家庭建立关系。这样,一种稳定、古老而又排他的血统意识不断被强化,而盾形纹章的发展正好为这种贵族

血统的世袭提供了理想的符号。"①1484 年 3 月 3 日,英王理查德三世还批准成立了近代最早的纹章院,将纹章的设计与授予加以制度化管理,后来,在欧洲还创立了我们今天学科意义上的"纹章学"。这种由"盾牌、头盔、羽饰、铭言及扶盾人(兽)"几部分装饰构成的纹章超越了早期的识别功能,成为一种文化象征符号,表征着某种权力与地位、理想与信仰、品位与情感等。

中世纪的纹章对欧洲社会产生着重大的影响,纹章这种兼具识别性、装饰性的文化象征符号被广泛使用在建筑、艺术、纺织、装饰等各个领域,甚至还有许多的纹章成了品牌的标识符号。瓷器上也可以看到具有品牌性质的纹章图案,以至于在 17—18 世纪的中国外销瓷上还出现按照欧美商人提供的纹章而烧制的纹章瓷,它既有中国传统的工艺特点,又体现精细典雅的欧洲装饰风格,既蕴藏着深厚的中国陶瓷文化底蕴,又显示着西欧纹章特色,兼具实用价值、艺术价值及历史价值。时至今日,在世界各地的教育医疗机构、银行、球队、大型财团等品牌标识中,我们依然可以看到纹章的使用,例如建于 17 世纪的哈佛大学,其学校的品牌标识——校徽就是以纹章为原型,红色盾牌周围围绕着金色的橄榄枝,盾牌上拉丁文"Ve-ri-tas"(真理),被铭刻在三本书之上,典雅而权威,展现了哈佛大学历史传承之悠久,文化积淀之深厚,审美品位之雅致。纹章的使用显现并增强了品牌的文化稳定性、传承性及审美价值的诉求。今天,不仅仅我们使用的商品有品牌,城市、大学、机构等也有自己的品牌。在世界品牌实验室发布的最具世界影响力的品牌榜单中,斯坦福大学、哈佛大学、麻省理工等近些年都始终蝉联百强之列。

17—18 世纪,地理大发现和新航线开辟后,随着欧洲的商业活动的愈发频繁以及世界一体化视域的展开,资本主义世界市场体系初现雏形。我们今天所谓真正现代意义的品牌,大多是在 18 世纪之后出现的。其中,奢侈品牌和工业品牌是两种重要类型。

追溯奢侈品牌的产生,我们发现这些至今都偏好"手工制作"的奢侈品牌与欧洲贵族文化之间有着紧密的关联。其中号称"欧洲第一名瓷器"的德国梅森牌(Meissen)瓷器就是专为皇室而生产的。以萨克森公国的纹章

---

① [英]斯蒂芬·斯莱特:《纹章插图百科》,王心洁等译,汕头大学出版社 2009 年版,第 11 页。

"两把剑"为瓷器品牌标识的梅森瓷器从18世纪开始推出蓝洋葱系列、红龙系列等仿制中国瓷。其中,蓝洋葱系列沿用借鉴了中国瓷器折枝花卉纹、缠枝花卉纹等流转勾连、不着痕迹却韵味生动的笔法及牡丹、桃子、石榴等含蓄象征的图样,也让我们清晰地看到"中国风"(Chinoiserie)这一东方审美趣味对欧洲品牌的影响。

19—20世纪,随着工业革命广泛而迅速地展开、世界自由贸易的推进以及各种先锋艺术运动此起彼伏,欧洲奢侈品牌进入快速发展期:1837年爱马仕(Hermes)品牌创立、1854年路易·威登(Louis Vuitton)品牌创立、1847年卡地亚(Cartier)品牌创立、1856年博柏利(Burberry)品牌创立,1913年香奈儿(Chanel)品牌创立等。路易·威登作为品牌的创建者早期曾经是法兰西第二帝国的皇后欧仁妮的御用行李整理师。热爱旅行的欧仁妮皇后常常为旅行中奢华礼服的装运而烦恼,路易·威登发明了一种平顶防水帆布制成的衣箱,得到了皇后的喜爱,拿破仑三世东征所用的行李箱全部由路易·威登所打造。1854年路易·威登结束了王室服务工作,在巴黎创办了第一间以自己名字为品牌标识的皮具店Louis Vuitton,主要销售在当时属于新锐设计的平顶行李箱。1896年路易·威登的第二任经营者乔治·威登从日本纹章获得灵感,推出了以"LV"字母配合花朵图案的品牌标识。一个多世纪过去了,路易威登不断强调"Since 1854",以深厚的家族历史感为主线,以精致、舒适、优质的"旅行哲学"为品牌的精神内核,适应时代变迁,引领时尚风潮。

同时我们也发现,各种先锋艺术运动为奢侈品牌赋能,在保持品牌顶级品质追求的同时,以时尚先锋新锐的姿态,为品牌注入新活力。21世纪,路易·威登品牌尝试摆脱与王室贵族关联的刻板印象,与前卫艺术家,如日本的村上隆、草间弥生,美国的Stephen Sprouse、中国的徐冰等艺术家合作,推出文房四宝箱、涂鸦系列、波点系列等,瓦解了人们对奢侈品牌的固有认知,引领了时尚跨界与先锋艺术家合作的风潮。

这种奢饰品牌与先锋艺术的合作并不是今天才有的时尚潮流。早在1913年,香奈尔(Chanel)品牌创立之时,就鲜明地表现出与先锋艺术相契合的反叛精神。尽管今天很多人将香奈儿品牌视为优雅名媛的代名词,但是在一百年前,香奈儿品牌创立之初,它是20世纪初女性"身体解放",叛逆先锋的代名词。19世纪末,随着大工业时代的到来,人们的生活方式和审美观念都发生了巨大的变化。在服装方面,传统的巴洛克、洛可可式的奢华精致、繁琐夸张的服饰已不适应人们的生活,特别是蓬松的裙撑、拖长的裙裾、夸张的帽饰等,圈限着女性的身体,也禁锢着女性自由的思想与灵魂。品牌的创始人加布里埃·香奈儿女士反对时装让女人像"鸽子那样挺胸凸臀、烦躁、杂乱",大胆提出"要让妇女从头到脚摆脱矫饰"。香奈儿与毕加索有着几十年的友谊,1924 年香奈儿和毕加索还曾联手参与俄罗斯芭蕾舞团的舞剧《蓝色列车》。其中香奈儿负责服装设计,毕加索负责舞台布幕,立体主义派雕塑家亨利·劳伦斯负责舞台设计。该剧布幕取材于毕加索的名画《沙滩上奔跑的两女人》,剧中香奈儿设计的条纹针织衫、泳装、沙滩凉鞋、高尔夫球鞋、网球裙等,简洁、素雅、中性在当时被视为前卫的艺术探索。尽管奢侈品牌大多强调手工制作,以强调其稀缺性,但是后期我们可看到很多奢侈品牌也开始尝试与科技结合,保持品牌的技术前沿与艺术先锋的价值。

18 世纪中期以来的工业技术革命,实现了手工业向机器工业的转变,以大机器生产为特点的现代工业体系得以形成。在现代工业体系从雏形走向成熟的过程中,与人们日常生活息息相关的工业品牌大量出现。1810 年创立的标致,1847 年创立的西门子,1867 年创立的雀巢,1886 年创立的可口可乐,1938 年创立的大众,1947 年创立的摩托罗拉,1955 年创立的麦当劳,1976 年创立的苹果,1995 年创立的互联网品牌 Yahoo!,1998 年创立的梦工厂,以及同年创立的互联网品牌谷歌 Google!,等等。奢侈品让世界认识了品牌附加价值的巨大动能,这些世界著名的工业品牌在提升产品附加价值的时候,大多采用了科技赋能或"科技与艺术"相结合的赋能方式。始创于1976 年的品牌苹果是"科技+艺术"相结合赋能品牌产品的典型。苹果的创始人乔布斯热衷于东方文化,特别痴迷于禅宗美学。《乔布斯传记》中记载着他对佛教禅宗的信奉与激情。乔布斯是个十足的禅宗信徒,他跟随铃木俊隆、乙川弘文修禅,还将道禅思想中"明心见性、顿悟成佛","以心传心、不立文字","法天贵真""大成若缺"等东方美学精神,应用到产品的研发与设计中,形成了极简纯粹、直观感性的品牌个性,深得东方禅意之美。

总之,品牌不只是一件产品、一个标识、一种服务,更蕴含了一个国家民族的文化特性、审美品位和价值诉求。我们在世界品牌发展的总体历程中看到,东方与西方、科技与艺术的彼此交叉融合,成为未来品牌发展的巨大推动力量。我们相信，文化如此，文明如此，审美品位如此，品牌的创造生产与传播更是如此。

第三节　品牌美的时尚维度[①]

一、品牌的价值与时尚

品牌最初来源于标记手工业者们劳动成果的签名或符号，比如早在公元前六至五世纪，古希腊的陶器工匠用来塑造和装饰精美花瓶的技艺相当高超，当陶器美术和工艺在希腊达到顶峰时，陶艺家们经常在他们的作品上签名，这些签名在显示了工匠们自豪感的同时，也产生了原始的品牌观念。在古代，希腊人是独一无二的，他们不仅将个体手工业者视为创造性天才，许多工匠甚至在有生之年就获得了巨大的声誉，还为后代系统地记录下了他们的名字。这种"声誉"就是品牌的观念雏形，也是品牌不同于商标的本质意义所在，因为商标仅仅是作为标记商品的所属，而品牌则是具有美誉度的签名或符号。

随着人类社会商品经济的高速发展，品牌观念不断被证明为市场经济领域的灵丹妙药，一如现代企划的开创者史蒂芬·金（Stephen King）所断言的："产品是工厂里生产的东西，品牌是由消费者带来的东西。产品可以被竞争者模仿，品牌却是独一无二的；产品极易过时落伍，但成功的品牌却能持久不衰！"[②]由是可见，品牌的价值在于品牌所有者的产品、服务及其他超越竞争对手的优势，以此为目标为社会大众带去高于竞争对手的价值，比如：更优美的造型、更耐用的品质和更高级的品位等。因此，品牌是能给其拥有者带来溢价、产生增值的一种无形的资产，它的载体是用于和其他市场主体的产品或服务加以区别的名称、术语、象征、记号或者设计及其组合，增值的源泉来自消费者心智中形成的关于其载体的美好印象。

具有"美誉"的品牌对其所有者和消费者而言都具有极高的功能性利

[①]　作者胡越，上海工程技术大学通识教育中心主任、教授。本文原载《晨刊》2022 年第 6 期。

[②]　秦宗财主编：《文化创意产业品牌》，中国科学技术大学出版社 2020 年版，第 21 页。

益和情感性利益,从而构成了两者相辅相成、相得益彰的良性互动关系。品牌的功能性利益主要在于消费者对于品牌所代表的企业及其产品的辨识、定位和黏度三个方面:其一,品牌是商品的重要标识,品牌的名称、标语、符号,及其组合的标识性作用,可以令消费者迅速从大量同类商品中辨认熟悉的企业产品;其二,品牌具有相对固定的消费层、风格、品质、价位等的定位,易于消费者做出对该企业商品价值的判断和消费行为的实施;其三,消费者也在整个消费过程,亦即在与企业产品的互动过程中进一步加深了对品牌的认知,更有利于打造消费者对品牌的忠诚度。因而,无论在溢价空间还是销量空间上,品牌都为企业提供了巨大的可能,同时又让消费者感受到品牌所带来的毋庸置疑的选择便利和心理预期。

而品牌的情感性利益对双向而言具有更为长远和丰厚的价值,这主要建立在消费者对其所有者所创品牌的认可、共情和依赖三个层面:首先,品牌是企业文化的重要组成部分,通过对品牌背后企业文化的认知和认同,才能使企业与消费者建立良性的互动关系,我们可以称之为"表层情感";其次,品牌所代表的整体性风格、品位和生活方式,可以激发有感消费者的共情,将自身置于品牌所营造的整体氛围和情绪之中,从而相互感动和表征,属于"中层情感";最后,当消费者在社会生活中的某一心理诉求需要通过某一品牌来实现的时候,这一品牌便成为了他们的社会性符号而不可或缺,从而成为品牌情感价值的"核心情感"。这三个层次的情感价值随着由表及里,由浅入深的递进而不断攀升,最终一方面企业拥有了相当稳定的消费群体和广大受众,无论发布什么新品都会受到大众的追捧和热议,甚至成为一个社会热点;而另一方面,消费者也获得了自我存在社会中的身份识别和群体归属,通过拥有和使用而得到安全和满足。于是,品牌的所有者与消费者之间便形成了牢固的纽带,互为代表和依存,荣辱与共。

至此,品牌的价值体现便上升到时尚的层面,因为基于时尚的理论,从现代性审美体验出发,西美尔(Simmel)曾经有极其精辟和深刻的论述①,这对于我们理解品牌价值与时尚的关系而言显得尤为重要。时尚首先具有"从众性":一方面,从众性来自现代人对一定的社会统一体的依附感。在人类的内心深处有着一种强烈的从众本能——需要他人的认可,渴望在社

---

① 〔德〕齐奥尔格·西美尔:《时尚的哲学》,费勇等译,文化艺术出版社2001年版。

会生活中找到归属感的亲和感。而时尚通过大量的机械复制,将不同的个体聚集到一个中心,在此这就是品牌。品牌的聚集功能很容易使不同的个体获得对彼此的认同,不同的社会个体通过对同一种品牌产品和服务的消费,感到自己跟上了大众的步伐,成为了大众中的一员。另一方面,从众性还来自于现代人的自我保护本能。对时尚的模仿可以给予个体不会孤独地处于他或她自己行为中的保证,这样个体就不需要做出任何选择,而只是群体的创造物,以及社会内容的容器。模仿是现代个体自我保护的一种手段,它能使现代个体从社会的各种风险和不确定性中脱离出来,融入到大众当中,因为在跟随社会潮流的过程中,个体不需要为自己的言语与行为负责。美誉度和知名度高的品牌就能够给受众以安全感,从而消除个体在大众中的不安与羞耻感。现代人所有的羞耻感都与个人在不合适的场合的引人注目、不合时宜地受他人关注有关,这种关注能使个体极度不适,并由此产生羞耻感。但在对知名品牌的追逐中,不论其外在形式或表现方式如何过分,品牌共性对个性的夷平使其看起来总是让人感到合适的,从而可以使个体在成为被注意的对象时不会感觉到不适。

时尚的另一面是截然相反的"区分性"。时尚不仅能使不同的个体相互同化,它也使不同的个体、群体得以区分开来。因为时尚最初是产生于上流社会的,是少数上层精英阶层的特权,一旦较低阶层开始接近较高阶层的时尚,较高阶层就会抛弃这种时尚转而追求更新的时尚。时尚的区分性使不同阶层及个体得以确证自我身份和地位。应当说,时尚源于社会的等级化体制,在这个体制中,一部分精英阶级率先采用了有特色的时尚风格,然后,下层阶级为了竞争精英阶级的社会地位,也逐渐采用那种有特色的样式,时尚因此就从上层精英阶级渗入下层阶级。而当社会发展到了工业革命以后的阶层区分日益扁平化的近现代,时尚已不再是少数精英和上流的特权,而成为普罗大众皆可获得并享用的消费品。对此,恩特维斯特尔(Entwistle)在描述欧洲走向资本主义社会以及布尔乔亚阶级兴起的过程中,把时尚作为社会身份的竞争手段,并得以发展起来。由此认为,时尚是新兴资产阶级用来挑战贵族权威与社会名流的工具之一①。尤其是在当

---

① [英]乔安妮·恩特维斯特尔:《时髦的身体——时尚、衣着和现代社会理论》,郜元宝译,广西师范大学出版社 2005 年版。

今社会,这种风格或样式被不同的品牌所承载和标示,当消费者购买其产品和服务的同时,就是一种区分自己与另一些群体不同的"身份"识别,从而体现自身的"个性"。

时尚一方面意味着相同阶层或群体的联合,又意味着不同群体之间的界限被不断地突破。这是一个既矛盾又一致的心理过程。一些群体想树异于大众,往往最先采用尚未被人采用的新事物,实践尚未能被人实践的新行为;而另一些群体则要求接近或成为心目中的形象或代表,而往往想方设法采用这些人群采用的新事物,实践那群人实践的社会行为,时尚也就在这样的循环中不断地被创造出来。到了商品经济高度发达,消费社会充分成熟的现代,时尚被可以引领某个群体风向的知名品牌所指征,品牌便自然成为这个消费者群体趋之若鹜的代言符号,而要实现品牌在时尚维度的跃升则需进一步从底层的和全面的品牌审美及其构建开始谈起。

二、品牌美的构建维度

品牌之所以能够达到时尚的界面,正是由于其所收获的"美誉"使然,而这便关涉消费者对品牌的审美过程,亦即如何才能获得消费者的口碑和热捧,从而获得海量的消费群体和超高的溢价空间。但因实现品牌美是一个精妙的体系,涉及品牌的规划、设计和传播等专业技巧,也蕴含品牌美的哲学、品牌审美心理学和品牌美学的现实应用。所以说,品牌美是基于品牌与受众通过品牌符号和品牌感知体验的审美互动的基础上产生的,当品牌所有者能够按照品牌审美的沟通模式,通过严谨的理论分析和实践模型,才能完整构建的系统。

对应上节所说的品牌价值的功能性和情感性,品牌美的基础同样具有物质性与非物质性两个方面,亦即"有形"与"无形"两种形态,如何塑造品牌的美学价值需要对有形的主体和无形的主体分别探讨。但必须看到,有形只是审美过程中的物质基础和载体,而无形则是精神诉求和上层建筑,无形的审美价值高于有形的主体。这是因为,虽然两者皆构建在品牌所有者的生产基础之上并释放价值,但品牌背后隐藏的企业文化传递出来的价值高于通过产品物质属性传递的价值,而产品物质属性容易被模仿、超越而导致品牌价值降低。而且,品牌美所探讨和所传递的重点也并非审美对象的外在表象,而是蕴含其中的文化因素和精神格调。更重要的是,两者还都反映受众的心理诉求,即愉悦。受众的心理需要被满足,这是对有形与无形美提出的共性要求,但更是无形的价值所在。按照祁志祥先生在他的专著《乐感美学》中提出的首创观点"美是有价值的乐感对象",即美所带来的乐感不仅包括感官快乐,而且包括精神快乐。美所带来的感官快乐并不局限于视听觉,而是包括五官感觉。审美主体或者说观赏者在欣赏对象、感到快乐的时候,这种快乐对审美主体来说是有益的,他肯定了美本身就是有价值的,价值是从人们对待满足他们需要的外界物的关系中产生的。价值是客观的东西,又相对于主观而存在,所以就呈现为"意义"①。

由此可见,品牌美是有价值的,其审美价值不仅在于能带给人愉悦和心理体验上的满足感,还与品牌价值之间具有正向关系。也就是说,品牌美能够为品牌价值的提升,尤其是品牌价值中的无形资产部分带来相当大的贡献,唯有能够给人们带去美的享受与乐感的品牌才能赋予品牌商品更高的溢价。那么,品牌美的构建关涉哪些维度呢? 综合学者们的研究来看总体由品牌的设计、传播、管理、营销等方面展开,品牌美体现在产品、形象、服务、生产、投入、营销、创新等许多因素,均可对品牌价值的提升起作用。笔者依照各要素的形态、时长、特性等变量大致将对品牌的审美归纳为以下三个不同层次的维度:

第一层面是物质基础的维度,包括品牌所属企业提供的产品与服务,是品牌与消费者进行直接沟通的物理载体,也是消费者最直观的可通过五感接触到的审美维度,属于有形的形态维度。分别有产品(及其包装)的造型、色彩和质地等,产品表达上的功能、结构、工艺、象征等,以及服务的周到、舒适和悉心等美感营造,就能够激发消费者的瞬间购买欲。更进一步,综合物质层面的要素来进行氛围烘托、产品包装和销售服务等方面内容,就可以实现消费者对品牌总体体验的"乐感"享受。

第二层面是运营推广的维度,包括品牌的品质、营销与创新等,这些是对品牌美价值创造的中长期维度。如果说第一层面与消费者的接触是短时间就可以产生的乐感的话,那么第二层面则是维持消费者更长时的乐感手段,关涉品牌经营中的技术(技巧)、科技、营销等因素。就品质而言,它是消费者在拥有品牌后不间断体验的较长期的乐感体验,包括产品及服务的

① 祁志祥:《乐感美学》,北京大学出版社 2016 年版。

质量、性能、寿命、维护等方面。若要实现品牌的高品质美感，则离不开企业进行生产活动中的品质把控、良性运作和科技升级等。再如品牌营销也需要对品牌识别、终端形象、市场推广等多方位的维护，旨在营造和保持优良的品牌口碑和公众好评。至于品牌产品及其服务的创新则更是维持其活力美的手段，这既是研发的成果，亦是回应消费者用户反馈的最佳途径。该层面要素多介于有形与无形之间，是基于多方面的有形物理感知而产生的无形的审美心理过程的维度。

第三层面是文化形象的维度，包括企业的历史沿革、文化构建、品牌形象树立等内涵建设，该层面较之前两个层面需要更长的主体营造与客体接受时间，而且可归为接近无形的纯粹情感层面，类似于"耳濡目染""潜移默化"的审美过程。品牌形象不仅是其所指征的符号或标志，还有着重要的识别和区分功能，但这还只是作为品牌应具有的一个基本而必要的条件，并不是品牌的全部。识别一个品牌的依据不仅仅是它的名称或标志，更重要的是其体现出来的理念、文化等核心价值①，及其观念表达上的品牌精神、追求和价值观等。而历史与文化则是品牌价值创造不可忽视的更重要层面，它虽然不直接参与品牌的身份识别，但是却能够在与消费者的长期互动中架设起一座稳固的互通桥梁。消费者对品牌的认同和忠诚，在很大程度上就是取决于对品牌背后的历史文化的认同，并最终转化为情感层面的精神寄托、情感归属，甚至成为一种依赖。

前述三个层面的品牌美构建维度是从有形向无形、由短时向长时逐级转化和递增的，与其相关不断丰富的诸多理论在很长一段时间都适用于阐释和指导现代意义上的品牌价值创造。然而，面对当下汹涌而来的所谓"网红经济""直播带货"等新兴互联网营销业态的引领，以及品牌竞争的日益激烈和品牌更迭速度的不断加快，已有的品牌美构架明显暴露出了现象阐释和目的达成的力不从心，亟待在原有理论体系中引入一个新的适应时代发展的维度，这一维度需要能够在瞬息万变的信息社会中帮助企业把握品牌美的评判与策略，这就是本文重点探讨的时尚维度。因为，唯有进入时尚的界面才能够助力企业引领社会大众的审美倾向，使品牌真正成为消费者群体趋之若鹜的代言符号。

---

① 余明阳、杨芳萍：《品牌学教程》，复旦大学出版社 2009 年版。

三、品牌的时尚美判断维度

品牌的时尚美,在狭义上说,因时尚本义就是指某一种流行样式,故而是具体的物质形态及其载体。而在广义上而言,时尚泛指当时的风尚,一时的习尚,是正在流行,被人追捧的事物,是外在行为模式迅速流传于社会的现象,是一种异乎寻常的亚文化及其行为模式,往往很快吸引许多人竞相模仿而广为流传。于是时尚又是一个相对无形的,用以协调品牌与公众之间关系的介质。所以说,对于其审美的判断维度也可对应上文三个不同的层面探讨:

1. 更新迭代的频繁度

从物质层面而言,诚如恩特维斯特尔所言,时尚是大都市中个体的一种生存技巧,它使个体能够在大都市中以一定的方式和陌生人相遭遇。时尚在当今社会获得了一种新的含义:它是现代人用来确证其身份认同的一种工具,人们借助时尚与衣着可以隐秘地漫游于城市(或者相反:借助时尚的魅力而引人注目)。由此,时尚成了保护个人生存的一道必要的"屏障",人们于是可以用时尚来为自己获得一种令人印象深刻的个体特征,但与此同时它也可能凸显出一致性,因为时尚本来就是对某种清一色的东西的强化[1]。

然而,时尚的"一致性"却处于一种不断产生和消亡的状态,时尚的标准也在永远地发生变化。时尚表达了制度性与差异性之间的内在张力,表达了人们既想符合和追赶某种组织性,但同时又想特立独行确立个体性同一的矛盾的愿望。这种审美心理摆动不已的节拍就使得时尚具有了它的不断翻新的逻辑。在制度性与差异性的内在张力中,时尚表达了从众性和区分性之间的紧张关系,这是一种既要"同于大众"又能"异于大众"的矛盾意愿。

那么,品牌如何才能在自身极为矛盾的时尚系统中获取平衡与协调的美感呢?作为个体现代性体验的一种形式,品牌同样脱离不了由于时尚本身诸多的内在矛盾冲突,引诱现代个体对之进行不断地追逐与仿效。于是,

---

① [英]乔安妮·恩特维斯特尔:《时髦的身体——时尚、衣着和现代社会理论》,郜元宝译,广西师范大学出版社 2005 年版。

追逐时尚的过程也就成了一个自我推动的过程,因为塑造个性和模仿他人这两个对立的阶段会自动互为因果。所以,当品牌的新产品或服务一旦被所有人选择就不再成为新潮,必须由另一个新潮所取代。这就需要品牌能够不断推陈出新,制造新的流行。品牌的设计创制需要不断提高更新甚至迭代的频度,这就如同一个旋转木马,或者更形象地说,像一台永动机,它永不停息地运动,创制出一批又一批的新产品,引发一轮又一轮的消费者模仿和狂欢,就像"苹果"品牌每年都会推出新一代的手机产品,一批手表、耳机等新装备,以及提供软件升级和苹果商店 APP 等新服务。

2. 社会公众的关注度

再从运营推广的维度说,品牌要能成为个体追捧的对象而进入时尚流行的层面,其先决条件就在于社会公众的关注度,能吸引到社会"高热度聚光灯"的扫视并能使其短暂为其停留的事物就具备了时尚的属性。这种关注当然需要某些可感知的有形载体,如村上隆将日本传统绘画元素在新的情境下重新建构,通过与 LV 合作的包袋设计中所运用到的 *Mr. DOB*,就是将米老鼠的耳朵、小熊维尼的脚丫子植入类似日本经典卡通人物阿童木的形象中,他将其视为自己的化身,并上升成为独特的流行视觉符号,也令 LV 品牌借此获得了消费者长时期的高度关注与追捧。

但从另一方面看来,这种流行符号是足以把握时尚脉搏的综合要素集合与浓缩,再回到村上隆的案例中,身处经济腾飞的日本,他敏锐地感悟到了当代高度发达的消费主义文化与日本人内心的集体危机感和孤独感现象之间的矛盾,以及现代消费社会独有的虚无感、疏离感和宿命感。他与 LV 合作的产品用充满趣味、幽默和隐喻的情境,诠释了非物质社会下人们生活状态的表达、压抑生活中所爆发出的呐喊,以及对资本主义垄断的社会形态造成的支离破碎的心态的描绘。这些图像符号都被村上隆加以时代的情感注入到 LV 品牌的商品中,并借此在社会消费群体中得更大范围的情感共鸣而成为热点。由此可见,能获得公众高度关注的品牌并非完全在于有形的产品及符号,更在于把控了公众社会的整体心理和精神向往而上升到了无形的界域。

3. 文化品格的辨识度

最后从文化形象的维度说,品牌的灵魂在于由品牌历史、掌门人个性、企业文化等无形的人文资产积淀而形成的文化品格,而这种品格更需要经过有意识的塑造,也就是需要达到极高层次的辨识度方能实现时尚美的格调。比如:最早出现于1927年的"恒源祥"品牌,刚开始这只是一家制作人造丝绒线的"老字号",还不是现代意义的品牌。直到2005年,恒源祥掌门人刘瑞旗制定了差异化的文化战略,根据多年的经验凝练成为"恒源祥"独特的文化品格,这种品格在刘瑞旗看来就是:"品牌不仅是代表一个产品、一个企业,一个伟大的品牌代表着人类的梦想和全人类的精神"。于是他立下了让恒源祥成为奥运赞助商的指向,编织奥林匹克梦想,令"更高、更快、更强"融入品牌的血脉之中。不仅如此,他还使恒源祥成为首个以企业身份主办"劳伦斯世界体育奖颁奖盛典"的中国品牌企业,百年老字号攀上了品牌事业发展的新高峰。通过恒源祥的历程可知,品牌的文化品格打造不仅是指向品牌自身的内涵凝练,更可以是指向国际焦点事件与中国文化传承的外延拓展,而归结到一点就是达成在时尚境遇的独树一帜与高辨识度。

由上所述之三个方面的时尚维度判断,我们不难发现对品牌的时尚美解读是同时关涉这三个层面的纵向维度,具有由表及里的向心性和跨越性特征。也就是说,首先在表层情感面,品牌所属企业提供的产品与服务要在纯粹审美与体验愉悦的基础之上赋以变化与更迭的高频率;其次在中层情感面,品牌的品质、营销与创新等要在维持消费者更长时的乐感同时不断激发社会公众的高度关注;最后在核心情感面,品牌的历史沿革、文化构建、品牌形象树立等内涵建设要在构建消费者对品牌背后的历史文化的认同的基础之上不断提升品牌文化品格的辨识度,并以上升为世界知名的高辨识度品牌为终极诉求。所以说,品牌美的时尚判断维度是全方位和立体的,是同时作用于三个层面诸多要素的内涵及外延之上的第四维度标准。时尚美可以为品牌带来海量的受众群体和更高附加值的溢价空间,时尚美为品牌所创造的价值超越了可感、可知、可信的实体价值,由此而生成的可同化、可区分、可依赖的当代社会的群体审美价值将美不胜收。

四、品牌制造时尚美的方略

当今时代激烈的品牌竞争和消费主义社会的高度成熟催促着品牌所有者,尤其是直接与广大消费公众照面的品牌必须增加时尚的考量维度,将品牌美的构建上升到时尚美的第四度空间。企业为此目的达成而实施的举措

应当涉及前述所有层面,而立于相应的视角大致可以有如下几点策略供与参考:

1. 致力于技术、功能和审美观的代际变化

时尚美是呈现于品牌所推出的产品及服务的五感享受层面的流行变化,企业就其造型、色彩、材质、功能、用户体验等各方面的创新却不能仅停留在外部翻新的形式层次上,而需要更进一步追求在较短时间内的代际变化,即迭代。这种变化必然是建立在新技术、新工艺、新材料等物质基础上的新功能的开发,甚至是新生活方式的创造。而当社会大众广泛接受了品牌提供的新生活方式的时候,其所构建的时尚美境遇才真正得到了消费者的青睐而不可或缺,进而创造了一种新的审美观。

而从另一方面看,随着消费观念的变化产生了许多新的类型和层次的消费方式,如体验式消费、低碳消费、虚拟消费等,这些需求都从客体受众面触发品牌身不由己的产品与服务迭代。企业方需要顺应大众的审美潮流,并为达成消费者预期而不断开发或应用与之相符的新科技,实现新功能,到达新的审美境界。总之,时尚美是双向的激发与互动审美过程,在品牌与大众的物质性和精神性两方面都能产生不可限量的利益价值。

2. 借助新媒体路径迅速提升社会关注度

新媒体时代的到来催生了新的推广和传播方式,同时也深刻影响了社会传播方式和能效。新媒体平台的广泛化、交互化、高效化等特点对品牌的时尚美构建具有极高的作用。首先是广泛化,以往的推广媒介在形式和效果上都趋于单一化,新媒体平台综合了几乎所有网络使用平台,品牌企业可以与受众进行迅速而广泛的信息交流。其次是交互化,传播方式和形式的升级使得新媒体平台从以往的传播媒介中脱颖而出,传统的信息传播往往是在个人与个人之间,或者个人与群体之间进行传递,而新媒体时代的到来使得信息传递实现了多方与多方同时、错时的灵活交互。新媒体平台上的受众群体不再是单一的等待和接收信息,而是实现了信息的表达。最后就是高效化,以往的传播媒介要经过仔细、多次的编辑和校对,才能发布出去,而新媒体平台实现了消息的实时传播,同时还保持了信息的原始性。

新媒体平台展现出的种种优势使其成为品牌时尚美呈现的新途径。越来越多的人使用新媒体平台来获取信息,品牌便可以将自己的产品、服务的

内容和过程、品牌文化和理念等植入其中，以文字、图片、音视频相结合的方式发表在网页、微博号、微信公众号等新媒体平台上，使得公众得以迅速认识和了解品牌，进而提升品牌的社会关注度。

3. 通过把握时代精神来独树品牌气质

在时尚的理论研究进程中，美国社会学家赫伯特·布鲁默（Herbert Blumer）曾提出过建立于非社会区分概念之上的群体的、变化的所谓"时代精神"（Zeitgeist）的理论观念，即如许多理论家指出的：最成功的时尚翘楚都具有能够抓住这个时代精神的能力，甚至可以预测它。当今社会的"时代精神"正是在某种多元化宏旨下的多变化态势，"时代精神"本身就是时尚的"区分性"与"从众性"矛盾性日益凸显的明证。

也就是说，品牌若要步入最高境界的时尚美层面是离不开时代精神感召的，此时的时尚已由小众的、亚文化的时髦样式与行为，上升到时代的潮流激荡与大众集体的狂欢境遇。比如，2008年，"李宁"品牌创始人亲自点燃北京奥运会开幕式主火炬，将品牌形象推至高峰，同时运动风潮席卷中国，公司营业收入也从2007年至2010年间实现三年翻番。2018年，"中国李宁"登上纽约时装周，引发了一场全国范围的"国潮"复兴的时尚大潮。可以说，时隔十年的两场盛典都是企业精准把握了时代精神的典范操作，由此树立了"李宁"品牌中国第一"运动国潮"品牌的特质。

品牌由标记手工业者们劳动成果的简单符号发展至今，已然成为能给其拥有者带来巨大溢价、产生价值增值的最重要的无形资产。具有"美誉"的品牌对其所有者和消费者而言都具有极高的功能性利益和情感性利益，从而构成了两者相辅相成，相得益彰的良性互动关系。

品牌之所以能收获的"美誉"，关涉消费者对品牌的审美过程，以往的品牌美构建维度是从有形向无形、由短时向长时逐级转化和递增的，并在很长一段时间都适用于阐释和指导现代意义上的品牌价值创造。然而，面对当下新兴互联网营销业态的冲击，以及品牌竞争的日益激烈和更迭速度的不断加快，已有的品牌美构架明显暴露出了现象阐释和目的达成的力不从心，亟待在原有理论体系中引入一个新的适应时代发展的维度从而帮助企业把握品牌美的评判与策略，这就是时尚的维度。

基于"乐感美学"的美学理论，结合时尚学理论与"恒源祥"等品牌经典案例，笔者认为品牌美的时尚判断维度是全方位和立体的，是同时作用于物质基础、运营推广和文化形象这三个层面诸多要素的内涵及外延之上的第四维度标准。时尚美可以为品牌带来更多的受众群体和更高附加值的溢价空间,时尚美为品牌所创造的价值超越了可感、可知、可信的实体价值,由此而生成的可同化、可区分、可依赖的当代社会的群体审美价值。

作者樊波,江苏省美学学会会长,南京艺术学院教授、博士生导师

附录一：

上海市美学学会 2022 年工作回顾[①]

祁志祥

2022 年是极不平凡的一年。学会在上海市社联的领导下,克服困难,坚持开展工作和活动。现作如下回顾。

一、学会组织的活动与开展的工作

1. 两次理事会

(1) 2022 年 3 月 6 日上午,上海市美学学会 2022 年第一次理事会在国粹文化中心举行。会议由上海市美学学会书画艺术专委会承办、中华社会文化发展基金会国粹文化艺术基金会协办。会议采取线上线下相结合的形式。会议主要讨论落实 2022 年学会工作计划。

(2) 8 月 2 日晚,上海市美学学会召开本年度第二次理事会,主要是部署讨论下半年活动,青年美学沙龙和五个专委会负责人都汇报了下半年工作设想。会议要求各二级机构负责人克服疫情影响,对照年初工作计划,克服困难,力争下半年每个专委会开展 1—2 次活动。

2. 大型论坛

(1) 9 月 29 日下午,"语言艺术的审美特征及其历史解读"高端论坛暨"恒源祥文学之星"大师面对面在恒源祥集团 7 楼会议室举行。本次论坛由

[①] 时间:2022 年 11 月 20 日下午。地点:上海音乐学院歌剧院。

上海市美学学会、上海市语文学会、上海市炎黄文化研究会联合主办,上海市写作学会协办,恒源祥集团承办。上海社联党组成员、学会分管领导陈麟辉先生出席致辞,上海炎黄文化研究会会长汪澜女士,上海市语文学会会长、华东师大国家话语生态研究中心首席专家胡范铸教授,上海市美学学会会长、上海交通大学人文艺术研究院副院长祁志祥教授,上海市写作学会会长、华东师范大学图书馆馆长胡晓明教授,恒源祥集团董事长兼总经理、上海炎黄文化研究会副会长陈忠伟先生,上海市美学学会舞台艺术专委会副主任吴斐儿等作了主题发言。30 多人出席会议。

(2)11 月 6 日下午,《中国当代美学文选 2022》新书发布会,及中国当代美学高层论坛在上海恒源祥集团公司总部隆重举行。该书由上海市美学学会、上海交通大学人文艺术研究院联合编选,会长祁志祥教授担任主编,恒源祥集团公司作为恒源祥美学文选书系第一辑资助,人民文学出版社出版。上海和全国的编委、作者、专家 30 多人以线上与线下相结合的方式出席了会议。人民日报、中国网、东方卫视、美中时报等十多家新闻媒体作了报道。

(3)11 月 19 日,由上海美学学会、上海国际时尚联合会、上海豫园旅游商城(集团)股份有限公司联合主办的首届"东方生活美学高峰论坛",在豫园商城的华宝楼举办。上海市政府有关部门负责人和海内外十多位知名专家围绕以东方生活美学为抓手,以国际时尚为引领,打造未来"大豫园片区"的快乐消费场域进行研讨,贡献智慧。

(4)11 月 20 日下午,在上海音乐学院举办音乐美学主题年会。

3. 学会大事

(1)与恒源祥合作落到实处,由学会作为主要主办者,出版《中国当代美学文选 2022》。该书收集了近 5 年美学论文 32 篇,按照以类相从的原则分为十章,每章前设置"主编插白",对所收论文要义作出归纳,并适当评点对话,形成了一种内在的阅读张力。全书坚持理论与实践结合、全国和上海的老中青作者兼顾的选文原则,既有"美学本体论的形上追问""美与乐感的关系探索""美育的概念辨析与实践对策""中国上古美学鸟瞰""中国当代美学观照""'后学'的美学征候"这样的基础话题,也有"生活美学""品牌美学"的现实关怀和"影视美学""音乐舞蹈"的艺术探讨,为国内外学界了解中国当代美学具有代表性的最新成果提供了一扇窗口。

（2）与《艺术广角》合作，开设"中华美育大讲堂"，从第 2 期开始，每期二人二篇，以学会去年主办的"上海美育大讲堂"专题为主，兼取其他名家美育演讲稿，形成一定的全国性影响。

（3）6 月 26 日下午，祁志祥会长应邀出席江苏省美学学会第九届换届大会，在开幕式上致贺词。

（4）8 月 25 日，上海社联在上海图书馆（东馆）6 层上海社会科学馆举行学会工作交流会议。祁志祥会长出席并交流学会主要工作以及对社联工作的建议。

（5）9 月 7 日，祁志祥会长和秘书长张永禄去上海市图书馆浦东分馆布展学会陈列。受空间限制，主要展出学会历届出版的美学论文集和历任会长的标志性美学专著，以及在全国学会担任副会长职务的现任学会副会长的代表专著。

（6）10 月 20 日，上海市社联第 16 届学会学术活动月开幕式暨秋季会长论坛在上海市社联举行。论坛以"推进马克思主义中国化时代化　建构中国自主知识体系"为主题，上海市美学学会会长祁志祥教授作《中国特色美学的史论话语体系建构》的主旨演讲。

（7）10 月 22 日学会活动室在淮海中路 1285 弄的上方花园揭牌，缓解了疫情中进上海交大学会活动室高校洽谈工作、开展活动难的问题。

（8）学会发展新会员几十位，如今规模达到 320 多人。

二、专委会活动

1. 中小学美育专委会

（1）10 月 22 日上午，在上方花园举行中小学教育合作论坛。南洋模范中学、市三女中、上海予路文化有限公司、浙江中智元教育集团上海分公司、江苏伊顿纪德公司相关负责人出席会议。

（2）10 月 29 日上午，在行知实验中学行知艺术中心揭牌仪式暨陶行知先生生活美育论坛。

（3）6 月至 10 月，举行专委会首届线上美育实践论坛成果评比。分"专家论坛""特色展示""主题演讲""课堂展示"四个板块评出奖项，极大调动了理事单位学校教师从事中小学美育研究的积极性。

2. 书画美学专委会

（1）3月6日上午承办上海市美学学会2022年第一次理事会。

（2）9月18日，"当下书法大家言"艺术沙龙活动在上海浦东新区惠南金家绣花铺艺术馆举行。

（3）11月1日下午，"美丽乡村，筑梦有我——王伟、王天佑油画写生展暨艺术助力乡村振兴研讨会"在中纺机国粹文化艺术中心举行。

3. 设计美学专委会

6月25日下午，"美学与工程设计学高端论坛"线上举办。本次论坛由学会设计美学专委会与上海工程技术大学联合主办。本次论坛主要聚焦"工程设计美学"问题，旨在拓展美学研究的领域，加大对于创造人工世界的核心领域——工程设计的美学维度的思考与研究，尤其是对于工程设计学体系建构问题的研究，为构建中国当代设计理论体系与中国当代美学体系而努力。

4. 舞台艺术专委会

10月23日，"中国戏曲与当代戏剧影视表演教学融合与发展研讨会"在上海戏剧学院华山路校区举行。本次会议由上海戏剧学院主办。上海美学学会舞台艺术专委会作为协办单位之一。学会祁志祥会长、专委会支运波副主任参加了本次会议。研讨会分"方传芸戏曲表演教学""中国戏曲与当代戏剧影视表演教学的融合与发展"两大主题。祁志祥会长在第二个主题研讨环节做了题为"艺术表演的真实魅力与假定性特征"的主旨发言。来自中央戏剧学院、中国戏曲学院、中国戏剧家协会、中国文艺评论家协会、上海戏剧学院、台湾当代传奇剧场、安徽艺术学院等多所艺术院校的20多位专家学者和艺术家出席了本次研讨会并作精彩发言。

5. 审美时尚专委会

10月29日下午，服装、珠宝与审美时尚研讨会在外滩8号举行，上海赛可艾科技文化公司承办。徐天宇副主任主持论坛，公司董事长高庆刚及茅丹、刘衔宇、战红等作主题发言。

6. 青年美学论坛

（1）6月25日晚7:00—9:30举行线上青年美育沙龙，祁志祥会长作线上讲座《美育的完整义涵及其与艺术教育的异同》并与与会者互动讨论，潘端伟理事负责此次活动的组织实施。

（2）10月29日下午，美学前沿问题研讨会在外滩8号举行，上海赛可艾科技文化公司提供支持。汤筠冰教授主持论坛，周光凡、吕峰、吴娱玉、王曦、陶赋雯作主题发言。

以上成绩的取得是大家共同努力的结果。感谢为活动顺利举行辛勤付出的每一位。新的一年里，让我们整装再出发。

作者樊波，江苏省美学学会会长，南京艺术学院教授、博士生导师

附录二：

恒源祥的发展历程

顾红蕾①

恒源祥,创立于1927年。创始人沈莱舟先生从清朝著名书法家赵之谦的一副对联"恒罗百货 源发千祥"里取"恒源祥"三个字,其中,恒,寓意"恒古长青",代表天时;源,寓意"源远流长",代表地利;祥,寓意"吉祥如意",代表人和。

在中华传统文化中,"天、地、人"与"福、禄、寿"交相辉映,恒源祥自创立以来的近百年发展历程中,持之以恒地追求为祖国和人民带来"人人福禄寿、家家恒源祥"。

恒源祥,诞生于中国上海。20世纪三四十年代的上海滩,在海纳百川、追求卓越的海派文化孕育下,恒源祥经营制造的手编绒线,为沪上的名人明星定制了时尚、个性化的服装,掀起了当时风靡全国的编织时尚潮流。

自创立以来的近百年发展历程中,为中国人带来美好生活方式的体验,是恒源祥坚持不懈的追求。

1935年,上海诞生的第一批国产绒线由恒源祥制造。

1936年,上海第一批专门生产绒线的国产毛纺厂从恒源祥起步。

1956年,恒源祥成为上海市商业系统首批公私合营的企业之一。

1991年,恒源祥开创了以"品牌—工厂—销售"为价值链的品牌特许联

---

① 顾红蕾,恒源祥(集团)有限公司党委书记。

盟经营模式,恒源祥既是中国进入市场经济后,最早实施品牌运营的企业(1991年),又是中国最早进行特许经营的企业(1999年)。

1994年,恒源祥获得国际羊毛局正式认可,是全球第一家获得纯羊毛标志使用权的绒线零售企业。

1996年,恒源祥的绒线产销量达到世界之最,成为世界第一的绒线大王。

1998年起,恒源祥以羊毛类产品为核心,将产品从手编绒线拓展到针织与服装配饰、家用纺织品、日化、儿童服饰、箱包、鞋业等领域。

2004年,恒源祥建立了世界上海拔最高的野生动物救护基地——"恒源祥可可西里藏羚羊救护中心"。

2005年,中国儿童少年基金会和恒源祥联合发起的"中国关爱孤残儿童第一品牌——恒爱行动"持续至今。

2015年4月15日晚,由恒源祥集团主办的2015劳伦斯世界体育奖颁奖典礼在上海大剧院成功举行。2017年,恒源祥成为国际武术联合会首个全球合作伙伴。

2005年12月22日,恒源祥集团正式成为2008年北京奥运会赞助商;2008年11月30日,恒源祥成为中国奥委会合作伙伴;2012年11月20日,恒源祥成为中国奥委会赞助商。恒源祥至今已先后成功地为北京、伦敦、里约三届奥运会中国体育代表团打造礼仪服饰,为2020年东京奥运会提供了国际奥委会委员和工作人员的官方正装,东京奥运会难民代表团的正装以及东京残奥会中国体育代表团的正装。2022年,恒源祥为2022年北京冬奥会和冬残奥会提供了国际奥委会委员和工作人员的官方正装,为冬奥颁奖仪式提供了用恒源祥传承的非遗技艺制作的绒线花束——绒耀之花和冬奥非遗文化体验区的艺术装置——《绒之百花　春之镜像》,也为本届冬奥会的冬奥村和冬残奥村提供了家纺装备。

品牌是恒源祥集团最宝贵的财富。世界营销大师弥尔顿?科特勒先生,国际品牌联盟副主席、可口可乐首席顾问弗朗西斯·麦奎尔先生,曾给予恒源祥品牌经营高度的评价,并称赞恒源祥是中国的"可口可乐"!

自2011年开始,恒源祥与中国社会科学院等共同发起的重要研究项目——《国家品牌战略问题研究》《国家品牌与国家文化软实力研究》均已通过国家科技部验收,从此开启了文化与品牌的持续探索之路。始终坚持通过聚集国内外顶尖一流专家学者、组织机构,致力于搭建全球文化论坛、全球品牌论坛等,积极推动国家文化品牌建设,推动构建文化学、品牌学的学科体系、学术体系、话语体系建设等,期待为全球发展提供文化与品牌的支持和服务。

2023 年,恒源祥迎来 96 周年华诞,作为近百年的中国品牌,恒源祥将继续秉承"持续为社会创造价值"的价值观,将"推动人类社会的进步与发展"作为企业最高的社会责任,为祖国和人民的繁荣昌盛、安泰祥和,不遗余力地贡献力量! 为中国乃至世界不断编织"无限之线恒好未来"的美好生活!